全国电力高职高专“十二五”规划教材

公共基础课系列教材

中国电力教育协会审定

高等数学

（理工类适用）

全国电力职业教育教材编审委员会　组　编

廖　虎　史成堂　主　编

张明智　余庆红　王　琨　李　丽　吴小兰　副主编

霍小江　主　审

内 容 提 要

本书为全国电力高职高专"十二五"规划教材 公共基础课系列教材。本书的目标是结合我国电力行业的发展，为培养发电厂及电网系统高素质、技能型专门人才和技术应用型人才，改革所需的数学课程教学体系和教学模式，探索行动导向、任务驱动式教学模式，提高学生分析问题、应用数学知识解决专业课程和工程实践中实际问题的能力。本书内容将突出能力培养为核心的教学理念，引入国家标准、行业标准和职业规范，科学合理设计任务或项目，充分考虑学生认知规律，充分体现任务驱动的特征，充分调动学生学习积极性；组织以"双师型"教师为主体、企业技术人员共同参与的教材研究、编审组，打造中国电力职业教育精品教材。

本书可作为全国高职高专院校、成人高校及本科院校举办的二级职业技术学院理工类各专业的高等数学教材，也可作为其他各类院校学生的自学用书。

图书在版编目（CIP）数据

高等数学：理工类适用/廖虎，史成堂主编；全国电力职业教育教材编审委员会组编. —北京：中国电力出版社，2013.5（2020.9重印）

全国电力高职高专"十二五"规划教材. 公共基础课系列教材

ISBN 978-7-5123-3789-3

Ⅰ.①高… Ⅱ.①廖… ②史… ③全… Ⅲ.①高等数学—高等职业教育—教材 Ⅳ.①O13

中国版本图书馆 CIP 数据核字（2012）第 286232 号

中国电力出版社出版、发行

（北京市东城区北京站西街 19 号 100005 http://www.cepp.sgcc.com.cn）

三河市百盛印装有限公司印刷

各地新华书店经售

*

2013 年 5 月第一版 2020 年 9 月北京第八次印刷

787 毫米 × 1092 毫米 16 开本 21 印张 510 千字

定价 38.00 元

全国电力职业教育教材编审委员会

参与院校

山东电力高等专科学校
山西电力职业技术学院
四川电力职业技术学院
三峡电力职业学院
武汉电力职业技术学院
江西电力职业技术学院
重庆电力高等专科学校
西安电力高等专科学校
保定电力职业技术学院
哈尔滨电力职业技术学院
安徽电气工程职业技术学院
福建电力职业技术学院
郑州电力高等专科学校
长沙电力职业技术学院

公共基础课专家组

组　　长　王宏伟

副 组 长　文海荣

成　　员（按姓氏笔画排序）

马敬卫　孔　洁　兰向春　任　剑　刘家玲　吴金龙
宋云希　郑晓峰　倪志良　郭连英　霍小江　廖　虎
樊新军

本书编写组

组　　长　廖　虎

副 组 长　史成堂

组　　员　张明智　余庆红　王　琨　李　丽　吴小兰　李晓晓
徐红英　吴丽鸿　陈翔英　郑建南

序

为深入贯彻《国家中长期教育改革和发展规划纲要（2010—2020）》精神，落实鼓励企业参与职业教育的要求，总结、推广电力类高职高专院校人才培养模式的创新成果，进一步深化“工学结合”的专业建设，推进“行动导向”教学模式改革，不断提高人才培养质量，满足电力发展对高素质技能型人才的需求，促进电力发展方式的转变，在中国电力企业联合会和国家电网公司的倡导下，由中国电力教育协会和中国电力出版社组织全国14所电力高职高专院校，通过统筹规划、分类指导、专题研讨、合作开发的方式，经过两年时间的艰苦工作，编写完成本套系列教材.

全国电力高职高专“十二五”规划教材分为电力工程、动力工程、实习实训、公共基础课、工科基础课、学生素质教育六大系列. 其中，公共基础课系列汇集了电力行业高等职业院校专家的力量进行编写，各分册主编为该课程的教学带头人，有丰富的教学经验. 教材以行动导向形式编写而成，既体现了高等职业教育的教学规律，又融入电力行业特色，适合高职高专的公共基础课教学，是难得的行动导向式精品教材.

本套教材的设计思路及特点主要体现在以下几方面.

（1）按照“项目导向、任务驱动、理实一体、突出特色”的原则，以岗位分析为基础，以课程标准为依据，充分体现高等职业教育教学规律，在内容设计上突出能力培养为核心的教学理念，引入国家标准、行业标准和职业规范，科学合理设计任务或项目.

（2）在内容编排上充分考虑学生认知规律，充分体现“理实一体”的特征，有利于调动学生学习积极性，是实现“教、学、做”一体化教学的适应性教材.

（3）在编写方式上主要采用任务驱动、项目导向等方式，包括学习情境描述、教学目标、学习任务描述、任务准备、相关知识等环节，目标任务明确，有利于提高学生学习的专业针对性和实用性.

（4）在编写人员组成上，融合了各电力高职高专院校骨干教师和企业技术人员，充分体现院校合作优势互补，校企合作共同育人的特征，为打造中国电力职业教育精品教材奠定了基础.

本套教材的出版是贯彻落实国家人才队伍建设总体战略，实现高端技能型人才培养的重要举措，是加快高职高专教育教学改革、全面提高高等职业教育教学质量的具体实践，必将对课程教学模式的改革与创新起到积极的推动作用.

本套教材的编写是一项创新性的、探索性的工作，由于编者的时间和经验有限，书中难免有疏漏和不当之处，恳切希望专家、学者和广大读者不吝赐教.

全国电力职业教育教材编审委员会

前　言

根据高等职业教育人才培养目标和电力行业人才需求，按照“项目导向、任务驱动、理实一体、突出特色”的原则，以岗位分析为基础，以课程标准为依据，充分体现高等职业教育教学规律，由电力系统七所高职高专学校合作研究、编写本教材.

“高等数学”课程的任务是使学生能掌握“高等数学”的基本知识、基本原理、方法，并了解在专业课程学习、工作岗位中的应用.

目前，电力、动力类高职高专学校的“高等数学”课程大多仍沿用传统的知识体系和教学模式，是工科本科院校《高等数学》课程教学内容、模式的缩影，在课程体系上存在“教的内容用不上，用的内容没有教”的问题，在教学模式上延续了“课堂听课，课下作业，期末考试”的单一模式.

本教材突出以服务于专业课程需要，满足工程实践对高等数学的知识需求，着眼于高职高专学生后期发展，使教师在基础课程的教学中融入关联的专业知识.

本教材将工程实践问题引入基本概念，用数学逻辑验证定理、结论、公式；用学到的知识解决工程中的具体问题；对需提高的学生留有拓展知识的空间.

“高等数学”经过漫长的历史发展，使其具有以下两个显著特征.

一是内容相当丰富. 这就要求学生不能简单地停留在书本上学习，而要用较高的观点，系统、全面和有重点地去掌握其基本理论，要融会贯通、记忆深刻、综合运用.

二是理论体系中结构复杂、层次繁多. 任何一个数学体系都有其内在层次与外在层次的区别. 所谓外在层次，指的是形式的、表面的、局部性的数量关系及其联系. 在其内在层次中，由于理论的展开是由简单到复杂、内容由个别到一般，由基础性概念到抽象更高的一般性概念，一环套一环地发展着的，所以又表现出多层次结构的特征. 这样一种固有的多层次结构，只有在对其知识系统的挖掘与剖析中才能看清楚.

本教材对每个部分的内容从章节、例题、练习的精选都是按照步步启发的模式设计安排的，有利于施教者在教学过程中的发挥. 教材每章的开头有提示，每章末有内容小结、章节自测题，理出知识内在联系并测试该章知识掌握情况，从而在教与学中把握住知识侧重点，也便于记忆.

突出应用、注意能力的培养是本书最大的特点，从实际问题抽象出数学概念，再用相关知识解决实际问题，做到深入浅出. 采用分散与集中相结合的形式选排了有特点、有代表性、有应用价值的例题、习题，并将习题分为 A、B 两组，A 组为必作巩固、B 为选作提高之用，使应用和能力的培养贯穿于整个教学过程中.

本书由西安电力高等专科学校廖虎、郑州电力高等专科学校史成堂主编，四川电力职业技术学院张明智、西安电力高等专科学校余庆红、山西电力职业技术学院王琨、山东电力高等专科学校李丽、福建电力职业技术学院吴小兰副主编，山东电力高等专科学校李晓晓、四川电力职业技术学院徐红英、山西电力职业技术学院吴丽鸿、郑州电力高等专科学校陈翔英、福建电力职业技术学院郑建南参编．其中，王琨、吴丽鸿编写第一章，廖虎编写第二章，张明智、徐红英编写第三章，余庆红编写第四章，李丽、李晓晓编写第五章，吴小兰、郑建南编写第六章，史成堂、陈翔英编写第七章．全书由廖虎统稿，由郑州电力高等专科学校霍小江主审．

由于时间和水平所限，书中难免有疏漏之处，恳请各位专家、学者及广大读者批评指正．

编　者

2012 年 9 月

目　录

第一章　函数　极限　连续

【学习目的】

1. 理解函数的定义、性质和基本初等函数，会求函数的定义域，掌握复合函数与初等函数的概念.

2. 理解极限的概念，了解极限的性质，熟练掌握求极限的方法.

3. 理解、掌握极限的运算法则，熟练掌握两个重要极限.

4. 理解无穷小与无穷大的概念，了解无穷小的性质，知道无穷小的比较，会利用等价无穷小求极限.

5. 理解函数的连续性概念，会求间断点并判断其类型.

6. 了解闭区间上连续性函数的性质.

第一节　函　　数

【学习目标】

1. 理解函数的概念、性质.

2. 掌握基本初等函数的图形特征.

3. 会求函数的定义域.

4. 掌握复合函数与初等函数的概念.

函数是研究量与量之间相依关系的一种工具，“高等数学”的主要研究对象就是函数. 极限是贯穿“高等数学”始终的一个重要概念，也是“高等数学”中最重要的一种数学思想，它是这门课程的基本推理工具. 连续则是函数的一个重要性态，连续函数是高等数学研究的主要对象. 本章将介绍函数、极限与连续的基本知识，为以后的学习奠定必要的基础.

一、函数的概念

读者在中学里已经学过有关函数的基本知识，为了以后更好地学习高等数学，我们把有关的内容系统地复习一下，希望可以深化对函数概念的理解.

1. 函数的定义

定义 1.1.1　设 D 是一个由实数组成的非空集合，如果对于数集 D 中的每一个确定的数 x ，按照某种对应规则 f ，都有唯一的确定的实数 y 与之对应，则称 y 是定义在集合 D

上的关于 x 的函数，记为 $y=f(x)$. 其中，集合 D 称为函数的定义域，x 称为自变量，y 称为因变量，f 称为对应法则.

如果对于自变量 x 的某个确定的值 x_0，因变量 y 能够得到一个确定的值，那么就称该函数在 x_0 处有定义，其因变量的值就称为函数在 x_0 处的函数值，记为

$$y\Big|_{x=x_0}，f(x_0) \text{ 或 } f(x)\Big|_{x=x_0}$$

当 x 遍取数定义域 D 的各个数值时，对应的函数值的全体组成的数集

$$W=\{y\,|\,y=f(x),x\in D\}$$

称为函数的值域.

【例 1-1】 设函数 $f(x)=x^3-2x+3$，求 $f(1)$，$\dfrac{1}{f(c)}$，$f\left(-\dfrac{1}{a}\right)$，$[f(b)]^2$，$f(t^2)$（其中 $a\neq 0$，$f(c)\neq 0$）.

解 $f(1)=1^3-2\times 1+3=2$；$\dfrac{1}{f(c)}=\dfrac{1}{c^2-2c+3}$；

$f\left(-\dfrac{1}{a}\right)=\left(-\dfrac{1}{a}\right)^3-2\left(-\dfrac{1}{a}\right)+3=\dfrac{3a^3+2a^2-1}{a^3}$；$[f(b)]^2=(b^3-2b+3)^2$；

$f(t^2)=(t^2)^3-2(t^2)+3=t^6-2t^2+3$.

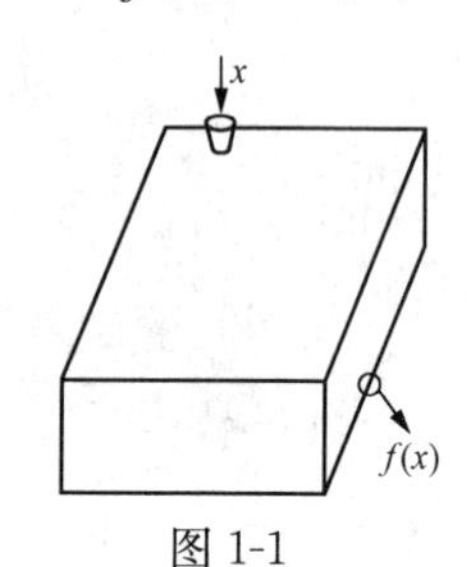

图 1-1

由上例我们可以体会到：函数定义中的对应规则 f，就像是一台机器，定义域中的任何一个 x 值进入这台机器后，即以同样的程序加工为值域内的一个函数值 $f(x)$，如图 1-1 所示.

2. 函数的两个要素

定义域 D 和对应法则 f 唯一确定函数 $y=f(x)$，故定义域与对应法则称为函数的两个要素，函数的两个要素是区分不同函数的唯一依据. 因此，对于两个函数来说，当且仅当它们的定义域和对应法则都分别相同时，才表示同一函数. 而与自变量及因变量用什么字母表示无关，例如函数 $y=x^2$ 和函数 $v=t^2$ 其实是同一个函数.

正因为如此，我们在给出一个函数时，一般都应标明其定义域，它就是自变量取值的允许范围，例如 $y=x^2$ 的定义域为 $(-\infty，+\infty)$. 在实际问题中，函数的定义域是根据问题的实际意义确定的. 若不考虑函数的实际意义，而抽象的研究用解析式表达的函数，则规定函数的定义域是使解析式有意义的一切实数值.

通常求函数的定义域应注意以下几点.

（1）当函数是多项式时，定义域是 $(-\infty，+\infty)$；

（2）分式函数的分母不能为零；

（3）偶次根式的被开方式必须大于零；

（4）对数函数的真数必须大于零；

（5）反正弦函数与反余弦函数的定义域为 $[-1，+1]$；

（6）如果函数表达式中含有上述几种函数，则应取各部分定义域的交集；

（7）分段函数的定义域为各段定义区间的并集.

人们通常用不等式、区间或集合形式表示定义域. 其中有一种不等式，以后会常遇到，满足不等式 $|x-x_0|<\delta$（其中 δ 为大于 0 的常数）的一切 x 称为点 x_0 的 δ 邻域，记为

$U(x_0,\delta)$. 它的几何意义表示：以 x_0 为中心，δ 为半径的开区间（$x_0-\delta$，$x_0+\delta$）即 $x_0-\delta<x<x_0+\delta$，如图 1-2（a）所示.

对于不等式 $0<|x-x_0|<\delta$ 称为点 x_0 的 δ 去心邻域，记为 $U(\hat{x}_0,\delta)$，如图 1-2（b）所示.

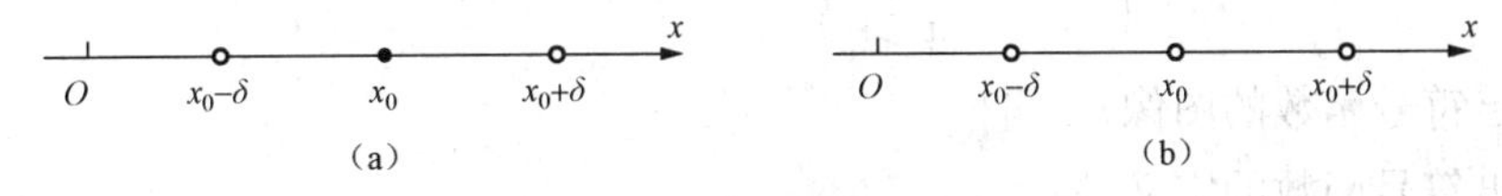

图 1-2

函数 $y=f(x)$ 的对应法则 f 也可以用 φ，h，F 等表示，相应的函数就记为 $\varphi(x)$，$h(x)$，$F(x)$.

【例 1-2】 判断下列函数是否是相同的函数.

(1) $y=1$ 与 $y=\dfrac{x}{x}$；　　　　(2) $y=|x|$ 与 $y=\sqrt{x^2}$.

解　(1) 不是同一个函数. 因为函数 $y=1$ 的定义域为（$-\infty$，$+\infty$），而函数 $y=\dfrac{x}{x}$ 的定义域为（$-\infty$，0）$\cup$（0，$+\infty$）.

(2) 两个函数的定义域和对应法则都相同，故是同一个函数.

【例 1-3】 确定函数 $f(x)=\dfrac{1}{\sqrt{x^2-2x-3}}$ 的定义域.

解　显然，其定义域是满足不等式 $x^2-2x-3>0$ 的 x 值的全体，解此不等式，则得其定义域为 $x<-1$ 或 $x>3$，即：（$-\infty$，-1）$\cup$（3，$+\infty$）. 也可以用集合形式表示为 $D=\{x|x<-1$ 或 $x>3\}$.

【例 1-4】 确定函数 $f(x)=\sqrt{3+2x-x^2}+\ln(x-2)$ 的定义域.

解　该函数的定义域应满足不等式组 $\begin{cases}3+2x-x^2\geqslant 0\\ x-2>0\end{cases}$ 的 x 值的全体，解此不等式组，得其定义域为 $2<x\leqslant 3$，即 $(2,3]$. 也可以用集合形式表示 $D=\{x|2<x\leqslant 3, x\in \mathbf{R}\}$.

有时会遇到给定 x 值，对应的 y 值有多个的情形，为了叙述方便称之为多值函数，而符合定义 1.1.1 的函数称为单值函数. 对于多值的情形，我们可以限制 y 的值域使之成为单值再进行研究. 例如：$y=\arcsin x$，则可限制 $y\in\left[-\dfrac{\pi}{2},\dfrac{\pi}{2}\right]$，而使它转化为单值函数.

注意，常值函数 $y=c$（c 为常数）的定义域为（$-\infty$，$+\infty$），这时不论自变量取何值，对应的函数值均为 c.

3. 函数的表示方法

函数的表示法通常有三种：公式法（解析法）、图示法和表格法.

(1) 以数学式子表示函数的方法叫做函数的公式表示法. 上述例子中的函数都是以公式表示的，公式法的优点是便于理论推导和计算.

在高等数学中，表示函数主要用公式法，以下几种函数也属于公式法表示的函数关系.

1) 分段函数. 在定义域的不同范围内用不同的解析式表示的函数称为分段函数. 应该注意的是：不管一个分段函数用几个解析式表示，都表示的是一个函数. 分段函数的定义域是各段定义区间的并集，求分段函数的函数值，应将自变量的值代入其所属区间的对应表达式，进行计算.

【例 1-5】 形如 $f(x)=\begin{cases}-1, & x<0\\ 0, & x=0\\ 1, & x>0\end{cases}$ 的函数称为符号函数，一般记为 $\operatorname{sgn}x$.

（1）画出符号函数的图像；

（2）求出符号函数的定义域；

（3）求 $f\left(-\dfrac{1}{2}\right)$, $f(0)$, $f\left(\dfrac{5}{2}\right)$ 的值.

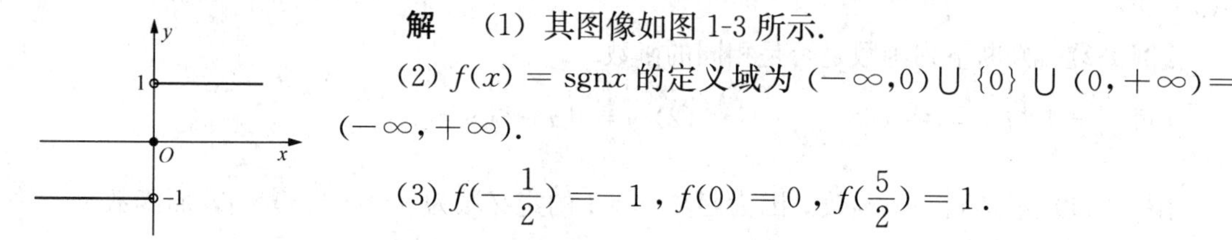

图 1-3

解　（1）其图像如图 1-3 所示.

（2）$f(x)=\operatorname{sgn}x$ 的定义域为 $(-\infty,0)\cup\{0\}\cup(0,+\infty)=(-\infty,+\infty)$.

（3）$f(-\dfrac{1}{2})=-1$, $f(0)=0$, $f(\dfrac{5}{2})=1$.

【例 1-6】 电子技术中的一种脉冲波如图 1-4 所示，试用公式法表示图中电压 u 和时间 t 的函数关系.

解　由图可知，这是一个分段函数，电压 u 和时间 t 的关系为

$$u=\begin{cases}0, & t<-\dfrac{\tau}{2}\\ u_0, & -\dfrac{\tau}{2}\leqslant t\leqslant\dfrac{\tau}{2}\\ 0, & t>\dfrac{\tau}{2}\end{cases}.$$

2）隐函数．如果自变量与函数的对应关系是用一个含 x,y 的方程 $F(x,y)=0$ 确定的，则这种函数关系称为隐函数．例如方程 $x^2+y^2=4$, $xy=e^{x+y}$ 中均隐含着 y 是 x 的函数.

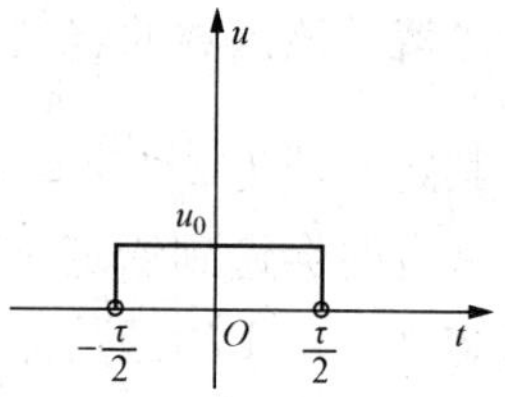

以前我们学习的函数大都是函数 y 直接地用 x 的解析式表示出来，即 $y=f(x)$ ，这种函数就称为显函数.

图 1-4

3）参数方程确定的函数．如果自变量与函数的对应关系是用含某一参数的方程组来确定，则

$$\begin{cases}x=\varphi(t)\\ y=\psi(t)\end{cases}\quad(\alpha\leqslant t\leqslant\beta),$$

其中 t 为参数，这种函数称为由参数方程确定的函数．例如，圆心在原点半径为 R 的圆的参数方程为

$$\begin{cases}x=R\cos t\\ y=R\sin t\end{cases}\quad(0\leqslant t<2\pi).$$

（2）以图形表示函数的方法叫做函数的图示法．这种方法在工程技术上应用较普遍，图示法的优点是直观形象，且可看到函数的变化趋势.

(3) 以表格形式表示函数的方法叫做函数的表格表示法．它是将自变量的值与对应的函数值列为表格，如三角函数表、对数表、企业历年产值表等，都是以这种方法表示．表格法的优点是所求的函数值容易查得，变量的取值按照离散形式分布．

二、反函数

设 $y=f(x)$ 为定义在 D 上的函数，其值域为 W．若对于数集 W 中的每个数 y，数集 D 中都有唯一的一个数 x 使 $f(x)=y$，这就是说变量 x 是变量 y 的函数，这个函数称为函数 $y=f(x)$ 的反函数，记为 $x=f^{-1}(y)$．其定义域为 W，值域为 D. 函数 $y=f(x)$ 与函数 $x=f^{-1}(y)$ 二者的图形是相同的.

由于人们习惯于用 x 表示自变量，用 y 表示因变量，为了照顾习惯，我们将函数 $y=f(x)$ 的反函数 $x=f^{-1}(y)$ 用 $y=f^{-1}(x)$ 表示．注意，这时人为作了 $(x, y)\leftrightarrow(y, x)$ 调整，二者的图形关于直线 $y=x$ 对称，如图 1-5 所示.

由函数 $y=f(x)$ 求它的反函数的步骤是：由方程 $y=f(x)$ 解出 x，得到 $x=f^{-1}(y)$，将函数 $x=f^{-1}(y)$ 中的 x 和 y 分别换为 y 和 x，这样，得到反函数 $y=f^{-1}(x)$.

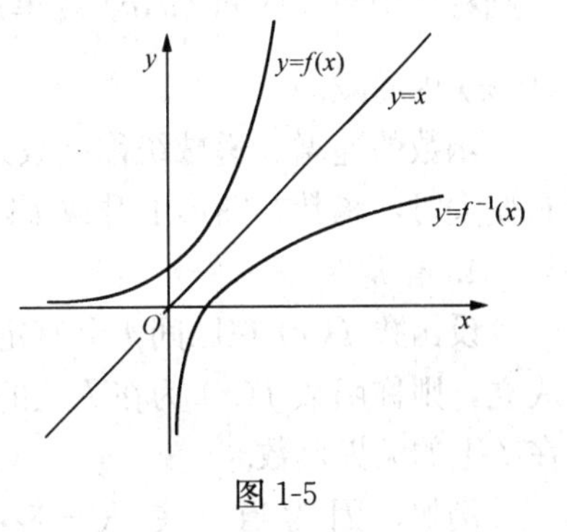

图 1-5

【例 1-7】 求函数 $y=\dfrac{2^x}{2^x+1}$ 的反函数.

解 由 $y=\dfrac{2^x}{2^x+1}$ 可解得 $x=\log_2\dfrac{y}{1-y}$，交换 x 和 y 的位置，即得所求的反函数 $y=\log_2\dfrac{x}{1-x}$，其定义域为 $(0, 1)$.

三、函数的基本性态

1. 奇偶性

设函数 $y=f(x)$ 的定义域关于原点对称，如果对于定义域中的任何 x，都有 $f(x)=f(-x)$，则称 $y=f(x)$ 为偶函数；如果有 $f(-x)=-f(x)$，则称 $f(x)$ 为奇函数．不是偶函数也不是奇函数的函数，称为非奇非偶函数.

【例 1-8】 判断函数 $f(x)=x^4\sin x^3$ 的奇偶性.

解 因为 $f(x)=x^4\sin x^3$ 的定义域为 $(-\infty, +\infty)$，且有

$$f(-x)=(-x)^4\sin(-x)^3=-x^4\sin x^3=-f(x).$$

所以该函数为奇函数.

2. 周期性

设函数 $y=f(x)$ 的定义域为 $(-\infty, +\infty)$，若存在正数 T，使得对于一切实数 x，都有：$f(x\pm T)=f(x)$，则称 $y=f(x)$ 为周期函数.

对于每个周期函数来说，定义中的 T 有无穷多个，这是因为如果 $f(x+T)=f(x)$，那么就有

$$f(x+2T)=f[(x+T)+T]=f(x+T)=f(x);$$
$$f(x+3T)=f[(x+2T)+T]=f(x+2T)=f(x)$$

等．因此我们规定：若其中存在一个最小正数 a，则规定 a 为周期函数 $f(x)$ 的最小正周期，简称周期.

此外，如果函数 $y=f(x)$ 是以 ω 为周期的周期函数，那么函数 $y=f(ax)(a>0)$ 是以 $\frac{\omega}{a}$ 为周期的周期函数．例如 $y=\sin x, y=\cos x$ 均以 2π 为周期，所以 $y=\sin 2x, y=\cos\frac{x}{2}$ 的周期分别为 π 和 4π.

3. 单调性

设 x_1 和 x_2 为区间 (a,b) 内的任意两个数．若当 $x_1<x_2$ 时，函数 $y=f(x)$ 满足 $f(x_1)<f(x_2)$，则称该函数在区间 (a,b) 内单调递增；若当 $x_1<x_2$ 时有 $f(x_1)>f(x_2)$，则称该函数在区间 (a,b) 内单调递减．例如，$y=\tan x$ 在 $\left(-\frac{\pi}{2},\frac{\pi}{2}\right)$ 内递增，$y=\cot x$ 在 $(0,\pi)$ 内递减.

函数的递增、递减统称函数是单调的．从几何直观来看，递增或递减，就是当 x 自左向右变大时，函数在图形上升或下降.

4. 有界性

设函数 $f(x)$ 在区间 I 上有定义，若存在一个整数 M，当 $x\in I$ 时，恒有 $|f(x)|\leqslant M$ 成立，则称函数 $f(x)$ 为在 I 上的有界函数；如果不存在这样的正数 M，则称函数 $f(x)$ 为在 I 上的无界函数.

例如，因为当 $x\in(-\infty,+\infty)$ 时，恒有 $|\sin x|\leqslant 1$，所以函数 $y=\sin x$ 在 $(-\infty,+\infty)$ 内是有界函数．又如 $y=\sin\frac{1}{x}$，$y=\arctan x$ 在它们的定义域内是有界的，而 $y=\tan x$ 在 $\left(-\frac{\pi}{2},\frac{\pi}{2}\right)$ 内是无界函数.

有的函数可能在定义域的某一部分有界，而在另一部分无界．例如 $y=\tan x$ 在 $\left[-\frac{\pi}{3},\frac{\pi}{3}\right]$ 上是有界的，而在 $\left(-\frac{\pi}{2},\frac{\pi}{2}\right)$ 内是无界的．因此我们说一个函数是有界的或者无界的，应同时指出其自变量的相应范围.

四、初等函数

1. 基本初等函数及其图形

幂函数　$y=x^{\mu}$（μ 为常数）

指数函数　$y=a^{x}(a>0, a\neq 1, a$ 为常数$)$

对数函数　$y=\log_a x(a>0, a\neq 1, a$ 为常数$)$

三角函数　$y=\sin x, y=\cos x, y=\tan x, y=\cot x, y=\sec x, y=\csc x$

反三角函数　$y=\arcsin x, y=\arccos x, y=\arctan x, y=\operatorname{arccot} x$

以上五类函数统称为基本初等函数，基本初等函数的定义域、值域、图像和性质见表1-1.

表 1-1

函数		定义域和值域	图像	性质
幂函数 $y=x^{\mu}$		定义域 D 随 μ 值不同而不同，但无论 μ 取何值，总有 $D\supset(0,+\infty)$，且图形总过 $(1,1)$ 点.	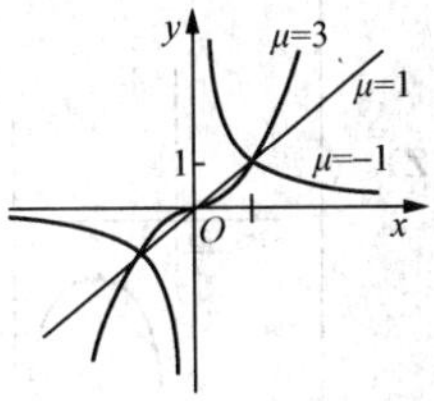	当 $\mu>0$ 时，函数在第一象限单调递增；当 $\mu<0$ 时，函数在第一象限单调递减
指数函数 $y=a^x$ $(a>0,a\neq1)$		$x\in(-\infty,+\infty)$ $y\in(0,+\infty)$	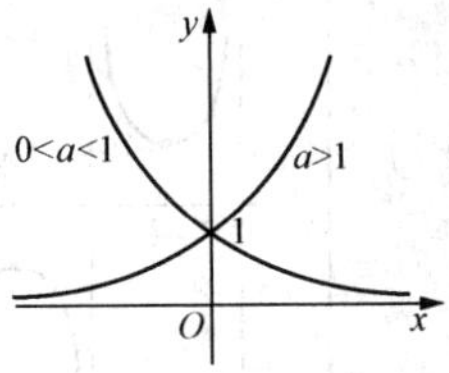	过点 $(0,1)$； 当 $a>1$ 时，单调递增； 当 $0<a<1$ 时，单调递减
对数函数 $y=\log_a x$ $(a>0,a\neq1)$		$x\in(0,+\infty)$ $y\in(-\infty,+\infty)$	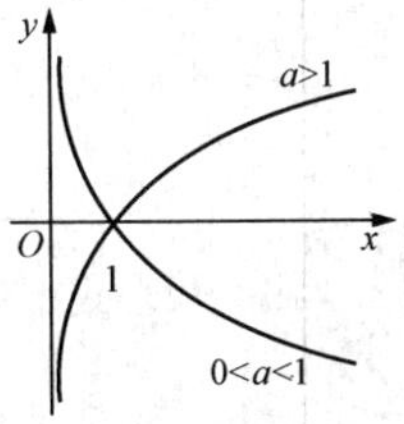	过点 $(1,0)$； 当 $a>1$ 时，单调递增； 当 $0<a<1$ 时，单调递减
三角函数	正弦函数 $y=\sin x$	$x\in(-\infty,+\infty)$ $y\in[-1,1]$	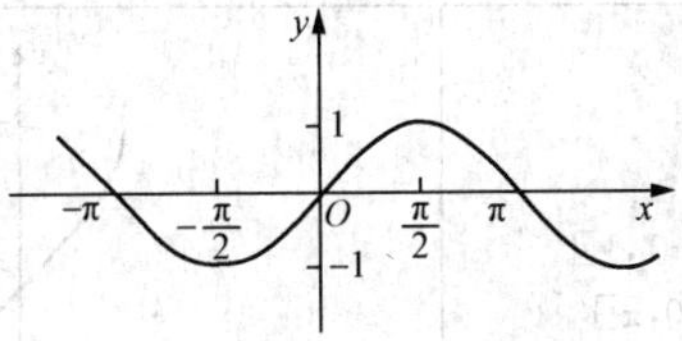	奇函数，周期为 2π，有界
	余弦函数 $y=\cos x$	$x\in(-\infty,+\infty)$ $y\in[-1,1]$	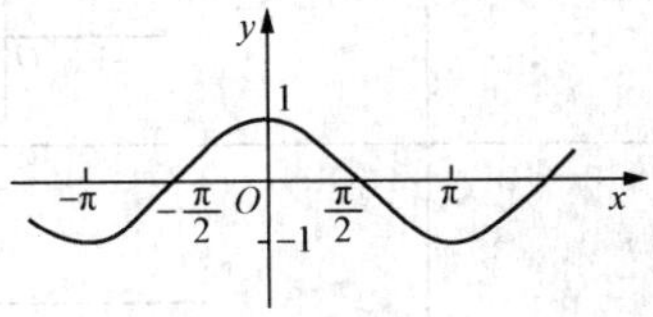	偶函数，周期为 2π，有界
	正切函数 $y=\tan x$	$x\neq k\pi+\frac{\pi}{2}(k\in\mathbf{Z})$ $y\in(-\infty,+\infty)$	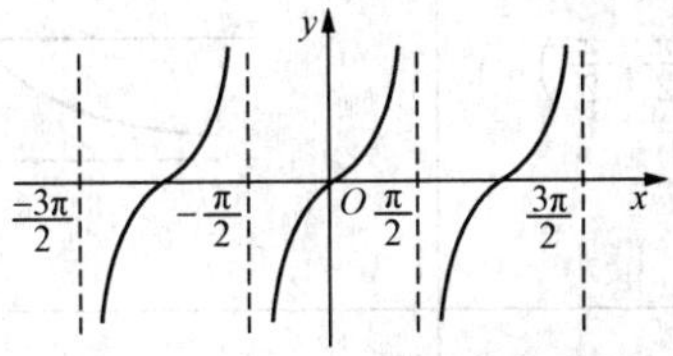	奇函数，周期为 π，单调递增
	余切函数 $y=\cot x$	$x\neq k\pi(k\in\mathbf{Z})$ $y\in(-\infty,+\infty)$	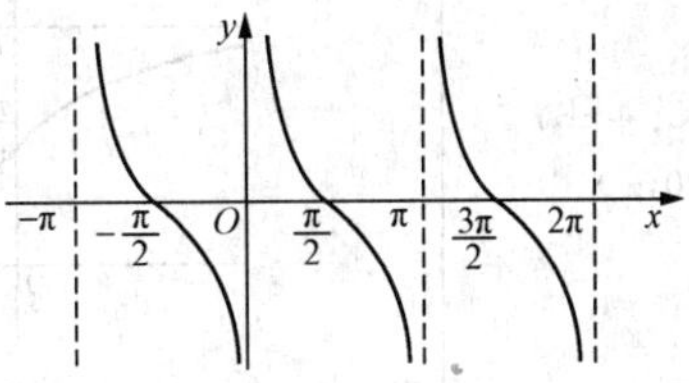	奇函数，周期为 π，单调递减

续表

	函数	定义域和值域	图像	性质
三角函数	正割函数 $y=\sec x$	$x\neq k\pi+\frac{\pi}{2}(k\in\mathbf{Z})$ $\lvert y\rvert\geqslant 1$	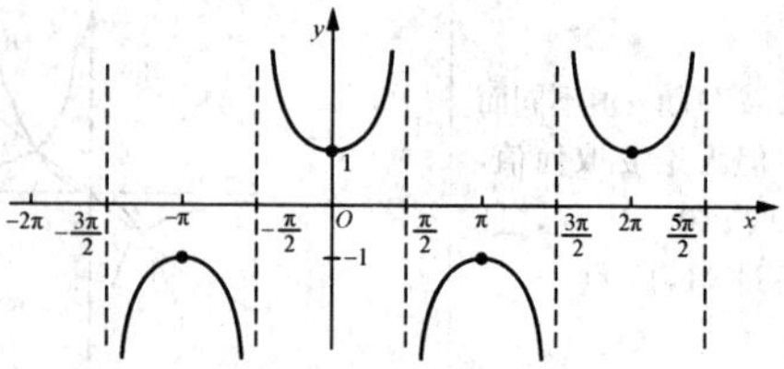	偶函数，周期为 2π
	余割函数 $y=\csc x$	$x\neq k\pi(k\in\mathbf{Z})$ $\lvert y\rvert\geqslant 1$	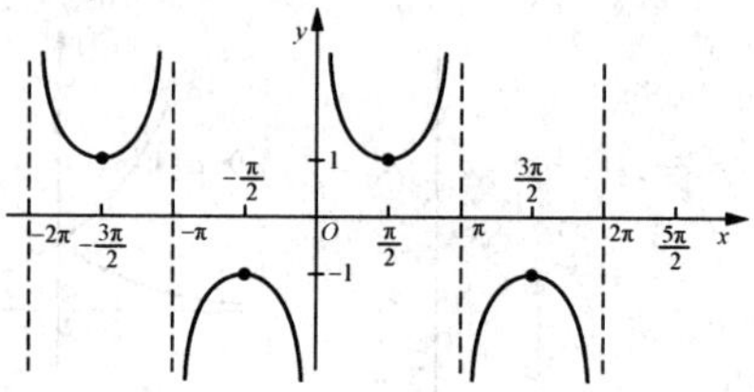	奇函数，周期为 2π
反三角函数	反正弦函数 $y=\arcsin x$	$x\in[-1,1]$ $y\in\left[-\frac{\pi}{2},\frac{\pi}{2}\right]$	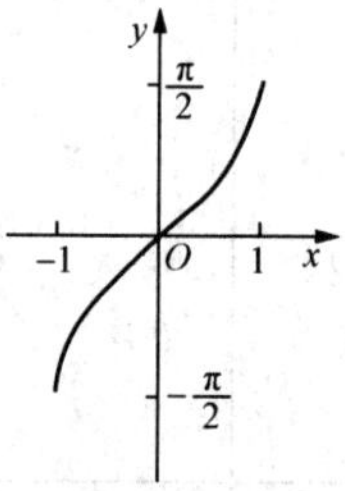	奇函数，有界，单调递增
	反余弦函数 $y=\arccos x$	$x\in[-1,1]$ $y\in[0,\pi]$	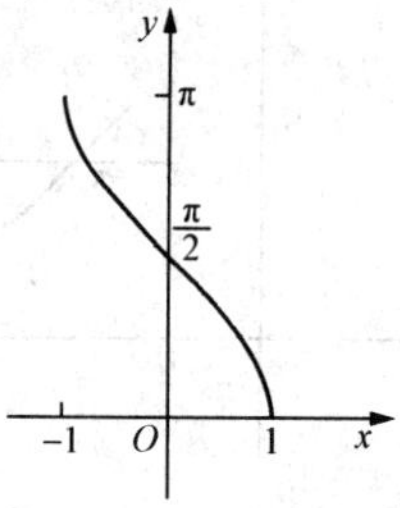	有界，单调递减
	反正切函数 $y=\arctan x$	$x\in(-\infty,+\infty)$ $y\in\left(-\frac{\pi}{2},\frac{\pi}{2}\right)$	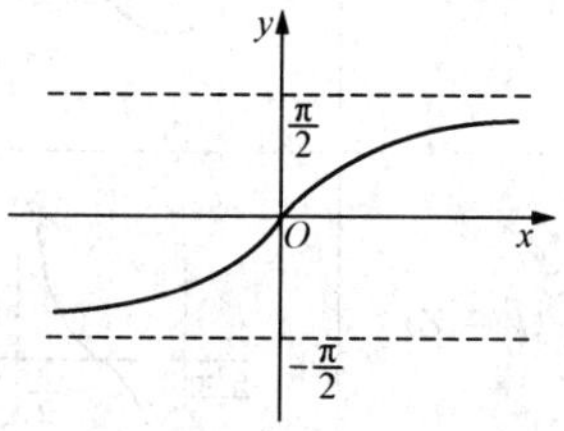	奇函数，有界，单调递增
	反余切函数 $y=\operatorname{arccot} x$	$x\in(-\infty,+\infty)$ $y\in(0,\pi)$	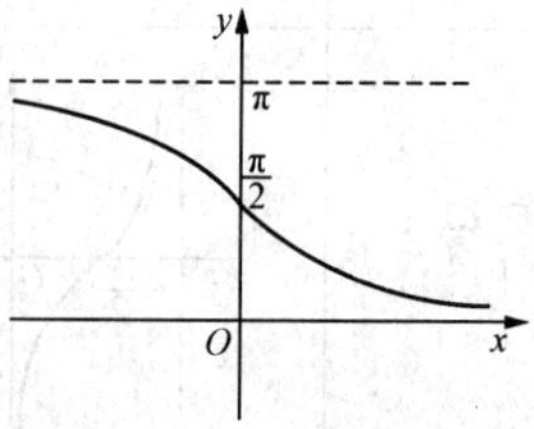	有界，单调递减

2. 复合函数

若函数 $y=f(u)$，定义域为 D_1，函数 $u=\varphi(x)$ 的值域为 D_2，其中 $D_2\subseteq D_1$，则 y 通过变量 u 成为 x 的函数，这个函数称为由函数 $y=f(u)$ 和函数 $u=\varphi(x)$ 构成的复合函数，记为 $y=f[\varphi(x)]$，其中变量 u 称为中间变量.

【例 1-9】 试求函数 $y=u^2$ 与 $u=\cos x$ 构成的复合函数.

解 将 $u=\cos x$ 代入 $y=u^2$ 中，即为所求的复合函数 $y=\cos^2 x$，其定义域为 $(-\infty,+\infty)$.

【例 1-10】 分析下列复合函数的结构.

(1) $y=\sqrt{\sin\frac{x}{2}}$；　　(2) $y=\mathrm{e}^{\sin\sqrt{x^2+1}}$

解 (1) $y=\sqrt{u}$，$u=\sin v$，$v=\frac{x}{2}$；

(2) $y=\mathrm{e}^u$，$u=\sin v$，$v=\sqrt{w}$，$w=x^2+1$.

3. 初等函数

由基本初等函数及常数经过有限次四则运算和有限次复合构成，并且可以用一个数学式子表示的函数，叫做初等函数．例如：$y=\sqrt{\ln 5x-3^x+\sin^2 x}$，$y=\frac{\sqrt[3]{2x}+\tan 3x}{x^2\sin x-2^{-x}}$ 等，都是初等函数，不能用一个式子表示或不能用有限个式子表示的函数都不是初等函数．例如：分段函数，幂指函数 $y=x^{2x}$ 等.

五、建立函数关系举例

【例 1-11】 设有一块边长为 a 的正方形薄板，将它的四角减去边长相等的小正方形制作一只无盖盒子，试将盒子的体积表示成小正方形边长的函数（见图 1-6).

解 设减去的小正方形的边长为 x，盒子的体积为 V，则盒子的底面积为 $(a-2x)^2$，高为 x，因此所求的函数关系为

$$V=x(a-2x)^2,\ x\in\left(0,\frac{a}{2}\right).$$

【例 1-12】 由直线 $y=x$，$y=2-x$ 及 x 轴所围的等腰三角形 OBC，如图 1-7 所示，在底边上任取一点 $x\in[0,2]$．过 x 作垂直 x 轴的直线，将图上阴影部分的面积表示成 x 的函数.

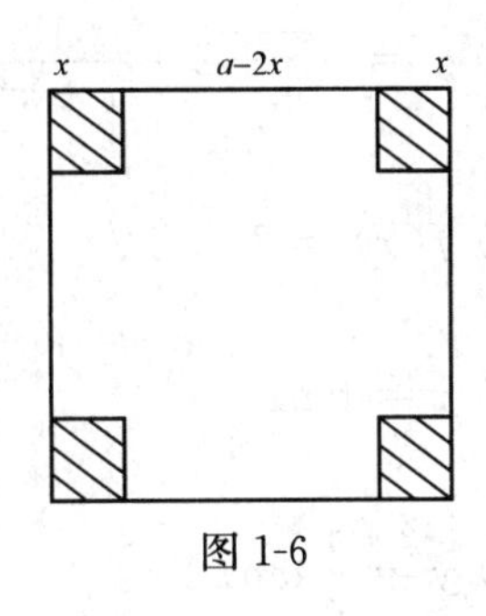

图 1-6

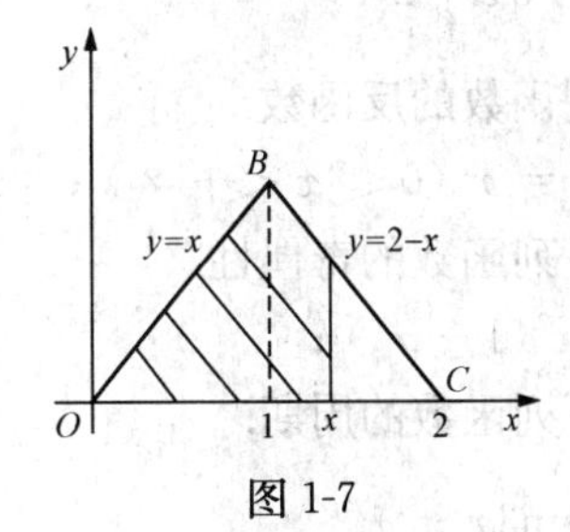

图 1-7

解 设阴影部分的面积为 A，当 $x \in [0,1)$ 时，$A = \frac{1}{2}x^2$，

当 $x \in [1,2]$ 时，$A = \frac{1}{2} \times 2 \times 1 - \frac{1}{2}(2-x)(2-x) = 1 - \frac{1}{2}(2-x)^2$.

所以

$$A = \begin{cases} \frac{1}{2}x^2, & x \in [0,1) \\ 2x - \frac{1}{2}x^2 - 1, & x \in [1,2] \end{cases}.$$

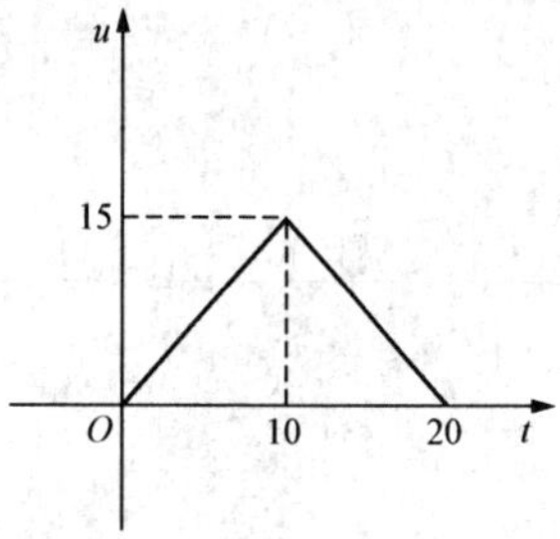

图 1-8

【例 1-13】 电脉冲发生器发出一个三角形脉冲波如图 1-8 所示，求电压 u（V）和时间 t（μs）之间的函数关系.

解 在 0～10（μs）这段时间内，电压 u 由 0 直线上升到 15（V），在这段时间内电压 u 和时间 t 的函数关系为

$$u = \frac{15}{10}t = 1.5t, \ t \in [0,10).$$

在 10～20（μs）这段时间内，电压 u 由 15（V）直线下降到 0（V），利用解析几何知识求得在这段时间内电压 u 和时间 t 的函数关系为

$$u = -\frac{15}{10}t + 30 = -1.5t + 30, \ t \in [10,20].$$

所以，电压 u（V）和时间 t（μs）之间的函数关系表示为：

$$u = \begin{cases} 1.5t, & 0 \leqslant t < 10 \\ -1.5t + 30, & 10 \leqslant t \leqslant 20 \end{cases}.$$

A 组

1. 判断下列各组函数是否相同？并说明理由.

(1) $f(x) = x$，$g(x) = \sqrt{x^2}$； (2) $f(x) = \lg x^2$，$g(x) = 2\lg x$.

2. 求下列函数的定义域.

(1) $y = \sqrt{3x+2}$； (2) $y = \sqrt{x+2} + \frac{1}{1-x^2}$.

3. 求下列函数的反函数.

(1) $f(x) = x^2 (0 \leqslant x < +\infty)$； (2) $f(x) = 2^x + 1$.

4. 判断下列函数的奇偶性.

(1) $y = x^2(1-x^2)$； (2) $y = \tan x$.

5. 指出下列函数的周期.

(1) $y = \sin 3x$； (2) $y = \frac{1}{3}\tan x$.

6. 设 $f(x) = 2x^2 + 2x - 4$，求 $f(1)$，$f(x^2)$，$f(a) + f(b)$.

7. 指出下列函数的复合过程：

(1) $y = \cos 5x$；　(2) $y = \sin^8 x$；　(3) $y = 3^{\sin x}$；　(4) $y = e^{\sin\frac{1}{x}}$.

8. 用铁皮做一个容积为 V 的圆柱形罐头筒，试将它的表面积表示为底半径的函数，并求其定义域.

9. 国际航空信件的邮资标准是 10g 以内邮资 4 元，超过 10g 超过的部分每克收取 0.3 元，且信件重量不能超过 200g，试求邮资 y 与信件重量 x 的函数关系.

10. 设 $M(x,y)$ 是曲线 $y = x^2$ 上的动点，如图 1-9 所示，试问

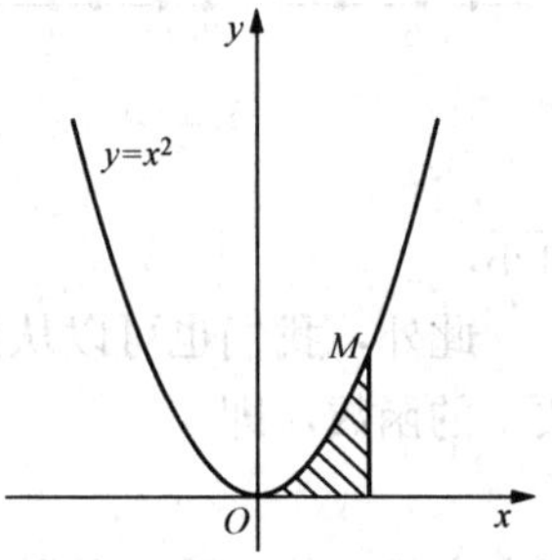

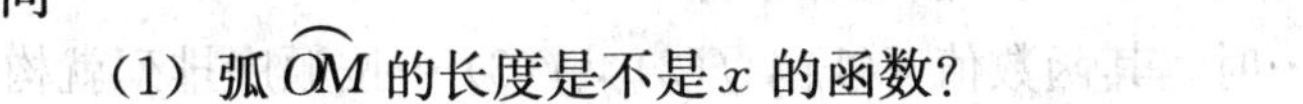

(1) 弧 $\overset{\frown}{OM}$ 的长度是不是 x 的函数?

(2) 图 1-9 中阴影部分的面积是不是 x 的函数?

(3) 若是 x 的函数，则它们的单调性如何?

图 1-9

B　组

1. 求下列函数的定义域.

(1) $y = \lg\sin x$；　(2) $y = \arccos(x-3)$.

2. 已知 $f(x)$ 是二次多项式，且 $f(x+1) - f(x) = 8x+3$，$f(0) = 0$，求 $f(x)$ 的表达式.

3. 若 $f(x) = (x-1)^2$，$g(x) = \dfrac{1}{x+1}$，求

(1) $f[g(x)]$；　(2) $g[f(x)]$；　(3) $f(x^2)$；　(4) $g(x-1)$.

4. 设火车从甲站出发，以 0.5km/min^2 的匀加速度前进，经过 2min 后开始匀速行驶，再经过 7min 后以 0.5km/min^2 匀减速到达乙站，试将火车在这段时间内所行驶的路程 s 表示为时间 t 的函数.

第二节　极限的概念

【学习目标】

1. 理解极限的概念.
2. 了解极限的性质.
3. 熟练掌握求极限的方法.

函数的极限研究的是在自变量做某种变化时函数值的变化趋势. 下面我们先来讨论数列极限.

一、数列的极限

1. 数列的概念

无穷多个按照一定顺序排列的数

$$u_1, u_2, \cdots, u_n, \cdots$$

称为数列（或者序列）. 数列中的每一个数称为数列的项，第 n 项 u_n 称为数列的通项（或一般项）. 上述数列一般简记为 $\{u_n\}$.

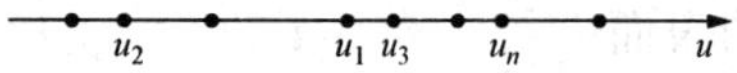

图 1-10

在几何上，数列 $\{u_n\}$ 可以看做是一个动点在数轴上运动的不同位置值. 当这个动点依次运动到数轴上的点 u_1 , u_2 , …, u_n , …时，就得到了数列 $\{u_n\}$. 如图 1-10 所示.

此外，我们也可以从函数的角度来定义数列. 数列 $\{u_n\}$ 可以看做是一个自变量为正整数 n 的函数，即

$$u_n = f(n)\ ,\ (n = 1,\ 2,\ 3,\ \cdots).$$

当自变量 n 依次取正整数 1，2，3，…时，其函数值 $f(1)$ ，$f(2)$ ，$f(3)$ …按顺序排列就构成了数列 $\{u_n\}$.

数列的有界性、单调性等定义与函数相应的定义基本一致. 即若存在一个正的常数 $M>0$ ，使得 $|u_n| \leqslant M$ 恒成立，则称数列 $\{u_n\}$ 为有界数列；若数列 $\{u_n\}$ 对于每一个正整数 n ，都有 $u_n \leqslant u_{n+1}$ ，则称该数列单调递增数列；若数列 $\{u_n\}$ 对于每一个正整数 n ，都有 $u_n \geqslant u_{n+1}$ ，则称该数列为单调递减数列，这两种数列统称为单调数列.

例如，数列 $\{u_n\}$ ：$2, \frac{3}{2}, \frac{4}{3}, \cdots, 1+\frac{1}{n}, \cdots$ 为单调递减数列；

数列 $\{u_n\}$ ：$0, \frac{1}{2}, \frac{2}{3}, \frac{3}{4}, \cdots, 1-\frac{1}{n}, \cdots$ 为单调递增数列；

数列 $\{u_n\}$ ：$1, 2, 1, \frac{3}{2}, 1, \cdots, 1+\frac{1+(-1)^n}{n}, \cdots$ 是有界数列，但不是单调数列.

2. 数列极限的定义

对于一个数列，我们主要关心当 n 无限增大时，数列的变化趋势. 例如以上所举三个数列，它们都有一种共同的现象，即当 n 无限增大时，它们都无限地接近于 1，这就是极限现象.

定义 1.2.1 对于数列 $\{u_n\}$ ，如果 n 无限增大时，通项 u_n 无限接近于某个确定的常数 a ，则称该数列的极限为 a ，或称数列 $\{u_n\}$ 收敛于 a ，记为

$$\lim_{n\to\infty} u_n = a \text{ 或 } u_n \to a\ (n \to \infty).$$

若数列 $\{u_n\}$ 没有极限，则称该数列发散.

根据定义，上述三个数列的极限可分别表示为 $\lim\limits_{n\to\infty}(1+\frac{1}{n}) = 1$ ，$\lim\limits_{n\to\infty}(1-\frac{1}{n}) = 1$ ，$\lim\limits_{n\to\infty}(1+\frac{1+(-1)^n}{n}) = 1$.

【例 1-14】 观察下列数列的极限.

(1) $\{u_n\} = \{C\}$ (C 为常数)；　　(2) $\{u_n\} = \left\{\frac{n}{n+1}\right\}$ ；

(3) $\{u_n\} = \left\{\frac{1}{2^n}\right\}$ ；　　(4) $\{u_n\} = \{(-1)^{n+1}\}$.

解 观察数列在 $n\to\infty$ 时的变化趋势，可得

(1) $\lim\limits_{n\to\infty} C = C$ ；

(2) $\lim\limits_{n\to\infty}\dfrac{n}{n+1}=1$；

(3) $\lim\limits_{n\to\infty}\dfrac{1}{2^n}=0$；

(4) $\lim\limits_{n\to\infty}(-1)^{n+1}$ 不存在，该数列发散.

有界数列与收敛数列有什么关系？很多初学者都容易混淆，先看数列 $\{u_n\}=\{(-1)^{n+1}\}$，它是有界的，但是发散的，所以有界数列不一定是收敛的．反之是否成立呢？我们有下述定理.

定理 1.2.1（必要条件）　若数列 $\{u_n\}$ 收敛，则数列 $\{u_n\}$ 一定有界.

定理 1.2.2（单调有界定理）　单调有界数列必有极限.

二、函数的极限

数列可以看做是一种特殊的函数，因而我们可以仿照研究数列极限的方法来定义函数极限．但是函数的极限远比数列极限要复杂得多，单从自变量的变化方式来看，在数列极限中，自变量 n 的变化方式只有一种，那就是 $n\to\infty$．而对于一个一般的函数 $y=f(x)$，自变量 x 的变化方式主要可以分为以下几种：x 无限增大，记为 $x\to+\infty$；x 无限减小，记为 $x\to-\infty$；$|x|$ 无限增大，记为 $x\to\infty$；x 从定点 x_0 的左右两侧无限接近于 x_0，记为 $x\to x_0$；x 仅从定点 x_0 的右侧无限接近于 x_0，记为 $x\to x_0^+$；x 仅从定点 x_0 的左侧无限接近于 x_0，记为 $x\to x_0^-$．

1. $x\to\infty$ 时函数 $f(x)$ 的极限.

【例 1-15】　观察当 $x\to\infty$ 时函数 $y=\dfrac{1}{x}$ 的变化趋势.

解　如图 1-11 所示，当 $x\to\infty$（包括 $x\to+\infty$，$x\to-\infty$）时，函数趋向于确定的常数 0.

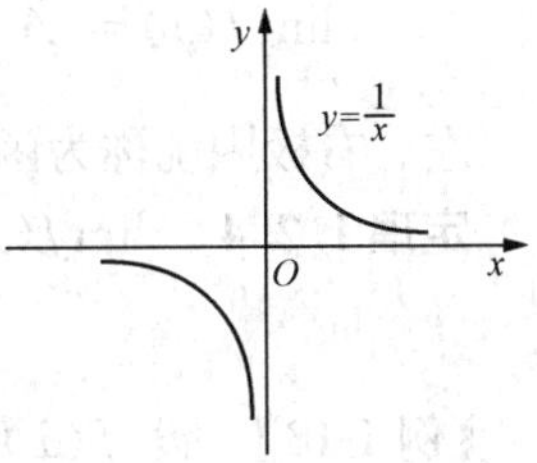

图 1-11

定义 1.2.2　设函数 $f(x)$ 在 $|x|$ 大于某一正数是有定义．如果 $|x|$ 无限增大时，函数 $f(x)$ 无限趋近于确定的常数 A，则称 A 为 $x\to\infty$ 时函数 $f(x)$ 的极限，记为

$$\lim_{x\to\infty}f(x)=A \text{ 或 } f(x)\to A\ (x\to\infty).$$

若当 $x\to+\infty$（或 $x\to-\infty$）时，函数趋近于确定的常数 A，分别记为

$$\lim_{x\to+\infty}f(x)=A \text{ 或 } \lim_{x\to-\infty}f(x)=A.$$

定理 1.2.3　$\lim\limits_{x\to\infty}f(x)=A$ 的充分必要条件是 $\lim\limits_{x\to+\infty}f(x)=\lim\limits_{x\to-\infty}f(x)=A$.

【例 1-16】　观察下列函数的图像（见图 1-12），并填空.

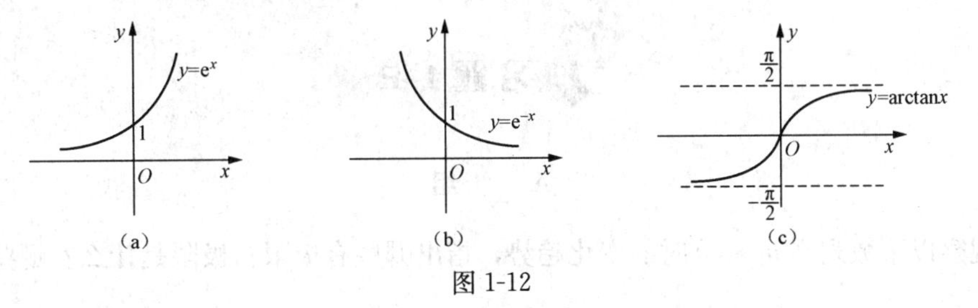

图 1-12

(1) $\lim\limits_{x\to(\ \ )} e^x = 0$；　　(2) $\lim\limits_{x\to+\infty} e^{-x} = (\quad)$；

(3) $\lim\limits_{x\to(\ \ )} \arctan x = \dfrac{\pi}{2}$；　　(4) $\lim\limits_{x\to-\infty} \arctan x = (\quad)$.

解　观察函数图像，得出

(1) $\lim\limits_{x\to-\infty} e^x = 0$；　　(2) $\lim\limits_{x\to+\infty} e^{-x} = 0$；

(3) $\lim\limits_{x\to+\infty} \arctan x = \dfrac{\pi}{2}$；　　(4) $\lim\limits_{x\to-\infty} \arctan x = -\dfrac{\pi}{2}$.

2. $x\to x_0$ 时函数 $f(x)$ 的极限.

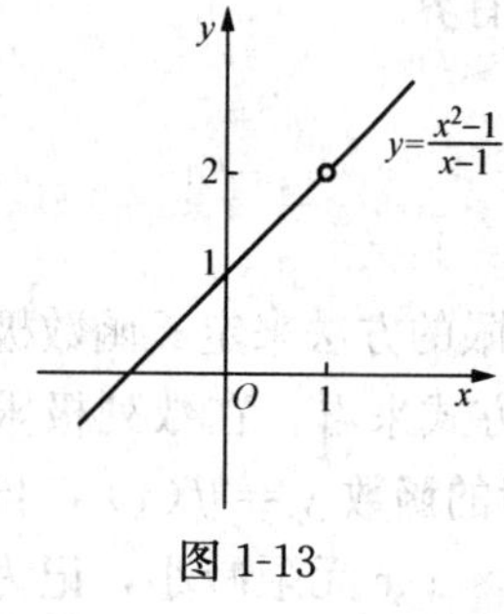

图 1-13

【例 1-17】　观察当 $x\to 1$ 时，函数 $y=\dfrac{x^2-1}{x-1}$ 的变化趋势.

解　如图 1-13 所示，当 $x\to 1$ 时，$y\to 2$.

定义 1.2.3　设函数 $f(x)$ 在 x_0 的某去心邻域 $\mathring{U}(x_0,\delta)$ 内有定义，当自变量 x 在 $\mathring{U}(x_0,\delta)$ 内无限接近于 x_0 时，相应的函数值无限接近于确定的常数 A，则称 A 为 $x\to x_0$ 时函数 $f(x)$ 的极限，记为

$$\lim_{x\to x_0} f(x) = A \text{ 或 } f(x)\to A\ (x\to x_0).$$

由［例 1-17］可知，函数 $f(x)$ 在 x_0 处的极限是否存在与该函数在 x_0 处是否有定义无关.

有时我们仅需考虑自变量 x 大于 x_0 而趋向于 x_0（或 x 小于 x_0 而趋向于 x_0）时，函数 $f(x)$ 趋向于 A 的极限，此时称 A 是函数 $f(x)$ 的右极限（或左极限），记为

$$\lim_{x\to x_0^+} f(x) = A\ \left(\lim_{x\to x_0^-} f(x) = A\right) \text{ 或 } f(x_0+0) = A\ (f(x_0-0) = A).$$

左、右极限统称为函数 $f(x)$ 的单侧极限.

定理 1.2.4　$\lim\limits_{x\to x_0} f(x) = A$ 的充分必要条件是 $\lim\limits_{x\to x_0^+} f(x) = \lim\limits_{x\to x_0^-} f(x) = A$.

【例 1-18】　设 $f(x)=\begin{cases} -x, & x<0 \\ 1, & x=0 \\ x, & x>0 \end{cases}$，画出函数的图形，求 $\lim\limits_{x\to 0^-} f(x)$，$\lim\limits_{x\to 0^+} f(x)$，并讨论 $\lim\limits_{x\to 0} f(x)$ 是否存在.

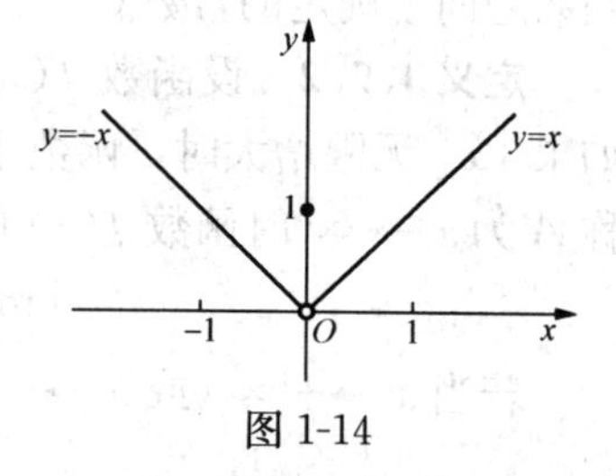

图 1-14

解　$f(x)$ 的图形如图 1-14 所示，由该图不难看出

$$\lim_{x\to 0^-} f(x) = 0,\ \lim_{x\to 0^+} f(x) = 0.$$

由定理 1.2.4 可得

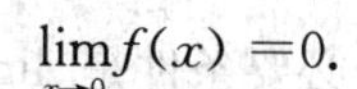

$$\lim_{x\to 0} f(x) = 0.$$

A　　组

1. 观察以下数列当 $n\to\infty$ 时的变化趋势，指出哪些有极限？极限是什么？哪些无极限，为什么？

(1) $x_n = \frac{100}{n}$；　(2) $x_n = (-1)^n \frac{1}{2^n}$；　(3) $x_n = \frac{n+1}{n}$；

(4) $x_n = 1 + (-1)^n$；　(5) $x_n = (-1)^n n$；　(6) $x_n = \sqrt{n} + 1$.

2. 设函数 $f(x) = \begin{cases} x^2, x > 0 \\ x, x \leqslant 0 \end{cases}$.

(1) 做出函数 $f(x)$ 的图像；

(2) 求 $\lim\limits_{x \to 0^-} f(x)$ 及 $\lim\limits_{x \to 0^+} f(x)$；

(3) 当 $x \to 0$ 时，$f(x)$ 的极限存在吗？

3. 设函数 $f(x) = \begin{cases} 4x, & -1 < x < 1 \\ 3, & x = 1 \\ 4x^2, & 1 < x < 2 \end{cases}$，求 $\lim\limits_{x \to 0} f(x)$，$\lim\limits_{x \to 1} f(x)$，$\lim\limits_{x \to \frac{3}{2}} f(x)$.

4. 设函数 $f(x) = \begin{cases} 2x - 2, x < 0 \\ 0, \quad x = 0 \\ x + 2, x > 0 \end{cases}$，做出这个函数的图像，并求 $\lim\limits_{x \to 0^-} f(x)$，$\lim\limits_{x \to 0^+} f(x)$ 和 $\lim\limits_{x \to 0} f(x)$.

B　组

1. 判断下列说法是否正确？

(1) 若 $f(x)$ 在 $x = a$ 处的极限不存在，则 $|f(x)|$ 在 $x = a$ 处的极限也不存在；

(2) 有界数列一定收敛；

(3) 发散数列一定是无界数列；

(4) 单调数列一定收敛.

2. 试说明 $\lim\limits_{x \to +\infty} f(x) = A$（常数）的几何意义.（提示：考虑曲线 $y = f(x)$ 与直线 $y = A$ 之间的关系.）

3. 试说明 $\lim\limits_{x \to a} f(x) = \infty$（常数）的几何意义.（提示：考虑曲线 $y = f(x)$ 与直线 $x = a$ 之间的关系.）

第三节　极限的运算

【学习目标】

1. 理解并掌握极限的运算法则.
2. 熟练掌握两个重要极限.

极限的运算是“高等数学”的基本运算之一，这种运算包含的种类多、方法技巧性强，掌握起来具有一定难度.本节将通过介绍极限的运算法则、两个重要极限等有关性质，初步地给出一些求极限的方法，读者应在课后多总结、多练习，特别对基本方法要切实掌握.此外，本节中凡不标明自变量变化过程的极限号 lim，均表示变化过程适用于 $x \to x_0, x \to \infty$ 等各种情形.

一、极限的四则运算法则

定理 1.3.1 设在自变量的同一变化过程中，$\lim f(x)$ 与 $\lim g(x)$ 都存在，则有

法则 1 $\lim[f(x)\pm g(x)]=\lim f(x)\pm g(x)$.

法则 2 $\lim[f(x)\cdot g(x)]=\lim f(x)\cdot \lim g(x)$.

推论 1 $\lim cf(x)=c\lim f(x)$ （c 为常数）.

推论 2 $\lim[f(x)]^n=[\lim f(x)]^n$ （n 为正数）.

法则 3 $\lim\dfrac{f(x)}{g(x)}=\dfrac{\lim f(x)}{\lim g(x)}$,（$\lim g(x)\neq 0$）.

注 ⅰ）对 $x\to x_0, x\to\infty$ 等情形，法则都成立；

ⅱ）对于数列极限该法则也成立；

ⅲ）法则 1 和法则 2 均可推广至有限个函数的情形.

二、极限运算举例

【例 1-19】 求 $\lim\limits_{x\to 2}(3x^2-4x+2)$.

解 $\lim\limits_{x\to 2}(3x^2-4x+2)=3(\lim\limits_{x\to 2}x)^2-4\lim\limits_{x\to 2}x+\lim\limits_{x\to 2}2=3\times 2^2-4\times 2+2=6$.

一般地，有

$$\lim_{x\to x_0}(a_nx^n+a_{n-1}x^{n-1}+\cdots+a_1x+a_0)=a_nx_0^n+a_{n-1}x_0^{n-1}+\cdots+a_1x_0+a_0,$$

即多项式函数在 x_0 处的极限等于该函数在 x_0 处的函数值.

【例 1-20】 求 $\lim\limits_{x\to -1}\dfrac{2x^2+x-4}{3x^2+12}$.

解 由［例 1-19］知道，当 $x\to -1$ 时所给函数的分子和分母的极限都存在，且分母极限

$$\lim_{x\to -1}(3x^2+12)=3\times(-1)^2+12=15\neq 0,$$

由定理 1.3.1 商的极限运算法则及关于多项式函数极限的结论，可得

$$\lim_{x\to -1}\frac{2x^2+x-4}{3x^2+12}=\frac{\lim\limits_{x\to -1}(2x^2+x-4)}{\lim\limits_{x\to -1}(3x^2+12)}=\frac{-3}{15}=-\frac{1}{5}.$$

【例 1-21】 求 $\lim\limits_{x\to 2}\dfrac{x^2-3x+2}{x^2-x-2}$.

解 所给函数的分子、分母的极限均为 0，这是因为它们都有趋向于 0 的公因子 $(x-2)$. 将分子分母因式分解之后可约去这个不为零的公因子（因为当 $x\to 2$ 时，$x\neq 2$，$x-2\neq 0$），故

$$\lim_{x\to 2}\frac{x^2-3x+2}{x^2-x-2}=\lim_{x\to 2}\frac{(x-1)(x-2)}{(x+1)(x-2)}=\lim_{x\to 2}\frac{x-1}{x+1}=\frac{\lim\limits_{x\to 2}(x-1)}{\lim\limits_{x\to 2}(x+1)}=\frac{2-1}{2+1}=\frac{1}{3}.$$

这种在自变量某种变化过程中，分子、分母极限都为零的求极限问题，被称为“$\dfrac{0}{0}$”型极限. 求这种极限的方法的要点是：先将分子，分母因式分解，然后消去分子、分母趋向于 0 的公因子，再按照极限的四则运算法则求极限.

有一类函数，当自变量 $x\to\infty$ 时，其分子、分母都趋于无穷大，这类极限称为“$\dfrac{\infty}{\infty}$”

型的极限．对于这类极限问题也不能直接应用商的运算法则，而应该分子、分母同除以中 x 的最高次幂，化为“$\frac{1}{x^k}\to 0$”的形式，然后再求极限.

【例 1-22】 求 $\lim\limits_{x\to\infty}\frac{2x^2+x+1}{6x^2-x+2}$.

解 $$\lim_{x\to\infty}\frac{2x^2+x+1}{6x^2-x+2}=\lim_{x\to\infty}\frac{2+\frac{1}{x}+\frac{1}{x^2}}{6-\frac{1}{x}+\frac{2}{x^2}}=\frac{2+0+0}{6-0+0}=\frac{1}{3}.$$

用同样的方法可以得到如下结论：若 $a_n\neq 0,b_m\neq 0,m$、n 为正整数，那么

$$\lim_{x\to\infty}\frac{a_nx^n+a_{n-1}x^{n-1}+\cdots+a_1x+a_0}{b_mx^m+b_{m-1}x^{m-1}+\cdots+b_1x+b_0}=\begin{cases}0, & m>n\\ \frac{a_n}{b_m}, & m=n.\\ \infty, & m<n\end{cases}$$

该结论可以作为公式使用，但要注意只适用于 $x\to\infty$ 或 $x\to+\infty,x\to-\infty$ 的情形.

【例 1-23】 计算下列极限.

(1) $\lim\limits_{x\to 2}\left(\frac{x}{x^2-4}-\frac{1}{x-2}\right)$； (2) $\lim\limits_{x\to 0}\frac{\sqrt{4-x}-2}{x}$.

解 (1) 由于括号内的两项都趋于无穷，因此这类极限称为“$\infty-\infty$”型极限，不能直接应用定理 1.3.1. 一般的处理方法是，先通分再运用前面介绍过的求极限的方法.

$$\lim_{x\to 2}\left(\frac{x}{x^2-4}-\frac{1}{x-2}\right)=\lim_{x\to 2}\frac{x^2-x-2}{x^2-4}=\lim_{x\to 2}\frac{(x-2)(x+1)}{(x-2)(x+2)}=\lim_{x\to 2}\frac{x+1}{x+2}=\frac{3}{4}.$$

(2) 当 $x\to 0$ 时，分子、分母极限均为 0（呈“$\frac{0}{0}$”型），不能直接用商的极限法则，这时，可先对分子有理化，然后再求极限.

$$\lim_{x\to 0}\frac{\sqrt{4-x}-2}{x}=\lim_{x\to 0}\frac{(\sqrt{4-x}-2)(\sqrt{4-x}+2)}{x(\sqrt{4-x}+2)}=\lim_{x\to 0}\frac{x}{x(\sqrt{4+x}+2)}$$
$$=\lim_{x\to 0}\frac{1}{\sqrt{4+x}+2}=\frac{1}{4}.$$

小结：

(1) 运用极限的四则运算法则时，必须注意只有各项极限（对商，还要求分母极限不为零）存在才能适用；

(2) 如果所求极限呈现“$\frac{0}{0}$”和“$\frac{\infty}{\infty}$”等特殊形式，不能直接用极限的四则运算法则，必须先对原式进行恒等变形（约分、通分、有理化等），然后再求极限.

三、两个重要极限

1. $\lim\limits_{x\to 0}\frac{\sin x}{x}=1$

函数 $\frac{\sin x}{x}$ 的定义域为 $x\neq 0$ 的全体实数，当 $x\to 0$ 时，从表 1-2 观察其函数值的变化趋势.

表 1-2

x（弧度）	± 1.000	± 0.100	± 0.010	± 0.001	…
$\dfrac{\sin x}{x}$	0.841 470 98	0.998 334 17	0.999 983 34	0.999 999 84	…

由表 1-2 可以看出，当 $x \to 0$ 时，$\dfrac{\sin x}{x} \to 1$，即 $\lim\limits_{x \to 0} \dfrac{\sin x}{x} = 1$.

该重要极限具有以下特点.

(1) 该极限为“$\dfrac{0}{0}$”型；

(2) 该极限可推广为 $\lim\limits_{u(x) \to 0} \dfrac{\sin u(x)}{u(x)} = 1$，其中“$u(x)$”表示的变量是一样的，且 $u(x) \to 0$.

【例 1-24】 计算下列函数的极限.

(1) $\lim\limits_{x \to 0} \dfrac{\sin 2x}{x}$；　　(2) $\lim\limits_{x \to \infty} x\sin\dfrac{1}{x}$；

(3) $\lim\limits_{x \to 0} \dfrac{\tan x}{x}$；　　(4) $\lim\limits_{x \to 0} \dfrac{\sin 3x}{\sin 4x}$.

解 (1) $\lim\limits_{x \to 0} \dfrac{\sin 2x}{x} = 2\lim\limits_{2x \to 0} \dfrac{\sin 2x}{2x} = 2 \times 1 = 2$；

(2) $\lim\limits_{x \to \infty} x\sin\dfrac{1}{x} = \lim\limits_{\frac{1}{x} \to 0} \dfrac{\sin\dfrac{1}{x}}{\dfrac{1}{x}} = 1$；

(3) $\lim\limits_{x \to 0} \dfrac{\tan x}{x} = \lim\limits_{x \to 0}\left(\dfrac{\sin x}{x} \cdot \dfrac{1}{\cos x}\right) = \lim\limits_{x \to 0} \dfrac{\sin x}{x} \cdot \lim\limits_{x \to 0} \dfrac{1}{\cos x} = 1 \times 1 = 1$；

(4) $\lim\limits_{x \to 0} \dfrac{\sin 3x}{\sin 4x} = \lim\limits_{x \to 0}\left(\dfrac{\dfrac{\sin 3x}{3x}}{\dfrac{\sin 4x}{4x}} \cdot \dfrac{3x}{4x}\right) = \dfrac{3}{4} \cdot \dfrac{\lim\limits_{3x \to 0} \dfrac{\sin 3x}{3x}}{\lim\limits_{4x \to 0} \dfrac{\sin 4x}{4x}} = \dfrac{3}{4} \times \dfrac{1}{1} = \dfrac{3}{4}$.

上述结果可以作为公式使用：

$$\lim_{x \to 0} \frac{\tan x}{x} = 1, \quad \lim_{x \to 0} \frac{\sin ax}{\sin bx} = \frac{a}{b}.$$

【例 1-25】 计算 $\lim\limits_{x \to 0} \dfrac{1 - \cos x}{x^2}$.

解 $\lim\limits_{x \to 0} \dfrac{1 - \cos x}{x^2} = \lim\limits_{x \to 0} \dfrac{2\sin^2\dfrac{x}{2}}{x^2} = \lim\limits_{x \to 0} \dfrac{1}{2} \cdot \left(\dfrac{\sin\dfrac{x}{2}}{\dfrac{x}{2}}\right)^2 = \dfrac{1}{2}\left(\lim\limits_{\frac{x}{2} \to 0} \dfrac{\sin\dfrac{x}{2}}{\dfrac{x}{2}}\right)^2 = \dfrac{1}{2} \times 1 = \dfrac{1}{2}$.

这个结果可以作为公式使用：$\lim\limits_{x \to 0} \dfrac{1 - \cos x}{x^2} = \dfrac{1}{2}$.

【例 1-26】 计算 $\lim\limits_{x \to 0} \dfrac{\sin 3x - \sin x}{x}$.

解 $\lim\limits_{x \to 0} \dfrac{\sin 3x - \sin x}{x} = \lim\limits_{x \to 0} \dfrac{2\cos 2x \sin x}{x} = 2 \cdot \lim\limits_{x \to 0} \cos 2x \cdot \lim\limits_{x \to 0} \dfrac{\sin x}{x} = 2 \times 1 \times 1 = 2$.

2. $\lim\limits_{x\to\infty}\left(1+\frac{1}{x}\right)^{x}=e$

关于这个极限，我们也不作理论推导，只通过列出 $\left(1+\frac{1}{x}\right)^{x}$ 的数值（见表 1-3）来观察其变化趋势.

表 1-3

x	…	−10 000	−1000	−100	−10	10	100	1000	10 000	…
$\left(1+\frac{1}{x}\right)^{x}$	…	2.718 4	2.719 64	2.732 00	2.867 97	2.593 74	2.704 81	2.716 92	2.718 15	…

由表 1-3 可以看出，当 $x\to\infty$ 时，$\left(1+\frac{1}{x}\right)^{x}\to e$，即 $\lim\limits_{x\to\infty}\left(1+\frac{1}{x}\right)^{x}=e$ 或者 $\lim\limits_{x\to 0}(1+x)^{\frac{1}{x}}=e$

其中，e 是一个无理数，其值为 $e=2.7182\cdots$.

该重要极限具有以下特点.

(1) 该极限为"1^{∞}"型；

(2) 该极限可推广为 $\lim\limits_{u(x)\to\infty}\left(1+\frac{1}{u(x)}\right)^{u(x)}=e$，其中"$u(x)$"表示同一变量，且 $u(x)\to\infty$.

【例 1-27】 求下列极限.

(1) $\lim\limits_{x\to\infty}\left(1+\frac{1}{x}\right)^{2x}$；　(2) $\lim\limits_{x\to\infty}\left(1-\frac{1}{x}\right)^{x}$；　(3) $\lim\limits_{x\to 0}\left(1+\frac{x}{2}\right)^{\frac{1}{x}}$.

解　(1) $\lim\limits_{x\to\infty}\left(1+\frac{1}{x}\right)^{2x}=\lim\limits_{x\to\infty}\left[\left(1+\frac{1}{x}\right)^{x}\right]^{2}=\left[\lim\limits_{x\to\infty}\left(1+\frac{1}{x}\right)^{x}\right]^{2}=e^{2}$；

(2) $\lim\limits_{x\to\infty}\left(1-\frac{1}{x}\right)^{x}=\lim\limits_{x\to\infty}\left[\left(1-\frac{1}{x}\right)^{-x}\right]^{-1}=\left[\lim\limits_{-x\to\infty}\left(1+\frac{1}{-x}\right)^{-x}\right]^{-1}=e^{-1}$；

(3) $\lim\limits_{x\to 0}\left(1+\frac{x}{2}\right)^{\frac{1}{x}}=\lim\limits_{x\to 0}\left[\left(1+\frac{x}{2}\right)^{\frac{2}{x}}\right]^{\frac{1}{2}}=\left[\lim\limits_{\frac{2}{x}\to\infty}\left(1+\frac{1}{\frac{2}{x}}\right)^{\frac{2}{x}}\right]^{\frac{1}{2}}=e^{\frac{1}{2}}$.

【例 1-28】 计算 $\lim\limits_{x\to\infty}\left(\frac{2-x}{3-x}\right)^{x}$.

解　因为 $\frac{2-x}{3-x}=\frac{3-x+(-1)}{3-x}=1+\frac{1}{x-3}$，所以令 $u=x-3$，当 $x\to\infty$ 时 $u\to\infty$，因此

$$\begin{aligned}\lim_{x\to\infty}\left(\frac{2-x}{3-x}\right)^{x}&=\lim_{u\to\infty}\left(1+\frac{1}{u}\right)^{u+3}=\lim_{u\to\infty}\left[\left(1+\frac{1}{u}\right)^{u}\cdot\left(1+\frac{1}{u}\right)^{3}\right]\\&=\lim_{u\to\infty}\left(1+\frac{1}{u}\right)^{u}\cdot\lim_{u\to\infty}\left(1+\frac{1}{u}\right)^{3}\\&=e\cdot 1=e.\end{aligned}$$

A 组

1. 计算下列极限.

(1) $\lim\limits_{x\to -2}(3x^4-5x^2+x-6)$；

(2) $\lim\limits_{x\to\frac{1}{3}}(27x^2-3)(6x+5)$；

(3) $\lim\limits_{x\to -1}\dfrac{x^2+2x+5}{x^2+1}$；

(4) $\lim\limits_{x\to -2}\dfrac{x^2-4}{x+2}$；

(5) $\lim\limits_{x\to 4}\dfrac{x^2-6x+8}{x^2-5x+4}$；

(6) $\lim\limits_{x\to 1}\left(\dfrac{2}{x^2-1}-\dfrac{1}{x-1}\right)$.

2. 计算下列极限.

(1) $\lim\limits_{x\to\infty}\dfrac{2x^2-3x+1}{3x^2+1}$；

(2) $\lim\limits_{x\to\infty}\dfrac{4x^3-3x^2+1}{x^4+2x^3-x+1}$；

(3) $\lim\limits_{x\to\infty}\dfrac{1+x^2}{100x}$；

(4) $\lim\limits_{x\to\infty}\dfrac{x(x+1)}{(x+2)(x+3)}$；

(5) $\lim\limits_{x\to\infty}\left(\dfrac{2x}{3-x}-\dfrac{2}{3x}\right)$；

(6) $\lim\limits_{n\to\infty}\dfrac{1+2+3+\cdots+n}{(n+3)(n+4)}$.

3. 计算下列极限.

(1) $\lim\limits_{x\to 0}\dfrac{\sin 3x}{x}$；

(2) $\lim\limits_{x\to\infty}x\tan\dfrac{1}{x}$；

(3) $\lim\limits_{x\to 0}(1-x)^{\frac{1}{x}}$；

(4) $\lim\limits_{x\to\infty}\left(\dfrac{1+x}{x}\right)^{2x}$.

B 组

1. 已知 $\lim\limits_{n\to\infty}\dfrac{a^2+bn-5}{3n-2}=2$，则 $a=$________，$b=$________.

2. 计算下列极限.

(1) $\lim\limits_{x\to+\infty}(\sqrt{x+5}-\sqrt{x})$；

(2) $\lim\limits_{x\to\infty}\left(\dfrac{3x}{5-x}+\dfrac{7}{4x^2}+\dfrac{1+2x}{x+2}\right)$；

(3) $\lim\limits_{n\to\infty}\left(1+\dfrac{1}{2}+\dfrac{1}{4}+\cdots+\dfrac{1}{2^n}\right)$.

3. 计算下列极限.

(1) $\lim\limits_{x\to 0}\dfrac{\sin x^3}{(\sin x)^3}$；

(2) $\lim\limits_{x\to 0^+}\dfrac{x}{\sqrt{1-\cos x}}$；

(3) $\lim\limits_{x\to 0}x\cot 2x$.

(4) $\lim\limits_{x\to 0}\sqrt[x]{1+5x}$；

(5) $\lim\limits_{x\to\infty}\left(\dfrac{x}{1+x}\right)^{x+2}$；

(6) $\lim\limits_{x\to 0}(1+\tan x)^{\cot x}$.

第四节　无穷小量的比较

【学习目标】

1. 理解无穷小与无穷大的概念、性质.
2. 理解无穷小的比较结果.
3. 会利用等价无穷小求极限.

一、无穷小与无穷大

1. 无穷小的定义

定义 1.4.1　若函数 $\alpha=\alpha(x)$ 在 x 的某种趋向下极限为零，则称函数 $\alpha=\alpha(x)$ 为 x 的这种趋向下的无穷小量，简称为无穷小，记为 $\lim\alpha(x)=0$.

例如，函数 $\alpha(x)=x-x_0$，当 $x\to x_0$ 时，$\alpha(x)\to 0$，所以 $\alpha(x)=x-x_0$ 是当 $x\to x_0$ 时的无穷小量. 又如 $\alpha(x)=\dfrac{1}{2x}$，它是当 $x\to\infty$ 时的无穷小量. 而 $\alpha(x)=a^{-x}\ (a>1)$ 是当 $x\to+\infty$ 时的无穷小量.

注意　(1) 不要把无穷小量与很小的数混为一谈. 一般说来，无穷小表达的是量的变化状态，而不是量的大小，一个量无论多么小，它都不是无穷小. 零是唯一可以作为无穷小的常数.

(2) 在描述无穷小时一定要交待清楚自变量的变化方式，同一个函数，在不同的自变量变化过程中，可能是无穷小，也可能不是.

【例 1-29】　自变量在怎样的变化过程中，下列函数是无穷小?

(1) $y=\dfrac{1}{x-1}$；　(2) $y=2x-4$；　(3) $y=2^x$；　(4) $y=\left(\dfrac{1}{4}\right)^x$.

解　(1) 因为 $\lim\limits_{x\to\infty}\dfrac{1}{x-1}=0$，所以当 $x\to\infty$ 时，$\dfrac{1}{x-1}$ 为无穷小;

(2) 因为 $\lim\limits_{x\to 2}(2x-4)=0$，所以当 $x\to 2$ 时，$2x-4$ 为无穷小;

(3) 因为 $\lim\limits_{x\to-\infty}2^x=0$，所以当 $x\to-\infty$ 时，2^x 为无穷小;

(4) 因为 $\lim\limits_{x\to+\infty}\left(\dfrac{1}{4}\right)^x=0$，所以当 $x\to+\infty$ 时，$\left(\dfrac{1}{4}\right)^x$ 为无穷小.

2. 无穷大的定义

定义 1.4.2　若函数 $y=f(x)$ 的绝对值 $|f(x)|$ 在 x 的某种趋向下无限增大，则称 $y=f(x)$ 为在 x 的这种趋向下的无穷大量，简称为无穷大，记为 $\lim f(x)=\infty$.

例如：$\lim\limits_{x\to 1}\dfrac{1}{x-1}=\infty$，$\lim\limits_{x\to\infty}x^3=\infty$.

注意 （1）不要把无穷大量与很大的数混为一谈.

（2）按照函数极限的定义，无穷大的函数 $f(x)$ 极限是不存在的，但为了讨论问题方便，我们也说"函数 $f(x)$ 的极限是无穷大".

（3）同样，在描述无穷大时也要交待清楚自变量的变化方式.

3. 无穷小与无穷大的关系

定理 1.4.1 在自变量的同一变化过程中，如果函数 $f(x)$ 为无穷大，则 $\frac{1}{f(x)}$ 为无穷小；反之，如果 $f(x)$ 为无穷小，且 $f(x)\neq 0$，则 $\frac{1}{f(x)}$ 为无穷大.

【例 1-30】 自变量在怎样的变化过程中，下列函数是无穷大？

（1）$y=\frac{1}{x-1}$； （2）$y=2x-1$； （3）$y=\ln x$； （4）$y=2^x$.

解 （1）因为 $\lim\limits_{x\to 1}(x-1)=0$，即当 $x\to 1$ 时，$x-1$ 为无穷小，所以当 $x\to 1$ 时，$\frac{1}{x-1}$ 为无穷大；

（2）因为 $\lim\limits_{x\to\infty}\frac{1}{2x-1}=0$，即当 $x\to\infty$ 时，$\frac{1}{2x-1}$ 为无穷小，所以当 $x\to\infty$ 时，$2x-1$ 为无穷大；

（3）因为 $\lim\limits_{x\to+\infty}\ln x=+\infty$，$\lim\limits_{x\to 0^+}\ln x=-\infty$，所以当 $x\to+\infty$ 和 $x\to 0^+$ 时，$\ln x$ 都是无穷大；

（4）因为 $\lim\limits_{x\to+\infty}2^x=+\infty$，所以当 $x\to+\infty$ 时，2^x 为无穷大.

【例 1-31】 求 $\lim\limits_{x\to 1}\frac{x^2-3}{x^2-5x+4}$.

解 所给函数的特点是分子的极限不为零，分母的极限为零，因此不能直接运用商的极限运算法则．对于这类题目应先计算其倒数的极限，再运用无穷小量与无穷大量的关系得到结果，具体计算如下

$$\lim_{x\to 1}\frac{x^2-5x+4}{x^2-3}=\frac{\lim\limits_{x\to 1}(x^2-5x+4)}{\lim\limits_{x\to 1}(x^2-3)}=\frac{0}{-2}=0,$$

即 $x\to 1$ 时 $\frac{x^2-5x+4}{x^2-3}$ 为无穷小量，因此，由无穷小量与无穷大量的关系可知：当 $x\to 1$ 时 $\frac{x^2-5x+4}{x^2-3}$ 为无穷大量，即 $\lim\limits_{x\to 1}\frac{x^2-3}{x^2-5x+4}=\infty$.

4. 函数、极限与无穷小的关系

定理 1.4.2 在自变量的某种变化过程中，函数 $f(x)$ 极限为 A 的充要条件是，函数 $f(x)$ 可以表示为常数 A 与一个无穷小的和，即 $\lim f(x)=A\Leftrightarrow f(x)=A+\alpha(x)$，其中，$\alpha(x)$ 为自变量在同一变化趋向下的无穷小.

二、无穷小的运算

定理 1.4.3　有限个无穷小的代数和仍然是无穷小量.

定理 1.4.4　有限个无穷小之积为无穷小量.

定理 1.4.5　有界函数与无穷小的乘积是无穷小量.

推论　常数与无穷小量之积为无穷小量.

【例 1-32】　求 $\lim\limits_{x\to 0}x^3\sin\dfrac{1}{x}$.

解　因为 $\lim\limits_{x\to 0}x^3=0$ ，所以 x^3 为 $x\to 0$ 时的无穷小，又因为 $\left|\sin\dfrac{1}{x}\right|\leqslant 1$ ，即 $\sin\dfrac{1}{x}$ 为有界函数. 因此，根据定理 1.4.5，$x^3\sin\dfrac{1}{x}$ 仍为 $x\to 0$ 时的无穷小，即

$$\lim_{x\to 0}x^3\sin\frac{1}{x}=0 .$$

三、无穷小的比较

我们已经知道，有限个无穷小量的和、差、积依然是无穷小量，而两个无穷小量的商却会有很大的差异 . 这就引出了一个新的课题——无穷小量的比较，主要是比较两个无穷小量谁更小，而且在某些场合下，它将为极限计算提供比较简捷的途径.

两个无穷小量之比的极限会出现什么结果呢？设 $\alpha(x)$ ，$\beta(x)$ 均为无穷小量，则 $\dfrac{\alpha(x)}{\beta(x)}$ 的趋向有下列几种情形

(1) $\lim\dfrac{\alpha(x)}{\beta(x)}=a\neq 0$ ；

(2) $\lim\dfrac{\alpha(x)}{\beta(x)}=0$ ；

(3) $\lim\dfrac{\alpha(x)}{\beta(x)}=\infty$ ；

(4) $\lim\dfrac{\alpha(x)}{\beta(x)}$ 不存在，但又不是无穷大量

第 (4) 种情形，不是我们所关心的，情形 (3) 可转化情形 (2)，所以我们关心的是情形 (1) 与情形 (2) .

定义 1.4.3　设 $\alpha(x)$ 和 $\beta(x)$ 为 ($x\to x_0$ 或 $x\to\infty$) 两个无穷小量 . 若它们的比有非零极限，即

$$\lim\frac{\alpha(x)}{\beta(x)}=c\quad (c\neq 0),$$

则称 $\alpha(x)$ 和 $\beta(x)$ 为同阶无穷小 . 特别地，当 $c=1$ 时，则称 $\alpha(x)$ 和 $\beta(x)$ 为等价无穷小量，并记为

$$\alpha(x) \sim \beta(x)\ (x \to x_0 \text{ 或 } x \to \infty).$$

例如，在 $x \to 0$ 时 $\sin x$ 和 $5x$ 都是无穷小量，且因为 $\lim\limits_{x\to 0}\dfrac{\sin x}{5x}=\dfrac{1}{5}$，所以当 $x\to 0$ 时，$\sin x$ 和 $5x$ 是同阶无穷小量.

又如，因为在 $x\to 0$ 时，x，$\sin x$，$\tan x$，$1-\cos x$，$\ln(1+x)$ 等都是无穷小量，并且

$$\lim_{x\to 0}\frac{\sin x}{x}=1,\ \lim_{x\to 0}\frac{\tan x}{x}=1,\ \lim_{x\to 0}\frac{1-\cos x}{\frac{1}{2}x^2}=1,\ \lim_{x\to 0}\frac{\ln(1+x)}{x}=1,$$

所以，当 $x\to 0$ 时，$x\sim\sin x\sim\tan x\sim\arcsin x\sim\arctan x\sim\ln(1+x)\sim e^x-1$．$1-\cos x\sim\dfrac{1}{2}x^2$.

定义 1.4.4 设 $\alpha(x)$ 和 $\beta(x)$ 为（$x\to x_0$ 或 $x\to\infty$）时的无穷小量，若它们的比的极限为零，即

$$\lim\frac{\alpha(x)}{\beta(x)}=0,$$

则称当（$x\to x_0$ 或 $x\to\infty$）时，$\alpha(x)$ 是 $\beta(x)$ 的高阶无穷小量，或称 $\beta(x)$ 是 $\alpha(x)$ 的低阶无穷小量，记为 $\alpha(x)=o(\beta(x))$.

当 $\lim\dfrac{\alpha(x)}{\beta^k(x)}=c\quad(c\neq 0)$，则称 $\alpha(x)$ 是比 $\beta(x)$ 高 k 阶的无穷小量.

例如，x^2 和 $\sin x$ 都是 $x\to 0$ 时的无穷小量，且 $\lim\limits_{x\to 0}\dfrac{x^2}{\sin x}=0$．所以，当 $x\to 0$ 时，x^2 是 $\sin x$ 的高阶无穷小量，即 $x^2=o(\sin x)$.

说得通俗些，无穷小量之间是比谁更小，在自变量的同一趋向下，同阶无穷小量可以想象为它们趋向于零的快慢成一种“倍数”关系，等价无穷小量是指它们趋向于零的速度“相同”；若 $\alpha(x)$ 是 $\beta(x)$ 的高阶无穷小量，则意味着 $\alpha(x)$ 比 $\beta(x)$ 趋向于零的速度要快得多.

应当特别强调，并非任何两个无穷小量都可以加以比较阶数的．比如，在 $x\to 0$ 时，$x\sin\dfrac{1}{x}$ 和 x 都是无穷小量，但是因为

$$\lim_{x\to 0}\frac{x\sin\frac{1}{x}}{x}=\lim_{x\to 0}\sin\frac{1}{x}$$

该极限不存在，所以这两个无穷小量是不可比较的，即它们之间不存在同阶或高阶的关系.

定理 1.4.6 若 $\alpha(x)\sim\alpha_1(x)$，$\beta(x)\sim\beta_1(x)$ 且 $\lim\dfrac{\alpha_1(x)}{\beta_1(x)}$ 存在（或无穷大量），则 $\lim\dfrac{\alpha(x)}{\beta(x)}$ 也存在（或无穷大量），并且

$$\lim\frac{\alpha(x)}{\beta(x)}=\lim\frac{\alpha_1(x)}{\beta_1(x)}\qquad\left(\text{或 }\lim\frac{\alpha(x)}{\beta(x)}=\infty\right).$$

证 由定理条件可知，$\lim\dfrac{\alpha(x)}{\alpha_1(x)}=1$，$\lim\dfrac{\beta(x)}{\beta_1(x)}=1$.

因此有

$$\lim\frac{\alpha(x)}{\beta(x)}=\lim\left[\frac{\alpha(x)}{\alpha_1(x)}\cdot\frac{\alpha_1(x)}{\beta_1(x)}\cdot\frac{\beta_1(x)}{\beta(x)}\right]$$

$$=\lim\frac{\alpha(x)}{\alpha_1(x)}\cdot\lim\frac{\alpha_1(x)}{\beta_1(x)}\cdot\lim\frac{\beta_1(x)}{\beta(x)}=\lim\frac{\alpha_1(x)}{\beta_1(x)}.$$

若 $\lim\dfrac{\alpha_1(x)}{\beta_1(x)}=\infty$，那么考虑 $\lim\dfrac{\beta_1(x)}{\alpha_1(x)}=0$，即可仿上面的证法.

定理 1.4.6 表明，对于“$\dfrac{0}{0}$型”的极限问题我们可以用等阶无穷小替换来计算极限.

【例 1-33】 求下列极限.

(1) $\lim\limits_{x\to0}\dfrac{\tan2x}{\sin5x}$；　(2) $\lim\limits_{x\to0}\dfrac{\sin x}{x^3+3x}$；　(3) $\lim\limits_{x\to0}\dfrac{\ln(1+x)}{e^x-1}$.

解 (1) 当 $x\to0$ 时，$\tan2x\sim2x$，$\sin5x\sim5x$，所以 $\lim\limits_{x\to0}\dfrac{\tan2x}{\sin5x}=\lim\limits_{x\to0}\dfrac{2x}{5x}=\dfrac{2}{5}$.

(2) 当 $x\to0$ 时，$\sin x\sim x$，所以

$$\lim_{x\to0}\frac{\sin x}{x^3+3x}=\lim_{x\to0}\frac{x}{x^3+3x}=\lim_{x\to0}\frac{1}{x^2+3}=\frac{1}{3}.$$

(3) 当 $x\to0$ 时，$\ln(1+x)\sim x$，$e^x-1\sim x$，所以 $\lim\limits_{x\to0}\dfrac{\ln(1+x)}{e^x-1}=\lim\limits_{x\to0}\dfrac{x}{x}=1$.

注意，作等阶无穷小替换时，在分子或分母为和式时，通常不能将和式中的某一项或若干项以其等阶无穷小替换，而应将分子或分母整个地加以替换；若分子或分母为几个因子之积，则可将其中某个或某些因子以等阶无穷小替换，简言之，乘积因子方可作无穷小量替换.

【例 1-34】 计算 $\lim\limits_{x\to0}\dfrac{1-\cos x}{x\sin x}$.

解 当 $x\to0$ 时，$(1-\cos x)\sim\dfrac{1}{2}x^2$，$\sin x\sim x$，所以 $\lim\limits_{x\to0}\dfrac{1-\cos x}{x\sin x}=\lim\limits_{x\to0}\dfrac{\frac{1}{2}x^2}{x\cdot x}=\dfrac{1}{2}$.

【例 1-35】 计算 $\lim\limits_{x\to0}\dfrac{\tan x-\sin x}{\sin^3x}$.

解

$$\lim_{x\to0}\frac{\tan x-\sin x}{\sin^3x}=\lim_{x\to0}\frac{\sin x\cdot\dfrac{1-\cos x}{\cos x}}{\sin^3x}=\lim_{x\to0}\frac{1}{\cos x}\cdot\lim_{x\to0}\frac{1-\cos x}{\sin^2x}$$

$$=1\cdot\lim_{x\to0}\frac{\frac{1}{2}x^2}{x^2}=\frac{1}{2}.$$

在［例 1-33］中我们是对分子和分母采用整体的或乘积因子中作等价无穷小量替换的. 对于［例 1-34］，若一开始就由 $\sin x\sim x$，$\tan x\sim x$ 对原式作等价无穷小量替换，则将导致

$$\lim_{x\to0}\frac{\tan x-\sin x}{\sin^3x}=\lim_{x\to0}\frac{x-x}{x^3}=0$$

的错误结果，读者应十分留意.

四、无穷大的比较

无穷大也可以比较，无穷大之间是比谁更大，由于无穷小量的倒数就是无穷大量，我们不再详细讨论，可以记住下列几个常见的无穷大量的关系

$$\ln x < x^n < a^x < x! < x^x \qquad 其中\ x>0,\ a>1.$$

A 组

1. 指出下列各题中，哪些是无穷大？哪些是无穷小？

(1) $\dfrac{1+2x}{x}$（$x\to 0$ 时）；　(2) $\dfrac{1+2x}{x^2}$（$x\to\infty$ 时）；

(3) $\tan x$（$x\to 0$ 时）；　(4) $\dfrac{x+1}{x^2-9}$（$x\to 3$ 时）.

2. 当 $x\to 0^+$ 时，x 是 $e^{\sqrt{x}}-1$ 的________阶无穷小.

3. 当 $x\to 0$ 时，$\sin x$ 是 $e^{2x}-1$ 的________阶无穷小.

4. 求下列极限.

(1) $\lim\limits_{x\to 0} x\sin\dfrac{1}{x}$；　(2) $\lim\limits_{x\to\infty}\dfrac{\cos x}{\sqrt{1+x^2}}$；

(3) $\lim\limits_{x\to 0}\dfrac{1-\cos x}{\sin x^3}$；　(4) $\lim\limits_{x\to 0}\dfrac{e^x-1}{2x}$.

B 组

1. 当 $x\to 0$ 时，$1-\cos^2 x$ 与 $a\sin^2\dfrac{x}{2}$ 为等价无穷小，则 $a=$ ________.

2. 设 $\varphi(x)=\dfrac{1-x}{1+x}$，$\varphi(x)=1-\sqrt[3]{x}$，则当 $x\to 1$ 时，$\varphi(x)$ 是 $\varphi(x)$ 的________阶无穷小.

3. 求下列极限.

(1) $\lim\limits_{x\to\infty}\dfrac{x-\cos x}{x}$；　(2) $\lim\limits_{n\to\infty}\left[1+\dfrac{(-1)^n}{n}\right]$；

(3) $\lim\limits_{x\to 0}\dfrac{1-\cos x}{x\sin x}$；　(4) $\lim\limits_{x\to 0^-}\dfrac{\sin ax}{\sqrt{1-\cos x}}$　$(a\neq 0)$.

第五节　函数的连续性

【学习目标】

1. 理解函数连续的概念.
2. 会求函数间断点并判断其类型.
3. 了解闭区间上连续性函数的性质.

连续性是自然界中各种物态连续变化的数学体现，这方面实例可以举出很多，如水的连续流动、身高的连续增长等．同时，连续也是函数的重要性态之一，它不仅是函数研究的重要内容，也为计算极限开辟了新的途径．本节将运用极限概念对它加以描述和研究，并在此基础上解决更多的极限计算问题.

一、连续与间断

1. 增量

定义 1.5.1　设变量 u 从它的一个初值 u_1 变到终值 u_2，终值与初值的差 u_2-u_1 称为变量 u 的增量，或者改变量，记为 Δu，即 $\Delta u=u_2-u_1$.

增量 Δu 可正、可负，当 $\Delta u>0$ 时，变量 u 从 u_1 变到 $u_2=u_1+\Delta u$ 时是增大的；当 $\Delta u<0$ 时，变量 u 是减小的．设函数 $y=f(x)$ 在点 x_0 的某领域内有定义，当自变量 x 在该领域内由 x_0 变到 $x_0+\Delta x$ 时，函数 y 相应地由 $f(x_0)$ 变到 $f(x_0+\Delta x)$，因此函数 y 的对应增量为 $\Delta y=f(x_0+\Delta x)-f(x_0)$．其几何意义如图1-15所示.

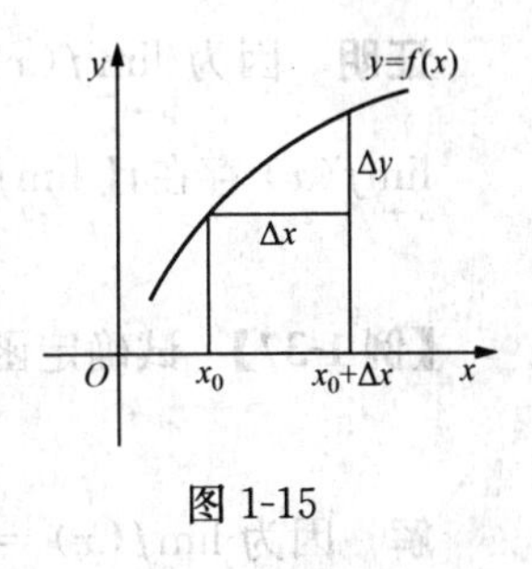

图 1-15

2. 连续

定义 1.5.2　设函数 $y=f(x)$ 在点 x_0 的某邻域内有定义，如果自变量的增量 $\Delta x=x-x_0$ 趋于零时，对应的函数的增量 $\Delta y=f(x_0+\Delta x)-f(x_0)$ 也趋于零，即

$$\lim_{\Delta x\to 0}\Delta y=\lim_{\Delta x\to 0}[f(x_0+\Delta x)-f(x_0)]=0,$$

则称函数 $y=f(x)$ 在点 x_0 连续，或称 x_0 为函数 $y=f(x)$ 的连续点.

这表明，函数 $y=f(x)$ 在 x_0 处连续的直观意义是：当自变量的改变量很小时，函数的相应的改变量也很小，两个改变量同步趋向于0. 图形特征是在该点函数曲线不断裂.

令 $x_0+\Delta x=x$，则当 $\Delta x\to 0$ 时，$x\to x_0$，定义 1.5.2 中的表达式可写为

$$\lim_{\Delta x\to x_0}[f(x_0+\Delta x)-f(x_0)]=\lim_{x\to x_0}[f(x)-f(x_0)]=0\text{，即}\lim_{x\to x_0}f(x)=f(x_0).$$

因此，函数 $y=f(x)$ 在点 x_0 连续的定义还可以作以下叙述.

定义 1.5.3 设 $y=f(x)$ 在点 x_0 的某邻域内有定义，若 $\lim\limits_{x\to x_0}f(x)=f(x_0)$，则称函数 $f(x)$ 在点 x_0 连续.

$\lim\limits_{x\to x_0}f(x)=f(x_0)$ 式蕴含了三部分内容：① $f(x)$ 在 x_0 有定义；② $f(x)$ 在 x_0 有极限；③ $f(x)$ 在 x_0 的极限值等于在 x_0 的函数值.

若函数 $y=f(x)$ 在点 x_0 处有 $\lim\limits_{x\to x_0^-}f(x)=f(x_0)$ 或 $\lim\limits_{x\to x_0^+}f(x)=f(x_0)$，则分别称函数 $y=f(x)$ 在点 x_0 处是左连续或右连续．由此可知，函数 $y=f(x)$ 在点 x_0 处连续的充要条件可表示为

$$\lim_{x\to x_0^-}f(x)=\lim_{x\to x_0^+}f(x),$$

即函数在某点连续的充要条件为函数在该点处左、右连续.

若函数 $y=f(x)$ 在开区间 I 内的各点处均连续，则称该函数在开区间 I 内连续．若函数 $y=f(x)$ 在开区间 (a,b) 内连续，且在左端点 a 处右连续，在右端点 b 处左连续，则称函数 $y=f(x)$ 在闭区间 $[a,b]$ 上连续．看得出在闭区间上连续的定义削弱了对区间端点的要求.

【例 1-36】 试证明函数 $f(x)=\begin{cases}2x+1, & x\leqslant 0\\ \cos x, & x>0\end{cases}$ 在 $x=0$ 处连续.

证明 因为 $\lim\limits_{x\to 0^+}f(x)=\lim\limits_{x\to 0^+}\cos x=1$，$\lim\limits_{x\to 0^-}f(x)=\lim\limits_{x\to 0^-}(2x+1)=1$，且 $f(0)=1$，则 $\lim\limits_{x\to 0}f(x)$ 存在且 $\lim\limits_{x\to 0}f(x)=f(0)=1$，即 $f(x)$ 在 $x=0$ 处连续.

【例 1-37】 试确定函数 $f(x)=\begin{cases}x\sin\dfrac{1}{x}, & x\neq 0\\ 0 & x=0\end{cases}$ 在 $x=0$ 处的连续性.

解 因为 $\lim\limits_{x\to 0}f(x)=\lim\limits_{x\to 0}x\sin\dfrac{1}{x}=0=f(0)$，所以 $f(x)$ 在 $x=0$ 处连续.

3. 间断

函数的连续性定义表明，函数在点 x_0 处连续，要具备 $\lim\limits_{x\to x_0}f(x)=f(x_0)$，它蕴含了三个条件，由此，否定任意一个条件就可以得到函数 $y=f(x)$ 在点 x_0 处间断的定义.

定义 1.5.4 设函数 $y=f(x)$ 在点 x_0 的某去心邻域内有定义，如果函数 $f(x)$ 有下列三种情形之一：

(1) 函数 $f(x)$ 在点 x_0 处没有定义；

(2) 函数 $f(x)$ 在点 x_0 处有定义，但 $\lim\limits_{x\to x_0}f(x)$ 不存在；

(3) 函数 $f(x)$ 在点 x_0 处有定义，且 $\lim\limits_{x\to x_0}f(x)$ 存在，但 $\lim\limits_{x\to x_0}f(x)\neq f(x_0)$；

则称函数 $f(x)$ 在点 x_0 处不连续或间断，点 x_0 称为函数 $y=f(x)$ 的不连续点或间断点．

通常，间断点是按照函数曲线断开的距离分类：断开距离是有限的，即如果 x_0 是函数

$f(x)$ 的间断点，则左极限 $\lim\limits_{x\to x_0^-}f(x)$ 和右极限 $\lim\limits_{x\to x_0^+}f(x)$ 都存在但不相等，或者函数在 x_0 极限存在但不等于函数值 $f(x_0)$，那么 x_0 称为函数 $f(x)$ 的第一类间断点；断开距离不是有限的，即不是第一类间断点的其他间断点称为第二类间断点.

第一类间断点又分为可去间断点和跳跃间断点，可去间断点通过修改函数定义可以使其连续.

【例 1-38】 函数 $f(x)=\begin{cases}x, & x\neq 1\\ \dfrac{1}{2}, & x=1\end{cases}$，由于 $\lim\limits_{x\to 1}f(x)=\lim\limits_{x\to 1}x=1$，但 $f(1)=\dfrac{1}{2}$，因此，点 $x=1$ 是函数 $f(x)$ 的第一类间断点，并且是可去间断点，如图 1-16 所示. 若修改定义：$f(1)=1$，则函数就连续.

【例 1-39】 函数 $f(x)=\begin{cases}2x-1, & x<0\\ 0, & x=0\\ 2x+1, & x>0\end{cases}$，由于 $\lim\limits_{x\to 0^+}f(x)=\lim\limits_{x\to 0^+}(2x+1)=1$，$\lim\limits_{x\to 0^-}f(x)=\lim\limits_{x\to 0^-}(2x-1)=-1$，显然 $\lim\limits_{x\to 0^+}f(x)\neq\lim\limits_{x\to 0^-}f(x)$，因此，点 $x=0$ 是函数 $f(x)$ 的第一类间断点，并且是跳跃间断点，断开距离是 2 个单位，如图 1-17 所示.

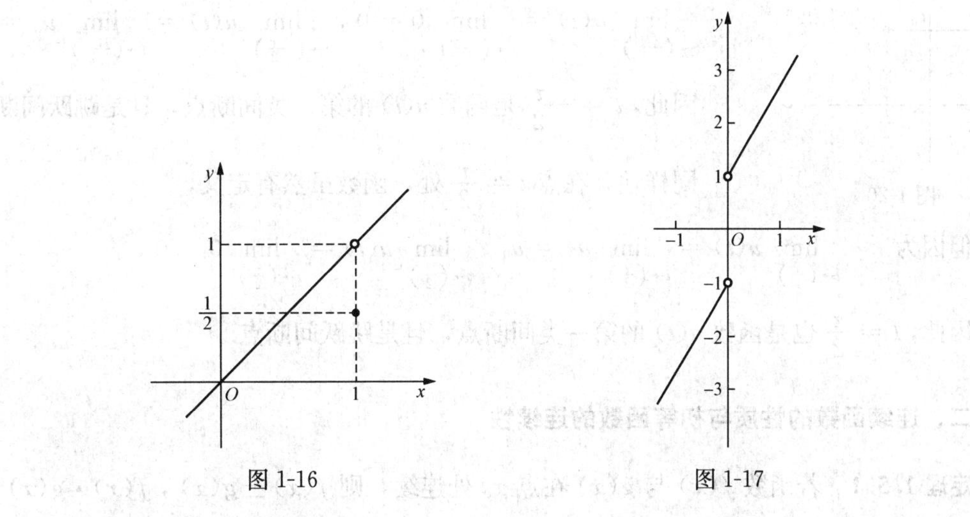

图 1-16　　图 1-17

第二类间断点又分为无穷间断点和震荡间断点，$\lim\limits_{x\to x_0^+}f(x)$或$\lim\limits_{x\to x_0^-}f(x)=\pm\infty$ 时为无穷间断点；$\lim\limits_{x\to x_0}f(x)$不存在时为震荡间断点.

【例 1-40】 正切函数 $y=\tan x$ 在 $x=\dfrac{\pi}{2}$ 处无定义，且 $\lim\limits_{x\to\frac{\pi}{2}}\tan x=\infty$，所以 $x=\dfrac{\pi}{2}$ 是函数 $y=\tan x$ 的第二类间断点，并且是无穷间断点，如图 1-18 所示.

【例 1-41】 函数 $y=\sin\dfrac{1}{x}$ 在 $x=0$ 处的左右极限都不存在，$x=0$ 是第二类间断点，属振荡间断点，如图 1-19 所示.

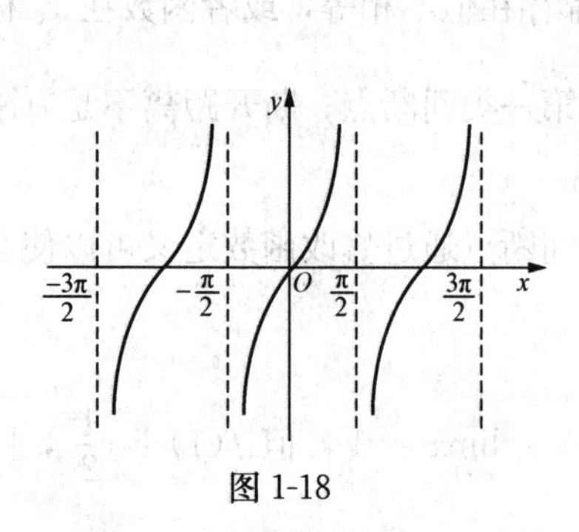

图 1-18

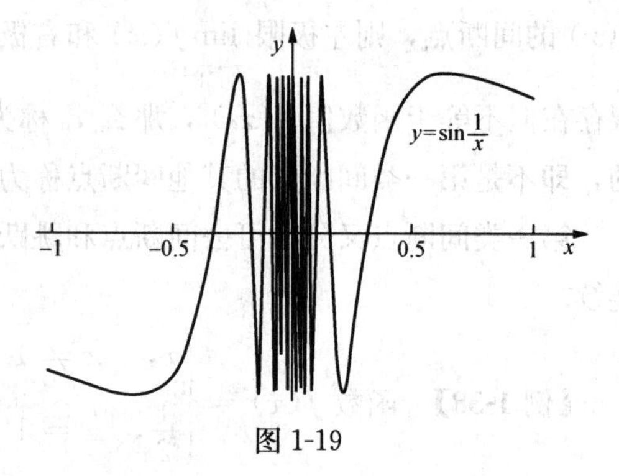

图 1-19

【例 1-42】 如图 1-20 所示，该图像是无线电技术中经常遇到的脉冲函数，它的表达式是 $u(t)=\begin{cases}0, & t<-\frac{\tau}{2}\\ u_0, & -\frac{\tau}{2}\leqslant t\leqslant\frac{\tau}{2}\\ 0, & t>\frac{\tau}{2}\end{cases}$，(其中 τ 是常数)，讨论该函数的间断点.

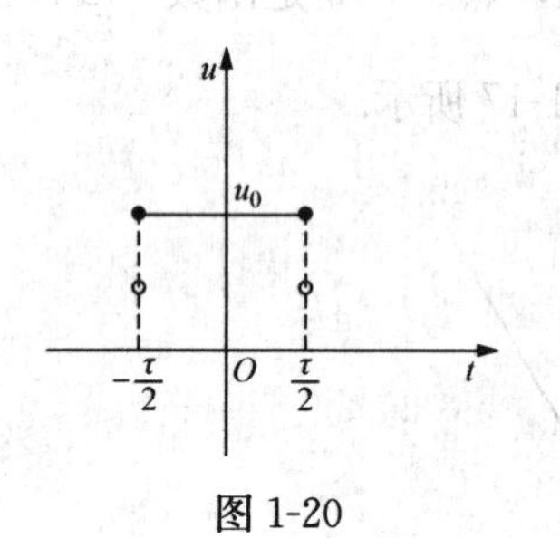

图 1-20

解 在点 $t=-\frac{\tau}{2}$ 处，函数虽然有定义，但因为

$$\lim_{t\to\left(-\frac{\tau}{2}\right)^-}u(t)=\lim_{t\to\left(-\frac{\tau}{2}\right)^-}0=0,\quad \lim_{t\to\left(-\frac{\tau}{2}\right)^+}u(t)=\lim_{t\to\left(-\frac{\tau}{2}\right)^+}u_0=u_0,$$

因此，$t=-\frac{\tau}{2}$ 是函数 $u(t)$ 的第一类间断点，且是跳跃间断点.

同样地，在点 $t=\frac{\tau}{2}$ 处，函数虽然有定义，

但因为 $$\lim_{t\to\left(\frac{\tau}{2}\right)^-}u(t)=\lim_{t\to\left(\frac{\tau}{2}\right)^-}u_0=u_0,\quad \lim_{t\to\left(\frac{\tau}{2}\right)^+}u(t)=\lim_{t\to\left(\frac{\tau}{2}\right)^+}0=0,$$

因此，$t=\frac{\tau}{2}$ 也是函数 $u(t)$ 的第一类间断点，且是跳跃间断点.

二、连续函数的性质与初等函数的连续性

定理 1.5.1 若函数 $f(x)$ 与 $g(x)$ 在点 x_0 处连续，则 $f(x)\pm g(x)$，$f(x)\cdot g(x)$ 在该点也连续，又若 $g(x_0)\neq 0$，则 $\frac{f(x)}{g(x)}$ 在 x_0 处也连续.

证明 仅证明 $f(x)\cdot g(x)$ 的情形．因为 $f(x)$ 与 $g(x)$ 在点 x_0 处连续，所以有

$$\lim_{x\to x_0}f(x)=f(x_0),\ \lim_{x\to x_0}g(x)=g(x_0),$$

故由极限的运算法则可得

$$\lim_{x\to x_0}[f(x)\cdot g(x)]=\lim_{x\to x_0}f(x)\cdot\lim_{x\to x_0}g(x)=f(x_0)\cdot g(x_0),$$

因此 $f(x)\cdot g(x)$ 在 x_0 点处连续.

其他情况读者可类似地加以证明.

定理 1.5.2　设函数 $y=f(u)$ 在 u_0 处连续，函数 $u=\varphi(x)$ 在 x_0 处连续，且 $u_0=\varphi(x_0)$，则复合函数 $y=f[\varphi(x)]$ 在 x_0 处连续.

这个定理说明了连续函数的复合函数仍为连续函数，并可得到如下结论

$$\lim_{x\to x_0}f[\varphi(x)]=f[\varphi(x_0)]=f[\lim_{x\to x_0}\varphi(x)],$$

这表示连续函数的极限符号和函数符号可以交换次序.

【例 1-43】　求 $\lim\limits_{x\to 3}\sqrt{\dfrac{x-3}{x^2-9}}$.

解　函数 $\sqrt{\dfrac{x-3}{x^2-9}}$ 是由函数 $y=\sqrt{u}$ 与 $u=\dfrac{x-3}{x^2-9}$ 复合而成，又因为 $\lim\limits_{x\to 3}\dfrac{x-3}{x^2-9}=\dfrac{1}{6}$，而 $y=\sqrt{u}$ 在点 $u=\dfrac{1}{6}$ 连续，所以

$$\lim_{x\to 3}\sqrt{\frac{x-3}{x^2-9}}=\sqrt{\lim_{x\to 3}\frac{x-3}{x^2-9}}=\sqrt{\frac{1}{6}}=\frac{\sqrt{6}}{6}.$$

【例 1-44】　计算 $\lim\limits_{x\to 0}\dfrac{\ln(1+x)}{x}$.

解　$\lim\limits_{x\to 0}\dfrac{\ln(1+x)}{x}=\lim\limits_{x\to 0}\ln(1+x)^{\frac{1}{x}}=\ln[\lim\limits_{x\to 0}(1+x)^{\frac{1}{x}}]=\ln e=1$.

定理 1.5.3　若函数 $y=f(x)$ 在某区间上单值、单调且连续，则它的反函数 $x=f^{-1}(y)$ 在对应的区间上也单值、单调且连续，且它们的单调性相同，即它们同为递增或递减.

根据定理 1.5.3，我们可以由三角函数的连续性得：各个反三角函数在各自的定义域内连续；由指数函数 $y=a^x\ (a>0,a\neq 1)$ 的连续性得：对数函数 $y=\log_a x\ (a>0,a\neq 1)$ 在 $(0,+\infty)$ 内连续；由对数函数和复合函数的连续性推知：幂函数 $x^\mu=10^{\mu\lg x}$ 在 $(0,+\infty)$ 内连续.

综上所述，我们可以推断：基本初等函数在其定义域内连续. 再根据定理 1.5.1 和定理 1.5.2，我们可以得到关于初等函数连续性的重要定理.

定理 1.5.4　初等函数在其定义区间内是连续的.

今后在求初等函数定义区间内各点的极限时，只要计算它在指定点的函数值即可.

【例 1-45】　求 $\lim\limits_{x\to a}\arcsin(\log_a x)$，$(a>0,a\neq 1)$.

解　因为 $\arcsin(\log_a x)$ 是初等函数，且 $x=a$ 为它的定义区间内的一点，所以有

$$\lim_{x\to a}\arcsin(\log_a x)=\arcsin(\log_a a)=\arcsin 1=\frac{\pi}{2}.$$

【例 1-46】　求 $\lim\limits_{x\to 0}\dfrac{\sqrt{1+x}-1}{x}$.

解　所给函数是初等函数，但它在 $x=0$ 处无定义，故不能直接应用定理 1.5.4. 这仍然是一个“$\dfrac{0}{0}$”型的极限问题，应当先将该函数的分子有理化，消去使分母为零的因子 x，得到一个连续函数再计算极限. 即

$$\lim_{x\to0}\frac{\sqrt{1+x}-1}{x}=\lim_{x\to0}\frac{x}{x(\sqrt{1+x}+1)}=\lim_{x\to0}\frac{1}{\sqrt{1+x}+1}=\frac{1}{\sqrt{1+0}+1}=\frac{1}{2}.$$

【例 1-47】 设 $f(x)=\begin{cases}\arctan\frac{1}{x^2}, & x\neq0\\ \frac{\pi}{2}, & x=0\end{cases}$，讨论 $f(x)$ 的连续性.

解 当 $x\neq0$ 时，$f(x)=\arctan\frac{1}{x^2}$，这个表达式由初等函数表示，所以 $x\neq0$ 处是连续的.

又 $\lim\limits_{x\to0}f(x)=\lim\limits_{x\to0}\arctan\frac{1}{x^2}=\frac{\pi}{2}=f(0)$，得知 $f(x)$ 在 $x=0$ 处连续．故函数 $f(x)$ 在 $(-\infty,+\infty)$ 内是连续的.

【例 1-48】 问函数 $f(x)=\begin{cases}\frac{1-\cos x}{x^2}, & x\neq0\\ 0, & x=0\end{cases}$，何处是间断点？是第几类间断点？

解 当 $x\neq0$ 时，函数 $f(x)$ 的表达式由初等函数表示，所以在 $x\neq0$ 处不可能有间断点.

又 $\lim\limits_{x\to0}f(x)=\lim\limits_{x\to0}\frac{1-\cos x}{x^2}=\frac{1}{2}\neq f(0)$，所以在分段点 $x=0$ 处函数 $f(x)$ 间断，且为第一类间断点.

三、闭区间上连续函数的性质

在闭区间上连续的函数具有一些重要的特性．下面我们将予以介绍不加证明.

定理 1.5.5（最值定理） 闭区间上的连续函数一定存在最大值和最小值.

若函数在开区间内连续，或函数在闭区间上有间断点，则该函数在该区间内未必能取得最大值和最小值．如函数 $y=x$ 在开区间 (a,b) 内是连续的，但在该区间内既无最大值又无最小值．又比如函数 $y=\begin{cases}-x+1, & 0\leqslant x<1\\ 1, & x=1\\ -x+3, & 1<x\leqslant2\end{cases}$ 在闭区间 $[0,2]$ 上有间断点 $x=1$，该函数在闭区间 $[0,2]$ 上既无最大值又无最小值，如图 1-21 所示.

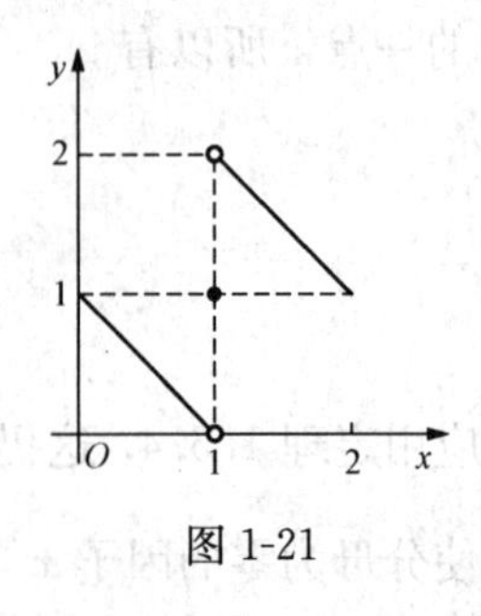

图 1-21

定理 1.5.6（介值定理） 若函数 $f(x)$ 在闭区间 $[a,b]$ 上连续，最大值和最小值分别为 M 和 m，且 $M\neq m$，μ 为介于 M 和 m 之间的任意一个数，则至少存在一点 $\xi\in(a,b)$，使得 $f(\xi)=\mu$.

定理 1.5.7（零点定理） 若 $f(x)$ 在 $[a,b]$ 上连续，且 $f(a)\cdot f(b)<0$，则至少存在一点 $\xi\in(a,b)$，使得 $f(\xi)=0$.

从图 1-22 和图 1-23 可以明显看出定理 1.5.6 及定理 1.5.7 的几何意义.

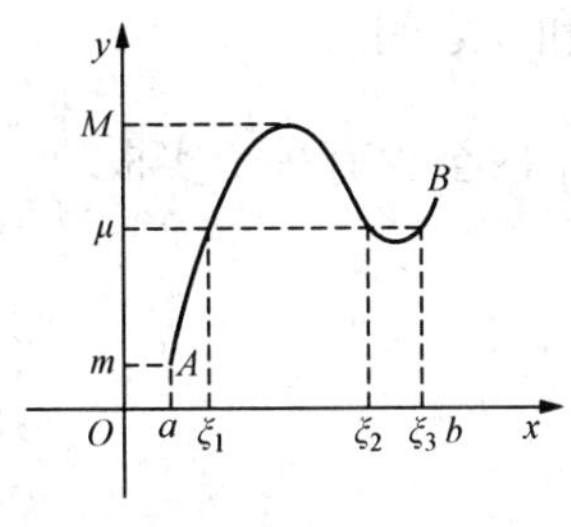

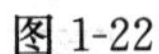
图 1-22

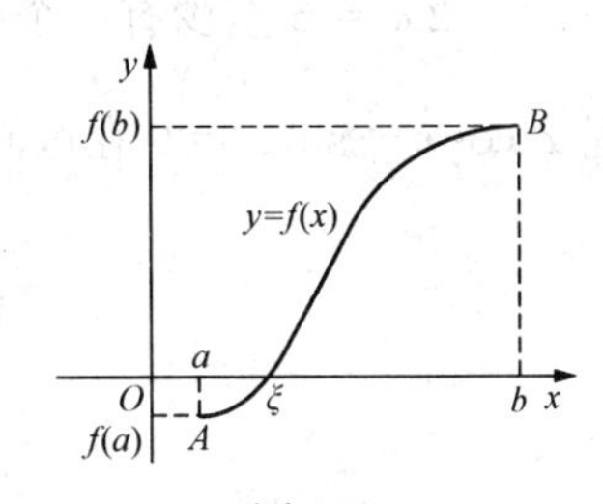

图 1-23

【例 1-49】 证明方程 $x^3-4x^2+1=0$ 在（0，1）内至少有一个实根.

证明　设 $f(x)=x^3-4x^2+1$，由于它在 $[0,1]$ 上连续且

$$f(0)=1>0\text{，}f(1)=-2<0\text{，}$$

因此由推论可知，至少存在一点 $\xi\in(0,1)$，使得 $f(\xi)=0$．即所给方程在（0，1）内至少有一个实根.

A　组

1. 计算下列极限.

(1) $\lim\limits_{x\to\frac{\pi}{2}}\lg\sin x$；　(2) $\lim\limits_{x\to 1}\arccos\dfrac{\sqrt{3x+\lg x}}{2}$；　(3) $\lim\limits_{x\to 2}\dfrac{e^x+1}{x}$；

(4) $\lim\limits_{x\to e}(x\ln x+2x)$；　(5) $\lim\limits_{x\to 0}\ln\dfrac{\sin x}{x}$；　(6) $\lim\limits_{x\to\infty}e^{\frac{1}{x}}$；

(7) $\lim\limits_{x\to\infty}\ln\left(1+\dfrac{1}{x}\right)^x$；　(8) $\lim\limits_{x\to+\infty}\dfrac{\ln(1+x)-\ln x}{x}$.

2. 设函数 $f(x)=\begin{cases}x, & x\leqslant 1\\ 6x-5, & x>1\end{cases}$，试讨论 $f(x)$ 在 $x=1$ 处的连续性，并写出 $f(x)$ 的连续区间.

3. 设函数 $f(x)=\begin{cases}1+e^x, & x<0\\ x+2a, & x\geqslant 0\end{cases}$，问常数 a 为何值时，函数 $f(x)$ 在（$-\infty$，$+\infty$）内连续.

4. 讨论函数的连续性，如有间断点，指出其类型.

(1) $y=\begin{cases}x+1, & 0<x\leqslant 1\\ 2-x, & 1<x\leqslant 3\end{cases}$；　(2) $y=\begin{cases}\dfrac{1-x^2}{1+x}, & x\neq -1\\ 0, & x=-1\end{cases}$；

(3) $y=\dfrac{\sin x}{x}$；　(4) $y=\dfrac{3}{x-2}$.

5. 证明方程 $x^3+2x=6$ 至少有一个根介于1和3之间.

6. 证明方程 $x^2\cos x-\sin x=0$ 在区间 $\left(\pi,\frac{3}{2}\pi\right)$ 内至少有一个实根.

B 组

1. 求下列极限.

(1) $\lim\limits_{x\to+\infty}(\sqrt{x^2+x}-\sqrt{x^2+1})$；　　(2) $\lim\limits_{x\to+\infty}\arccos(\sqrt{x^2+x}-x)$；

(3) $\lim\limits_{x\to0}[\ln|\sin x|-\ln|x|]$；　　(4) $\lim\limits_{x\to0}[\sin\ln(1+x)^{\frac{1}{x}}]$.

2. 证明方程 $x-2\sin x=1$ 至少有一个正根小于3.

*第六节　双曲函数

【学习目标】

1. 了解双曲函数的定义.
2. 了解双曲函数的图像特征.

在高等数学中，双曲函数（又叫圆函数）类似于三角函数，在物理学和工程技术上有广泛的应用.

一、双曲函数的定义

双曲函数是一类初等函数（见表1-4），它们的定义如下

双曲正弦函数　$\text{sh}x=\dfrac{e^x-e^{-x}}{2}, x\in(-\infty,+\infty)$.

双曲余弦函数　$\text{ch}x=\dfrac{e^x+e^{-x}}{2}, x\in(-\infty,+\infty)$.

双曲正切函数　$\text{th}x=\dfrac{e^x-e^{-x}}{e^x+e^{-x}}$（即 $\dfrac{\text{sh}x}{\text{ch}x}$），$x\in(-\infty,+\infty)$.

双曲余切函数　$\coth x=\dfrac{e^x+e^{-x}}{e^x-e^{-x}}$（即 $\dfrac{\text{ch}x}{\text{sh}x}$），$x\in(-\infty,0)\cup(0,+\infty)$.

这些函数之间存在着下述关系

$$\text{sh}(x\pm y)=\text{sh}x\text{ch}y\pm\text{ch}x\text{sh}y \tag{1}$$

$$\text{ch}(x\pm y)=\text{ch}x\text{ch}y\pm\text{sh}x\text{sh}y \tag{2}$$

$$\text{sh}2x=2\text{sh}x\text{ch}x \tag{3}$$

$$\text{ch}2x=\text{ch}^2x+\text{sh}^2x \tag{4}$$

$$\text{ch}^2x-\text{sh}^2x=1 \tag{5}$$

我们仅仅证明第一个公式．由双曲函数定义可得

$$\begin{aligned}
\operatorname{sh}x\operatorname{ch}y+\operatorname{ch}x\operatorname{sh}y &= \frac{e^x-e^{-x}}{2}\cdot\frac{e^y+e^{-y}}{2}+\frac{e^x+e^{-x}}{2}\cdot\frac{e^y-e^{-y}}{2} \\
&= \frac{e^{x+y}-e^{y-x}+e^{x-y}-e^{-(x+y)}}{4}+\frac{e^{x+y}+e^{y-x}-e^{x-y}-e^{-(x+y)}}{4} \\
&= \frac{e^{x+y}-e^{-(x+y)}}{2}=\operatorname{sh}(x+y).
\end{aligned}$$

上述公式与三角函数的有关公式相类似，只是（2）、（4）、（5）与三角函数的相应公式符号不同，注意两者的对照、比较，是易于记忆的.

表 1-4

函数	定义域	值域	图像	性质
双曲正弦函数 $y=\operatorname{sh}x$	R	R	y, 1, $\frac{\pi}{4}$, −1, O, 1, x, −1	奇函数，单调递增
双曲余弦函数 $y=\operatorname{ch}x$	R	$[1,+\infty)$	y, $y=\operatorname{ch}x$, $y=1+\frac{x^2}{2}$, 1, A, −2, −1, O, 1, 2, x	偶函数，$(-\infty,0)$ 时单调递减，$(0,+\infty)$ 单调递增
双曲正切函数 $y=\operatorname{th}x$	R	$(-1,1)$	y, 1, $\frac{\pi}{4}$, −1, O, 1, x, −1	奇函数，单调递增，有界
双曲余切函数 $y=\operatorname{coth}x$	$x\neq 0$	$\lvert x\rvert>1$	y, 1, −1, O, 1, x, −1	奇函数，在 $(-\infty,0)$ 和 $(0,+\infty)$ 分别单调递减

二、反双曲函数

双曲函数的反函数叫做反双曲函数，分别记为 $\operatorname{arsh}x$ ，$\operatorname{arch}x$ ，$\operatorname{arth}x$ ，$\operatorname{arcoth}x$. 反双曲线函数还有如下的表达式

$$y=\operatorname{arsh}x=\ln(x+\sqrt{x^2+1}) \tag{6}$$

$$y=\operatorname{arch}x=\ln(x+\sqrt{x^2-1}) \tag{7}$$

$$y=\operatorname{arth}x=\frac{1}{2}\ln\frac{1+x}{1-x} \tag{8}$$

$$y=\operatorname{arcoth}x=\frac{1}{2}\ln\frac{x+1}{x-1} \tag{9}$$

证明题.

(1) $\operatorname{sh}x+\operatorname{sh}y=2\operatorname{sh}\frac{x+y}{2}\operatorname{ch}\frac{x-y}{2}$ ；　　(2) $\operatorname{ch}x-\operatorname{ch}y=2\operatorname{sh}\frac{x+y}{2}\operatorname{sh}\frac{x-y}{2}$.

本 章 小 结

一、基本定义和概念

1. 函数的定义：设 D 是一个由实数组成的非空集合，如果对于数集 D 中的每一个确定的数 x ，按照某种对应规则 f ，都有唯一的确定的实数 y 与之对应，则称 y 是定义在集合 D 上的关于 x 的函数，记为 $y=f(x)$. 其中，集合 D 称为函数的定义域，x 称为自变量，y 称为因变量，f 称为对应法则.

2. 分段函数的定义：在定义域的不同范围内具有不同的表达式的函数称为分段函数.

3. 复合函数的定义：若函数 $y=f(u)$ ，定义域为 D_1 ，函数 $u=\varphi(x)$ 的值域为 D_2 ，其中 $D_2\subseteq D_1$ ，则 y 通过变量 u 成为 x 的函数，这个函数称为由函数 $y=f(u)$ 和函数 $u=\varphi(x)$ 构成的复合函数，记为 $y=f[\varphi(x)]$，其中变量 u 称为中间变量.

4. 初等函数的定义：由基本初等函数及常数经过有限次四则运算和有限次复合构成，并且可以用一个数学式子表示的函数，叫做初等函数.

5. 数列极限的定义：对于数列 $\{u_n\}$ ，如果 n 无限增大时，通项 u_n 无限接近于某个确定的常数 a ，则称该数列的极限为 a ，或称数列 $\{u_n\}$ 收敛于 a ，记为 $\lim\limits_{n\to\infty}u_n=a$ 或 $u_n\to a(n\to\infty)$. 若数列 $\{u_n\}$ 没有极限，则称该数列发散.

6. 函数极限的定义：设函数 $f(x)$ 在 $|x|$ 大于某一正数是有定义 . 如果 $|x|$ 无限增大时，函数 $f(x)$ 无限趋近于确定的常数 A ，则称 A 为 $x\to\infty$ 时函数 $f(x)$ 的极限，记为 $\lim\limits_{x\to\infty}f(x)=A$ 或 $f(x)\to A$ ($x\to\infty$) . 若当 $x\to+\infty$ (或 $x\to-\infty$) 时，函数趋近于确定的常数 A ，记为 $\lim\limits_{x\to+\infty}f(x)=A$ 或 $\lim\limits_{x\to-\infty}f(x)=A$.

设函数 $f(x)$ 在 x_0 的某去心邻域 $U(\hat{x}_0,\delta)$ 内有定义，当自变量 x 在 $U(\hat{x}_0,\delta)$ 内无限接近于 x_0 时，相应的函数值无限接近于确定的常数 A，则称 A 为 $x\to x_0$ 时函数 $f(x)$ 的极限，记为 $\lim\limits_{x\to x_0}f(x)=A$ 或 $f(x)\to A$（$x\to x_0$）.

7. 无穷小量的定义：若函数 $\alpha=\alpha(x)$ 在 x 的某种趋向下以零为极限，则称函数 $\alpha=\alpha(x)$ 为 x 的这种趋向下的无穷小量，简称为无穷小，记为 $\lim\alpha(x)=0$.

8. 连续的定义：设函数 $y=f(x)$ 在点 x_0 的某邻域内有定义，如果自变量的增量 $\Delta x=x-x_0$ 趋于零时，对应的函数的增量 $\Delta y=f(x_0+\Delta x)-f(x_0)$ 也趋于零，即 $\lim\limits_{\Delta x\to 0}\Delta y=\lim\limits_{\Delta x\to 0}[f(x_0+\Delta x)-f(x_0)]=0$，则称函数 $y=f(x)$ 在点 x_0 连续，或称 x_0 为函数 $y=f(x)$ 的连续点.

设函数 $y=f(x)$ 在点 x_0 的某邻域内有定义，若 $\lim\limits_{x\to x_0}f(x)=f(x_0)$，则称函数 $f(x)$ 在点 x_0 连续.

9. 间断的定义：设函数 $y=f(x)$ 在点 x_0 的某去心邻域内有定义，函数 $f(x)$ 有下列三种情形之一

(1) 函数 $f(x)$ 在点 x_0 处没有定义；

(2) 函数 $f(x)$ 在点 x_0 处有定义，但 $\lim\limits_{x\to x_0}f(x)$ 不存在；

(3) 函数 $f(x)$ 在点 x_0 处有定义，且 $\lim\limits_{x\to x_0}f(x)$ 存在，但 $\lim\limits_{x\to x_0}f(x)\neq f(x_0)$；

则称函数 $f(x)$ 在点 x_0 处不连续或间断，点 x_0 称为函数 $y=f(x)$ 的不连续点或间断点.

10. 间断点的定义：如果 x_0 是函数 $f(x)$ 的间断点，但左极限 $\lim\limits_{x\to x_0^-}f(x)$ 和右极限 $\lim\limits_{x\to x_0^+}f(x)$ 都存在，那么 x_0 称为函数 $f(x)$ 的第一类间断点. 不是第一类间断点的其他间断点称为第二类间断点.

二、基本公式

1. 极限的四则运算法则.

2. 重要极限：其中“Δ”表示的变量是一样的.

(1) $\lim\limits_{\Delta\to 0}\dfrac{\sin\Delta}{\Delta}=1$；　　(2) $\lim\limits_{\Delta\to\infty}\left(1+\dfrac{1}{\Delta}\right)^{\Delta}=\mathrm{e}$.

三、常用运算和证明方法

1. 定义域的求法.

通常求函数的定义域应注意以下几点.

(1) 当函数是多项式时，定义域是 $(-\infty,+\infty)$；

(2) 分式函数的分母不能为零；

(3) 偶此根式的被开方式必须大于零；

(4) 对数函数的真数必须大于零；

(5) 反正弦函数与反余弦函数的定义域为 $[-1,+1]$；

(6) 如果函数表达式中含有上述几种函数，则应取各部分定义域的交集；

(7) 分段函数的定义域为各段定义区间的并集.

2. 函数的奇偶性、单调性等特性的判断.

3. 复合函数的复合与拆分.

4. 极限的求法.

求极限是一元函数微积分中最基本的一种运算，其方法较多，主要有以下几种.

（1）利用极限的定义，通过函数图像直观地求出函数的极限；

（2）利用极限的四则运算法则；

（3）利用数列极限的单调有界原理；

（4）利用两个重要极限；

（5）利用无穷小的运算法则，以及无穷小与无穷大的关系；

（6）利用等价无穷小代换；

常用的等价无穷小有：当 $x \to 0$ 时

$$\sin x \sim \tan x \sim \arcsin x \sim \arctan x \sim \ln(1+x) \sim e^x - 1 \sim x\,,$$

$$1-\cos x \sim \frac{1}{2}x^2\,,\ \sqrt{1+x}-1 \sim \frac{1}{2}x\,.$$

（7）利用函数的连续性；

（8）利用罗必达法则（见第二章内容）.

5. 无穷小量的比较.

6. 判断函数的连续性，确定间断点及其类型.

其具体做法如下.

（1）寻找使函数 $f(x)$ 无定义的点 x_0，若有则 x_0 为间断点，否则进行下一步；

（2）寻找使 $\lim\limits_{x\to x_0} f(x)$ 不存在的点 x_0（分段函数的间断点通常发生在分段点处），若有则 x_0 为间断点，否则进行下一步；

（3）寻找使 $\lim\limits_{x\to x_0} f(x) \neq f(x_0)$ 的点 x_0，若有则 x_0 为间断点.

7. 会利用零点定理判断方程根的情况.

自测题一

1. 填空题.（每题 5 分）

（1）设函数 $f(x)=\begin{cases} x, x\in\left(-1,\dfrac{2}{3}\right] \\ -x, x\in\left(\dfrac{2}{3},1\right] \end{cases}$. 则 $f(0)=$______，$f\left(\dfrac{3}{4}\right)=$______.

（2）函数 $y=\lg(x-2)$ 的定义域是______.

（3）$\lim\limits_{x\to+\infty}\dfrac{x(\sqrt{x}-1)}{1-2x^{\frac{3}{2}}}=$______.

（4）$\lim\limits_{x\to 0}\dfrac{x\ln(1+x^2)}{\sin^3 x}=$______.

2. 单选题.（每题5分）

(1) 设函数 $f(x)$ 与 $g(x)$ 均定义在 $(-\infty,+\infty)$ 内，$f(x)$ 为奇函数 $g(x)$ 为偶函数，且它们均为非零函数，则下列各式中非奇非偶函数是（　）.

A. $f(x)g(x)$；　　B. $f(x)g(x)+2$；

C. $\dfrac{f(x)}{g(x)}[g(x)\neq 0]$；　　D. $[f(x)]^2g(x)$.

(2) 设 $\lim\limits_{x\to x_0}f(x)=a$，则（　）.

A. $f(x)$ 在 x_0 有定义，且 $f(x_0)=a$；

B. $f(x)$ 在 x_0 有定义，但 $f(x_0)$ 不一定等于 a；

C. $f(x)$ 在 x_0 处可以没有定义；

D. 在 x_0 的一个空心邻域内 $f(x)\neq a$.

(3) 设当 $x\to 0$ 时，$f(x)$ 与 $g(x)$ 均为 x 的同阶无穷小量，则下列个命题中正确的是（　）.

A. $f(x)+g(x)$ 一定是 x 的高阶无穷小量；

B. $f(x)-g(x)$ 一定是 x 的高阶无穷小量；

C. $f(x)g(x)$ 一定是 x 的高阶无穷小量；

D. $\dfrac{f(x)}{g(x)}(g(x)\neq 0)$ 一定是 x 的高阶无穷小量.

(4) 设函数 $f(x)=\begin{cases}\dfrac{e^{\frac{-1}{x^2}}}{1-e^{x-1}}, & x\neq 0, x\neq 1,\\ 0, & x=0, x=1.\end{cases}$ 其间断点的个数是（　）.

A. 0个；　　B. 一个；　　C. 二个；　　D. 三个.

3. 计算题.（每题10分）

(1) 求 $\lim\limits_{x\to 4}\dfrac{\sqrt{1+2x}-3}{\sqrt{x}-2}$.

(2) 求 $\lim\limits_{x\to\infty}\dfrac{\ln(3^{-x}+3^x)}{\ln(2^{-x}+2^x)}$.

(3) 设函数 $f(x)$、$g(x)$ 均为周期是 π 的周期函数，求周期函数 $f(\pi x)\cdot g\left(\dfrac{\pi}{2}x\right)$ 的周期.

(4) 求 $\lim\limits_{x\to\infty}\left(\dfrac{1-x}{3-x}\right)^{2x}$.

(5) 设函数 $f(x)$ 为奇函数，且当 $x\geqslant 0$ 时，$f(x)=2^x+x-1$，求当 $x<0$ 时，$f(x)$ 的表达式.

(6) 设函数 $f(x)=\begin{cases}\dfrac{1}{x}\sin\pi x, & x\neq 0\\ a, & x=0\end{cases}$，在 $x=0$ 处连续，求 a 值.

第二章　导数及其应用

【学习目的】

1. 理解导数、导函数、微分的概念与性质，掌握导数的几何意义与物理意义.
2. 掌握基本初等函数的求导公式.
3. 会求复合函数、隐函数、由参数方程决定函数的导数.
4. 理解中值定理，掌握罗必达法则.
5. 会利用导数判断函数的单调性与极值、凹凸性与拐点，能对函数图形进行描绘.

微积分是微分学与积分学的简称，微分学包括导数和微分．导数在实际问题中的应用非常广泛，凡涉及函数的变化率问题，都可以借助导数的方法来解决，微分是函数值的微小变化值，与导数有密切的联系．本章将建立导数和微分的概念，介绍微分法及其应用.

第一节　导数的概念

【学习目标】

1. 理解导数、变化率的定义.
2. 理解导数、导函数和导数的几何意义.
3. 掌握用导数定义求导的方法.

一、两个实例

1. 变速直线运动的瞬时速度

当物体作匀速直线运动时，它在任意时刻的速度可以用公式“速度 $=\dfrac{路程}{时间}$”求得.

如果物体作变速直线运动，那么比值“$\dfrac{路程}{时间}$”只能反映物体在一段时间内经过某段路程的平均速度，不能反映物体在某一时刻的速度．现在我们就来讨论物体作变速直线运动时任意时刻速度的计算方法.

设物体的运动方程为 $s=s(t)$，求物体在 t_0 时刻的瞬时速度 $v(t_0)$.

在时刻 t_0 给时间 t 的改变量 Δt，于是得物体在 Δt 这段时间内所经过的路程 $\Delta s=s(t_0+\Delta t)-s(t_0)$，如图 2-1 所示.

比值 $\bar{v}=\frac{\Delta s}{\Delta t}=\frac{s(t_0+\Delta t)-s(t_0)}{\Delta t}$ 是物体在 Δt 这段时间内的平均速度.

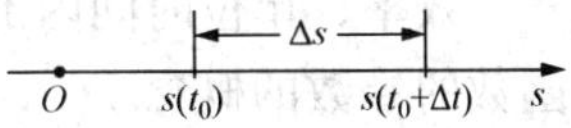

图 2-1

时间间隔 Δt 越小，$\bar{v}$ 就越接近物体在 t_0 时刻的速度，当 Δt 很小时，平均速度 $\bar{v}$ 可以近似地描述物体在 t_0 时刻的速度．因此，当 $\Delta t\to 0$ 时，平均速度 $\bar{v}$ 的极限值就是物体在 t_0 时刻的瞬时速度，即

$$v(t_0)=\lim_{\Delta t\to 0}\bar{v}=\lim_{\Delta t\to 0}\frac{\Delta s}{\Delta t}=\lim_{\Delta t\to 0}\frac{s(t_0+\Delta t)-s(t_0)}{\Delta t}.$$

【例 2-1】 物体作自由落体运动的运动方程为 $S=\frac{1}{2}gt^2$，求物体在 t_0 时的瞬时速度 $v(t_0)$.

解 在时刻 t_0 给时间 t 以改变量 Δt，于是得物体在 Δt 这段时间内所经过的路程

$$\Delta s=\frac{1}{2}g(t_0+\Delta t)^2-\frac{1}{2}gt_0^2=gt_0\Delta t+\frac{1}{2}g(\Delta t)^2,$$

所以，物体在 Δt 这段时间内的平均速度

$$\bar{v}=\frac{\Delta s}{\Delta t}=gt_0+\frac{1}{2}g(\Delta t).$$

求这个平均速度当 $\Delta t\to 0$ 时的极限值，即得物体在 t_0 时的瞬时速度

$$v(t_0)=\lim_{\Delta t\to 0}\bar{v}=\lim_{\Delta t\to 0}\frac{\Delta s}{\Delta t}=\lim_{\Delta t\to 0}\left[gt_0+\frac{1}{2}g(\Delta t)\right]=gt_0.$$

2. 非恒定电流的电流强度

单位时间内通过导体横截面的电量叫做电流强度，对于恒定电流来说，它可以用公式“电流强度 $=\frac{\text{电量}}{\text{时间}}$”来计算.

但是在实际问题中，常常会遇到非恒定电流，例如正弦交流电．讨论这种非恒定电流的电流强度，和前面讨论变速直线运动的瞬时速度的方法本质上是一样的.

设流过导体横截面的电量与时间 t 的关系为 $Q=Q(t)$，求在 t_0 时刻的电流强度 $i(t_0)$.

在时刻 t_0 给 t 的改变量 Δt，于是在 Δt 时间段内流过导体的电量 $\Delta Q=Q(t_0+\Delta t)-Q(t_0)$，如图 2-2 所示.

在 Δt 这段时间内的平均电流强度为

$$\bar{i}=\frac{\Delta Q}{\Delta t}=\frac{Q(t_0+\Delta t)-Q(t_0)}{\Delta t}.$$

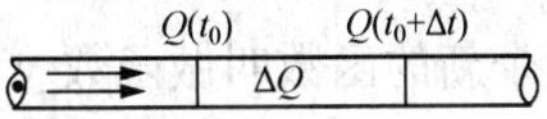

图 2-2

当 $\Delta t\to 0$ 时，求这个平均电流强度的极限值，便得在 t_0 时的电流强度

$$i(t_0)=\lim_{\Delta t\to 0}\bar{i}=\lim_{\Delta t\to 0}\frac{\Delta Q}{\Delta t}=\lim_{\Delta t\to 0}\frac{Q(t_0+\Delta t)-Q(t_0)}{\Delta t}.$$

二、导数的定义

上面我们讨论了变速直线运动的速度和非恒定电流的电流强度问题．虽然它们的实际意义各不相同，但是数学运算却是相同的，都是求当自变量增量趋近于零时函数的增量与自变量增量之比的极限．这个比值的极限值就是我们常说的变化率．在科学技术中，还有许多问题需要用这样的思想方法解决，例如直线的倾斜程度——斜率、单位时间内完成的工作

量——效率、单位时间内走过的路程——速率等，正是由于这些问题求解的需要，我们抽象出函数的导数的概念.

1. 在 x_0 点处的导数

定义 2.1.1 设函数 $y=f(x)$ 在点 x_0 及其邻域内有定义，当自变量 x 在 x_0 处有增量 Δx 时，函数 $y=f(x)$ 有相应的增量 $\Delta y=f(x_0+\Delta x)-f(x_0)$. 如果当 $\Delta x\to 0$ 时，$\dfrac{\Delta y}{\Delta x}$ 的极限存在，则称函数 $y=f(x)$ 在点 x_0 处可导，并称这个极限值为函数 $y=f(x)$ 在点 x_0 处的导数（或变化率）. 记为 $f'(x_0)$ 或 $y'\Big|_{x=x_0}$ 或 $\dfrac{\mathrm{d}y}{\mathrm{d}x}\Big|_{x=x_0}$. 即

$$f'(x_0)=\lim_{\Delta x\to 0}\frac{\Delta y}{\Delta x}=\lim_{\Delta x\to 0}\frac{f(x_0+\Delta x)-f(x_0)}{\Delta x}.$$

如果这个极限值不存在，则称函数 $y=f(x)$ 在点 x_0 处不可导.

若记 $x=x_0+\Delta x$，则导数的定义式还可以写成

$$f'(x_0)=\lim_{x\to x_0}\frac{f(x)-f(x_0)}{x-x_0}.$$

如果极限 $\lim\limits_{\Delta x\to 0^+}\dfrac{\Delta y}{\Delta x}=\lim\limits_{\Delta x\to 0^+}\dfrac{f(x_0+\Delta x)-f(x_0)}{\Delta x}$（或者 $\lim\limits_{x\to x_0^+}\dfrac{f(x)-f(x_0)}{x-x_0}$ 时）存在，则称此极限值为函数 $y=f(x)$ 在点 x_0 处的右导数，记为 $f'_+(x_0)$. 即

$$f'_+(x_0)=\lim_{\Delta x\to 0^+}\frac{f(x_0+\Delta x)-f(x_0)}{\Delta x}=\lim_{x\to x_0^+}\frac{f(x)-f(x_0)}{x-x_0}.$$

类似地，可定义函数 $y=f(x)$ 在点 x_0 处的左导数，即

$$f'_-(x_0)=\lim_{\Delta x\to 0^-}\frac{f(x_0+\Delta x)-f(x_0)}{\Delta x}=\lim_{x\to x_0^-}\frac{f(x)-f(x_0)}{x-x_0}.$$

从导数的定义可以看出，函数 $y=f(x)$ 在点 x_0 处可导的充分必要条件是函数 $y=f(x)$ 在点 x_0 处的左、右导数都存在且相等.

2. 导函数

如果函数 $y=f(x)$ 在一个区间 I 内的每一点都是可导的（对于闭区间的左端点只须右可导，右端点只须左可导），就称函数 $y=f(x)$ 在这个区间 I 内可导. 这时，对于每一个 $x\in I$，都对应着函数 $y=f(x)$ 的一个确定的导数值，这种对应关系构成了一个新的函数，这个新的函数叫做函数 $y=f(x)$ 的导函数. 记为 y' 或 $f'(x)$ 或 $\dfrac{\mathrm{d}y}{\mathrm{d}x}$.

在导数定义中将 x_0 换成 x，得到导函数的定义式为

$$y'=\lim_{\Delta x\to 0}\frac{\Delta y}{\Delta x}=\lim_{\Delta x\to 0}\frac{f(x+\Delta x)-f(x)}{\Delta x}.$$

由以上定义可知，函数 $y=f(x)$ 在点 x_0 处的导数 $f'(x_0)$ 就是导函数 $f'(x)$ 在 $x=x_0$ 处的函数值，即

$$f'(x_0)=f'(x)\Big|_{x=x_0}.$$

在不致混淆的情况下，导函数也简称为导数.

由导数定义知：变速直线运动的瞬时速度就是路程函数 s 对时间 t 的导数，即 $v(t)=s'(t)$.

速度关于时间的变化率——加速度就是 $v(t)$ 对时间 t 的导数，即 $a(t)=v'(t)$.

非恒定电流的电流强度就是电量 Q 对时间 t 的导数，即 $i(t)=Q'(t)$.

3. 求导数举例

下面根据导数的定义求一些简单函数的导数.

【例 2-2】 求函数 $f(x)=C$（C 为常数）的导数.

解 $f'(x)=\lim\limits_{\Delta x\to 0}\dfrac{f(x+\Delta x)-f(x)}{\Delta x}=\lim\limits_{\Delta x\to 0}\dfrac{C-C}{\Delta x}=0$，即 $(C)'=0$.

【例 2-3】 求以下幂函数的导数.

(1) $y=x$； (2) $y=x^2$； (3) $y=\sqrt{x}$； (4) $y=\dfrac{1}{x}$.

解 (1) $y'=\lim\limits_{\Delta x\to 0}\dfrac{f(x+\Delta x)-f(x)}{\Delta x}=\lim\limits_{\Delta x\to 0}\dfrac{x+\Delta x-x}{\Delta x}=\lim\limits_{\Delta x\to 0}1=1$，即 $(x)'=1$.

(2) $y'=\lim\limits_{\Delta x\to 0}\dfrac{f(x+\Delta x)-f(x)}{\Delta x}=\lim\limits_{\Delta x\to 0}\dfrac{(x+\Delta x)^2-x^2}{\Delta x}=\lim\limits_{\Delta x\to 0}(2x+\Delta x)=2x$，

即 $(x^2)'=2x$.

(3) $y'=\lim\limits_{\Delta x\to 0}\dfrac{f(x+\Delta x)-f(x)}{\Delta x}=\lim\limits_{\Delta x\to 0}\dfrac{\sqrt{x+\Delta x}-\sqrt{x}}{\Delta x}=\lim\limits_{\Delta x\to 0}\dfrac{1}{\sqrt{x+\Delta x}+\sqrt{x}}=\dfrac{1}{2\sqrt{x}}$，

即 $(\sqrt{x})'=\dfrac{1}{2\sqrt{x}}$.

(4) $y'=\lim\limits_{\Delta x\to 0}\dfrac{f(x+\Delta x)-f(x)}{\Delta x}=\lim\limits_{\Delta x\to 0}\dfrac{\dfrac{1}{x+\Delta x}-\dfrac{1}{x}}{\Delta x}=\lim\limits_{\Delta x\to 0}\dfrac{-1}{x(x+\Delta x)}=-\dfrac{1}{x^2}$，即

$\left(\dfrac{1}{x}\right)'=-\dfrac{1}{x^2}$.

一般地，对于任意的实数 α 有

$$(x^\alpha)'=\alpha x^{\alpha-1}.$$

这就是幂函数的求导公式，公式的证明将在下一节给出．利用这个公式，可以很方便地求出幂函数的导数.

例如，当 $\alpha=\dfrac{1}{3}$ 时，$y=x^{\frac{1}{3}}$ 的导数为 $y'=(x^{\frac{1}{3}})'=\dfrac{1}{3}x^{-\frac{2}{3}}=\dfrac{1}{3\sqrt[3]{x^2}}$.

【例 2-4】 求指数函数 $y=a^x(a>0,a\neq 1)$ 的导数.

解 $y'=\lim\limits_{\Delta x\to 0}\dfrac{f(x+\Delta x)-f(x)}{\Delta x}=\lim\limits_{\Delta x\to 0}\dfrac{a^{x+\Delta x}-a^x}{\Delta x}=a^x\lim\limits_{\Delta x\to 0}\dfrac{a^{\Delta x}-1}{\Delta x}$

$=a^x\lim\limits_{\Delta x\to 0}\dfrac{e^{\Delta x\ln a}-1}{\Delta x}=a^x\lim\limits_{\Delta x\to 0}\dfrac{\Delta x\ln a}{\Delta x}$（因为 $(e^{\Delta x\ln a}-1)\sim\Delta x\ln a$）

$=a^x\ln a$.

即 $$(a^x)'=a^x\ln a.$$

特别地，当 $a=e$ 时，有 $$(e^x)'=e^x.$$

【例 2-5】 求对数函数 $y=\log_a x(a>0,a\neq 1)$ 的导数.

解 $y'=\lim\limits_{\Delta x\to 0}\dfrac{f(x+\Delta x)-f(x)}{\Delta x}=\lim\limits_{\Delta x\to 0}\dfrac{\log_a(x+\Delta x)-\log_a x}{\Delta x}$

$$=\lim_{\Delta x\to 0}\frac{1}{\Delta x}\log_a\left(1+\frac{\Delta x}{x}\right)=\frac{1}{x}\lim_{\frac{\Delta x}{x}\to 0}\log_a\left(1+\frac{\Delta x}{x}\right)^{\frac{x}{\Delta x}}=\frac{1}{x}\log_a \mathrm{e}=\frac{1}{x\ln a}.$$

即

$$(\log_a x)'=\frac{1}{x\ln a}.$$

特别地，当 $a=\mathrm{e}$ 时，有 $(\ln x)'=\frac{1}{x}$.

【例 2-6】 求正弦函数 $y=\sin x$ 的导数.

解 $y'=\lim_{\Delta x\to 0}\frac{f(x+\Delta x)-f(x)}{\Delta x}=\lim_{\Delta x\to 0}\frac{\sin(x+\Delta x)-\sin x}{\Delta x}=\lim_{\Delta x\to 0}\frac{2\cos\left(x+\frac{\Delta x}{2}\right)\sin\frac{\Delta x}{2}}{\Delta x}$

$$=\lim_{\frac{\Delta x}{2}\to 0}\left[\cos\left(x+\frac{\Delta x}{2}\right)\cdot\frac{\sin\frac{\Delta x}{2}}{\frac{\Delta x}{2}}\right]=\cos x$$

即

$$(\sin x)'=\cos x.$$

类似地，可求得

$$(\cos x)'=-\sin x.$$

【例 2-7】 讨论函数 $y=|x|$ 在 $x=0$ 处的导数.

解 因为 $y=|x|=\begin{cases}x, & x\geqslant 0\\ -x, & x<0\end{cases}$，所以

$$f'_+(x)=\lim_{\Delta x\to 0^+}\frac{f(0+\Delta x)-f(0)}{\Delta x}=\lim_{\Delta x\to 0^+}\frac{0+\Delta x-0}{\Delta x}=1,$$

$$f'_-(x)=\lim_{\Delta x\to 0^-}\frac{f(0+\Delta x)-f(0)}{\Delta x}=\lim_{\Delta x\to 0^-}\frac{-(0+\Delta x)-0}{\Delta x}=-1,$$

$$f'_+(x)\neq f'_-(x),$$

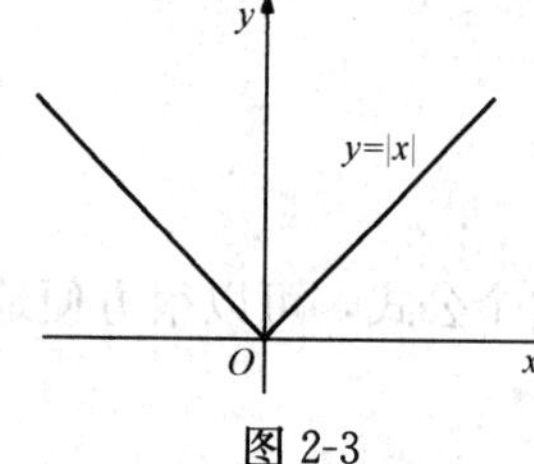

图 2-3

因此，函数 $y=|x|$ 在 $x=0$ 处不可导．从图 2-3 中可以看出，函数连续但不可导，在不可导点处曲线是不光滑连接.

三、导数的几何意义

在中学里我们已经学习过圆的切线的定义：与圆只有一个交点的直线叫做圆的切线．但是对于一般的曲线，就不能描述为：与曲线只有一个交点的直线叫做曲线的切线．例如，对于抛物线 $y=x^2$，在点 (0,0) 处 x 轴和 y 轴都与抛物线 $y=x^2$ 只有一个交点，那么究竟哪一条直线是抛物线 $y=x^2$ 的切线呢？下面用极限的思想给出一般曲线的切线的定义.

设有曲线 C, P_0 是曲线 C 上的一个定点，在 C 上再任取一点 P，当点 P 沿曲线 C 无限接近于点 P_0 时，如果割线 P_0P 存在极限位置 P_0T，则称 P_0T 为曲线 C 在 P_0 点处的切线. 如图 2-4 所示.

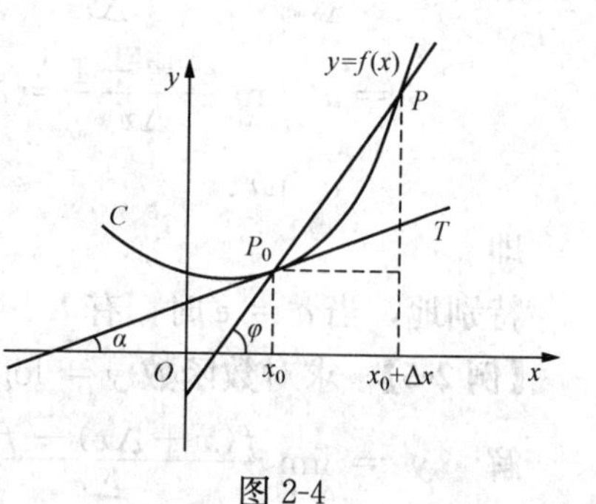

图 2-4

设曲线 C 的方程为 $y=f(x)$，$P_0(x_0,y_0)$ 为曲线 C 上的已知点，$P(x,y)$ 为曲线 C 上的 P_0 近旁的任一点，令 $x=x_0+\Delta x$，则 $y=f(x_0+\Delta x)$，因此割线 P_0P 的斜率为

$$\tan\varphi = \frac{y-y_0}{x-x_0} = \frac{f(x_0+\Delta x)-f(x_0)}{\Delta x},$$

其中 φ 为割线 P_0P 的倾斜角．当点 P 沿曲线 C 无限趋近于点 P_0 时，即 $\Delta x \to 0$，φ 无限趋近于切线 P_0T 的倾斜角 α，因此

$$f'(x_0) = \lim_{\Delta x \to 0}\frac{f(x_0+\Delta x)-f(x_0)}{\Delta x} = \lim_{\varphi\to\alpha}\tan\varphi = \tan\alpha .$$

导数的几何意义为：函数 $y=f(x)$ 在点 x_0 处的导数 $f'(x_0)$ 等于 $y=f(x)$ 在点 $P_0(x_0, f(x_0))$ 处的切线的斜率.

由直线方程的点斜式可得曲线 $y=f(x)$ 在点 $P_0(x_0,f(x_0))$ 处的切线、法线方程为

$$y-y_0 = f'(x_0)(x-x_0)，y-y_0 = -\frac{1}{f'(x_0)}(x-x_0) .$$

特别地，若 $f'(x_0)=0$，则切线平行于 x 轴，方程是 $y=y_0$；法线平行于 y 轴．方程是 $x=x_0$.

若 $f'(x_0)$ 为无穷大，斜率不存在，曲线 $y=f(x)$ 在点 $P_0(x_0,f(x_0))$ 处的切线垂直于 x 轴，法线平行于 y 轴.

【例 2-8】 求曲线 $y=\sqrt{x}$ 在点 $(4,2)$ 处的切线方程和法线方程.

解 根据导数的几何意义，所求切线的斜率为 $k_1 = y'\Big|_{x=4} = \frac{1}{2\sqrt{x}}\Big|_{x=4} = \frac{1}{4}$；法线的斜率为 $k_2=-4$．因此，所求切线的方程为 $y-2=\frac{1}{4}(x-4)$，即 $x-4y+4=0$.

法线的方程为 $y-2=-4(x-4)$，即 $4x+y-18=0$.

【例 2-9】 在曲线 $y=x^{\frac{3}{2}}$ 上哪一点的切线与直线 $y=3x-1$ 平行?

解 根据题意，所求点处的切线斜率等于直线 $y=3x-1$ 的斜率，即 $k=3$，

而 $k=y'=\frac{3}{2}x^{\frac{1}{2}}=\frac{3}{2}\sqrt{x}$，那么 $\frac{3}{2}\sqrt{x}=3$，解得 $x=4$，故 $y=8$.

因此，曲线 $y=x^{\frac{3}{2}}$ 在点 $(4,8)$ 处的切线与直线 $y=3x-1$ 平行.

四、可导与连续的关系

定理 2.1.1 如果函数 $y=f(x)$ 在点 x_0 处可导，那么函数 $y=f(x)$ 在点 x_0 处一定连续.

证明 设函数 $y=f(x)$ 在点 x_0 处可导，即 $\lim\limits_{\Delta x\to 0}\frac{\Delta y}{\Delta x}=f'(x_0)$ 存在，则

$$\lim_{\Delta x\to 0}\Delta y = \lim_{\Delta x\to 0}\left(\frac{\Delta y}{\Delta x}\cdot\Delta x\right) = \lim_{\Delta x\to 0}\frac{\Delta y}{\Delta x}\cdot\lim_{\Delta x\to 0}\Delta x = f'(x_0)\cdot\lim_{\Delta x\to 0}\Delta x = 0,$$

因而函数 $y=f(x)$ 在点 x_0 处连续.

反之，一个函数在某点连续，却不一定在该点可导．例如，$y=|x|$ 在点 $x=0$ 处连续，但它在该点不可导.

【例 2-10】 讨论函数 $f(x)=\begin{cases} x\sin\frac{1}{x}, & x\neq 0 \\ 0, & x=0 \end{cases}$ 在点 $x=0$ 处的连续性与可导性.

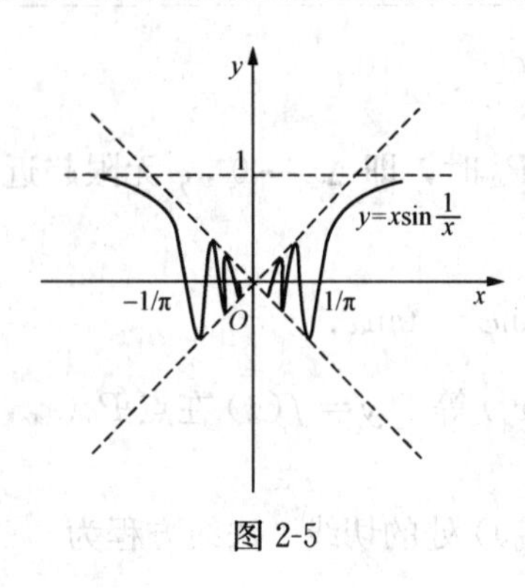

图 2-5

解 因为 $\lim\limits_{x\to 0}f(x)=\lim\limits_{x\to 0}x\sin\dfrac{1}{x}=0=f(0)$，所以 $f(x)$ 在点 $x=0$ 处连续.

又因为 $\lim\limits_{\Delta x\to 0}\dfrac{\Delta y}{\Delta x}=\lim\limits_{\Delta x\to 0}\dfrac{\Delta x\sin\dfrac{1}{\Delta x}-0}{\Delta x}=\lim\limits_{\Delta x\to 0}\sin\dfrac{1}{\Delta x}$ 不存在，故 $f(x)$ 在点 $x=0$ 处不可导，如图 2-5 所示，

该例说明，连续是可导的必要条件而不是充分条件.

函数在一点处有极限、连续和可导的关系是：可导→连续→有极限，反序不一定成立.

习题 2-1

A 组

1. 设 $f(x)=3x^2$，根据导数的定义求 $f'(-1)$.

2. 设 $y=ax+b$，根据导数的定义求 y'.

3. 利用导数定义，证明 $(\cos x)'=-\sin x$.

4. 设 $f'(x_0)=2$，根据导数的定义求下列各极限.

(1) $\lim\limits_{\Delta x\to 0}\dfrac{f(x_0-\Delta x)-f(x_0)}{\Delta x}$；　　(2) $\lim\limits_{h\to 0}\dfrac{f(x_0)-f(x_0+2h)}{h}$；

(3) $\lim\limits_{h\to 0}\dfrac{f(x_0+h)-f(x_0-h)}{h}$.

5. 物体作直线运动的方程为 $s=t^2+2$，求

(1) 物体在 2 s 到 2.01 s 这段时间内的平均速度；

(2) 物体在 2 s 时的瞬时速度.

6. 求下列函数的导数.

(1) $y=x^5$；　　(2) $y=\sqrt[3]{x^2}$；　　(3) $y=\dfrac{1}{x^3}$；

(4) $y=\dfrac{1}{\sqrt{x}}$；　　(5) $y=x^3\cdot\sqrt[5]{x^2}$；　　(6) $y=\dfrac{x^2\cdot\sqrt[3]{x^2}}{\sqrt{x}}$.

7. 求曲线 $y=\sin x$ 在 $x=\dfrac{2\pi}{3}$ 和 $x=-\dfrac{\pi}{6}$ 处的切线斜率.

8. 求曲线 $y=e^x$ 在 $x=0$ 处的切线方程和法线方程.

9. 求曲线 $y=\log_a x$ 在 $x=a$ 处的切线方程.

10. 曲线 $y=\ln x$ 上哪一点的切线与直线 $y=2x+1$ 平行，并求出此切线方程.

11. 已知函数 $f(x)=\begin{cases}x^2, & x\geqslant 0\\ -x, & x<0\end{cases}$，求 $f'_+(0)$ 和 $f'_-(0)$，并说明 $f'(0)$ 是否存在.

B 组

1. 将一物体垂直向上抛，设经过 t 秒后，物体上升的高度为 $h(t)=10t-\frac{1}{2}gt^2$ m，求

(1) 物体从 $t=1$ s 到 $t=1.02$ s 的平均速度；

(2) 物体在任意时刻的速度；

(3) 物体何时达到最高点.

2. 利用导数的定义求函数 $y=\frac{1}{1+x}$ 的导函数 y' 及在 $x=1$ 处的导数 $y'\Big|_{x=1}$.

3. 求出曲线 $y=\frac{1}{3}x^3$ 上与直线 $x-4y=5$ 平行的切线方程.

4. 在曲线 $y=x^2$ 上有一条切线，已知此切线在 y 轴上的截距为 -1，求切点.

5. 试求曲线 $y=\cos x$（$0<x<2\pi$）上与直线 $\sqrt{2}x+y=1$ 垂直的切线方程.

6. 求函数 $y=\begin{cases}x^3, x<0\\ x^2, x\geqslant 0\end{cases}$ 的导函数（提示：在分界点 $x=0$ 处的导数要用定义讨论).

7. 设函数 $f(x)=\begin{cases}x^2, & x\leqslant 1\\ ax+b, & x>1\end{cases}$ 在 $x=1$ 处连续并且可导，求 a,b 的值.

8. 讨论函数 $f(x)=\begin{cases}\dfrac{\sin(x-1)}{x-1}, & x\neq 1\\ 0, & x=1\end{cases}$ 在 $x=1$ 处连续性与可导性.

第二节 函数的微分法

【学习目标】

1. 掌握导数运算法则.
2. 掌握复合函数求导法则.
3. 掌握常见基本初等函数的求导公式.

上节根据导数的定义求出了一些简单函数的导数，本节我们将介绍求导的基本法则和基本初等函数的求导公式．借助这些法则和公式，就能较方便地求出初等函数的导数．求函数的导数的方法称为微分法.

一、函数的和、差、积、商的求导法则

定理 2.2.1 设函数 $u=u(x)$ 与 $v=v(x)$ 在点 x 处可导，则它们的和、差、积、商构成的函数 $u\pm v$，$u\cdot v$，$\frac{u}{v}(v\neq 0)$ 在点 x 处均可导，并且有

法则 1 $(u\pm v)'=u'\pm v'$；

法则 2 $(u\cdot v)'=u'\cdot v+u\cdot v'$；

法则 3 $\left(\frac{u}{v}\right)'=\frac{u'v-uv'}{v^2}(v\neq 0)$.

证明 我们只对法则 2 进行证明，法则 1 和法则 3 的证明思路类似，请读者自行证明.

设 $y=u\cdot v=u(x)\cdot v(x)$，给自变量 x 以改变量 Δx，则函数 $u=u(x)$，$v=v(x)$，$y=u(x)\cdot v(x)$ 相应地有改变量 Δu，Δv，Δy. 且

$\Delta u=u(x+\Delta x)-u(x)$，$\Delta v=v(x+\Delta x)-v(x)$，

$$\begin{aligned}\Delta y&=u(x+\Delta x)\cdot v(x+\Delta x)-u(x)\cdot v(x)\\&=u(x+\Delta x)\cdot v(x+\Delta x)-u(x)\cdot v(x+\Delta x)+u(x)\cdot v(x+\Delta x)-u(x)\cdot v(x)\\&=\Delta u\cdot v(x+\Delta x)+u(x)\cdot\Delta v.\end{aligned}$$

因为 $u'(x)=\lim\limits_{\Delta x\to 0}\dfrac{\Delta u}{\Delta x}$，$v'(x)=\lim\limits_{\Delta x\to 0}\dfrac{\Delta v}{\Delta x}$，所以

$$\begin{aligned}\lim_{\Delta x\to 0}\frac{\Delta y}{\Delta x}&=\lim_{\Delta x\to 0}\left[\frac{\Delta u}{\Delta x}\cdot v(x+\Delta x)+u(x)\cdot\frac{\Delta v}{\Delta x}\right]\\&=\lim_{\Delta x\to 0}\frac{\Delta u}{\Delta x}\cdot\lim_{\Delta x\to 0}v(x+\Delta x)+\lim_{\Delta x\to 0}u(x)\cdot\lim_{\Delta x\to 0}\frac{\Delta v}{\Delta x}\\&=u'(x)\cdot v(x)+u(x)\cdot v'(x).\end{aligned}$$

即
$$(u\cdot v)'=u'v+uv'.$$

说明 ⅰ）法则 1 和法则 3 可以推广到有限个可导函数的情形. 如对于可导函数 u,v,w，有

$$(u\cdot v\cdot w)'=u'\cdot v\cdot w+u\cdot v'\cdot w+u\cdot v\cdot w'.$$

ⅱ）在法则 2 中，若 $v=c$（c 为常数）时，有 $(c\cdot u)'=c\cdot u'$.

ⅲ）在法则 3 中，若 $u=1$ 时，有 $\left(\dfrac{1}{v}\right)'=-\dfrac{v'}{v^2}(v\neq 0)$.

【例 2-11】 求 $f(x)=x^3-2x^2+\sin x$ 在 $x=0$ 时的导数.

解 因为 $f'(x)=(x^3)'-2(x^2)'+(\sin x)'=3x^2-4x+\cos x$，所以 $f'(0)=1$.

【例 2-12】 设 $y=(1+x^2)(3-\dfrac{1}{x^2})$，求 y'.

解 因为 $y=3+3x^2-\dfrac{1}{x^2}-1=2+3x^2-x^{-2}$，

所以 $y'=(2+3x^2-x^{-2})'=(2)'+3(x^2)'-(x^{-2})'=6x+2x^{-3}=6x+\dfrac{2}{x^3}$.

【例 2-13】 设 $y=\dfrac{x^3+2x^2-1}{x\sqrt{x}}$，求 y'.

解 因为 $y=\dfrac{x^3+2x^2-1}{x\sqrt{x}}=x^{\frac{3}{2}}+2x^{\frac{1}{2}}-x^{-\frac{3}{2}}$，

所以 $y'=(x^{\frac{3}{2}}+2x^{\frac{1}{2}}-x^{-\frac{3}{2}})'=\dfrac{3}{2}x^{\frac{1}{2}}+x^{-\frac{1}{2}}+\dfrac{3}{2}x^{-\frac{5}{2}}=\dfrac{3}{2}\sqrt{x}+\dfrac{1}{\sqrt{x}}+\dfrac{3}{2x^2\sqrt{x}}$.

【例 2-14】 设 $y=(x-\cos x)\cdot\ln x$，求 y'.

解 $y'=(x-\cos x)'\cdot\ln x+(x-\cos x)\cdot(\ln x)'=(1+\sin x)\cdot\ln x+(x-\cos x)\cdot\dfrac{1}{x}$

$=\ln x+\sin x\cdot\ln x+1-\dfrac{1}{x}\cos x$.

【例 2-15】 设 $y=\dfrac{2+x}{3}+\dfrac{6}{4-x^2}$，求 y'.

解 $y' = \frac{1}{3}(2+x)' - \frac{6(4-x^2)'}{(4-x^2)^2} = \frac{1}{3} - \frac{6(-2x)}{(4-x^2)^2} = \frac{1}{3} + \frac{12x}{(4-x^2)^2}$.

【例 2-16】 设 $f(x) = \begin{cases} x, & x < 0 \\ \ln(1+x), & x \geqslant 0 \end{cases}$，求 $f'(x)$.

解 当 $x < 0$ 时，$f'(x) = x' = 1$，

当 $x > 0$ 时，$f'(x) = \frac{1}{1+x}$，当 $x = 0$ 时，求左右导数.

$f'_-(0) = \lim\limits_{x\to 0^-} \frac{x - \ln 1}{x - 0} = \lim\limits_{x\to 0^-} \frac{x}{x} = 1$，$f'_+(0) = \lim\limits_{x\to 0^+} \frac{\ln(1+x) - \ln 1}{x - 0} = \lim\limits_{x\to 0^+} \frac{\ln(1+x)}{x} = 1$

$$f'_-(0) = f'_+(0)$$

所以 $f'(x) = \begin{cases} 1, & x \leqslant 0 \\ \frac{1}{1+x}, & x > 0 \end{cases}$.

【例 2-17】 证明 (1) $(\tan x)' = \sec^2 x$； (2) $(\csc x)' = -\csc x \cdot \cot x$.

证明 (1) $(\tan x)' = \left(\frac{\sin x}{\cos x}\right)' = \frac{(\sin x)'\cos x - \sin x(\cos x)'}{\cos^2 x}$

$$= \frac{\cos^2 x + \sin^2 x}{\cos^2 x} = \frac{1}{\cos^2 x} = \sec^2 x.$$

(2) $(\csc x)' = \left(\frac{1}{\sin x}\right)' = -\frac{(\sin x)'}{\sin^2 x} = -\frac{\cos x}{\sin^2 x} = -\csc x \cdot \cot x$.

类似地，可以证明 $(\cot x)' = -\csc^2 x$，$(\sec x)' = \sec x \cdot \tan x$.

【例 2-18】 求与曲线 $y = x\ln x$ 相切且垂直于直线 $2x - 2y + 3 = 0$ 的直线方程.

解 直线 $2x - 2y + 3 = 0$ 的斜率为 $k_1 = 1$，所以所求切线的斜率为 $k_2 = -1$.

因为 $y' = (x\ln x)' = (x)'\ln x + x(\ln x)' = \ln x + 1 = -1$，

解得 $x_0 = e^{-2}$，从而 $y_0 = -2e^{-2}$，即切点为 $(e^{-2}, -2e^{-2})$，因此所求切线方程为 $y + 2e^{-2} = -1 \cdot (x - e^{-2})$

即 $$x + y + e^{-2} = 0.$$

二、复合函数的求导法则

定理 2.2.2 设函数 $u = \varphi(x)$ 在 x 处可导，而函数 $y = f(u)$ 在对应的 u 处也可导，那么复合函数 $y = f[\varphi(x)]$ 在 x 处可导，且有

法则 4 $\frac{dy}{dx} = \frac{dy}{du} \cdot \frac{du}{dx}$（或 $y'_x = y'_u \cdot u'_x$）（或 $y'(x) = y'(u) \cdot u'(x)$）.

证明 给 x 的改变量 Δx，则函数 $u = \varphi(x)$ 有改变量 Δu，从而函数 $y = f(u)$ 相应地有改变量 Δy.

因为函数 $u = \varphi(x)$ 可导，$u = \varphi(x)$ 必连续，所以 $\lim\limits_{\Delta x\to 0} \Delta u = 0$.

$$\lim_{\Delta x\to 0} \frac{\Delta y}{\Delta x} = \lim_{\Delta x\to 0}\left(\frac{\Delta y}{\Delta u} \cdot \frac{\Delta u}{\Delta x}\right) = \lim_{\Delta x\to 0} \frac{\Delta y}{\Delta u} \cdot \lim_{\Delta x\to 0} \frac{\Delta u}{\Delta x} = \lim_{\Delta u\to 0} \frac{\Delta y}{\Delta u} \cdot \lim_{\Delta x\to 0} \frac{\Delta u}{\Delta x} = \frac{dy}{du} \cdot \frac{du}{dx}.$$

即 $$\frac{dy}{dx} = \frac{dy}{du} \cdot \frac{du}{dx}.$$

法则 4 可以推广到复合函数的复合层次更多的情形．例如，若 $y = f(u)$，$u = \varphi(v)$，

$v=\psi(x)$ 均可导，则复合函数 $y=f[\varphi(\psi(x))]$ 也可导，且有 $y'_x=y'_u\cdot u'_v\cdot v'_x$.

利用基本初等函数及常数的求导公式、四则运算法则及复合函数导数的链式法则，我们可以求出所有初等函数的导数.

【例 2-19】 求下列函数的导数.

(1) $y=\sqrt{1-2x^2}$；　　(2) $y=\ln\sin(2x-1)$.

解 (1) 函数 $y=\sqrt{1-2x^2}$ 是由 $y=\sqrt{u}$，$u=1-2x^2$ 复合而成，

因为
$$y'_u=\frac{1}{2\sqrt{u}},\ u'_x=-4x,$$

所以
$$y'_x=y'_u\cdot u'_x=\frac{1}{2\sqrt{u}}\cdot(-4x)=-\frac{2x}{\sqrt{1-2x^2}}.$$

(2) 函数 $y=\ln\sin(2x-1)$ 是由 $y=\ln u$，$u=\sin v$，$v=2x-1$ 复合而成，

因为
$$y'_u=\frac{1}{u},\ u'_v=\cos v,\ v'_x=2$$

所以
$$y'_x=y'_u\cdot u'_v\cdot v'_x=\frac{1}{u}\cdot\cos v\cdot 2=\frac{2}{\sin(2x-1)}\cdot\cos(2x-1)=2\cot(2x-1).$$

通过上面的例子可知，求复合函数的导数，关键在于把复合函数分解成基本初等函数或基本初等函数的和、差、积、商，然后运用复合函数求导法则和适当的导数公式进行计算．复合函数求导后，必须把引进的中间变量代换成原来的自变量的式子．对复合函数的分解熟练掌握后，就不必再写出中间变量，只要把中间变量所代替的式子默记在心里，直接“由外向里，逐层求导”.

【例 2-20】 求下列函数的导数.

(1) $y=\tan\frac{3x}{2}$；　　(2) $y=\cos^3\sqrt{x}$.

解 (1) $y'=\sec^2\frac{3x}{2}\cdot\left(\frac{3x}{2}\right)'=\frac{3}{2}\sec^2\frac{3x}{2}$；

(2) $y'=3\cos^2\sqrt{x}\cdot(\cos\sqrt{x})'=3\cos^2\sqrt{x}\cdot(-\sin\sqrt{x})\cdot(\sqrt{x})'=-\frac{3}{2\sqrt{x}}\cos^2\sqrt{x}\cdot\sin\sqrt{x}$.

【例 2-21】 某一质点的运动方程为 $s=A\sin\frac{2\pi}{T}t$ (m)，求 $t=\frac{T}{4}$ s 时质点的运动速度.

解 根据导数的物理意义，质点在任意时刻的速度为
$$v=s'=A\cos\frac{2\pi}{T}t\cdot\left(\frac{2\pi}{T}t\right)'=\frac{2\pi A}{T}\cos\frac{2\pi}{T}t.$$

所以在 $t=\frac{T}{4}$ s 时质点的运动速度为
$$v\big|_{t=\frac{T}{4}}=\frac{2\pi A}{T}\cos\left(\frac{2\pi}{T}\cdot\frac{T}{4}\right)=0\ (\text{m/s}).$$

【例 2-22】 求下列函数导数.

(1) $y=(5x^2-4)\sqrt{2x+1}$；　　(2) $y=\frac{\sqrt{a^2+x^2}}{x}$；

(3) $y=\text{sh}x$；　　(4) $y=\text{arch}x$.

解 (1) $y'=(5x^2-4)'\cdot\sqrt{2x+1}+(5x^2-4)\cdot(\sqrt{2x+1})'$

$$= 10x \cdot \sqrt{2x+1} + (5x^2-4) \cdot \frac{1}{2\sqrt{2x+1}}(2x+1)'$$

$$= 10x \cdot \sqrt{2x+1} + (5x^2-4) \cdot \frac{1}{2\sqrt{2x+1}} \cdot 2$$

$$= \frac{25x^2+10x-4}{\sqrt{2x+1}}.$$

(2) $y' = \dfrac{(\sqrt{a^2+x^2})'x - \sqrt{a^2+x^2}\cdot(x)'}{x^2} = \dfrac{\dfrac{(a^2+x^2)'}{2\sqrt{a^2+x^2}}\cdot x - \sqrt{a^2+x^2}}{x^2}$

$$= \frac{\dfrac{2x}{2\sqrt{a^2+x^2}}\cdot x - \sqrt{a^2+x^2}}{x^2} = \frac{-a^2}{x^2\sqrt{a^2+x^2}}.$$

(3) $y' = (\mathrm{sh}x)' = \left(\dfrac{e^x - e^{-x}}{2}\right)' = \dfrac{e^x + e^{-x}}{2} = \mathrm{ch}x$.

(4) $y' = (\mathrm{arch}x)' = [\ln(x+\sqrt{x^2-1})]' = \dfrac{1}{x+\sqrt{x^2-1}}(x+\sqrt{x^2-1})'$

$$= \frac{1}{x+\sqrt{x^2-1}}\left(1+\frac{2x}{2\sqrt{x^2-1}}\right) = \frac{1}{x+\sqrt{x^2-1}}\cdot\frac{x+\sqrt{x^2-1}}{\sqrt{x^2-1}} = \frac{1}{\sqrt{x^2-1}}.$$

有些函数直接运用法则和公式求导较麻烦，可以先将函数进行恒等变形，再求导.

【例 2-23】 求下列函数导数.

(1) $y = \dfrac{1}{x-\sqrt{x^2-1}}$；　　(2) $y = \dfrac{\sin^2 x}{1+\cos x}$；　　(3) $y = \mathrm{arth}x$.

解　(1) 因为　$y = \dfrac{1}{x-\sqrt{x^2-1}} = x + \sqrt{x^2-1}$，

所以　$y' = (x)' + (\sqrt{x^2-1})' = 1 + \dfrac{1}{2\sqrt{x^2-1}}\cdot(x^2-1)'$

$$= 1 + \frac{2x}{2\sqrt{x^2-1}} = \frac{x+\sqrt{x^2-1}}{\sqrt{x^2-1}}.$$

(2) 因为　$y = \dfrac{\sin^2 x}{1+\cos x} = \dfrac{1-\cos^2 x}{1+\cos x} = 1 - \cos x$，

所以　$y' = (1-\cos x)' = \sin x$.

(3) 因为　$y = \mathrm{arth}x = \dfrac{1}{2}\ln\dfrac{1+x}{1-x} = \dfrac{1}{2}[\ln(1+x) - \ln(1-x)]$，

所以　$y' = \dfrac{1}{2}\left[\dfrac{(1+x)'}{1+x} - \dfrac{(1-x)'}{1-x}\right] = \dfrac{1}{2}\left(\dfrac{1}{1+x} - \dfrac{-1}{1-x}\right) = \dfrac{1}{1-x^2}$.

【例 2-24】 证明 $(x^\alpha)' = \alpha x^{\alpha-1}$（$x > 0$，$\alpha$ 为任意实数).

证明　因为　$x^\alpha = e^{\ln x^\alpha} = e^{\alpha\ln x}$，

所以　$(x^\alpha)' = (e^{\alpha\ln x})' = e^{\alpha\ln x}(\alpha\ln x)' = e^{\alpha\ln x}\dfrac{\alpha}{x} = x^\alpha\cdot\dfrac{\alpha}{x} = \alpha x^{\alpha-1}$.

因此　$(x^\alpha)' = \alpha x^{\alpha-1}$.

三、反函数的导数

定理 2.2.3 如果函数 $y=f(x)$ 在 I_x 内单调、可导而且 $f'(x)\neq 0$，则 $x=f^{-1}(y)$ 在 I_y 内也可导，而且

$$(f^{-1})'(y_0)=\frac{1}{f'(x_0)}.$$

证明 $(f^{-1})'(y_0)=\left.\frac{\mathrm{d}x}{\mathrm{d}y}\right|_{y=y_0}=\lim\limits_{\Delta y\to 0}\left.\frac{\Delta x}{\Delta y}\right|_{y=y_0}=\frac{1}{\lim\limits_{\Delta y\to 0}\left.\frac{\Delta y}{\Delta x}\right|_{y=y_0}}$；由于可导必然连续

$$(f^{-1})'(y_0)=\frac{1}{\lim\limits_{\Delta x\to 0}\left.\frac{\Delta y}{\Delta x}\right|_{x=x_0}}=\frac{1}{\left.\frac{\mathrm{d}y}{\mathrm{d}x}\right|_{x=x_0}}=\frac{1}{f'(x_0)},$$

即 反函数的导数等于原函数导数的倒数.

【例 2-25】 求反正弦函数 $y=\arcsin x(-1<x<1)$ 的导数.

解 因为 $y=\arcsin x\left(-1<x<1,-\frac{\pi}{2}<y<\frac{\pi}{2}\right)$，则 $\sin y=x$.

因为 y 是 x 的函数，所以 $\sin y$ 是 x 的复合函数，将上式两边对 x 求导数，有 $\cos y\cdot y'=1$. 因为 $-\frac{\pi}{2}<y<\frac{\pi}{2}$，所以 $\cos y>0$，得

$$y'=\frac{1}{\cos y}=\frac{1}{\sqrt{1-\sin^2 y}}=\frac{1}{\sqrt{1-x^2}}.$$

即
$$(\arcsin x)'=\frac{1}{\sqrt{1-x^2}}.$$

类似地，可以求得反余弦函数 $y=\arccos x$ 的导数

$$(\arccos x)'=-\frac{1}{\sqrt{1-x^2}}.$$

【例 2-26】 求反正切函数 $y=\arctan x(-\infty<x<+\infty)$ 的导数.

解 因为 $y=\arctan x\left(-\infty<x<+\infty,-\frac{\pi}{2}<y<\frac{\pi}{2}\right)$，则 $\tan y=x$.

因为 y 是 x 的函数，所以 $\tan y$ 是 x 的复合函数，将上式两边对 x 求导数，有 $\sec^2 y\cdot y'=1$. 因为 $-\frac{\pi}{2}<y<\frac{\pi}{2}$，所以 $\sec y\neq 0$，得

$$y'=\frac{1}{\sec^2 y}=\frac{1}{1+\tan^2 y}=\frac{1}{1+x^2}.$$

即
$$(\arctan x)'=\frac{1}{1+x^2}.$$

类似地，可以求得反余切函数 $y=\operatorname{arccot} x$ 的导数

$$(\operatorname{arccot} x)'=-\frac{1}{1+x^2}.$$

【例 2-27】 求下列函数的导数.

(1) $y=\arctan\frac{1}{x}$； (2) $y=\operatorname{arccot}(1-x^2)$； (3) $y=x\arccos x-\sqrt{1-x^2}$.

解 (1) $y' = \dfrac{1}{1+(\dfrac{1}{x})^2} \cdot (\dfrac{1}{x})' = \dfrac{x^2}{1+x^2} \cdot (-\dfrac{1}{x^2}) = -\dfrac{1}{1+x^2}$.

(2) $y' = -\dfrac{1}{1+(1-x^2)^2} \cdot (1-x^2)' = -\dfrac{1}{x^4-2x^2+2} \cdot (-2x) = \dfrac{2x}{x^4-2x^2+2}$.

(3) $y' = (x\arccos x)' - (\sqrt{1-x^2})' = (x)'\arccos x + x(\arccos x)' - \dfrac{1}{2\sqrt{1-x^2}} \cdot (1-x^2)'$

$= \arccos x + x \cdot (-\dfrac{1}{\sqrt{1-x^2}}) - \dfrac{1}{2\sqrt{1-x^2}} \cdot (-2x)$

$= \arccos x - \dfrac{x}{\sqrt{1-x^2}} + \dfrac{x}{\sqrt{1-x^2}}$

$= \arccos x$.

四、初等函数的求导问题

初等函数是由常数和基本初等函数经过有限次的四则运算和有限次的复合所构成的，并可以用一个解析式子表示的函数．到目前为止，我们已经求出了常数和全部基本初等函数的导数，给出了和、差、积、商的求导法则及复合函数的求导法则．由前面所举大量例子可见，求初等函数的导数就是利用求导法则和基本初等函数的导数公式进行运算．因此，在初等函数的求导运算中，这些法则和公式起着至关重要的作用，我们必须熟练掌握它们．为了便于查阅和记忆，现将基本初等函数的导数公式归纳如下.

(1) $(c)' = 0$；

(2) $(x^\alpha)' = \alpha x^{\alpha-1}$；

(3) $(a^x)' = a^x \ln a$；

(4) $(e^x)' = e^x$；

(5) $(\log_a x)' = \dfrac{1}{x\ln a}$；

(6) $(\ln x)' = \dfrac{1}{x}$；

(7) $(\sin x)' = \cos x$；

(8) $(\cos x)' = -\sin x$；

(9) $(\tan x)' = \sec^2 x$；

(10) $(\cot x)' = -\csc^2 x$；

(11) $(\sec x)' = \sec x \tan x$；

(12) $(\csc x)' = -\csc x \cot x$；

(13) $(\arcsin x)' = \dfrac{1}{\sqrt{1-x^2}}$；

(14) $(\arccos x)' = -\dfrac{1}{\sqrt{1-x^2}}$；

(15) $(\arctan x)' = \dfrac{1}{1+x^2}$；

(16) $(\text{arccot}\, x)' = -\dfrac{1}{1+x^2}$.

A 组

1. 求下列函数的导数.

(1) $y = x^3 + 3\cos x - \dfrac{1}{x} + \ln 2$；

(2) $y = \sqrt{x}\,(x^3 - \sqrt[3]{x} + 1)$；

(3) $y=\dfrac{(2x^3-4x^2+3)}{\sqrt{x}}$；　(4) $y=3^x\cdot e^x$；

(5) $y=\sqrt{x}\cdot\cos x$；　(6) $y=e^x\cdot\ln x$；

(7) $y=\dfrac{\ln x}{x^3}$；　(8) $y=x\tan x-\sec x$；

(9) $s=\dfrac{1-\cos t}{1+\sin t}$.

2. 求曲线 $y=2\sin x+x^2$ 在 $x=0$ 处的切线方程和法线方程.

3. 曲线 $y=x^2+x-2$ 上哪一点的切线与直线 $x+y-3=0$ 平行，并求该切线方程.

4. 设某导体的电量与时间的函数关系为 $Q=2t^2+3t+1$（库仑），求在 $t=3$ s 时的电流强度.

5. 求下列函数的导数.

(1) $y=\ln\cos x$；　(2) $y=2^{\sin x}$；　(3) $y=\sin\sqrt{1-x}$；

(4) $y=\arctan\sqrt{x}$；　(5) $y=\text{th}x$；　(6) $y=\text{ch}x$；

(7) $y=\text{arsh}x$；　(8) $y=\arcsin(3x-1)$.

6. 求下列函数在指定点处的导数.

(1) $f(x)=\dfrac{3}{5-x}+\dfrac{x^3}{3}$，求 $f'(0)$ 和 $f'(2)$；

(2) $y=\ln\sqrt{x^2-4}$，求 $y'|_{x=3}$.

7. 已知某电容极板上的电量为 $Q=Cu_m\sin\omega t$，其中 C、u_m、ω 都是常数，求该极板上的电流强度.

8. 曲线 $y=xe^{-x}$ 上哪一点的切线平行于 x 轴，并求该切线方程.

B　组

1. 求下列函数的导数.

(1) $y=\lg x-3^x+\sqrt{x}+\sin 1$；　(2) $y=(1-\sqrt{x})(\sqrt{x}+2x)$；

(3) $y=\dfrac{1}{1+\sqrt{x}}+\dfrac{1}{1-\sqrt{x}}$；　(4) $y=3^x\cdot x^3$；

(5) $y=x^2\cdot\csc x$；　(6) $y=(\sin x-\dfrac{\cos x}{x})\tan x$；

(7) $y=\dfrac{x\sin x}{1+\cos x}$；　(8) $y=\dfrac{\sqrt{x}\ln x}{1+x}$；

(9) $y=x\cdot e^x\cdot\cot x$.

2. 求下列函数的导数.

(1) $y=\sqrt{x\sqrt{x\sqrt{x}}}$；　(2) $y=\sqrt{x+\sqrt{x}}$；

(3) $y=\ln\cos\dfrac{1}{x}$；　(4) $y=\sec^3 2x$；

(5) $y=\text{arccot}\dfrac{1-x}{1+x}$；　(6) $y=\arctan\dfrac{2x}{1-x^2}$；

(7) $y=\arctan(\text{sh}x)$；　(8) $y=x\arcsin\dfrac{x}{2}+\sqrt{4-x^2}$；

(9) $y=\ln\{\cos[\arctan(\mathrm{sh}x)]\}$.

3. 求下列函数在指定点处的导数.

(1) $f(t)=\dfrac{1-\sqrt{t}}{1+\sqrt{t}}$，求 $f'(4)$；　　(2) $y=\cot\sqrt[3]{1+x^2}$，求 $y'\Big|_{x=0}$.

4. 已知曲线 $y=\ln\dfrac{x}{\mathrm{e}}$ 与曲线 $y=ax^2+bx$ 在 $x=1$ 处有共同的切线，求 a 与 b 的值.

5. 一物体的运动方程为 $s=\mathrm{e}^{-kt}\sin\omega t$（$k,\omega$ 为常数)，求 $t=\dfrac{\pi}{2\omega}$ 时的速度.

第三节 函数的微分及其应用

【学习目标】

1. 理解微分的定义.
2. 掌握微分运算法则.
3. 掌握常见基本初等函数的微分公式.
4. 能用微分作近似计算.

在许多实际问题中，需要计算当自变量有微小变化时函数的改变量. 然而，当给定函数比较复杂时，直接由公式 $\Delta y=f(x_0+\Delta x)-f(x_0)$ 来计算函数的改变量往往是比较复杂的，有些问题只需求出函数改变量的近似值. 因此，需要寻找一种既便于计算，又有一定精确度的求函数改变量近似值的方法. 本节将用无穷小量的观点来处理函数的改变量问题，并由此引入微分的概念. 微分的概念是微积分的基本概念之一，它与导数有密切的联系，并且是研究积分的基础.

一、微分的概念

先分析一个具体问题.

一块正方形金属薄片，受热膨胀，其边长由 x_0 增加到 $x_0+\Delta x$，问此金属薄片的面积增加了多少?

设正方形的边长为 x，面积为 S，因此 $S=x^2$. 正方形金属薄片的面积增量 ΔS 相当于当自变量 x 由 x_0 增加到 $x_0+\Delta x$ 时函数 $S=x^2$ 的增量

$$\Delta S=(x_0+\Delta x)^2-x_0^2=2x_0\cdot\Delta x+(\Delta x)^2.$$

如图 2-6 所示，ΔS 由两部分组成，第一部分 $2x_0\cdot\Delta x$（即带斜线的两个矩形面积之和）是 Δx 的线性函数，当 $\Delta x\to 0$ 时，是与 Δx 同阶的无穷小；第二部分 $(\Delta x)^2$（即带重叠斜线的正方形面积），当 $\Delta x\to 0$ 时，是比 Δx 高阶的无穷小. 因此，当 $|\Delta x|$ 很小时，面积增量 ΔS 可以用 $2x_0\cdot\Delta x$ 近似代替，即

$$\Delta S\approx 2x_0\cdot\Delta x,$$

这时，所产生的误差是较 Δx 高阶的无穷小量. 显然，$|\Delta x|$ 越小，近似程度就越好.

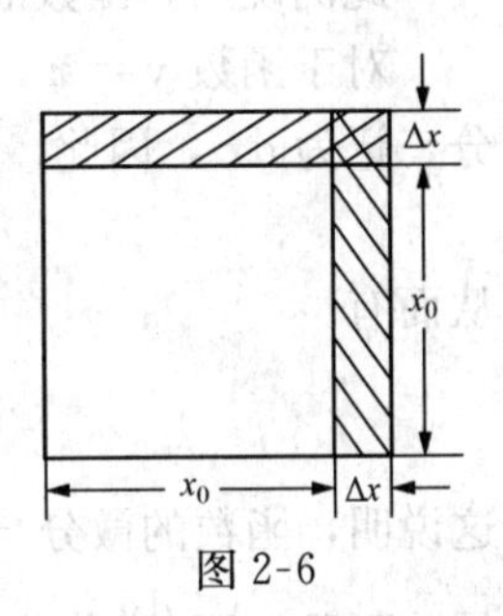

图 2-6

从图 2-6 可以看出，面积的增量 ΔS 就是图中有阴影部分的面积．现在用两块矩形的面积 $2x_0 \cdot \Delta x$ 来近似代替面积的增量 ΔS，略去的是一块较小的正方形的面积 $(\Delta x)^2$．

因为 $S'(x_0) = 2x_0$，即 $2x_0$ 刚好是面积函数 $S = x^2$ 在点 x_0 处的导数值，因此

$$\Delta S \approx S'(x_0) \cdot \Delta x.$$

一般地，设函数 $y = f(x)$ 在点 x_0 处可导，即 $\lim\limits_{\Delta x \to 0} \dfrac{\Delta y}{\Delta x} = f'(x_0)$．

根据函数、极限与无穷小之间的关系有 $\dfrac{\Delta y}{\Delta x} = f'(x_0) + \alpha(\Delta x)$，

其中，α 是当 $\Delta x \to 0$ 时的无穷小，于是 $\Delta y = f'(x_0)\Delta x + \alpha(\Delta x) \cdot \Delta x$．

由此可知，函数的改变量 Δy，是由 $f'(x_0)\Delta x$ 和 $\alpha(\Delta x) \cdot \Delta x$ 两项组成的，且当 $\Delta x \to 0$ 时，$f'(x_0)\Delta x$ 是与 Δx 同阶的无穷小；$\alpha(\Delta x) \cdot \Delta x$ 是比 Δx 高阶的无穷小．

因此，当 $|\Delta x|$ 很小时，在函数的改变量 Δy 中，起主要作用的是 $f'(x_0)\Delta x$，它与 Δy 仅相差一个较 Δx 高阶的无穷小，所以，$f'(x_0)\Delta x$ 是 Δy 的主要部分，又由于 $f'(x_0)\Delta x$ 是 Δx 的线性函数，所以，把 $f'(x_0)\Delta x$ 叫做 Δy 的线性主部．当 $|\Delta x|$ 很小时，经常用 Δy 的线性主部来近似代替函数的改变量 Δy，即

$$\Delta y \approx f'(x_0)\Delta x.$$

为了更方便地运用函数的改变量解决实际问题，我们给出下面的定义.

定义 2.3.1 设函数 $y = f(x)$ 在 x_0 处具有导数 $f'(x_0)$，那么 $f'(x_0)\Delta x$ 就叫做函数 $y = f(x)$ 在 x_0 处的微分，记为 $\mathrm{d}y\Big|_{x=x_0}$，即 $\mathrm{d}y\Big|_{x=x_0} = f'(x_0)\Delta x$．

例如，函数 $y = x^2$ 在 $x = 1$ 处的微分为 $\mathrm{d}y\Big|_{x=1} = (x^2)'\Big|_{x=1} \Delta x = 2\Delta x$.

函数 $y = f(x)$ 在任意点 x 处的微分，叫做函数的微分，记为 $\mathrm{d}y$ 或 $\mathrm{d}f(x)$，即 $\mathrm{d}y = f'(x)\Delta x$．

简单地说，函数在一点处的微分就是该函数在这一点处的微小变化值.

例如，函数 $y = \sin x$ 在任意点 x 处的微分为 $\mathrm{d}y = (\sin x)'\Delta x = \cos x \cdot \Delta x$．

【例 2-28】 求函数 $y = x^2$ 当 x 由 1 变到 0.98 时的增量和微分.

解 当 x 由 1 变到 0.98 时函数 $y = x^2$ 的增量为 $\Delta y = (0.98)^2 - 1^2 = -0.0396$．

函数在任意点的微分为 $\mathrm{d}y = (x^2)'\Delta x = 2x\Delta x$，因此，当 x 由 1 变到 0.98 时，即 $x = 1$，$\Delta x = -0.02$ 时 $\mathrm{d}y\Big|_{\substack{x=1 \\ \Delta x=-0.02}} = 2x\Delta x\Big|_{\substack{x=1 \\ \Delta x=-0.02}} = 2 \times 1 \times (-0.02) = -0.04$．

此例说明，函数的增量与微分近似相等，误差为 0.0004．

对于函数 $y = x$，因为 $\mathrm{d}y = \mathrm{d}x = (x)'\Delta x = \Delta x$，所以规定自变量的增量叫自变量的微分，记为 $\mathrm{d}x$，因此

$$\mathrm{d}y = f'(x)\mathrm{d}x.$$

从而有

$$\frac{\mathrm{d}y}{\mathrm{d}x} = f'(x).$$

这说明，函数的微分与自变量的微分之商，等于函数的导数，所以导数又叫做微商．这也就是前面我们用 $\dfrac{\mathrm{d}y}{\mathrm{d}x}$ 作为导数记号的原因，现在可以作为分式来处理，这在以后的运算中，会

有便利之处.

当函数 $y=f(x)$ 在点 x 处有微分 $\mathrm{d}y$ 时，称函数 $y=f(x)$ 在 x 处可微．由微分的定义，函数在点 x 处可微的充分必要条件是函数在点 x 处可导．因此，求导和求微分的运算统称为微分法.

应当注意，微分与导数虽然有着密切的联系，却有本质的区别：导数是函数在一点处的变化率，而微分是函数在一点处由自变量增量所引起的函数增量的主要部分，$\mathrm{d}y\approx\Delta y$；对于给定的函数 $y=f(x)$ 而言，导数的值只与 x 有关，而微分的值与 x 和 Δx 两个量有关.

二、微分的几何意义

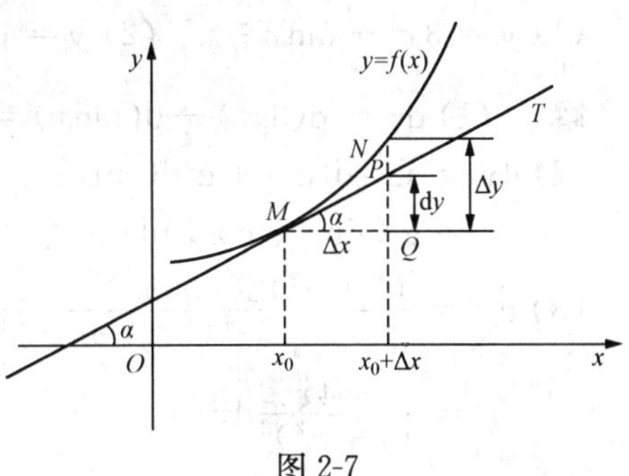

图 2-7

如图 2-7 所示，是函数 $y=f(x)$ 的图像，过曲线上的点 $M(x_0,y_0)$ 处的切线为 MT，其倾斜角为 α，

则 $QP=MQ\cdot\tan\alpha$，而 $\tan\alpha=f'(x_0)$，$MQ=\Delta x=\mathrm{d}x$.

因此，$QP=f'(x_0)\mathrm{d}x=\mathrm{d}y$．即函数 $y=f(x)$ 在 x_0 处的微分 $\mathrm{d}y=f'(x_0)\mathrm{d}x$，就是曲线 $y=f(x)$ 在点 x_0 处的切线的纵坐标的增量.

由图 2-7 可以看出，当 $|\Delta x|$ 很小时，用 $\mathrm{d}y$ 来近似代替 Δy，产生的误差很小．因此，曲线在一点 M 附近可以用切线段 MP 来近似代替曲线段 MN，这种思想在数学上叫做“以直代曲”．在工程技术里，这叫做在一点附近把曲线“线性化”或“拉直”.

三、微分的基本公式与微分的运算法则

由函数微分的定义 $\mathrm{d}y=f'(x)\mathrm{d}x$ 和基本初等函数的导数公式，可以直接得出微分公式.

1. 微分的基本公式

(1) $\mathrm{d}(c)=0$；　(2) $\mathrm{d}(x^\alpha)=\alpha x^{\alpha-1}\mathrm{d}x$；

(3) $\mathrm{d}(a^x)=a^x\ln a\mathrm{d}x$；　(4) $\mathrm{d}(\mathrm{e}^x)=\mathrm{e}^x\mathrm{d}x$；

(5) $\mathrm{d}(\log_a x)=\dfrac{1}{x\ln a}\mathrm{d}x$；　(6) $\mathrm{d}(\ln x)=\dfrac{1}{x}\mathrm{d}x$；

(7) $\mathrm{d}(\sin x)=\cos x\mathrm{d}x$；　(8) $\mathrm{d}(\cos x)=-\sin x\mathrm{d}x$；

(9) $\mathrm{d}(\tan x)=\sec^2x\mathrm{d}x$；　(10) $\mathrm{d}(\cot x)=-\csc^2x\mathrm{d}x$；

(11) $\mathrm{d}(\sec x)=\sec x\tan x\mathrm{d}x$；　(12) $\mathrm{d}(\csc x)=-\csc x\cot x\mathrm{d}x$；

(13) $\mathrm{d}(\arcsin x)=\dfrac{1}{\sqrt{1-x^2}}\mathrm{d}x$；　(14) $\mathrm{d}(\arccos x)=-\dfrac{1}{\sqrt{1-x^2}}\mathrm{d}x$；

(15) $\mathrm{d}(\arctan x)=\dfrac{1}{1+x^2}\mathrm{d}x$；　(16) $\mathrm{d}(\mathrm{arccot}x)=-\dfrac{1}{1+x^2}\mathrm{d}x$.

2. 和、差、积、商的微分法则

设函数 $u=u(x)$、$v=v(x)$ 均在点 x 处可微，则函数 $u\pm v$，uv，$\dfrac{u}{v}$ 也在点 x 处可微，且有

法则 1　$\mathrm{d}(u\pm v)=\mathrm{d}u\pm\mathrm{d}v$；

法则 2 $\mathrm{d}(uv)=u\mathrm{d}v+v\mathrm{d}u$；

法则 3 $\mathrm{d}(\frac{u}{v})=\frac{v\mathrm{d}u-u\mathrm{d}v}{v^2}\ (v\neq 0)$.

上述法则证明方法均类似，我们只证明法则 2，其余法则请读者自行证明.

证明 $\mathrm{d}(uv)=(uv)'\mathrm{d}x=(uv'+vu')\mathrm{d}x=uv'\mathrm{d}x+vu'\mathrm{d}x=u\mathrm{d}v+v\mathrm{d}u$.

特别地， $\mathrm{d}(cu)=c\mathrm{d}u$（$c$ 是常数）.

【例 2-29】 求下列函数的微分.

(1) $y=3x^2-\tan x$； (2) $y=\mathrm{e}^x\sin x$； (3) $y=\frac{1-x^2}{1+x^2}$.

解 (1) $\mathrm{d}y=\mathrm{d}(3x^2)-\mathrm{d}(\tan x)=6x\mathrm{d}x-\sec^2 x\mathrm{d}x=(6x-\sec^2 x)\mathrm{d}x$.

(2) $\mathrm{d}y=\sin x\mathrm{d}(\mathrm{e}^x)+\mathrm{e}^x\mathrm{d}(\sin x)=\sin x\cdot\mathrm{e}^x\mathrm{d}x+\mathrm{e}^x\cos x\mathrm{d}x$

$=\mathrm{e}^x(\sin x+\cos x)\mathrm{d}x$.

(3) $\mathrm{d}y=\frac{(1+x^2)\mathrm{d}(1-x^2)-(1-x^2)\mathrm{d}(1+x^2)}{(1+x^2)^2}=\frac{-2x(1+x^2)\mathrm{d}x-2x(1-x^2)\mathrm{d}x}{(1+x^2)^2}$

$=\frac{-4x}{(1+x^2)^2}\mathrm{d}x$.

【例 2-30】 设有一电阻负载 $R=36\Omega$，现负载功率 P 从 400W 变到 401W，求负载两端电压 u 的改变量.

解 由电学知识，负载功率 $P=\frac{u^2}{R}$，即 $u=\sqrt{RP}$，故

$$\mathrm{d}u=(\sqrt{RP})'\mathrm{d}P=\sqrt{R}\frac{1}{2\sqrt{P}}\mathrm{d}P=\frac{1}{2}\sqrt{\frac{R}{P}}\mathrm{d}P$$

所以电压的改变量为 $\Delta u\approx\mathrm{d}u=\frac{1}{2}\sqrt{\frac{36}{400}}\times 1=0.15\mathrm{V}$.

3. 微分形式的不变性（复合函数的微分法则）

设函数 $u=\varphi(x)$ 在 x 处可微，函数 $y=f(u)$ 在对应的 u 处可导，那么复合函数 $y=f[\varphi(x)]$ 在 x 处可微，且有 $\mathrm{d}y=f'(u)\mathrm{d}u$.

证明 因为函数 $u=\varphi(x)$ 在 x 处可微，即 $\mathrm{d}u=\varphi'(x)\mathrm{d}x$，因此

$$\mathrm{d}y=y'_x\mathrm{d}x=y'_u\cdot u'_x\mathrm{d}x=f'(u)\cdot\varphi'(x)\mathrm{d}x=f'(u)\mathrm{d}u.$$

这就是说，无论 u 是自变量还是中间变量，$y=f(u)$ 的微分总可以写成 $\mathrm{d}y=f'(u)\mathrm{d}u$ 的形式，因此称为微分形式的不变性.

【例 2-31】 求下列函数的微分.

(1) $y=\sin^2 x$； (2) $y=\ln\sin(1-2x)$； (3) $y=\mathrm{e}^{-x}\cos 2x$.

解 (1) $\mathrm{d}y=2\sin x\mathrm{d}(\sin x)=2\sin x\cos x\mathrm{d}x=\sin 2x\mathrm{d}x$.

(2) $\mathrm{d}y=\frac{1}{\sin(1-2x)}\mathrm{d}[\sin(1-2x)]=\frac{\cos(1-2x)}{\sin(1-2x)}\mathrm{d}(1-2x)=-2\cot(1-2x)\mathrm{d}x$.

(3) $\mathrm{d}y=\mathrm{e}^{-x}\mathrm{d}(\cos 2x)+\cos 2x\mathrm{d}(\mathrm{e}^{-x})=\mathrm{e}^{-x}(-\sin 2x)\mathrm{d}(2x)+\cos 2x\cdot\mathrm{e}^{-x}\mathrm{d}(-x)$

$=-2\mathrm{e}^{-x}\sin 2x\mathrm{d}x-\mathrm{e}^{-x}\cos 2x\mathrm{d}x=-\mathrm{e}^{-x}(2\sin 2x+\cos 2x)\mathrm{d}x$.

【例 2-32】 在括号内填入适当的函数，使下列等式成立.

(1) $\mathrm{d}(\qquad)=x\mathrm{d}x$； (2) $\mathrm{d}(\qquad)=\frac{1}{\sqrt{x}}\mathrm{d}x$；

(3) d(　　　　) $= \sin 2x\mathrm{d}x$；　　　　(4) d(　　　　) $= \mathrm{e}^{-x}\mathrm{d}x$.

解　(1) 因为 $\mathrm{d}(x^2) = 2x\mathrm{d}x$，所以 $x\mathrm{d}x = \frac{1}{2}\mathrm{d}(x^2) = \mathrm{d}(\frac{1}{2}x^2)$，即 $\mathrm{d}\left(\frac{1}{2}x^2\right) = x\mathrm{d}x$.

一般地，有 $\mathrm{d}\left(\frac{1}{2}x^2 + c\right) = x\mathrm{d}x$（$c$ 是任意常数）.

(2) 因为 $\mathrm{d}(\sqrt{x}) = \frac{1}{2\sqrt{x}}\mathrm{d}x$，所以 $\frac{1}{\sqrt{x}}\mathrm{d}x = 2\mathrm{d}(\sqrt{x}) = \mathrm{d}(2\sqrt{x})$，即 $\mathrm{d}(2\sqrt{x}) = \frac{1}{\sqrt{x}}\mathrm{d}x$.

一般地，有 $\mathrm{d}(2\sqrt{x} + c) = \frac{1}{\sqrt{x}}\mathrm{d}x$（$c$ 是任意常数）.

(3) 因为 $\mathrm{d}(\cos 2x) = -2\sin 2x\mathrm{d}x$，所以 $\sin 2x\mathrm{d}x = -\frac{1}{2}\mathrm{d}(\cos 2x) = \mathrm{d}\left(-\frac{1}{2}\cos 2x\right)$，

即
$$\mathrm{d}\left(-\frac{1}{2}\cos 2x\right) = \sin 2x\mathrm{d}x.$$

一般地，有 $\mathrm{d}\left(-\frac{1}{2}\cos 2x + c\right) = \sin 2x\mathrm{d}x$（$c$ 是任意常数）.

(4) 因为 $\mathrm{d}(\mathrm{e}^{-x}) = -\mathrm{e}^{-x}\mathrm{d}x$，所以 $\mathrm{e}^{-x}\mathrm{d}x = -\mathrm{d}(\mathrm{e}^{-x}) = \mathrm{d}(-\mathrm{e}^{-x})$，即 $\mathrm{d}(-\mathrm{e}^{-x}) = \mathrm{e}^{-x}\mathrm{d}x$

一般地，有 $\mathrm{d}(-\mathrm{e}^{-x} + c) = \mathrm{e}^{-x}\mathrm{d}x$（$c$ 是任意常数）.

四、微分在近似计算上的应用

1. 计算函数改变量的近似值

根据微分的定义，当 $|\Delta x|$ 很小时，函数 $y = f(x)$ 在 $x = x_0$ 处的改变量 Δy 可以用函数的微分 $\mathrm{d}y$ 来近似代替，即 $\Delta y \approx f'(x_0)\Delta x$.

【例 2-33】　一半径为 10cm 的金属圆片，加热后半径增大了 0.05cm，问此金属圆片的面积约增大了多少?

解　设圆的面积为 A，半径为 r，则 $A = \pi r^2$.

现在 $r = 10\text{cm}$，$\Delta r = 0.05\text{cm}$，因为 Δr 相对来说很小，所以面积的增量 ΔA 可以用微分来近似代替，即

$$\Delta A \approx \mathrm{d}A = (\pi r^2)'\mathrm{d}r\Big|_{\substack{r=10\\ \Delta r=0.05}} = 2\pi r\Delta r\Big|_{\substack{r=10\\ \Delta r=0.05}} = 2\pi \times 10 \times 0.05 = \pi(\text{cm}^2).$$

从而，当半径增大 0.05cm 时，面积约增大了 $\pi(\text{cm}^2)$.

【例 2-34】　某一负反馈放大电器，记其开环电路的放大倍数为 A，闭环电路的放大倍数为 A_j，则它们二者的函数关系为 $A_j = \frac{A}{1 + 0.01A}$. 当 $A = 10^4$ 时，由于受环境温度的影响，A 变化了 12%，求 A_j 的变化率，A_j 的相对变化量又为多少?

解　由于 $A = 10^4$，则 $A_j = \frac{A}{1 + 0.01A} = \frac{10\,000}{101} \approx 100$. 用 $\mathrm{d}A_j$ 近似表示 ΔA_j，得

$$\Delta A_j \approx \mathrm{d}A_j = (A_j)'\Delta A = \left(\frac{A}{1 + 0.01A}\right)'\Delta A$$

$$= \frac{1}{(1 + 0.01A)^2}\Delta A\Big|_{\substack{A=10\,000\\ \Delta A=0.12}} = \frac{10\,000 \times 0.12}{(1 + 0.01 \times 10\,000)^2} \approx 0.118,$$

A_j 的相对变化量为 $\frac{\Delta A_j}{A_j} \approx \frac{0.118}{100} = 1.18 \times 10^{-3}$.

2. 计算函数值的近似值

由于$\Delta y=f(x_0+\Delta x)-f(x_0)\approx f'(x_0)\Delta x$，所以$f(x_0+\Delta x)\approx f(x_0)+f'(x_0)\Delta x$.

这就是说，当$|\Delta x|$很小时，如果$f(x_0)$和$f'(x_0)$都容易计算，那么利用此公式可以计算函数$f(x)$在$x=x_0$附近的函数值的近似值.

【例 2-35】 计算$\sin 30.5^\circ$的近似值.

解 设$f(x)=\sin x$，则$f'(x)=\cos x$，由公式$f(x_0+\Delta x)\approx f(x_0)+f'(x_0)\Delta x$，有

$$\sin(x_0+\Delta x)\approx \sin x_0+\cos x_0\cdot\Delta x$$

因为$30.5^\circ=30^\circ+30'=\frac{\pi}{6}+\frac{\pi}{360}$，取$x_0=\frac{\pi}{6}$，$\Delta x=\frac{\pi}{360}$，有

$$\sin 30.5^\circ=\sin\left(\frac{\pi}{6}+\frac{\pi}{360}\right)\approx\sin\frac{\pi}{6}+\cos\frac{\pi}{6}\cdot\frac{\pi}{360}\approx\frac{1}{2}+\frac{\sqrt{3}}{2}\times 0.008\,72\approx 0.5076.$$

特别地，在公式$f(x_0+\Delta x)\approx f(x_0)+f'(x_0)\Delta x$中，令$x_0=0$，$\Delta x=x$，得

$$f(x)\approx f(0)+f'(0)x.$$

当$|x|$很小时，可以用此公式计算函数$f(x)$在点$x=0$附近的近似值.

下面是工程上几个常用的近似公式（假定$|x|$很小）.

(1) $\sqrt[n]{1+x}\approx 1+\frac{1}{n}x$；　(2) $\sin x\approx x$；　(3) $\tan x\approx x$；

(4) $\ln(1+x)\approx x$；　(5) $e^x\approx 1+x$.

证明 只证明公式 (1)，其余公式请读者自行证明.

设$f(x)=\sqrt[n]{1+x}$，则$f'(x)=\frac{1}{n}(1+x)^{\frac{1}{n}-1}=\frac{1}{n(1+x)^{\frac{n-1}{n}}}=\frac{1}{n\sqrt[n]{(1+x)^{n-1}}}$，

于是$f(0)=\sqrt[n]{1+0}=1$，$f'(0)=\frac{1}{n\sqrt[n]{(1+0)^{n-1}}}=\frac{1}{n}$，

由公式$f(x)\approx f(0)+f'(0)x$得　$f(x)\approx 1+\frac{1}{n}x$，

即

$$\sqrt[n]{1+x}\approx 1+\frac{1}{n}x.$$

【例 2-36】 计算$\sqrt[6]{65}$的近似值.

解 $\sqrt[6]{65}=\sqrt[6]{64+1}=\sqrt[6]{64\left(1+\frac{1}{64}\right)}=2\sqrt[6]{1+\frac{1}{64}}\approx 2\left(1+\frac{1}{6}\times\frac{1}{64}\right)\approx 2.0052.$

【例 2-37】 计算$e^{1.01}$的近似值.

解 $e^{1.01}=e\cdot e^{0.01}\approx e(1+0.01)\approx 2.718\times(1+0.01)\approx 2.745.$

习题 2-3

A 组

1. 求函数$y=2x+1$当x由 0 变到 0.02 时的增量和微分.
2. 求函数$y=x^2+3$当x由 2 变到 1.99 时的增量和微分.

3. 求下列函数的微分.

(1) $y = x^3 + \frac{1}{x} - 2\sqrt{x}$；　(2) $y = \sin x - x\cos x$；　(3) $y = \frac{x+1}{x-1}$；

(4) $y = \frac{x}{1-x^2}$；　(5) $y = \ln(1-x)^2$；　(6) $y = [\ln(1-x)]^2$；

(7) $y = e^{\sin 2x}$　(8) $y = \tan^2(1-2x)$.

4. 将适当的函数填入下列括号内，使等式成立.

(1) d(　　) $= 5dx$；　(2) d(　　) $= 3xdx$；　(3) d(　　) $= x^2dx$；

(4) d(　　) $= \frac{1}{1+x}dx$；　(5) d(　　) $= \frac{1}{\sqrt{x}}dx$；　(6) d(　　) $= \frac{1}{1+x^2}dx$；

(7) d(　　) $= \cos 3x dx$；　(8) d(　　) $= \sec^2 2x dx$；　(9) d(　　) $= e^{-2x}dx$.

5. 一平面圆环，其内径为 10cm，宽为 0.1cm，求此圆环面积的精确值与近似值.

6. 一正方体的棱长为 10m，如果它的棱长增加 0.1m，则求增加的体积的精确值与近似值.

7. 一个充好气的气球，半径为 4m，升空后，因外部气压降低气球的半径增大了 10cm. 问气球的体积近似增加了多少?

8. 当 $|x|$ 很小时，证明.

(1) $\ln(1+x) \approx x$；　(2) $\tan x \approx x$.

9. 计算下列各函数值的近似值.

(1) $\cos 60.5°$；　(2) $\sqrt[3]{1010}$；　(3) $\ln 0.98$；　(4) $e^{-0.03}$.

B　组

1. 求函数 $y = x^3$ 在 $x = 2$，Δx 分别等于 -0.1、0.01 时的增量和微分.

2. 求下列函数的微分.

(1) $y = e^{-x}\cos 3x$；　(2) $y = (e^x + e^{-x})^2$；

(3) $y = \arctan\sqrt{1-x^2}$；　(4) $y = 3^{\sqrt{\sin x}}$.

3. 有一批半径为 1cm 的球，为了提高球面的光洁度，要镀上一层厚度为 0.01cm 的铜，已知铜的密度为 $8.9\mathrm{g/cm^3}$，试估计每个球需要多少 g 铜?

4. 计算下列各函数值的近似值.

(1) $\arcsin 0.4983$；　(2) $\arctan 1.05$；　(3) $\lg 1.03$；

(4) $3^{0.05}$；　(5) $\sqrt[3]{1002}$；　(6) $\sqrt[3]{996}$.

5. 当 $|x|$ 很小时，证明 $\frac{1}{1+x} \approx 1-x$.

6. 已知单摆的振动周期 $T = 2\pi\sqrt{\frac{l}{g}}$，其中 $g = 980\mathrm{cm/s^2}$，原摆长 $l=20$cm，为使周期 T 增大 0.05s，摆长约需加长多少?

第四节　隐函数及由参数方程所确定的函数的微分法

【学习目标】

1. 掌握隐函数及由参数方程所确定的函数的微分法.
2. 掌握对数求导法则.

一、隐函数的微分法

前面我们研究的都是显函数的求导问题，但在实际问题中有时也要计算隐函数的导数，比如求椭圆 $\frac{x^2}{9}+\frac{y^2}{4}=1$ 在某点的切线斜率，就是求隐函数 $\frac{x^2}{9}+\frac{y^2}{4}-1=0$ 在该点的导数问题.

对于隐函数的求导，可以利用复合函数的求导法则，将方程两边同时对 x 求导，并注意到 y 是 x 的函数，因此，遇到含 y 的项，先对 y 求导，再乘以 y 对 x 的导数，得到一个含有 y' 的方程式，然后从中解出 y' 即可．一般地，隐函数的导数中含有 y，而 y 是由方程 $F(x,y)=0$ 所确定的隐函数.

【例 2-38】 求下列函数的导数.

(1) $x^2+y^2=4$；　　(2) $xy=e^{x+y}$；　　(3) $x\cos y=\sin(x+y)$.

解　(1) 方程两边对 x 求导，得　$2x+2y\cdot y'=0$，解出 y'，得 $y'=-\frac{x}{y}$.

(2) 方程两边对 x 求导，得　$y+x\cdot y'=e^{x+y}(1+y')$，解出 y'，得 $y'=\frac{y-e^{x+y}}{e^{x+y}-x}$.

(3) 方程两边对 x 求导，得　$\cos y+x(-\sin y)\cdot y'=\cos(x+y)(1+y')$，

解出 y'，得 $y'=\frac{\cos y-\cos(x+y)}{x\sin y+\cos(x+y)}$.

【例 2-39】 求椭圆 $\frac{x^2}{9}+\frac{y^2}{4}=1$ 在点 $P(1,\frac{4\sqrt{2}}{3})$ 处的切线方程.

解　方程两边对 x 求导，得 $\frac{2x}{9}+\frac{2y\cdot y'}{4}=0$，解出 y'，得　$y'=-\frac{4x}{9y}$.

把点 P 的坐标 $x=1$，$y=\frac{4\sqrt{2}}{3}$ 代入，得切线斜率为 $k=y'\Big|_{x=1,y=\frac{4\sqrt{2}}{3}}=-\frac{\sqrt{2}}{6}$，

所求切线方程为 $y-\frac{4\sqrt{2}}{3}=-\frac{\sqrt{2}}{6}(x-1)$，即　$x+3\sqrt{2}y-9=0$.

二、对数求导法

有些显函数直接求导很困难或很麻烦．例如，幂指型函数 $y=u^v$（其中 u、v 都是 x 的函数，且 $u>0$），底数和指数都含自变量 x；再如，由多次乘除运算和乘方、开方运算得到的函数，直接用求导法则求导非常麻烦．对于这两类函数，可先对等式两边取对数，变成隐函数的形式，然后再利用隐函数的求导法则求导，这种求导法叫对数求导法.

【例 2-40】 求下列导数.

(1) $y=x^x(x>0)$； (2) $y=(\arctan x)^x(x>0)$.

解 (1) 对 $y=x^x$ 两边同时取自然对数，得 $\ln y=x\ln x$，两边同时对 x 求导，有 $\frac{1}{y}\cdot y'=1+\ln x$，解出 y'，得 $y'=y(1+\ln x)=x^x(1+\ln x)$.

(2) 对 $y=(\arctan x)^x$ 两边同时取自然对数，得 $\ln y=x\cdot\ln\arctan x$，

两边同时对 x 求导，有 $\frac{1}{y}\cdot y'=\ln\arctan x+x\cdot\frac{1}{\arctan x}\cdot\frac{1}{1+x^2}$. 解出 y'，得

$$y'=y\left(\ln\arctan x+\frac{x}{(1+x^2)\arctan x}\right)=(\arctan x)^x\left(\ln\arctan x+\frac{x}{(1+x^2)\arctan x}\right).$$

【例 2-41】 求下列导数.

(1) $y=\sqrt{\frac{x(x-1)}{(x-2)(x+3)}}$； (2) $y=(x-1)\sqrt[3]{(3x+1)^2(x-2)}$.

解 (1) 两边取对数，得 $\ln y=\frac{1}{2}[\ln x+\ln(x-1)-\ln(x-2)-\ln(x+3)]$，

两边同时对 x 求导，有 $\frac{1}{y}\cdot y'=\frac{1}{2}\left(\frac{1}{x}+\frac{1}{x-1}-\frac{1}{x-2}-\frac{1}{x+3}\right)$，解出 y'，得

$$\begin{aligned}y'&=\frac{1}{2}y\left(\frac{1}{x}+\frac{1}{x-1}-\frac{1}{x-2}-\frac{1}{x+3}\right)\\&=\frac{1}{2}\sqrt{\frac{x(x-1)}{(x-2)(x+3)}}\left(\frac{1}{x}+\frac{1}{x-1}-\frac{1}{x-2}-\frac{1}{x+3}\right).\end{aligned}$$

(2) 两边取对数，得 $\ln y=\ln(x-1)+\frac{2}{3}\ln(3x+1)+\frac{1}{3}\ln(x-2)$，两边同时对 x 求导，有 $\frac{1}{y}\cdot y'=\frac{1}{x-1}+\frac{2}{3}\cdot\frac{3}{3x+1}+\frac{1}{3}\cdot\frac{1}{x-2}$，解出 y'，得

$$\begin{aligned}y'&=y\left(\frac{1}{x-1}+\frac{2}{3}\cdot\frac{3}{3x+1}+\frac{1}{3}\cdot\frac{1}{x-2}\right)\\&=(x-1)\sqrt[3]{(3x+1)^2(x-2)}\left[\frac{1}{x-1}+\frac{2}{3x+1}+\frac{1}{3(x-2)}\right].\end{aligned}$$

三、由参数方程所确定的函数的微分法

如果参数方程 $\begin{cases}x=\varphi(t)\\y=\psi(t)\end{cases}$（$t$ 为参数）确定了 y 是 x 的函数，在实际应用中，有时需要求出函数 y 对 x 的导数，但从参数方程中消去参数 t 又很困难，因此需要寻找一种直接由参数方程来求导数的方法.

由微分的定义，有 $\mathrm{d}y=\psi'(t)\mathrm{d}t$，$\mathrm{d}x=\varphi'(t)\mathrm{d}t$ 将它们代入 $\frac{\mathrm{d}y}{\mathrm{d}x}$，得

$$\frac{\mathrm{d}y}{\mathrm{d}x}=\frac{\psi'(t)\mathrm{d}t}{\varphi'(t)\mathrm{d}t}=\frac{\psi'(t)}{\varphi'(t)}.\qquad\text{即}\qquad\frac{\mathrm{d}y}{\mathrm{d}x}=\frac{\psi'(t)}{\varphi'(t)}.$$

注意求参数方程确定函数的二阶导数，不可对一阶导数关于参数直接求导，须按照同样的办法，分别对一阶导函数和自变量关于参数求微分，再求微商.

【例 2-42】 已知 $\begin{cases}x=a\cos\theta\\y=b\sin\theta\end{cases}$（$\theta$ 为参数），求 $\frac{\mathrm{d}y}{\mathrm{d}x}$.

解 因为 $\dfrac{dx}{d\theta}=-a\sin\theta$，$\dfrac{dy}{d\theta}=b\cos\theta$，所以 $\dfrac{dy}{dx}=\dfrac{\frac{dy}{d\theta}}{\frac{dx}{d\theta}}=\dfrac{b\cos\theta}{-a\sin\theta}=-\dfrac{b}{a}\cot\theta$.

【例 2-43】 已知摆线的参数方程为 $\begin{cases}x=a(t-\sin t)\\y=a(1-\cos t)\end{cases}$ $(0\leqslant t\leqslant 2\pi)$，求

（1）摆线上任意一点的切线斜率； （2）摆线在 $t=\dfrac{\pi}{2}$ 处的切线方程.

解 （1）摆线上任意一点的切线斜率为

$$k=\frac{dy}{dx}=\frac{\frac{dy}{dt}}{\frac{dx}{dt}}=\frac{a\sin t}{a(1-\cos t)}=\frac{\sin t}{1-\cos t}.$$

（2）当 $t=\dfrac{\pi}{2}$ 时，摆线上对应点为 $\left(a\left(\dfrac{\pi}{2}-1\right),a\right)$，在该点的切线斜率为 $k=\left.\dfrac{dy}{dx}\right|_{t=\frac{\pi}{2}}=1$，因此，所求切线方程为 $y-a=x-a\left(\dfrac{\pi}{2}-1\right)$，即 $x-y+a(2-\dfrac{\pi}{2})=0$.

A 组

1. 求下列隐函数的导数.

(1) $x^2-y^2=9$； (2) $x^3+2x^2y-xy^2=6$；

(3) $y^2+2\ln y=x^4$； (4) $ye^x+\ln y=1$.

2. 已知 $\dfrac{x}{y}-\ln x=1$，求 $y'\Big|_{x=e,y=\frac{e}{2}}$.

3. 求曲线 $x+x^2y^2-y=1$ 在点 $P(1,1)$ 处的切线方程.

4. 求曲线 $xy+\ln y=1$ 在点 $P(1,1)$ 处的切线方程与法线方程.

5. 用对数求导法求下列函数的导数.

(1) $y=x^{\frac{1}{x}}(x>0)$； (2) $y=x^{\sin x}(x>0)$；

(3) $y=\sqrt{\dfrac{(x-1)(x-2)}{(x-3)(x-4)}}$； (4) $y=\sqrt[3]{\dfrac{x\ (x^2+1)}{(x^2-1)^2}}$.

6. 求下列参数方程确定的函数的导数.

(1) $\begin{cases}x=1-t^2\\y=t-t^3\end{cases}$； (2) $\begin{cases}x=at^2\\y=bt^3\end{cases}$；

(3) $\begin{cases}x=\sin t\\y=t\end{cases}$； (4) $\begin{cases}x=\cos t\\y=\cos 2t\end{cases}$.

7. 已知参数方程 $\begin{cases}x=e^t\sin t\\y=e^t\cos t\end{cases}$，求 $\left.\dfrac{dy}{dx}\right|_{t=\frac{\pi}{2}}$.

8. 求曲线 $\begin{cases} x = 1 + 2t - t^2 \\ y = 4t^2 \end{cases}$ 在点 (1,16) 处的切线方程和法线方程.

B　组

1. 求下列隐函数的导数.

(1) $y^2 = x + \arctan y$；　(2) $\ln\sqrt{x^2 + y^2} = \arctan\dfrac{y}{x}$；

(3) $xy = \sin(x + y)$；　(4) $y = \cos x + \cos y$.

2. 求下列隐函数在指定点处的导数.

(1) $x^2 + 2xy - y^2 = 2x$，求 $y'\Big|_{(2,0)}$；

(2) $y\sin x - \cos(x - y) = 0$，求 $y'\Big|_{(0,\frac{\pi}{2})}$.

3. 求曲线 $x^3 + y^5 + 2xy = 0$ 在点 $P(-1,-1)$ 处的切线方程与法线方程.

4. 用对数求导法求下列函数的导数.

(1) $y = \left(\dfrac{x}{1+x}\right)^x$；　(2) $x^y = y^x (x > 0, y > 0)$；

(3) $y = \dfrac{\sqrt{x+2}(3-x)^4}{(x+1)^5}$；　(4) $y = \dfrac{(x+1)^2\sqrt[3]{3x-2}}{\sqrt[3]{(x-1)^2}}$.

5. 求下列参数方程确定的函数的导数.

(1) $\begin{cases} x = \theta(1 - \sin\theta) \\ y = \theta\cos\theta \end{cases}$；　(2) $\begin{cases} x = \cos^3\theta \\ y = \sin^3\theta \end{cases}$.

6. 已知曲线 $\begin{cases} x = t^2 + at + b \\ y = ce^t - e \end{cases}$ 在 $t = 1$ 时过原点，且曲线在原点的切线平行于直线 $2x - y + 1 = 0$，求 a，b，c 的值.

第五节　高　阶　导　数

【学习目标】

1. 理解高阶导数的意义.
2. 掌握高阶导数求导法则.
3. 了解导数在物理中的应用.

一、高阶导数的概念

若函数 $y = f(x)$ 的导函数 $\dfrac{dy}{dx} = f'(x)$ 仍然可导，则 $f'(x)$ 的导数叫做 $y = f(x)$ 的二阶导数．记为

$$y'', f''(x) \text{ 或 } \frac{d^2y}{dx^2}.$$

相应地，把函数 $y=f(x)$ 的导数 $f'(x)$ 叫做函数 $y=f(x)$ 的一阶导数.

类似地，函数 $y=f(x)$ 的二阶导数的导数叫做 $y=f(x)$ 的三阶导数．记为

$$y''',\ f'''(x)\ 或\ \frac{d^3y}{dx^3}.$$

一般地，函数 $y=f(x)$ 的 $n-1$ 阶导数的导数叫做函数 $y=f(x)$ 的 n 阶导数．记为

$$y^{(n)},\ f^{(n)}(x)\ 或\ \frac{d^ny}{dx^n}.$$

二阶及二阶以上的导数统称为高阶导数．求高阶导数，只要逐步求导即可.

【例 2-44】 求下列函数的二阶导数.

(1) $y=x^2+3x-\sin\frac{\pi}{7}$；　　(2) $y=x\ln x$；

(3) $y=\sin^2x$；　　(4) $s=e^{-t}\cdot\cos t$.

解　(1) $y'=2x+3$，　$y''=2$；

(2) $y'=\ln x+1$，　$y''=\frac{1}{x}$；

(3) $y'=2\sin x\cdot(\sin x)'=2\sin x\cdot\cos x=\sin 2x$，$y''=\cos 2x\cdot(2x)'=2\cos 2x$；

(4) $s'=-e^{-t}\cos t-e^{-t}\sin t=-e^{-t}(\cos t+\sin t)$，

$s''=e^{-t}(\cos t+\sin t)-e^{-t}(-\sin t+\cos t)=2e^{-t}\sin t$.

【例 2-45】 已知方程 $2\arctan\frac{y}{x}=\ln(x^2+y^2)$ 确定了 y 是 x 的函数，求 $\frac{d^2y}{dx^2}$.

解　方程 $2\arctan\frac{y}{x}=\ln(x^2+y^2)$ 两边同时对 x 求导，有

$$\frac{2}{1+\left(\frac{y}{x}\right)^2}\cdot\frac{xy'-y}{x^2}=\frac{1}{x^2+y^2}\cdot(2x+2yy'),$$

从中解出 y'，得 $y'=\frac{x+y}{x-y}$. 因此

$$\frac{d^2y}{dx^2}=(y')'=\frac{(1+y')(x-y)-(x+y)(1-y')}{(x-y)^2}=\frac{-2y+2xy'}{(x-y)^2}$$

$$=\frac{-2y+2x\cdot\frac{x+y}{x-y}}{(x-y)^2}=\frac{2(x^2+y^2)}{(x-y)^3}.$$

【例 2-46】 已知由参数方程 $\begin{cases}x=t-\arctan t\\ y=\ln(1+t^2)\end{cases}$ 确定了 y 是 x 的函数，求 $\frac{d^2y}{dx^2}$.

解　因为　$dy=\frac{2t}{1+t^2}dt$，$dx=\left(1-\frac{1}{1+t^2}\right)dt$，所以

$$y'=\frac{dy}{dx}=\frac{2}{t},\qquad d(y')=-\frac{2}{t^2}dt，因此$$

$$\frac{d^2y}{dx^2}=\frac{d(y')}{dx}=\frac{-\frac{2}{t^2}dt}{\left(1-\frac{1}{1+t^2}\right)dt}=\frac{-\frac{2}{t^2}}{\frac{t^2}{1+t^2}}=-\frac{2(1+t^2)}{t^4}.$$

【例 2-47】 已知 $f(x)=\arctan x$，求 $f'''(0)$.

解 $f'(x)=\dfrac{1}{1+x^2}$，$f''(x)=\dfrac{-2x}{(1+x^2)^2}$，$f'''(x)=\dfrac{2(3x^2-1)}{(1+x^2)^3}$，

所以 $$f'''(0)=\left.\frac{2(3x^2-1)}{(1+x^2)^3}\right|_{x=0}=-2.$$

【例 2-48】 求下列函数的 n 阶导数.

(1) $y=a^x$； (2) $y=\dfrac{1}{x}$； (3) $y=\sin x$.

解 (1) $y'=a^x\ln a$，$y''=a^x(\ln a)^2$，$y'''=a^x(\ln a)^3$，…，

所以 $$y^{(n)}=a^x(\ln a)^n.$$

(2) $y=\dfrac{1}{x}=x^{-1}$；$y'=(-1)x^{-2}$， $y''=(-1)(-2)x^{-3}=(-1)^2 1\cdot 2x^{-3}$，

$$y'''=(-1)(-2)(-3)x^{-4}=(-1)^3 1\cdot 2\cdot 3x^{-4},$$

$$\cdots$$

所以 $$y^{(n)}=(-1)^n\cdot 1\cdot 2\cdot 3\cdot\cdots\cdot nx^{-(n+1)}=(-1)^n\frac{n!}{x^{n+1}}.$$

(3) $y'=\cos x=\sin\left(x+\dfrac{\pi}{2}\right)$， $y''=\cos\left(x+\dfrac{\pi}{2}\right)=\sin\left(x+2\cdot\dfrac{\pi}{2}\right)$，

$$y'''=\cos\left(x+2\cdot\frac{\pi}{2}\right)=\sin\left(x+3\cdot\frac{\pi}{2}\right),$$

$$\cdots$$

所以 $$y^{(n)}=(\sin x)^{(n)}=\sin\left(x+n\cdot\frac{\pi}{2}\right).$$

类似地，有 $$(\cos x)^{(n)}=\cos\left(x+n\cdot\frac{\pi}{2}\right).$$

高阶导数递推公式不要急于写出结果，应通过求导阶数的增加找出规律后推出，必要时可用数学归纳法证明结果.

二、二阶导数的力学意义

如果物体作变速直线运动，其运动方程为 $s=s(t)$，物体在任意时刻的速度 v 为

$$v=s'(t).$$

此时，速度 v 仍然是 t 的函数．由物理学知道，加速度是描述速度变化快慢的物理量，因此，速度关于时间的变化率就是加速度 a，即

$$a=v'(t)=s''(t).$$

也就是说，运动物体的加速度 a 就是路程 s 关于时间 t 的二阶导数.

【例 2-49】 已知物体作变速直线运动的方程为 $s=\dfrac{2}{9}\sin\dfrac{\pi t}{2}+2$ (cm)，求物体在 $t=1\text{s}$ 时的速度与加速度.

解 根据导数的力学意义，物体在任意时刻的速度为

$$v=s'=\frac{\pi}{9}\cos\frac{\pi t}{2}.$$

根据二阶导数的力学意义，物体在任意时刻的加速度为

$$a = s'' = -\frac{\pi^2}{18}\sin\frac{\pi t}{2}.$$

所以，物体在 $t = 1$ s 时的速度为

$$v\big|_{t=1} = \frac{\pi}{9}\cos\frac{\pi}{2} = 0\ (\text{cm/s}),$$

加速度为

$$a\big|_{t=1} = -\frac{\pi^2}{18}\sin\frac{\pi}{2} = -\frac{\pi^2}{18}\ (\text{cm/s}^2).$$

A　组

1. 求下列函数的二阶导数.

(1) $y = x^3 + \sqrt{x} + \sqrt[3]{5}$；　　(2) $y = x^2 + e^x + \ln x$；

(3) $y = (1 + x^2)^2$；　　(4) $y = \ln(1 - x^2)$.

2. 求下列隐函数的二阶导数.

(1) $y^3 - x^2 y = 2$；　　(2) $y = 1 - xe^y$.

3. 求下列参数方程确定的函数的二阶导数.

(1) $\begin{cases} x = t - \sin t \\ y = 1 - \cos t \end{cases}$；　　(2) $\begin{cases} x = 4\cos t \\ y = 3\sin t \end{cases}$.

4. 已知 $f(x) = (x + 10)^5$，求 $f'''(2)$.

5. 已知 $f(x) = 2x^3 + x^2 - 3x + 5$，求 $f^{(4)}(x)$.

6. 求下列函数的 n 阶导数：

(1) $y = e^x$；　　(2) $y = \cos x$；

(3) $y = \ln(1 + x)$；　　(4) $y = x^n + a_1 x^{n-1} + a_2 x^{n-2} + \cdots + a_{n-1}x + a_n$.

7. 设质点作直线运动，其运动方程分别如下，求该质点在给定时刻的速度与加速度.

(1) $s = t^3 - 3t + 2$，$t = 1$；　　(2) $s = t + \frac{1}{t}$，$t = 2$；

(3) $s = 3\cos\frac{\pi t}{3}$，$t = 1$.

B　组

1. 求下列函数的二阶导数.

(1) $y = \frac{1}{x} + 2^x$；　　(2) $y = \sqrt{a^2 - x^2}$（a 是常数）；

(3) $y = xe^{x^2}$；　　(4) $y = \ln\sqrt{1 - x^2}$.

2. 求下列隐函数的二阶导数.

(1) $y\ln y = x + y$；　　(2) $x + y = \operatorname{arccot}(x - y)$.

3. 求下列参数方程确定的函数的二阶导数.

(1) $\begin{cases} x = 2\cos^3 t \\ y = 2\sin^3 t \end{cases}$；　　(2) $\begin{cases} x = \sqrt{1+t} \\ y = \sqrt{1-t} \end{cases}$.

4. 求下列函数的 n 阶导数.

(1) $y = xe^x$；　　(2) $y = x\ln x$；　　(3) $y = \dfrac{2+3x}{1+x}$.

5. 一物体作阻尼振动，运动方程是 $s = e^{-t}\sin t$.

(1) 求物体在任意时刻的速度与加速度；

(2) 何时速度为 0？何时加速度为 0？

第六节　微分中值定理　罗必达法则

【学习目标】

1. 理解中值定理.
2. 能利用中值定理进行简单证明.
3. 掌握罗必达法则求极限的方法.

前面我们研究了导数的概念及导数的计算方法. 在本节中，我们将建立导数应用的理论基础——微分中值定理，微分中值定理是研究函数在区间上增量与导数值的关系. 在此定理的基础上，将引出计算未定式极限的方法——罗必达法则.

一、微分中值定理

1. 罗尔（Rolle）定理

如果函数 $f(x)$ 满足条件

(1) 在闭区间 $[a,b]$ 上连续；

(2) 在开区间 (a,b) 内可导；

(3) $f(a) = f(b)$.

那么在 (a,b) 内至少有一点 ξ 使得 $f'(\xi) = 0$.

罗尔定理的几何意义是：如果连续曲线 $y = f(x)$，在区间 $[a,b]$ 的两个端点处的函数值相等，并且除两个端点外，在 (a,b) 内处处有不垂直于 x 轴的切线，则在此曲线上至少存在一点 $(\xi, f(\xi))$，曲线在该点处的切线平行于 x 轴. 如图 2-8 所示，曲线 $y = f(x)$ 在 ξ_1，ξ_2 处有平行于 x 轴的切线.

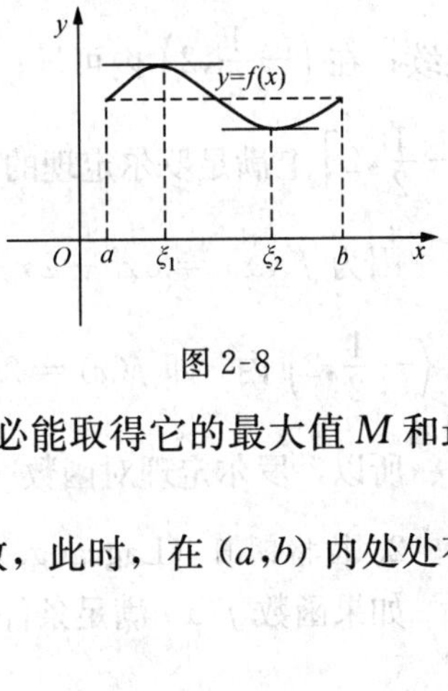

图 2-8

下面给出罗尔定理的证明.

证明　因为函数 $f(x)$ 在闭区间 $[a,b]$ 上连续，根据闭区间上连续函数的最大值和最小值定理，$f(x)$ 在闭区间 $[a,b]$ 上必能取得它的最大值 M 和最小值 m，以下分两种情况讨论.

(1) 若 $m = M$，则函数 $f(x)$ 在区间 $[a,b]$ 上是一个常数，此时，在 (a,b) 内处处有 $f'(\xi) = 0$.

（2）若 $m<M$，由于 $f(a)=f(b)$，M 和 m 这两个数中至少有一个不等于 $f(x)$ 在区间 $[a,b]$ 端点处的函数值．不妨设 $M\neq f(a)$，此时，在 (a,b) 内必定有一点 ξ 使得 $f(\xi)=M$. 下面证明 $f(x)$ 在点 ξ 处有 $f'(\xi)=0$．

因为 $f(x)$ 在 (a,b) 内可导，而 ξ 是 (a,b) 内的点，所以 $f'(\xi)$ 存在，即极限 $\lim\limits_{\Delta x\to 0}\dfrac{f(\xi+\Delta x)-f(\xi)}{\Delta x}$ 存在．而极限存在，必定左、右极限都存在且相等，因此

$$f'(\xi)=\lim_{\Delta x\to 0^+}\frac{f(\xi+\Delta x)-f(\xi)}{\Delta x}=\lim_{\Delta x\to 0^-}\frac{f(\xi+\Delta x)-f(\xi)}{\Delta x}.$$

由于 $f(\xi)=M$ 是 $f(x)$ 在 $[a,b]$ 上的最大值，因此，不论 Δx 是正的还是负的，只要 $\xi+\Delta x$ 在 (a,b) 内，总有

$$f(\xi+\Delta x)\leqslant f(\xi),$$

即

$$f(\xi+\Delta x)-f(\xi)\leqslant 0.$$

当 $\Delta x>0$ 时，

$$\frac{f(\xi+\Delta x)-f(\xi)}{\Delta x}\leqslant 0,$$

有

$$f'(\xi)=\lim_{\Delta x\to 0^+}\frac{f(\xi+\Delta x)-f(\xi)}{\Delta x}\leqslant 0.$$

当 $\Delta x<0$ 时，

$$\frac{f(\xi+\Delta x)-f(\xi)}{\Delta x}\geqslant 0,$$

有

$$f'(\xi)=\lim_{\Delta x\to 0^-}\frac{f(\xi+\Delta x)-f(\xi)}{\Delta x}\geqslant 0.$$

现在，$f'(\xi)\leqslant 0$ 且 $f'(\xi)\geqslant 0$，

因此，必有

$$f'(\xi)=0.$$

如果罗尔定理中的三个条件有任何一个不满足，就不能保证定理的结论一定成立.

【例 2-50】 验证罗尔定理对函数 $f(x)=2x^3+x^2-8x$ 在区间 $\left[-\dfrac{1}{2},2\right]$ 上的正确性.

验证 因为函数 $f(x)=2x^3+x^2-8x$ 的定义域是 $(-\infty,+\infty)$，因此在 $\left[-\dfrac{1}{2},2\right]$ 上连续；在 $\left(-\dfrac{1}{2},2\right)$ 内可导；且 $f\left(-\dfrac{1}{2}\right)=f(2)=4$，即函数 $f(x)=2x^3+x^2-8x$ 在 $\left[-\dfrac{1}{2},2\right]$ 上满足罗尔定理的三个条件.

因为 $f'(x)=6x^2+2x-8$，令 $f'(x)=0$，得 $x_1=-\dfrac{4}{3}$，$x_2=1$，其中 $x_2=1$ 在区间 $\left(-\dfrac{1}{2},2\right)$ 内．即 $f(x)=2x^3+x^2-8x$ 在区间 $\left(-\dfrac{1}{2},2\right)$ 内有一点 $\xi=1$，使得 $f'(\xi)=0$.

所以，罗尔定理对函数 $f(x)=2x^3+x^2-8x$ 在区间 $\left[-\dfrac{1}{2},2\right]$ 上是正确的.

2. 拉格朗日（Lagrange）定理

如果函数 $f(x)$ 满足条件

(1) 在闭区间 $[a,b]$ 上连续；

(2) 在开区间 (a,b) 内可导.

那么在 (a,b) 内至少有一点 ξ 使得

$$f(b)-f(a)=f'(\xi)(b-a).$$

拉格朗日定理的几何意义是：如果连续曲线 $y=f(x)$ 在 (a,b) 内处处有不垂直于 x 轴的切线，则在此曲线上至少存在一点 $(\xi,f(\xi))$，曲线在该点处的切线平行于连接曲线的两个端点 $A(a,f(a))$ 和 $B(b,f(b))$ 的弦 AB. 即在 (a,b) 内至少存在一点 ξ 使得

$$f'(\xi)=\frac{f(b)-f(a)}{b-a}.$$

如图 2-9 所示，曲线 $y=f(x)$ 在 ξ_1，ξ_2 处有平行于弦 AB 的切线.

拉格朗日定理沟通了函数在一点处的导数与函数值在区间上变化率的联系.

将罗尔定理中 $f(a)=f(b)$ 去掉，即斜着看罗尔定理图形，就成了拉格朗日定理图形.

下面利用罗尔定理给出拉格朗日定理的证明.

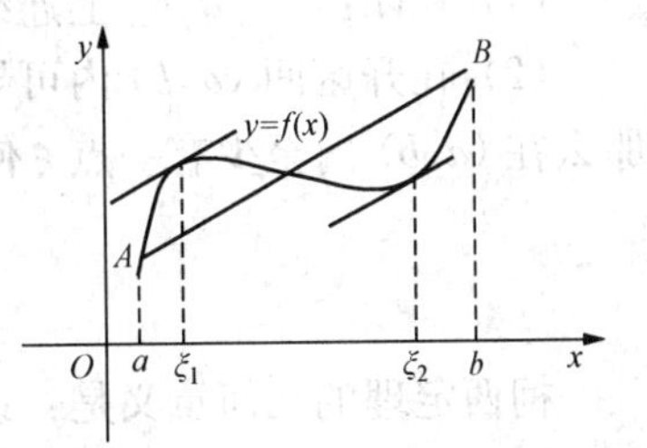

图 2-9

证明 弦 AB 的方程为

$$y=f(a)+\frac{f(b)-f(a)}{b-a}(x-a).$$

由于弦 AB 的端点与曲线 $y=f(x)$ 的端点重合，因此，函数 $y=f(x)$ 与 $y=f(a)+\frac{f(b)-f(a)}{b-a}(x-a)$ 之差构造辅助函数

$$F(x)=f(x)-\left[f(a)+\frac{f(b)-f(a)}{b-a}(x-a)\right]$$

满足 $F(a)=F(b)=0$，根据罗尔定理，至少存在一点 ξ 使得

$$F'(\xi)=f'(\xi)-\frac{f(b)-f(a)}{b-a}=0,$$

即
$$f'(\xi)=\frac{f(b)-f(a)}{b-a},$$

因此
$$f(b)-f(a)=f'(\xi)(b-a).$$

显然，如果 $f(b)=f(a)$，那么上式中 $f'(\xi)=0$，因此，罗尔定理是拉格朗日定理的特例.

如果 x 为区间 (a,b) 内的一点，$x+\Delta x$ 为该区间内的另一点，则有

$$f(x+\Delta x)-f(x)=f'(\xi)\Delta x,\ \xi\in(x,x+\Delta x),$$

即
$$\Delta y=f'(\xi)\Delta x,\ \xi\in(x,x+\Delta x).$$

这个式子精确地表达了当自变量 x 取得增量 Δx 时，函数相应的增量 Δy 与函数在 $\xi(\xi\in(x,x+\Delta x))$ 点的导数之间的关系.

推论 如果对区间 (a,b) 内任意一点 x，都有 $f'(x)=0$，则在此区间内 $f(x)=c$（c 为常数）.

证明 在 (a,b) 内任取两点 x_1、x_2（假设 $x_1<x_2$），根据拉格朗日定理有

$$f(x_2)-f(x_1)=f'(\xi)(x_2-x_1)\quad(x_1<\xi<x_2).$$

由已知 $f'(\xi)=0$，所以 $f(x_2)-f(x_1)=0$，即 $f(x_2)=f(x_1)$.

因为 x_1 、x_2 是 (a,b) 内任意两点，因此 $f(x)=c$（c 为常数）.

【例 2-51】 求函数 $f(x)=\ln x$ 在闭区间 $[1,\mathrm{e}]$ 上满足拉格朗日定理中的 ξ 值.

解 函数 $f(x)=\ln x$ 在闭区间 $[1,\mathrm{e}]$ 上连续，且 $f'(x)=\dfrac{1}{x}$.

因为
$$f(1)=0,f(\mathrm{e})=1,$$
由拉格朗日定理有
$$\frac{1}{\xi}=\frac{f(\mathrm{e})-f(1)}{\mathrm{e}-1}=\frac{1-0}{\mathrm{e}-1},$$
因此
$$\xi=\mathrm{e}-1.$$

3. 柯西（Cauchy）定理

如果函数 $f(x)$ 和 $g(x)$ 满足条件

（1）在闭区间 $[a,b]$ 上连续；

（2）在开区间 (a,b) 内可导，且 $g'(x)\neq 0$.

那么在 (a,b) 内至少有一点 ξ 使得
$$\frac{f(b)-f(a)}{g(b)-g(a)}=\frac{f'(\xi)}{g'(\xi)}.$$

柯西定理的几何意义是：设曲线弧 AB 的参数方程为 $\begin{cases}x=g(t)\\y=f(t)\end{cases}$，$(a\leqslant t\leqslant b)$，其中 t 为参数．若除端点外，曲线处处有不垂直于 x 轴的切线，则在此曲线上至少存在一点 $(g(\xi),f(\xi))$，曲线在该点处的切线平行于连接曲线的两个端点 $A(g(a),f(a))$ 和 $B(g(b),f(b))$ 的弦 AB．即在 (a,b) 内至少存在一点 ξ 使得
$$\frac{f'(\xi)}{g'(\xi)}=\frac{f(b)-f(a)}{g(b)-g(a)}.$$
如图 2-10 所示，曲线 $\begin{cases}x=g(t)\\y=f(t)\end{cases}$，$(a\leqslant t\leqslant b)$，其中 t 为参数．当参数 t 为 ξ_1，ξ_2 时，有平行于弦 AB 的切线.

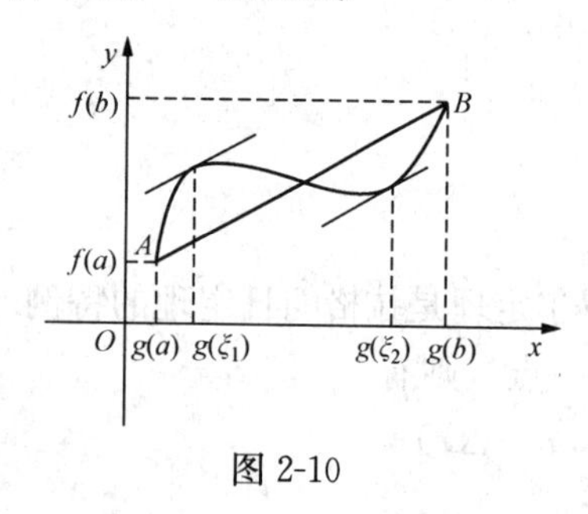

图 2-10

证明 因为 $g'(x)\neq 0$（$x\in(a,b)$），根据拉格朗日定理有 $g(b)-g(a)\neq 0$．因此，可构造函数
$$\varphi(x)=f(x)-\frac{f(b)-f(a)}{g(b)-g(a)}[g(x)-g(a)],$$
则 $\varphi(x)$ 在闭区间 $[a,b]$ 上连续，在开区间 (a,b) 内可导，且 $\varphi(a)=\varphi(b)$，根据罗尔定理，在 (a,b) 内至少有一点 ξ 使得 $\varphi'(\xi)=0$，

即
$$f'(\xi)-\frac{f(b)-f(a)}{g(b)-g(a)}g'(\xi)=0.$$
因此
$$\frac{f(b)-f(a)}{g(b)-g(a)}=\frac{f'(\xi)}{g'(\xi)}.$$

在柯西定理中，若取 $g(x)=x$，即得拉格朗日定理，所以柯西定理是拉格朗日定理的推广.

以上我们介绍了罗尔定理、拉格朗日定理和柯西定理，由于三个定理中的 ξ 都是 (a,b) 内的某一个值，所以这三个定理统称为微分中值定理，其中拉格朗日定理应用最广泛.

二、罗必达法则

在自变量的一定变化趋势下，如果函数 $f(x)$ 和 $g(x)$ 都趋近于零或都趋近于无穷大，那么 $\frac{f(x)}{g(x)}$ 的极限可能存在，也可能不存在．通常把这种极限叫做未定式，并分别称为 $\frac{0}{0}$ 型或 $\frac{\infty}{\infty}$ 型未定式．例如，$\lim\limits_{x\to 2}\frac{x-2}{x^2-4}$ 就是一个 $\frac{0}{0}$ 型未定式，$\lim\limits_{x\to+\infty}\frac{\ln x}{x}$ 就是一个 $\frac{\infty}{\infty}$ 型未定式．对于未定式，即使它的极限存在也不能用商的极限运算法则求得，下面将介绍求这类极限的一种有效方法——罗必达法则.

定理 2.6.1 设函数 $f(x)$ 和 $g(x)$ 在 x_0 点的某一去心邻域 $(x_0-\delta,x_0)\cup(x_0,x_0+\delta)$ 内有定义，且满足条件

(1) $\lim\limits_{x\to x_0}f(x)=0$（或者 ∞），$\lim\limits_{x\to x_0}g(x)=0$（或者 ∞）；

(2) $f'(x)$ 和 $g'(x)$ 都存在，且 $g'(x)\neq 0$；

(3) $\lim\limits_{x\to x_0}\frac{f'(x)}{g'(x)}=A$（或为 ∞）.

那么 $\lim\limits_{x\to x_0}\frac{f(x)}{g(x)}$ 存在（或为 ∞），且 $\lim\limits_{x\to x_0}\frac{f(x)}{g(x)}=\lim\limits_{x\to x_0}\frac{f'(x)}{g'(x)}=A$（或为 ∞）.

证明 由已知函数 $f(x)$ 和 $g(x)$ 在区间 $(x_0-\delta,x_0)$ 和 $(x_0,x_0+\delta)$ 内都可导，从而 $f(x)$ 和 $g(x)$ 在这两个区间内是连续的．由于在点 x_0 处，$f(x)$ 和 $g(x)$ 没有给定义，所以它们在 x_0 点不一定连续．但可以补充定义使 $f(x)$ 和 $g(x)$ 在 x_0 点连续，因此在区间 $(x_0-\delta,x_0+\delta)$ 内处处连续.

因为
$$\lim_{x\to x_0}f(x)=0,\ \lim_{x\to x_0}g(x)=0,$$
所以令
$$f(x_0)=\lim_{x\to x_0}f(x)=0,\ g(x_0)=\lim_{x\to x_0}g(x)=0,$$
那么，$f(x)$ 和 $g(x)$ 在 x_0 点均连续.

设 x 为区间 $(x_0-\delta,x_0)$ 和 $(x_0,x_0+\delta)$ 内任意一点，那么函数 $f(x)$ 和 $g(x)$ 在闭区间 $[x,x_0]$ 或 $[x_0,x]$ 上连续，在开区间 (x,x_0) 或 (x_0,x) 内可导，且 $g'(x)\neq 0$．由柯西定理，在区间 (x,x_0) 或 (x_0,x) 内至少有一点 ξ，使得 $\frac{f(x)-f(x_0)}{g(x)-g(x_0)}=\frac{f'(\xi)}{g'(\xi)}$（$\xi$ 在 x 与 x_0 之间）成立．将 $f(x_0)=0$，$g(x_0)=0$ 代入上式，得
$$\frac{f(x)}{g(x)}=\frac{f'(\xi)}{g'(\xi)}.$$

因为 $\lim\limits_{x\to x_0}\frac{f'(x)}{g'(x)}=A$（或为 ∞），并且当 $x\to x_0$ 时，$\xi\to x_0$，因此 $\lim\limits_{\xi\to x_0}\frac{f'(\xi)}{g'(\xi)}=A$（或为 ∞）.

所以
$$\lim_{x\to x_0}\frac{f(x)}{g(x)}=\lim_{\xi\to x_0}\frac{f'(\xi)}{g'(\xi)}=A\text{（或为 }\infty\text{）}.$$
即
$$\lim_{x\to x_0}\frac{f(x)}{g(x)}=\lim_{x\to x_0}\frac{f'(x)}{g'(x)}=A\text{（或为 }\infty\text{）}.$$

上述法则，对于 $x\to\infty$ 时的 $\frac{0}{0}$ 型未定式同样适用.

这个定理说明，如果符合定理的条件，求未定式 $\frac{0}{0}$ 的极限，可以通过分子、分母分别求导，再求极限而确定.

【例 2-52】 求 $\lim\limits_{x\to\frac{\pi}{2}}\dfrac{\cos x}{x-\frac{\pi}{2}}$.

解 这是 $\frac{0}{0}$ 型未定式，所以 $\lim\limits_{x\to\frac{\pi}{2}}\dfrac{\cos x}{x-\frac{\pi}{2}}=\lim\limits_{x\to\frac{\pi}{2}}\dfrac{-\sin x}{1}=-1$.

当 $x\to x_0$ 或 $x\to\infty$ 时，如果 $\dfrac{f'(x)}{g'(x)}$ 仍为 $\frac{0}{0}$ 型未定式，且 $f'(x)$ 与 $g'(x)$ 都满足罗必达法则的条件，则可继续使用罗必达法则.

【例 2-53】 求 $\lim\limits_{x\to1}\dfrac{x^3-3x+2}{x^3-x^2-x+1}$.

解 $\lim\limits_{x\to1}\dfrac{x^3-3x+2}{x^3-x^2-x+1}\overset{\frac{0}{0}}{=}\lim\limits_{x\to1}\dfrac{3x^2-3}{3x^2-2x-1}\overset{\frac{0}{0}}{=}\lim\limits_{x\to1}\dfrac{6x}{6x-2}=\dfrac{3}{2}$.

【例 2-54】 求 $\lim\limits_{x\to+\infty}\dfrac{\frac{\pi}{2}-\arctan x}{\frac{1}{x}}$.

解 $\lim\limits_{x\to+\infty}\dfrac{\frac{\pi}{2}-\arctan x}{\frac{1}{x}}\overset{\frac{0}{0}}{=}\lim\limits_{x\to+\infty}\dfrac{-\frac{1}{1+x^2}}{-\frac{1}{x^2}}=\lim\limits_{x\to+\infty}\dfrac{x^2}{1+x^2}=1$.

【例 2-55】 求 $\lim\limits_{x\to+\infty}\dfrac{x}{e^x}$.

解 $\lim\limits_{x\to+\infty}\dfrac{x}{e^x}\overset{\frac{\infty}{\infty}}{=}\lim\limits_{x\to+\infty}\dfrac{1}{e^x}=0$.

【例 2-56】 求 $\lim\limits_{x\to0^+}\dfrac{\ln\cot x}{\ln x}$.

解 $\lim\limits_{x\to0^+}\dfrac{\ln\cot x}{\ln x}\overset{\frac{\infty}{\infty}}{=}\lim\limits_{x\to0^+}\dfrac{\frac{1}{\cot x}\cdot(-\csc^2x)}{\frac{1}{x}}=-\lim\limits_{x\to0^+}\dfrac{2x}{\sin2x}\overset{\frac{0}{0}}{=}-\lim\limits_{x\to0^+}\dfrac{2}{2\cos2x}=-1$.

使用罗必达法则求未定式的极限时，应注意以下几点.

(1) 每次使用法则时，必须检验是否属于 $\frac{0}{0}$ 或 $\frac{\infty}{\infty}$ 型未定式.

【例 2-57】 求 $\lim\limits_{x\to0}\dfrac{e^x-\cos x}{x\sin x}$.

解 $\lim\limits_{x\to0}\dfrac{e^x-\cos x}{x\sin x}\overset{\frac{0}{0}}{=}\lim\limits_{x\to0}\dfrac{e^x+\sin x}{x\cos x+\sin x}$，而 $\lim\limits_{x\to0}\dfrac{e^x+\sin x}{x\cos x+\sin x}$ 不再是未定式，不能再使用罗必达法则. 事实上，因为 $\lim\limits_{x\to0}\dfrac{x\cos x+\sin x}{e^x+\sin x}=0$，根据无穷小与无穷大的关系有

$$\lim_{x\to 0}\frac{e^x-\cos x}{x\sin x}=\lim_{x\to 0}\frac{e^x+\sin x}{x\cos x+\sin x}=\infty.$$

(2) 罗必达法则的条件是充分条件，而非必要条件，遇到当 $x\to x_0$ 或 $x\to\infty$ 时，$\frac{f'(x)}{g'(x)}$ 的极限不存在且不为 ∞ 时，不能断定 $\frac{f(x)}{g(x)}$ 的极限也不存在.

【例 2-58】 求 $\lim\limits_{x\to 0}\frac{x^2\sin\frac{1}{x}}{\sin x}$.

解 这是 $\frac{0}{0}$ 型未定式，但因为

$$\left(x^2\sin\frac{1}{x}\right)'=2x\sin\frac{1}{x}+x^2\cos\frac{1}{x}\cdot\left(-\frac{1}{x^2}\right)=2x\sin\frac{1}{x}-\cos\frac{1}{x},$$

因为 $\lim\limits_{x\to 0}2x\sin\frac{1}{x}=0$，$\lim\limits_{x\to 0}\cos\frac{1}{x}$ 不存在，所以 $\lim\limits_{x\to 0}\left(2x\sin\frac{1}{x}-\cos\frac{1}{x}\right)$ 不存在，因此，不能使用罗必达法则计算这个极限. 事实上，

$$\lim_{x\to 0}\frac{x^2\sin\frac{1}{x}}{\sin x}=\lim_{x\to 0}\left(\frac{x}{\sin x}\cdot x\sin\frac{1}{x}\right)=\lim_{x\to 0}\frac{x}{\sin x}\cdot\lim_{x\to 0}x\sin\frac{1}{x}=0.$$

【例 2-59】 求 $\lim\limits_{x\to+\infty}\frac{\sqrt{1+x^2}}{x}$.

解 $$\lim_{x\to+\infty}\frac{\sqrt{1+x^2}}{x}\overset{\frac{\infty}{\infty}}{=}\lim_{x\to+\infty}\frac{\frac{2x}{2\sqrt{1+x^2}}}{1}=\lim_{x\to+\infty}\frac{x}{\sqrt{1+x^2}}\overset{\frac{\infty}{\infty}}{=}\lim_{x\to+\infty}\frac{1}{\frac{2x}{2\sqrt{1+x^2}}}=\lim_{x\to+\infty}\frac{\sqrt{1+x^2}}{x}.$$

此极限虽然是 $\frac{\infty}{\infty}$ 型未定式，但利用两次罗必达法则后，问题还原了，因而罗必达法则失效. 事实上，

$$\lim_{x\to+\infty}\frac{\sqrt{1+x^2}}{x}=\lim_{x\to+\infty}\sqrt{\frac{1}{x^2}+1}=1.$$

从以上二例可以看出，有些极限虽然是未定式，但使用罗必达法则无法求出极限，这时就应考虑用其他方法计算极限.

除了 $\frac{0}{0}$ 与 $\frac{\infty}{\infty}$ 型未定式，还有 $0\cdot\infty$，$\infty-\infty$，1^∞，0^0，∞^0 等类型的未定式，它们经过适当的恒等变形，可以化为 $\frac{0}{0}$ 或 $\frac{\infty}{\infty}$ 型未定式，再计算.

【例 2-60】 求 $\lim\limits_{x\to 0^+}x^2\ln x$.

解 这是 $0\cdot\infty$ 型的未定式，因为 $\lim\limits_{x\to 0^+}x^2\ln x=\lim\limits_{x\to 0^+}\frac{\ln x}{\frac{1}{x^2}}$ 为 $\frac{\infty}{\infty}$ 型未定式，应用罗必达法则，得

$$\lim_{x\to 0^+}x^2\ln x=\lim_{x\to 0^+}\frac{\ln x}{\frac{1}{x^2}}=\lim_{x\to 0^+}\frac{\frac{1}{x}}{-\frac{2}{x^3}}=-\lim_{x\to 0^+}\frac{x^2}{2}=0.$$

【例 2-61】 求 $\lim\limits_{x\to1}\left(\frac{1}{\ln x}-\frac{1}{x-1}\right)$.

解 这是 $\infty-\infty$ 型的未定式，通分后化为 $\frac{0}{0}$ 型未定式，再应用罗必达法则，得

$$\lim_{x\to1}\left(\frac{1}{\ln x}-\frac{1}{x-1}\right)=\lim_{x\to1}\frac{x-1-\ln x}{(x-1)\ln x}\overset{\frac{0}{0}}{=}\lim_{x\to1}\frac{1-\frac{1}{x}}{\ln x+\frac{x-1}{x}}\overset{\frac{0}{0}}{=}\lim_{x\to1}\frac{\frac{1}{x^2}}{\frac{1}{x}+\frac{1}{x^2}}=\lim_{x\to1}\frac{1}{x+1}=\frac{1}{2}.$$

【例 2-62】 求 $\lim\limits_{x\to1}x^{\frac{1}{1-x}}$.

解 这是 1^∞ 型的未定式，因为 $x^{\frac{1}{1-x}}=e^{\frac{1}{1-x}\ln x}$，又因为 $\lim\limits_{x\to1}\frac{\ln x}{1-x}\overset{\frac{0}{0}}{=}\lim\limits_{x\to1}\frac{\frac{1}{x}}{-1}=-\lim\limits_{x\to1}\frac{1}{x}=-1$，

所以 $$\lim_{x\to1}x^{\frac{1}{1-x}}=\lim_{x\to1}e^{\frac{1}{1-x}\ln x}=e^{\lim\limits_{x\to1}\frac{\ln x}{1-x}}=e^{-1}=\frac{1}{e}.$$

利用罗必达法则求极限与之前的换元法、两个重要极限、无穷小量代换等方法不冲突，有时更需要结合使用.

【例 2-63】 求 $\lim\limits_{x\to0}\frac{\tan x-x}{x^2\sin x}$.

解 这是 $\frac{0}{0}$ 型的未定式，因为 $\sin x\sim x$，$\tan x\sim x$，

所以 $$\lim_{x\to0}\frac{\tan x-x}{x^2\sin x}=\lim_{x\to0}\frac{\tan x-x}{x^3}\overset{\frac{0}{0}}{=}\lim_{x\to0}\frac{\sec^2x-1}{3x^2}=\lim_{x\to0}\frac{\tan^2x}{3x^2}=\lim_{x\to0}\frac{x^2}{3x^2}=\frac{1}{3}.$$

【例 2-64】 求 $\lim\limits_{x\to0}\frac{e^x-e^{\sin x}}{x\ln\cos x}$.

解 $$原式=\lim_{x\to0}\frac{e^{\sin x}(e^{x-\sin x}-1)}{x\ln(1+\cos x-1)}=\lim_{x\to0}e^{\sin x}\frac{e^{x-\sin x}-1}{x(\cos x-1)}$$

$$=e^{\sin0}\cdot\lim_{x\to0}\frac{x-\sin x}{x\left(-\frac{1}{2}x^2\right)}\overset{\frac{0}{0}}{=}1\cdot\lim_{x\to0}\frac{1-\cos x}{-\frac{3}{2}x^2}$$

$$=\lim_{x\to0}\frac{\frac{1}{2}x^2}{-\frac{3}{2}x^2}=-\frac{1}{3}.$$

【例 2-65】 若 $\lim\limits_{x\to2}\frac{x^3+ax^2+b}{x-2}=8$；求 a,b.

解 原式极限为 8，而分母极限趋于 0，说明分子分母是同阶无穷小，属于 $\frac{0}{0}$ 型，利用罗必达法则

$\lim\limits_{x\to2}\frac{x^3+ax^2+b}{x-2}=\lim\limits_{x\to2}\frac{3x^2+2ax}{1}=12+4a=8$，得 $a=-1$.

而 $\lim\limits_{x\to2}(x^3+ax^2+b)=\lim\limits_{x\to2}(x^3-x^2+b)=4+b=0$. 得 $b=-4$.

A　组

1. 验证罗尔定理对函数 $y=\ln\sin x$ 在区间 $\left[\frac{\pi}{6},\frac{5\pi}{6}\right]$ 上的正确性.

2. 函数 $f(x)=x^3-3x$ 在区间 $[0,2]$ 上是否满足拉格朗日的条件，若满足，求出使拉格朗日定理结果成立的 ξ.

3. 试在抛物线 $y=x^2$ 上求一点，使得在该点的切线平行于以 $A(1,1)$，$B(3,9)$ 为两端点的弦 AB.

4. 验证柯西定理对函数 $f(x)=\sin x$，$g(x)=\cos x$ 在区间 $\left[0,\frac{\pi}{2}\right]$ 上的正确性.

5. 利用罗必达法则求下列极限.

(1) $\lim\limits_{x\to1}\dfrac{x^3-5x+4}{x^3-1}$；　(2) $\lim\limits_{x\to0}\dfrac{(1+x)^8-1}{x}$；

(3) $\lim\limits_{x\to0}\dfrac{e^{2x}-1}{3x}$；　(4) $\lim\limits_{x\to1}\dfrac{\ln x}{x-1}$；

(5) $\lim\limits_{x\to0}\dfrac{e^x-\cos x}{x}$；　(6) $\lim\limits_{x\to0}\dfrac{x-\tan x}{x^3}$；

(7) $\lim\limits_{x\to0}\dfrac{\sin2x}{\sin3x}$；　(8) $\lim\limits_{x\to a}\dfrac{\sin x-\sin a}{x-a}$；

(9) $\lim\limits_{x\to+\infty}\dfrac{\ln x}{x^2}$；　(10) $\lim\limits_{x\to+\infty}\dfrac{\ln\ln x}{x}$.

6. 求下列极限.

(1) $\lim\limits_{x\to1}\left(\dfrac{2}{x^2-1}-\dfrac{1}{x-1}\right)$；　(2) $\lim\limits_{x\to0}\left(\dfrac{1}{x}-\dfrac{1}{e^x-1}\right)$；

(3) $\lim\limits_{x\to0}x\cot x$；　(4) $\lim\limits_{x\to0^+}x^x$.

B　组

1. 对函数 $y=x^3-3x+1$ 在闭区间 $[-\sqrt{3},\sqrt{3}]$ 上验证罗尔定理.

2. 证明函数 $y=x^2+3x+2$ 在区间 $[a,b]$ 上应用拉格朗日定理所求得的 $\xi=\dfrac{a+b}{2}$.

3. 写出函数 $f(x)=x^2$，$g(x)=x^3$ 在区间 $[1,2]$ 上的柯西公式，并求出 ξ 的值.

4. 利用罗必达法则求下列极限.

(1) $\lim\limits_{x\to\frac{\pi}{2}}\dfrac{\ln\sin x}{(\pi-2x)^2}$；　(2) $\lim\limits_{x\to0^+}\dfrac{\ln\tan2x}{\ln\tan x}$；

(3) $\lim\limits_{x\to\frac{\pi}{2}}(\sec x-\tan x)$；　(4) $\lim\limits_{x\to1^+}\left(\dfrac{x}{x-1}-\dfrac{1}{\ln x}\right)$；

(5) $\lim\limits_{x\to0^+}\sin x\cdot\ln x$；　(6) $\lim\limits_{x\to0^+}\left(\dfrac{1}{x}\right)^{\tan x}$.

第七节　函数的单调性及其极值

【学习目标】

1. 理解函数单调性、极值与导数值的关系.
2. 掌握单调区间、极值的判定方法.

函数的单调性是函数的重要特性之一，在初等数学中我们已经学习过函数单调性的概念，利用定义判断函数的单调性非常麻烦，对于较复杂的函数甚至不可能做出判断．下面我们利用导数来研究函数的单调性及极值的判别方法.

一、函数单调性的判定法

设函数 $f(x)$ 在区间 $[a,b]$ 上连续，如图 2-11 所示，如果函数在 $[a,b]$ 上单调增加，那么它的图像是一条沿 x 轴正向上升的曲线，这时，曲线上各点切线的倾斜角都是锐角，因此，它们的斜率都是正的，$f'(x)>0$．如图 2-12 所示，如果函数在 $[a,b]$ 上单调减少，那么它的图像是一条沿 x 轴正向下降的曲线，这时，曲线上各点切线的倾斜角都是钝角，因此，它们的斜率都是负的，$f'(x)<0$．

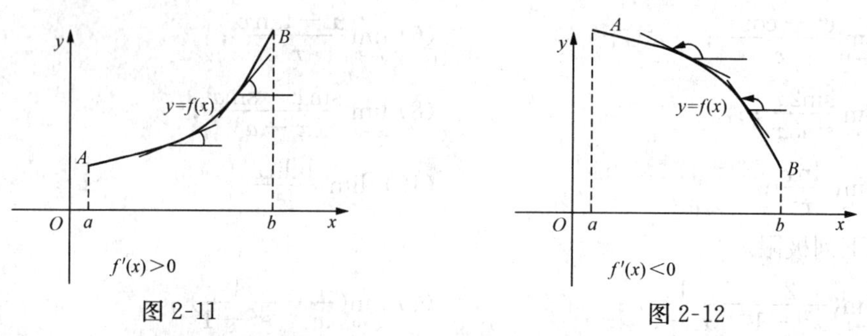

图 2-11　　　图 2-12

由此可见，函数的单调性与导数的符号有关．下面给出函数的单调性的判定定理.

定理 2.7.1（函数单调性的判定定理）　设函数 $y=f(x)$ 在闭区间 $[a,b]$ 上连续，在 (a,b) 内可导．

(1) 如果在 (a,b) 内 $f'(x)>0$，那么函数 $y=f(x)$ 在 $[a,b]$ 上单调增加.

(2) 如果在 (a,b) 内 $f'(x)<0$，那么函数 $y=f(x)$ 在 $[a,b]$ 上单调减少.

证明　设函数 $y=f(x)$ 在闭区间 $[a,b]$ 上连续，在 (a,b) 内可导．在 $[a,b]$ 上任取两点 x_1、x_2（不妨设 $x_1<x_2$），则在 $[x_1,x_2]$ 上应用拉格朗日定理，得

$$f(x_2)-f(x_1)=f'(\xi)(x_2-x_1)\quad (x_1<\xi<x_2).$$

因为 $x_1<x_2$，所以 $x_2-x_1>0$．

(1) 如果在 (a,b) 内 $f'(x)>0$，那么 $f'(\xi)>0$，于是

$$f(x_2)-f(x_1)=f'(\xi)(x_2-x_1)>0.\ 即\quad f(x_2)>f(x_1).$$

因此，函数 $y=f(x)$ 在 $[a,b]$ 上单调增加.

(2) 同理可证.

说明　1) 上述定理对于开区间或无限区间，结论同样成立.

2）如果在某区间内 $f'(x) \geqslant 0$（或 $f'(x) \leqslant 0$），但只是在个别点处 $f'(x)=0$，那么函数在该区间内仍然是单调增加（或单调减少）的．例如，对于函数 $y=x^3$，虽然 $y'\big|_{x=0}=0$，但在 $(-\infty,+\infty)$ 内 $f'(x) \geqslant 0$，所以函数 $y=x^3$ 在 $(-\infty,+\infty)$ 内单调增加.

【例 2-66】 判断函数 $f(x)=x^2$ 的单调性.

解　函数 $f(x)=x^2$ 的定义域是 $(-\infty,+\infty)$．求出导数 $f'(x)=2x$ 在点 $x=0$ 处导数为零，以这点为界把定义域划分为两个区间 $(-\infty,0)$ 和 $(0,+\infty)$．当 $x \in (-\infty,0)$ 时，$f'(x)=2x<0$，所以函数 $f(x)=x^2$ 在区间 $(-\infty,0)$ 内单调减少；当 $x \in (0,+\infty)$ 时，$f'(x)=2x>0$，所以函数 $f(x)=x^2$ 在区间 $(0,+\infty)$ 内单调增加，如图 2-13 所示.

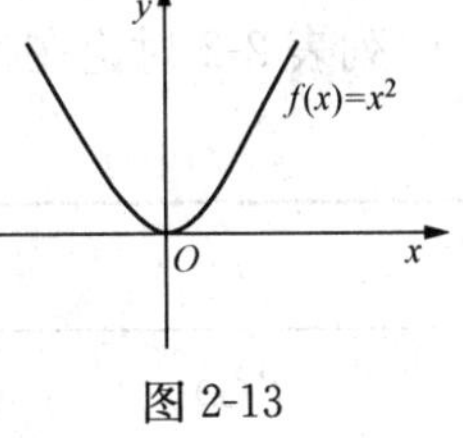

图 2-13

从［例 2-66］看出，有些函数在它的定义区间上不是一致单调的．但是，可以用使 $f'(x)=0$ 的点把定义区间进行划分，使得在所得的每个子区间内用导数符号判断函数 $f(x)$ 在每个子区间内的单调性.

对于函数 $f(x)=|x|$，由函数图形我们知道在 $(-\infty,0)$ 单调递减，在 $(0,+\infty)$ 单调递增，但在 $x=0$ 不可导，说明单调区间的分界点可能为：$f'(x)=0$ 和 $f'(x)$ 不存在的点.

定义 2.7.1　使导数为零的点 x（即方程 $f'(x)=0$ 的实根）叫做函数的驻点.

求函数的单调区间步骤如下.

(1) 求出函数的定义区间；

(2) 求导数 $f'(x)$，并令 $f'(x)=0$，求出定义区间内的全部驻点和 $f'(x)$ 不存在的点；

(3) 用这些点将定义区间划分成若干个小区间，列表讨论在各小区间上导数的符号，从而确定函数在该区间上的单调性；

(4) 写出结论.

【例 2-67】 求函数 $y=2x^3-3x^2-12x+14$ 的单调区间.

解　函数的定义域为 $(-\infty,+\infty)$.

$$f'(x)=6x^2-6x-12=6(x+1)(x-2),$$

令 $f'(x)=0$　即 $(x+1)(x-2)=0$　得驻点　$x=-1$ 和 $x=2$.

驻点 $x=-1$ 和 $x=2$ 把定义域 $(-\infty,+\infty)$ 划分成三个区间 $(-\infty,1)$，$(1,2)$，$(2,+\infty)$.

列表 2-1 讨论在各个小区间上导数的符号.

表 2-1

x	$(-\infty,-1)$	-1	$(-1,2)$	2	$(2,+\infty)$
$f'(x)$	$+$	0	$-$	0	$+$
$f(x)$	↗		↘		↗

表中“↗”表示函数在此区间内是单调增加的，“↘”表示函数在此区间内是单调减少的．由表可知，在区间 $(-\infty,-1)$ 和 $(2,+\infty)$ 内函数是单调增加的；在区间 $(-1,2)$ 内函

数是单调减少的.

【例 2-68】 讨论函数 $f(x)=\dfrac{\ln x}{x}$ 的单调性.

解 函数的定义域为 $(0,+\infty)$.

$$f'(x)=\frac{1-\ln x}{x^2},$$

令 $f'(x)=0$ 即 $1-\ln x=0$ 得驻点 $x=\mathrm{e}$. $f'(x)$ 不存在的点是 $x=0$，不在定义域内. 驻点 $x=\mathrm{e}$ 把定义域 $(0,+\infty)$ 划分成两个区间 $(0,\mathrm{e})$，$(\mathrm{e},+\infty)$.

列表 2-2 讨论在各个小区间上导数的符号.

表 2-2

x	$(0,\mathrm{e})$	e	$(\mathrm{e},+\infty)$
$f'(x)$	+	0	−
$f(x)$	↗		↘

由表可知，在区间 $(0,\mathrm{e})$ 内函数是单调增加的；在区间 $(\mathrm{e},+\infty)$ 内函数是单调减少的.

二、函数的极值

1. 函数极值的概念

初等数学中我们仅仅可以用不等式或者抛物线几何性质判断少量函数的极值，有了导数后，可以对任意函数研究极值情况.

在利用导数的符号判别函数的单调性时，需求出单调区间的分界点，先减后增分界点处取函数极小值，先增后减分界点处取函数极大值.

定义 2.7.2 设函数 $y=f(x)$ 在点 x_0 的某邻域内有定义，如果对于该邻域内的任意点 x（$x\neq x_0$）都有 $f(x)<f(x_0)$（或 $f(x)>f(x_0)$），那么 $f(x_0)$ 叫做函数 $y=f(x)$ 的一个极大值（或极小值），点 x_0 叫做 $y=f(x)$ 的一个极大点（或极小点）.

函数的极大值、极小值统称为极值．极大点、极小点统称为极值点.

例如，例 2-67 中函数 $y=2x^3-3x^2-12x+14$ 的极大点为 $x=-1$，极小点为 $x=2$，极大值为 $f(-1)=21$，极小值为 $f(2)=-6$.

关于函数的极值，作以下几点说明.

(1) 函数的极值是局部性的概念．就是说，如果 $f(x_0)$ 是 $f(x)$ 的一个极大（小）值是仅就 x_0 的邻域而言的，在函数的整个定义区间中，它不一定就是最大（小）值．如图 2-14 所示，函数 $f(x)$ 在区间 $[a,b]$ 上有两个极大值 $f(c_1)$，$f(c_4)$，但最大值是 $f(b)$，而不是 $f(c_1)$，$f(c_4)$.

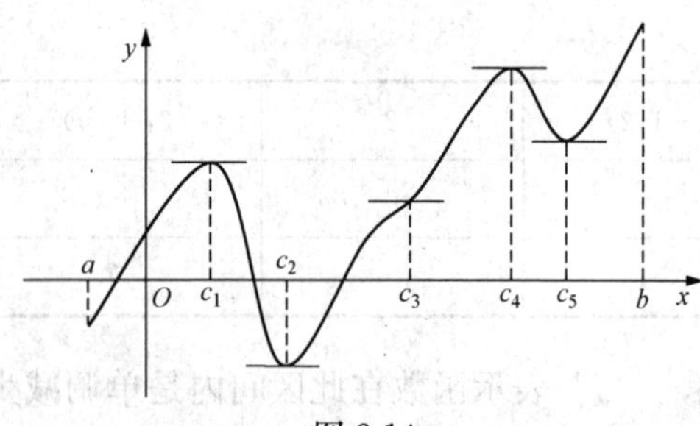

图 2-14

(2) 函数的极大值不一定比极小值大，如图 2-14 所示，极大值 $f(c_1)$ 就比极小值 $f(c_5)$ 还要小.

（3）函数的极值只能在区间内部取得，在区间的端点处不能取得极值．而函数的最大值、最小值可能出现在区间内部，也可能在区间的端点处取得.

2. 函数极值的判定和求法

由图 2-14 可以看出，函数取得极值的点处，曲线的切线是水平的，即在极值点处函数的导数为零．反之，曲线上有水平切线的点处，函数不一定取得极值．例如，在点 c_3 处，曲线虽有水平切线，即 $f'(c_3)=0$，但 $f(c_3)$ 并不是极值．下面给出函数取得极值的必要条件.

定理 2.7.2（函数取得极值的必要条件）　如果函数 $y=f(x)$ 在点 x_0 处可导，并且点 x_0 是函数的极值点，那么，点 x_0 必是函数的驻点.

定理 2.7.2 说明可导函数的极值点一定是驻点，但驻点不一定是极值点．因此，若求函数的极值点，当求出函数的驻点后，还需要判别函数的驻点是否为函数的极值点．另外，在导数不存在的点处函数也可能取得极值．例如，函数 $f(x)=|x|$ 在 $x=0$ 处不可导，但是函数 $f(x)=|x|$ 在 $x=0$ 处取得极小值.

因此，我们给出函数取得极值的充分条件．

定理 2.7.3（函数取得极值的第一充分条件）　设函数 $y=f(x)$ 在点 x_0 的邻域内可导，且 $f'(x_0)=0$（或 $f(x)$ 在点 x_0 的去心邻域内可导，且 $f(x)$ 在点 x_0 连续）.

（1）若在 x_0 的左邻域内函数递增，在 x_0 右邻域内函数递减，则函数 $f(x)$ 在点 x_0 处取得极大值 $f(x_0)$；

（2）若在 x_0 的左邻域内函数递减，在 x_0 右邻域内函数递增，则函数 $f(x)$ 在点 x_0 处取得极小值 $f(x_0)$；

（3）若在 x_0 的左邻域和右邻域内 $f'(x)$ 的符号相同，那么函数 $f(x)$ 在点 x_0 处没有极值.

证明　省略.

由定理 2.7.2 和定理 2.7.3 得到求函数极值的一般步骤如下.

（1）求出函数的定义域；

（2）求出函数的导数 $f'(x)$；

（3）令 $f'(x)=0$，求出 $f(x)$ 定义域内的全部驻点及使 $f'(x)$ 不存在的点；

（4）列表讨论驻点及导数不存在的点的左、右两侧邻域上导数的符号，以确定该点是否为极值点，并判断在极值点处函数取得极大值还是极小值；

（5）求出各极值点处的函数值，即得函数的极值.

【例 2-69】　求函数 $f(x)=1-x^3$ 的极值点和极值.

解　函数的定义域为 $(-\infty,+\infty)$．

$$f'(x)=-3x^2\leqslant 0$$

所以函数 $f(x)=1-x^3$ 没有极值点和极值．

【例 2-70】　求函数 $f(x)=3x-x^3$ 的极值点和极值.

解　函数的定义域为 $(-\infty,+\infty)$．

$$f'(x)=3-3x^2=3(1-x)(1+x),$$

令 $f'(x)=0$　即　$(1-x)(1+x)=0$　得驻点　$x=-1$ 或 $x=1$．列表 2-3 讨论.

表 2-3

x	$(-\infty,-1)$	-1	$(-1,1)$	1	$(1,+\infty)$
y'	$-$	0	$+$	0	$-$
y	↘	-2	↗	2	↘

由表 2-3 可知，$x=-1$ 是极小值点，极小值为 $f(-1)=-2$．

$x=1$ 是极大值点，极大值为 $f(1)=2$．

【例 2-71】 求函数 $f(x)=x-3(x-1)^{\frac{2}{3}}$ 的极值.

解 函数的定义域为 $(-\infty,+\infty)$．

$$f'(x)=1-\frac{2}{(x-1)^{\frac{1}{3}}}=\frac{(x-1)^{\frac{1}{3}}-2}{(x-1)^{\frac{1}{3}}},$$

令 $f'(x)=0$ 即 $\sqrt[3]{x-1}=2$ 得驻点 $x=9$，
在点 $x=1$ 处导数不存在，但在点 $x=1$ 处连续．列表 2-4 讨论.

表 2-4

x	$(-\infty,1)$	1	$(1,9)$	9	$(9,+\infty)$
y'	$+$	0	$-$	0	$+$
y	↗	1	↘	-3	↗

由表 2-4 可知，函数在 $x=1$ 处取极大值为 $f(1)=1$；在 $x=9$ 处取极小值为 $f(9)=-3$．

【例 2-72】 判断图 2-15 中，x_i 中有几个是极值点？

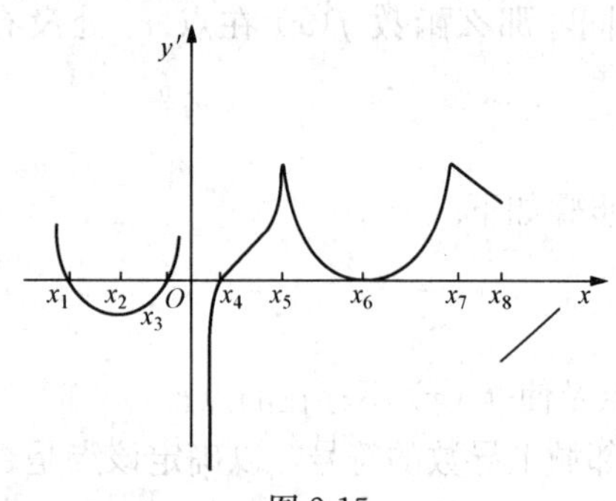

图 2-15

解 图中的曲线是 x 关于 y' 的关系图，x_i 处 y' 的符号发生改变时 x_i 即为极值点．因此共有 x_1,x_3,o,x_4,x_8 五个极值点.

若函数 $f(x)$ 在驻点 x_0 处的二阶导数存在且不为零，有如下判定极值的第二充分条件.

定理 2.7.4（函数取得极值的第二充分条件） 如果函数 $y=f(x)$ 在点 x_0 处具有二阶导数，且 $f'(x_0)=0$，$f''(x_0)\neq 0$，那么

(1) 若 $f''(x_0)<0$，则函数 $f(x)$ 在点 x_0 处取得极大值；

(2) 若 $f''(x_0)>0$，则函数 $f(x)$ 在点 x_0 处取得极小值.

证明 (1) 因为 $f'(x_0)=0$，$f''(x_0)<0$，由导数定义有

$$f''(x_0)=\lim_{x\to x_0}\frac{f'(x)-f'(x_0)}{x-x_0}=\lim_{x\to x_0}\frac{f'(x)}{x-x_0}<0.$$

在 x_0 的邻域内，当 $x<x_0$ 时，$f'(x)>0$；当 $x>x_0$ 时，$f'(x)<0$．因此，$f(x)$ 在点 x_0 处取得极大值．在学过本章第九节曲线的凹凸性后更容易理解该定理.

类似地，可证情形 (2)，请读者自行证明.

【例 2-73】 求函数 $f(x)=\dfrac{1}{2}\cos 2x+\sin x(0\leqslant x\leqslant\pi)$ 的极值.

解 $f'(x)=-\sin 2x+\cos x=\cos x(1-2\sin x)$，$f''(x)=-2\cos 2x-\sin x$.

令 $f'(x)=0$，即 $\cos x(1-2\sin x)=0$，得函数 $f(x)$ 在 $[0,\pi]$ 上有三个驻点，$\frac{\pi}{6}$，$\frac{\pi}{2}$，$\frac{5\pi}{6}$.

因为 $f''\left(\frac{\pi}{6}\right)=f''\left(\frac{5\pi}{6}\right)=-\frac{3}{2}<0$，$f''\left(\frac{\pi}{2}\right)=1>0$.

所以，由函数取得极值的第二充分条件知，函数在 $\frac{\pi}{6}$ 和 $\frac{5\pi}{6}$ 处，取得极大值 $f\left(\frac{\pi}{6}\right)=f\left(\frac{5\pi}{6}\right)=\frac{3}{4}$；在 $\frac{\pi}{2}$ 处，取得极小值 $f\left(\frac{\pi}{2}\right)=\frac{1}{2}$.

应该注意的是，若在驻点 x_0 处 $f''(x_0)=0$，则函数取得极值的第二充分条件失效，此时必须用第一充分条件，判别驻点 x_0 左右导函数的符号.

【例 2-74】 求函数 $f(x)=3x^4-8x^3+6x^2+1$ 的极值.

解 函数的定义域为 $(-\infty,+\infty)$.

$$f'(x)=12x^3-24x^2+12x=12x(x-1)^2，f''(x)=12(3x^2-4x+1)$$

令 $f'(x)=0$，得驻点 $x=0$ 和 $x=1$，且 $f''(0)=12>0$，$f''(1)=0$.

由函数取得极值的第二充分条件知，函数在 $x=0$ 处，取得极小值 $f(0)=1$.

因为 $f''(1)=0$，需用函数取得极值的第一充分条件判别，在 $x=1$ 的两侧近旁均有 $f'(x)>0$，故 $x=1$ 不是极值点.

A 组

1. 判别下列函数的单调性.

(1) $f(x)=-2x+1$；　　(2) $f(x)=x^3$；

(3) $f(x)=\log_{\frac{1}{2}}x$；　　(4) $f(x)=2^x$.

2. 求下列函数的单调区间.

(1) $f(x)=\frac{2}{1-x}$；　　(2) $f(x)=x\ln x$；

(3) $f(x)=e^x-x-1$；　　(4) $f(x)=7x^2+14x+1$；

(5) $f(x)=e^{-x^2}$；　　(6) $f(x)=(x-1)(x+1)^3$.

3. 求下列函数的极值.

(1) $f(x)=2x^3-6x^2-18x-7$；　　(2) $f(x)=x^4-4x^3-8x^2+1$；

(3) $f(x)=2x^2-\ln x$；　　(4) $f(x)=2x+\frac{8}{x}$.

4. 确定下列函数的单调区间，并求出极值.

(1) $f(x)=x^3(1-x)$；　　(2) $f(x)=\frac{x^2}{1+x^2}$；

(3) $f(x)=\dfrac{2x}{\ln x}$.

B 组

1. 判别下列函数的单调性.

(1) $f(x)=\arctan x-x$； (2) $f(x)=x-\ln(1+x^2)$；

(3) $f(x)=x+\cos x$； (4) $f(x)=\tan x$，$x\in(-\frac{\pi}{2},\frac{\pi}{2})$.

2. 求下列函数的单调区间.

(1) $f(x)=2x^2-12x+12$； (2) $f(x)=(x^2-1)^3+1$；

(3) $f(x)=x-e^x$； (4) $f(x)=x-\ln(1+x)$；

(5) $f(x)=x-\frac{3}{2}\sqrt[3]{x^2}$； (6) $f(x)=(x-1)\sqrt[3]{x}$.

3. 设质点作直线运动的运动规律为 $s=\frac{1}{4}t^4-4t^3+10t^2$（$t>0$）.

问：(1) 何时速度为0?

(2) 何时作前进（s增加）运动?

(3) 何时作后退（s减少）运动?

4. 求下列函数的极值.

(1) $f(x)=x+\sqrt{1-x}$； (2) $f(x)=x^2e^{-x}$；

(3) $f(x)=1-(x-2)^{\frac{2}{3}}$； (4) $f(x)=(2x-5)\cdot\sqrt[3]{x^2}$.

5. 已知函数 $f(x)=a\sin x+\frac{1}{3}\sin 3x$ 在 $x=\frac{\pi}{3}$ 处取得极值，求 a 的值，判断它是极大值还是极小值？并求出此极值.

第八节 函数的最大值和最小值

【学习目标】

1. 理解函数最大、最小值的概念.
2. 掌握求函数最大、最小值的方法.
3. 能解决实际问题中的最大、最小值问题.

在实际问题中常常遇到在一定条件下，容积最大、用料最省、费用最少、效率最高等问题，这些问题在数学上就是求函数的最大值和最小值问题．我们把函数的最大值和最小值统称为函数的最值.

一、求闭区间上连续函数的最值的方法

如果函数 $f(x)$ 在闭区间 $[a,b]$ 上连续，则函数 $f(x)$ 在 $[a,b]$ 上一定能取得最大值和最小值.

函数 $f(x)$ 在闭区间 $[a,b]$ 上取得最值，有两种可能：一是在区间 (a,b) 内部取得，此

时最大值（或最小值）一定是函数的极大值（或极小值），因而，只可能在驻点或导数不存在的点处取得；二是在闭区间的端点处取得．因此要求函数 $f(x)$ 在闭区间 $[a,b]$ 上的最值，按下列步骤进行．

（1）求出函数 $f(x)$ 在区间 (a,b) 内部的所有驻点和导数不存在的点．

（2）计算驻点、导数不存在的点和端点处的函数值．

（3）比较以上函数值，其中最大者就是函数 $f(x)$ 在闭区间 $[a,b]$ 上的最大值，最小者就是函数 $f(x)$ 在闭区间 $[a,b]$ 上的最小值．

【例 2-75】 求函数 $f(x)=x^3-3x^2+5$ 在区间 $[-2,3]$ 上的最大值与最小值．

解 $f'(x)=3x^2-6x=3x(x-2)$，

令 $f'(x)=0$，即 $3x(x-2)=0$，得驻点 $x=0$，$x=2$，

其函数值为 $f(0)=5$，$f(2)=1$，区间端点处的函数值为 $f(-2)=-15$，$f(3)=5$．

比较上述各函数值，可知函数 $f(x)=x^3-3x^2+5$ 在区间 $[-2,3]$ 上的最大值为 $f(0)=f(3)=5$，最小值为 $f(-2)=-15$．

如果函数 $f(x)$ 在一个开区间 (a,b) 或无穷区间 $(-\infty,+\infty)$ 内可导，且有唯一的极值点 x_0，那么当 $f(x_0)$ 是极大值时，$f(x_0)$ 就是 $f(x)$ 在该区间上的最大值，如图 2-16 所示；当 $f(x_0)$ 是极小值时，$f(x_0)$ 就是 $f(x)$ 在该区间上的最小值，如图 2-17 所示．

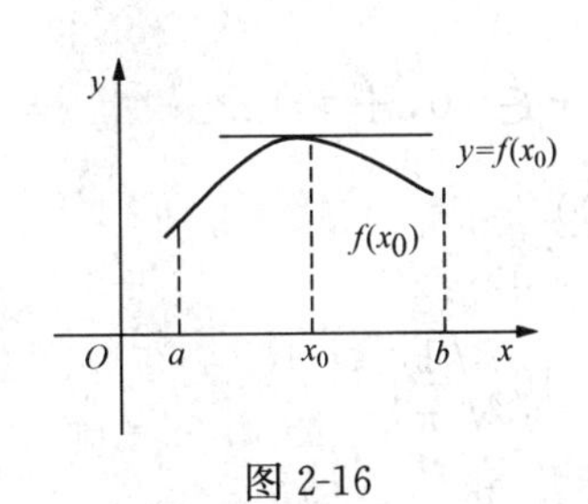

图 2-16

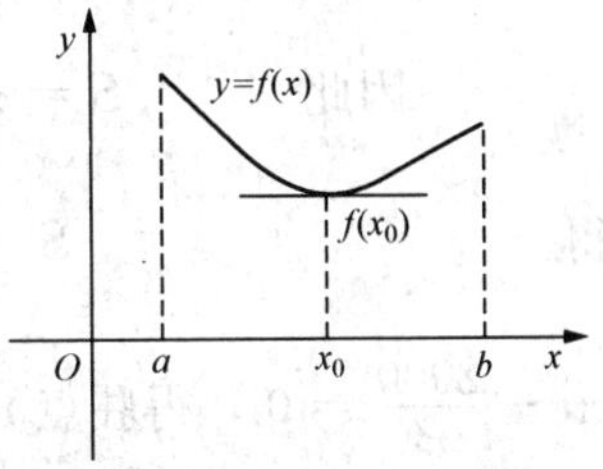

图 2-17

【例 2-76】 求函数 $y=x^2-2x+6$ 的最小值．

解 函数的定义域为 $(-\infty,+\infty)$．

$$y'=2x-2,$$

令 $y'=0$，即 $2x-2=0$，得驻点 $x=1$．

因为当 $x<1$ 时，$y'<0$；当 $x>1$ 时，$y'>0$，所以 $x=1$ 是函数的极小值点．

由于函数在 $(-\infty,+\infty)$ 内有唯一的极值点，函数的极小值就是函数的最小值，即 $f_{小}(1)=5$．

二、求实际问题中的最值的方法

在实际问题中，如果函数 $f(x)$ 在某区间内只有一个驻点，而且从实际问题本身又可以知道 $f(x)$ 在该区间内必存在最大值或最小值，那么这个驻点处的函数值就是所求最值．

【例 2-77】 如图 2-18 所示，有一块正方形的铁片，边长为 12cm，从四角各截去一个相同的小正方形，折成一个无盖的铁盒，问截去的小正方形边长为多少时，铁盒的容积最大？

解 设截去的小正方形的边长为 $x$cm，铁盒的容积为 $V\text{cm}^3$．根据题意，则有

$$V=x(12-2x)^2 \quad (0<x<6).$$

$$V' = (12-2x)(12-6x),$$

令 $V' = 0$，得 $x = 6$（不合题意舍去）或 $x = 2$.

由于铁盒必存在最大容积，且在 $(0,6)$ 内只有一个驻点，因此，当截去的小正方形的边长为 2cm 时，铁盒的容积最大.

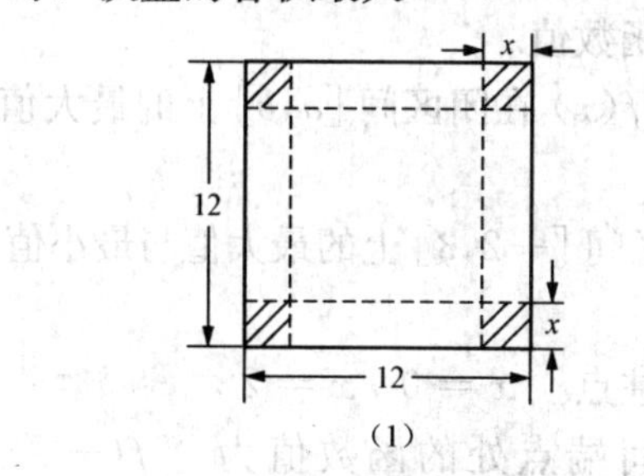

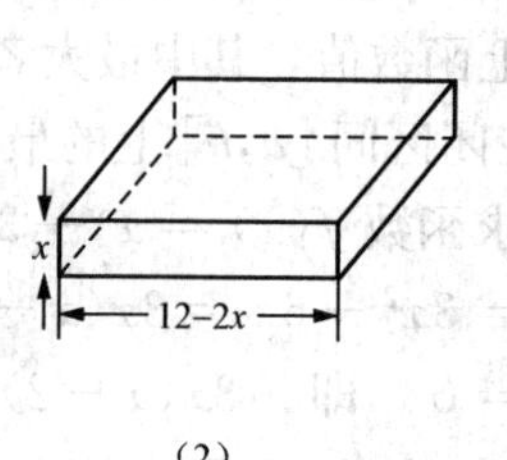

图 2-18

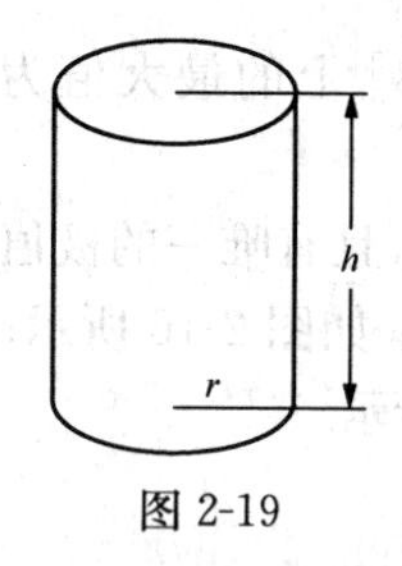

图 2-19

【例 2-78】 如图 2-19 所示，某工厂要造一个能容水 1000m^3 的无盖圆柱形铁筒，问铁筒的底圆半径和高各为多少时，才能使其用料最省.

解 设铁筒的底圆半径为 r，高为 h，表面积为 S.

根据题意，则有 $S = \pi r^2 + 2\pi rh$，

由 $\pi r^2 h = 1000$，得 $h = \dfrac{1000}{\pi r^2}$.

因此 $$S = \pi r^2 + \frac{2000}{r},\ r \in (0, +\infty).$$

求导数，得 $$S' = 2\pi r - \frac{2000}{r^2}.$$

令 $S' = 2\pi r - \dfrac{2000}{r^2} = 0$，得驻点 $r = \sqrt[3]{\dfrac{1000}{\pi}} = 10\sqrt[3]{\dfrac{1}{\pi}}$.

此时 $$h = \frac{1000}{\pi\left(10\sqrt[3]{\dfrac{1}{\pi}}\right)^2} = \frac{10}{\pi\ (\pi^{-\frac{2}{3}})} = \frac{10}{\pi^{\frac{1}{3}}} = 10\left(\frac{1}{\pi}\right)^{\frac{1}{3}} = 10\sqrt[3]{\frac{1}{\pi}} = r.$$

由于铁筒必有最小表面积，且在 $(0, +\infty)$ 内只有一个驻点，因此，当 $r = h = 10\sqrt[3]{\dfrac{1}{\pi}}\text{m}$ 时，才能使铁筒的用料最省.

【例 2-79】 如图 2-20 所示的电路中，已知电源电压为 E，内阻为 r，求负载电阻 R 为多大时，输出功率最大?

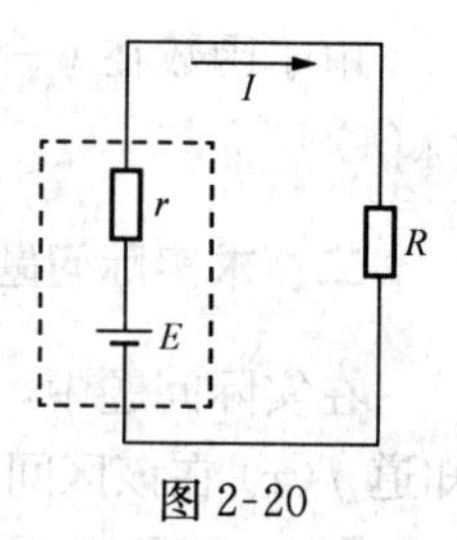

图 2-20

解 根据全电路欧姆定律，有 $I = \dfrac{E}{R+r}$，耗费在负载电阻 R 上的输出功率为

$$P = I^2 R = \frac{E^2 R}{(R+r)^2}\quad R \in (0, +\infty).$$

求导数，得 $$P' = \frac{E^2(r-R)}{(R+r)^3}.$$

令 $P' = \dfrac{E^2(r-R)}{(R+r)^3} = 0$，得 $R = r$.

由于在区间 $(0,+\infty)$ 内，函数 P 只有一个驻点 $R=r$，所以当 $R=r$ 时，输出功率最大.

【例 2-80】 矩形横梁的强度与它断面的高的平方与宽的积成正比例．要将直径为 d 的圆木锯成强度最大的横梁，断面的宽和高应为多少？

解 如图 2-21 所示，设断面的宽为 x，高为 h，则 $h^2=d^2-x^2$．横梁的强度为 P.

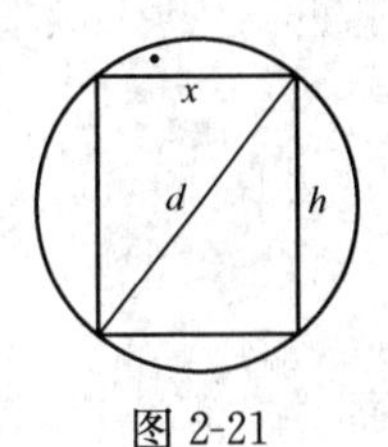

图 2-21

依题意，强度函数为 $P=kxh^2$（k 为比例系数），

即 $P=kx(d^2-x^2)\quad(0<x<d)$.

$$P'=k(d^2-3x^2).$$

令 $P'=0$，即 $k(d^2-3x^2)=0$，得驻点 $x=\pm\frac{\sqrt{3}}{3}d$（负值舍去）.

由于 P 在 $(0,d)$ 内只有一个驻点 $x=\frac{\sqrt{3}}{3}d$，因此，当 $x=\frac{\sqrt{3}}{3}d$ 时横梁的强度最大．此时

$$h=\sqrt{d^2-(\frac{\sqrt{3}}{3}d)^2}=\frac{\sqrt{6}}{3}d.$$

所以，当横梁的宽为 $\frac{\sqrt{3}}{3}d$，高为 $\frac{\sqrt{6}}{3}d$ 时强度最大.

通过以上各例可以知道，解决有关实际问题中的函数最大值和最小值时，一般采取以下步骤.

(1) 根据题意建立函数关系式．一般是将实际问题中能取得最大值或最小值的那个变量设为函数，与函数有关联的另一个变量设为自变量.

(2) 根据自变量代表的实际意义确定函数的定义域.

(3) 求函数的导数，并求出函数在定义域内的驻点．如果函数的定义域为开区间且只有一个驻点，而且由题意可以判断函数在定义域内一定存在最大值或最小值，则该驻点就是所求函数的最值点.

(4) 计算出函数的最大值或最小值.

习题 2-8

A 组

1. 求下列函数在给定区间上的最大值和最小值.

(1) $f(x)=x^4-8x^2+2\quad[-1,3]$； (2) $f(x)=\sin 2x-x\quad\left[-\frac{\pi}{2},\frac{\pi}{2}\right]$.

2. 设两正数之和为 64，求这两正数之积的最大值.

3. 设两正数之积为 36，求这两正数之和的最小值.

4. 把长度为 l 的线段分成两段，使得以这两段分别作为长与宽所得的矩形的面积最大.

5. 如图 2-22 所示，铁路线上 AB 段的距离为 100 km，C 城距 A 处为 20km，$AC \perp AB$. 今要在铁路线上选定一点 D，向 C 城修筑一条公路，已知铁路线上每千米运费与公路线上每千米运费之比为 3∶5．为了使货物从供应站 B 运到 C 城的运费最省，D 应选在距 A 点何处？

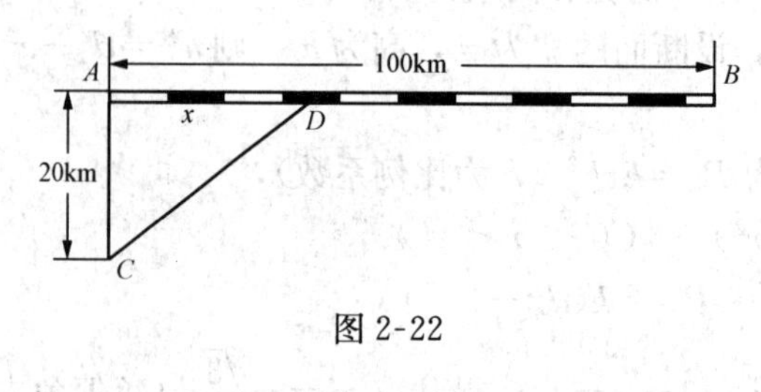

图 2-22

B　　组

1. 求下列函数在给定区间上的最大值和最小值.

(1) $f(x)=\ln(x^2+1)\quad[-1,2]$；　　(2) $f(x)=\dfrac{x}{x^2+1}\quad[0,+\infty)$.

2. 证明：面积一定的矩形中，正方形的周长最短.

3. 证明：周长一定的矩形中，正方形的面积最大.

4. 把长为 24cm 的铁丝剪成两段，一段做成圆形，一段做成正方形．问如何剪法，才能使圆和正方形的面积之和最小.

5. 用围墙围成面积为 216m^2 的一块矩形土地，并在正中间用一堵墙将其隔成两块，问这块土地的长和宽各为多少米时，才能使建筑材料最省？

第九节　曲线的凹凸性与拐点　函数图形的描绘

【学习目标】

1. 理解函数凹凸性、拐点的定义.
2. 掌握函数凹凸性、拐点的判定方法.
3. 能对函数图形进行描绘.

在研究函数曲线的变化时，知道它的单调性是很重要的，但这不能准确地反映函数曲线的变化规律．例如，函数 $y=x^2$ 和 $y=\sqrt{x}$ 的图像在 $(0,+\infty)$ 内都是单调上升的，但它们的弯曲方向却不同，如图 2-23 所示．因此，要准确地描绘出函数的图像，需要研究曲线的弯曲方向及改变弯曲方向的点.

一、曲线的凹凸性与拐点

如图 2-24 所示，曲线弧 AC 是向下弯曲的，这段曲线弧总位于其任意一点的切线的下方；曲线弧 CB 是向上弯曲的，这段曲线弧总位于其任意一点的切线的上方．因此，给出下面的定义.

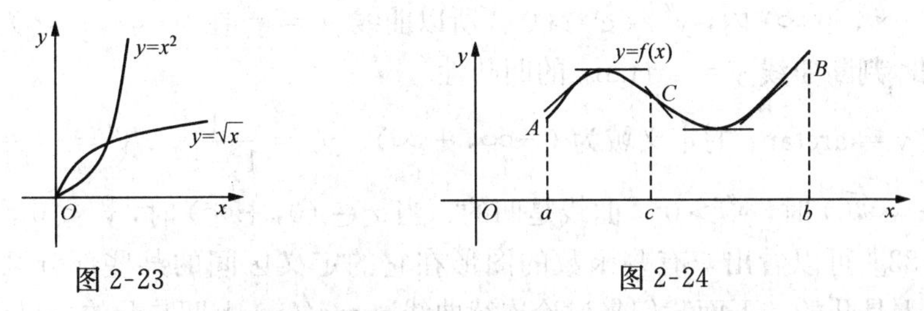

图 2-23　　图 2-24

定义 2.9.1　如果在某区间内的曲线弧位于其任意一点的切线的下方，那么就称曲线在该区间内是凸的；如果在某区间内的曲线弧位于其任意一点的切线的上方，那么就称曲线在该区间内是凹的.

如何来判别曲线的凹凸呢?

如图 2-25 所示，如果曲线是凹的，切线的倾斜角随着自变量 x 的增大而增大，因而切线的斜率是单调增加的．切线斜率的导数大于 0，即函数 $y=f(x)$ 的二阶导数 $f''(x)>0$．

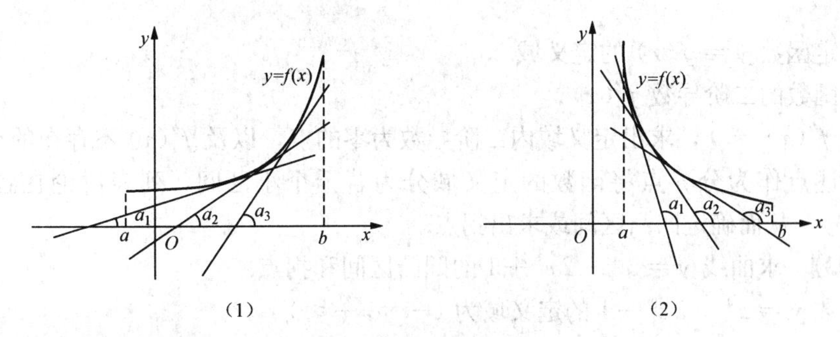

图 2-25

如图 2-26 所示，如果曲线是凸的，切线的倾斜角随着自变量 x 的增大而减小，切线斜率的导数小于 0，即函数 $y=f(x)$ 的二阶导数 $f''(x)<0$．

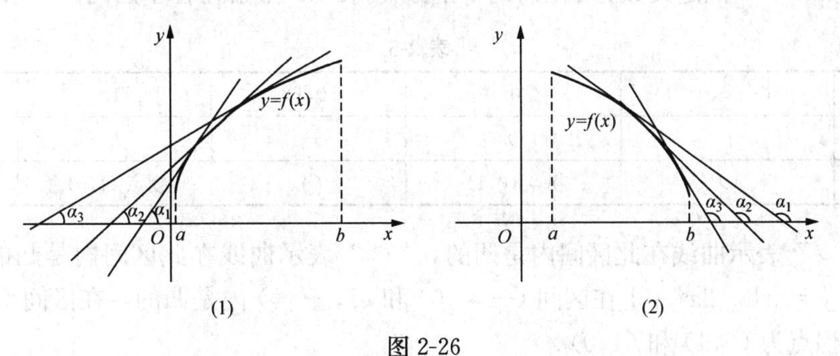

图 2-26

由此可见，曲线 $y=f(x)$ 的凹凸性可以用 $y=f(x)$ 的二阶导数 $f''(x)$ 的符号来判定．下面给出曲线凹凸性的判定定理.

定理 2.9.1　设函数 $y=f(x)$ 在开区间 (a,b) 内具有二阶导数.

(1) 如果在 (a,b) 内 $f''(x)>0$，那么曲线在 (a,b) 内是凹的；

(2) 如果在 (a,b) 内 $f''(x)<0$，那么曲线在 (a,b) 内是凸的；

证明省略．

【例 2-81】　判断曲线 $y=\mathrm{e}^x$ 的凹凸性.

解　函数 $y=\mathrm{e}^x$ 的定义域为 $(-\infty,+\infty)$．$y'=\mathrm{e}^x$，$y''=\mathrm{e}^x$．

因为在 $(-\infty,+\infty)$ 内，$y''=e^x>0$，所以曲线 $y=e^x$ 在 $(-\infty,+\infty)$ 内是凹的.

【例 2-82】 判断曲线 $y=\arctan x$ 的凹凸性.

解 函数 $y=\arctan x$ 的定义域为 $(-\infty,+\infty)$．$y'=\dfrac{1}{1+x^2}$，$y''=-\dfrac{2x}{(1+x^2)^2}$．

当 $x\in(-\infty,0)$ 时，$y''>0$，曲线是凹的；当 $x\in(0,+\infty)$ 时，$y''<0$，曲线是凸的.

从［例 2-82］可以看出，有些函数的图形在它的定义区间的某些部分区间上是凹的，某些部分区间上是凸的．下面我们来讨论连续曲线 $y=f(x)$ 上凹与凸的分界点.

定义 2.9.2 连续曲线 $y=f(x)$ 上凹的曲线弧和凸的曲线弧的分界点称为这条曲线的拐点.

例如，［例 2-82］中点 $(0,0)$ 就是曲线的拐点.

由于拐点是曲线上凹与凸的分界点，所以在拐点的两侧，$f''(x)$ 的符号必然是异号，而在拐点处 $f''(x)=0$ 或 $f''(x)$ 不存在．因此，判断曲线的凹凸性或求拐点，可以按下列步骤进行.

（1）确定函数 $y=f(x)$ 的定义域.

（2）求函数的二阶导数 $f''(x)$．

（3）令 $f''(x)=0$，求出定义域内二阶导数为零的点，以及 $f''(x)$ 不存在的点.

（4）上述点作为分界点将函数的定义域分为若干个小区间，列表讨论在各小区间内 $f''(x)$ 的符号，从而确定凹凸区间或求出拐点.

【例 2-83】 求曲线 $y=x^4-2x^3+1$ 的凹凸区间和拐点.

解 函数 $y=x^4-2x^3+1$ 的定义域为 $(-\infty,+\infty)$．

$y'=4x^3-6x^2$，$y''=12x^2-12x=12x(x-1)$．

令 $y''=0$，即 $12x(x-1)=0$，得 $x=0$，$x=1$．

$x=0$ 和 $x=1$ 把定义域分成三个小区间，列表 2-5 考察在各小区间内 $f''(x)$ 的符号.

表 2-5

x	$(-\infty,0)$	0	$(0,1)$	1	$(1,+\infty)$
y''	+	0	−	0	+
y	∪	拐点 $(0,1)$	∩	拐点 $(1,0)$	∪

表中“∪”表示曲线在此区间内是凹的，“∩”表示曲线在此区间内是凸的．由表 2-5 可知，曲线 $y=x^4-2x^3+1$ 在区间 $(-\infty,0)$ 和 $(1,+\infty)$ 内是凹的，在区间 $(0,1)$ 内是凸的．曲线的拐点为 $(0,1)$ 和 $(1,0)$．

【例 2-84】 求曲线 $y=(x-7)\cdot\sqrt[3]{(x+1)^5}$ 的凹凸区间和拐点.

解 函数 $y=(x-7)\cdot\sqrt[3]{(x+1)^5}$ 的定义域为 $(-\infty,+\infty)$.

$y'=(x+1)^{\frac{5}{3}}+\dfrac{5}{3}(x-7)(x+1)^{\frac{2}{3}}=\dfrac{8}{3}(x-4)(x+1)^{\frac{2}{3}}$，

$y''=\dfrac{8}{3}(x+1)^{\frac{2}{3}}+\dfrac{16}{9}(x-4)(x+1)^{-\frac{1}{3}}=\dfrac{8}{9}(x+1)^{-\frac{1}{3}}(3x+3+2x-8)=\dfrac{40(x-1)}{9\sqrt[3]{x+1}}$.

令 $y''=0$，即 $40(x-1)=0$，得 $x=1$，当 $x=-1$ 时，y'' 不存在.

$x=-1$ 和 $x=1$ 把定义域分成三个小区间，列表 2-6 考察在各小区间内 $f''(x)$ 的符号.

表 2-6

x	$(-\infty,-1)$	-1	$(-1,1)$	1	$(1,+\infty)$
y''	$+$	不存在	$-$	0	$+$
y	$\cup$	拐点 $(-1,0)$	$\cap$	拐点 $(1,\ -12\sqrt[3]{4})$	$\cup$

由表 2-6 可知，曲线 $y=(x-7)\cdot\sqrt[3]{(x+1)^5}$ 在区间 $(-\infty,-1)$ 和 $(1,+\infty)$ 内是凹的，在区间 $(-1,1)$ 内是凸的．曲线的拐点为 $(-1,0)$ 和 $(1,\ -12\sqrt[3]{4})$.

二、函数图形的描绘

为了较准确地描绘函数的图形，除了知道曲线的单调性与极值、凹凸性与拐点等性态外，还应当了解无限远离坐标原点时曲线的变化情况，这就是我们将要讨论的曲线的渐近线问题.

1. 曲线的水平渐近线和垂直渐近线

如图 2-27 所示，当 $x\to\infty$ 时，$y=\dfrac{1}{x}\to 0$，曲线无限接近于 x 轴；当 $x\to 0$ 时，$y=\dfrac{1}{x}\to\infty$，曲线无限接近于 y 轴.

如图 2-28 所示，当 $x\to+\infty$ 时，$y=\arctan x\to\dfrac{\pi}{2}$，曲线无限接近于直线 $y=\dfrac{\pi}{2}$；当 $x\to-\infty$ 时，$y=\arctan x\to-\dfrac{\pi}{2}$，曲线无限接近于直线 $y=-\dfrac{\pi}{2}$.

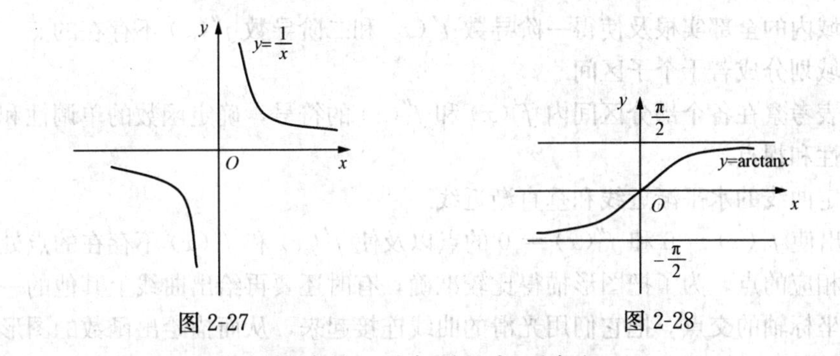

图 2-27　　图 2-28

一般地，对于具有上述特性的直线，我们给出如下定义.

定义 2.9.3 如果 $\lim\limits_{\substack{x\to\infty\\(x\to+\infty)\\(x\to-\infty)}} f(x)=b$ 则称直线 $y=b$ 为曲线 $y=f(x)$ 的水平渐近线.

定义 2.9.4 如果 $\lim\limits_{\substack{x\to x_0\\(x\to x_0^+)\\(x\to x_0^-)}} f(x)=\infty$（或 $+\infty$ 或 $-\infty$），则称直线 $x=x_0$ 为曲线 $y=f(x)$ 的垂直渐近线.

例如，直线 $y=0$ 是曲线 $y=\dfrac{1}{x}$ 的水平渐近线，直线 $x=0$ 是曲线 $y=\dfrac{1}{x}$ 的垂直渐近线．直线 $y=\dfrac{\pi}{2}$ 和 $y=-\dfrac{\pi}{2}$ 都是曲线 $y=\arctan x$ 的水平渐近线.

【例 2-85】 求下列曲线的水平渐近线或垂直渐近线.

(1) $y=\frac{x}{x^2-1}$；　　(2) $y=\ln(x-1)$.

解　(1) 因为 $\lim\limits_{x\to-1}\frac{x}{x^2-1}=\infty$，$\lim\limits_{x\to1}\frac{x}{x^2-1}=\infty$，

所以曲线 $y=\frac{x}{x^2-1}$ 有两条垂直渐近线 $x=-1$ 和 $x=1$.

又因为 $$\lim_{x\to\infty}\frac{x}{x^2-1}=0,$$

所以曲线 $y=\frac{x}{x^2-1}$ 有一条水平渐近线 $y=0$.

(2) 因为 $$\lim_{x\to1^+}\ln(x-1)=-\infty,$$

所以曲线 $y=\ln(x-1)$ 的有一条垂直渐近线 $x=1$.

2. 函数图形的描绘

在初等数学中可以运用描点法画函数的图形，但是图形上的一些关键点（如极值点和拐点），却往往得不到反映．现在我们掌握了利用导数来分析函数的主要性态的方法，并且也可以求出曲线的渐近线，从而对函数的图形的变化有了较全面的了解，因此，结合描点法可以较准确地描绘出函数的图形.

描绘函数的图形一般步骤如下.

(1) 确定函数 $y=f(x)$ 的定义域，并讨论函数的奇偶性，周期性.

(2) 求函数的一阶导数 $f'(x)$ 和二阶导数 $f''(x)$，解出方程 $f'(x)=0$ 和 $f''(x)=0$ 在函数的定义域内的全部实根及使得一阶导数 $f'(x)$ 和二阶导数 $f''(x)$ 不存在的点，这些点把函数的定义域划分成若干个子区间.

(3) 列表考察在各个部分区间内 $f'(x)$ 和 $f''(x)$ 的符号，确定函数的单调性和极值以及曲线的凹凸性和拐点.

(4) 确定曲线的水平渐近线和垂直渐近线.

(5) 求出使 $f'(x)=0$ 和 $f''(x)=0$ 的点以及使 $f'(x)$ 和 $f''(x)$ 不存在的点处对应的函数值，描出相应的点，为了把图形描得比较准确，有时还要再给出曲线上其他的一些点，特别是曲线与坐标轴的交点．把它们用光滑的曲线连接起来，从而描绘出函数的图形.

【例 2-86】 描绘函数 $y=3x-x^3$ 的图形.

解　(1) 函数 $y=3x-x^3$ 的定义域为 $(-\infty,+\infty)$，且为奇函数，其图形关于原点对称.

(2) $y'=3-3x^2$，由 $y'=3-3x^2=0$，得驻点 $x=-1$ 和 $x=1$.

$y''=-6x$，由 $y''=-6x=0$，得 $x=0$.

(3) 列表 2-7 讨论如下.

表 2-7

x	$(-\infty,-1)$	-1	$(-1,0)$	0	$(0,1)$	1	$(1,+\infty)$
y'	$-$	0	$+$	$+$	$+$	0	$-$
y''	$+$	$+$	$+$	0	$-$	$-$	$-$
y	↘	极小值 -2	↗	拐点 $(0,0)$	↗	极大值 2	↘

表中“↘”代表曲线单调减且是凹的，“↗”代表曲线单调增且是凹的，“↗”代表曲线单调增且是凸的，“↘”代表曲线单调减且是凸的.

(4) 曲线 $y=3x-x^3$ 无水平渐近线和垂直渐近线.

(5) 由 $y=0$ 可得曲线 $y=3x-x^3$ 与 x 轴的交点坐标为 $(\pm\sqrt{3},0)$.

综合上述讨论函数的图形如图 2-29 所示.

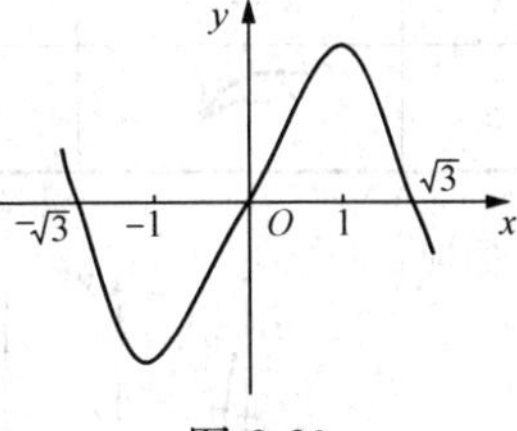

图 2-29

【例 2-87】 描绘高斯曲线 $y=e^{-x^2}$ 的图形.

解　(1) 函数 $y=e^{-x^2}$ 的定义域为 $(-\infty,+\infty)$，且为偶函数，其图形关于 y 轴对称.

(2) $y'=-2xe^{-x^2}$，令 $y'=-2xe^{-x^2}=0$，得驻点 $x=0$，

$y''=2(2x^2-1)e^{-x^2}$，令 $y''=2(2x^2-1)e^{-x^2}=0$，得 $x=\pm\dfrac{\sqrt{2}}{2}$.

(3) 列表 2-8 讨论如下.

表 2-8

x	$\left(-\infty,-\frac{\sqrt{2}}{2}\right)$	$-\frac{\sqrt{2}}{2}$	$\left(-\frac{\sqrt{2}}{2},0\right)$	0	$\left(0,\frac{\sqrt{2}}{2}\right)$	$\frac{\sqrt{2}}{2}$	$\left(\frac{\sqrt{2}}{2},+\infty\right)$
y'	+	+	+	0	−	−	−
y''	+	0	−	−	−	0	+
y	↗	拐点 $\left(-\frac{\sqrt{2}}{2},\frac{\sqrt{e}}{e}\right)$	↗	极大值 1	↘	拐点 $\left(\frac{\sqrt{2}}{2},\frac{\sqrt{e}}{e}\right)$	↘

(4) 因为 $\lim\limits_{x\to\infty}e^{-x^2}=0$，所以曲线有一条水平渐近线 $y=0$.

(5) 由 $x=0$ 可得曲线 $y=e^{-x^2}$ 与轴的交点坐标为 $(0,1)$. 综合上述讨论高斯曲线 $y=e^{-x^2}$ 的图形如图 2-30 所示.

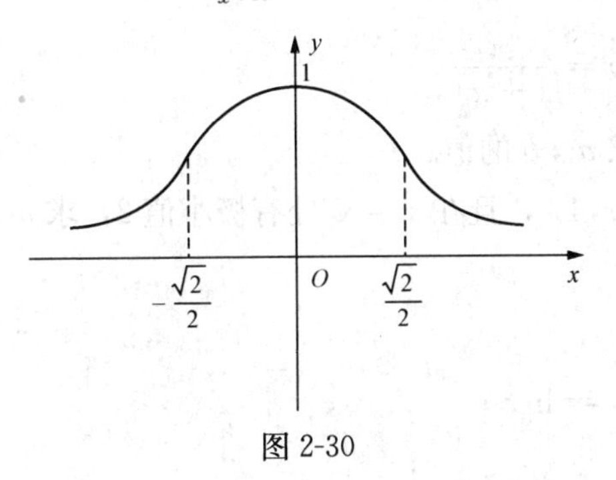

图 2-30

【例 2-88】 描绘函数 $y=\dfrac{x}{x^2-1}$ 的图形.

解　(1) 函数 $y=\dfrac{x}{x^2-1}$ 的定义域为 $(-\infty,-1)\cup(-1,1)\cup(1,+\infty)$，函数为奇函数，图形关于原点对称.

(2) $y'=-\dfrac{x^2+1}{(x^2-1)^2}$，令 $y'=-\dfrac{x^2+1}{(x^2-1)^2}=0$ 无解，函数无驻点，y' 不存在的点 $x=\pm1$.

$y''=\dfrac{2x(x^2+3)}{(x^2-1)^3}$，令 $y''=\dfrac{2x(x^2+3)}{(x^2-1)^3}=0$，得 $x=0$，y'' 不存在的点 $x=\pm1$.

(3) 列表 2-9 讨论如下.

表 2-9

x	$(-\infty,-1)$	-1	$(-1,0)$	0	$(0,1)$	1	$(1,+\infty)$
y'	$-$		$-$	$-$	$-$		$-$
y''	$-$		$+$	0	$-$		$+$
y	↘	间断	↘	拐点 $(0,0)$	↘	间断	↘

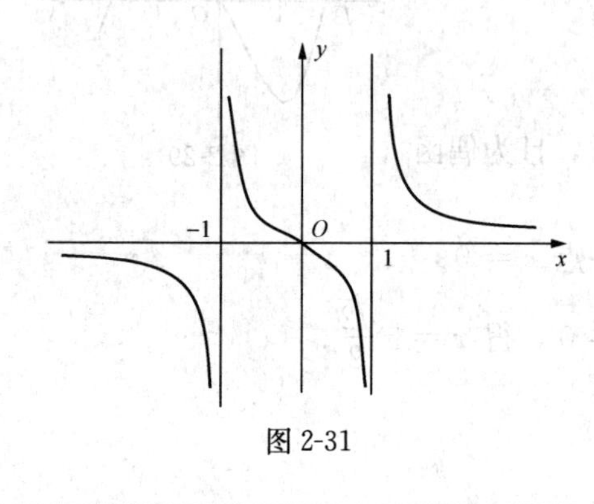

图 2-31

（4）因为 $\lim\limits_{x\to 1}\dfrac{x}{x^2-1}=\infty$，$\lim\limits_{x\to -1}\dfrac{x}{x^2-1}=\infty$，所以曲线有两条垂直渐近线 $x=-1$ 和 $x=1$，

又因为 $\lim\limits_{x\to\infty}\dfrac{x}{x^2-1}=0$，所以曲线有一条水平渐近线 $y=0$.

（5）综合上述讨论函数 $y=\dfrac{x}{x^2-1}$ 的图形如图 2-31 所示.

A　　组

1. 判断下列曲线的凹凸性.

(1) $y=\ln x$；　(2) $y=\dfrac{1}{x}$；　(3) $y=2^{-x}$；　(4) $y=\arcsin x$.

2. 求下列曲线的凹凸区间和拐点.

(1) $f(x)=x^3-6x^2+x-1$；　(2) $f(x)=x^3(1-x)$；

(3) $y=x+\dfrac{x}{x-1}$；　(4) $y=\dfrac{x}{1+x^2}$.

3. 已知 $(1,3)$ 是曲线 $y=ax^3+bx^2$ 的拐点，求 a，b 的值.

4. 已知曲线 $y=ax^3+bx^2+cx+d$ 有拐点 $(-1,4)$，且在 $x=0$ 处有极小值 2，求 a，b，c，d 的值.

5. 求下列曲线的渐近线.

(1) $y=x^2+\dfrac{1}{x}$；　(2) $y=\ln x$；

(3) $y=\dfrac{x}{x-1}$；　(4) $y=\dfrac{1-2x}{x^2}+1$.

6. 描绘下列函数的图形.

(1) $y=2-6x-x^2$；　(2) $y=x^3-x^2-x+1$；

(3) $y=\ln(x^2-1)$；　(4) $y=\dfrac{x^2}{x+1}$.

B　组

1. 判断下列曲线的凹凸性.

(1) $y = x\arctan x$；　(2) $y = ax^2 + bx + c\ (a \neq 0)$.

2. 求下列曲线的凹凸区间和拐点.

(1) $f(x) = x\mathrm{e}^{-x}$；　(2) $f(x) = (x+1)^4 + \mathrm{e}^x$；

(3) $y = \mathrm{e}^{\arctan x}$；　(4) $y = x^4(12\ln x - 7)$.

3. 已知曲线 $y = ax^3 + bx^2 + cx$ 有拐点 $(1,2)$，且在该点处的切线斜率为 -1，求 a，b，c 的值.

4. 求下列曲线的渐近线.

(1) $y = \mathrm{e}^{-(x-1)}$；　(2) $y = \dfrac{\sin x}{x}$；

(3) $y = \dfrac{\sin 2x}{x(x-2)}$；　(4) $y = \ln\left(\mathrm{e} + \dfrac{1}{x}\right)$.

5. 描绘下列函数的图形.

(1) $y = x\mathrm{e}^{-x}$；　(2) $y = \dfrac{2x}{x^2+1}$；

(3) $y = \dfrac{x}{\sqrt[3]{x^2-1}}$.

本 章 小 结

1. 基本定义和概念

导数的概念，导数的几何意义和物理意义；微分的概念和几何意义；高阶导数的概念和二阶导数的力学意义；函数的极值；曲线的凹凸性与拐点；曲线的水平渐近线与垂直渐近线.

导数和微分的概念极为重要，应准确理解．导数反映了函数随自变量的变化而变化的快慢程度（即函数的变化率）；而微分反映了当自变量有微小变化时函数相应的变化值.

导数和微分有广泛的应用，本章涉及到的主要内容有：微分在近似计算上的应用；微分中值定理；罗必达法则；函数的单调性的判定；函数的极值的求法；函数的最值及其应用问题；曲线的凹凸性、拐点的求法；函数图形的描绘.

微分中值定理是利用导数研究函数形态的理论依据．函数单调性的判定定理十分重要，它在研究函数的极值和曲线的凹凸性以及拐点时都要用到．函数图形是综合函数的单调性与凹凸性、极值点与拐点以及曲线的渐近线等形态的基础上描绘出来的.

2. 基本公式和法则

(1) 导数和微分的基本公式.

(2) 导数和微分的四则运算法则.

(3) 复合函数的导数和微分法则.

(4) 参数方程的求导法则.

(5) 隐函数的求导法则.

（6）罗必达法则.

3. 常用运算和证明方法

（1）几种常见的求导方法.

1）利用导数的定义导数（求分段函数在分界点处的导数要考虑左、右导数）.

2）利用导数公式和法则求导数.

3）由参数方程确定的函数要用参数方程求导法则求导数.

4）隐函数要用隐函数的求导法则求导数.

5）高阶导数对函数依次求导即可.

（2）利用罗必达法则求极限. 对于 $\frac{0}{0}$ 与 $\frac{\infty}{\infty}$ 型未定式可以运用罗必达法则求极限，若遇到 $0\cdot\infty$ ，$\infty-\infty$ ，1^{∞} ，0^{0} ，∞^{0} 等未定式可以经过适当的恒等变形，化为 $\frac{0}{0}$ 或 $\frac{\infty}{\infty}$ 型未定式再用罗必达法则求极限.

自测题二

1. 填空题.（每题 1 分）

（1）已知 $f'(x_0)=2$ ，则 $\lim\limits_{h\to 0}\dfrac{h}{f(x_0-h)-f(x_0)}=$ ________.

（2）如果函数 $f(x)$ 在 $x=x_0$ 处的导数 $f'(x_0)=\infty$ ，则曲线 $y=f(x)$ 在点 $(x_0, f(x_0))$ 处的切线方程为________.

（3）物体作直线运动的方程为 $s=-10t^2+3t+150$ ，则当 $t=1$ 时的速度为________，加速度为________.

（4）设 $f(x)=\ln(1-2x)$ ，则 $f'''(0)=$ ________.

（5）曲线 $xy+\ln y=1$ 在点 $(1,1)$ 处的切线方程是________.

（6）函数 $f(x)=x^3$ 在 $[1,2]$ 上满足拉格朗日定理的条件，则使结论成立的 $\xi=$ ________.

（7）函数 $f(x)=x^3-3x$ 的极小值为________.

（8）已知点 $(0,1)$ 是曲线 $y=x^3-ax^2+b$ 上的拐点，则 a,b 的值分别为________.

（9）$\sqrt[4]{1.02}$ 的近似值为________.

（10）曲线 $y=xe^{-\frac{x^2}{2}}$ 的水平渐近线为________.

2. 单选题.（每题 2 分）

（1）下列函数中在 $x=1$ 处连续但导数不存在的是（　　）

A. $y=|x|$ ；　B. $y=\sqrt[3]{x-1}$；　C. $y=\arctan x$ ；　D. $y=\ln x-1$.

（2）曲线 $y=\dfrac{x+4}{4-x}$ 在点 $(2,3)$ 处的切线斜率是（　　）

A. 2；　B. -2 ；　C. -1 ；　D. 1.

（3）已知函数 $f(x)\begin{cases}1-x, x\leqslant 0\\ e^{-x}, \quad x>0\end{cases}$ ，则 $f(x)$ 在 $x=0$ 处（　　）

A. 间断； B. 连续但不可导；

C. $f'(0)=-1$； D. $f'(0)=1$.

(4) 函数 $f(x)$ 在点 x_0 可导是 $f(x)$ 在点 x_0 可微的（ ）条件.

A. 必要； B. 充分； C. 充要； D. 无关.

(5) 已知函数 $y=x^2$ 在 $x=x_0$ 处有增量 $\Delta x=0.2$ 时，对应函数增量的线性主部为0.6，则 x_0 的值为（ ）

A. 0.2； B. 0.6； C. 1； D. 1.5.

(6) 下列各函数中，在 $[-1,1]$ 上满足罗尔定理条件的是（ ）

A. $y=4x^2+1$； B. $y=\dfrac{1}{x^2}$；

C. $y=-2x+1$； D. $y=|x|$.

(7) 下列极限不能用罗必达法则计算的是（ ）

A. $\lim\limits_{x\to 0}\dfrac{\sin x}{x}$； B. $\lim\limits_{x\to\infty}\dfrac{x+\cos x}{x}$；

C. $\lim\limits_{x\to\frac{\pi}{2}}\dfrac{\tan x}{\tan 3x}$； D. $\lim\limits_{x\to 2}\dfrac{x^2-4}{x-2}$.

(8) 已知 M,m 分别是 $f(x)$ 在区间 $[a,b]$ 上的最大值和最小值，若 $M=m$，则 $f'(x)=$（ ）

A. 0； B. 1； C. M； D. m.

(9) 对于可导函数，下列结论正确的是（ ）

A. 极值点一定是驻点； B. 驻点一定是极值点；

C. 拐点一定是极值点； D. 拐点一定是驻点.

(10) 在区间 (a,b) 内，已知 $f'(x)>0$，$f''(x)<0$，则曲线 $f(x)$ 在区间 (a,b) 内（ ）

A. 单调增加且是凸的； B. 单调减少且是凸的；

C. 单调增加且是凹的； D. 单调减少且是凹的.

3. 求下列函数的导数或微分.（每题5分）

(1) $y=\arcsin(1-x)+\sqrt{2x-x^2}$，求 $\dfrac{\mathrm{d}y}{\mathrm{d}x}$；

(2) $y=\ln\dfrac{1+\sqrt{x}}{1-\sqrt{x}}$，求 $\mathrm{d}y$； (3) $\begin{cases}x=t-\ln(1+t^2)\\ y=\arctan t\end{cases}$，求 $\dfrac{\mathrm{d}y}{\mathrm{d}x}$，$\dfrac{\mathrm{d}^2y}{\mathrm{d}x^2}$；

(4) $ye^x+\ln y=1$，求 y'； (5) $y=(\tan x)^{\sin x}(0<x<\frac{\pi}{2})$，求 $\mathrm{d}y$；

(6) $f(x)=\ln\dfrac{1}{1-x}$，求 $f^{(n)}(0)$.

4. 求下列极限.（每题5分）

(1) $\lim\limits_{x\to\frac{\pi}{2}}\dfrac{\ln\sin x}{(\pi-2x)^2}$； (2) $\lim\limits_{x\to+\infty}\dfrac{\ln x}{\sqrt{x}}$；

(3) $\lim\limits_{x\to 1}(1-x)\tan\dfrac{\pi x}{2}$； (4) $\lim\limits_{x\to+\infty}\arccos\cos(\sqrt{x^2+x}-x)$.

5. 求函数 $f(x)=x^2-4x+4\ln(1+x)$ 的极值．（6 分）

6. 如图 2-32 所示，要制作一个直圆锥体形的漏斗，问其母线长为 l，当高 h 为何值时，漏斗的容积最大?（6 分）

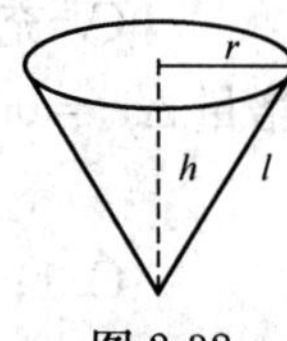

图 2-32

7. 讨论函数 $y=\dfrac{2x-1}{(x-1)^2}$ 的形态，并画图．（8 分）

第三章 不定积分

【学习目的】

1. 理解原函数、不定积分的概念，掌握不定积分性质与运算法则.

2. 掌握积分的方法：直接积分法、换元积分法、分部积分法，并能用这些方法求不定积分.

3. 理解有理函数与三角函数的有理式的积分方法，并能求相应的不定积分.

4. 会查简易积分表.

在前面的微分学中我们讨论了求已知函数的导数问题．然而，在科学与技术领域中还会遇到与此相反的问题：已知一个函数的导数，求原来的函数．因此，产生了积分学．积分学由两个部分组成：不定积分和定积分．本章研究不定积分的概念、性质和基本积分方法.

第一节 不定积分的概念和性质

【学习目标】

1. 理解原函数、不定积分的概念.

2. 掌握不定积分性质与运算法则.

3. 理解直接积分方法.

一、原函数与不定积分

到目前为止，我们所学的微分学主要都在讨论下列问题：已知一个函数，求其导数.

而有很多重要的微积分应用，则归结为下面相反问题：已知一个函数的导数，求其原来的函数．例如，假设已知下列导数

$$f'(x)=2,\ g'(x)=3x^2,\ s'(t)=4t.$$

我们的问题是具有这些导数的原来函数 $f(x)$，$g(x)$，$s(t)$ 是什么？如果根据前面所学的导数概念，很可能会做如下猜测

$$f(x)=2x\text{，因}\frac{\mathrm{d}}{\mathrm{d}x}(2x)=2\text{；}$$

$$g(x)=x^3\text{，因}\frac{\mathrm{d}}{\mathrm{d}x}(x^3)=3x^2\text{；}$$

$$s(t)=2t^2\text{，因}\frac{\mathrm{d}}{\mathrm{d}t}(2t^2)=4t.$$

这种由导数来决定原来函数的运算是微分运算的逆运算，我们称之为反微分，习惯称为求原函数.

又如，讨论物理学中的质点运动时，由于实际问题的要求不同，往往要解决两个方面的问题．一方面是已知路程函数 $s=s(t)$，求质点运动的速度 $v(t)=s'(t)$，这是微分学中的求导问题．另一方面是已知质点作直线运动的速度 $v=v(t)$，求满足关系 $s'(t)=v(t)$ 的函数 $s=s(t)$．类似这方面的问题，在数学上抽象出原函数的概念.

定义 3.1.1 设函数 $f(x)$ 在区间 I 上有定义，若对于 $f(x)$ 定义域中的每一个 x 都有

$$F'(x)=f(x) \quad 或 \quad \mathrm{d}F(x)=f(x)\mathrm{d}x$$

则称函数 $F(x)$ 为已知函数 $f(x)$ 在该区间 I 上的一个原函数（也称反导数）.

例如，因 $(\sin x)'=\cos x\ (-\infty<x<+\infty)$，故 $\sin x$ 是 $\cos x$ 在 $(-\infty<x<+\infty)$ 上的一个原函数.

又如，因 $(\arcsin x)'=\dfrac{1}{\sqrt{1-x^2}}\ (-1<x<1)$，故 $\arcsin x$ 是 $\dfrac{1}{\sqrt{1-x^2}}$ 在 $(-1,1)$ 内的一个原函数.

关于原函数，我们先要讨论以下两个问题.

(1) 一个函数具备什么条件，能保证它的原函数一定存在？这个问题将在下一章中讨论，这里先介绍一个结论.

原函数存在定理：如果函数 $f(x)$ 在区间 I 上连续，那么在区间 I 上存在可导函数 $F(x)$，使对任意 $x\in I$ 都有 $F'(x)=f(x)$.

简单地说，连续函数一定有原函数.

(2) 如果 $f(x)$ 在区间 I 上有原函数，那么它的原函数是不是唯一的？请看下面例子.

因在区间 $(-\infty,+\infty)$ 内有 $(x^3)'=3x^2$，所以 x^3 是 $3x^2$ 在区间 $(-\infty,+\infty)$ 内的一个原函数；又因 $(x^3+1)'=3x^2$，$(x^3-\sqrt{5})'=3x^2$，$(x^3+c)'=3x^2$（c 为常数），所以 x^3+1，$x^3-\sqrt{5}$，x^3+c 都是 $3x^2$ 在区间 $(-\infty,+\infty)$ 内的原函数，可见原函数并不唯一，而是有无数多个，它们构成一族.

一般地，设 $F(x)$ 是 $f(x)$ 在区间 I 上的一个原函数，即 $F'(x)=f(x)$，$x\in I$，显然，对任何常数 c，也有 $[F(x)+c]'=f(x)$，$x\in I$，我们称 $F(x)+c$ 为 $f(x)$ 在区间 I 上的原函数族.

这可以用微分中值定理的推论来说明. 如果 $F(x)$ 是 $f(x)$ 在区间 I 上的一个原函数族，即 $F'(x)=f(x)$；设 $\Phi'(x)$ 是 $f(x)$ 的另一个原函数，即 $\Phi'(x)=f(x)$，于是有

$$[\Phi(x)-F(x)]'=\Phi'(x)-F'(x)=f(x)-f(x)=0.$$

由微分中值定理的推论可知，在一个区间上导数恒为零的函数必为常数，所以 $\Phi(x)-F(x)=c$，这表明 $\Phi(x)$ 与 $F(x)$ 只差一个常数，因此当 c 为任意常数时，表达式 $F(x)+c$ 就可表示 $f(x)$ 的全体原函数.

由以上对问题的讨论，引进下述定义.

定义 3.1.2 在区间 I 上，$f(x)$ 的全体原函数 $F(x)+c$ 称为 $f(x)$ 的不定积分（简称积分），记为 $\int f(x)\mathrm{d}x$，即

$$\int f(x)\mathrm{d}x=F(x)+c,$$

其中记号“$\int$”称为积分号，$f(x)$ 称为被积函数，$f(x)\mathrm{d}x$ 称为被积表达式，x 称为积分变量，c 称为积分常数.

按照定义，一个函数的原函数或不定积分都有相应的定义区间，为简便起见，如无特殊说明，今后不再注明.

从定义 3.1.2 可知反微分的过程并不是决定某一特定函数，而是求出某一函数族，反微分的过程通常称为积分，求不定积分的中心问题是寻求被积函数 $f(x)$ 的一个原函数.

由不定积分的定义可得不定积分的两个性质.

(1) 由于 $\int f(x)\mathrm{d}x$ 是 $f(x)$ 的原函数，所以微分为积分的逆运算，即

$$\frac{\mathrm{d}}{\mathrm{d}x}\left[\int f(x)\mathrm{d}x\right]=f(x) \quad 或\ \mathrm{d}\left[\int f(x)\mathrm{d}x\right]=f(x)\mathrm{d}x.$$

(2) 由于 $F(x)$ 是 $F'(x)$ 的原函数，所以积分为微分的逆运算，即

$$\int F'(x)\mathrm{d}x=F(x)+c \qquad 或\int \mathrm{d}F(x)=F(x)+c.$$

由此可见，微分运算（以记号 d 表示）与积分的运算（以记号 $\int$ 表示）是互逆的. 当记号 $\int$ 与 d 连在一起时，或者抵消，或者抵消后相差一个常数.

【例 3-1】 求 $\int x^2\mathrm{d}x$.

解 由于 $\left(\frac{1}{3}x^3\right)'=x^2$，所以 $\frac{1}{3}x^3$ 是 x^2 的一个原函数，因此 $\int x^2\mathrm{d}x=\frac{1}{3}x^3+c$. 如图 3-1 所示.

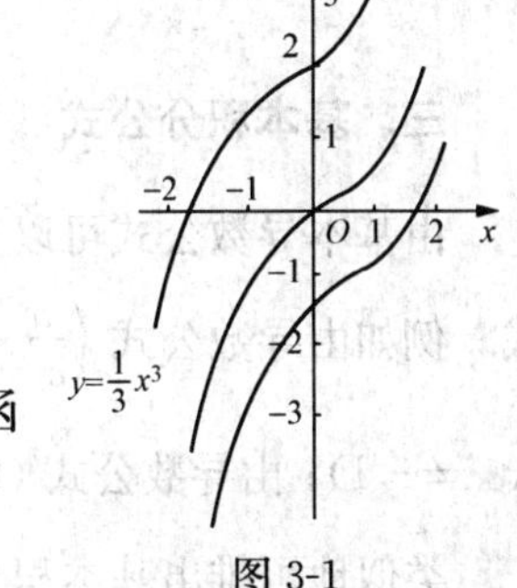

图 3-1

【例 3-2】 求 $\int \frac{1}{x}\mathrm{d}x$.

解 被积函数的定义域为 $x\neq 0$.

当 $x>0$ 时，$(\ln x)'=\frac{1}{x}$，$\ln x$ 是 $\frac{1}{x}$ 在 $(0,\infty)$ 内的一个原函数，因此在 $(0,\infty)$ 内 $\int \frac{1}{x}\mathrm{d}x=\ln x+c$.

当 $x<0$ 时，$(\ln(-x))'=\frac{1}{-x}\cdot(-1)=\frac{1}{x}$，$\ln(-x)$ 是 $\frac{1}{x}$ 在 $(-\infty,0)$ 内的一个原函数，因此在 $(-\infty,0)$ 内 $\int \frac{1}{x}\mathrm{d}x=\ln(-x)+c$.

把两者结合起来，可写为 $\int \frac{1}{x}\mathrm{d}x=\ln|x|+c$.

由于不定积分是被积函数的全体原函数的一般表达式，所以在求出被积函数的一个原函数之后，不要忘记加积分常数 c.

二、不定积分的几何意义

函数 $f(x)$ 的原函数 $F(x)$ 的图形，称为函数 $f(x)$ 的积分曲线，因为不定积分

$\int f(x)\mathrm{d}x = F(x) + c$ 是原函数的一般表达式，所以它的图形是一族曲线，称它为积分曲线族.

积分曲线族 $y = F(x) + c$ 的具有如下特点.

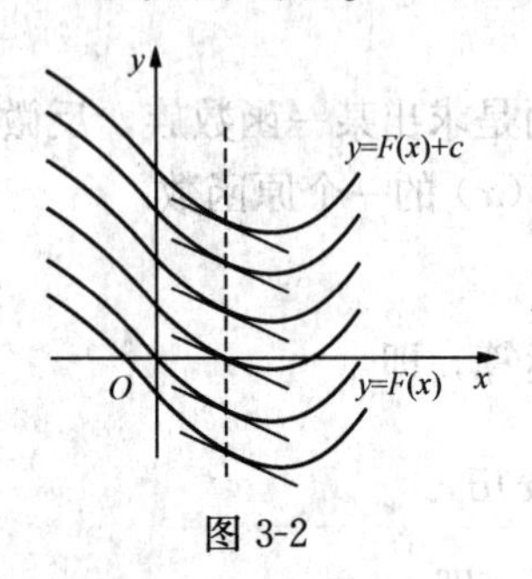

图 3-2

（1）积分曲线族中任意一条曲线，都由其中的一条，$y = F(x)$ 沿 y 轴平移 $|c|$ 单位而得到；当 $c > 0$ 时向上平移，当 $c < 0$ 时向下平移.

（2）由于 $[F(x)]' = F'(x) = f(x)$ 即横坐标相同的点 x_0 处，每一条积分曲线上相应点的切线斜率都相等为 $f(x_0)$，从而使相应点处的切线相互平行（见图 3-2）.

当需要从积分曲线族中求出过点 (x_0, y_0) 的一条积分曲线时，只要把 x_0, y_0 代入 $y = F(x) + c$ 中解出 c 即可得到一特定解.

【例 3-3】 已知曲线上任一点 (x, y) 处的切线斜率为 $5\sqrt[3]{x}$ 且该曲线过点（1，1），求该曲线的方程.

解 设曲线为 $y = f(x)$，按题意得 $\frac{\mathrm{d}y}{\mathrm{d}x} = 5x^{\frac{1}{3}}$，积分得

$$y = \int 5x^{\frac{1}{3}}\,\mathrm{d}x = \frac{15}{4}x^{\frac{4}{3}} + c.$$

由条件 $y\Big|_{x=1} = 1$ 代入得　$1 = \frac{15}{4} \times 1^{\frac{4}{3}} + c, c = -\frac{11}{4}$.

于是所求的曲线方程为　$y = \frac{15}{4}x^{\frac{4}{3}} - \frac{11}{4}$.

三、基本积分公式

由基本导数公式可以直接得到基本积分公式．有一个导数公式就相应有一个不定积分公式．例如由导数公式 $\left(\frac{x^{\alpha+1}}{\alpha+1}\right)' = x^{\alpha}$（$\alpha \neq -1$）可得到不定积分公式 $\int x^{\alpha}\mathrm{d}x = \frac{1}{\alpha+1}x^{\alpha+1} + c(\alpha \neq -1)$；由导数公式 $(\tan x)' = \sec^2 x$，就有相应不定积分公式 $\int \sec^2 x\mathrm{d}x = \tan x + c$.

类似地可推出基本积分公式如下.

(1) $\int 0\mathrm{d}x = c$；　(2) $\int k\mathrm{d}x = kx + c$（$k$ 为常数）；

(3) $\int x^{\alpha}\,\mathrm{d}x = \frac{1}{\alpha+1}x^{\alpha+1} + c$（$\alpha \neq -1$）；　(4) $\int \frac{1}{x}\,\mathrm{d}x = \ln|x| + c$；

(5) $\int a^x\,\mathrm{d}x = \frac{a^x}{\ln a} + c$；　(6) $\int \mathrm{e}^x\,\mathrm{d}x = \mathrm{e}^x + c$；

(7) $\int \cos x\mathrm{d}x = \sin x + c$；　(8) $\int \sin x\mathrm{d}x = -\cos x + c$；

(9) $\int \sec^2 x\mathrm{d}x = \tan x + c$；　(10) $\int \csc^2 x\mathrm{d}x = -\cot x + c$；

(11) $\int \frac{\mathrm{d}x}{\sqrt{1-x^2}} = \arcsin x + c$；　(12) $\int \frac{\mathrm{d}x}{1+x^2} = \arctan x + c$；

(13) $\int \sec x \cdot \tan x \mathrm{d}x = \sec x + c$； (14) $\int \csc x \cdot \cot x \mathrm{d}x = -\csc x + c$.

这些基本积分公式是积分运算的基础，对学习本课程十分重要，必须反复练习而且熟练掌握．其中，使用时公式（3）易出错，下面举例说明．

【例 3-4】 求积分：(1) $\int \frac{1}{x^3} \mathrm{d}x$； (2) $\int \frac{\mathrm{d}x}{\sqrt[3]{x^2}}$.

解 先用幂的指数法则，化为负数指数或分数指数，再用基本积分公式（3）.

$$(1) \int \frac{\mathrm{d}x}{x^3} = \int x^{-3} \mathrm{d}x = \frac{1}{-3+1} x^{-3+1} + c = -\frac{1}{2} x^{-2} + c = -\frac{1}{2x^2} + c.$$

$$(2) \int \frac{\mathrm{d}x}{\sqrt[3]{x^2}} = \int x^{\frac{-2}{3}} \mathrm{d}x = \frac{1}{\frac{-2}{3}+1} x^{\frac{-2}{3}+1} + c = \frac{1}{\frac{1}{3}} x^{\frac{1}{3}} + c = 3\sqrt[3]{x} + c.$$

【例 3-5】 求积分 $\int 5^x \mathrm{e}^x \mathrm{d}x$.

解 这个积分在基本积分公式中查不到，但对被积函数适当变形，可以化为指数函数而用公式（6）.

$$\int 5^x \mathrm{e}^x \mathrm{d}x = \int (5\mathrm{e})^x \mathrm{d}x = \frac{(5\mathrm{e})^x}{\ln(5\mathrm{e})} + c = \frac{5^x \mathrm{e}^x}{1+\ln 5} + c.$$

四、不定积分的运算法则

法则 1 函数和（差）的不定积分等于各个函数不定积分的和（差），即

$$\int [f(x) \pm g(x)] \mathrm{d}x = \int f(x) \mathrm{d}x \pm \int g(x) \mathrm{d}x$$

法则 2 被积函数中常数因子可提到积分号外，即

$$\int k f(x) \mathrm{d}x = k \int f(x) \mathrm{d}x$$

证明 两边求导即可证明等式成立.

五、直接积分法

利用基本积分公式和运算法则求不定积分的方法称为直接积分法．用直接积分法辅之以代数、三角恒等变形可以求出某些简单函数的积分.

【例 3-6】 求不定积分 $\int (2^x - 2\sin x + 2x\sqrt{x}) \mathrm{d}x$.

解 用运算法则与基本积分公式.

$$\begin{aligned} \int (2^x - 2\sin x + 2x\sqrt{x}) \mathrm{d}x &= \int 2^x \mathrm{d}x - 2\int \sin x \mathrm{d}x + 2\int x\sqrt{x} \mathrm{d}x \\ &= \left(\frac{2^x}{\ln 2} + c_1\right) - 2(-\cos x + c_2) + 2\left(\frac{x^{1+\frac{3}{2}}}{1+\frac{3}{2}} + c_3\right) \\ &= \frac{2^x}{\ln 2} + 2\cos x + \frac{4}{5} x^{\frac{5}{2}} + c. \end{aligned}$$

其中 $c = c_1 - 2c_2 + 2c_3$，即各积分常数可以合并．因此求代数和的不定积分时只需写出一

个积分常数 c 即可.

【例 3-7】 求积分$\int \frac{(\sqrt{x}+1)^2}{x}\,\mathrm{d}x$.

解 $$\int \frac{(\sqrt{x}+1)^2}{x}\mathrm{d}x=\int \frac{x+2\sqrt{x}+1}{x}\,\mathrm{d}x$$

$$=\int 1\,\mathrm{d}x+2\int x^{-\frac{1}{2}}\mathrm{d}x+\int \frac{\mathrm{d}x}{x}$$

$$=x+4x^{\frac{1}{2}}+\ln|x|+c.$$

【例 3-8】 求积分$\int \frac{(1+2x^2)^2}{x^2(1+x^2)}\,\mathrm{d}x$.

解 先把被积函数作适当的代数恒等变换，化为基本积分公式中的类型后再积分.

$$\int \frac{(1+2x^2)^2}{x^2(1+x^2)}\,\mathrm{d}x=\int \frac{1+4x^2+4x^4}{x^2(1+x^2)}\,\mathrm{d}x=\int \frac{1+4x^2(1+x^2)}{x^2(1+x^2)}\,\mathrm{d}x=\int\left[4+\frac{1}{x^2(1+x^2)}\right]\mathrm{d}x$$

$$=4\int \mathrm{d}x+\int \frac{(1+x^2)-x^2}{x^2(1+x^2)}\mathrm{d}x=4x+\int(\frac{1}{x^2}-\frac{1}{1+x^2})\mathrm{d}x$$

$$=4x+\int x^{-2}\,\mathrm{d}x-\int \frac{\mathrm{d}x}{1+x^2}\,\mathrm{d}x=4x-\frac{1}{x}-\arctan x+c.$$

注意其中用加项减项的技巧.

【例 3-9】 求积分$\int \sin\frac{x}{2}\,(\sin\frac{x}{2}+\cos\frac{x}{2})\mathrm{d}x$.

解 用三角恒等变形（常用和、差、倍、半角公式、同角三角函数关系、和差化积或积化和差）后再积分.

$$\int \sin\frac{x}{2}\,(\sin\frac{x}{2}+\cos\frac{x}{2})\mathrm{d}x=\int(\sin^2\frac{x}{2}+\sin\frac{x}{2}\cos\frac{x}{2})\mathrm{d}x$$

$$=\int(\frac{1-\cos x}{2}+\frac{1}{2}\sin x)\mathrm{d}x$$

$$=\frac{1}{2}\int \mathrm{d}x-\frac{1}{2}\int \cos x\mathrm{d}x+\frac{1}{2}\int \sin x\mathrm{d}x$$

$$=\frac{1}{2}x-\frac{1}{2}\sin x-\frac{1}{2}\cos x+c.$$

【例 3-10】 求积分$\int \tan^2 x\mathrm{d}x$.

解 $$\int \tan^2 x\mathrm{d}x=\int(\sec^2 x-1)\mathrm{d}x=\int \sec^2 x\mathrm{d}x-\int \mathrm{d}x=\tan x-x+c.$$

【例 3-11】 求积分$\int \frac{\mathrm{d}x}{\sin^2 x\cdot\cos^2 x}$

解 $$\int \frac{\mathrm{d}x}{\sin^2 x\cdot\cos^2 x}=\int \frac{\sin^2 x+\cos^2 x}{\sin^2 x\cdot\cos^2 x}\,\mathrm{d}x$$

$$=\int\left(\frac{1}{\cos^2 x}+\frac{1}{\sin^2 x}\right)\mathrm{d}x$$

$$=\int \sec^2 x\mathrm{d}x+\int \csc^2 x\mathrm{d}x$$

$$=\tan x-\cot x+c.$$

A 组

1. 用微分法验证下列各式.

(1) $\int(3x^2+2x+3)\mathrm{d}x=x^3+x^2+3x+c$；　　(2) $\int\frac{1}{x^2}\mathrm{d}x=-\frac{1}{x}+c$；

(3) $\int\cos(2x+3)\mathrm{d}x=\frac{1}{2}\sin(2x+3)+c$；　　(4) $\int\frac{\mathrm{d}x}{\sin x}=\ln\left(\tan\frac{x}{2}\right)+c$.

2. 验证下面各题的函数是同一个函数的原函数.

(1) $y=\ln x$；$y=\ln(ax)(a>0)$；$y=\ln(bx)+c(b>0)$.

(2) $y=(\mathrm{e}^x+\mathrm{e}^{-x})^2$；$y=(\mathrm{e}^x-\mathrm{e}^{-x})^2$.

3. 选择题.

(1) 下列等式成立的是（　　）.

A. $\mathrm{d}\int f(x)\mathrm{d}x=f(x)$；　　B. $\frac{\mathrm{d}}{\mathrm{d}x}\int f(x)\mathrm{d}x=f(x)\mathrm{d}x$；

C. $\frac{\mathrm{d}}{\mathrm{d}x}\int f(x)\mathrm{d}x=f(x)+c$；　　D. $\mathrm{d}\int f(x)\mathrm{d}x=f(x)\mathrm{d}x$.

(2) 在区间 (a,b) 内，如果 $f'(x)=g'(x)$，则下列各式一定成立的是（　　）.

A. $f(x)=g(x)$；　　B. $f(x)=g(x)+1$；

C. $\left(\int f(x)\mathrm{d}x\right)'=\left(\int g(x)\mathrm{d}x\right)'$；　　D. $\int f'(x)\mathrm{d}x=\int g'(x)\mathrm{d}x$.

4. 已知某曲线上任意一点切线的斜率等于 x，且曲线过点 $M(0,1)$，求曲线方程.

5. 设物体的运动速是 $v=\cos t(\mathrm{m/s})$，当 $t=\frac{\pi}{2}\mathrm{s}$ 时，物体所经过的路程 $s=10\mathrm{m}$，求物体的运动规律.

6. 计算下列不定积分.

(1) $\int(x^2+3\sqrt{x}+\ln 2)\mathrm{d}x$；　　(2) $\int x^2\sqrt{x}\mathrm{d}x$；

(3) $\int\frac{x^2}{1+x^2}\mathrm{d}x$；　　(4) $\int\frac{1+x}{1-x}\mathrm{d}x$；

(5) $\int\left(1-\frac{1}{u}\right)^2\mathrm{d}u$；　　(6) $\int\frac{1}{\sqrt{2gh}}\mathrm{d}h$；

(7) $\int\frac{3x^2+5}{x^3}\mathrm{d}x$　　(8) $\int\left(1+\frac{2}{x^2}+\frac{3}{1+x^2}\right)\mathrm{d}x$

(9) $\int\left(x^2+2^x+\frac{2}{x}\right)\mathrm{d}x$；　　(10) $\int\frac{2^t-3^t}{5^t}\mathrm{d}t$；

(11) $\int(a^{\frac{2}{3}}-x^{\frac{2}{3}})^2\mathrm{d}x$；　　(12) $\int\frac{1-\sqrt{1-\theta^2}}{\sqrt{1-\theta^2}}\mathrm{d}\theta$

B 组

1. 用微分法验证下列各等式.

(1)$\int \cos^2 x\mathrm{d}x=\frac{x}{2}+\frac{1}{4}\sin 2x+c$；

(2)$\int \sqrt{a^2-x^2}\,\mathrm{d}x=\frac{a^2}{2}\arcsin\frac{x}{a}+\frac{1}{2}x\sqrt{a^2-x^2}+c$.

2. 在下列 12 个函数中，有 6 个是另外 6 个的原函数，找出这 6 个原函数.

$\frac{1}{x^2}$； $\frac{2x}{\sqrt{1+x^2}}$； $2\sqrt{1+x^2}$； $1-x^{-1}$； $4x(1+x^2)$； $3\sqrt[3]{x}$；

$4x^3$； $x^{-\frac{2}{3}}$； $\ln(1+x^2)$； $\frac{2x}{1+x^2}$； $(1+x^2)^2$； $1+(x^2)^2$

3. 已知平面曲线 $y=F(x)$ 上任一点 $M(x,y)$ 处的切线斜率为 $k=4x^3-1$，且曲线经过点 $P(1,3)$，求该曲线的方程.

4. 一质点作变速运动，速度 $v(t)=3\cos t$，当 $t=0$ 时，质点与原点的距离为 $s_0=4$，求质点离原点的距离 s 和时间 t 的函数关系.

5. 计算下列不定积分.

(1)$\int\frac{(x^2-3)(x+1)}{x^2}\mathrm{d}x$； (2)$\int\left(\frac{4}{\sqrt{x}}-\frac{x\sqrt{x}}{4}\right)\mathrm{d}x$； (3)$\int\left(1-\frac{1}{x^2}\right)\sqrt{x\sqrt{x}}\mathrm{d}x$；

(4)$\int\frac{3x^4+3x^2-1}{x^2+1}\mathrm{d}x$； (5)$\int\frac{x-9}{\sqrt{x}+3}\mathrm{d}x$； (6)$\int\frac{x^4}{1+x^2}\mathrm{d}x$；

(7)$\int(10^x+x^{10})\mathrm{d}x$； (8)$\int \mathrm{e}^x\left(2^x+\frac{\mathrm{e}^{-x}}{\sqrt{1-x^2}}\right)\mathrm{d}x$； (9)$\int\frac{3\cdot 2^x+4\cdot 3^x}{2^x}\mathrm{d}x$；

(10)$\int\frac{\mathrm{e}^{3x}+1}{\mathrm{e}^x+1}\mathrm{d}x$； (11)$\int\cot^2 x\mathrm{d}x$； (12)$\int\csc x(\csc x-\cot x)\mathrm{d}x$；

(13)$\int\sec x(\sec x-\tan x)\mathrm{d}x$； (14)$\int\sin x\left(2\csc x-\cot x+\frac{1}{\sin^3 x}\right)\mathrm{d}x$；

(15)$\int\frac{\cos 2x}{\cos^2 x\sin^2 x}\mathrm{d}x$； (16)$\int\sqrt{1+\sin 2x}\,\mathrm{d}x$； (17)$\int(a\cdot b^x-b\cdot a^x)^2\mathrm{d}x$；

(18)$\int(a\,\mathrm{ch}x+b\,\mathrm{sh}x)\mathrm{d}x$.

第二节 换元积分法

【学习目标】

1. 理解第一类、第二类换元积分方法.
2. 能用第一类、第二类换元积分法求不定积分.

用直接积分法所能计算的不定积分是十分有限的. 为了求得更多函数的积分，有必要进一步研究不定积分的求法，换元积分法就是其中之一.

一、第一类换元积分法

先来看一个例子.

【例 3-12】 求$\int e^{4x}dx$.

解 在基本积分公式中虽有$\int e^{x}dx = e^{x}+c$，但被积函数e^{4x}是一个复合函数，不能直接应用. 为了套用这个积分公式，先把原积分作下列变形，然后进行计算.

$$\int e^{4x}dx = \frac{1}{4}\int e^{4x}d(4x) \xlongequal{4x=u} \frac{1}{4}\int e^{u}du = \frac{1}{4}e^{u}+c \xlongequal{u=4x} \frac{1}{4}e^{4x}+c.$$

验证$\left(\frac{1}{4}e^{4x}+c\right)' = e^{4x}$，即$\frac{1}{4}e^{4x}+c$确实是$e^{4x}$的原函数，因此上述方法是正确的.

上述方法的关键是利用了$\int e^{u}du = e^{u}+c$(其中u是x的函数).

因为$F'(x) = f(x)$，$dF(x) = f(x)dx$，由微分形式的不变性有$dF(u) = f(u)du$，其中，u可以是自变量，也可以是中间变量，则有$\int f(u)du = F(u)+c$.

一般地，有以下定理.

定理 3.2.1 若$\int f(x)dx = F(x)+c$，则$\int f(u)du = F(u)+c$，其中$u = \varphi(x)$是可导函数.

这个定理表明：在积分基本公式中，把自变量换成任一可导函数$u = \varphi(x)$后公式仍然成立.

若不定积分的被积表达式能写成$f[\varphi(x)]\varphi'(x)dx = f[\varphi(x)]d\varphi(x)$的形式，令$\varphi(x) = u$，设$F(x)$是$f(x)$的一个原函数，则

$$\int f[\varphi(x)]\varphi'(x)dx \xlongequal{\varphi(x)=u} \int f(u)du = F(u)+c \xlongequal{u=\varphi(x)} F[\varphi(x)]+c.$$

通常把这样的积分方法称为第一类换元积分法（或凑微分法）.

【例 3-13】 计算$\int \frac{dx}{3x+2}$.

解 令$u = 3x+2$，则$du = d(3x+2) = 3dx$，$dx = \frac{1}{3}du$，从而有

$$\int \frac{dx}{3x+2} = \frac{1}{3}\int \frac{du}{u} = \frac{1}{3}\ln|u|+c.$$

再将$u = 3x+2$代入上式，得

$$\int \frac{dx}{3x+2} = \frac{1}{3}\ln|3x+2|+c.$$

【例 3-14】 求$\int (5x-4)^{49}dx$.

解 令$u = 5x-4$，则$du = 5dx$，$dx = \frac{1}{5}du$，所以

$$\int (5x-4)^{49}dx \xlongequal{5x-4=u} \frac{1}{5}\int u^{49}du = \frac{1}{5}\times\frac{1}{50}u^{50}+c = \frac{1}{250}u^{50}+c$$

$$\xlongequal{u=5x-4} \frac{1}{250}(5x-4)^{50}+c.$$

【例 3-15】 求$\int x\sqrt{x^2+1}dx$.

解 令 $u=x^2+1$，则 $du=2xdx$，所以

$$\int x\sqrt{x^2+1}dx=\frac{1}{2}\int\sqrt{x^2+1}\cdot 2xdx=\frac{1}{2}\int\sqrt{u}du=\frac{1}{2}\cdot\frac{2}{3}u^{\frac{3}{2}}+c=\frac{1}{3}(x^2+1)^{\frac{3}{2}}+c.$$

【例 3-16】 求 $\int\frac{\ln x}{x}dx$.

解 在 $\ln x$ 中，$x>0$，因而 $\frac{1}{x}dx=d\ln x$.

令 $u=\ln x$，则 $du=\frac{1}{x}dx$，所以

$$\int\frac{\ln x}{x}dx=\int udu=\frac{1}{2}u^2+c=\frac{1}{2}\ln^2x+c.$$

从上面的例子可以知道，用第一类换元积分法求积分的关键是把被积表达式凑成两部分，其中一部分是配元 $d\varphi(x)$，另一部分为 $\varphi(x)$ 的函数 $f[\varphi(x)]$. 熟悉下列常用的几种配元形式有助于求积分.

(1) $\int f(ax+b)dx=\frac{1}{a}\int f(ax+b)d(ax+b)$；　(2) $\int f(x^n)x^{n-1}dx=\frac{1}{n}\int f(x^n)dx^n$；

(3) $\int f(\ln x)\frac{1}{x}dx=\int f(\ln x)\,d\ln x$；　(4) $\int f(\sqrt{x})\frac{1}{\sqrt{x}}dx=2\int f(\sqrt{x})\,d\sqrt{x}$；

(5) $\int f(x^n)\frac{1}{x}dx=\frac{1}{n}\int f(x^n)\frac{1}{x^n}dx^n$；　(6) $\int f(\sin x)\cos xdx=\int f(\sin x)d\sin x$；

(7) $\int f(\cos x)\sin xdx=-\int f(\cos x)d\cos x$；　(8) $\int f(\tan x)\sec^2xdx=\int f(\tan x)d\tan x$；

(9) $\int f(e^x)e^xdx=\int f(e^x)de^x$.

当运算比较熟练后，设变量代换 $\varphi(x)=u$ 和回代这两个步骤，可省略不写.

【例 3-17】 求 $\int\frac{\sin(\sqrt{x}+1)}{\sqrt{x}}dx$.

解
$$\int\frac{\sin(\sqrt{x}+1)}{\sqrt{x}}dx=2\int\sin(\sqrt{x}+1)d\sqrt{x}=2\int\sin(\sqrt{x}+1)d(\sqrt{x}+1)$$
$$=-2\cos(\sqrt{x}+1)+c.$$

【例 3-18】 求 $\int\frac{e^x}{1+e^{2x}}dx$.

解
$$\int\frac{e^x}{1+e^x}dx=\int\frac{1}{1+(e^x)^2}de^x=\arctan e^x+c.$$

【例 3-19】 求 $\int\frac{1}{a^2+x^2}dx\ (a\neq0)$.

解
$$\int\frac{1}{a^2+x^2}dx=\frac{1}{a^2}\int\frac{dx}{1+\left(\frac{x}{a}\right)^2}=\frac{1}{a}\int\frac{d\left(\frac{x}{a}\right)}{1+\left(\frac{x}{a}\right)^2}=\frac{1}{a}\arctan\frac{x}{a}+c.$$

类似可得 $\int\frac{dx}{\sqrt{a^2-x^2}}=\arcsin\frac{x}{a}+c\ (a>0)$.

【例 3-20】 求$\int\frac{x+1}{x^2+2x+5}\mathrm{d}x$.

解 因为$(x^2+2x+5)'=2(x+1)$，所以$(x+1)\mathrm{d}x=\frac{1}{2}\mathrm{d}(x^2+2x+5)$，于是

$$\int\frac{x+1}{x^2+2x+5}\mathrm{d}x=\frac{1}{2}\int\frac{\mathrm{d}(x^2+2x+5)}{x^2+2x+5}=\frac{1}{2}\ln|x^2+2x+5|+c.$$

求不定积分时，有时需要用代数或三角公式先对被积函数作适当变形，再用凑微分法进行积分.

【例 3-21】 求$\int\frac{1}{x^2-a^2}\mathrm{d}x$.

解 因为 $$\frac{1}{x^2-a^2}=\frac{1}{(x+a)(x-a)}=\frac{1}{2a}\left(\frac{1}{x-a}-\frac{1}{x+a}\right),$$

所以 $$\int\frac{1}{x^2-a^2}\mathrm{d}x=\frac{1}{2a}\int\left(\frac{1}{x-a}-\frac{1}{x+a}\right)\mathrm{d}x=\frac{1}{2a}(\ln|x-a|-\ln|x+a|)+c$$
$$=\frac{1}{2a}\ln\left|\frac{x-a}{x+a}\right|+c.$$

【例 3-22】 求$\int\frac{3x-2}{x^2+9}\mathrm{d}x$.

解 $$\int\frac{3x-2}{x^2+9}\mathrm{d}x=\int\frac{3x}{x^2+9}\mathrm{d}x-\int\frac{2\mathrm{d}x}{x^2+9}=\frac{3}{2}\int\frac{\mathrm{d}(x^2+9)}{x^2+9}-2\int\frac{\mathrm{d}x}{x^2+9}$$ (用例 3-19 的结果)
$$=\frac{3}{2}\ln(x^2+3)-\frac{2}{3}\arctan\frac{x}{3}+c.$$

【例 3-23】 求$\int\frac{1}{\sqrt{4-x^2}}\mathrm{d}x$.

解 $$\int\frac{\mathrm{d}x}{\sqrt{4-x^2}}=\int\frac{2\mathrm{d}\left(\frac{x}{2}\right)}{2\sqrt{1-\left(\frac{x}{2}\right)^2}}=\int\frac{\mathrm{d}\left(\frac{x}{2}\right)}{\sqrt{1-\left(\frac{x}{2}\right)^2}}$$
$$=\arcsin\frac{x}{2}+c.$$

【例 3-24】 求$\int\tan x\mathrm{d}x$.

解 $$\int\tan x\mathrm{d}x=\int\frac{\sin x}{\cos x}\mathrm{d}x=-\int\frac{\mathrm{d}\cos x}{\cos x}=-\ln|\cos x|+c.$$

类似可得 $$\int\cot x\mathrm{d}x=\ln|\sin x|+c.$$

【例 3-25】 求$\int\csc x\mathrm{d}x$.

解 $$\int\csc x\mathrm{d}x=\int\frac{\csc x(\csc x-\cot x)}{\csc x-\cot x}\mathrm{d}x=\int\frac{\mathrm{d}(\csc x-\cot x)}{\csc x-\cot x}=\ln|\csc x-\cot x|+c.$$

【例 3-26】 求$\int\sec x\mathrm{d}x$.

解 $$\int\sec x\mathrm{d}x=\int\frac{\sec x(\sec x+\tan x)}{\sec x+\tan x}\mathrm{d}x=\int\frac{\mathrm{d}(\sec x+\tan x)}{\sec x+\tan x}=\ln|\sec x+\tan x|+c.$$

【例 3-27】 求$\int \sin 2x\sin x\mathrm{d}x$.

解 （1）由正弦的二倍角公式，得

$$\sin 2x\sin x = 2\sin x\cos x\sin x = 2\sin^2 x\cos x,$$

$$\int \sin 2x\sin x\mathrm{d}x = \int 2\sin^2 x\cos x\,\mathrm{d}x = 2\int \sin^2 x\,\mathrm{d}\sin x = \frac{2}{3}\sin^3 x + c.$$

（2）用积化和差公式，得

$$\sin 2x\sin x = -\frac{1}{2}(\cos 3x - \cos x) = \frac{1}{2}(\cos x - \cos 3x),$$

$$\int \sin 2x\sin x\mathrm{d}x = \frac{1}{2}\int(\cos x - \cos 3x)\mathrm{d}x = \frac{1}{2}\sin x - \frac{1}{6}\sin 3x + c.$$

由［例 3-27］看出，同一函数的不定积分，由于解法不同，其结果在形式上可能不同，可以验证它们实际上最多彼此只相差一个常数.

【例 3-28】 求积分$\int \cos^2 x\mathrm{d}x$.

解 $\int \cos^2 x\mathrm{d}x = \int \frac{1+\cos 2x}{2}\mathrm{d}x = \frac{1}{2}\int \mathrm{d}x + \frac{1}{2}\cdot\frac{1}{2}\int \cos 2x\mathrm{d}(2x) = \frac{1}{2}x + \frac{1}{4}\sin 2x + c.$

类似可得 $$\int \sin^2 x\mathrm{d}x = \frac{1}{2}x - \frac{1}{4}\sin 2x + c.$$

【例 3-29】 求积分$\int \sin^3 x\mathrm{d}x$.

解 $$\int \sin^3 x\mathrm{d}x = \int \sin^2 x\cdot\sin x\mathrm{d}x = -\int(1-\cos^2 x)\mathrm{d}\cos x$$

$$= -\int \mathrm{d}\cos x + \int \cos^2 x\mathrm{d}\cos x = -\cos x + \frac{1}{3}\cos^3 x + c.$$

【例 3-30】 求积分$\int \cos^3 x\cdot\sin^2 x\mathrm{d}x$.

解 $$\int \cos^3 x\cdot\sin^2 x\mathrm{d}x = \int \cos^2 x\cdot\sin^2 x\cdot\cos x\mathrm{d}x = \int(1-\sin^2 x)\sin^2 x\cdot\mathrm{d}\sin x$$

$$= \int \sin^2 x\cdot\mathrm{d}\sin x - \int \sin^4 x\cdot\mathrm{d}\sin x = \frac{1}{3}\sin^3 x - \frac{1}{5}\sin^5 x + c.$$

注意被积函数为正、余弦的偶次方用余弦的倍角公式降次后再凑微分，被积函数含正、余弦的奇次方时把奇次方降次后再凑微分.

【例 3-31】 求积分$\int \sec^4 x\mathrm{d}x$.

解 $$\int \sec^4 x\mathrm{d}x = \int \sec^2 x\cdot\sec^2 x\mathrm{d}x = \int(1+\tan^2 x)\mathrm{d}\tan x$$

$$= \int \mathrm{d}\tan x + \int \tan^2 x\mathrm{d}\tan x = \tan x + \frac{1}{3}\tan^3 x + c.$$

二、第二类换元积分法

第一类换元法是通过选择新积分变量 u，用 $\varphi(x) = u$ 进行换元，从而使原积分便于求出，但对有些积分，如$\int \frac{\sqrt{x}}{1+\sqrt[3]{x}}\mathrm{d}x$，$\int \sqrt{a^2 - x^2}\mathrm{d}x$ 等，需要作相反方向的换元，才能比较顺

利地求出结果.

【例 3-32】 求$\int\frac{1}{1+\sqrt{x}}\mathrm{d}x$.

解 为了去掉根式，令$\sqrt{x}=t$，则$x=t^2\,(t>0)$，$\mathrm{d}x=2t\mathrm{d}t$，于是

$$\int\frac{1}{1+\sqrt{x}}\mathrm{d}x=\int\frac{1}{1+t}2t\mathrm{d}t=2\int\frac{t}{1+t}\mathrm{d}t=2\int\frac{(t+1)-1}{t+1}\mathrm{d}t=2\int\left(1-\frac{1}{t+1}\right)\mathrm{d}t$$

$$=2(t-\ln|t+1|)+c\xlongequal{t=\sqrt{x}}2\sqrt{x}-2\ln(\sqrt{x}+1)+c.$$

从［例 3-32］可以看出，如果计算积分$\int f(x)\mathrm{d}x$有困难，可作变量代换$x=\varphi(t)$. 当$x=\varphi(t)$是单调、可导的函数，且$\varphi'(t)\neq 0$时，则有$\mathrm{d}x=\varphi'(t)\mathrm{d}t$. 从而将$\int f(x)\mathrm{d}x$化为积分$\int f[\varphi(t)]\varphi'(t)\mathrm{d}t$，若这个积分容易求出，就可按下述方法计算不定积分

$$\int f(x)\mathrm{d}x\xlongequal{x=\varphi(t)}\int f(\varphi(t))\varphi'(t)\mathrm{d}t=F(t)+c\xlongequal{t=\varphi^{-1}(x)}F[\varphi^{-1}(x)]+c$$

其中$t=\varphi^{-1}(x)$是变换$x=\varphi(t)$的反函数，这种求不定积分的方法称为第二类换元法.

1. 简单根式代换

【例 3-33】 求$\int\frac{\sqrt{x+1}}{x}\mathrm{d}x$.

解 令$\sqrt{x+1}=t$，则$x=t^2-1$.

$$\int\frac{\sqrt{x+1}}{x}\mathrm{d}x=\int\frac{t}{t^2-1}\mathrm{d}(t^2-1)=\int\frac{2t^2}{t^2-1}\mathrm{d}t=2\int\frac{(t^2-1)+1}{t^2-1}\mathrm{d}t=2\int\left(1+\frac{1}{t^2-1}\right)\mathrm{d}t$$

$$=2\left(t+\ln\left|\frac{t-1}{t+1}\right|\right)+c$$

再进行回代就得

$$\int\frac{\sqrt{x+1}}{x}\mathrm{d}x=2\left(\sqrt{x+1}+\ln\left|\frac{\sqrt{x+1}-1}{\sqrt{x+1}+1}\right|\right)+c.$$

【例 3-34】 求$\int\frac{1}{\sqrt{x}+\sqrt[3]{x}}\mathrm{d}x$.

解
$$\int\frac{1}{\sqrt{x}+\sqrt[3]{x}}\mathrm{d}x\xlongequal{x=t^6}\int\frac{1}{t^3+t^2}\mathrm{d}t^6=6\int\frac{t^5}{t^3+t^2}\mathrm{d}t=6\int\frac{t^3}{t+1}\mathrm{d}t=6\int\frac{(t^3+1)-1}{t+1}\mathrm{d}t$$

$$=6\int\left(t^2-t+1-\frac{1}{t+1}\right)\mathrm{d}t=6\left(\frac{1}{3}t^3-\frac{1}{2}t^2+t-\ln|t+1|\right)+c$$

$$\xlongequal{t=\sqrt[6]{x}}2\sqrt{x}-3\sqrt[3]{x}+6\sqrt[6]{x}-6\ln|\sqrt[6]{x}+1|+c.$$

一般地，(1) 含$\sqrt{ax+b}$，令$\sqrt{ax+b}=t$；

(2) 含$\sqrt[m]{x}$，$\sqrt[n]{x}$，令$x=t^p$，p为m与n的最小公倍数.

2. 三角代换

【例 3-35】 求$\int\sqrt{a^2-x^2}\mathrm{d}x\ (a>0)$.

解 用三角公式可以消去根式. 令$x=a\sin t\left(-\frac{\pi}{2}<t<\frac{\pi}{2}\right)$，则

$$\sqrt{a^2-x^2}=\sqrt{a^2-a^2\sin^2 t}=a\cos t\text{，}\mathrm{d}x=a\cos t\mathrm{d}t\text{.}$$

于是$\int\sqrt{a^2-x^2}\mathrm{d}x=\int a\cos t\cdot a\cos t\mathrm{d}t=a^2\int\cos^2 t\mathrm{d}t$

$$=\frac{a^2}{2}\int(1+\cos 2t)\mathrm{d}t=\frac{a^2}{2}\left(t+\frac{1}{2}\sin 2t\right)+c.$$

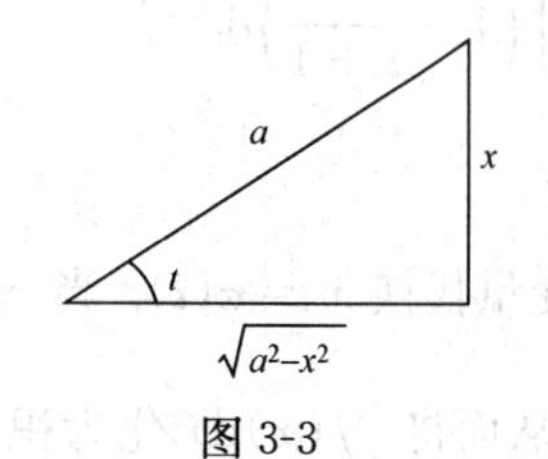

图 3-3

由于 $\sin t=\frac{x}{a}$，所以 $t=\arcsin\frac{x}{a}$．作辅助三角形，如图 3-3 所示，于是

$$\cos t=\frac{\sqrt{a^2-x^2}}{a}.$$

$$\sin 2t=2\sin t\cdot\cos t=2\cdot\frac{x}{a}\cdot\frac{\sqrt{a^2-x^2}}{a}=\frac{2x}{a^2}\sqrt{a^2-x^2}\text{，}$$

因此$\int\sqrt{a^2-x^2}\mathrm{d}x=\frac{a^2}{2}\arcsin\frac{x}{a}+\frac{x}{2}\sqrt{a^2-x^2}+c$.

【例 3-36】 求$\int\frac{\mathrm{d}x}{\sqrt{x^2+a^2}}\ (a>0)$．

解 用三角公式可以消去根式.

令 $x=a\tan t\left(-\frac{\pi}{2}<t<\frac{\pi}{2}\right)$，则 $\mathrm{d}x=a\sec^2 t\mathrm{d}t$.

于是$\int\frac{\mathrm{d}x}{\sqrt{x^2+a^2}}=\int\frac{a\sec^2 t}{a\sec t}\mathrm{d}t=\int\sec t\mathrm{d}t$

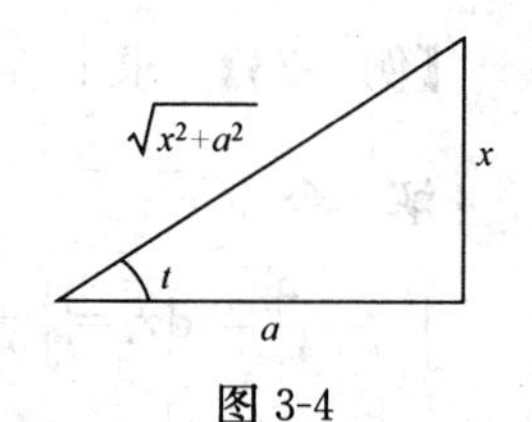

图 3-4

用［例 3-36］的结果，得$\int\sec t\mathrm{d}t=\ln|\sec t+\tan t|+c_1$.

由 $\tan t=\frac{x}{a}$，作辅助三角形，如图 3-4 所示，于是 $\sec t=\frac{\sqrt{x^2+a^2}}{a}$，

所以$\int\frac{\mathrm{d}x}{\sqrt{x^2+a^2}}=\ln\left|\frac{\sqrt{x^2+a^2}}{a}+\frac{x}{a}\right|+c_1=\ln|x+\sqrt{x^2+a^2}|+c$，其中 $c=c_1-\ln a$.

类似地，令 $x=a\sec t$，则

$$\int\frac{\mathrm{d}x}{\sqrt{x^2-a^2}}=\ln|x+\sqrt{x^2-a^2}|+c.$$

一般地，如果被积函数有根式 $\sqrt{a^2-x^2}$ 或 $\sqrt{x^2\pm a^2}$ 时，可作如下变换.

(1) 含有 $\sqrt{a^2-x^2}$ 时，令 $x=a\sin t$；

(2) 含有 $\sqrt{x^2+a^2}$ 时，令 $x=a\tan t$；

(3) 含有 $\sqrt{x^2-a^2}$ 时，令 $x=a\sec t$.

这三种变换称为三角代换．主要处理有平方和、差的根式.

【例 3-37】 求$\int\frac{\mathrm{d}x}{x\sqrt{x^2+1}}$.

解 令 $x=\tan t$，则 $\mathrm{d}x=\sec^2 t\mathrm{d}t$，于是得

$$\int\frac{\mathrm{d}x}{x\sqrt{x^2+1}}=\int\frac{\sec^2 t\mathrm{d}t}{\tan t\sqrt{\tan^2 t+1}}=\int\frac{\sec^2 t\mathrm{d}t}{\tan t\sec t}=\int\frac{\sec t\mathrm{d}t}{\tan t}=\int\csc t\mathrm{d}t=\ln|\csc t-\cot t|+c.$$

由 $\tan t = x$，作辅助三角形，如图 3-5 所示，于是

$$\csc t = \frac{\sqrt{x^2+1}}{x}, \cot = \frac{1}{x}$$

所以 $\int \frac{dx}{x\sqrt{x^2+1}} = \ln\left|\frac{\sqrt{x^2+1}}{x} - \frac{1}{x}\right| + c$

$$= \ln\left|\frac{\sqrt{x^2+1}-1}{x}\right| + c.$$

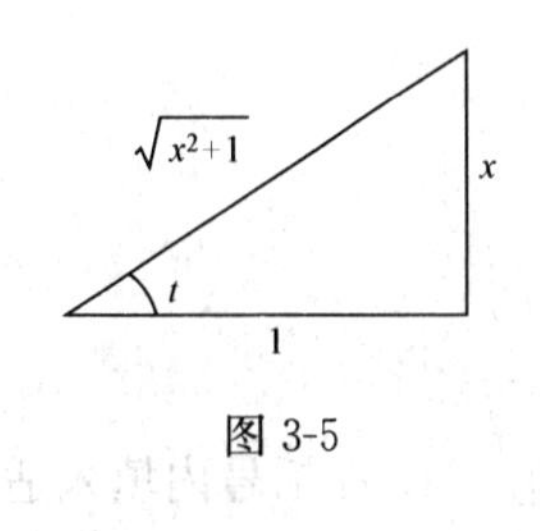

图 3-5

3. 倒代换

当被积函数是分母次数远远高于分子次数时（分母比分子高二次以上），通常作 $x=\frac{1}{z}$ 代换能使积分运算简便.

【例 3-38】 求积分 $\int \frac{dx}{x^2\sqrt{1-x^2}}$.

解 令 $x=\frac{1}{z}$，则 $dx=-\frac{1}{z^2}dz$.

$$\int \frac{dx}{x^2\sqrt{1-x^2}} = \int \frac{-\frac{1}{z^2}dz}{\left(\frac{1}{z}\right)^2\sqrt{1-\left(\frac{1}{z}\right)^2}} = -\int \frac{zdz}{\sqrt{z^2-1}} = -\frac{1}{2}\int (z^2-1)^{-\frac{1}{2}} d(z^2-1)$$

$$= -(z^2-1)^{\frac{1}{2}} + c = -\sqrt{\left(\frac{1}{x}\right)^2 - 1} + c = -\frac{\sqrt{1-x^2}}{x} + c$$

【例 3-39】 求积分 $\int \frac{1}{x^4\sqrt{x^2+1}}dx$.

解 原式 $\overset{x=\frac{1}{z}}{=\!=\!=} \int \frac{1}{\left(\frac{1}{z}\right)^4\sqrt{\left(\frac{1}{z}\right)^2+1}}\left(-\frac{1}{z^2}\right)dz = -\int \frac{z^3}{\sqrt{1+z^2}}dt$

$$= -\frac{1}{2}\int \frac{z^2}{\sqrt{1+z^2}}d(z^2) \overset{u=1+z^2}{=\!=\!=\!=} -\frac{1}{2}\int \frac{u-1}{\sqrt{u}}du$$

$$= -\frac{1}{2}\int (u^{\frac{1}{2}} - u^{-\frac{1}{2}})du = -\frac{1}{3}u^{\frac{3}{2}} + u^{\frac{1}{2}} + C = -\frac{1}{3}\left(1+\frac{1}{x^2}\right)^{\frac{3}{2}} + \left(1+\frac{1}{x^2}\right)^{\frac{1}{2}} + C.$$

本节部分例题结果也可以作为积分公式：

(15) $\int \tan x dx = -\ln|\cos x| + c$；　(16) $\int \cot x\, dx = \ln|\sin x| + c$；

(17) $\int \sec x dx = \ln|\sec x + \tan x| + c$；　(18) $\int \csc x dx = \ln|\csc x - \cot x| + c$；

(19) $\int \frac{dx}{a^2+x^2} = \frac{1}{a}\arctan\frac{x}{a} + c$；　(20) $\int \frac{dx}{x^2-a^2} = \frac{1}{2a}\ln\left|\frac{x-a}{x+a}\right| + c$；

(21) $\int \frac{dx}{\sqrt{a^2-x^2}} = \arcsin\frac{x}{a} + c(a>0)$；

(22) $\int \frac{dx}{\sqrt{x^2 \pm a^2}} = \ln\left|x + \sqrt{x^2 \pm a^2}\right| + c(a>0)$.

A 组

1. 在括号内填入适当的常数，使等式成立.

(1) $dx = (\quad) d(ax+b)(a\neq 0)$；(2) $xdx = (\quad) d(x^2-1)$；

(3) $\frac{1}{x}dx = (\quad) d(a\ln x+b)(a\neq 0)$；(4) $\frac{1}{\sqrt{x}}dx = (\quad) d(\sqrt{x}+5)$；

(5) $\frac{1}{x^2}dx = (\quad) d(\frac{1}{x})$；(6) $e^{2x}dx = (\quad) d(e^{2x}+3)$；

(7) $\frac{dx}{1+(ax)^2} = (\quad) d(\arctan ax)(a\neq 0)$；

(8) $\frac{dx}{\sqrt{1-9x^2}} = (\quad) d(\arcsin 3x)$；

(9) $\sin 3x dx = (\quad) d(\cos 3x)$；(10) $x\cos x^2 dx = (\quad) d(\sin x^2)$；

(11) $\sec^2 4x dx = (\quad) d(\tan 4x)$；(12) $\csc^2(2x+1)dx = (\quad) d\cot(2x+1)$；

(13) $\frac{xdx}{\sqrt{16^2+x^2}} = (\quad) d\sqrt{16^2+x^2}$；(14) $\frac{xdx}{\sqrt{4^2-x^2}} = (\quad) d\sqrt{4^2-x^2}$.

2. 判断题.

(1) $\int 3^{2x}dx = \int 3^{2x}d(2x)$；（　）

(2) $\int e^{2x+1}dx = \int e^{2x+1}d(2x+1)$；（　）

(3) $\int \cos x\sin x dx = \int \cos x d\cos x$；（　）

(4) $\int \sin^2 x d\cos x = \int \cos^2 x d\sin x$；（　）

(5) $\int \frac{1}{1+2x}dx = \ln|2x+1|+c$；（　）

(6) $\int \sin\varphi(x)\varphi'(x)dx = \sin\varphi(x)+c$；（　）

(7) 若 $\int f(x)dx = \int g(x)dx$，则 $f(x)=g(x)$；（　）

(8) $\int \frac{1}{\sqrt{4+9x^2}}dx = \frac{3}{2}\arctan\frac{3x}{2}+c$.（　）

3. 求不定积分.

(1) $\int \sqrt{2x+1}dx$；(2) $\int e^{-3t+1}dt$；(3) $\int (2x-3)^{-\frac{3}{2}}dx$；

(4) $\int x\sqrt{1-2x^2}dx$；(5) $\int \frac{dx}{(1-x)^3}$；(6) $\int \frac{x}{\sqrt{3x^2+5}}dx$；

(7) $\int \frac{\sin x}{\cos^4 x}dx$； (8) $\int \frac{\cos x}{\sqrt{\sin x+1}}dx$； (9) $\int \frac{x^2}{\sqrt{2^3-x^3}}dx$；

(10) $\int \sqrt[3]{5-e^x}\, e^x dx$； (11) $\int \frac{\sqrt[3]{\sqrt{\ln x}}}{x}dx$； (12) $\int \frac{dx}{\sqrt{x}\sin^2\sqrt{x}}$；

(13) $\int x^2(x^3+1)^8 dx$； (14) $\int xe^{-x^2}dx$； (15) $\int e^x\sqrt{e^x+1}dx$；

(16) $\int x^3 e^{x^4}dx$.

4. 求不定积分.

(1) $\int \frac{dx}{1+\sqrt[4]{x}}$； (2) $\int \frac{dx}{x\sqrt{x+4}}$； (3) $\int \frac{dx}{\sqrt{1+2e^x}}$；

(4) $\int \frac{dx}{\sqrt{x}+2\sqrt[3]{x}}$； (5) $\int \frac{x^2dx}{\sqrt{16-x^2}}$； (6) $\int \frac{\sqrt{x^2-1}}{x}dx$.

B 组

1. 求不定积分

(1) $\int \frac{x^3+x}{1+x^4}dx$； (2) $\int \frac{xdx}{\sqrt{1+2x}}$； (3) $\int \frac{x+1}{x\sqrt{x-1}}dx$；

(4) $\int \frac{\sqrt{x}}{1+\sqrt[3]{x}}dx$； (5) $\int \frac{x^3dx}{\sqrt{4+x^2}}$； (6) $\int \frac{1}{x^2\sqrt{x^2+1}}dx$.

2. 若函数 $f(x)$ 的定义域为 $x\geqslant 0$，$f(x)$ 的原函数 $F(x)>0$，且 $F(0)=1$，$f(x)F(x)=\cos 2x$，求 $f(x)$.

第三节 分部积分法

【学习目标】

1. 理解分部积分方法.
2. 能用分部积分法求不定积分.

被积函数是两个不同类型函数的乘积，如 $\int x\cos 3x dx$、$\int xe^{2x}dx$、$\int e^{3x}\cos 4x dx$ 等的积分，还需用一种新的积分法——分部积分法.

设函数 $u=u(x)$、$v=v(x)$ 具有连续导数. 由函数乘积的微分法则有

$$d(uv)=udv+vdu,$$

移项得

$$udv=d(uv)-vdu,$$

两边积分得

$$\int udv=uv-\int vdu,$$

或

$$\int uv'dx=uv-\int vu'dx,$$

这就是不定积分的分部积分公式，目的是将被积函数中两不同类型的函数拆分开.

如果求$\int u\mathrm{d}v$有困难，而$\int v\mathrm{d}u$容易计算时，用这个公式就可起到化难为易的作用．应用这个公式求不定积分的方法称为分部积分法.

【例 3-40】 求$\int x\mathrm{e}^x\mathrm{d}x$.

解 设$u=x$，$\mathrm{d}v=\mathrm{e}^x\mathrm{d}x=\mathrm{de}^x$，则$\mathrm{d}u=\mathrm{d}x$，$v=\mathrm{e}^x$，代入分部积分公式得

$$\int x\mathrm{e}^x\mathrm{d}x=\int x\mathrm{de}^x=x\mathrm{e}^x-\int \mathrm{e}^x\mathrm{d}x=x\mathrm{e}^x-\mathrm{e}^x+c=\mathrm{e}^x(x-1)+c.$$

假如设$u=\mathrm{e}^x$，$\mathrm{d}v=x\mathrm{d}x=\mathrm{d}(\frac{x^2}{2})$，则$\mathrm{d}u=\mathrm{e}^x\mathrm{d}x$，$v=\frac{x^2}{2}$，由分部积分公式得

$$\int x\mathrm{e}^x\mathrm{d}x=\frac{1}{2}\int \mathrm{e}^x\mathrm{d}x^2=\frac{x^2}{2}\mathrm{e}^x-\frac{1}{2}\int x^2\mathrm{e}^x\mathrm{d}x.$$

这时，右端的积分比左端的积分更难求了．由此可见，正确使用分部积分法的关键是恰当地选择u和$\mathrm{d}v$．选择u和$\mathrm{d}v$时，一般要考虑两点.

（1）v要容易求出；

（2）$\int v\mathrm{d}u$比$\int u\mathrm{d}v$易积分.

【例 3-41】 求$\int x\sin 5x\mathrm{d}x$.

解 设$u=x$，$\mathrm{d}v=\sin 5x\mathrm{d}x=-\frac{1}{5}\mathrm{d}\cos 5x$，由公式得

$$\begin{aligned}\int x\sin 5x\mathrm{d}x&=-\frac{1}{5}\int x\mathrm{d}\cos 5x=-\frac{1}{5}x\cos 5x-\int\left(-\frac{\cos 5x}{5}\right)\mathrm{d}x\\&=-\frac{1}{5}x\cos 5x+\frac{1}{5}\cdot\frac{1}{5}\int\cos 5x\mathrm{d}5x\\&=-\frac{1}{5}x\cos 5x+\frac{1}{25}\sin 5x+c.\end{aligned}$$

【例 3-42】 求$\int x^2\cos x\mathrm{d}x$.

解 设$u=x^2$，$\mathrm{d}v=\cos x\mathrm{d}x=\mathrm{d}\sin x$，于是

$$\int x^2\cos x\mathrm{d}x=\int x^2\mathrm{d}\sin x=x^2\sin x-2\int x\sin x\mathrm{d}x,$$

对$\int x\sin x\mathrm{d}x$再次使用分部积分法，得

$$\begin{aligned}\int x^2\cos x\mathrm{d}x&=x^2\sin x+2\int x\mathrm{d}\cos x=x^2\sin x+2\left(x\cos x-\int\cos x\mathrm{d}x\right)\\&=x^2\sin x+2x\cos x-2\sin x+c\end{aligned}$$

【例 3-43】 求$\int(x^2+2)\cos x\mathrm{d}x$.

解 方法 1

$$\int(x^2+2)\cos x\mathrm{d}x=\int x^2\cos x\mathrm{d}x+\int 2\cos x\mathrm{d}x.$$

用［例 3-42］结果得

$$\int(x^2+2)\cos x\mathrm{d}x=x^2\sin x+2x\cos x-2\sin x+2\sin x+c=x^2\sin x+2x\cos x+c.$$

方法 2

令 $u=x^2+2$，$dv=\cos x dx=d\sin x$，于是

$$\begin{aligned}\int(x^2+2)\cos x dx&=\int(x^2+2)d\sin x=(x^2+2)\sin x-2\int x\sin x dx\\&=(x^2+2)\sin x+2\int x d\cos x\\&=(x^2+2)\sin x+2\left(x\cos x-\int\cos x dx\right)\\&=(x^2+2)\sin x+2x\cos x-2\sin x+c=x^2\sin x+2x\cos x+c.\end{aligned}$$

【例 3-44】 求 $\int x^2\ln 4x dx$.

解 设 $u=\ln 4x$，$dv=x^2dx=d\left(\frac{x^3}{3}\right)$，于是

$$\begin{aligned}\int x^2\ln 4x dx&=\int\ln 4x d\frac{x^3}{3}=\frac{1}{3}x^3\ln 4x-\int\frac{x^3}{3}\cdot\frac{4}{4x}dx=\frac{1}{3}x^3\ln 4x-\frac{1}{3}\int x^2dx\\&=\frac{1}{3}x^3\ln 4x-\frac{1}{9}x^3+c.\end{aligned}$$

在解题比较熟练后可不写出 u 和 dv.

【例 3-45】 求 $\int e^{2x}\sin 3x dx$.

解

$$\begin{aligned}\int e^{2x}\sin 3x dx&=\frac{1}{2}\int\sin 3x de^{2x}=\frac{1}{2}\left(e^{2x}\sin 3x-\int e^{2x}d\sin 3x\right)\\&=\frac{1}{2}e^{2x}\sin 3x-\frac{3}{2}\int e^{2x}\cos 3x dx=\frac{1}{2}e^{2x}\sin 3x-\frac{3}{4}\int\cos 3x de^{2x}\\&=\frac{1}{2}e^{2x}\sin 3x-\frac{3}{4}\left(e^{2x}\cos 3x-\int e^{2x}d\cos 3x\right)\\&=\frac{1}{4}e^{2x}(2\sin 3x-3\cos 3x)-\frac{9}{4}\int e^{2x}\sin 3x dx,\end{aligned}$$

移项得 $\frac{13}{4}\int e^{2x}\sin 3x dx=\frac{1}{4}e^{2x}(2\sin 3x-3\cos 3x)+c_1$.

整理得 $\int e^{2x}\sin 3x dx=\frac{1}{13}e^{2x}(2\sin 3x-3\cos 3x)+c\left(c=\frac{4}{13}c_1\right)$.

对于 $\int e^{\alpha x}\sin\beta x\,dx$，$\int e^{\alpha x}\cos\beta x\,dx$ 型的积分，通常用［例 3-45］的方法，即两次运用分部积分法，将它转化成原来的积分形式，就可得到关于原来积分的方程，解这个方程便可求出结果.

分部积分法积分常见类型及 u 和 dv 的选取归纳如下.

(1) $\int x^ne^xdx$，$\int x^n\sin\beta x dx$，$\int x^n\cos\beta x dx$，可设 $u=x^n$；

(2) $\int x^n\ln x dx$，$\int x^n\arcsin x dx$，$\int x^n\arctan x dx$，可设 $u=\ln x$，$\arcsin x$，$\arctan x$；

(3) $\int e^{\alpha x}\sin\beta x dx$，$\int e^{\alpha x}\cos\beta x dx$，设哪个函数为 u 都可以.

总结 按“反对幂指三”的次序（反三角函数、对数函数、幂函数、指数函数和三角函

数），前者为 u 后者为 v'，将排序在后的函数凑进微分中去.

【例 3-46】 求 $\int x\arctan x\mathrm{d}x$.

解 $\int x\arctan x\mathrm{d}x=\int\arctan x\mathrm{d}\frac{x^2}{2}=\frac{1}{2}\left(x^2\arctan x-\int x^2\mathrm{d}\arctan x\right)$

$$=\frac{1}{2}x^2\arctan x-\frac{1}{2}\int\frac{x^2}{1+x^2}\mathrm{d}x=\frac{1}{2}x^2\arctan x-\frac{1}{2}\int\frac{(x^2+1)-1}{1+x^2}\mathrm{d}x$$

$$=\frac{1}{2}x^2\arctan x-\frac{1}{2}\int\left(1-\frac{1}{1+x^2}\right)\mathrm{d}x$$

$$=\frac{1}{2}x^2\arctan x-\frac{1}{2}x+\frac{1}{2}\arctan x+c.$$

【例 3-47】 求 $\int\frac{\mathrm{e}^{2x}}{\sqrt{\mathrm{e}^x+1}}\mathrm{d}x$.

解 方法 1

原式 $=\int\frac{\mathrm{e}^x\cdot\mathrm{e}^x}{\sqrt{\mathrm{e}^x+1}}\mathrm{d}x=\int\frac{\mathrm{e}^x}{\sqrt{\mathrm{e}^x+1}}\mathrm{d}\mathrm{e}^x=\int\frac{(\mathrm{e}^x+1)-1}{\sqrt{\mathrm{e}^x+1}}\mathrm{d}(\mathrm{e}^x+1)$

$$=\int\left(\sqrt{\mathrm{e}^x+1}-\frac{1}{\sqrt{\mathrm{e}^x+1}}\right)\mathrm{d}(\mathrm{e}^x+1)=\frac{2}{3}(\mathrm{e}^x+1)^{\frac{3}{2}}-2\sqrt{\mathrm{e}^x+1}+c.$$

方法 2

设 $\sqrt{\mathrm{e}^x+1}=t$，则 $x=\ln(t^2-1)$，$\mathrm{d}x=\frac{2t}{t^2-1}\mathrm{d}t$，于是

原式 $=\int\frac{(t^2-1)^2}{t}\cdot\frac{2t}{t^2-1}\mathrm{d}t=2\int(t^2-1)\mathrm{d}t=2\left(\frac{1}{3}t^3-t\right)+c$

$$=\frac{2}{3}t(t^2-3)+c=\frac{2}{3}(\mathrm{e}^x-2)\sqrt{\mathrm{e}^x+1}+c.$$

积分运算比微分运算要复杂得多，为了方便，常把一些函数的不定积分汇编成表，这种表称为积分表．积分表是按被积函数的类型加以编排的．求积分时，可根据被积函数的类型，在积分表内查得结果.

还需注意，虽然初等函数在其定义区间内，它的原函数一定存在，但有些原函数不一定能用初等函数的形式表示出来．例如 $\int\frac{\sin 2x}{x^2}\mathrm{d}x,\int\frac{1}{\ln 3x}\mathrm{d}x,\int\mathrm{e}^{x^2}\mathrm{d}x,\int\frac{1}{\sqrt{1+x^4}}\mathrm{d}x$ 等，常说这些积分是“积不出来”的，因为它们的原函数不是初等函数.

习题 3-3

A 组

1. 判断题.

(1) $\int x\sin 3x\mathrm{d}x$，选 $u=\sin 3x$； （ ）

(2) $\int (x^2-1)\cos x\mathrm{d}x$，选 $u=x^2-1$； (　　)

(3) $\int (x^2+1)\ln 5x\mathrm{d}x$，选 $\mathrm{d}v=\ln 5x\mathrm{d}x$； (　　)

(4) $\int (x+1)\arcsin 2x\mathrm{d}x$，选 $\mathrm{d}v=\arcsin 2x\mathrm{d}x$. (　　)

2. 求不定积分.

(1) $\int x\sin 3x\mathrm{d}x$；　(2) $\int x\cos\frac{x}{5}\mathrm{d}x$；　(3) $\int x\mathrm{e}^{-2x}\mathrm{d}x$；　(4) $\int x^2\ln 2x\mathrm{d}x$；

(5) $\int \frac{\ln x}{\sqrt{x}}\mathrm{d}x$；　(6) $\int \ln(1+x^2)\mathrm{d}x$；　(7) $\int \sin(\ln x)\mathrm{d}x$；　(8) $\int \mathrm{e}^{4x}\sin 3x\mathrm{d}x$.

B　组

1. 求不定积分.

(1) $\int x^3\sin x^2\mathrm{d}x$；　(2) $\int x\cot^2 x\mathrm{d}x$；　(3) $\int \frac{x\mathrm{e}^x}{\sqrt{1+\mathrm{e}^x}}\mathrm{d}x$；　(4) $\int \mathrm{e}^x\sin^2 x\mathrm{d}x$.

2. 已知 $f(x)$ 的一个原函数为 $\frac{\sin x}{x}$，求 $\int x f'(x)\mathrm{d}x$.

第四节　有理函数及三角函数有理式的积分

【学习目标】

1. 理解有理函数的概念.
2. 会将有理函数分解成部分分式之和.
3. 理解“万能代换法”.
4. 会求有理函数与三角函数有理式的不定积分.

积分方法有四种：直接积分法、第一类积分法、第二类积分法、分部积分法．再进一步介绍两类积分：有理函数的积分与三角函数有理式的积分.

一、有理函数的积分

n 次多项式 $P_n(x)$ 与 m 次多项式 $Q_m(x)$ 相除的函数称为有理函数，记为 $R(x)$，即 $R(x)=\frac{P_n(x)}{Q_m(x)}$，其中 m、n 为非负整数，$P_n(x)$ 与 $Q_m(x)$ 互质（没有公因子）.

当 $m>n$ 时，称 $R(x)$ 为真分式；当 $m\leqslant n$ 时，称 $R(x)$ 为假分式.

若 $R(x)$ 为假分式，可以用多项式的除法化为多项式与真分式之和，本节重点讨论真分式的积分.

在代数中，学过分式的加减法，如

(1) $\frac{1}{x+3}+\frac{1}{x+2}=\frac{2x+5}{x^2+5x+6}$；　(2) $\frac{1}{x+1}+\frac{2}{(x-1)^2}=\frac{x^2+3}{(x+1)(x-1)^2}$.

反过来，等式也成立，这就是真分式分解成部分分式之和.

（1）真分式形式为 $\dfrac{p(x)}{(x-a)(x-b)}$，分解为 $\dfrac{A}{x-a}+\dfrac{B}{x-b}$；

（2）真分式形式为 $\dfrac{p(x)}{(x-a)(x-b)^2}$，分解为 $\dfrac{A}{x-a}+\dfrac{B}{x-b}+\dfrac{C}{(x-b)^2}$；

（3）真分式形式为 $\dfrac{p(x)}{(x-a)(x^2+b)}$，分解为 $\dfrac{A}{x-a}+\dfrac{Bx+C}{x^2+b}$；

（4）真分式形式为 $\dfrac{p(x)}{(x-a)(x^2+b)^2}$，分解为 $\dfrac{A}{x-a}+\dfrac{B_1x+C_1}{x^2+b}+\dfrac{B_2x+C_2}{(x^2+b)^2}$.

【例 3-48】 求积分 $\displaystyle\int\frac{3x-2}{x^2+4x+3}\mathrm{d}x$.

解 先将分式分解为两个简单分式之和 $\dfrac{3x-2}{x^2+4x+3}=\dfrac{3x-2}{(x+1)(x+3)}=\dfrac{A}{x+1}+\dfrac{B}{x+3}$，其中 A、B 为待定的常数，上式两边同乘以 $(x+1)(x+3)$，得

$$3x-2=A(x+3)+B(x+1).$$

赋值，当 $x=-3$ 时，得 $B=\dfrac{11}{2}$；当 $x=-1$ 时，得 $A=-\dfrac{5}{2}$.

故有

$$\frac{3x-2}{x^2+4x+3}=\frac{3x-2}{(x+1)(x+3)}=\frac{-\frac{5}{2}}{x+1}+\frac{\frac{11}{2}}{x+3}.$$

于是得

$$\begin{aligned}\int\frac{3x-2}{x^2+4x+3}\mathrm{d}x&=\int\left(\frac{-\frac{5}{2}}{x+1}+\frac{\frac{11}{2}}{x+3}\right)\mathrm{d}x\\&=-\frac{5}{2}\int\frac{1}{x+1}\mathrm{d}(x+1)+\frac{11}{2}\int\frac{1}{x+3}\,\mathrm{d}(x+3)\\&=-\frac{5}{2}\ln|x+1|+\frac{11}{2}\ln|x+3|+c.\end{aligned}$$

【例 3-49】 求积分 $\displaystyle\int\frac{x^2+1}{(x-1)(x^2-3x+2)}\mathrm{d}x$.

解 设

$$\begin{aligned}\frac{x^2+1}{(x-1)(x^2-3x+2)}&=\frac{x^2+1}{(x-1)(x-2)(x-1)}\\&=\frac{x^2+1}{(x-2)(x-1)^2}=\frac{A}{x-2}+\frac{B}{x-1}+\frac{C}{(x-1)^2},\end{aligned}$$

由上式得　$x^2+1=A(x-1)^2+B(x-1)(x-2)+C(x-2)$.

赋值，当 $x=1$ 时，得 $C=-2$；当 $x=2$ 时，得 $A=5$.

再比较等式两边 x^2 的系数有 $A+B=1$，得 $B=-4$.

故有

$$\frac{x^2+1}{(x-1)(x^2-3x+2)}=\frac{5}{x-2}-\frac{4}{x-1}-\frac{2}{(x-1)^2},$$

得

$$\begin{aligned}\int\frac{x^2+1}{(x-1)(x^2-3x+2)}\mathrm{d}x&=\int\left(\frac{5}{x-2}-\frac{4}{x-1}-\frac{2}{(x-1)^2}\right)\mathrm{d}x\\&=5\int\frac{5}{x-2}\,\mathrm{d}x-4\int\frac{1}{x-1}\,\mathrm{d}x-2\int\frac{1}{(x-1)^2}\,\mathrm{d}x\\&=5\ln|x-2|-4\ln|x-1|+\frac{2}{x-1}+c.\end{aligned}$$

【例 3-50】 求积分 $\int \frac{5x+1}{(x-1)(x^2+1)}\mathrm{d}x$.

解 设 $\frac{5x+1}{(x-1)(x^2+1)} = \frac{A}{x-1}+\frac{Bx+C}{x^2+1}$（因为分母有一个因式 x^2+1 为二次式，所以它的分子要写成一次式形式），由上式得

$$5x+1 = A(x^2+1)+(Bx+C)(x-1) = (A+B)x^2+(C-B)x+(A-C).$$

比较两边系数，得 $\begin{cases} A+B=0 \\ C-B=5 \\ A-C=1 \end{cases}$，解得 $A=3$ ，$B=-3$ ，$C=2$.

故有
$$\frac{5x+1}{(x-1)(x^2+1)} = \frac{3}{x-1}+\frac{-3x+2}{x^2+1}.$$

于是得
$$\begin{aligned}\int \frac{5x+1}{(x-1)(x^2+1)}\mathrm{d}x &= \int\left(\frac{3}{x-1}+\frac{-3x+2}{x^2+1}\right)\mathrm{d}x \\ &= 3\int \frac{1}{x-1}\,\mathrm{d}x-3\int \frac{x}{x^2+1}\,\mathrm{d}x+2\int \frac{1}{x^2+1}\,\mathrm{d}x \\ &= 3\ln|x-1|-\frac{3}{2}\ln(x^2+1)+2\arctan x+c .\end{aligned}$$

二、三角函数有理式的积分

由三角函数和常数经过有限次四则运算构成的函数叫三角函数有理式. 因为任何三角函数都可用正弦与余弦函数表示，所以通常把三角函数有理式记为 $R(\sin x,\cos x)$.

对三角函数有理式 $\int R(\sin x,\cos x)\mathrm{d}x$ 只要用“万能代换”就可转换为有理函数的积分.

设 $\tan\frac{x}{2}=u$ ，即 $x=2\arctan u$ ，则 $\mathrm{d}x=\frac{2}{1+u^2}\mathrm{d}u$.

$$\sin x = 2\sin\frac{x}{2}\cos\frac{x}{2} = \frac{2\sin\frac{x}{2}\cos\frac{x}{2}}{\sin^2\frac{x}{2}+\cos^2\frac{x}{2}} = \frac{2\tan\frac{x}{2}}{1+\tan^2\frac{x}{2}} = \frac{2u}{1+u^2},$$

$$\cos x = \cos^2\frac{x}{2}-\sin^2\frac{x}{2} = \frac{\cos^2\frac{x}{2}-\sin^2\frac{x}{2}}{\sin^2\frac{x}{2}+\cos^2\frac{x}{2}} = \frac{1-\tan^2\frac{x}{2}}{1+\tan^2\frac{x}{2}} = \frac{1-u^2}{1+u^2}.$$

所以有

$$\int R(\sin x,\cos x)\mathrm{d}x = \int R\left(\frac{2u}{1+u^2},\frac{1-u^2}{1+u^2}\right)\frac{2}{1+u^2}\mathrm{d}u$$

转化为对变量 u 的有理函数的积分.

【例 3-51】 求积分 $\int \frac{1}{\sin x(1-\cos x)}\mathrm{d}x$.

解 设 $\tan\frac{x}{2}=u$ ，则 $\mathrm{d}x=\frac{2}{1+u^2}\mathrm{d}u$.

$$\sin x(1-\cos x) = \frac{2u}{1+u^2}\left(1-\frac{1-u^2}{1+u^2}\right) = \frac{4u^3}{(1+u^2)^2} .$$

于是有

$$\int \frac{1}{\sin x(1-\cos x)}\mathrm{d}x = \int \frac{1}{\frac{4u^3}{(1+u^2)^2}} \frac{2}{1+u^2}\mathrm{d}u = \frac{1}{2}\int \frac{u^2+1}{u^3}\,\mathrm{d}u = \frac{1}{2}\left(\int \frac{1}{u}\mathrm{d}u + \int \frac{1}{u^3}\mathrm{d}u\right)$$

$$= \frac{1}{2}\left(\ln|u| - \frac{1}{2u^2}\right) + c = \frac{1}{2}\ln\left|\tan\frac{x}{2}\right| - \frac{1}{4}\cot^2\frac{x}{2} + c.$$

本节讲的都是一般性的方法，在解题时应具体问题具体处理.

【例 3-52】 求积分$\int \frac{1+\sin x}{\sin x(1+\cos x)}\mathrm{d}x$.

解 用万能代换法，令 $\tan\frac{x}{2}=t$,那么 $\sin x=\frac{2t}{1+t^2}$,$\cos x=\frac{1-t^2}{1+t^2}$.

$$\int \frac{1+\sin x}{\sin x(1+\cos x)}\mathrm{d}x = \int \frac{1+\frac{2t}{1+t^2}}{\frac{2t}{1+t^2}\left(1+\frac{1-t^2}{1+t^2}\right)} \frac{2}{1+t^2}\mathrm{d}t = \int \frac{2(1+t^2+2t)}{2t(1+t^2+1-t^2)}\mathrm{d}t$$

$$= \frac{1}{2}\int\left(\frac{1}{t}+t+2\right)\mathrm{d}t = \frac{1}{2}\ln|t| + \frac{1}{4}t^2 + t + c$$

$$= \frac{1}{2}\ln\tan\frac{x}{2} + \frac{1}{4}\tan^2\frac{x}{2} + \tan\frac{x}{2} + c.$$

【例 3-53】 求积分$\int \frac{x^6}{x(x^6+1)}\mathrm{d}x$.

解 $\int \frac{x^6}{x(x^6+1)}\mathrm{d}x = \int \frac{(x^6+1)-x^6}{x(x^6+1)}\mathrm{d}x = \int\left(\frac{1}{x} - \frac{x^5}{x^6+1}\right)\mathrm{d}x$

$$= \ln|x| - \frac{1}{6}\ln(x^6+1) + c.$$

A 组

1. 判断题.

(1) 被积函数为$\frac{1}{x^2+2x}$，可分解为$\frac{A}{x}+\frac{B}{x+2}$；

(2) 被积函数为$\frac{x}{(x-2)(x^2+2x+1)}$，可分解为$\frac{A}{x-2}+\frac{B}{x+1}$；

(3) 被积函数为$\frac{x+1}{(x+2)(x^2+1)}$，可分解为$\frac{A}{x+2}+\frac{B}{x^2+1}$；

(4) 被积函数为$\frac{x^2-1}{x^2(x^2+1)}$，可分解为$\frac{A}{x^2}+\frac{Bx+c}{x^2+1}$.

2. 求不定积分.

(1) $\int \frac{1}{x^2+6x-7}\mathrm{d}x$；　　(2) $\int \frac{2x^2+x-3}{x(x^2+3x+2)}\mathrm{d}x$；

(3) $\int \frac{x^4}{x^3+1}dx$ ；　(4) $\int \frac{2-x}{x(x^2+9)}dx$ ；

(5) $\int \frac{x^2+1}{(x^2-2x+1)^2}dx$ ；　(6) $\int \frac{1}{x(x+2)^2}dx$ ；

(7) $\int \frac{x^2}{x^3+x^2+4x+4}dx$ ；　(8) $\int \frac{x+2}{(x-1)(x^2+1)}dx$.

3. 求不定积分.

(1) $\int \frac{\cos x}{\sin x(\sin x+1)}dx$ ；　(2) $\int \frac{1}{\sin x-\cos x}dx$ ；

(3) $\int \frac{1}{2+\sin x}dx$ ；　(4) $\int \frac{2-\sin x}{2+\sin x}dx$.

B　组

1. 求不定积分.

(1) $\int \frac{x+1}{(x^2+1)(x^2+4)}dx$ ；　(2) $\int \frac{1}{x^4(1-x^4)}dx$ ；

(3) $\int \frac{x^3+1}{x^3-1}dx$ ；　(4) $\int \frac{1+\sin x}{1+\cos x}dx$.

2. 在什么条件下，积分 $\int \frac{ax^2+bx+c}{x^3(1-x)^2}dx$ 为有理函数?

第五节　积分表的使用方法

【学习目标】

1. 会查简易积分表.

2. 会使用简易积分表中的递推公式.

积分运算要比微分运算复杂得多. 为了实用方便，把常用的一些函数的积分汇集成表——积分表，本书附录B列出了一个简易积分表，以便查阅. 该表是按被积函数的类型分类的 . 求积分时，可根据被积函数的类型，在积分表中查得结果，有时还要经过简单变形才能在积分表中查到.

一、直接查积分表

【例 3-54】 查表求 $\int x^2\sqrt{1+2x}dx$.

解 被积函数含有 $\sqrt{a+bx}$ ，在积分表（二）类中，查到公式 13，当 $a=1,b=2$ 时，得

$$\int x^2\sqrt{1+2x}dx=\frac{2(8\times 1^2-12\times 1\times 2+15\times 2^2x^2)}{105\times 2^3}\sqrt{(1+2x)^3}+c$$

$$=\frac{2(60x^2-16)}{105\times 2^3}\sqrt{(1+2x)^3}+c=\frac{15x^2-4}{105}\sqrt{(1+2x)^3}+c .$$

【例 3-55】 查表求 $\int \frac{1}{2+3\cos x}dx$.

解 被积函数含有 $a+b\cos x$，在积分表（十）类中，查到公式 92，因为 $a=2,b=3$，$a^2<b^2$，得

$$\int\frac{1}{2+3\cos x}\mathrm{d}x=\frac{1}{\sqrt{3^2-2^2}}\ln\left|\frac{\tan\frac{x}{2}+\sqrt{\frac{3+2}{3-2}}}{\tan\frac{x}{2}-\sqrt{\frac{3+2}{3-2}}}\right|+c=\frac{1}{\sqrt{5}}\ln\left|\frac{\tan\frac{x}{2}+\sqrt{5}}{\tan\frac{x}{2}-\sqrt{5}}\right|+c.$$

二、作变形后再查积分表

【例 3-56】 查表求 $\int\frac{1}{x\sqrt{9-4x^2}}\mathrm{d}x$.

解 直接查表查不到，但有类似的，只是系数不同，只需作变形后就可查表.

$$\int\frac{1}{x\sqrt{9-4x^2}}\mathrm{d}x=\frac{1}{2}\int\frac{1}{x\sqrt{3^2-(2x)^2}}\mathrm{d}(2x).$$

在积分表（六）类中，查到公式 55，当 $a=3$ 时，得

$$\int\frac{1}{x\sqrt{9-4x^2}}\mathrm{d}x=\frac{1}{2}\times\frac{1}{3}\ln\left|\frac{x}{3+\sqrt{9-(2x)^2}}\right|+c=\frac{1}{6}\ln\left|\frac{x}{3+\sqrt{9-4x^2}}\right|+c.$$

三、用递推公式求积分

【例 3-57】 查表求 $\int\cos^4x\mathrm{d}x$.

解 在积分表（十）类中，查到公式 84，因为 $n=4$，得

$$\int\cos^4x\mathrm{d}x=\frac{\cos^{4-1}x\sin x}{4}+\frac{3}{4}\int\cos^2x\mathrm{d}x$$
$$=\frac{\cos^3x\sin x}{4}+\frac{3}{4}\int\cos^2x\mathrm{d}x.$$

再查公式 82 就可得出积分

$$\int\cos^4x\mathrm{d}x=\frac{\cos^3x\sin x}{4}+\frac{3}{4}\left(\frac{x}{2}+\frac{1}{4}\sin2x\right)+c$$
$$=\frac{\cos^3x\sin x}{4}+\frac{3x}{8}+\frac{3}{16}\sin2x+c.$$

【例 3-58】 查表求 $\int x^3\ln^2x\mathrm{d}x$.

解 在积分表（十三）类中，查到公式 124，因为 $m=3,n=2$，得

$$\int x^3\ln^2x\mathrm{d}x=\frac{x^{3+1}}{3+1}\ln^2x-\frac{2}{3+1}\int x^{3-1}\ln^{2-1}x\mathrm{d}x=\frac{x^4}{4}\ln^2x-\frac{1}{2}\int x^2\ln x\mathrm{d}x$$

再查公式 122 就可得出积分

$$\int x^3\ln^2x\mathrm{d}x=\frac{x^4}{4}\ln^2x-\frac{1}{2}\int x^2\ln x\mathrm{d}x$$
$$=\frac{x^4}{4}\ln^2x-\frac{1}{2}x^{2+1}\left[\frac{\ln x}{2+1}-\frac{1}{(2+1)^2}\right]+c$$
$$=\frac{x^4}{4}\ln^2x-\frac{1}{2}x^3\left(\frac{\ln x}{3}-\frac{1}{9}\right)+c.$$

查表求积分.

(1) $\int \frac{x}{\sqrt{x+4}} dx$ ；

(2) $\int x^2 e^{3x} dx$ ；

(3) $\int \frac{\sqrt{4-x^2}dx}{x^2}$ ；

(4) $\int \frac{1}{\sqrt{x^2+2x+3}} dx$ ；

(5) $\int \sqrt{16-x^2} dx$ ；

(6) $\int \frac{1}{x^2(3+2x)} dx$ ；

(7) $\int \frac{1}{9\sin^2 x - 4\cos^2 x} dx$ ；

(8) $\int x^3 \ln x dx$.

本 章 小 结

一、基本定义和概念

1. 理解原函数和不定积分的概念.
2. 掌握不定积分的性质和运算法则.
3. 运用直接积分法、换元积分法和分部积分法求函数的积分.
4. 会求有理函数与三角函数有理式的积分.

二、基本公式

1. 积分性质

$\left(\int f(x) dx\right)' = f(x)$ ， $\int dF(x) = F(x) + c$.

2. 第一类换元积分法（凑微分法）

$\int f[\varphi(x)]\varphi'(x)dx = \int f[\varphi(x)]d\varphi(x) \xlongequal{\varphi(x)=u} \int f(u)du = F(u) + c \xlongequal{u=\varphi(x)} F[\varphi(x)] + c.$

3. 第二类换元积分法

$\int f(x)dx \xlongequal{x=\varphi(t)} \int f(\varphi(t))\varphi'(t)dt = F(t) + c \xlongequal{t=\varphi^{-1}(x)} F[\varphi^{-1}(x)] + c.$

大致分为：根式代换、三角代换和倒代换三种方式.

4. 分部积分法

$$\int u dv = uv - \int v du$$

三、常用运算

1. $\int kf(x)dx = k\int f(x)dx$ ；

2. $\int[f(x)\pm g(x)]\mathrm{d}x=\int f(x)\mathrm{d}x\pm\int g(x)\mathrm{d}x$.

自测题三

1. 填空题.（每题 4 分）

(1) $\int \ln x\mathrm{d}x=$____________.

(2) $\int(\frac{\sin x+1}{x})'\mathrm{d}x=$____________.

(3) $\mathrm{d}\int x\sqrt{x^2+1}\mathrm{d}x=$____________.

(4) 已知 $f'(x)=x\mathrm{e}^{-x}$，且 $f(1)=0$，则 $f(x)=$____________.

(5) 已知 $f(2x)=\sin x$，则 $\int f(4x)\mathrm{d}x=$____________.

2. 单选题.（每题 5 分）

(1) 设 $f(x)$ 为可导函数，则

A. $\int f'(x)\mathrm{d}x=f(x)$；　　B. $\mathrm{d}\int f(x)\mathrm{d}x=f(x)$；

C. $\int \mathrm{d}f(x)=f(x)$；　　D. $(\int f(x)\mathrm{d}x)'=f(x)$.

(2) 设 $f(x)=\sqrt{x}\sqrt[4]{x^3}$，则

A. $\int f(x)\mathrm{d}x=\frac{1}{5}x^5+c$；　　B. $\int f(x)\mathrm{d}x=\frac{4}{5}x^{\frac{5}{4}}+c$；

C. $\int f(x)\mathrm{d}x=\frac{4}{9}x^{\frac{9}{4}}+c$；　　D. $\int f(x)\mathrm{d}x=\frac{4}{7}x^{\frac{7}{4}}+c$.

(3) 若 $\int f(x)\mathrm{d}x=\sqrt{x}+c$，则

A. $f(x)=\sqrt{x}$；　　B. $f(x)=\frac{1}{\sqrt{x}}$；

C. $f(x)=2\sqrt{x}$；　　D. $f(x)=\frac{1}{2\sqrt{x}}$.

(4) 若 $\int f'(x)\mathrm{d}x=\sin 2x+c$，则

A. $f(x)=\sin 2x$；　　B. $f(x)=\frac{1}{2}\sin 2x$；

C. $f(x)=2\sin 2x$；　　D. $f(x)=\sin x$.

(5) 若 $\int\frac{1}{x^2-x}\mathrm{d}x$，则

A. $\ln|x(x-1)|+c$；　　B. $2\ln|x|-\ln|x-1|+c$；

C. $\ln\left|\frac{x-1}{x}\right|+c$；　　D. $\ln|x|+2\ln|x-1|+c$.

3. 求不积分.（每题 8 分）

(1) $\int \frac{x^3}{x^2+1}\mathrm{d}x$；　　(2) $\int x\mathrm{e}^{9x}\mathrm{d}x$；

(3) $\int \frac{x+1}{x(x^2+1)}\mathrm{d}x$；　　(4) $\int \frac{\sin x}{\sin x+1}\mathrm{d}x$；

(5) $\int \tan^2 x\sec^2 x\mathrm{d}x$.

4. 若 $\int xf(x)\mathrm{d}x = \arccos x + c$，求 $\int \frac{1}{f(x)}\mathrm{d}x$（15 分）.

第四章　定积分及其应用

【学习目的】

1. 理解定积分的概念及性质.

2. 理解变上限的积分作为其上限的函数及其求导定理，掌握牛顿（Newton）-莱布尼兹（Leibniz）公式.

3. 掌握定积分的换元法与分部积分法.

4. 了解广义积分的概念.

5. 掌握用定积分求解一些几何量与物理量（如面积、体积、弧长、功、引力等）的方法.

定积分是高等数学又一个重要的基本概念. 它在几何、物理、力学、经济学等各个领域中都有着广泛的应用，是工程和科学技术领域中的重要工具．本章主要内容是定积分的概念、性质和计算；举例说明定积分在实际问题中的应用；介绍广义积分的概念和应用.

第一节　定积分的概念与性质

【学习目标】

1. 理解定积分的定义和指导思想.

2. 了解定积分的几何意义.

3. 理解定积分的性质.

一、实例分析

1. 曲边梯形的面积

在平面几何中，讨论了矩形、三角形、梯形、圆、扇形等规范曲线所围成的平面图形的面积．但是对任意连续曲线所围成的平面图形的面积仍不会计算．为此先讨论这类平面曲线最基本的一种图形——曲边梯形的面积问题.

曲边梯形是指在直角坐标系里，由连续曲线 $y=f(x)\geqslant 0$ 与直线 $x=a, y=b$，$y=0$（x 轴）所成的平面图形（见图 4-1).

对任意曲边所围成图形的面积又如何计算？例如 $y=x^2$ 与直线 $x=1$，x 轴所围成的平面图形（见图 4-2)，怎样求它的面积?

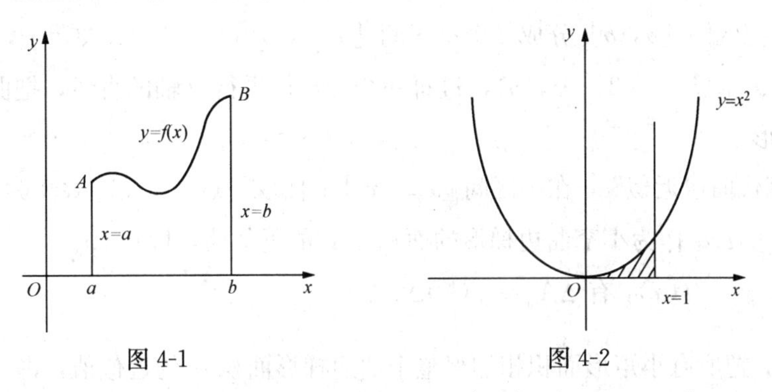

图 4-1　　图 4-2

先把 x 轴上区间 $[0,\ 1]$ 分成 n 等份，分点是 $\frac{1}{n},\frac{2}{n},\frac{3}{n},\cdots,\frac{n-1}{n}$，过这些分点作平行于 y 轴的直线，把所求面积的平面图形分成 n 个小窄条，每一小窄条都是小曲边梯形．分别以 $y=x^2$ 在这些点的值，即 $\left(\frac{1}{n}\right)^2,\left(\frac{2}{n}\right)^2,\left(\frac{3}{n}\right)^2,\cdots,\left(\frac{n-1}{n}\right)^2,1^2$ 为高，以 $\frac{1}{n}$ 为底作 n 个小矩形，则每个小矩形的面积可以作为对应的小窄曲边梯形的面积 ΔA_i（$i=1,\ 2,\ 3,\ \cdots,\ n$）的近似值，于是整个曲边梯形面积 A 的近似值为

$$\begin{aligned}A&=\Delta A_1+\Delta A_2+\cdots+\Delta A_i+\cdots+\Delta A_{n-1}+\Delta A_n=\sum_{i=1}^{n}\Delta A_i\\&\approx\frac{1}{n}\left(\frac{1}{n}\right)^2+\frac{1}{n}\left(\frac{2}{n}\right)^2+\cdots+\frac{1}{n}\left(\frac{i}{n}\right)^2+\cdots+\frac{1}{n}\left(\frac{n-1}{n}\right)^2+\frac{1}{n}\times1^2\\&=\frac{1}{n^3}\sum_{i=1}^{n}i^2=\frac{1}{n^3}\,\frac{1}{6}n(n+1)(2n+1).\end{aligned}$$

当这些分点无限增加，即 $n\to\infty$ 时，这个近似值就是曲边梯形的面积的精确值，即

$$A=\lim_{n\to\infty}\frac{1}{n^3}\sum_{i=1}^{n}i^2=\lim_{n\to\infty}\frac{n(n+1)(2n+1)}{6n^3}=\frac{1}{3}.$$

在初等数学中，以矩形的面积为基础，解决了直边图形的面积计算问题．现在的曲边梯形有一条边是曲线，计算面积的困难在于曲边梯形的高是变化的，但由于 $y=f(x)$ 是连续的，当 x 在区间 $[a,\ b]$ 内某处变化很小时，则相应的高 $f(x)$ 变化不大．基于这种想法，可以用一组平行 y 轴的直线把曲边梯形分成若干小曲边梯形，分得越细，每个小曲边梯形越窄，其高 $f(x)$ 变化越小．按照“以直代曲”的指导思想，可以把小曲边梯形上看作一个与它同底，底上某点函数值为高的小矩形，用小矩形的面积近似代替小曲边梯形的面积，进而用所有小矩形面积之和近似代替整个曲边梯形的面积（见图 4-3）．显然，分割越细，近似程度越高，当无限分细时，则所有小矩形面积之和的极限就是曲边梯形面积的精确值．

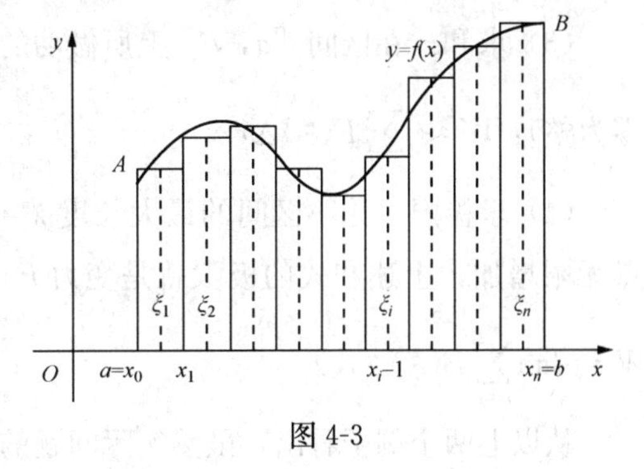

图 4-3

综上所述，可以按下面四个步骤计算曲边梯形的面积 A．

(1) 分割．在区间 $[a,\ b]$ 内插入 $n-1$ 个分点：$a=x_0<x_1<x_2<\cdots<x_{i-1}<x_i<$

$\cdots < x_n = b$，把区间 $[a, b]$ 分成 n 个小区间 $[x_{i-1}, x_i]$ $(i=1, 2, 3, \cdots, n)$，小区长度为 $\Delta x_i = x_i - x_{i-1}$ $(i=1, 2, \cdots, n)$，过每一个分点作平行 y 轴的直线，把曲边梯形分成 n 个小窄曲边梯形.

（2）"以直代曲取近似". 在小区间 $[x_{i-1}, x_i]$ 上任取一点 ξ_i，以 $f(\xi_i)$ 为高，Δx_i 为底的小矩形面积 $f(\xi_i)\Delta x_i$ 作为小窄曲边梯形的面积 ΔA_i 的近似值，即在 $[x_{i-1}, x_i]$ 上以直线 $y = f(\xi_i)$ 代替曲线 $y = f(x)$，有 $\Delta A_i \approx f(\xi_i)\Delta x_i$.

（3）求和. 把所有小矩形面积相加得整个曲边梯形面积 A 的近似值，即 $A = \sum_{i=1}^{n} \Delta A_i \approx \sum_{i=1}^{n} f(\xi_i)\Delta x_i$.

（4）取极限. 让 $[a, b]$ 区间内的分点无限增加，使最大的小区间长度 $\lambda = \max|\Delta x_i| \to 0$，则上述和式的极限就是所求曲边梯形的面积，即 $A = \lim_{\lambda \to 0} \sum_{i=1}^{n} f(\xi_i)\Delta x_i$.

2. 变力做功

设质点 M 在一个与 x 轴一平行，大小为 F 的力的作用下，沿 x 轴从点 a 移到 b，求该力所做的功.

如果 F 是常量，所做的功为 W＝力×距离＝$F(b-a)$. 如果 F 是变力，是与区间 $[a, b]$ 上的点 x 有关的函数 $F = F(x)$，则上述公式不能用. 问题难在质点不同位置所受力的大小不同，这时采取以下步骤.

（1）分割. 在区间 $[a, b]$ 内插入 $n-1$ 个分点，把 $[a, b]$ 分成 n 个小区间，小区间长度为 $\Delta x_i = x_i - x_{i-1}$ $(i=1, 2, \cdots, n)$.

（2）"以常量代变量取近似". 在小区 $[x_{i-1}, x_i]$ 上任取一点 ξ_i，以该点的常力 $F(\xi_i)$ 代替小区间 $[x_{i-1}, x_i]$ 上的变力 $F(x)$，则小区间上所做功的近似值是 $\Delta W \approx F(\xi_i)\Delta x_i$ $(i=1, 2, \cdots, n)$.

（3）求和. 在区间 $[a, b]$ 上所做功的近似值是所有小区间上所做功的近似值之和（积零为整）：$W \approx \sum_{i=1}^{n} F(\xi_i)\Delta x_i$.

（4）求极限. 让小区间的最大长度 $\lambda = \max|\Delta x_i| \to 0$ $(1 \leqslant i \leqslant n)$，即让 $[a, b]$ 内分点无限增加，上述和式的极限就是变力 $F = F(x)$ 使质点 M 从 $x=a$ 到 $x=b$ 所做的功，即 $W = \lim_{\lambda \to 0} \sum_{i=1}^{n} F(\xi_i)\Delta x_i$.

从以上两个例子看出，虽然实际问题的意义不同，但是解决问题的方法是相同的，其数学模型是完全一样的，都是"大化小，常代变，近似和，取极限". 可以用这一方法描述的量在各个科学领域中是很广泛的. 抛开实际问题的具体意义，抓住它们的共同的特性与本质加从概括，抽象出定积分的概念.

二、定积分的概念

定义 4.1.1　设函数 $f(x)$ 在区间 $[a, b]$ 上有定义，在 $[a, b]$ 中任意插入 $n-1$ 个分点：$a=x_0<x_1<x_2<\cdots<x_{i-1}<x_i<\cdots<x_n=b$ 将区间 $[a, b]$ 分割成 n 个小区间 $[x_{i-1}, x_i]$，小区间的长度记为 $\Delta x_i=x_i-x_{i-1}$ $(i=1, 2, \cdots, n)$. 在小区间 $[x_{i-1}, x_i]$ 上任取一点 ξ_i，得相应的函数值 $f(\xi_i)$，作乘积 $f(\xi_i)\Delta x_i$ $(i=1, 2, \cdots, n)$，把所有乘积相加得和式 $\sum\limits_{i=1}^{n} f(\xi_i)\Delta x_i$. 当 $\lambda=\max\limits_{1\leqslant i\leqslant n}|\Delta x_i|\to 0$ 时，上述和式极限存在，且与区间 $[a, b]$ 的分法无关，与 ξ_i 的取法无关，则称此极限为函数 $f(x)$ 在区间 $[a, b]$ 上的定积分，记为 $\int_a^b f(x)\mathrm{d}x$ 即 $\int_a^b f(x)\mathrm{d}x=\lim\limits_{\lambda\to 0}\sum\limits_{i=1}^{n} f(\xi_i)\Delta x_i$ 其中 x 称为积分变量，$f(x)$ 称为被积函数，$f(x)\mathrm{d}x$ 称为被积表达式，$[a, b]$ 称为积分区间，a 为积分下限，b 为积分上限.

按照定积分的定义，上述曲边梯形的面积可写成 $A=\int_0^1 x^2\mathrm{d}x=\frac{1}{3}$；变力做功可以写成 $W=\int_a^b F(x)\mathrm{d}x$.

关于定积分的定义作以下几点说明.

(1) 定积分是一种和式的极限，其值是一个实数，它的大小与被积函数 $f(x)$ 和积分区间 $[a,b]$ 有关，而与积分变量的记号无关，即 $\int_a^b f(x)\mathrm{d}x=\int_a^b f(t)\mathrm{d}t=\int_a^b f(u)\mathrm{d}u$ 是同一个定积分，这是因为和式 $\sum\limits_{i=1}^{n} f(\xi_i)\Delta x_i$ 中变量采用什么记号与其极限值无关.

(2) 和式极限 $\lim\limits_{\lambda\to 0}\sum\limits_{i=1}^{n} f(\xi_i)\Delta x_i$ 存在，就说 $f(x)$ 在 $[a,b]$ 上可积，是指不论对区间 $[a,b]$ 怎样分法，也不论对点 ξ_i 在 $[x_{i-1}, x_i]$ 上怎样取法，所实行的是"以直代曲"（或"以常量代变量"）的方法，其和式极限都存在．这样一个和式极限问题比一般极限复杂得多，这里仅指出

1) $f(x)$ 在 $[a,b]$ 上有界是 $f(x)$ 在 $[a,b]$ 上可积的必要条件；

2) 而 $f(x)$ 在 $[a,b]$ 上连续或只有有限个第一类间断点是 $f(x)$ 在 $[a,b]$ 上可积的充分条件.

(3) 定义规定积分限 $a<b$，如果 $a>b$ 只要把插入分点的顺序倒过来写 $a=x_0>x_1>x_2>\cdots>x_{i-1}>x_i>\cdots>x_n=b$. 由于 $x_{i-1}>x_i$，$\Delta x_i=x_i-x_{i-1}<0$，于是有 $\int_a^b f(x)\mathrm{d}x=-\int_b^a f(x)\mathrm{d}x$.

特别地，当 $a=b$ 时，$\int_a^b f(x)\mathrm{d}x=\int_a^a f(x)\mathrm{d}x=0$.

(4) 定义体现了解决问题的一种重要的思维方法：选变量（根据问题确定积分变量）、定区间（确定积分区间）$[a, b]$、求微元（微小的面积、路程、功等元素）$\mathrm{d}y=f(x)\mathrm{d}x$、列积分 $\int_a^b f(x)\mathrm{d}x$. 这种方法称为元素法，它是应用定积分解决实际问题最基本的方法.

三、定积分的几何意义

若在 $[a,b]$ 上有 $f(x)\geqslant 0$，则 $\int_a^b f(x)\mathrm{d}x\geqslant 0$，表示以 $y=f(x)$ 为曲边与直线 $x=a$，$x=b$，$y=0$（x 轴）在 x 轴上方所围成的曲边梯形的面积．

若在 $[a,b]$ 上 $f(x)\leqslant 0$，这时曲边梯形在 x 轴下方，$f(\xi_i)<0$，和式极限值小于 0，即 $\lim\limits_{\lambda\to 0}\sum\limits_{i=1}^{n}f(\xi_i)\Delta x_i<0$，此时定积分为负值，表示是在 x 轴下方的曲边梯形的面积取负值，即 $A=-\int_a^b f(x)\mathrm{d}x$（见图 4-4）.

当 $f(x)$ 在 $[a,b]$ 上有正有负时，规定在 x 轴上方的面积为正、下方的面积为负，则定积分 $\int_a^b f(x)\mathrm{d}x$ 在几何上表示是几个曲边梯形面积的代数和，如图 4-5 所示.

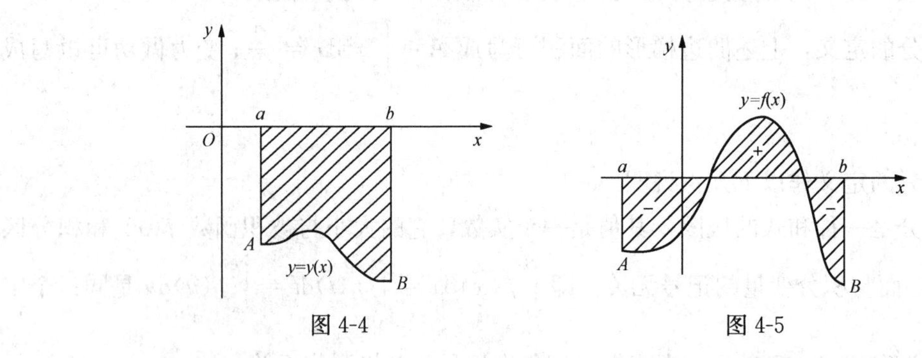

图 4-4　　　　图 4-5

【例 4-1】 试证明 $\int_a^b l\mathrm{d}x=l(b-a)$.

证明 被积函数 $f(x)=l$，由定积分定义，积分和式

$$\sum_{i=1}^{n}f(\xi_i)\Delta x_i=\sum_{i-1}^{n}l\cdot\Delta x_i=l\sum_{i=1}^{n}\Delta x_i=l(b-a)$$

所以
$$\int_a^b l\mathrm{d}x=\lim_{\lambda\to 0}\sum_{i=1}^{n}f(\xi_i)\Delta x_i=\lim_{\lambda\to 0}l(b-a)=l(b-a)$$

特别地当 $l=1$ 时，$\int_a^b \mathrm{d}x=b-a$.

【例 4-2】 用定义求 $\int_0^1 \mathrm{e}^{-x}\mathrm{d}x$.

解 $f(x)=\mathrm{e}^{-x}$ 在 $[0,1]$ 上连续，所以一定可积. 把区间 $[0,1]$ 等分成 n 等份，分点为 $x_0=0,x_1=\frac{1}{n},x_2=\frac{2}{n},\cdots,x_i=\frac{i}{n},\cdots,x_n=\frac{n}{n}=1$，小区间长度 $\Delta x_i=\frac{i}{n}-\frac{i-1}{n}=\frac{1}{n}$. 取 ξ_i 为小区间端点即 $\xi_i=\frac{i-1}{n}$，于是和式 $\sum\limits_{i=1}^{n}f(\xi_i)\Delta x_i=\sum \mathrm{e}^{\frac{i-1}{n}}\frac{1}{n}=\frac{1}{n}(1+\mathrm{e}^{-\frac{1}{n}}+\mathrm{e}^{-\frac{2}{n}}+\cdots+\mathrm{e}^{-\frac{n-1}{n}})$，括号内是一个公比为 $\mathrm{e}^{-\frac{1}{n}}<1$ 的等比数列. 由前 n 项和的公式得

$$\sum_{i-1}^{n}f(\xi_i)\Delta x_i=\frac{1}{n}\cdot\frac{1-(\mathrm{e}^{-\frac{1}{n}})^n}{1-\mathrm{e}^{-\frac{1}{n}}}=\frac{1}{n}\cdot\frac{1-\mathrm{e}^{-1}}{1-\mathrm{e}^{-\frac{1}{n}}}=(1-\mathrm{e}^{-1})\frac{\frac{-1}{n}}{\mathrm{e}^{\frac{-1}{n}}-1}.$$

当 $\lambda=\max\{\Delta x_i\}\to 0$ 即 $n\to+\infty$时，有

$$\lim_{n\to+\infty}\frac{-\frac{1}{n}}{e^{-\frac{1}{n}}-1}\overset{\frac{0}{0}}{=\!=}\lim_{n\to+\infty}\frac{\frac{1}{n^2}}{e^{-\frac{1}{n}}\frac{1}{n^2}}=\lim_{n\to+\infty}\frac{1}{e^{-\frac{1}{n}}}=1\text{，于是有}$$

$$\int_0^1 e^{-x}dx=\lim_{\lambda\to 0}\sum_{i=1}^{n}f(\xi_i)\Delta x_i=\lim_{n\to+\infty}(1-e^{-1})\frac{-\frac{1}{n}}{e^{-\frac{1}{n}}-1}=(1-e^{-1})\times 1=1-\frac{1}{e}.$$

【例 4-3】 由定积分的几何意义求$\int_2^4(x-5)dx$.

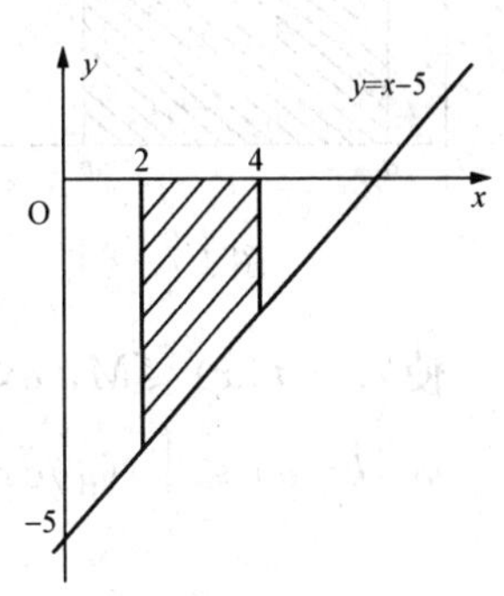

图 4-6

解 由于在$[2,4]$上$f(x)=x-5<0$（见图4-6），该积分表示由曲边$y=x-5$和直线$x=2$，$x=4$，$y=0$所围成的梯形面积的负值.

梯形的面积为$\frac{1}{2}(3+1)\times 2=4$，所以$\int_2^4(x-5)dx=-4$.

四、定积分的性质

按定积分的定义求定积分的值是很困难和繁杂的事，下面介绍的定积分的基本性质，有助于积分的计算．假设函数在所讨论的区间上可积，则有

性质 1 $\int_a^b kf(x)dx=k\int_a^b f(x)dx$（$k$为常数).

性质 2 $\int_a^b[f(x)\pm g(x)]dx=\int_a^b f(x)dx\pm\int_a^b g(x)dx$.

性质 3（积分区间的可加性） 如果积分区间$[a,b]$被c分成两个区间$[a,c]$，$[c,b]$，那么

$$\int_a^b f(x)dx=\int_a^c f(x)dx+\int_c^b f(x)dx.$$

（注意　当c不介于a与b之间，即$c<a<b$或$a<b<c$时结论也正确）

以上三条性质可由定积分的定义证明，读者不妨自已完成.

性质 4 如果在区间$[a,b]$上有$f(x)\leqslant g(x)$，那么$\int_a^b f(x)dx\leqslant\int_a^b g(x)dx$.

证明 由性质 2 与定积分的定义可知

$$\int_a^b f(x)dx-\int_a^b g(x)dx=\int_a^b[f(x)-g(x)]dx=\lim_{\lambda\to 0}\sum_{i=1}^{n}[f(x)-g(x)]\Delta x_i.$$

由题设知$f(\xi_i)<g(\xi_i)\Rightarrow f(\xi_i)-g(\xi_i)\leqslant 0$，　又$\Delta x_i>0$　$(i=1,2,\cdots,n)$，所以上式右端极限非负，从而有

$$\int_a^b f(x)dx-\int_a^b g(x)dx\leqslant 0\Rightarrow\int_a^b f(x)dx\leqslant\int_a^b g(x)dx.$$

该性质说明：当两个定积分比较大小时，可由它们被积函数在同一积分区间上的大小来确定.

推论 $\left|\int_a^b f(x)dx\right|\leqslant\int_a^b|f(x)|dx$，（证明从略).

性质 5（估值定理） 设$f(x)$在区间$[a,b]$上连续，如果m与M分别是$f(x)$在区间

$[a,b]$ 上的最小值与最大值，则有

$$m(b-a)\leqslant\int_a^b f(x)\mathrm{d}x\leqslant M(b-a).$$

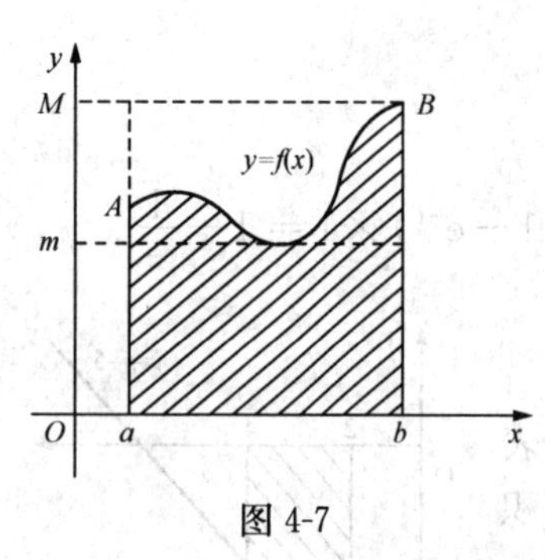

图 4-7

该性质的几何解释是：曲线 $f(x)$ 在区间$[a,b]$上的曲边梯形面积介于以区间$[a,b]$长度为底，分别以 m 和 M 为高的两个矩形面积之间，如图 4-7 所示.

性质 6（中值定理） 设 $f(x)$ 在区间 $[a,b]$ 上连续，则在区间 $[a,\ b]$ 上至少存在一点 ξ，使得

$$\int_a^b f(x)\mathrm{d}x=f(\xi)(b-a)\ (a\leqslant\xi\leqslant b).$$

证明 由闭区间上连续函数的最大最小值定理，存在最小值 m 和最大值 M $(m<M)$，

使 $m\leqslant f(x)\leqslant M$，$a\leqslant x\leqslant\leqslant b$，根据性质 4 有

$m\ (b-a)\leqslant\int f(x)\mathrm{d}x\leqslant M\ (b-a)$，于是

$$m\leqslant\frac{1}{b-a}\int_a^b f(x)\mathrm{d}x\leqslant M$$

可见 $\mu=\frac{1}{b-a}\int_a^b f(x)\mathrm{d}x$ 介于 m 和 M 之间. 由连续函数的介值定理，在区间 $[a,\ b]$ 上至少存在一点 ξ 使 $f(\xi)=\mu$，即

$$f(\xi)=\frac{1}{b-a}\int_a^b f(x)\mathrm{d}x\ (a\leqslant\xi\leqslant b)$$

或 $$\int_a^b f(x)\mathrm{d}x=f(\xi)(b-a)\quad(a\leqslant\xi\leqslant b).$$

积分中值定理的几何意义是：以连续曲线 $y=f(x)$ $(a\leqslant x\leqslant b,\ f(x)\geqslant 0)$ 为曲边的曲边梯形面积，等于以 $f(\xi)$ 为高，$(b-a)$ 为底的矩形面积，如图 4-8 所示.

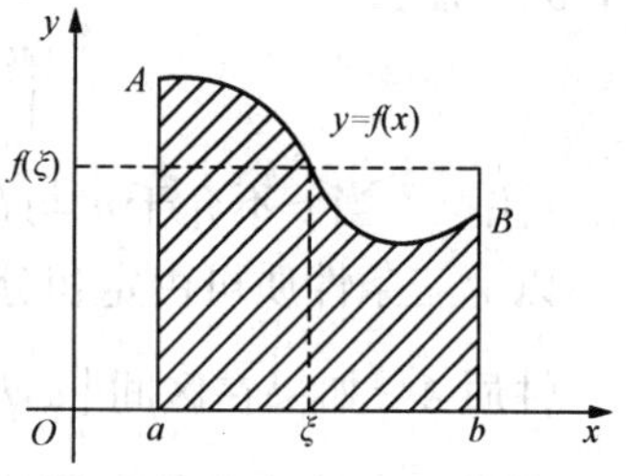

图 4-8

$f(\xi)$ 也称为连续函数 $f(x)$ 在区间$[a,b]$上的平均值.

【例 4-4】 比较两积分的大小：$\int_0^1 x\mathrm{d}x$ 与 $\int_0^1\ln(1+x)\mathrm{d}x$.

解 令 $f(x)=x-\ln(1+x)$，在区间$[0,1]$上有 $f'(x)=1-\frac{1}{1+x}=\frac{x}{1+x}>0$，可知 $f(x)$ 在$[0,1]$上单调增加，且 $f(x)\geqslant f(0)=0-\ln(1+0)=0$，从而有 $x\geqslant\ln\ (1+x)$，由性质 4 得

$$\int_0^1 x\mathrm{d}x\geqslant\int_0^1\ln(1+x)\mathrm{d}x.$$

【例 4-5】 估计定积分的值 $\int_{\frac{1}{\sqrt{3}}}^{\sqrt{3}}x\arctan x\mathrm{d}x$.

解 先求 $f(x)=x\arctan x$ 在区间$\left[\frac{1}{\sqrt{3}},\sqrt{3}\right]$上的最大值与最小值，因

$$f'(x)=\arctan x+\frac{x}{1+x^2}>0\ \left(\frac{1}{\sqrt{3}}<x<\sqrt{3}\right),$$

$f(x)$ 在此区间上单调增加，存在最大与最小值，即 $m=f\left(\frac{1}{\sqrt{3}}\right)=\frac{1}{\sqrt{3}}\arctan\frac{1}{\sqrt{3}}=\frac{1}{\sqrt{3}}\frac{\pi}{6}$，

$M=f(\sqrt{3})=\sqrt{3}\arctan\sqrt{3}=\sqrt{3}\frac{\pi}{3}$.

于是
$$\left(\sqrt{3}-\frac{1}{\sqrt{3}}\right)\frac{\pi}{6\sqrt{3}}\leqslant\int_{\frac{1}{\sqrt{3}}}^{\sqrt{3}}x\arctan x\mathrm{d}x\leqslant\left(\sqrt{3}-\frac{1}{\sqrt{3}}\right)\frac{\sqrt{3}\pi}{3},$$

即
$$\frac{\pi}{9}\leqslant\int_{\frac{1}{\sqrt{3}}}^{\sqrt{3}}x\arctan x\mathrm{d}x\leqslant\frac{2\pi}{3}$$

【例 4-6】 设函数 $y=f(x)$ 单调递增，证明 $\int_0^x f(t)\mathrm{d}t\leqslant xf(x)$.

证明 作辅助函数 $F(x)=\int_0^x f(t)\mathrm{d}t-xf(x)$，只需证明 $F(x)\leqslant 0$.

由于 $F(x)$ 是两类不同的函数运算，需要用到中值定理化为同一类函数. 取 $\zeta\in[0,x]$，$F(x)=f(\zeta)(x-0)-xf(x)=x[f(\zeta)-f(x)]$. 由于 $y=f(x)$ 单调递增，$f(\zeta)-f(x)\leqslant 0$，$x\geqslant 0$，所以 $F(x)\leqslant 0$，证毕.

习题 4-1

A 组

1. 用定积分的定义求解.

(1) $\int_0^1 x^3\mathrm{d}x$；　　(2) $\int_1^3(2x+1)\mathrm{d}x$.

2. 用定积分表示由曲线 $y=x^2+1$ 与直线 $x=1$，$x=3$ 及 x 轴所围成的曲边梯形的面积.

3. 利用定积分的几何意义，判断下列积分的值为正、为负或等于零（不必计算）.

(1) $\int_0^{\frac{\pi}{2}}\sin x\mathrm{d}x$；　(2) $\int_{-\frac{\pi}{2}}^0\sin x\cos x\mathrm{d}x$；　(3) $\int_{-1}^2 x^2\mathrm{d}x$；　(4) $\int_{-1}^1 x^3\mathrm{d}x$.

4. 利用定积分的几何意义证明下列各式成立.

(1) $\int_0^{2\pi}\sin x\mathrm{d}x=0$；　(2) $\int_0^{2\pi}\sin x\mathrm{d}x=\int_0^{\frac{\pi}{2}}\sin x\mathrm{d}x$；　(3) $\int_{-\frac{\pi}{2}}^{\frac{\pi}{2}}\sin x\mathrm{d}x=0$.

5. 试用定积分表示下面四个平面图形的面积.

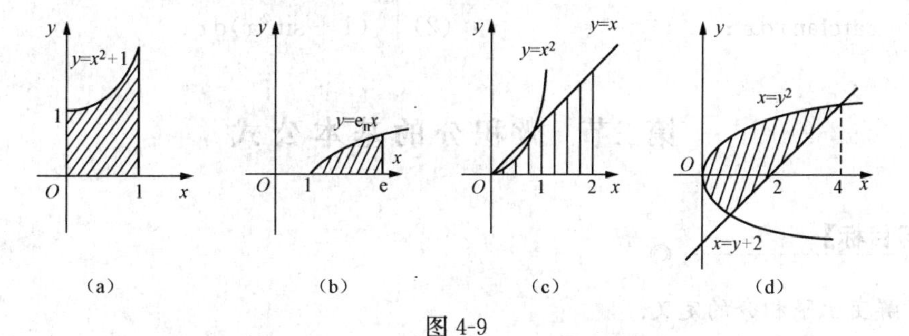

图 4-9

6. 不计算比较下列各组积分的大小.

(1)$\int_0^1 x^2 dx$ ________ $\int_0^1 x^3 dx$ ；　　(2)$\int_1^e \ln^2 x dx$ ________ $\int_1^e \ln x dx$ ；

(3)$\int_{-1}^0 e^x dx$ ________ $\int_{-1}^0 e^{-x} dx$ ；　　(4)$\int_0^{\pi} \sin x dx$ ________ $\int_0^{\pi} \cos x dx$.

7. 估计下列定积分的值的范围.

(1) $\int_0^1 \frac{dx}{1+x^2}$ ；　　(2) $\int_0^{\frac{\pi}{2}} (1+\cos^4 x) dx$.

8. 利用积分中值定理证明下面不等式.

(1) $2 \leqslant \int_{-1}^1 e^{x^2} dx \leqslant 2e$ ；　　(2) $0 \leqslant \int_{\frac{\pi}{2}}^{\pi} \frac{\sin x}{x} dx \leqslant 1$.

9. 曲边梯形由曲线 $x=\varphi(y)$，直线 $y=c$，$y=d$ 和 y 轴所围成，试用定积分的定义导出其面积的定积分表达式.

B　组

1. 用按定积分的定义处理问题的四个步骤（即元素法）解决下列问题.

(1) 设质点作变速运动，速度 $v(t)=2t$(单位:cm/s)，求质点在第一秒内经过的路程.

(2) 质点作圆周运动，在时刻 t 的角速度为 $\omega=\omega(t)$，求质点从时刻 t_1 到 t_2 所转动的角度.

(3) 已知电流强度 i 与时间 t 的函数关系 $i=i(t)$，试求从时刻 0 到时刻 t 这一段时间流过导线截面积的电量 Q.

(4) 设有一质量非均匀的细杆，长度为 l，取杆的一端为原点，假设细杆上任一点处的线密度为 $\rho(x)$，求细杆的质量 M.

2. 用定积分的几何意义说明下列各题.

(1) $\int_0^{2\pi} \cos x dx = 0$ ；　　(2) $\int_0^a \sqrt{a^2-x^2} dx = \frac{\pi}{4}a^2 \quad (a>0)$.

3. 利用定积分的性质比较下列各组积分的大小.

(1) $\int_0^1 x^2 dx$ ，$\int_0^1 x dx$ ；　　(2) $\int_0^1 e^x dx$，$\int_0^1 (1+x) dx$ ；

(3) $\int_0^{\frac{\pi}{2}} x dx$，$\int_0^{\frac{\pi}{2}} \sin x dx$.

4. 估计下列各积分的值.

(1) $\int_{\frac{1}{\sqrt{3}}}^{\sqrt{3}} x \arctan x dx$ ；　　(2) $\int_{\frac{\pi}{4}}^{\frac{3\pi}{4}} (1+\sin^2 x) dx$.

第二节　微积分的基本公式

【学习目标】

1. 了解变上限积分的定义.
2. 掌握变上限积分导数的求法.

3. 掌握牛顿—莱布尼兹公式.

定积分与不定积分是两个完全不同的概念，但它们之间有着紧密的联系.

在变速直线运动中，已知路程函数 $s(t)$ 与速度函数 $v(t)$ 之间有关系：$s'(t)=v(t)$，这里 $s(t)$ 是 $v(t)$ 的一个原函数；而物体在 $[T_1,T_2]$ 内经过的路程，可由定积分知识表示为 $\int_{T_1}^{T_2}v(t)\mathrm{d}t=s(T_2)-s(T_1)$.

这种定积分与原函数的关系在一定条件下具有普遍性.

一、变上限函数及其导数

如果 x 是区间 $[a,b]$ 上任一点，$\int_a^x f(t)\mathrm{d}t$ 表示曲线 $y=f(x)$ 在部分区间 $[a,x]$ 上曲边梯形 $AaxC$ 的面积（见图 4-10 阴影部分).

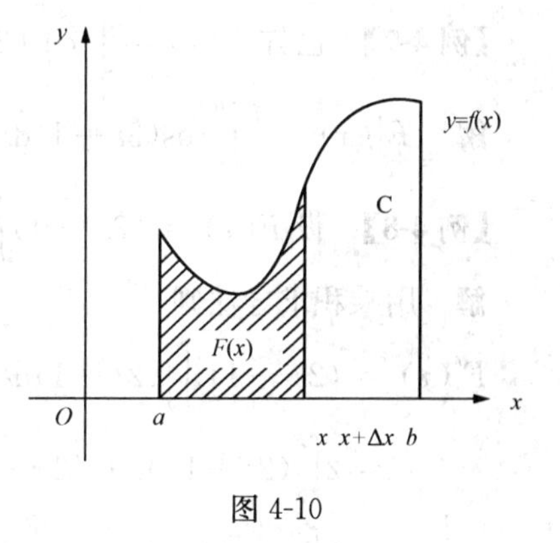

图 4-10

当 x 在区间 $[a,b]$ 上变化时，阴影部分的曲边梯形面积也随之变化，所以积分 $\int_a^x f(t)\mathrm{d}t$ 是上限 x 的函数，记为 $F(x)$ 称为变上限积分，即

$$F(x)=\int_a^x f(t)\mathrm{d}t\,,\ x\in[a,b].$$

关于变上限积分有下面定理.

定理 4.2.1［变上限积分对上限的求导定理］ 若函数 $f(x)$ 在区间 $[a,b]$ 上连续，则变上限定积分 $F(x)=\int_a^x f(t)\mathrm{d}t$ 在区间 $[a,b]$ 上可导，且导数等于被积函数置换成上限变量，即 $F'(x)=\left[\int_a^x f(t)\mathrm{d}t\right]'=f(x)$.

证明 按导数定义，只须证明 $\lim\limits_{\Delta x\to 0}\frac{\Delta F(x)}{\Delta x}=f(x)$ 即可. 取 $|\Delta x|$ 充分小，使 $x+\Delta x\in[a,b]$，由定积分性质积分区间的可加性和积分中值定理得

$$\begin{aligned}F(x+\Delta x)-F(x)&=\int_a^{x+\Delta x}f(t)\mathrm{d}t-\int_a^x f(t)\mathrm{d}t\\&=\int_a^x f(t)\mathrm{d}t+\int_x^{x+\Delta x}f(t)\mathrm{d}t-\int_a^x f(t)\mathrm{d}t=\int_x^{x+\Delta x}f(t)\mathrm{d}t=f(\xi)\Delta x,\end{aligned}$$

其中 $x\leqslant\zeta\leqslant x+\Delta x$，或 $x+\Delta x\leqslant\zeta\leqslant x$.

由导数定义和 $f(x)$ 的连续性，当 $\Delta x\to 0$ 时，$\zeta\to x$，从而有

$$\begin{aligned}\frac{\mathrm{d}}{\mathrm{d}x}F(x)&=\lim_{\Delta x\to 0}\frac{F(x+\Delta x)-F(x)}{\Delta x}=\lim_{\Delta x\to 0}\frac{f(\xi)\Delta x}{\Delta x}\\&=\lim_{\xi\to x}f(\xi)=f(x)\,,\ \text{即}\left[\int_a^x f(t)\mathrm{d}t\right]'=f(x)\,.\end{aligned}$$

当上限不是原始自变量 x 时，利用复合函数求导法则，变上限积分的求导公式为

$$\left[\int_a^{b(x)}f(t)\mathrm{d}t\right]_x'=f(b(x))\cdot b'(x)\,.$$

本定理把导数和定积分这两个不相干的概念联系起来了，变上限定积分 $F(x)$

$=\int_a^x f(t)\mathrm{d}t$ 是函数 $f(x)$ 在区间 $[a,\ b]$ 上的一个原函数，这就肯定了连续函数的原函数总是存在的，于是有以下定理.

定理 4.2.2［原函数存在定理］ 若函数 $f(x)$ 在区间 $[a,\ b]$ 上连续，则在该区间上 $f(x)$ 的原函数存在.

变上限积分是上限变量的函数，对它求导问题，完全可以与求导有关的内容相结合，如求导的运算法则、洛必达法则、求极限、函数的单调、极值等. 下面看几个例子.

【例 4-7】 已知 $F(x)=\int_x^0 \cos(3t+1)\mathrm{d}t$，求 $F'(x)$.

解 $F'(x)=\left[\int_x^0 \cos(3t+1)\mathrm{d}t\right]'=\left[-\int_0^x \cos(3t+1)\mathrm{d}t\right]'=-\cos(3x+1)$.

【例 4-8】 设 $F(x)=(2x+1)\int_0^x (2t+1)\mathrm{d}t$，求 $F'(x)$，$F''(x)$.

解 用乘积求导法则

$$F'(x)=(2x+1)'\int_0^x (2t+1)\mathrm{d}t+(2x+1)\left(\int_0^x (2t+1)\mathrm{d}t\right)'$$

$$=2\int_0^x (2t+1)\mathrm{d}t+(2x+1)(2x+1)$$

$$=2\int_0^x (2t+1)\mathrm{d}t+(2x+1)^2.$$

$$F''(x)=\left[2\int_0^x (2t+1)\mathrm{d}t+(2x+1)^2\right]'=2(2x+1)+2(2x+1)\times 2=6(2x+1).$$

【例 4-9】 设 $y=\int_x^{x^2}\sqrt{1+t^3}\,\mathrm{d}t$，求 $\frac{\mathrm{d}y}{\mathrm{d}x}$.

解 因积分上下限都是变量，在区间 $[x,\ x^2]$ 上插入一个点 $x=a$，拆成两个积分之和，再求导.

$$\frac{\mathrm{d}y}{\mathrm{d}x}=\left[\int_x^{x^2}\sqrt{1+t^3}\,\mathrm{d}t\right]'=\left[\int_x^a\sqrt{1+t^3}\,\mathrm{d}t+\int_a^{x^2}\sqrt{1+t^3}\,\mathrm{d}t\right]'$$

$$=-\left(\int_a^x\sqrt{1+t^3}\,\mathrm{d}t\right)'+\left(\int_a^{x^2}\sqrt{1+t^3}\,\mathrm{d}t\right)'_{x^2}\cdot(x^2)'_x$$

$$=-\sqrt{1+x^3}+\sqrt{1+(x^2)^3}(2x)=-\sqrt{1+x^3}+2x\sqrt{1+x^6}.$$

其中后一个积分上限是 x^2，它是 x 的复合函数，按复合函数求导法则求导.

【例 4-10】 求极限 $\lim\limits_{x\to 0}\frac{\int_0^x \sin t\mathrm{d}t}{x^2}$.

解 当 $x\to 0$ 时，$\int_0^x \sin t\mathrm{d}t\to 0$，$x^2\to 0$，极限是 $\frac{0}{0}$ 型未定式，用洛必达法则得

$$\lim_{x\to 0}\frac{\int_0^x \sin t\mathrm{d}t}{x^2}=\lim_{x\to 0}\frac{\left(\int_0^x \sin t\mathrm{d}t\right)'}{(x^2)'}=\lim_{x\to 0}\frac{\sin x}{2x}=\frac{1}{2}.$$

【例 4-11】 证明：当 $x>0$ 时，函数 $F(x)=\int_0^{x^2} t\mathrm{e}^{-t}\mathrm{d}t$ 单调增加.

证明 因为 $F'(x)=\left[\int_0^{x^2} t\mathrm{e}^{-t}\mathrm{d}t\right]'=\left(\int_0^{x^2} t\mathrm{e}^{-t}\mathrm{d}t\right)'_{x^2}\cdot(x^2)'_x$

$$= x^2 e^{-x^2} 2x = 2x^3 e^{-x^2} = \frac{2x^3}{e^{x^2}} > 0 \ (x>0 \text{时}),$$

所以 $F(x)$ 在 $x>0$ 时单调增加.

二、牛顿—莱布尼兹（Newton-Leibniz）公式

定理 4.2.3 如果函数 $f(x)$ 在 $[a,b]$ 上连续，$F(x)$ 是 $f(x)$ 在区间 $[a,b]$ 上任一个原函数，则有 $\int_a^b f(x)\mathrm{d}x = F(b) - F(a)$.

证明 由定理 4.2.1 知 $\int_a^x f(t)\mathrm{d}t$ 是 $f(x)$ 的一个原函数，由定理 4.2.3 所设 $F(x)$ 也是 $f(x)$ 的原函数，两个原函数间相差一个常数 c，即 $\int_a^x f(t)\mathrm{d}t = F(x) + c$

把 $x=a$ 代入上式可得 $c = \int_a^a f(t)\mathrm{d}t - F(a) = 0 - F(a) = -F(a)$，再用 $x=b$ 代入上式得 $\int_a^b f(t)\mathrm{d}t = F(b) + c = F(b) - F(a)$.

为方便，公式通常写成 $\int_a^b f(x)\mathrm{d}x = F(b) - F(a) = F(x)\Big|_a^b$

这个公式称为牛顿—莱布尼兹公式，它揭示了定积分与不定积分之间的内在联系，表明了定积分的计算不必用和式的极限，而是用不定积分求出原函数来计算．函数 $f(x)$ 在 $[a,b]$ 上的定积分值等于 $f(x)$ 的一个原函数 $F(x)$ 在区间两个端点处函数值之差 $F(b) - F(a)$.

【例 4-12】 求 $\int_{-1}^1 \frac{\mathrm{d}x}{1+x^2}$.

解 $\int_{-1}^1 \frac{\mathrm{d}x}{1+x^2} = \arctan x\Big|_{-1}^1 = \arctan 1 - \arctan(-1) = \frac{\pi}{4} - (-\frac{\pi}{4}) = \frac{\pi}{2}$.

【例 4-13】 求 $\int_1^e \frac{\ln x}{x}\mathrm{d}x$

解 $\int_1^e \frac{\ln x}{x}\mathrm{d}x = \int_1^e \ln x \mathrm{d}(\ln x) = \left[\frac{1}{2}\ln^2 x\right]\Big|_1^e = \frac{1}{2}[(\ln e)^2 - (\ln 1)^2] = \frac{1}{2}[1^2 - 0] = \frac{1}{2}$.

【例 4-14】 求 $\int_{-1}^1 \frac{e^x}{1+e^x}\mathrm{d}x$.

解 $\int_{-1}^1 \frac{e^x}{1+e^x}\mathrm{d}x = \int_{-1}^1 \frac{\mathrm{d}(1+e^x)}{1+e^x} = \ln(1+e^x)\Big|_{-1}^1$

$$= \ln(1+e) - \ln(1+e^{-1}) = \ln\frac{1+e}{1+\frac{1}{e}} = \ln e = 1.$$

【例 4-15】 设 $f(x) = \begin{cases} e^{-x} & 1 \leqslant x \leqslant 3 \\ \sqrt[3]{x} & 0 \leqslant x < 1 \end{cases}$，求 $\int_0^3 f(x)\mathrm{d}x$.

解 $\int_0^3 f(x)\mathrm{d}x = \int_0^1 \sqrt[3]{x}\mathrm{d}x + \int_1^3 e^{-x}\mathrm{d}x = \frac{3}{4}x^{\frac{4}{3}}\Big|_0^1 - e^{-x}\Big|_1^3$

$$= \frac{3}{4} - (e^{-3} - e^{-1}) = \frac{3}{4} + \frac{e^2 - 1}{e^3}.$$

【例 4-16】 求$\int_{-\frac{\pi}{2}}^{\frac{\pi}{2}} \sqrt{\cos x-\cos^3 x}\mathrm{d}x$.

解 因为$\sqrt{\cos x-\cos^3 x}=\sqrt{\cos x(1-\cos^2 x)}=\sqrt{\cos x\sin^2 x}=\sqrt{\cos x}\mid \sin x\mid$

$$=\begin{cases}-\sqrt{\cos x}\sin x & -\dfrac{\pi}{2}\leqslant x<0\\ \sqrt{\cos x}\sin x & 0\leqslant x<\dfrac{\pi}{2}\end{cases},$$

所以$\int_{-\frac{\pi}{2}}^{\frac{\pi}{2}} \sqrt{\cos x-\cos^3 x}\mathrm{d}x=-\int_{-\frac{\pi}{2}}^{0} \sqrt{\cos x}\sin x\mathrm{d}x+\int_{0}^{\frac{\pi}{2}} \sqrt{\cos x}\sin x\mathrm{d}x$

$$=\int_{-\frac{\pi}{2}}^{0}(\cos x)^{\frac{1}{2}}\mathrm{d}\cos x-\int_{0}^{\frac{\pi}{2}}(\cos x)^{\frac{1}{2}}\mathrm{d}\cos x$$

$$=\frac{2}{3}(\cos x)^{\frac{3}{2}}\Big|_{-\frac{\pi}{2}}^{0}-\frac{2}{3}(\cos x)^{\frac{3}{2}}\Big|_{0}^{\frac{\pi}{2}}=\frac{2}{3}[(1^{\frac{3}{2}}-0)-(0-1^{\frac{3}{2}})]$$

$$=\frac{2}{3}\times 2=\frac{4}{3}.$$

【例 4-17】 设导线在时刻 t（单位：s）的电流强度为$i(t)=0.006t\sqrt{t^2+1}$，求在时间间隔［1，4］s 内流过导线横截面的电量 $Q(t)$（单位：A）.

解 由电流与电量的关系$i=\dfrac{\mathrm{d}Q}{\mathrm{d}t}$，得电量微分$\mathrm{d}Q=i\mathrm{d}t$，在间隔［1，4］s 内流过导线横截面的电量 $Q(t)$ 为

$$Q=\int_1^4 i\mathrm{d}t=\int_1^4 0.006t\sqrt{t^2+1}\mathrm{d}t=\int_1^4 0.003\sqrt{t^2+1}\mathrm{d}(t^2+1)$$

$$=\left[0.003\times\frac{2}{3}(t^2+1)^{\frac{3}{2}}\right]_1^4\approx 0.1345\text{A}$$

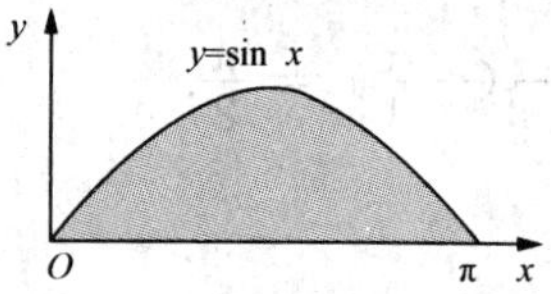

图 4-11

【例 4-18】 求正弦函数在［0，π］上与 x 轴围成图形（见图 4-11）的面积.

解 $A=\int_0^{\pi}\sin x\mathrm{d}x=-\cos x\Big|_0^{\pi}=-(\cos\pi-\cos 0)$

$$=-(-1-1)=2.$$

习题 4-2

A　组

1. 求下列函数的导数.

(1) $f(x)=\int_0^x \mathrm{e}^{-t^2}\mathrm{d}t$；　　(2) $f(x)=\int_{\sqrt{x}}^1 \sqrt{1+t^2}\mathrm{d}t$；

(3) $f(\theta)=\int_{\sin\theta}^{\cos\theta} t\mathrm{d}t$；　　(4) $f(y)=\int_{\frac{1}{y}}^{\ln y}\varphi(u)\mathrm{d}u$.

2. 设 $g(x)$ 连续，且$\int_0^{x^2-1} g(t)\mathrm{d}t=-x$，求 g（3）.

3. 设 $f(x)=\int_{-x}^{\sin x}\arctan(1+t^2)\mathrm{d}t$，求 $f'(0)$.

4. 求下列极限.

(1) $\lim\limits_{x\to0}\dfrac{\int_0^x 2t\cos t\mathrm{d}t}{1-\cos t}$；　(2) $\lim\limits_{x\to0^-}\dfrac{\int_0^{\sin x}\sqrt{\tan t}\mathrm{d}t}{\int_0^{\tan x}\sqrt{\sin t}\mathrm{d}t}$；

(3) $\lim\limits_{x\to+\infty}\dfrac{\int_0^x(\arctan t)^2\mathrm{d}t}{\sqrt{x^2+1}}$；　(4) $\lim\limits_{x\to0}\dfrac{\int_0^x\cos(t^2)\mathrm{d}t}{x}$.

5. 计算下列定积分.

(1) $\int_{-\frac{1}{2}}^{\frac{1}{2}}\dfrac{\mathrm{d}x}{\sqrt{1-x^2}}$；　(2) $\int_0^1(2x^2-\sqrt[3]{x}+1)\mathrm{d}x$；

(3) $\int_0^{\frac{T}{2}}\sin\left(\dfrac{2\pi}{T}t-\varphi_0\right)\mathrm{d}t$；　(4) $\int_{-\frac{\pi}{2}}^{\frac{\pi}{2}}\dfrac{\mathrm{d}\theta}{1+\cos\theta}$；

(5) $\int_0^{\frac{\pi}{2}}(1-\cos x)\sin^2x\mathrm{d}x$；　(6) $\int_{-1}^0\dfrac{1+x}{\sqrt{4-x^2}}\mathrm{d}x$；

(7) $\int_{\frac{1}{\pi}}^{\frac{2}{\pi}}\dfrac{1}{x^2}\sin\dfrac{1}{x}\mathrm{d}x$；　(8) $\int_0^2(1+xe^{\frac{x^2}{4}})\mathrm{d}x$.

6. 计算下列定积分.

(1) $f(x)=\begin{cases}\sin x & 0\leqslant x<\dfrac{\pi}{2}\\ x & \dfrac{\pi}{2}\leqslant x\leqslant\pi\end{cases}$，求 $\int_0^{\pi}f(x)\mathrm{d}x$.

(2) $\int_{-1}^2|x^2-1|\mathrm{d}x$；　(3) $\int_0^3(|x-1|+|x-2|)\mathrm{d}x$；　(4) $\int_{-3}^2\min(1,e^{-x})\mathrm{d}x$.

B 组

1. 求下列函数的导数.

(1) $\varphi(x)=\int_0^x\sin(t^2)\mathrm{d}t$；　(2) $F(x)=\int_x^3\dfrac{\mathrm{d}t}{\sqrt{1+t^2}}$；

(3) $G(x)=\int_x^{x^2}t^2e^{-t}\mathrm{d}t$；　(4) $\begin{cases}x=\int_0^t\sin u\mathrm{d}u\\ y=\int_0^t\cos u\mathrm{d}u\end{cases}$，求 $\dfrac{\mathrm{d}y}{\mathrm{d}x}$.

2. 设 $y(x)$ 是方程 $\int_0^y e^{-t^2}\mathrm{d}t+\int_0^x\cos(t^2)\mathrm{d}t=0$ 所确定的隐函数，求 $\dfrac{\mathrm{d}y}{\mathrm{d}x}$.

3. 求下列极限.

(1) $\lim\limits_{x\to0}\dfrac{\int_0^x\ln(1+t)\mathrm{d}t}{x^2}$；　(2) $\lim\limits_{x\to0}\dfrac{\int_0^x\cos^2t\mathrm{d}t}{x}$.

4. 试讨论 $F(x)=\int_0^x te^{-t^2}\mathrm{d}t$ 的极值.

5. 计算下列定积分.

(1)$\int_{1}^{2}\left(x+\frac{1}{x}\right)^{2}\mathrm{d}x$；　(2)$\int_{4}^{9}\sqrt{x}(1+\sqrt{x})\mathrm{d}x$；　(3)$\int_{1}^{\sqrt{3}}\frac{1+2x^{2}}{x^{2}(1+x^{2})}\mathrm{d}x$；

(4)$\int_{\frac{1}{e}}^{e}\frac{|\ln x|}{x}\mathrm{d}x$；　(5)$\int_{1}^{\sqrt{3}}\frac{1}{x^{2}(1+x^{2})}\mathrm{d}x$；　(6)$\int_{-1}^{0}\frac{3x^{4}+3x^{2}+1}{1+x^{2}}\mathrm{d}x$；

(7)$\int_{0}^{\frac{\pi}{4}}\tan^{3}\theta\mathrm{d}\theta$；　(8)$\int_{-(e+1)}^{-2}\frac{\mathrm{d}x}{1+x}$.

6. 已知 $f(\theta)=\begin{cases}\tan^{2}\theta & 0\leqslant\theta\leqslant\frac{\pi}{4}\\ \sin\theta\cos^{3}\theta & \frac{\pi}{4}<\theta\leqslant\frac{\pi}{2}\end{cases}$，计算 $\int_{0}^{\frac{\pi}{2}}f(\theta)\mathrm{d}\theta$.

7. 设 m，n 为正整数，验证下列各式成立.

(1)$\int_{-\pi}^{\pi}\sin mx\mathrm{d}x=0$；　(2)$\int_{-\pi}^{\pi}\cos mx\mathrm{d}x=0$；　(3)$\int_{-\pi}^{\pi}\sin mx\cos nx\mathrm{d}x=0$；

(4)$\int_{-\pi}^{\pi}\sin mx\sin nx\mathrm{d}x=0(m\neq n)$；　(5)$\int_{-\pi}^{\pi}\cos mx\cos nx\mathrm{d}x=0(m\neq n)$；

(6)$\int_{-\pi}^{\pi}\sin^{2}mx\mathrm{d}x=\pi$；　(7)$\int_{-\pi}^{\pi}\cos^{2}mx\mathrm{d}x=\pi$.

第三节　定积分的换元积分法和分部积分法

【学习目标】

1. 掌握定积分的换元积分法和分部积分法.
2. 掌握奇偶函数在以原点对称的区间上的积分公式.

由于微积分基本定理建立了定积分与不定积分的联系，因而应用微积分基本定理和不定积分的积分方法，就可以解决定积分的计算问题了．定积分有上下限，这是与不定积分不同的地方，所以处理好积分限，常可以使计算更为简便. 这就是本节的重要问题——定积分的换元积分法和分部积分法.

一、定积分的换元积分法

定理 4.3.1　若函数 $f(x)$ 在区间$[a,b]$上连续，变换 $x=\varphi(t)$ 满足

(1) $\varphi(\alpha)=a$，$\varphi(\beta)=b$；

(2) $x=\varphi(t)$ 在区间$[\alpha,\beta]$上单调且有连续导数；

(3) 当 t 在 $[\alpha,\beta]$（或 $[\beta,\alpha]$）上变化时，$x=\varphi(t)$ 在$[a,b]$上变化；

则
$$\int_{a}^{b}f(x)\mathrm{d}x=\int_{\alpha}^{\beta}f[\varphi(t)]\varphi'(t)\mathrm{d}t.$$

证明　因 $f(x)$ 在$[a,b]$上连续，所以 $f(x)$ 在$[a,b]$上的原函数存在，设为 $F(x)$，有 $\int_{a}^{b}f(x)\mathrm{d}x=F(x)\Big|_{a}^{b}=F(b)-F(a)$. 由于 $x=\varphi(t)$ 在区间$[\alpha,\beta]$上单调，故 $a\leqslant\varphi(t)\leqslant b$，从而复合函数 $f[\varphi(t)]$ 在$[\alpha,\beta]$有定义，并有

$$\frac{\mathrm{d}}{\mathrm{d}t}F[\varphi(t)] = F'[\varphi(t)]\varphi'(t) = f[\varphi(t)]\varphi'(t),$$

且 $f[\varphi(t)]\varphi'(t)$ 在 $[\alpha,\beta]$ 上连续. 按牛顿—莱布尼兹公式有

$$\int_{\alpha}^{\beta} f[\varphi(t)]\varphi'(t)\mathrm{d}t = F[\varphi(t)]\Big|_{\alpha}^{\beta} = F[\varphi(\beta)] - F[\varphi(\alpha)] = F(b) - F(a),$$

所以
$$\int_a^b f(x)\mathrm{d}x = \int_{\alpha}^{\beta} f[\varphi(t)]\varphi'(t)\mathrm{d}t.$$

上式称为定积分的换元公式，应用时要注意“换元同时换限”，以及 α 不一定小于 β.

【例 4-19】 求 $\int_{-1}^{1}\frac{x\mathrm{d}x}{\sqrt{5-4x}}$.

解 令 $\sqrt{5-4x} = t \Rightarrow x = \frac{1}{4}(5-t^2)$, $\mathrm{d}x = -\frac{1}{2}t\mathrm{d}t$. 当 $a=-1$ 时 $\alpha=3$;当 $b=1$ 时,$\beta=1$.

$$\int_{-1}^{1}\frac{x\mathrm{d}x}{\sqrt{5-4x}} = \int_3^1 \frac{5-t^2}{4}\frac{1}{t}\left(-\frac{1}{2}t\mathrm{d}t\right) = \frac{1}{8}\int_3^1 (t^2-5)\mathrm{d}t = \frac{1}{8}\left(\frac{t^3}{3}-5t\right)\Big|_3^1$$
$$= \frac{1}{8}\left[\left(\frac{1}{3}-5\right)-(9-15)\right] = \frac{1}{8}\times\frac{4}{3} = \frac{1}{6}.$$

说明 (1) 由于存在反函数的连续函数一定单调，作定积分换元时，通常只写出它的反函数，不再检验其单调性.

(2) 不定积分的换元法与定积分的换元法区别在于：不定积分的换元法在于求得关于新变量 t 的积分后，必须回代原变量 x；而定积分换元法在于“换元同时换限”，积分变量由 x 换成 t 的同时，积分限 $x=a$，$x=b$ 相应地换成 $t=\alpha$，$t=\beta$，直接用 t 的下限 α 和上限 β 代入计算定积分的值，而不回代原变量，并且 α 不一定小于 β.

【例 4-20】 求 $\int_{\ln 3}^{\ln 8}\sqrt{1+\mathrm{e}^x}\mathrm{d}x$.

解 令 $\sqrt{1+\mathrm{e}^x} = t \Rightarrow x = \ln(t^2-1)$, $\mathrm{d}x = \frac{2t\mathrm{d}t}{t^2-1}$. 当 $x\in[\ln 3,\ln 8]$ 时,则 $t\in[2,3]$.

$$\int_{\ln 3}^{\ln 8}\sqrt{1+\mathrm{e}^x}\mathrm{d}x = \int_2^3 t\cdot\frac{2t}{t^2-1}\mathrm{d}t = 2\int_2^3\frac{t^2}{t^2-1}\mathrm{d}t = 2\int_2^3\frac{t^2-1+1}{t^2-1}\mathrm{d}t = 2\int_2^3\left(1+\frac{1}{t^2-1}\right)\mathrm{d}t$$
$$= 2\left(x\Big|_2^3 + \int_2^3\frac{1}{t^2-1}\mathrm{d}t\right) = 2\left[1+\frac{1}{2}\int_2^3\left(\frac{1}{t-1}-\frac{1}{t+1}\right)\mathrm{d}t\right]$$
$$= 2+\int_2^3\left(\frac{1}{t-1}-\frac{1}{t+1}\right)\mathrm{d}t = 2+\Big[\ln(t-1)-\ln(t+1)\Big]_2^3$$
$$= 2+\left[\ln\frac{t-1}{t+1}\right]_2^3 = 2+\ln\frac{3}{2}.$$

【例 4-21】 求 $\int_0^a\sqrt{a^2-x^2}\mathrm{d}x\quad(a>0)$.

解 令 $x=a\sin t$, 则 $\mathrm{d}x = a\cos t\mathrm{d}t$, 并且 $x\in[0,a]$ 时 $t\in\left[0,\frac{\pi}{2}\right]$.

$$\text{原式} = \int_0^a\sqrt{a^2-x^2}\mathrm{d}x = a\int_0^{\frac{\pi}{2}} a\sqrt{1-\sin^2 t}\cos t\mathrm{d}t = a^2\int_0^{\frac{\pi}{2}}\cos^2 t\mathrm{d}t$$
$$= \frac{a^2}{2}\int_0^{\frac{\pi}{2}}(1+\cos 2t)\mathrm{d}t = \frac{a^2}{2}\left(t+\frac{1}{2}\sin 2t\right)_0^{\frac{\pi}{2}}$$

$$=\frac{a^2}{2}\left[\left(\frac{\pi}{2}+\frac{1}{2}\sin\pi\right)-(0+0)\right]$$

$$=\frac{\pi a^2}{4}\text{（见图 4-12）}$$

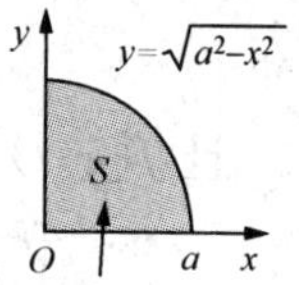

图 4-12

【例 4-22】 求$\int_0^1 x^2\sqrt{1-x^2}\,\mathrm{d}x$.

解 令$x=\sin t$，则$\mathrm{d}x=\cos t\mathrm{d}t$. 当$x\in[0,1]$时，则$t\in\left[0,\frac{\pi}{2}\right]$.

$$\int_0^1 x^2\sqrt{1-x^2}\,\mathrm{d}x=\int_0^{\frac{\pi}{2}}\sin^2 t\sqrt{1-\sin^2 t}\cos t\mathrm{d}t=\int_0^{\frac{\pi}{2}}\sin^2 t\cos^2 t\mathrm{d}t=\frac{1}{4}\int_0^{\frac{\pi}{2}}\sin^2 2t\mathrm{d}t$$

$$=\frac{1}{8}\int_0^{\frac{\pi}{2}}(1-\cos 4t)\mathrm{d}t=\frac{1}{8}\left(t-\frac{1}{4}\sin 4t\right)\Big|_0^{\frac{\pi}{2}}$$

$$=\frac{1}{8}\left[\left(\frac{\pi}{2}-\frac{1}{4}\sin 2\pi\right)-\left(0-\frac{1}{4}\sin 0\right)\right]=\frac{1}{8}\times\frac{\pi}{2}=\frac{\pi}{16}.$$

【例 4-23】 求$\int_{\sqrt{2}}^2\frac{\mathrm{d}x}{x\sqrt{x^2-1}}$.

解 令$x=\sec t\quad\left(0<t<\frac{\pi}{2}\right)$，则$\mathrm{d}x=\sec t\tan t\mathrm{d}t$. 当$x\in[\sqrt{2},2]$时，$t\in\left[\frac{\pi}{4},\frac{\pi}{3}\right]$.

$$\int_{\sqrt{2}}^2\frac{\mathrm{d}x}{x\sqrt{x^2-1}}=\int_{\frac{\pi}{4}}^{\frac{\pi}{3}}\frac{\sec t\tan t\mathrm{d}t}{\sec t\sqrt{\sec^2 t-1}}=\int_{\frac{\pi}{4}}^{\frac{\pi}{3}}\mathrm{d}t=\frac{\pi}{3}-\frac{\pi}{4}=\frac{\pi}{12}.$$

【例 4-24】 设$f(x)=\begin{cases}1+x^2 & x\leqslant 0\\ \mathrm{e}^x & x>0\end{cases}$ 求$\int_1^3 f(x-2)\mathrm{d}x$.

解 令$x-2=t$，则$f(x-2)=f(t)$，$\mathrm{d}x=\mathrm{d}(t+2)=\mathrm{d}t$；当$x\in[1,3]$时，$t\in[-1,1]$.

$$\int_1^3 f(x-2)\mathrm{d}x=\int_{-1}^1 f(t)\mathrm{d}t=\int_{-1}^0 f(t)\mathrm{d}t+\int_0^1 f(t)\mathrm{d}t$$

$$=\int_{-1}^0(1+x^2)\mathrm{d}x+\int_0^1\mathrm{e}^x\mathrm{d}x=\left(x+\frac{1}{3}x^3\right)\Big|_{-1}^0+\mathrm{e}^x\Big|_0^1$$

$$=\left[0-\left(-1-\frac{1}{3}\right)\right]+(\mathrm{e}-\mathrm{e}^0)=\frac{4}{3}+\mathrm{e}-1=\frac{1}{3}+\mathrm{e}.$$

换元公式也可反过来使用，即$\int_a^b f[\varphi(x)]\varphi'(x)\mathrm{d}x=\int_\alpha^\beta f(t)\mathrm{d}t$，其中$t=\varphi(x)$，$\alpha=\varphi(a)$，$\beta=\varphi(b)$. 这时通常不写出中间变量$t$，而写作$\int_a^b f[\varphi(x)]\varphi'(x)\mathrm{d}x=\int_a^b f[\varphi(x)]\mathrm{d}\varphi(x)$，这时积分限不作变更，这种方法对应于不定积分中的第一换元法（凑微分法）.

【例 4-25】 计算$\int_0^1(2x-1)^{100}\mathrm{d}x$.

解 $$\int_0^1(2x-1)^{100}\mathrm{d}x=\frac{1}{2}\int_0^1(2x-1)^{100}\mathrm{d}(2x-1)=\frac{1}{2}\times\frac{1}{100+1}(2x-1)^{100+1}\Big|_0^1$$

$$=\frac{1}{202}[1^{101}-(-1)^{101}]=\frac{1}{101}.$$

二、定积分的分部积分法

设$u=u(x)$，$v=v(x)$，在$[a,b]$上具有连续导数，由微分法得：$\mathrm{d}(uv)=u\mathrm{d}v+v\mathrm{d}u$，移项

$u\mathrm{d}v = \mathrm{d}(uv) - v\mathrm{d}u$. 两边在$[a,b]$上求定积分，得

$$\int_a^b u\mathrm{d}v = \int_a^b \mathrm{d}(uv) - \int_a^b v\mathrm{d}u = \Big[uv\Big]_a^b - \int_a^b v\mathrm{d}u = u(x)v(x)\Big|_a^b - \int_a^b v(x)u'(x)\mathrm{d}x.$$

这就是定积分的分部积分公式，它的简便之处在于把积分出来的部分项代上积分上下限，先求得数值，积出一步代一步，不必等到最后一起代，使运算逐步化简.

【例 4-26】 求$\int_1^4 \frac{\ln x}{\sqrt{x}}\mathrm{d}x$.

解
$$\begin{aligned}\int_1^4 \frac{\ln x}{\sqrt{x}}\mathrm{d}x &= 2\int_1^4 \ln x\mathrm{d}\sqrt{x} = (2\sqrt{x}\ln x)\Big|_1^4 - 2\int_1^4 \sqrt{x}\mathrm{d}\ln x \\ &= (2\sqrt{4}\ln 4 - 2\times 1\times \ln 1) - 2\int_1^4 \frac{\sqrt{x}}{x}\mathrm{d}x = 4\ln 4 - 2\int_1^4 \frac{1}{\sqrt{x}}\mathrm{d}x \\ &= 4\ln 4 - 4\sqrt{x}\Big|_1^4 = 4\ln 4 - (4\sqrt{4} - 4\sqrt{1}) = 8\ln 2 - 4.\end{aligned}$$

【例 4-27】 求$\int_0^1 \ln(x+\sqrt{x^2+1})\mathrm{d}x$.

解
$$\begin{aligned}\int_0^1 \ln(x+\sqrt{x^2+1})\mathrm{d}x &= \Big[x\ln(x+\sqrt{x^2+1})\Big]_0^1 - \int_0^1 x\mathrm{d}\ln(x+\sqrt{x^2+1}) \\ &= \ln(1+\sqrt{2}) - \int_0^1 x\frac{1}{x+\sqrt{x^2+1}}\left(1+\frac{2x}{2\sqrt{x^2+1}}\right)\mathrm{d}x \\ &= \ln(1+\sqrt{2}) - \int_0^1 \frac{x\mathrm{d}x}{\sqrt{x^2+1}} \\ &= \ln(1+\sqrt{2}) - \frac{1}{2}\int (x^2+1)^{-\frac{1}{2}}\mathrm{d}(x^2+1) \\ &= \ln(1+\sqrt{2}) - \sqrt{x^2+1}\Big|_0^1 = \ln(1+\sqrt{2}) - \sqrt{2} + 1.\end{aligned}$$

【例 4-28】 计算$\int_0^1 (\arcsin x)^3\mathrm{d}x$.

解 先用换元法，令$\arcsin x = t$ 则$x = \sin t$，$\mathrm{d}x = \cos t\mathrm{d}t$. 当$x\in[0,1]$时，$t\in\left[0,\frac{\pi}{2}\right]$.
再用分部积分法

$$\begin{aligned}\int_0^1 (\arcsin x)^3\mathrm{d}x &= \int_0^{\frac{\pi}{2}} t^3\cos t\mathrm{d}t = \int_0^{\frac{\pi}{2}} t^3\mathrm{d}\sin t = t^3\sin t\Big|_0^{\frac{\pi}{2}} - \int_0^{\frac{\pi}{2}} \sin t\mathrm{d}t^3 = \frac{\pi^3}{8} - 3\int_0^{\frac{\pi}{2}} t^2\sin t\mathrm{d}t \\ &= \frac{\pi^3}{8} + 3\int_0^{\frac{\pi}{2}} t^2\mathrm{d}\cos t = \frac{\pi^3}{8} + 3\left(t^2\cos t\Big|_0^{\frac{\pi}{2}} - \int_0^{\frac{\pi}{2}} \cos t\mathrm{d}t^2\right) \\ &= \frac{\pi^3}{8} + 3\left(0 - 2\int_0^{\frac{\pi}{2}} t\cos t\mathrm{d}t\right) = \frac{\pi^3}{8} - 6\int_0^{\frac{\pi}{2}} t\mathrm{d}\sin t \\ &= \frac{\pi^3}{8} - 6\left(t\sin t\Big|_0^{\frac{\pi}{2}} - \int_0^{\frac{\pi}{2}} \sin t\mathrm{d}t\right) \\ &= \frac{\pi^3}{8} - 6\left(\frac{\pi}{2} + \cos t\Big|_0^{\frac{\pi}{2}}\right) = \frac{\pi^3}{8} - 3\pi + 6.\end{aligned}$$

三、定积分的几个常用公式

1. $f(x)$ 在区间$[a,-a]$上的积分

设 $f(x)$ 在关于原点对称的区间 $[a,-a]$ 上可积，则

(1) $\int_{-a}^{a} f(x)\mathrm{d}x = \int_{0}^{a}[f(x)+f(-x)]\mathrm{d}x$；

(2) 当 $f(x)$ 为奇函数时，$\int_{-a}^{a} f(x)\mathrm{d}x = 0$；

(3) 当 $f(x)$ 为偶函数时，$\int_{-a}^{a} f(x)\mathrm{d}x = 2\int_{0}^{a} f(x)\mathrm{d}x$.

以上公式简称为“偶倍奇零”.

证明 由定积分区间的可加性 $\int_{-a}^{a} f(x)\mathrm{d}x = \int_{-a}^{0} f(x)\mathrm{d}x + \int_{0}^{a} f(x)\mathrm{d}x$，对第一个积分.令$x=-t$，则 $\mathrm{d}x=-\mathrm{d}t$.

当 $x\in[-a,0]$ 时，$t\in[a,0]$. 于是有

$$\int_{-a}^{0} f(x)\mathrm{d}x = \int_{a}^{0} f(-t)(-\mathrm{d}t) = \int_{0}^{a} f(-t)\mathrm{d}t = \int_{0}^{a} f(-x)\mathrm{d}x.$$

从而 $\int_{-a}^{a} f(x)\mathrm{d}x = \int_{0}^{a} f(-x)\mathrm{d}x + \int_{0}^{a} f(x)\mathrm{d}x = \int_{0}^{a}[f(x)+f(-x)]\mathrm{d}x.$

当 $f(x)$ 为奇函数时，$f(-x)+f(x)=-f(x)+f(x)=0$ 因此$\int_{-a}^{a} f(x)\mathrm{d}x = 0$.

当 $f(x)$ 为偶函数时，$f(-x)+f(x)=f(x)+f(x)=2f(x)$，所以$\int_{-a}^{a} f(x)\mathrm{d}x = 2\int_{0}^{a} f(x)\mathrm{d}x$.

【例 4-29】 求$\int_{-\frac{\pi}{2}}^{\frac{\pi}{2}} \frac{x+\cos x}{1+\sin^2 x}\mathrm{d}x$.

解 令 $f_1(x)=\frac{x}{1+\sin^2 x}$，$f_2(x)=\frac{\cos x}{1+\sin^2 x}$.

因为 $f_1(-x)=\frac{-x}{1+\sin^2(-x)}=\frac{-x}{1+\sin^2 x}=-f_1(x)$，为奇函数.

$f_2(-x)=\frac{\cos(-x)}{1+\sin^2(-x)}=\frac{\cos x}{1+\sin^2 x}=f_2(x)$，为偶函数.

积分区间$\left[-\frac{\pi}{2},\frac{\pi}{2}\right]$关于原点对称，因此有

$$\int_{-\frac{\pi}{2}}^{\frac{\pi}{2}} \frac{x+\cos x}{1+\sin^2 x}\mathrm{d}x = \int_{-\frac{\pi}{2}}^{\frac{\pi}{2}} \frac{x\mathrm{d}x}{1+\sin^2 x} + \int_{-\frac{\pi}{2}}^{\frac{\pi}{2}} \frac{\cos x\mathrm{d}x}{1+\sin^2 x} = 0 + 2\int_{0}^{\frac{\pi}{2}} \frac{\cos x\mathrm{d}x}{1+\sin^2 x}$$

$$= 2\int_{0}^{\frac{\pi}{2}} \frac{\mathrm{d}\sin x}{1+\sin^2 x} = 2\arctan(\sin x)\Big|_{0}^{\frac{\pi}{2}} = 2\arctan 1 = 2\times\frac{\pi}{4} = \frac{\pi}{2}.$$

【例 4-30】 求$\int_{-3}^{3} \frac{x+|x|}{2+x^2}\mathrm{d}x$.

解

$$\int_{-3}^{3} \frac{x+|x|}{2+x^2}\mathrm{d}x = \int_{-3}^{3} \frac{x}{2+x^2}\mathrm{d}x + \int_{-3}^{3} \frac{|x|}{2+x^2}\mathrm{d}x = 0 + 2\int_{0}^{3} \frac{|x|}{2+x^2}\mathrm{d}x$$

$$= \int_{0}^{3} \frac{1}{2+x^2}\mathrm{d}(2+x^2) = \ln\left(2+x^2\right)\Big|_{0}^{3} = \ln 11 - \ln 2 = \ln\frac{11}{2}.$$

【例 4-31】 求$\int_{-2}^{2}\mathrm{Max}(x,x^2)\mathrm{d}x$.

解 函数$\mathrm{Max}(x,x^2)$取决于x的取值范围：当$|x|<1$时，$\mathrm{Max}(x,x^2)=x$；当$|x|>1$时，$\mathrm{Max}(x,x^2)=x^2$.

$$\text{原式}=\int_{-2}^{-1}x^2\mathrm{d}x+\int_{-1}^{1}x\mathrm{d}x+\int_{1}^{2}x^2\mathrm{d}x=\frac{1}{3}x^3\Big|_{-2}^{-1}+0+\frac{1}{3}x^3\Big|_{1}^{2}$$

$$=\left[-\frac{1}{3}+\frac{8}{3}\right]+\left[\frac{8}{3}-\frac{1}{3}\right]=\frac{14}{3}.$$

2. $\sin^n x$，$\cos^n x$ 在$\left[0,\frac{\pi}{2}\right]$上的积分

$$\int_0^{\frac{\pi}{2}}\sin^n x\mathrm{d}x=\int_0^{\frac{\pi}{2}}\cos^n x\mathrm{d}x=\begin{cases}\dfrac{n-1}{n}\cdot\dfrac{n-3}{n-2}\cdots\dfrac{2}{3}\cdot 1 & x\in 2n-1,\quad n>1\\ \dfrac{n-1}{n}\cdot\dfrac{n-3}{n-2}\cdots\dfrac{1}{2}\cdot\dfrac{\pi}{2} & x\in 2n,\quad n>1\end{cases}.$$

证明 设$I_n=\int_0^{\frac{\pi}{2}}\sin^n x\mathrm{d}x$，由分部积分法得

$$I_n=\int_0^{\frac{\pi}{2}}\sin^n x\mathrm{d}x=\int_0^{\frac{\pi}{2}}\sin^{n-1}x\sin x\mathrm{d}x=-\int_0^{\frac{\pi}{2}}\sin^{n-1}x\mathrm{d}\cos x$$

$$=-\left[\sin^{n-1}x\cos x\right]\Big|_0^{\frac{\pi}{2}}+\int_0^{\frac{\pi}{2}}\cos x\mathrm{d}\sin^{n-1}x=0+\int_0^{\frac{\pi}{2}}(n-1)\sin^{n-2}x\cos x\cdot\cos x\mathrm{d}x$$

$$=(n-1)\int_0^{\frac{\pi}{2}}\sin^{n-2}x\cos^2 x\mathrm{d}x=(n-1)\int_0^{\frac{\pi}{2}}\sin^{n-2}x(1-\sin^2 x)\mathrm{d}x$$

$$=(n-1)\int_0^{\frac{\pi}{2}}\sin^{n-2}x\mathrm{d}x-(n-1)\int_0^{\frac{\pi}{2}}\sin^n x\mathrm{d}x$$

$$=(n-1)I_{n-2}-(n-1)I_n.$$

移项解方程得$I_n=\dfrac{n-1}{n}I_{n-2}$，这是递推公式. 重复使用可得

$$I_n=\begin{cases}\dfrac{n-1}{n}\cdot\dfrac{n-3}{n-2}\cdots\dfrac{2}{3}\cdot I_1 & n\text{为奇数}\\ \dfrac{n-1}{n}\cdot\dfrac{n-3}{n-2}\cdots\dfrac{1}{2}\cdot I_0 & n\text{为偶数}\end{cases}.$$

而$I_0=\int_0^{\frac{\pi}{2}}\sin^0 x\mathrm{d}x=\int_0^{\frac{\pi}{2}}\mathrm{d}x=\frac{\pi}{2}$，$I_1=\int_0^{\frac{\pi}{2}}\sin x\mathrm{d}x=-\cos x\Big|_0^{\frac{\pi}{2}}=1$.

对于$\int_0^{\frac{\pi}{2}}\cos^n x\mathrm{d}x$可令$x=\frac{\pi}{2}-t$，则$\mathrm{d}x=-\mathrm{d}t$. 当$x$取0、1时，$t$取$\frac{\pi}{2}$、0，于是有

$$\int_0^{\frac{\pi}{2}}\cos^n x\mathrm{d}x=\int_{\frac{\pi}{2}}^{0}\sin^n t(-\mathrm{d}t)=\int_0^{\frac{\pi}{2}}\sin^n x\mathrm{d}x.$$

从而问题得证.

【例 4-32】 求$\int_0^1(1-x^2)^2\sqrt{1-x^2}\mathrm{d}x$.

解 先用换元法再用递推公式，令$x=\sin t$则$\mathrm{d}x=\cos t\mathrm{d}t$. 当$x\in[0,1]$时，$t\in\left[0,\frac{\pi}{2}\right]$.

$$\int_0^1 (1-x^2)^2\sqrt{1-x^2}\,dx = \int_0^{\frac{\pi}{2}} (1-\sin^2 t)^2\sqrt{1-\sin^2 t}\cos t\,dt$$

$$= \int_0^{\frac{\pi}{2}} \cos^6 t\,dt = \frac{5}{6}\cdot\frac{3}{4}\cdot\frac{1}{2}\cdot\frac{\pi}{2} = \frac{15\pi}{96}.$$

习题 4-3

A 组

1. 用换元法求下列定积分.

(1) $\int_0^1 \sqrt{4+5x}\,dx$；(2) $\int_4^9 \frac{\sqrt{x}}{\sqrt{x}-1}dx$；(3) $\int_0^1 \frac{dx}{\sqrt{4+5x}-1}$；

(4) $\int_0^2 \sqrt{4-x^2}\,dx$；(5) $\int_{-\frac{\sqrt{2}}{2}}^0 \frac{x+1}{\sqrt{1-x^2}}dx$；(6) $\int_0^4 \sqrt{x^2+9}\,dx$；

(7) $\int_{-\frac{1}{2}}^{\frac{1}{2}} \frac{x^2}{\sqrt{1-x^2}}dx$；(8) $\int_{\sqrt{2}}^2 \frac{dx}{\sqrt{x^2-1}}$；(9) $\int_1^{\sqrt{3}} \frac{dx}{x^2\sqrt{1+x^2}}$；

(10) $\int_1^{\sqrt{2}} \frac{\sqrt{x^2-1}}{x}dx$；(11) $\int_0^2 \frac{dx}{\sqrt{1+2x^2}}$；(12) $\int_0^2 \frac{x\,dx}{(3-x)^7}$.

2. 用分部积分法求下列定积分.

(1) $\int_0^{\pi} x\sin x\,dx$；(2) $\int_0^1 xe^x\,dx$；(3) $\int_1^2 (x-1)\ln x\,dx$；

(4) $\int_0^1 \arctan\sqrt{x}\,dx$；(5) $\int_0^1 x^2e^{2x}\,dx$；(6) $\int_0^1 e^x\sin x\,dx$；

(7) $\int_0^{\frac{\pi}{4}} \frac{x\,dx}{\cos^2 x}$；(8) $\int_0^1 \frac{xe^x}{(1+x)^2}dx$.

3. 求下列定积分.

(1) $\int_{-1}^1 (x^3-x+1)\sin^2 x\,dx$；(2) $\int_{-1}^1 (x+\sqrt{1-x^2})^2\,dx$；(3) $\int_1^2 \frac{e^{\frac{1}{x}}}{x^2}dx$；

(4) $\int_1^e \ln^3 x\,dx$；(5) $\int_{-3}^3 \frac{x\cos x}{2x^4+x^2+1}dx$；(6) $\int_{-\frac{1}{2}}^{\frac{1}{2}} \frac{x\arcsin x}{\sqrt{1-x^2}}dx$；

(7) $\int_0^{\frac{\sqrt{3}}{2}} (\arcsin x)^2\,dx$；(8) $\int_0^1 \frac{dx}{x^2-x-2}$.

B 组

1. 计算下列定积分.

(1) $\int_{-1}^1 \frac{x\,dx}{\sqrt{5-4x}}$；(2) $\int_{\frac{1}{\sqrt{2}}}^1 \frac{\sqrt{1-x^2}}{x^2}dx$；(3) $\int_0^2 \frac{dx}{\sqrt{x+1}+\sqrt{(x+1)^3}}$；

(4) $\int_{-1}^1 \frac{dx}{(1+x^2)^2}$；(5) $\int_{-3}^{-1} \frac{dx}{x^2+4x+5}$；(6) $\int_0^{\pi} (1-\sin^3\theta)\,d\theta$；

(7) $\int_0^1 \frac{dx}{e^x + e^{-x}}$；　(8) $\int_0^{\frac{\pi}{2}} \frac{dx}{2+\sin x}$.

2. 计算下列定积分.

(1) $\int_{-\pi}^{\pi} x^6 \sin x dx$；　(2) $\int_{-\frac{\pi}{3}}^{\frac{\pi}{3}} \frac{x dx}{1+\cos x}$；　(3) $\int_{-\frac{\pi}{2}}^{\frac{\pi}{2}} \cos^5 x dx$；

(4) $\int_{\frac{\pi}{4}}^{\frac{\pi}{2}} \sin^8 x dx$；　(5) $\int_{-\pi}^{\pi} x \sin^7 x dx$.

3. 计算下列定积分.

(1) $\int_{\frac{1}{e}}^{e} |\ln x| dx$；　(2) $\int_0^{\frac{\pi}{2}} e^{2x} \cos x dx$；

(3) $\int_{\frac{\pi}{4}}^{\frac{\pi}{3}} \frac{x dx}{\sin^2 x}$；　(4) $\int_0^{(\frac{\pi}{2})^2} \cos\sqrt{x} dx$.

第四节　广　义　积　分

【学习目标】

1. 理解广义积分的定义.
2. 掌握无限区间广义积分的求法.
3. 了解无界函数广义积分的求法.

定义定积分 $\int_a^b f(x)dx$ 时有两个条件：①积分区间 $[a,b]$ 为有限区间（底边宽度有限）；②被积函数 $f(x)$ 在积分区间 $[a,b]$ 上有界（高度有限）. 然而在实际中，往往会遇到不满足上述条件的情形，例如火箭发射到远离地球的太空中去，要计算克服地心引力所作的功，这就需要考虑积分区间为无限的积分. 因此有必要推广定积分的概念，即讨论积分区间为无限、或被积函数在积分区间上无界的情形. 前者称为无穷区间的积分，后者称为无界函数的积分，两者统称为广义积分，相对地把前面讨论的定积分称为常义积分.

一、无穷区间上的广义积分

先看一个例子，求曲线 $y=e^{-x}$，y 轴及 x 轴所围成的开口曲边梯形的面积. 如果把开口曲边梯形的面积，按定积分的几何意义那样表示为：$A=\int_0^{+\infty} f(x)dx=\int_0^{+\infty} e^{-x}dx$.

然而这个积分已不是通常意义的定积分了，因为它的积分区间是无限的，怎样计算呢？任取实数 $b>0$，在有限区间 $[0,b]$ 上，以曲线 $y=e^{-x}$ 为曲边梯形的面积为

$$\int_a^b f(x)dx=\int_0^b e^{-x}dx=-e^{-x}\Big|_0^b=1-\frac{1}{e^b}.$$

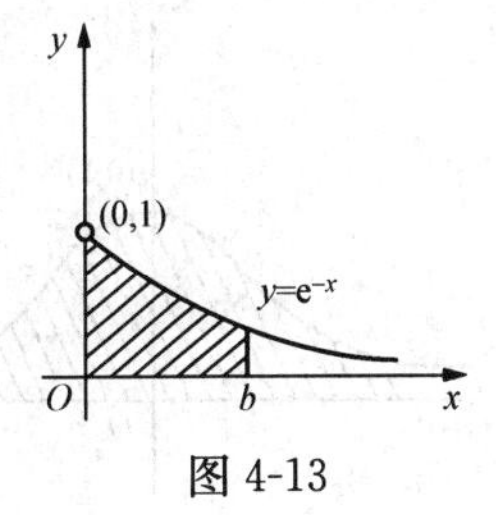

图 4-13

如图 4-13 中阴影部分所示，当 $b\to+\infty$ 时，阴影部分曲边梯形的面积的极限就是开口曲边梯形的面积的精确值，即 $A=\lim\limits_{b\to+\infty}\int_0^b e^{-x}dx$

$= \lim\limits_{b\to+\infty}\left(1-\dfrac{1}{e^b}\right)=1$.

定义 4.4.1 设 $f(x)$ 是定义在区间 $[a,+\infty)$ 上的连续函数，对任意的 $t>a$，如果极限 $\lim\limits_{t\to+\infty}\int_a^t f(x)\mathrm{d}x$ 存在，则称此极限值为函数 $f(x)$ 在无限区间 $[a,+\infty)$ 上的广义积分，记为 $\int_a^{+\infty} f(x)\mathrm{d}x$，即 $\int_a^{+\infty} f(x)\mathrm{d}x = \lim\limits_{t\to+\infty}\int_a^t f(x)\mathrm{d}x$.

此时也称广义积分 $\int_a^{+\infty} f(x)\mathrm{d}x$ 收敛．若上述极限不存在则称广义积分 $\int_a^{+\infty} f(x)\mathrm{d}x$ 发散.

由于 $\lim\limits_{t\to+\infty}\int_a^t f(x)\mathrm{d}x = \lim\limits_{x\to+\infty}\int_a^x f(t)\mathrm{d}t$ 在被积函数 $f(x)$ 连续的条件下，$\int_a^x f(t)\mathrm{d}t$ 是 $f(x)$ 的一个原函数，因此广义积分 $\int_a^{+\infty} f(x)\mathrm{d}x$ 就是原函数 $\int_a^x f(t)\mathrm{d}t$ 当 $x\to+\infty$ 时的极限.

类似地，如果 $f(x)$ 在 $(-\infty,b]$ 连续，则定义 $f(x)$ 在 $(-\infty,b]$ 的广义积分为

$$\int_{-\infty}^{b} f(x)\mathrm{d}x = \lim_{t\to-\infty}\int_t^b f(x)\mathrm{d}x.$$

如果 $f(x)$ 在 $(-\infty,+\infty)$ 内连续，且广义积分 $\int_{-\infty}^{0} f(x)\mathrm{d}x$ 及 $\int_0^{+\infty} f(x)\mathrm{d}x$ 都收敛，则定义 $f(x)$ 在 $(-\infty,+\infty)$ 上的广义积分为 $\int_{-\infty}^{+\infty} f(x)\mathrm{d}x = \int_{-\infty}^{0} f(x)\mathrm{d}x + \int_0^{+\infty} f(x)\mathrm{d}x$.

如果广义积分 $\int_{-\infty}^{0} f(x)\mathrm{d}x$ 及 $\int_0^{+\infty} f(x)\mathrm{d}x$ 中有一个发散，则广义积分 $\int_{-\infty}^{+\infty} f(x)\mathrm{d}x$ 发散.

设 $F(x)$ 是 $f(x)$ 的一个原函数，则 $\int_a^x f(t)\mathrm{d}t = F(x)-F(a)$，记 $F(+\infty)=\lim\limits_{x\to+\infty}F(x)$，$F(-\infty)=\lim\limits_{x\to-\infty}F(x)$，于是三种无限区间的广义积分可表示为

$$\int_a^{+\infty} f(x)\mathrm{d}x = F(+\infty)-F(a) = F(x)\Big|_a^{+\infty};$$

$$\int_{-\infty}^{b} f(x)\mathrm{d}x = F(b)-F(-\infty) = F(x)\Big|_{-\infty}^{b};$$

$$\int_{-\infty}^{+\infty} f(x)\mathrm{d}x = F(+\infty)-F(-\infty) = F(x)\Big|_{-\infty}^{+\infty}.$$

从形式上看与牛顿—莱布尼兹公式相似，但 $F(+\infty)$，$F(-\infty)$ 是极限，广义积分是否收敛，取决于这些极限是否存在．无限区间上的广义积分也称为第一类广义积分.

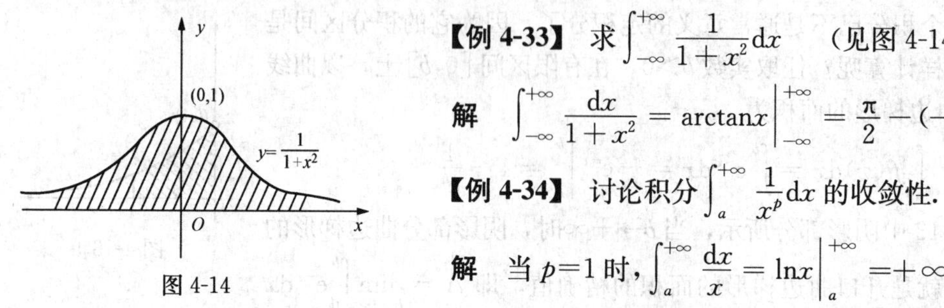

图 4-14

【例 4-33】 求 $\int_{-\infty}^{+\infty}\dfrac{1}{1+x^2}\mathrm{d}x$　（见图 4-14）.

解 $\int_{-\infty}^{+\infty}\dfrac{\mathrm{d}x}{1+x^2} = \arctan x\Big|_{-\infty}^{+\infty} = \dfrac{\pi}{2}-\left(-\dfrac{\pi}{2}\right)=\pi$.

【例 4-34】 讨论积分 $\int_a^{+\infty}\dfrac{1}{x^p}\mathrm{d}x$ 的收敛性.

解 当 $p=1$ 时，$\int_a^{+\infty}\dfrac{\mathrm{d}x}{x} = \ln x\Big|_a^{+\infty} = +\infty$.

当 $p\neq 1$ 时，$\int_a^{+\infty}\frac{dx}{x^p}=\frac{1}{-p+1}x^{-p+1}\Big|_a^{+\infty}=\lim\limits_{x\to+\infty}\frac{1}{1-p}x^{1-p}-\frac{1}{1-p}a^{1-p}=\begin{cases}\frac{a^{1-p}}{p-1} & p>1\\ +\infty & p<1\end{cases}$.

因此广义积分 $\int_a^{+\infty}\frac{1}{x^p}dx$ 当 $p>1$ 时收敛，当 $p\leqslant 1$ 发散．这是一个较为重要的积分，在“工程数学”中无穷级数中将用到.

【例 4-35】 讨论第二宇宙速度.

解 使宇宙飞船脱离地球引力场所需要的速度叫第二宇宙速度.

先计算发射宇宙飞船过程克服地球引力所做的功．设地球质量为 M，飞船的质量为 m，地球的半径 $R=6371\text{km}$. 当飞船和地心的距离为 r 时，地球对飞船的引力是 $F=G\frac{Mm}{r^2}$（G 为引力常数）．要把飞船从地球表面发射到远离地心距离的 A 处，需要做功是 $W_A=\int_R^A G\frac{Mm}{r^2}dr=GMm\left(\frac{1}{R}-\frac{1}{A}\right)$，要使飞船脱离地球引力场，也就是把飞船射向无穷远，相当于 $A\to+\infty$的情况，因而做功的总量是

$$W=\int_R^{+\infty}\frac{GMm}{r^2}dr=\lim_{A\to+\infty}\int_R^A\frac{GMm}{r^2}dr=\lim_{A\to+\infty}GMm\left(\frac{1}{R}-\frac{1}{A}\right)=\frac{GMm}{R}.$$

由于物体在地球表面发射，地球对物体的引力 F 就是重力，即

$$mg=G\frac{Mm}{R^2}，于是\ mgR=\frac{GMm}{R}=W.$$

根据能量守恒定律，发射宇宙飞船所做的功，等于飞船飞行所具有的动能 $\frac{1}{2}mv^2$ 即

$$mgR=\frac{1}{2}mv^2.$$

解得 $v=\sqrt{2gR}\approx\sqrt{2\times 9.8\times 6371}\approx 11.2\text{km/s}$

这就是第二宇宙速度，可见无穷区间上的广义积分是很有用的.

二、无界函数的广义积分

另有一类积分，积分区间是有限的，但被积函数是无界的．例如在积分 $\int_0^1\frac{1}{\sqrt{x}}dx$ 中，当 $x\to 0^+$ 时，$\frac{1}{\sqrt{x}}\to+\infty$.

被积函数在 $x=0$ 附近是无界的．这种积分怎样计算呢？仿照无穷限积分的办法，函数在 $x=0$ 附近没有问题，先不从 0 积起，而是从 h（$h>0$）积到 1，然后再令 $h\to 0$，则

$$\int_0^1\frac{1}{\sqrt{x}}dx=\lim_{h\to 0^+}\int_h^1\frac{dx}{\sqrt{x}}=\lim_{h\to 0^+}2\sqrt{x}\Big|_h^1=\lim_{h\to 0^+}2(1-\sqrt{h})=2.$$

积分 $\int_0^1\frac{dx}{\sqrt{x}}$ 的几何意义是：在（0，1）区间上曲线 $y=\frac{1}{\sqrt{x}}=x^{-\frac{1}{2}}$ 与 x 轴之间的开口（在 y 轴附近）图形的面积.

定义 4.4.2 设函数 $f(x)$ 在区间$[a,b)$ 上连续，当 $x\to b^-$ 时，$f(x)\to\infty$，如果极限

$\lim\limits_{t\to b^-}\int_a^t f(x)\mathrm{d}x$ 存在，则称此极限为函数 $f(x)$ 在区间$[a, b)$ 上的广义积分，即 $\int_a^b f(x)\mathrm{d}x = \lim\limits_{t\to b^-}\int_a^t f(x)\mathrm{d}x$ ，这时也称广义积分 $\int_a^b f(x)\mathrm{d}x$ 收敛；如果极限 $\lim\limits_{t\to b^-}\int_a^t f(x)\mathrm{d}x$ 不存在，则称广义积分 $\int_a^b f(x)\mathrm{d}x$ 发散.

类似地，若 $f(x)$ 在$(a,b]$上连续，而 $\lim\limits_{x\to a+0} f(x)=\infty$ 则定义 $f(x)$ 在$(a,b]$上的广义积分为

$$\int_a^b f(x)\mathrm{d}x = \lim_{t\to a^+}\int_t^b f(x)\mathrm{d}x.$$

若 $f(x)$ 在$[a, c)$ 及$(c,b]$ 上连续，而 $\lim\limits_{x\to c} f(x)=\infty$ 且广义积分 $\int_a^c f(x)\mathrm{d}x$ 及 $\int_c^b f(x)\mathrm{d}x$ 都收敛，则广义积分收敛，且 $\int_a^b f(x)\mathrm{d}x=\int_a^c f(x)\mathrm{d}x+\int_c^b f(x)\mathrm{d}x$ ；如果广义积分 $\int_a^c f(x)\mathrm{d}x$ 及 $\int_c^b f(x)\mathrm{d}x$ 中有一个发散，则广义积分 $\int_a^b f(x)\mathrm{d}x$ 发散.

无界函数的广义积分又称为第二类广义积分.

设 $f(x)$ 在(a,b) 内连续，$F(x)$ 是 $f(x)$ 在(a,b) 内的一个原函数，$f(x)$ 在右端点 b 处无界时，$\int_a^b f(x)\mathrm{d}x = F(b-0)-F(a)$ ；$f(x)$ 在左端点 a 处无界时，$\int_a^b f(x)\mathrm{d}x = F(b)-F(a+0)$. 广义积分 $\int_a^b f(x)\mathrm{d}x$ 是否收敛，只要考察单侧极限 $F(b-0)$ 及 $F(a+0)$ 是否存在.

而 $f(x)$ 在(a,b) 内有无穷间断点 $x=c$ ，则应分别讨论广义积分 $\int_a^c f(x)\mathrm{d}x$，$\int_c^b f(x)\mathrm{d}x$ 的敛散性. 无穷间断点 $x=c$ 也称为瑕疵点，第二类广义积分也称为瑕积分.

【例 4-36】 求积分 $\int_0^1 \frac{\mathrm{d}x}{\sqrt{1-x^2}}$ （见图 4-15).

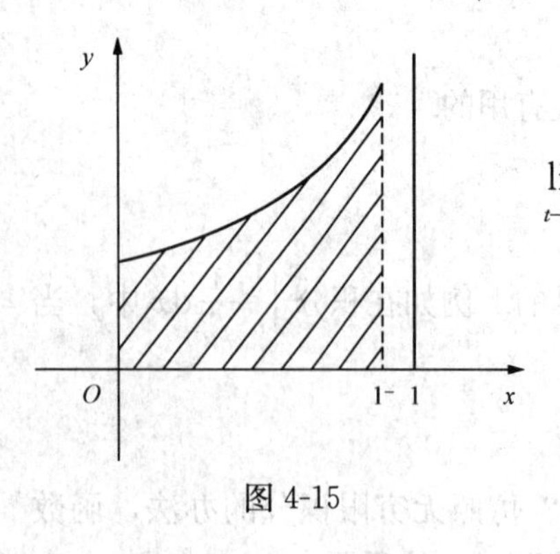

图 4-15

解 因为 $\lim\limits_{x\to 1^-}\frac{1}{\sqrt{1-x^2}}=\infty$，所以 $\int_0^1\frac{\mathrm{d}x}{\sqrt{1-x^2}} = \lim\limits_{t\to 1^-}\arcsin x\Big|_0^t = \arcsin 1 - 0 = \frac{\pi}{2}$.

【例 4-37】 讨论积分 $\int_0^1 \frac{1}{x^p}\mathrm{d}x$ 的收敛性.

解 当 $p=1$ 时，$\int_0^1\frac{\mathrm{d}x}{x} = \lim\limits_{t\to 0+0}\ln|x|\Big|_t^1 = +\infty$.

当 $p\neq 1$ 时，$\int_0^1\frac{\mathrm{d}x}{x^p} = \lim\limits_{t\to 0+0}\int_t^1\frac{\mathrm{d}x}{x^p} = \lim\limits_{t\to 0+0}\frac{1}{1-p}x^{1-p}\Big|_t^1 = \begin{cases}\frac{1}{1-p} & p<1\\ +\infty & p>1\end{cases}$.

综上所述，当 $p<1$ 时，广义积分收敛，其值为 $\frac{1}{1-p}$ ；当 $p\geqslant 1$ 时，广义积分发散.

【例 4-38】 讨论积分 $\int_0^{2a}\frac{1}{(x-a)^2}\mathrm{d}x$ 的收敛性.

解　因为 $\lim\limits_{x\to a}\dfrac{1}{(x-a)^2}=+\infty$ 是第二类广义积分，$\int_0^{2a}\dfrac{dx}{(x-a)^2}=\int_0^a\dfrac{dx}{(x-a)^2}+\int_a^{2a}\dfrac{dx}{(x-a)^2}$，

而积分　$\int_0^a\dfrac{dx}{(x-a)^2}=\lim\limits_{t\to a-0}\int_0^t\dfrac{dx}{(x-a)^2}=\lim\limits_{t\to a-0}\left(-\dfrac{1}{x-a}\right)\Bigg|_0^t=+\infty$，

所以广义积分 $\int_0^{2a}\dfrac{1}{(x-a)^2}dx$ 发散.

在计算广义积分时，也可用换元积分法和分部积分法.

【例 4-39】　求 $\int_1^{+\infty}\dfrac{1}{x\sqrt{1+x^2}}dx$.

解　令 $x=\tan t$，则 $t=\arctan x$，$dx=\sec^2 t dt$. 当 $x\in[1,+\infty]$ 时，$t\in\left[\dfrac{\pi}{4},\dfrac{\pi}{2}\right]$.

$$\int_1^{+\infty}\frac{dx}{x\sqrt{1+x^2}}=\int_{\frac{\pi}{4}}^{\frac{\pi}{2}}\frac{\sec^2 t dt}{\tan t\cdot\sec t}=\int_{\frac{\pi}{4}}^{\frac{\pi}{2}}\csc t dt=[\ln(\csc t-\cot)]_{\frac{\pi}{4}}^{\frac{\pi}{2}}=-\ln(\sqrt{2}-1)=\ln(\sqrt{2}+1).$$

经过换元后把第一类广义积分变成了常义积分，自然是收敛的.

【例 4-40】　求 $\int_0^{+\infty}\dfrac{\ln(1+x)}{(1+x)^2}dx$.

解　用分部积分法.

$$\begin{aligned}\int_0^{+\infty}\frac{\ln(1+x)}{(1+x)^2}dx&=-\int_0^{+\infty}\ln(1+x)d\frac{1}{1+x}=\left[-\frac{\ln(1+x)}{1+x}\right]_0^{+\infty}+\int_0^{+\infty}\frac{1}{1+x}d\ln(1+x)\\&=0+\int_0^{+\infty}\frac{1}{1+x}\cdot\frac{1}{1+x}dx=\int_0^{+\infty}(1+x)^{-2}d(1+x)\\&=-\frac{1}{1+x}\Bigg|_0^{+\infty}=1.\end{aligned}$$

其中 $\lim\limits_{x\to\infty}\dfrac{\ln(1+x)}{1+x}=0$ 可用洛必达法则求得.

A　组

1. 讨论列第一类广义积分的收敛性，若收敛，求出其值.

(1) $\int_1^{+\infty}\dfrac{dx}{x^4}$；　(2) $\int_1^{+\infty}\dfrac{dx}{x\sqrt{x}}$；　(3) $\int_0^{+\infty}xe^{-x}dx$；　(4) $\int_0^{+\infty}xe^{-x^2}dx$；

(5) $\int_5^{+\infty}\dfrac{1}{x(x+15)}dx$；(6) $\int_{-\infty}^{+\infty}\dfrac{1}{x^2+x+1}dx$；(7) $\int_0^{+\infty}\sin x dx$；　(8) $\int_0^{+\infty}e^{-x}\sin x dx$.

2. 讨论下列第二类广义积分的收敛性，若收敛，求出其值.

(1) $\int_\pi^{2\pi}\dfrac{dx}{(x-a)^{\frac{2}{3}}}$；　(2) $\int_0^1\dfrac{x}{\sqrt{1-x^2}}dx$；　(3) $\int_{\frac{\pi}{4}}^{\frac{\pi}{2}}\dfrac{dx}{\cos^2 x}$；　(4) $\int_{-2}^3\dfrac{dx}{\sqrt[3]{x^2}}$；

(5) $\int_1^e \frac{dx}{x\sqrt{1-(\ln x)^2}}$； (6) $\int_1^2 \frac{dx}{x\ln x}$； (7) $\int_0^2 \frac{dx}{(1-3)^3}$；

(8) $\int_0^1 \frac{dx}{(2-x)\sqrt{1-x}}$； (9) $\int_0^{\frac{\pi}{2}} \frac{dx}{\sin x}$； (10) $\int_0^1 \frac{x^3\arcsin x}{\sqrt{1-x^2}}dx$.

B 组

1. 计算下列广义积分.

(1) $\int_{-\infty}^{+\infty} \frac{dx}{x^2+2x+2}$； (2) $\int_0^{+\infty} e^{-\sqrt{x}}dx$； (3) $\int_{-\infty}^0 \cos x dx$； (4) $\int_0^{+\infty} \frac{xdx}{1+x^2}$；

(5) $\int_0^{+\infty} x^2e^{-x}dx$； (6) $\int_0^1 \frac{dx}{\sqrt[3]{x}}$； (7) $\int_1^2 \frac{xdx}{\sqrt{x-1}}$； (8) $\int_{\frac{\pi}{4}}^{\frac{\pi}{4}} \frac{dx}{\sin^2 x}$.

2. 证明广义积分$\int_2^{+\infty} \frac{dx}{x(\ln x)^k}$当$k>1$时收敛，当$k\leqslant 1$时发散.

第五节 定积分在几何中的应用

【学习目标】

1. 了解几何问题中的微元法.
2. 掌握平面面积、曲线弧长的求法.
3. 掌握旋转体体积的求法.

本章第一节从实际问题引进定积分的概念，在几何、物理、科学技术、工程技术、经济学等各个领域，有许多问题都可用定积分解决．而工程技术中普遍采用的方法是“微元法”，本节首先介绍微元法，再举例说明定积分在几何中的应用.

一、定积分的微元法

应用定积分理论解决实际问题的第一步，是将实际问题化为数学问题，建立数学模型往往较困难．而微元分析法（简称微元法）恰巧是解决这个困难，实现这个转化的有力工具．前面在对定积分定义的说明中，已阐述了微元法的思维过程是分割（化整为零）、以直代曲（或以不变代变）取近似、求和（积零为整）、取极限（求精确），这个过程实际上可以简化成以下三步.

(1) 选变量定区间：选取某个变量x作为分割的变量，x实际上是积分变量，选积分变量的标准是尽量使后面的积分易于计算．确定x的变化范围，它就是积分区间$[a, b]$.

(2) 求微分：把区间$[a,b]$任意分割成小区间$[x,x+dx]$，小区间长度$\Delta x=dx$，小区间对应的微元$\Delta F(x)=f(x)dx+o(x)\approx f(x)dx$．目的是实现以直代曲（或以不变代变），其误差仅是区间长度Δx的高阶无穷小$o(x)$.

(3) 列积分：$dF(x)=f(x)dx$为被积表达式，在$[a,b]$上积分即$F=\int_a^b f(x)dx$，实现积零为整并把和式极限转化为数值.

下面将用微元法来讨论一些常见的问题.

二、平面图形的面积

1. 直角坐标系情形

任意平面曲线所围成的图形，选择适当的点，总可以化为两个曲边梯形面积的差，如图 4-16 所示，曲线 $MDNC$ 所围成的面积 A_{MDNC} 可以化为两个曲边梯形面积的差，即

$$A_{MDNC}=A_{M_1MCNN_1}-A_{M_1MDNN_1}.$$

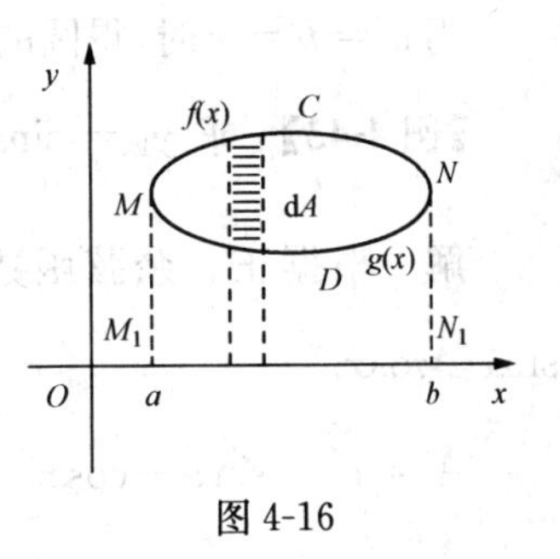

图 4-16

它实际是由两条曲线 $y=f(x)$ 和 $y=g(x)$ 所围成的平面图形的面积，其中 M, N 点是两条曲线的交点.

由 $\begin{cases}y=f(x)\\y=g(x)\end{cases}$ 可以确定积分区间 $[a,\ b]$.

如果 $f(x)\geqslant g(x)$, $x\in[a,b]$，任取小区间 $[x,x+\mathrm{d}x]$，其上的面积是以 $|f(x)-g(x)|$ 为高，$\mathrm{d}x$ 为底的矩形面积近似代替小曲边梯形的面积，即面积微元 $\mathrm{d}A=[f(x)-g(x)]\mathrm{d}x$. 如果 $f(x)-g(x)$ 在 $[a,b]$ 上不是非负，则在 $[x,x+\mathrm{d}x]$ 上的面积近似值应是

$$\mathrm{d}A=|f(x)-g(x)|\mathrm{d}x.$$

因此，不论什么情况总有

$$A=\int_a^b|f(x)-g(x)|\mathrm{d}x.$$

【例 4-41】 求曲线 $y=x^3$ 与直线 $x=-1$, $x=2$ 及 x 轴所围成的平面图形的面积（见图 4-17）.

解 $A=\int_{-1}^2|x|^3\mathrm{d}x=-\int_{-1}^0x^3\mathrm{d}x+\int_0^2x^3\mathrm{d}x=-\frac{x^4}{4}\Big|_{-1}^0+\frac{x^4}{4}\Big|_0^2=\frac{1}{4}+4=\frac{17}{4}$

【例 4-42】 求椭圆 $\frac{x^2}{a^2}+\frac{y^2}{b^2}=1$ 所围成的面积（见图 4-18）.

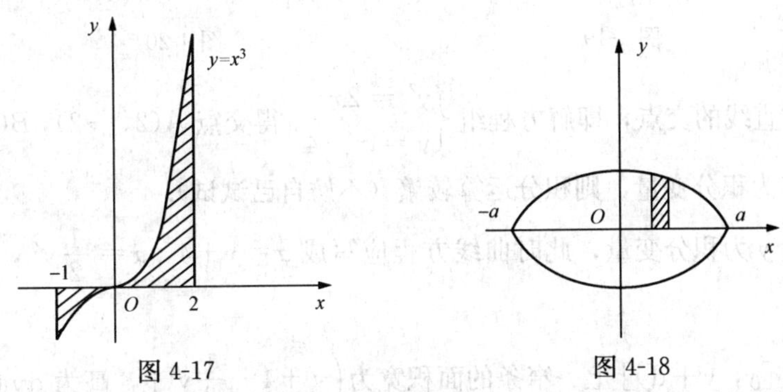

图 4-17　　图 4-18

解 由对称性可知，所求面积是第一象限面积的四倍，积分区间为 $[0,\ a]$，对应于 $[0,\ a]$ 中任一小区间 $[x,\ x+\mathrm{d}x]$ 的窄条面积的近似值为 $\mathrm{d}A=y\mathrm{d}x=\frac{b}{a}\sqrt{a^2-x^2}\,\mathrm{d}x$，于是椭圆面积为

$$A=4\int_0^a\frac{b}{a}\sqrt{a^2-x^2}\mathrm{d}x=\frac{4b}{a}\int_0^{\frac{\pi}{2}}a^2\cos^2t\mathrm{d}t=4ab\int_0^{\frac{\pi}{2}}\frac{1+\cos2t}{2}\mathrm{d}t$$

$$=4ab\left(\frac{t}{2}+\frac{1}{4}\sin2t\right)\Big|_0^{\frac{\pi}{2}}=4ab\left(\frac{\pi}{4}-0\right)=\pi ab.$$

(其中用到第二换元积分，令 $x=a\sin t$ 则 $\mathrm{d}x=\cos t\mathrm{d}t$，当 $x\in[0,a]$ 时，$t\in\left[0,\frac{\pi}{2}\right]$)

当 $a=b=r$ 时,得圆的面积公式 $S=\pi r^2$.

【例 4-43】 求 $y_1=\sin x, y_2=\cos x, x=0, x=\frac{\pi}{2}$ 所围成图形的面积（见图 4-19).

解 根据正、余弦函数性质，当 $x\in\left[0,\frac{\pi}{4}\right]$时，$\sin x\leqslant\cos x$；当 $x\in\left[\frac{\pi}{4},\frac{\pi}{2}\right]$时，$\sin x\geqslant\cos x$.

$$A=\int_0^{\frac{\pi}{2}}|\sin x-\cos x|\mathrm{d}x=\int_0^{\frac{\pi}{4}}-(\sin x-\cos x)\mathrm{d}x+\int_{\frac{\pi}{4}}^{\frac{\pi}{2}}(\sin x-\cos x)\mathrm{d}x$$

$$=(\sin x+\cos x)\Big|_0^{\frac{\pi}{4}}+(-\sin x-\cos x)\Big|_{\frac{\pi}{4}}^{\frac{\pi}{2}}$$

$$=(\sqrt{2}-1)+(\sqrt{2}-1)=2(\sqrt{2}-1).$$

或者，利用对称性 $A=2\int_0^{\frac{\pi}{4}}(\cos x-\sin x)\mathrm{d}x$ 求解该问题.

【例 4-44】 求由抛物线 $y^2=2x$ 及直线 $y=x-4$ 所围成的面积

解 画草图如图 4-20 所示.

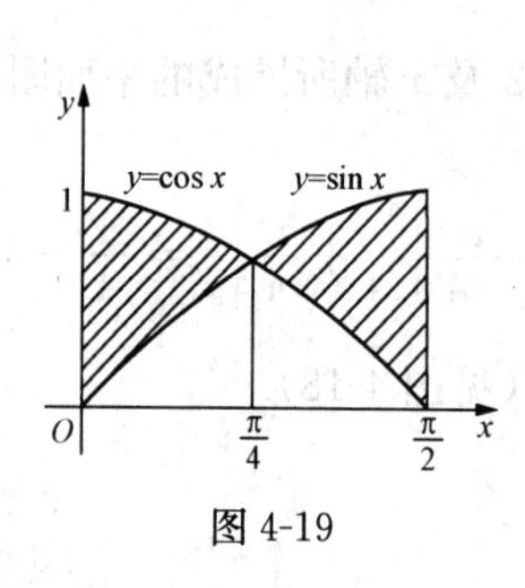

图 4-19

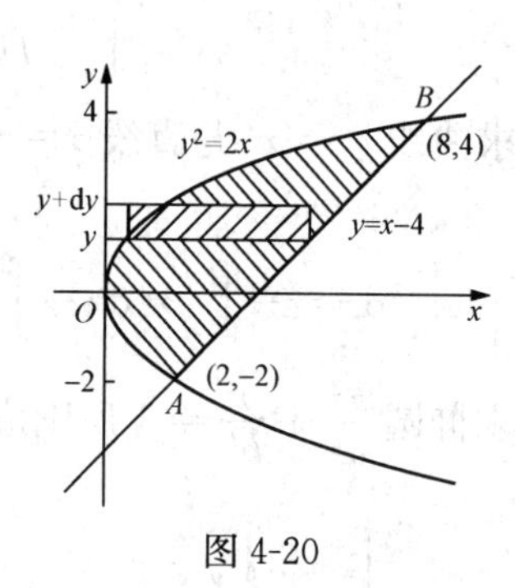

图 4-20

求抛物线与直线的交点，即解方程组 $\begin{cases}y^2=2x\\y=x-4\end{cases}$，得交点 $A(2,-2)$，$B(8,4)$.

如果选取 x 为积分变量，则积分运算较繁（不妨自己试试).

若选取变量 y 为积分变量，此时曲线方程应写成 $x=y+4$，$x=\frac{1}{2}y^2$，积分区间 $y\in[-2,4]$.

任取小区间 $[y,y+\mathrm{d}y]$ 上一窄条的面积宽为$\left(y+4-\frac{1}{2}y^2\right)$，高为 $\mathrm{d}y$ 的小矩形面积，即面积微元 $\mathrm{d}A=\left(y+4-\frac{1}{2}y^2\right)\mathrm{d}y$，因此所求面积

$$A=\int_{-2}^{4}\left[(y+4)-\frac{1}{2}y^2\right]\mathrm{d}y=\left(\frac{1}{2}y^2+4y-\frac{1}{6}y^3\right)\Big|_{-2}^{4}=18$$

【例 4-45】 求由曲线 $y=\ln x$ 与直线 $x=2$ 及 x 轴所围成的平面图形的面积.

解 画草图如图 4-21 所示. 若选择 x 为积分变量，要用到分部积分则计算较繁.

选择 y 为积分变量则计算较简便，此时方程写成 $x=\mathrm{e}^y$，$y\in[0,\ln 2]$. 所以面积

$$A=\int_{0}^{\ln 2}(2-e^{y})dy=(2y-e^{y})\Big|_{0}^{\ln 2}=2\ln 2-1.$$

2. 极坐标系情形

当图形的边界线由极坐标方程 $r=r(\theta)$ 来表示时，它的面积可由曲边扇形来表示，曲线 $r=r(\theta)$ 及两条半径 $\theta=\alpha$，$\theta=\beta$（$\alpha<\beta$）所围成的平面图形称为曲边扇形（见图4-22）.

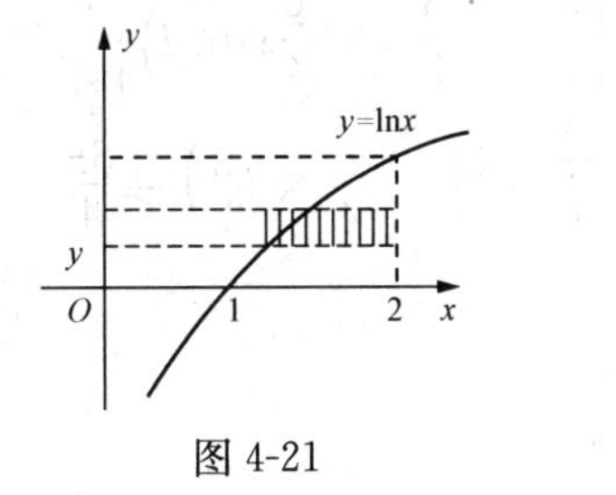

图 4-21

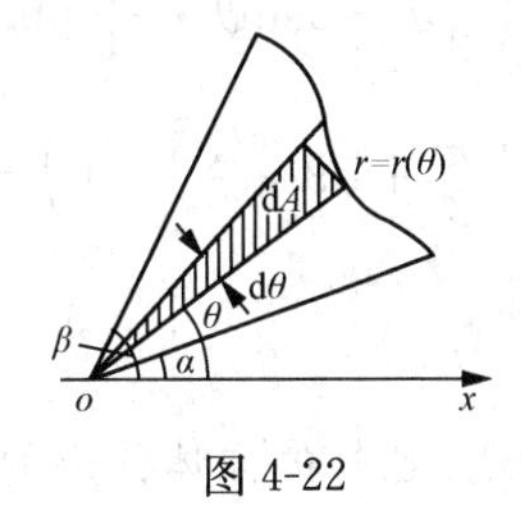

图 4-22

求曲边扇形的面积 A，积分变量就是 θ，$\theta\in[\alpha,\beta]$，从原点出发的射线把扇形分割成小曲边扇形，对应于小区间 $[\theta,\theta+d\theta]$ 的小曲边扇形面积，用以 $r(\theta)$ 为半径，$d\theta$ 为圆心角的扇形面积作为面积微元的近似值，即 $dA=\frac{1}{2}r^{2}(\theta)d\theta$，于是面积

$$A=\int_{\alpha}^{\beta}\frac{1}{2}r^{2}(\theta)d\theta=\frac{1}{2}\int_{\alpha}^{\beta}r^{2}(\theta)d\theta$$

【例 4-46】 求心形线 $r=a$（$1+\cos\theta$）所围成的平面图形的面积.

解 画出草图如图 4-23 所示，它是关于极轴 ox 轴为上下对称的，面积是上半部面积的两倍.

$$A=2\times\frac{1}{2}\int_{0}^{\pi}[a(1+\cos\theta)]^{2}d\theta=a^{2}\int_{0}^{\pi}(1+2\cos\theta+\cos^{2}\theta)d\theta$$

$$=a^{2}\int_{0}^{\pi}\left(\frac{3}{2}+2\cos\theta+\frac{1}{2}\cos 2\theta\right)d\theta=a^{2}\left(\frac{3}{2}\theta+2\sin\theta+\frac{1}{4}\sin 2\theta\right)\Big|_{0}^{\pi}$$

$$=a^{2}\left(\frac{3\pi}{2}+0\right)=\frac{3}{2}\pi a^{2}.$$

【例 4-47】 求由曲线 $r=3\cos\theta$ 和 $r=1+\cos\theta$ 所围成图形的公共部分的面积.

解 画出草图如图 4-24 所示. 求曲线的交点，即解方程组

$\begin{cases}r=3\cos\theta\\ r=1+\cos\theta\end{cases}$，得交点 $A\left(\frac{3}{2},\frac{\pi}{3}\right)$，$B\left(\frac{3}{2},-\frac{\pi}{3}\right)$.

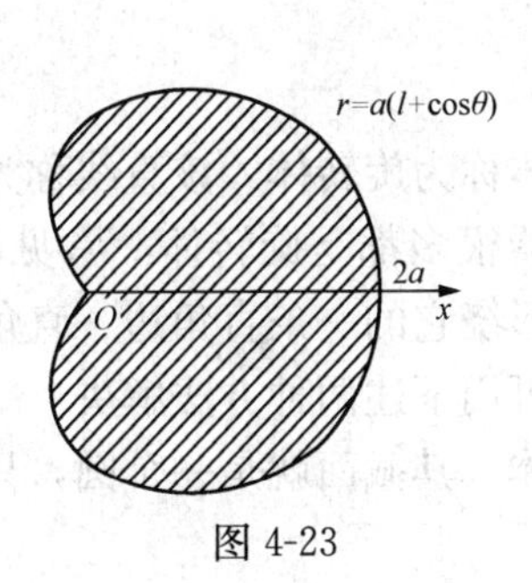

图 4-23

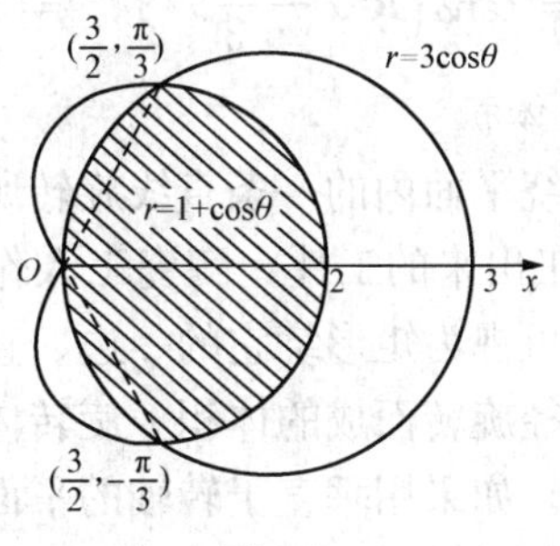

图 4-24

考虑图形关于极轴 ox 轴上下对称，因此得面积

$$A=2\int_0^{\frac{\pi}{3}}\frac{1}{2}(1+\cos\theta)^2\mathrm{d}\theta+2\int_{\frac{\pi}{3}}^{\frac{\pi}{2}}\frac{1}{2}(3\cos\theta)^2\mathrm{d}\theta$$

$$=\int_0^{\frac{\pi}{3}}(1+2\cos\theta+\cos^2\theta)\mathrm{d}\theta+\int_{\frac{\pi}{3}}^{\frac{\pi}{2}}9\cos^2\theta\mathrm{d}\theta$$

$$=\left(\frac{3}{2}\theta+2\sin\theta+\frac{1}{4}\sin2\theta\right)\Bigg|_0^{\frac{\pi}{3}}+\left(\frac{9}{2}\theta+\frac{9}{4}\sin2\theta\right)\Bigg|_{\frac{\pi}{3}}^{\frac{\pi}{2}}$$

$$=\left(\frac{\pi}{2}+\sqrt{3}+\frac{\sqrt{3}}{8}-0\right)+\left(\frac{9\pi}{4}-\frac{3\pi}{2}-\frac{9}{4}\times\frac{\sqrt{3}}{2}\right)=\frac{5\pi}{4}.$$

三、体积

1. 平行截面面积为已知的立体图形的体积

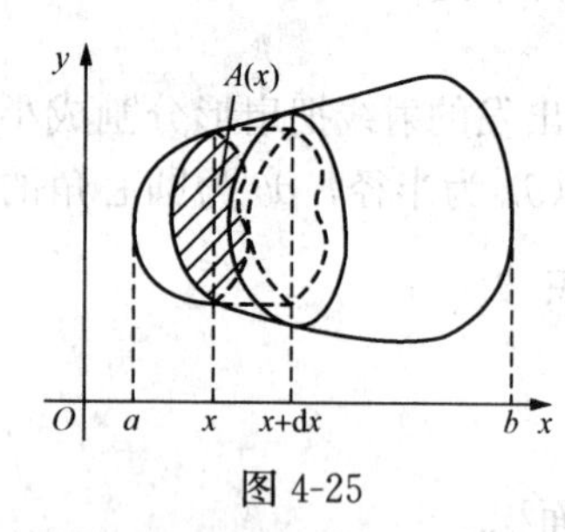

图 4-25

设一立体 Ω 介于过点 $x=a$，$x=b$，且垂直于 x 轴的两平面之间. 如果已知过 $[a,b]$ 上任一点 x 处且垂直于 x 轴的平面与 Ω 相交的截面面积为 $A(x)$，那么怎样求立体 Ω 的体积呢？（见图 4-25）用“切片法”即用垂直于 x 轴的平面把 Ω 切成一块一块小薄片后，则 Ω 的体积等于这许多小薄片体积之和. 在任意小区间 $[x,\ x+\mathrm{d}x]$ 上相应薄片的体积为 Δv，可以用过点 x 的截面面积 $A(x)$ 为底面积，高为 $\mathrm{d}x$ 的柱体体积代替，即体积微元为 $\Delta v\approx \mathrm{d}v=A(x)\mathrm{d}x$，所以 Ω 的体积为

$$v=\int_a^b A(x)\mathrm{d}x.$$

【例 4-48】 一平面过半径为 R 的圆柱的底圆的中心，且与底面的夹角为 α，截得一楔形，求这块楔形的体积.

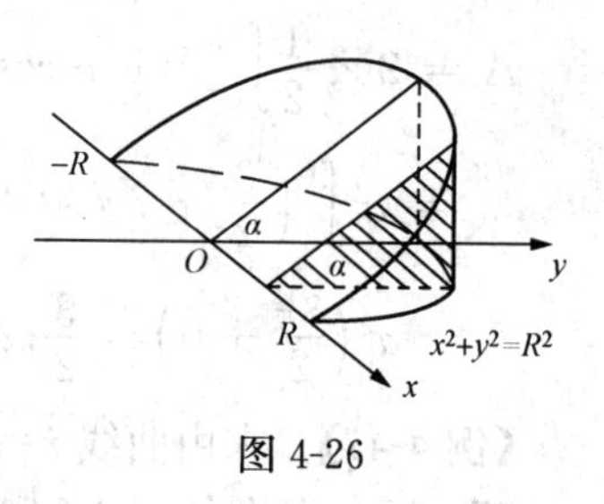

图 4-26

解 取坐标系如图 4-26 所示，过任一点 x 作垂直于 x 轴的截面，截面都是直角三角形. 它的一条直角边为 y，另一条直角边为 $y\tan\alpha$，截面积 $A(x)=\frac{1}{2}y\cdot y\tan\alpha=\frac{1}{2}(R^2-x^2)\tan\alpha$. 所以体积为

$$v=\int_{-R}^{R}A(x)\mathrm{d}x=\int_{-R}^{R}\frac{1}{2}(R^2-x^2)\tan\alpha\mathrm{d}x=\tan\alpha\int_0^R(R^2-x^2)\mathrm{d}x$$

$$=\tan\alpha\left(R^2x-\frac{1}{3}x^3\right)\Bigg|_0^R=\frac{2}{3}R^3\tan\alpha.$$

2. 旋转体的体积

一平面图形绕平面内的一条直线旋转所成的立体称为旋转体，该直线称为旋转体的转轴. 如车床切削加工出来的工件，陶瓷工人作出的陶器很多都是旋转体. 常见的圆柱、圆锥、圆台、球，依次可视为矩形绕它的一边、直角三角形绕它的一条直角边、直角梯形绕它的直腰、圆绕它的直径旋转而成的体积. 旋转体的体积可用下述两种方法解决.

(1) 切片法。如果用垂直于转轴的平面截旋转体，其截面就是一个圆，只要求出它的半径，即可得出体积微元，如图 4-27 所示.

设旋转体是由曲线 $y=f(x)$ 与直线 $x=a$，$x=b$ 及 x 轴所围成的曲边梯形绕 x 轴旋转而成，用过点 $x(x\in[a,b])$ 且垂直于 x 轴的平面截旋转体所得截面是半径为 $|f(x)|$ 的圆，则截面积为

$A(x)=\pi|f(x)|^2=\pi[f(x)]^2$，于是旋转体的体积为

$$v=\int_a^b\pi[f(x)]^2\mathrm{d}x.$$

类似可得曲线 $x=\varphi(y)$ 与直线 $y=c$，$y=d$ 及 y 轴所围成的曲边梯形，绕 y 轴旋转而成的旋转体（见图 4-28）的体积为

$$v=\int_c^d\pi[\varphi(y)]^2\mathrm{d}y.$$

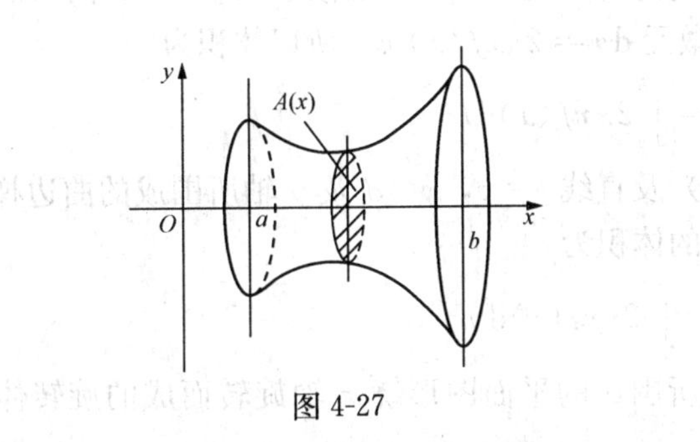

图 4-27

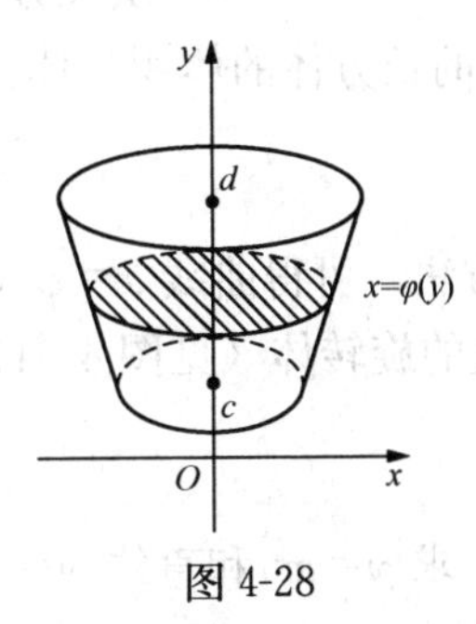

图 4-28

【例 4-49】 设平面图形由曲线 $y=2\sqrt{x}$ 与直线 $x=1$，$y=0$ 围成，试求绕 x 轴旋转而成的旋转体的体积，以及绕 y 轴旋转而成的旋转体的体积.

解 先求绕 x 轴旋转所成的体积［见图 4-29 (a)］，取 x 为积分变量，积分区间 $[0,1]$，对应小区间 $[x,x+\mathrm{d}x]$ 的体积微元，是高为 $2\sqrt{x}$，底为 $\mathrm{d}x$ 的小矩形绕 x 轴旋转而成的小圆柱体的体积 $\mathrm{d}v=\pi(2\sqrt{x})^2\mathrm{d}x$. 所以体积为

$$v_x=\int_0^1\pi(2\sqrt{x})^2\mathrm{d}x=4\pi\int_0^1x\mathrm{d}x=4\pi\frac{x^2}{2}\bigg|_0^1=2\pi.$$

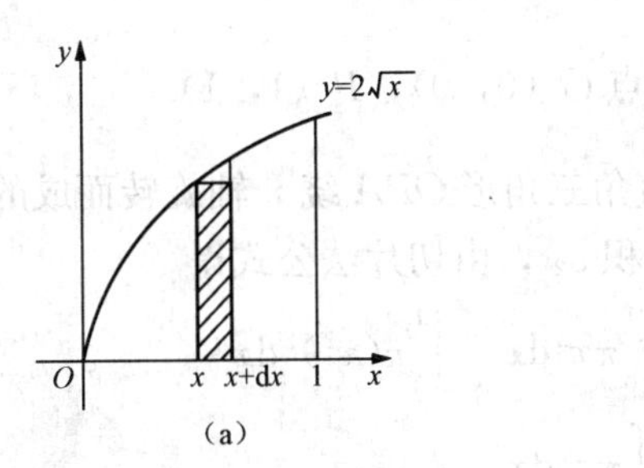

(a)

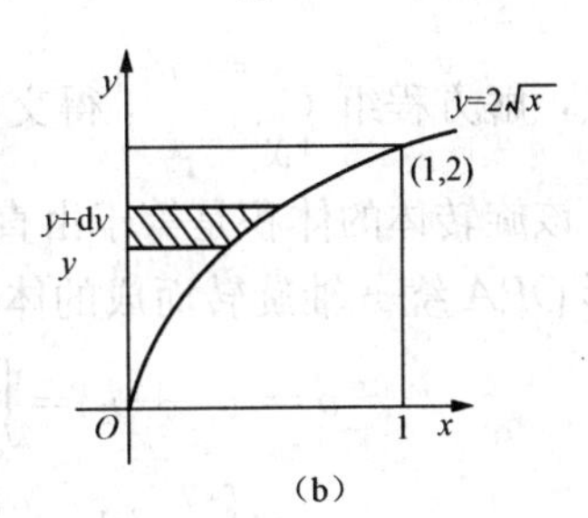

(b)

图 4-29

再求绕 y 轴旋转所成的体积［见图 4-29 (b)］，取 y 为积分变量，曲线方程写成 $x=\frac{1}{4}y^2$，当 $x\in[0,1]$ 时，$y\in[0,2]$ 即是积分区间. 对应小区间 $[y,y+\mathrm{d}y]$ 的小旋转体的体积微元是半径为 1，高为 $\mathrm{d}y$ 的圆柱体积减去半径为 $\frac{1}{4}y^2$，高为 $\mathrm{d}y$ 的圆柱体积的空心圆柱体体积的近似值，即

$$dv=\pi\cdot 1^2\cdot dy-\pi\left(\frac{1}{4}y^2\right)^2dy=\pi\left(1-\frac{1}{16}y^4\right)dy.$$

所以体积为 $$v_y=\int_0^2\pi\left(1-\frac{1}{16}y^4\right)dy=\pi\left(y-\frac{1}{80}y^5\right)\Bigg|_0^2=\frac{8\pi}{5}.$$

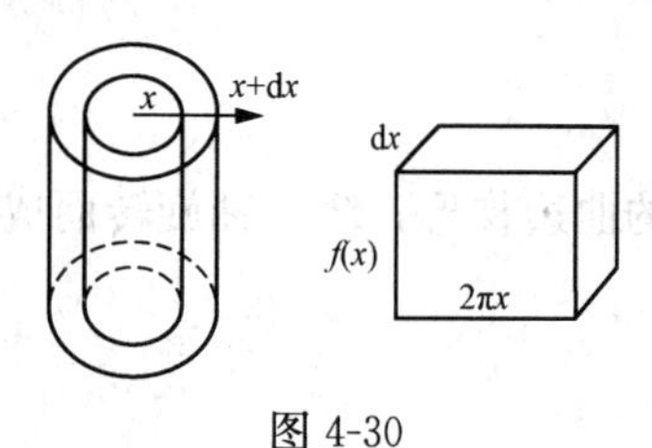

图 4-30

（2）薄壳法。设所求的旋转体是由曲线 $y=f(x)$ 与直线 $x=a$，$x=b$ 及 x 轴所围成的曲边梯形绕 y 轴旋转而成（见图 4-30）. 如果仍选 x 为积分变量，而把在 $[a,b]$ 中任意小区间 $[x,x+dx]$ 上所对应的曲边梯形绕 y 轴旋转所生成的薄壳近似看成一个空心圆柱体．沿着圆柱体的高剪开展平，它近似一块长方形薄片，于是薄壳体积近似于以 $f(x)$ 为高，以 $2\pi x$ 为长，以 dx 为厚的长方体的体积，体积微元 $dv=2\pi xf(x)dx$. 所以体积为

$$v=\int_a^b 2\pi xf(x)dx$$

用同样的方法，可得曲线 $x=\varphi(y)$ 及直线 $y=c$，$y=d$ 及 y 轴所围成的曲边梯形，绕 x 轴旋转所生成的旋转体（见图 4-31）的体积为

$$v=\int_c^d 2\pi y\varphi(y)dy.$$

【例 4-50】 求 $y=x^2$ 和直线 $y=x$ 所围成的平面图形绕 x 轴旋转而成的旋转体的体积（见图 4-32）.

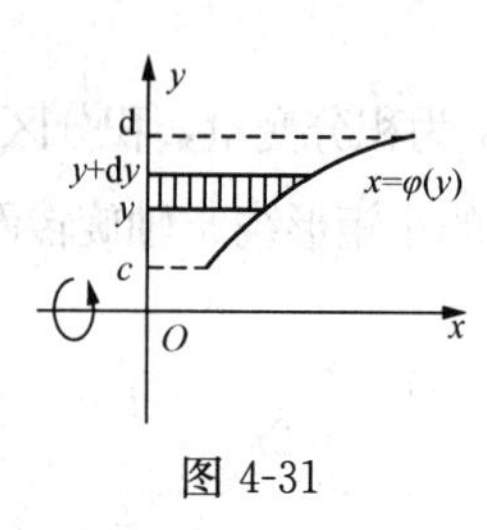

图 4-31

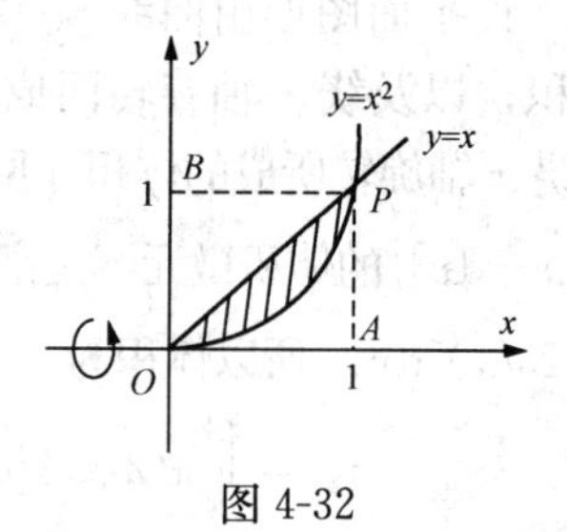

图 4-32

解 求交点，解方程组 $\begin{cases}y=x^2\\y=x\end{cases}$，得交点 O（0，0），P（1，1）.

用切片法：该旋转体的体积是等于由直角三角形 OPA 绕 x 轴旋转而成的圆锥体积 v_1 减去由曲边三角形 OPA 绕 x 轴旋转而成的体积 v_2，由切片法公式得

$$\begin{aligned}v=v_1-v_2&=\int_0^1\pi x^2dx-\int_0^1\pi(x^2)^2dx\\&=\int_0^1\pi x^2dx-\int\pi x^4dx\\&=\frac{\pi}{3}x^3\Bigg|_0^1-\frac{\pi}{5}x^5\Bigg|_0^1=\frac{\pi}{3}-\frac{\pi}{5}=\frac{2\pi}{15}.\end{aligned}$$

四、平面曲线的弧长

设曲线 $y=f(x)$，计算从 $x=a$ 到 $x=b$ 的曲线弧长（见图 4-33）.

用微元法建立弧的微元.

在 x 处取一小段 dx，在区间 $[x,x+dx]$ 上有一小段弧 $\widehat{MN}$ 的长度为 ΔS，可以用曲线

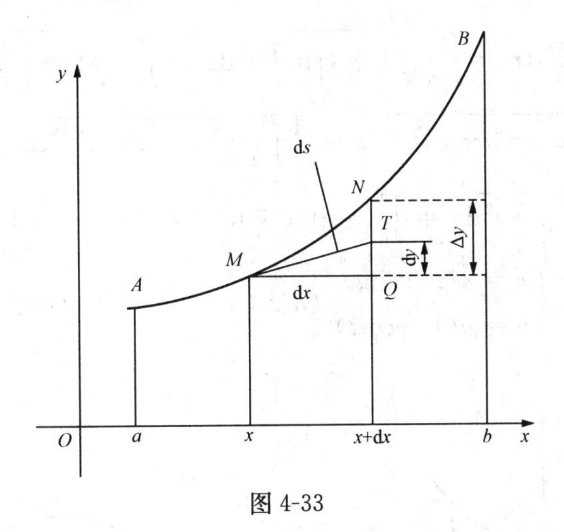

图 4-33

的切线 MT 的长度 $\mathrm{d}s$ 代替 $\mathrm{d}s=\sqrt{(\mathrm{d}x)^2+(\mathrm{d}y)^2}$. 因而得到弧长的微元（弧微分公式）

$$\mathrm{d}s=\sqrt{(\mathrm{d}x)^2+(\mathrm{d}y)^2}=\sqrt{1+(\frac{\mathrm{d}y}{\mathrm{d}x})^2}\,\mathrm{d}x=\sqrt{1+(y')^2}\,\mathrm{d}x,$$

所以从 a 到 b 的弧长

$$s=\int_a^b\sqrt{1+(y')^2}\,\mathrm{d}x.$$

如果曲线由参数方程表示为 $\begin{cases}x=x(t)\\y=y(t)\end{cases}$（$t_1\leqslant t\leqslant t_2$），则

$$\mathrm{d}s=\sqrt{(\mathrm{d}x)^2+(\mathrm{d}y)^2}=\sqrt{\left(\frac{\mathrm{d}x}{\mathrm{d}t}\right)^2+\left(\frac{\mathrm{d}y}{\mathrm{d}t}\right)^2}\,\mathrm{d}t$$
$$=\sqrt{(x_t')^2+(y'_t)^2}\,\mathrm{d}t,$$

所以

$$s=\int_{t_1}^{t_2}\sqrt{(x'_t)^2+(y'_t)^2}\,\mathrm{d}t.$$

若曲线为极坐标方程 $r=r(\theta)$（$\theta_1\leqslant\theta\leqslant\theta_2$）表示，则可以把 θ 视为参数，$r(\theta)$ 的参数方程是

$$\begin{cases}x=r(\theta)\cos\theta\\y=r(\theta)\sin\theta\end{cases},$$

于是 $\mathrm{d}s=\sqrt{[x'(\theta)]^2+[y'(\theta)]^2}\,\mathrm{d}\theta$，所以

$$\mathrm{s}=\int_{\theta_1}^{\theta_2}\sqrt{[x'(\theta)]^2+[y'(\theta)]^2}\,\mathrm{d}\theta.$$

注意：弧长微元非负，取积分上限要大于下限

【例 4-51】 两电线杆之间的电线由于自身重量下垂成悬链线．坐标选择如图 4-34 所示，方程为 $y=a\mathrm{ch}\,\dfrac{x}{a}=a\left(\dfrac{\mathrm{e}^{\frac{x}{a}}+\mathrm{e}^{-\frac{x}{a}}}{2}\right)$（其中 a 为常数），求悬链线 $x=-a$ 到 $x=a$ 的一段弧长.

解 因 $y'=(a\mathrm{ch}\,\dfrac{x}{a})'=\mathrm{sh}\,\dfrac{x}{a}=\dfrac{\mathrm{e}^{\frac{x}{a}}-\mathrm{e}^{-\frac{x}{a}}}{2}$，代入弧长公式得

$$S=\int_{-b}^{b}\sqrt{1+(y')^2}\mathrm{d}x=\int_{-b}^{b}\sqrt{1+(\operatorname{sh}\frac{x}{a})^2}\mathrm{d}x=\int_{-b}^{b}\sqrt{1+\left[\frac{1}{2}(\mathrm{e}^{\frac{x}{a}}-\mathrm{e}^{-\frac{x}{a}})\right]^2}\mathrm{d}x$$

$$=\frac{1}{4}\int_{-b}^{b}\sqrt{4+(\mathrm{e}^{\frac{2x}{a}}-2+\mathrm{e}^{-\frac{2x}{a}})}\mathrm{d}x=\frac{1}{4}\int_{-b}^{b}\sqrt{\mathrm{e}^{\frac{2x}{a}}+2+\mathrm{e}^{-\frac{2x}{a}}}\mathrm{d}x$$

$$=\frac{1}{2}\int_{-b}^{b}\sqrt{(\mathrm{e}^{\frac{x}{a}}+\mathrm{e}^{-\frac{x}{a}})^2}\mathrm{d}x=\int_{0}^{b}(\mathrm{e}^{\frac{x}{a}}+\mathrm{e}^{-\frac{x}{a}})\mathrm{d}x=a(\mathrm{e}^{\frac{b}{a}}-\mathrm{e}^{-\frac{b}{a}}).$$

【例 4-52】 求摆线 $\begin{cases}x=a(t-\sin t)\\y=a(1-\cos t)\end{cases}$ $(a>0)$ 第一拱（$0\leqslant t\leqslant 2\pi$）的弧长（见图 4-35）.

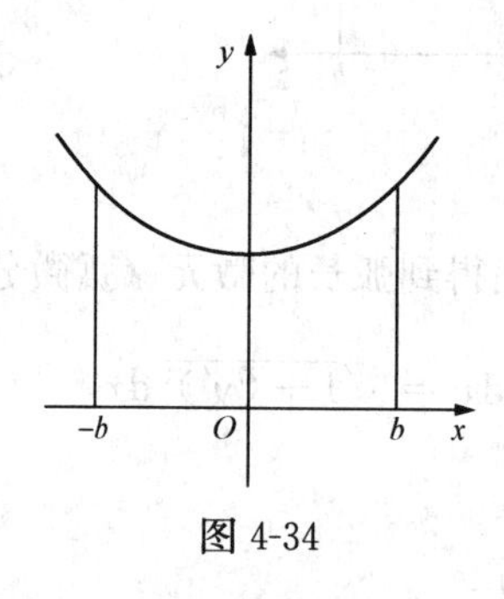

图 4-34

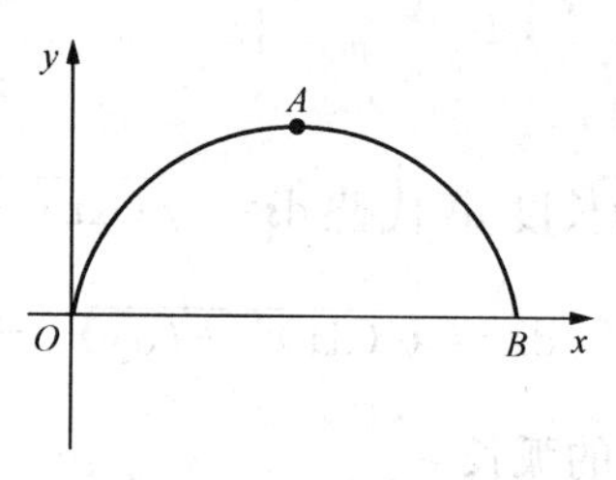

图 4-35

解 因为 $x'(t)=a(1-\cos t),y'(t)=a\sin t$，代入弧长公式，于是有

$$s=\int_{0}^{2\pi}\sqrt{[a(1-\cos t)]^2+(a\sin t)^2}\mathrm{d}t=\int_{0}^{2\pi}a\sqrt{2-2\cos t}\mathrm{d}t=\int_{0}^{2\pi}2a\left|\sin\frac{t}{2}\right|\mathrm{d}t$$

$$=2a\int_{0}^{2\pi}\sin\frac{t}{2}\mathrm{d}t=-4a\cos\frac{t}{2}\Big|_{0}^{2\pi}=8a.$$

（因为 $0\leqslant t\leqslant 2\pi$，所以 $0\leqslant\frac{t}{2}\leqslant\pi$ 在第一、二象限）

习题 4-5

A 组

1. 选择适当的积分变量把下列图（见图 4-36）中阴影部分的面积表示为简单的积分式.

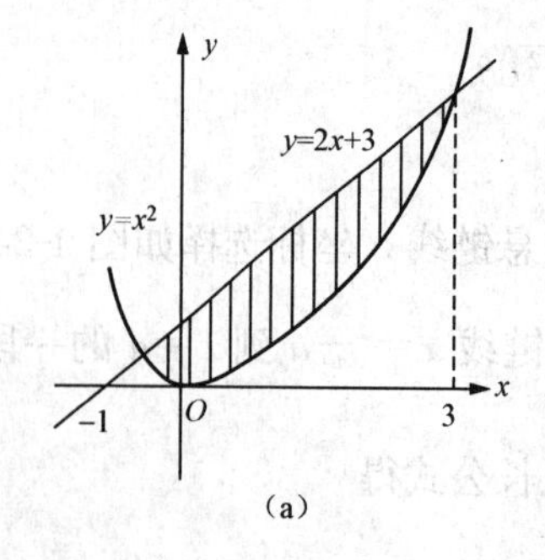

(a)

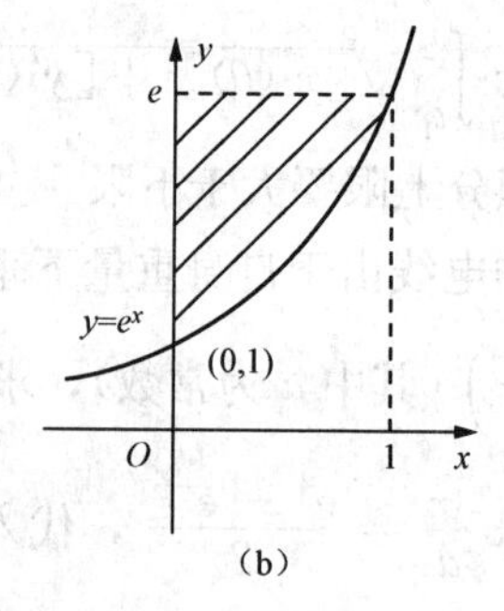

(b)

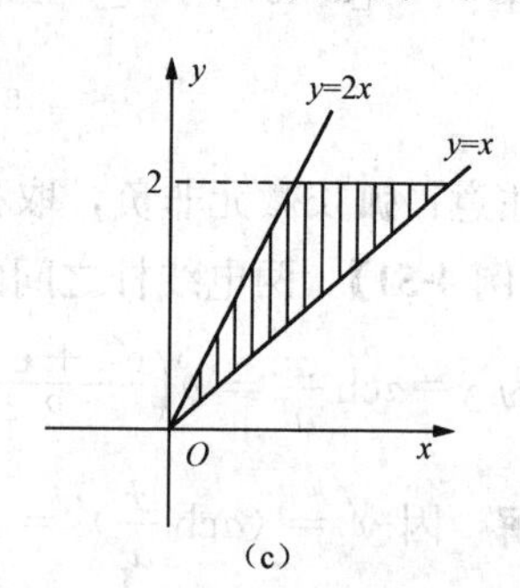

(c)

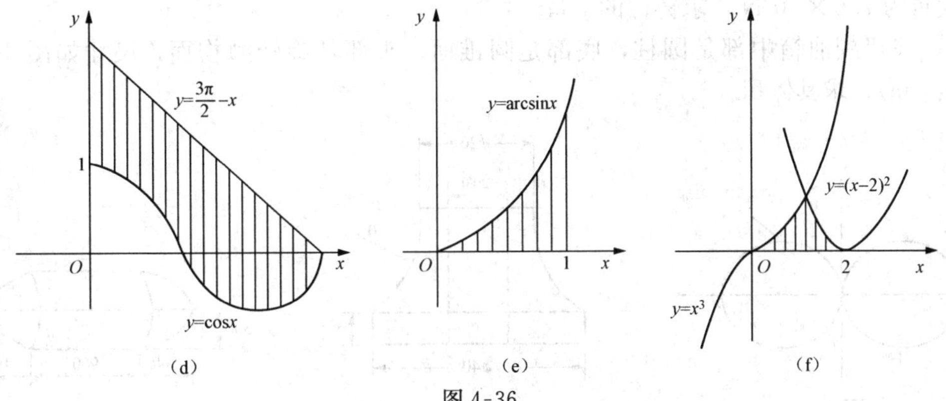

图 4-36

2. 求下列各组曲线所围成的平面图形的面积.

(1) $xy=1, y=x, x=2$；　　(2) $y=e^x, y=e^{-x}, x=1$；

(3) $x=y^2, y=x^2$；　　(4) $y=x^2, x+y=2$；

(5) $y=x^3$，$y=2, y=1$，$x=0$；　　(6) $x=0$，$y=0, y=1$ $y=\ln x$；

(7) $y=2x-x^2$，$y+x=0$；　　(8) $y=\frac{x^2}{2}$，$x^2+y^2=8$.

3. 求抛物线 $y=-x^2+4x-3$ 及其在点(0，−3)和(3,0)处的切线所围成平面图形的面积.

4. 求由下列各曲线或射线所围成平面图形的面积.

(1) $\rho=2a\cos\theta$，$\theta=0$，$\theta=\frac{\pi}{6}$；　　(2) $\rho=ae^{\theta}, \theta=-\pi, \theta=\pi$；

(3) $\rho=3\cos\theta$，$\rho=1+\cos\theta$.

5. 如图 4-37 所示，求双纽线 $(x^2+y^2)^2=x^2-y^2$ 所围成平面图形的面积（双纽线化为极坐标形式 $\rho^2=\cos2\theta$）.

6. 求下列曲线所围成平面图形绕指定的轴旋转所得旋转体的体积.

(1) $2x-y+4=0$，$x=0$，$y=0$ 绕 x 轴；

(2) $y=x^2-4$，$y=0$ 绕 x 轴；

(3) $\frac{x^2}{a^2}+\frac{y^2}{b^2}=1$ 绕 x 轴；

(4) $y^2=x, x^2=y$ 绕 y 轴；

(5) $x^2+(y-2)^2=1$ 分别绕 x 轴和 y 轴；

(6) $y=\sin x$，$y=\cos x$ 及 x 轴上线段$\left[0,\frac{\pi}{2}\right]$绕 x 轴.

7. 证明半径为 R 的球的体积是 $v=\frac{4}{3}\pi R^3$.

8. 一物体，其底面是半径为 R 的圆，用垂直于底圆某直径的平面截该物体，所得截面都是正方形，求该物体的体积.

9. 有一口锅，其形状可视为抛物线 $y=ax^2$ 绕 y 轴旋转而成，已知锅深为 0.5m，锅口直径为 1m，求锅的容积.

10. 一个铁的铸件呈对称的曲边梯形，它的形状和尺寸如图 4-38 示（单位：cm），已知

铁的比重为 7.6×10^4N，求铸件的重量.

11. 飞机副油箱中部是圆柱，底部是圆锥面，头部是旋转抛物面，尺寸如图 4-39 示（单位：cm），求其体积.

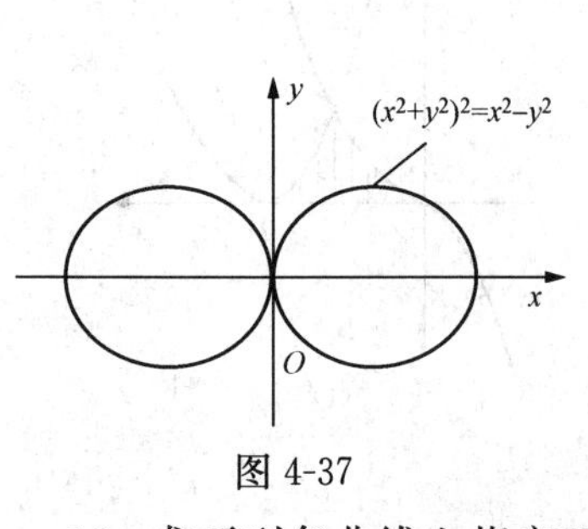

图 4-37

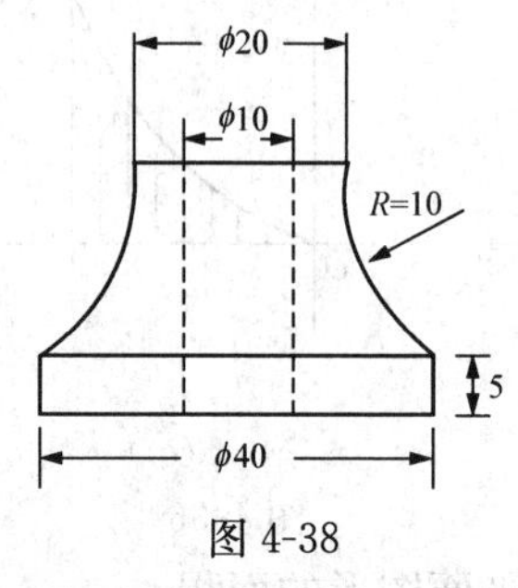

图 4-38

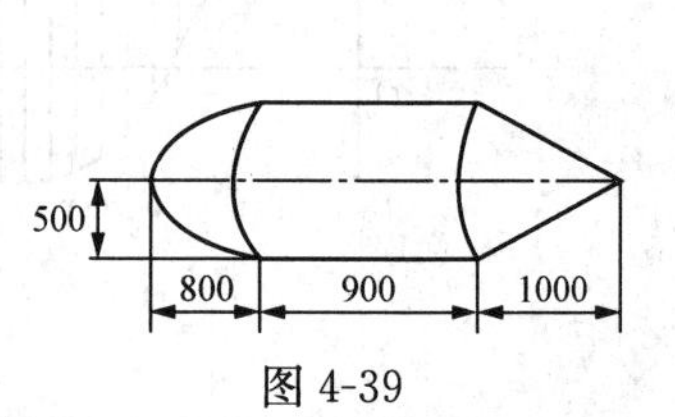

图 4-39

12. 求下列各曲线上指定两点间的一段弧长.

(1) $y=\ln(1-x^2)$ 从点(0,0) 至$\left(\dfrac{1}{2},\ln\dfrac{3}{4}\right)$；

(2) $y^2=2Px$ 从点(0,0) 至$\left(\dfrac{P}{2},P\right)$；

(3) $\begin{cases}y=\dfrac{1}{2}\ln(1+t^2)\\x=\arctan t\end{cases}$，$t$ 从 0 变到 1；

(4) $y=\ln\cos x$，$0\leqslant x\leqslant\dfrac{\pi}{4}$.

B 组

1. 求下列各曲线所围成的平面图形的面积.

(1) $y=\dfrac{1}{x}$，$y=x$，$x=2$；　(2) $y=x^2-25$，$y=x-13$；

(3) $y^2=2-x$，$x=0$；　(4) $y^2=\pi x$，$x^2+y^2=2\pi^2$.

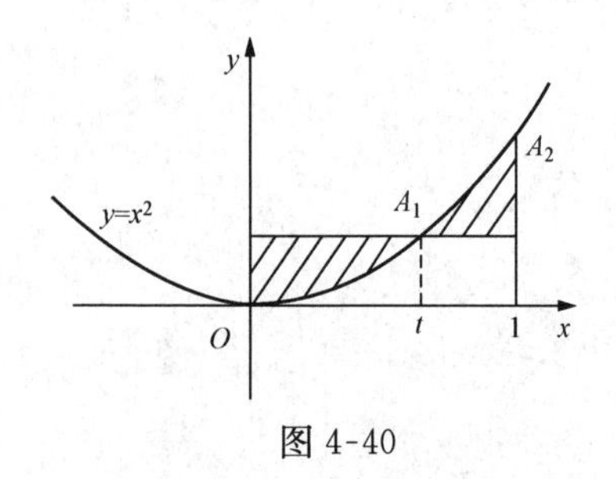

图 4-40

2. 设曲线 $y=x-x^2$ 与直线 $y=ax$，求参数 a，使这直线与曲线所围成平面图形的面积为 $\dfrac{9}{2}$.

3. 在区间 [0,1] 上给定函数 $y=x^2$，问 t 为何值时，图 4-40 中阴影部分的面积 A_1,A_2 之和为最小？何时为最大？

4. 求星形线所围成的面积$\begin{cases}x=a\cos^3t\\y=a\sin^3t\end{cases}$ $(0\leqslant t\leqslant2\pi,\ a>0)$.

5. 求摆线$\begin{cases}x=a(t-\sin t)\\y=a(1-\cos t)\end{cases}$ $(0\leqslant t\leqslant2\pi)$ 一拱与 x 轴所围成平面图形的面积.

6. 求下列各曲线所围成平面图形的面积.

(1) 三叶玫瑰线 $r=8\sin3\theta$；　(2) 心形线　$r=3\ (1-\sin\theta)$；

(3) 四叶玫瑰线 $r=a\cos2\theta\ (a>0)$；　(4) $r=1+\sin\theta$ 与 $r=1$；

(5) 两圆 $r=2$ 与 $r=4\cos\theta$ 的公共部分的面积.

7. 求下列曲线所围成的图形绕指定轴旋转所得旋转体的体积.

(1) $y=x^2, y=0, x=1$ 绕 x 轴及 y 轴旋转；

(2) $y=x^2, y^2=8x$ 绕 x 轴及 y 轴旋转；

(3) $x^2+(y-5)^2=16$ 绕 x 轴旋转.

8. 将抛物线 $y=x(x-a)$ 在横坐标为 0 与 $c(c>a>0)$ 之间的弧段与直线 pc 及 x 轴所围成的图形绕 x 轴旋转，问 c 取何值时，旋转体的体积等于以 Δopc 绕 x 轴旋转所生成的锥体的体积（见图 4-41）

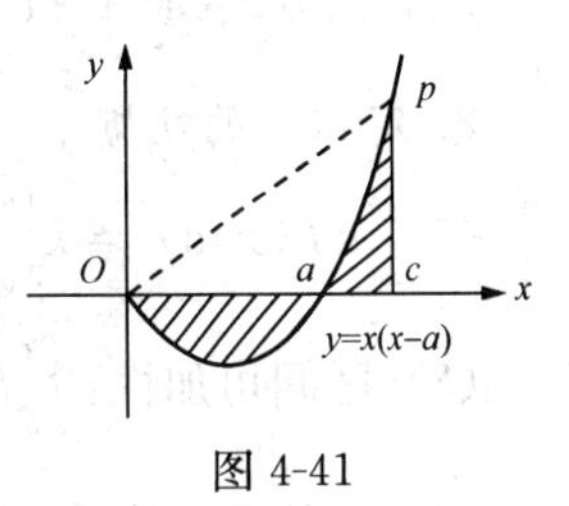

图 4-41

9. 求下列曲线的弧长.

(1) $y=\sqrt{\sin x}$ 在 $0\leqslant x\leqslant\pi$ 上；　　(2) $x=\frac{1}{4}y^2-\frac{1}{2}\ln y$ 在 $1\leqslant y\leqslant \mathrm{e}$；

(3) 心形线 $r=a\ (1+\cos\theta)$ 的全长；　　(4) $\begin{cases}x=\mathrm{e}^t\sin t\\ y=\mathrm{e}^t\cos t\end{cases}$ 在 $t=0$ 到 $t=1$.

本　章　小　结

一、基本要求与重点

1. 理解定积分的概念，了解定积分的性质

2. 知道函数连续是可积的充分条中，函数有界是可积的必要条件

3. 理解变上限积分作为其上限的函数及其求导定理，熟练掌握牛顿—莱布尼兹公式

4. 熟练掌握定积分的换元积分法与分部积分法

5. 掌握用定积分的微元法表达一些几何量与物理量（如面积、体积、弧长、力、功、水压力等）的方法

6. 了解广义积分及其收敛、发散的概念

重点：定积分的概念与性质，牛顿—莱布尼兹公式，定积分的换元积分和分部积分法，定积分的微元法在几何物理中的应用

二、内容总结

（一）定积分的概念与性质

1. 定积分的概念

有界函数 $f(x)$ 在闭区间$[a,b]$上的定积分，定义为和式 $\sum_{i=1}^{n}f(\xi_i)\Delta x_i$ 的极限，即

$$\int_a^b f(x)\mathrm{d}x=\lim_{\lambda\to 0}\sum_{i=1}^{n}f(\xi_i)\Delta x_i \quad 其中\ \lambda=\max_{1\leqslant x\leqslant n}|\Delta x_i|.$$

对这概念的理解应注意以下几点.

(1) 定积分是一种和式的极限，其值是一个实数，它的大小与被积函数 $f(x)$ 和积分区间 $[a,b]$ 有关，而与积分变量的记号无关，即 $\lim\limits_{\lambda\to 0}\sum_{i=1}^{n}f(\xi_i)\Delta x_i=\int_a^b f(x)\mathrm{d}x=\int_a^b f(t)\mathrm{d}t$，与

划分区间$[a,b]$的方法无关，且与ξ_i在$[x_{i-1},x_i]$上的取法无关.

(2) 当$b<a$时$\int_a^b f(x)\mathrm{d}x=-\int_b^a f(x)\mathrm{d}x$；　　当$a=b$时$\int_a^a f(x)\mathrm{d}x=0$.

2. 定积分的性质

(1)$\int_a^b kf(x)\mathrm{d}x=k\int_a^b f(x)\mathrm{d}x$.　　(2)$\int_a^b[f(x)\pm g(x)]\mathrm{d}x=\int_a^b f(x)\mathrm{d}x\pm\int_a^b g(x)\mathrm{d}x$.

(3) 区间可加性：$\int_a^b f(x)\mathrm{d}x=\int_a^c f(x)\mathrm{d}x+\int_c^b f(x)\mathrm{d}x\quad(a\leqslant c\leqslant b)$.

(4) 不等性：在$[a,b]$上若$f(x)\leqslant g(x)$，则$\int_a^b f(x)\mathrm{d}x\leqslant\int_a^b g(x)\mathrm{d}x$，$\left|\int_a^b f(x)\mathrm{d}x\right|\leqslant\int_a^b|f(x)|\mathrm{d}x$.

(5) 估值不等式：若$f(x)$在$[a,b]$上的最小最大值分别为m与M，则$m(b-a)\leqslant\int_a^b f(x)\mathrm{d}x\leqslant M(b-a)$.

(6) 定积分中值定理：设$f(x)$在$[a,b]$上连续，则在$[a,b]$上至少存在一点$\xi(a\leqslant\xi\leqslant b)$使

$$\int_a^b f(x)\mathrm{d}x=f(\xi)(b-a)$$

（二）微积分基本定理

1. 变上限积分及其导数

(1) 变上限积分　$F(x)=\int_a^x f(t)\mathrm{d}t$称为变上限积分.

(2) 变上限积分的求导定理　设$f(x)$在$[a,b]$上连续，则$F(x)=\int_a^x f(t)\mathrm{d}t$在$[a,b]$上可导，且$F'(x)=f(x)$.

(3) 变上限积分的性质　若$f(x)$在$[a,b]$上有界，则积分上限函数是连续的，若$f(x)$在$[a,b]$上连续，则变上限积分是可导的.

(4) 原函数存在定理　若$f(x)$在$[a,b]$上连续，则在$[a,b]$上$f(x)$的原函数存在.

2. 牛顿—莱布尼兹公式

设$f(x)$在$[a,b]$上连续，且$F(x)$是$f(x)$的一个原函数，则

$$\int_a^b f(x)\mathrm{d}x=F(b)-F(a)$$

（三）定积分的换元积分法和分部积分法

1. 定积分的换元积分法　设$f(x)$在$[a,b]$上连续，变换$x=\varphi(t)$满足

(1) $\varphi(\alpha)=a$，$\varphi(\beta)=b$.

(2) 在$[\alpha,\beta]$或$[\beta,\alpha]$上，$\varphi(t)$单调且有连续导数，则有

$$\int_a^b f(x)\mathrm{d}x=\int_\alpha^\beta f[\varphi(t)]\varphi'(t)\mathrm{d}t.$$

注意：换元同时换限.

2. 定积分的分部积分法

设$u(x)$，$v(x)$在$[a,b]$上有连续导数，则$\int_a^b u\mathrm{d}v=(uv)\Big|_a^b-\int_a^b v\mathrm{d}u$.

3. 定积分的几个常用公式

设 $f(x)$ 对关于原点对称的区间 $[-a,a]$ 上可积，则

$$f(x)\text{ 为奇函数时}\quad \int_{-a}^{a} f(x)\mathrm{d}x = 0.$$

$$f(x)\text{ 为偶函数时}\quad \int_{-a}^{a} f(x)\mathrm{d}x = 2\int_{0}^{a} f(x)\mathrm{d}x.$$

（四）定积分应用举例

1. 定积分的微元法

应用微元法解决实际问题可简化为以下三步.

（1）选变量定区间.

（2）求微元　所求量 U 对应于任意小区间 $[x,x+\mathrm{d}x]$ 的部分量为 ΔU，求出近似值 $\mathrm{d}U = f(x)\mathrm{d}x$.

（3）列积分　以量 U 的微元 $\mathrm{d}U = f(x)\mathrm{d}x$ 为积分表达式，在 $[a,b]$ 上积分便得所求量 U，即 $U=\int_a^b f(x)\mathrm{d}x$

2. 平面图形的面积

（1）直角坐标情形 $A=\int_a^b |[f(x)-g(x)]|\mathrm{d}x$.

注意：两个函数交叉时要将区间分成几段求积分（见图 4-42）.

（2）极坐标情形　$A=\frac{1}{2}\int\{[\varphi_2(\theta)]^2-[\varphi_1(\theta)]^2\}\mathrm{d}\theta$　（见图 4-43）.

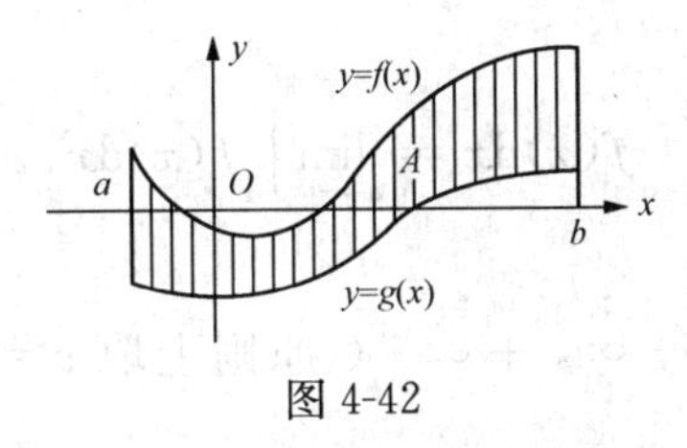

图 4-42

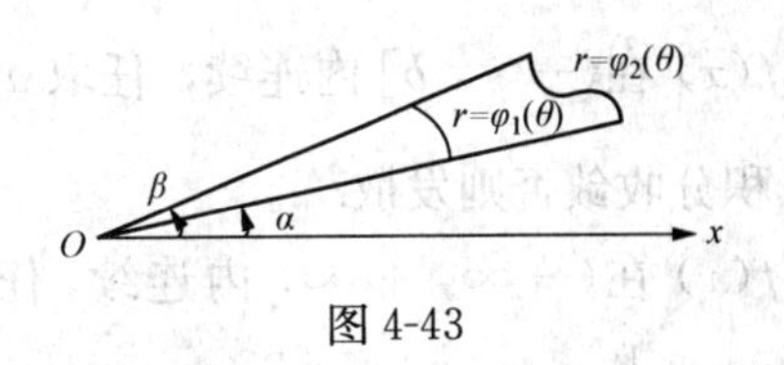

图 4-43

3. 体积

（1）旋转体的体积. 曲线 $y=f(x)$，直线 $x=a$，$x=b$，$(a<b)$ 与 x 轴所围成的平面图形，绕 x 轴旋转一周而成的体积 $v_x=\pi\int_a^b[f(x)]^2\mathrm{d}x$；曲线 $x=\psi(y)$，直线 $y=c$，$y=d$ $(c<d)$ 与 y 轴所围成的平面图形绕 y 轴旋转一周而成的体积 $v_y=\pi\int_c^d[\psi(y)]^2\mathrm{d}y$.

（2）平行截面面积为已知的立体体积. 经过点 x 且垂直于 x 轴的平面截立体所得截面面积为 $A(x)$ $(a\leqslant x\leqslant b)$，则立体体积为 $v=\int_a^b A(x)\mathrm{d}x$.

4. 平面曲线的弧长

（1）曲线 $y=f(x)$ 相应于 x 从 a 到 b 的段弧长 $S=\int_a^b\sqrt{1+(y')^2}\mathrm{d}x=\int_a^b\sqrt{1+[f'(x)]^2}\mathrm{d}x$.

（2）曲线由参数方程 $\begin{cases}x=\varphi(t)\\y=\psi(t)\end{cases}$ $(\alpha\leqslant t\leqslant\beta)$ t 由 α 变到 β 所对应的曲线弧长：

$$S=\int_{\alpha}^{\beta}\sqrt{[\varphi'(t)]^2+[\psi'(t)]^2}\,d\theta.$$

（3）曲线由极坐标方程 $r=r(\theta)$（$\alpha\leqslant\theta\leqslant\beta$），对应的参数方程 $\begin{cases}x=x(\theta)\\y=y(\theta)\end{cases}$，$\theta$ 由 α 变到 β 所对应的弧长

$$S=\int_{\alpha}^{\beta}\sqrt{[x'(\theta)]^2+[y'(\theta)]^2}\,d\theta$$

5. 定积分的其他应用

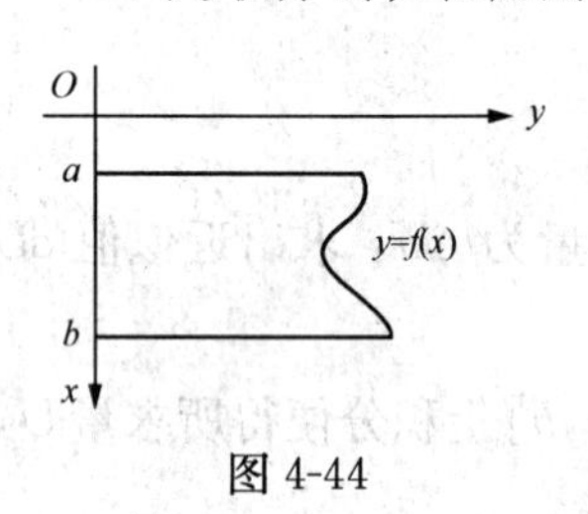

图 4-44

（1）变力作功．物体在变力 $F(x)$ 作用下，沿直线由 a 运动到 b，变力所作的功 $W=\int_a^b dw=\int_a^b F(x)dx$.

（2）水压力 $P=\int_a^b \mu x f(x)dx$，其中 μ 为液体的密度，如图 4-44 所示.

（3）若 $f(x)$ 在 $[a,b]$ 上连续，则 $f(x)$ 在 $[a,b]$ 上的平均值为 $\bar{y}=\frac{1}{b-a}\int_a^b f(x)dx$.

（五）广义积分

1. 无限区间的广义积分

（1）$f(x)$ 在 $[a,+\infty)$ 内连续，任取 $b>a$，则 $\int_a^{+\infty} f(x)dx=\lim\limits_{b\to+\infty}\int_a^b f(x)dx$．若极限存在，广义积分收敛，否则发散.

（2）$f(x)$ 在 $(-\infty,b]$ 内连续，任取 $a<b$，则 $\int_{-\infty}^{b} f(x)dx=\lim\limits_{a\to-\infty}\int_a^b f(x)dx$．若极限存在，广义积分收敛否则发散.

（3）$f(x)$ 在 $(-\infty,+\infty)$ 内连续，任取 $c\in(-\infty,+\infty)$（原则上取 $c=0$），则 $\int_{-\infty}^{+\infty} f(x)dx=\int_{-\infty}^{c} f(x)dx+\int_c^{+\infty} f(x)dx$.

2. 无界函数的广义积分

（1）$f(x)$ 在 $[a,b)$ 上连续，且 $\lim\limits_{x\to b^-}f(x)=\infty$，则 $\int_a^b f(x)dx=\lim\limits_{\varepsilon\to0^+}\int_a^{b-\varepsilon} f(x)dx$．若极限存在，广义积分收敛，否则发散.

（2）$f(x)$ 在 $(a,b]$ 上连续，且 $\lim\limits_{x\to a^+}f(x)=\infty$，则 $\int_a^b f(x)dx=\lim\limits_{\varepsilon\to0^+}\int_{a+\varepsilon}^{b} f(x)dx$．若极限存在，广义积分收敛，否则发散.

（3）$f(x)$ 在 $c\in[a,b]$ 有 $\lim\limits_{x\to c}f(x)=\infty$，则 $\int_a^b f(x)dx=\int_a^c f(x)dx+\int_c^b f(x)dx=\lim\limits_{\varepsilon_1\to0^+}\int_a^{c-\varepsilon_1} f(x)dx+\lim\limits_{\varepsilon_2\to0^+}\int_{c+\varepsilon_2}^{b} f(x)dx$.

自测题四

1. 解答下列各题．（每题 5 分）

(1) $\lim\limits_{x\to 0}\dfrac{\int_0^x \sin t^2 dt}{x^3}$；　　(2) $\lim\limits_{x\to 0}\dfrac{\int_0^x (e^t-e^{-t})dt}{1-\cos x}$；

(3) 比较积分的大小 $\int_{\frac{\pi}{2}}^0 \sin x dx$ _ $\int_{\frac{\pi}{2}}^0 \sin^2 x dx$；

(4) 估计积分的值 $\int_{\frac{\pi}{4}}^{\frac{\pi}{2}} \dfrac{\sin x}{x}dx$；

(5) $f(x)=\int_{\frac{1}{x}}^{\sqrt{x}} \cos t^2 dt$，求 $f'(x)$；

(6) $f(x)=\begin{cases}\sqrt{x} & x\geqslant 0\\ x & x<0\end{cases}$ 求 $\int_{-1}^1 f(x)dx$.

2. 计算下列各定积分．（每题 5 分）

(1) $\int_1^5 \dfrac{\sqrt{x-1}}{x}dx$；　　(2) $\int_0^{\frac{\pi}{4}} \dfrac{\sin x}{1-\sin}dx$；　　(3) $\int_1^3 \dfrac{dx}{x^2-3x-4}$；

(4) $\int_0^1 x^3 e^{x^2} dx$；　　(5) $\int_0^{\frac{1}{2}} \dfrac{1+\pi}{\sqrt{1-x^2}}dx$；　　(6) $\int_1^e \sqrt{x}\ln x dx$.

3. 过抛物线 $y=\sqrt{2x}$ 上的一点 $M(2,2)$ 作切线 MT.（每题 5 分）

(1) 求曲线 $y=\sqrt{2x}$，切线 MT 及 x 轴所围成平面图形的面积；

(2) 求该图形绕 x 轴旋转而成的体积.

4. 设 $f(x)=x^2-\int_0^a f(x)dx$ 且 $a\neq -1$，证明 $\int_0^a f(x)dx=\dfrac{a^3}{3(a+1)}$．（20 分）

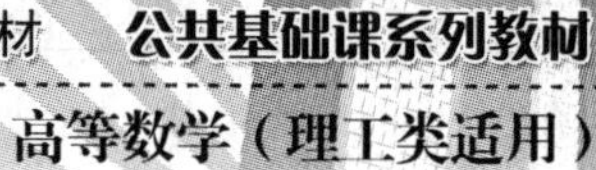

第五章　微　分　方　程

【学习目的】

1. 理解微分方程、方程的阶、解、通解、特解和初始条件等概念.

2. 掌握可分离变量的微分方程和一阶线性微分方程的解法，会求解齐次微分方程.

3. 会用微分方程的知识解决一些简单的实际问题，会求解可降阶的微分方程.

4. 理解二阶常系数线性微分方程的通解结构，掌握二阶常系数线性齐次方程的解法，会求自由项为 $P_n(x)e^{\lambda x}$ 和 $A\cos\omega x + B\sin\omega x$ 的二阶常系数线性非齐次方程.

代数方程是含有未知元的等式，在某些实际问题中，还经常碰到含有未知函数的导数（或微分）的方程，这类方程就是微分方程．它是研究自然科学和社会科学中的事物、物体运动现象和变化规律的最为基本的数学理论和方法．物理、化学、生物、工程、航空航天、医学、经济和金融领域中的许多原理和规律都可以描述成适当的微分方程. 因此，微分方程的理论和方法广泛应用于自然科学和社会科学的各个领域．

本章将主要介绍微分方程的一些基本概念，讨论几种常见的微分方程的解法，并通过举例介绍微分方程在几何、物理等实际问题中的一些简单应用.

第一节　微分方程的基本概念

【学习目标】

1. 理解微分方程、方程的阶、解、通解、特解和初始条件等概念.

2. 掌握微分方程的分类方法.

3. 会验证微分方程的通解和特解.

一、引例

【例 5-1】 一曲线通过点 (1,2)，且该曲线上任意点处的切线斜率等于该点的横坐标平方的 3 倍，求曲线的方程.

解 设所求曲线方程为 $y=y(x)$，由导数的几何意义知，曲线 $y=y(x)$ 上任一点 $P(x,y)$ 处的切线斜率为 $k=\frac{dy}{dx}$. 于是按题意可得 $\frac{dy}{dx}=3x^2$，即

$$dy = 3x^2 dx. \tag{5-1}$$

又因此曲线通过点（1,2），故 $y = y(x)$ 应满足条件

$$y\Big|_{x=1} = 2. \tag{5-2}$$

把式（5-1）两端求不定积分，得 $y = \int 3x^2 \mathrm{d}x = x^3 + C$，代入条件式（5-2）得 $2 = 1^3 + C$，即 $C = 1$．于是，所求方程为 $y = x^3 + 1$．

【例 5-2】 设一物体从 A 点出发做直线运动，在任一时刻的速度大小为运动时间的两倍，求物体运动方程.

解 首先建立坐标系：取 A 点为坐标原点，如图 5-1 所示，并设物体在时刻 t 到达 M 点，其坐标为 $S(t)$．显然，$S(t)$ 是时间 t 的函数，它表示物体的运动规律，是本题中待求的未知函数，根据题意知

$$\begin{cases} V(t) = 2t \\ S(0) = 0 \end{cases}, \quad \text{即} \begin{cases} S'(t) = 2t \\ S\Big|_{t=0} = 0. \end{cases}$$

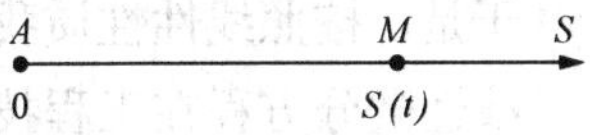

图 5-1

$$\frac{\mathrm{d}s}{\mathrm{d}t} = 2t, \qquad \mathrm{d}s = 2t\mathrm{d}t.$$

两边同求不定积分 $S = \int 2t\mathrm{d}t = t^2 + C$，代入 $S\Big|_{t=0} = 0$ 得 $C = 0$．$S(t) = t^2$ 为所求的物体运动方程.

二、微分方程的基本概念

定义 5.1.1 凡含有未知函数导数（或微分）的方程，称为微分方程．未知函数是一元函数的微分方程称为常微分方程，未知函数是多元函数的微分方程称为偏微分方程．本教材仅讨论常微分方程，并简称微分方程.

例如，下列方程都是微分方程（其中 y 为未知函数）.

(1) $y' = 3x$； (2) $(y - 2xy)\mathrm{d}x + x^2\mathrm{d}y = 0$； (3) $y'' + y' = 2x$.

微分方程中出现的未知函数最高阶导数的阶数，称为微分方程的阶．通常，n 阶微分方程的一般形式为 $F(x, y, y', \cdots, y^{(n)}) = 0$，其中 x 为自变量，y 是未知函数. $F(x, y, y', \cdots, y^{(n)})$ 是已知函数，而且一定含有 $y^{(n)}$. 本章主要研究几种特殊类型的一阶和二阶微分方程.

三、微分方程的分类

微分方程按未知函数的导数的类型可分为常微分方程和偏微分方程．对于常微分方程，还可以进一步根据一些属性进行分类，如阶数、线性性质和齐次性质等，下面我们来介绍微分方程的几种分类方式.

1. 按照阶数

按照阶数，方程可分为一阶微分方程和高阶微分方程，高阶微分方程指的是二阶及以上的微分方程.

由于方程中出现的未知函数最高阶导数的阶数是微分方程的阶，所以一阶微分方程的一般形式为

$$F(x,y,y')=0 \text{ 或 } y'=f(x,y).$$

高阶微分方程的一般形式为 $F(x,y,y',\cdots,y^{(n)})=0$ 或 $y^{(n)}=f(x,y,y',\cdots,y^{(n-1)})$（$n\geqslant 2$）. 例如，导热系数为常数、无内热源的一维稳态导热微分方程式 $\frac{\mathrm{d}^2t}{\mathrm{d}x^2}=0$ 是高阶微分方程.

2. 按照线性性质

如果方程中未知函数及其导数是以一次幂函数形式出现的，并且系数是自变量的函数，这样的微分方程称之为线性的，否则称为非线性的．例如，$y'+x^3y=\frac{1}{x}$ 是线性的，$x(y')^2-2yy'+x=0$ 是非线性的.

于是，按照线性性质我们又可以把方程分为线性微分方程和非线性微分方程.

线性微分方程在工程技术与科学领域中有着广泛的应用，它的一般形式为

$$y^{(n)}+P_1(x)y^{(n-1)}+\cdots+P_{n-1}(x)y'+P_n(x)y=f(x).$$

特别地，如果线性微分方程中未知函数及导数的系数是常数，则称为常系数线性微分方程，例如 $y''-3y'+2y=xe^{2x}$．常系数线性微分方程的一般形式为

$$a_ny^{(n)}+a_{n-1}y^{(n-1)}+\cdots+a_1y'+a_0y=f(x).$$

对于线性微分方程，本章主要研究一阶线性微分方程和二阶常系数线性微分方程.

3. 按照齐次性质

如果方程中所有的项都包含未知函数或者未知函数的导数，即方程中不出现只含自变量或常数的项，这样的方程就是齐次的，否则称为非齐次的．例如，$y''+x^2y=0$ 是齐次的微分方程，而 $\frac{\mathrm{d}y}{\mathrm{d}x}+\frac{1}{x}y=\sin x$ 是非齐次的微分方程.

于是，按照齐次性质，我们还可以把方程分为齐次微分方程和非齐次微分方程.

四、微分方程的解

定义 5.1.2 如果把某个函数代入微分方程中，使该方程成为恒等式，这个函数称为微分方程的解.

不难验证，函数 $y=x^2$、$y=x^2+1$ 及 $y=x^2+C$（C 为待定任意常数）都是方程 $y'=2x$ 的解．这是由于不定积分求原函数不唯一.

若微分方程的解中含有任意常数，则此解为该方程的通解（或一般解）．当微分方程是一阶时，需要一次积分运算，通解中就有一个任意常数. 同理可知道，二阶微分方程就有两个任意常数，所以，通解中任意常数的个数与微分方程的阶数相同.

当通解中的各任意常数都取确定值时所得到的解称为方程的特解.

例如，$y'=2x$ 的解 $y=x^2+C$ 中含有任意常数且个数与该方程的阶数相同，这个解是方程的通解；如果求满足条件 $y(0)=0$ 的解，代入通解 $y=x^2+C$ 得 $C=0$，那么 $y=x^2$ 就是微分方程 $y'=2x$ 的特解.

用来确定通解中待定常数的附加条件一般称为初始条件.

一个微分方程与其初始条件构成的问题，称为初值问题．求解某初值问题，就是求方程的特解．

【例 5-3】 验证函数 $y=C_1e^{2x}+C_2e^{-2x}$（C_1、C_2 为任意常数）是二阶微分方程 $y''-4y=0$ 的通解，并求此微分方程满足初值条件 $y\Big|_{x=0}=0, y'\Big|_{x=0}=1$ 的特解.

解 求 $y=C_1e^{2x}+C_2e^{-2x}$ 的一阶导数与二阶导数.

$$y'=2C_1e^{2x}-2C_2e^{-2x}$$

$$y''=4C_1e^{2x}+4C_2e^{-2x}$$

代入方程的左边得

$$y''-4y=4C_1e^{2x}+4C_2e^{-2x}-4(C_1e^{2x}+C_2e^{-2x})=0$$

得以验证.

把初始条件 $y\Big|_{x=0}=1$ 及 $y'\Big|_{x=0}=1$ 分别代入

$$y=C_1e^{2x}+C_2e^{-2x},$$

$$y'=2C_1e^{2x}-2C_2e^{-2x},$$

得

$$\begin{cases}C_1+C_2=0\\2C_1-2C_2=1\end{cases}.$$

解得 $C_1=\dfrac{1}{4}$，$C_2=-\dfrac{1}{4}$．于是满足初始条件的特解为

$$y=\frac{1}{4}(e^{2x}-e^{-2x}).$$

一般地，微分方程的解的图形称为微分方程的积分曲线．由于微分方程的通解中含有任意常数，当任意常数取不同的值时，就得到不同的积分曲线，所以通解的图形是一族积分曲线，称为积分曲线族．积分曲线族中各个曲线的形状一样，位置在纵向上有差距；特解的图形是积分曲线族中的某一条确定的曲线，这就是微分方程的通解和特解的几何意义.

A 组

1. 说出下列微分方程的阶数，并指出哪些是高阶微分方程.

(1) $\dfrac{d^2y}{dx^2}-y=2x$； (2) $x(y')^2+y=1$； (3) $(x^2+y^2)dx-xydy=0$；

(4) $\dfrac{d^2y}{dx^2}-9\dfrac{dy}{dx}=3x^3+1$； (5) $xy''-2y'=8x^2+\cos x$； (6) $y^{(5)}-4x=0$.

2. 判断下列微分方程是否为线性微分方程.

(1) $3y'+2y=x^2$； (2) $(y')^3+xy=\sin(2x+1)$； (3) $y''=y^2+x^2$；

(4) $\dfrac{dy}{dx}-\dfrac{1}{x}y=\sin x^2$； (5) $y\,y'+y=x$； (6) $\dfrac{d^2y}{dx^2}-5\dfrac{dy}{dx}+6=e^{2x}$.

3. 指出下列微分方程中哪些是齐次的，哪些是非齐次的.

(1) $x\mathrm{d}x+y^3\mathrm{d}y=0$；　(2) $x(y')^2-2yy'+x=0$；　(3) $\dfrac{\mathrm{d}^2y}{\mathrm{d}x^2}=x^2y$；

(4) $y'+y\tan x=\cos x$；　(5) $\dfrac{\mathrm{d}y}{\mathrm{d}x}-\dfrac{2}{x+1}y=(x+1)^3$；　(6) $\tan x\dfrac{\mathrm{d}y}{\mathrm{d}x}-y=1$.

4. 验证下列各微分方程后面所列出的函数（其中 C_1 、C_2 、C 均为任意常数）是否为所给微分方程的解？如果是解，是通解还是特解？

(1) $\dfrac{\mathrm{d}^2x}{\mathrm{d}t^2}+4x=0$，　$x=C_1\cos2t+C_2\sin2t$；

(2) $y''+9y=x+\dfrac{1}{2}$，　$y=5\cos3x+\dfrac{x}{9}+\dfrac{1}{18}$；

(3) $y''-2y'+y=0$，　$y=C_1\mathrm{e}^x+C_2\mathrm{e}^{-x}$；

(4) $x\mathrm{d}x+y\mathrm{d}y=0$，　$x^2+y^2=C$.

B　组

1. 验证函数 $y=(C_1+C_2x)\mathrm{e}^{2x}$ 是微分方程 $y''-4y'+4y=0$ 的通解，并求此微分方程满足初值条件 $y(0)=1$ ，$y'(0)=0$ 的特解.

2. 已知一曲线过点 $(1,2)$ ，切曲线上任一点 $P(x,y)$ 处的切线斜率为 $2x+1$ ，求该曲线方程.

第二节　一阶微分方程

【学习目标】

1. 掌握可分离变量的微分方程的解法.
2. 会求解齐次微分方程.
3. 掌握一阶线性齐次微分方程和一阶线性非齐次微分方程的解法.

一阶微分方程的一般形式为 $F(x,y,y')=0$ 或 $y'=f(x,y)$. 在电学领域中，经常应用一阶微分方程研究电工电子技术中电容器充电及放电时电容电压 U_C 、电流 i_C 、电阻元件的端电压 U_R 随时间 t 的变化规律；在热力学领域，也经常用于研究能量的传递与转化. 下面我们介绍几种常用的一阶微分方程.

一、可分离变量的微分方程

定义 5.2.1　如果一阶微分方程可写为 $\dfrac{\mathrm{d}y}{\mathrm{d}x}=f(x)g(y)$ 的形式，其中 $f(x)$ 和 $g(y)$ 都是连续函数，那么该方程称为可分离变量的微分方程.

这种方程的特点是等式右边可以分解成两个函数之积，其中一个仅含 x ，另一个仅含 y . 例如，热力学中的过程方程式 $\dfrac{\mathrm{d}p}{p}+n\dfrac{\mathrm{d}v}{v}=0$（其中 n 为常数），就是可分离变量的微分方程，因为它可以化为 $\dfrac{\mathrm{d}p}{\mathrm{d}v}=-n\dfrac{p}{v}$.

根据这种方程的特点，我们可采用两边积分的方法求解，具体求解步骤如下.

第一步，分离变量．将方程整理为 $\frac{\mathrm{d}y}{g(y)}=f(x)\mathrm{d}x$，其中 $g(y)\neq 0$.

第二步，两端积分．两边同时积分，得 $\int\frac{\mathrm{d}y}{g(y)}=\int f(x)\mathrm{d}x$.

第三步，写出积分结果．设 $\frac{1}{g(y)}$ 和 $f(x)$ 的原函数分别为 $G(y)$ 和 $F(x)$，则得 $G(y)=F(x)+C$.

上述求解可分离变量的方程的方法称为分离变量法.

【例 5-4】 求微分方程 $y'=2xy$ 的通解.

解　将方程分离变量得
$$\frac{\mathrm{d}y}{y}=2x\mathrm{d}x,$$
两端积分得
$$\int\frac{\mathrm{d}y}{y}=\int 2x\mathrm{d}x,$$
即 $\ln|y|=x^2+C_1$，从而 $|y|=\mathrm{e}^{x^2+C_1}=\mathrm{e}^{C_1}\mathrm{e}^{x^2}$，即 $y=\pm\mathrm{e}^{C_1}\mathrm{e}^{x^2}$. 因 $\pm\mathrm{e}^{C_1}$ 仍是任意常数，于是可记 $C=\pm\mathrm{e}^{C_1}$，故得方程的通解 $y=C\mathrm{e}^{x^2}$.

以后为了方便起见，我们经常把 $\ln|y|$ 写成 $\ln y$，且在积分过程中若原函数出现对数函数时，任意常数也常写为 $\ln|C|$ 或 $\ln C$.

【例 5-5】 求微分方程 $x(1+y^2)\mathrm{d}x-y(1+x^2)\mathrm{d}y=0$ 满足初始条件 $y\Big|_{x=0}=1$ 的特解.

解　将方程分离变量得
$$\frac{y}{1+y^2}\mathrm{d}y=\frac{x}{1+x^2}\mathrm{d}x,$$
两端积分得
$$\frac{1}{2}\ln(1+y^2)=\frac{1}{2}\ln(1+x^2)+\ln C_1,$$
于是得原方程的通解为
$$1+y^2=C(1+x^2).$$
将 $y\Big|_{x=0}=1$ 代入上式可得 $C=2$，即所求的特解为 $y^2=2x^2+1$.

二、齐次微分方程

定义 5.2.2　形如 $\frac{\mathrm{d}y}{\mathrm{d}x}=f\left(\frac{y}{x}\right)$ 的一阶微分方程称为齐次微分方程.

例如，方程 $(x-y)\mathrm{d}y=(x+y)\mathrm{d}x$ 是齐次方程，因为 $\frac{\mathrm{d}y}{\mathrm{d}x}=\frac{x+y}{x-y}=\frac{1+\frac{y}{x}}{1-\frac{y}{x}}$.

齐次方程的特点是每一项所含变量的次数都是相同的，即同时用 tx，ty 置换变量 x，y 后方程的形式不变．这种方程可通过适当的变量代换化为可分离变量的微分方程，即在齐次方程 $\frac{\mathrm{d}y}{\mathrm{d}x}=f\left(\frac{y}{x}\right)$ 中引进新的未知函数 $u=\frac{y}{x}$，就可以把原方程化为关于未知函数 $u(x)$ 的可分离变量的方程．具体求解步骤如下.

第一步，作变量代换 $u=\frac{y}{x}$，把齐次方程化为可分离变量的微分方程，因为

$$y = u \cdot x, \frac{dy}{dx} = u + x\frac{du}{dx},$$

将它们代入齐次方程，得 $u + x\frac{du}{dx} = f(u)$，即 $x\frac{du}{dx} = f(u) - u$.

第二步，用分离变量法，得

$$\int \frac{du}{f(u) - u} = \int \frac{dx}{x},$$

然后求出积分.

第三步，换回原变量，再以 $u = \frac{y}{x}$ 回代，得出所给齐次方程的通解.

【例 5-6】 求微分方程 $2xy\,dx + (y^2 - x^2)\,dy = 0$ 的通解.

解 原方程可写成 $\frac{dy}{dx} = \frac{2xy}{x^2 - y^2} = \frac{2\frac{y}{x}}{1 - \left(\frac{y}{x}\right)^2}$，因此是齐次微分方程.

令 $u = \frac{y}{x}$,则 $y = ux$,$\frac{dy}{dx} = u + x\frac{du}{dx}$，于是原方程化为 $u + x\frac{du}{dx} = \frac{2u}{1 - u^2}$，分离变量得 $\frac{dx}{x} = \frac{(1 - u^2)du}{u + u^3} = \frac{(1 + u^2) - 2u^2}{u + u^3}du = \left(\frac{1}{u} - \frac{2u}{1 + u^2}\right)du$，两端积分得 $\ln x = \ln u - \ln(1 + u^2) + \ln C$，$x(1 + u^2) = Cu$，故通解为 $x^2 + y^2 = Cy$.

三、一阶线性微分方程

定义 5.2.3 形如

$$y' + P(x)y = Q(x) \tag{5-3}$$

的方程称为一阶线性微分方程，其中 $P(x)$ 和 $Q(x)$ 为已知连续函数.

它的特点是方程中出现的未知函数及未知函数的导数都是一次的. 例如 $y' + x^2y = e^x$ 是一阶线性微分方程，而 $yy' + x^2y = e^x$ 就不是一阶线性微分方程.

如果 $Q(x) \equiv 0$，则方程式（5-3）成为

$$y' + P(x)y = 0 \tag{5-4}$$

称为一阶线性齐次微分方程. 如果 $Q(x)$ 不恒为 0，则方程式（5-3）称为一阶线性非齐次微分方程.

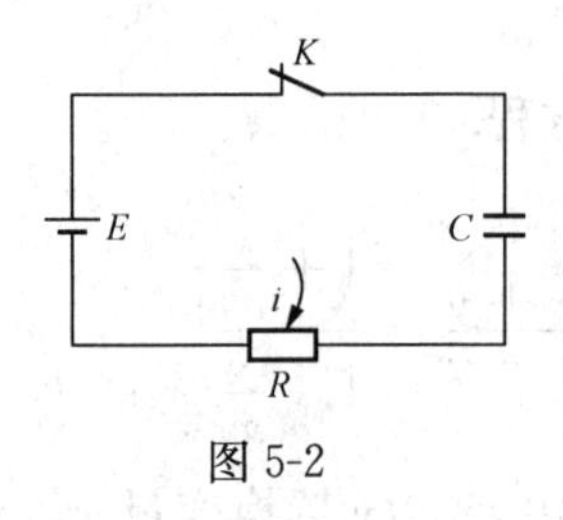

图 5-2

例如，RC 电路（见图 5-2），已知在开关 K 合上前电容 C 上没有电荷，电容 C 两端的电场为零，电源的电动势为 E. 把开关 K 合上，电源对电容 C 充电，电容 C 上的电压 U_C 逐渐升高，则电压 U_C 随时间 t 变化的规律为

$$\frac{dU_C}{dt} + U_C = E,$$

此方程是一阶线性非齐次微分方程，它对应的一阶线性齐次的微分方程是 $\frac{dU_C}{dt} + U_C = 0$.

1. 一阶线性齐次微分方程的解法

一阶线性齐次微分方程 $\frac{dy}{dx} + P(x)y = 0$ 是可分离变量的微分方程，分离变量，得

$\frac{dy}{y}=-P(x)dx$，两端积分 $\ln y=-\int P(x)d\,x+\ln C$，此处积分 $\int P(x)dx$ 仅是 $P(x)$ 的一个原函数，不含任意常数．所以方程的通解为 $y=Ce^{-\int P(x)dx}$．

【例 5-7】 求方程 $y'+(\sin x)y=0$ 的通解.

解 此方程是一阶线性齐次方程，且 $p(x)=\sin x$．

利用通解公式得 $$y=Ce^{-\int P(x)dx}=Ce^{-\int \sin x dx}=Ce^{\cos x}，$$

故原方程的通解为 $y=Ce^{\cos x}$．

2. 一阶线性非齐次微分方程的解法

一阶线性非齐次和齐次微分方程的左端是相同的，其差异在于 $Q(x)$，显然齐次方程的解 $y=Ce^{-\int P(x)dx}$ 不会是方程式（5-3）的解，但是可以猜想它们的解之间必有相似之处．因此可以设想

$$y=C(x)e^{-\int P(x)dx} \tag{5-5}$$

是方程式（5-3）的解，其中 $C(x)$ 是个待定函数. 如果我们能把 $C(x)$ 确定，问题就解决了.

如果式（5-5）是方程式（5-3）的解，将式（5-5）代入方程式（5-3）等式成立，为此，先将式（5-5）求导得

$$y'=C'(x)e^{-\int P(x)dx}+C(x)e^{-\int P(x)dx}(-P(x))=C'(x)e^{-\int P(x)dx}-P(x)y，$$

代入方程式（5-3），得 $C'(x)e^{-\int P(x)dx}=Q(x)$，即 $C'(x)=Q(x)e^{\int P(x)dx}$．

积分后，有 $C(x)=\int Q(x)\,e^{\int P(x)dx}dx+C$，则

$$y=e^{-\int p(x)dx}\left(\int Q(x)e^{\int p(x)dx}dx+C\right). \tag{5-6}$$

其中 C 为任意常数，而 $\int Q(x)\,e^{\int P(x)dx}dx$ 中不再含有任意常数．式（5-6）称为一阶线性非齐次微分方程的通解公式.

上述通过将线性齐次微分方程通解中的任意常数 C，换为待定函数 $C(x)$，从而求出线性非齐次微分方程通解的方法称为常数变易，直接套用公式（5-6）求解称为公式法.

下面来分析一下，一阶线性非齐次微分方程的通解结构．由于通解公式（5-6）也可写成

$$y=Ce^{-\int P(x)dx}+e^{-\int P(x)dx}\int Q(x)e^{\int P(x)dx}dx.$$

上式右边第一项是非齐次方程（5-3）所对应的齐次方程（5-4）的通解，而第二项是非齐次方程（5-3）的一个特解（取 $C=0$ 得到），于是有如下定理.

定理 5.2.1 一阶线性非齐次微分方程 $y'+P(x)y=Q(x)$ 的通解 y，是由其对应的齐次方程 $y'+P(x)y=0$ 的通解 $\bar{y}$ 加上非齐次方程本身的一个特解 y^* 构成，$y=\bar{y}+y^*$．

【例 5-8】 求方程 $y'=\frac{y+x\ln x}{x}$ 的通解.

解 原方程变形为 $y'-\frac{1}{x}y=\ln x$，是一阶线性非齐次微分方程.

由于 $P(x)=-\dfrac{1}{x}$，$Q(x)=\ln x$，所以原方程的通解为

$$y=e^{-\int p(x)dx}\left(\int Q(x)e^{\int p(x)dx}dx+C\right)=e^{-\int\left(-\frac{1}{x}\right)dx}\left(\int \ln x e^{\int\left(-\frac{1}{x}\right)dx}dx+C\right)$$
$$=e^{\ln x}\left(\int \ln x e^{-\ln x}dx+C\right)=x\left(\int\frac{\ln x}{x}dx+C\right)$$
$$=x\left(\int \ln x d\ln x+C\right)=x\left(\frac{1}{2}\ln^2 x+C\right).$$

【例 5-9】 求微分方程 $x^2dy+(2xy-x+1)dx=0$ 满足初始条件 $y\Big|_{x=1}=0$ 的特解.

解 将已知方程变形，得 $y'+\dfrac{2}{x}y=\dfrac{x-1}{x^2}$. 由于 $P(x)=\dfrac{2}{x}$，$Q(x)=\dfrac{x-1}{x^2}$，所以原方程的通解为

$$y=e^{-\int p(x)dx}\left(\int Q(x)e^{\int p(x)dx}dx+C\right)=e^{-\int\frac{2}{x}dx}\left(\int\frac{x-1}{x^2}e^{\int\frac{2}{x}dx}dx+C\right)$$
$$=e^{-2\ln x}\left(\int\frac{x-1}{x^2}e^{2\ln x}dx+C\right)=\frac{1}{x^2}\left(\int\frac{x-1}{x^2}\cdot x^2dx+C\right)$$
$$=\frac{1}{x^2}\left(\frac{x^2}{2}-x+C\right).$$

将初始条件 $y\Big|_{x=1}=0$ 代入上式中，可得 $C=\dfrac{1}{2}$，所以所求的特解为

$$y=\frac{1}{2}-\frac{1}{x}+\frac{1}{2x^2}.$$

【例 5-10】 求方程 $\dfrac{dy}{dx}=\dfrac{1}{x+y}$ 的通解.

解 把方程变形为 $\dfrac{dx}{dy}=x+y$，即 $\dfrac{dx}{dy}-x=y$，则将 x 看做未知函数，y 看做自变量，这是一阶线性非齐次微分方程.

在一阶线性非齐次方程（5-3）的通解公式（5-6）中，把 y 换成 x，而 x 换成 y，即得相应微分方程

$$\frac{dx}{dy}+P(y)x=Q(y) \tag{5-7}$$

的通解公式为

$$x=e^{-\int P(y)dy}\left[\int Q(y)e^{\int P(y)dy}dy+C\right] \tag{5-8}$$

由于 $P(y)=-1$，$Q(y)=y$，所以原方程的通解为

$$x=e^{\int dy}\left(\int ye^{-\int dy}dy+C\right)=e^y\left(\int ye^{-y}dy+C\right)=-y-1+Ce^y.$$

*3. 一阶线性非齐次方程的积分因子解法

将一阶线性非齐次方程 $y'+P(x)y=Q(x)$ 的左端配成一个关于未知函数 y 的代数式的全微分式 $[f(x,y)]'=G(x)$，然后对两端关于 x 求积分，就得到关于未知函数 y 的代数方程，从而解出未知函数 y.

在导数运算法则中有 $(y\cdot u)'=y'\cdot u+y\cdot u'$. 这个等式的右端与一阶线性非齐次方程

$y'+P(x)y=Q(x)$ 的左端相似，考虑将方程的两端同乘以一个因子，使得方程的左端能配成一个全导数.

将 u 乘方程 $y'+P(x)y=Q(x)$ 的两端，得 $y'\cdot u+[P(x)\cdot u]y=Q(x)\cdot u$. 用此方程的左端对照 $(y\cdot u)'=y'\cdot u+y\cdot u'$ 的右端，可令 $P(x)\cdot u=u'$，解这个关于 u 的微分方程得 $u=Ce^{\int P(x)dx}$. 不妨取 $C=1$，即得乘法因子 $u=e^{\int P(x)dx}$. 方程乘上 u 后，左端总能配成全导数的形式. 我们把 u 称为积分因子.

这种求解一阶线性非齐次方程的方法我们称为积分因子法，其具体步骤如下.

第一步，求出积分因子 $u=e^{\int P(x)dx}$.

第二步，将积分因子 u 乘方程两端得 $y'\cdot u+[P(x)\cdot u]y=Q(x)\cdot u$.

第三步，对上式左端写成全导数形式 $[yu]'=Q(x)u$.

第四步，两端求不定积分，得到通解；两端求同一区间的定积分，得到特解.

【例 5-11】 求微分方程 $y'+2xy=x$ 的通解.

解 （1）求积分因子，这里 $P(x)=2x$，所以 $u=e^{\int P(x)dx}=e^{\int 2xdx}=e^{x^2}$.

（2）将积分因子 u 乘方程两端，得

$$y'e^{x^2}+2xye^{x^2}=xe^{x^2}.$$

（3）左端写成全导数形式，得

$$[ye^{x^2}]'=xe^{x^2}.$$

（4）两端积分得到通解

$$[ye^{x^2}]=\int xe^{x^2}\,dx=\frac{1}{2}\int e^{x^2}\,dx^2=\frac{1}{2}e^{x^2}+C.$$

即原方程的通解为 $y=e^{-x^2}\left(\frac{1}{2}e^{x^2}+C\right)$.

积分因子法解微分方程的主要优势在解初值问题时，可以避开先求通解，利用定积分直接求得特解. 我们［例 5-11］演示这一优势.

【例 5-12】 求初值问题 $y'+2xy=x$，$y(1)=2$ 的特解.

解 由［例 5-11］知原方程可以转化成 $[ye^{x^2}]'=xe^{x^2}$ 的形式，对该等式求 $[1,x]$ 上的定积分

$$\int_1^x [ye^{x^2}]'dx=\int_1^x xe^{x^2}dx,$$

即

$$\left[ye^{x^2}\right]_1^x=\int_1^x xe^{x^2}dx=\left[\frac{1}{2}e^{x^2}\right]_1^x=\frac{1}{2}[e^{x^2}-e],$$

$$y(x)e^{x^2}-y(1)e^{1^2}=y(x)e^{x^2}-2e=\frac{1}{2}e^{x^2}-\frac{1}{2}e$$

$$y(x)e^{x^2}=\frac{1}{2}e^{x^2}+\frac{3}{2}e.$$

所以此初值问题的特解为 $y(x)=\frac{1}{2}+\frac{3}{2}e^{1-x^2}$.

现将一阶微分方程的几种常见类型及解法归纳如下（见表 5-1）.

表 5-1

方程类型		方　　程	解　　法
可分离变量的微分方程		$\frac{dy}{dx}=f(x)g(y)$	分离变量法：先分离变量，后两边积分
齐次型的微分方程		$\frac{dy}{dx}=f(\frac{y}{x})$	先变量代换 $u=\frac{y}{x}$ ，把原方程化为可分离变量的方程，然后用分离变量法解出方程，最后换回原变量
一阶线性微分方程	齐次的方程	$\frac{dy}{dx}+P(x)y=0$	(1) 分离变量法. (2) 公式法：$y=Ce^{-\int P(x)dx}$
	非齐次的方程	$\frac{dy}{dx}+P(x)y=Q(x)$	(1) 常数变易法：将对应齐次方程通解中的任意常数 C，换为待定函数 $C(x)$，代入原方程求出通解. (2) 公式法： $y=e^{-\int P(x)dx}\left[\int Q(x)e^{\int P(x)dx}dx+C\right]$. (3) 积分因子法：求积分因子 $u=e^{\int P(x)dx}$ ； 再将积分因子 u 乘方程两端；然后将左端写成全导数形式 $[yu]'=Q(x)u$ ；最后两端求不定积分，得到通解，求定积分得到特解

A　　组

选择题.

(1) 下列哪个方程是可分离变量的方程？（　　）

A. $x^2+y-y'=0$ ；　　B. $xy'+y=xy^2$ ；

C. $xy'+y=1$ ；　　D. $(y\sin x-1)dx-\cos x dy=0$.

(2) 微分方程 $y'=3y^{\frac{2}{3}}$ 的一个特解是（　　）.

A. $y=(x+3)^3$ ；　　B. $y=x^3+3$ ；

C. $y=(x+C)^3$ ；　　D. $y=C(x+1)^3$.

B　　组

1. 用分离变量法求下列微分方程通解或特解.

(1) $\frac{dy}{dx}=-\frac{y}{x}$ ；　　(2) $\frac{dy}{dx}=y^2\cos x$, $y\Big|_{x=0}=1$ ；

(3) $\frac{dy}{dx}=\frac{y}{\sqrt{1-x^2}}$ ；　　(4) $x\frac{dy}{dx}-y\ln y=0$ ；

(5) $\sqrt{1-x^2}dy=\sqrt{1-y^2}dx$ ；　　(6) $dx+xydy=y^2dx+ydy$.

2. 求下列齐次型微分方程的通解.

(1) $(x-y)\mathrm{d}y=(x+y)\mathrm{d}x$ ；　　(2) $x^2y\mathrm{d}x-(x^3+y^3)\mathrm{d}y=0$ ；

(3) $y^2+x^2\dfrac{\mathrm{d}y}{\mathrm{d}x}=xy\dfrac{\mathrm{d}y}{\mathrm{d}x}$ ；　　(4) $2xy\mathrm{d}x+(y^2-x^2)\mathrm{d}y=0$.

3. 求下列一阶线性微分方程的通解或特解.

(1) $\dfrac{\mathrm{d}y}{\mathrm{d}x}+y=\mathrm{e}^{-x}$ ；　　(2) $\dfrac{\mathrm{d}y}{\mathrm{d}x}+2xy=4x$ ；

(3) $(x^2-1)y'+2xy-\cos x=0$ ；　　(4) $\dfrac{\mathrm{d}y}{\mathrm{d}x}+\dfrac{y}{x}=\dfrac{\sin x}{x},\ y\Big|_{x=\pi}=1$.

第三节　一阶微分方程应用与可降阶的高阶微分方程

【学习目标】

1. 掌握一阶微分方程在实际应用问题中的简单应用.

2. 会求三种可降阶的高阶微分方程.

一、一阶微分方程应用

微分方程的产生和发展源于实际问题的需要，同时它也成为解决实际问题的有力工具.前面我们主要研究了几类常见的微分方程的基本解法，下面举例说明如何利用微分方程解决一些实际应用问题.

【例 5-13】 曲线上任意一点 $M(x,y)$ 处的切线在 y 轴上的截距等于切点横坐标的平方，求过点 $(1,0)$ 的曲线方程.

解 设点 (x,y) 为曲线上任一点，则曲线在该点的切线方程为

$$Y-y=y'(X-x)\ ,$$

其在 y 轴上的截距为 $y-xy'$ ，因此 $y-xy'=x^2$ ，即 $y'-\dfrac{1}{x}y=-x$ ，这是一个一阶线性方程，其通解为

$$y=\mathrm{e}^{-\int(-\frac{1}{x})\mathrm{d}x}\left[\int(-x)\mathrm{e}^{\int(-\frac{1}{x})\mathrm{d}x}\,\mathrm{d}x+C\right]=x(-x+C),$$

即方程的通解为 $y=x(C-x)$ ，由于曲线过点 $(1,0)$ ，所以 $C=1$. 因此所求曲线的方程为 $y=x-x^2$.

【例 5-14】 一台电机开动后，每分钟温度升高10°，按 Newton 冷却定理不断散发热量. Newton 冷却定律为

(1) 热量总是从温度高的物体向温度低的物体传导；

(2) 在一定的温度范围内，物体温度变化速度与物体的温度与其所在的介质的温度之差成正比.

假设电机所在车间室温保持 15°，求电机温度与时间关系式.

解 (1) 根据题意建立微分方程：$\dfrac{\mathrm{d}H}{\mathrm{d}t}=10-k(H-15)$，初始条件为 $H\Big|_{t=0}=15$.

（2）求通解：这是一个可分离变量的微分方程，由分离变量法可得通解为 $H(t)=15+\dfrac{10-Ce^{-kt}}{k}$.

（3）求特解：将初始条件 $H\Big|_{t=0}=15$ 代入通解，可得 $C=10$，从而特解为 $H(t)=15+\dfrac{10}{k}(1-e^{-kt})$，

即电机温度与时间关系式为 $H(t)=15+\dfrac{10}{k}(1-e^{-kt})$.

【例 5-15】［RC 回路］在一个包含有电阻 R（单位：Ω），电容 C（单位：F）和电源 E（单位：V）的 RC 串联回路中，由回路电流定律知，电容上的电量 q（单位：C）满足以下微分方程

$$\frac{\mathrm{d}q}{\mathrm{d}t}+\frac{1}{RC}q=\frac{E}{R}$$

若回路中有电源 $400\cos 2t$(V)，电阻 100Ω，电容 0.01F，电容上没有初始电量．求 t 时刻电路中的电流.

解　（1）建立微分方程，我们先求电量 q，因为 $E=400\cos 2t$，$R=100$，$C=0.01$，代入 RC 回路中，电量 q 应满足的微分方程，得 $\dfrac{\mathrm{d}q}{\mathrm{d}t}+q=4\cos 2t$，初始条件 $q\Big|_{t=0}=0$.

（2）求通解，此方程是一阶线性微分方程，$P(t)=1$，$Q(t)=4\cos 2t$，则方程的通解为

$$q=e^{-\int 1\mathrm{d}t}\left[\int(4\cos 2t)e^{\int 1\mathrm{d}t}\mathrm{d}t+C\right]=e^{-t}\left(\int 4\cos 2te^{t}\mathrm{d}t+C\right)=Ce^{-t}+\frac{8}{5}\sin 2t+\frac{4}{5}\cos 2t.$$

（3）求特解，将 $t=0$ 时，$q=0$ 代入通解，得

$$0=Ce^{-1\times 0}+\frac{8}{5}\sin(2\times 0)+\frac{4}{5}\cos(2\times 0),$$

解之得 $C=-\dfrac{4}{5}$．于是 $q=-\dfrac{4}{5}e^{-t}+\dfrac{8}{5}\sin 2t+\dfrac{4}{5}\cos 2t$，再由电流与电量的关系 $I=\dfrac{\mathrm{d}q}{\mathrm{d}t}$，得在任何时刻 t 的电流为 $I=\dfrac{4}{5}e^{-t}+\dfrac{16}{5}\cos 2t-\dfrac{8}{5}\sin 2t$.

二、可降阶的高阶微分方程

二阶和二阶以上的微分方程称为高阶微分方程．下面将介绍几种特殊类型的高阶微分方程的解法．它们可以经过一定的变换归结为低阶微分方程的求解问题，这样的方程称为可降阶的高阶微分方程.

1. $y^{(n)}=f(x)$ 型的微分方程

这类方程右端仅是自变量的函数，因此解这类微分方程只须对方程两边连续积分 n 次即可.

【例 5-16】　求方程 $y'''=\sin x-\cos x$ 的通解.

解　对方程两端连续积分三次，得

$$y''=\int(\sin x-\cos x)\mathrm{d}x=-\cos x-\sin x+C_1,$$

$$y' = \int (-\cos x - \sin x + C_1)\mathrm{d}x = -\sin x + \cos x + C_1 x + C_2,$$

$$y = \int (-\sin x + \cos x + C_1 x + C_2)\mathrm{d}x = \cos x + \sin x + \frac{1}{2}C_1 x + C_2 x + C_3.$$

【例 5-17】 导热系数为常数、无内热源的一维稳态导热微分方程式为 $\frac{\mathrm{d}^2 t}{\mathrm{d}x^2} = 0$，已知 $t\Big|_{x=0} = t_1, t\Big|_{x=\delta} = t_2$，求 t 与 x 的关系.

解 对等式连续积分两次，得

$$\frac{\mathrm{d}t}{\mathrm{d}x} = C_1 x, \qquad t = C_1 x + C_2,$$

代入 $t\Big|_{x=0} = t_1, t\Big|_{x=\delta} = t_2$ 得 $C_2 = t_1, C_1 = \frac{t_2 - t_1}{\delta}$；故 $t = \frac{t_2 - t_1}{\delta}x + t_1$.

2. $y'' = f(x,y')$ 型的微分方程

方程右端不显含未知函数 y. y' 就是最低阶导数，所以求解的作因变量代换，令 $y' = p(x)$，则 $y'' = p'(x)$，原方程 $y'' = f(x,y')$ 降阶为 $p' = f(x,p)$，这是以 $p(x)$ 为未知函数的一阶微分方程. 求得其通解为 $p = \varphi(x,C_1)$，回代 $p = y'$，又得到一个一阶微分方程 $y' = \varphi(x,C)$，积分便得原方程的通解.

【例 5-18】 求方程 $y'' + y'\tan x = \sin 2x$ 的通解.

解 设 $y' = p(x)$，则 $y'' = p'(x)$，于是原方程化为 $p' + p\tan x = \sin 2x$，这是一阶线性非齐次微分方程，由求解公式得

$$p = \mathrm{e}^{-\int \tan x\mathrm{d}x}\left(\int \sin 2x \cdot \mathrm{e}^{\int \tan x\mathrm{d}x}\mathrm{d}x + C_1\right) = \mathrm{e}^{\ln\cos x}\left(\int \sin 2x \cdot \mathrm{e}^{-\ln\cos x}\mathrm{d}x + C_1\right)$$

$$= \cos x\left(\int 2\sin x \cdot \cos x \cdot \frac{1}{\cos x}\mathrm{d}x + C_1\right) = \cos x(-2\cos x + C_1),$$

回代 y'，得 $y' = p = \cos x(-2\cos x + C_1) = -2\cos^2 x + C_1\cos x$.

于是得原方程的通解为

$$y = \int (-2\cos^2 x + C_1\cos x)\,\mathrm{d}x = \int (-1 - \cos 2x + C_1\cos x)\,\mathrm{d}x$$

$$= -x - \frac{1}{2}\sin 2x + C_1\sin x + C_2.$$

3. $y'' = f(y,y')$ 型的微分方程

这类方程右端不显含自变量 x. 可以作因变量、自变量代换，选择 y 为新的自变量求解，令 $y' = p(y)$，则 $y'' = \frac{\mathrm{d}p(y)}{\mathrm{d}x} = \frac{\mathrm{d}p(y)}{\mathrm{d}y} \cdot \frac{\mathrm{d}y}{\mathrm{d}x} = p'_y(y)y' = p(y)p'_y(y)$，于是原方程化为一个以 y 为自变量，以 $p(y)$ 为未知函数的一阶微分方程 $p(y)p'(y) = f(y,p(y))$. 如果能求出其解 $p(y) = \varphi(y,C_1)$，回代，即可求出原方程的解.

【例 5-19】 求解初值问题 $y'' - \mathrm{e}^{2y}y' = 0$，$y(0) = 0$，$y'(0) = \frac{1}{2}$.

解 令 $y' = p(y)$，则 $y'' = pp'$，方程化为 $p\frac{\mathrm{d}p}{\mathrm{d}y} = p\mathrm{e}^{2y}$，故 $\frac{\mathrm{d}p}{\mathrm{d}y} = \mathrm{e}^{2y}$，可得 $p(y) = \int \mathrm{e}^{2y}\mathrm{d}y = \frac{1}{2}\mathrm{e}^{2y} + C_1$.

将初始条件 $y'(0)=\frac{1}{2}$ 代入，即将 $p(y)\Big|_{y=0}=\frac{1}{2}$ 代入，($x=0$ 时，$y=0$) 得 $C_1=0$，于是有 $y'=p=\frac{1}{2}e^{2y}$.

这是可分离变量的微分方程，由分离变量法可得通解为 $-e^{-2y}=x+C_2$，然后将初始条件 $y(0)=0$ 代入，得 $C_2=-1$.

故所求的初值问题的解为 $e^{-2y}=1-x$.

该类型方程中如果 y,y',y'' 是线性关系，还可以用下一节的方法解决.

A 组

1. 选择题：求方程 $(x+1)y''+y'=\ln(x+1)$ 的通解时，可（　　）.

A. 令 $y'=p$，则 $y''=P'$；　　B. 令 $y'=p$，则 $y''=P\frac{dP}{dy}$；

C. 令 $y'=p$，则 $y''=P\frac{dP}{dx}$；　　D. 令 $y'=p$，则 $y''=P'\frac{dP}{dx}$.

2. 解下列各微分方程.

(1) $y''=x+\sin x$；　　(2) $y'''=xe^x$；

(3) $y''=\frac{1}{1+x^2}$；　　(4) $y'''=e^{ax}$，$y|_{x=1}=y'|_{x=1}=y''|_{x=1}=0$.

B 组

1. 求一曲线方程，该曲线通过原点，并且它在点 (x,y) 处切线斜率等于 $2x+y$.

2. ［RL 电路］在一个包含有电阻 R（单位：Ω），电感 L（单位：H）和电源 E（单位：V）的 RL 串联回路中，由回路电流定律，可知电流 I（单位：A）满足以下微分方程 $\frac{dI}{dt}+\frac{R}{L}I=\frac{E}{L}$. 若电路中电源 $3\sin 2t$(V)，电阻 10Ω，电感 0.5H 和初始电流 6A，求在任何时刻 t 电路中的电流.

3. 解下列各微分方程.

(1) $y''=1+y'^2$；　　(2) $y''=y'+x$；　　(3) $xy''+y'=0$.

4. 解下列各微分方程.

(1) $y''-ay'^2=0$，$y|_{x=0}=0$，$y'|_{x=0}=-1$；

(2) $y^3y''-1=0$；　　(3) $y''=\frac{1}{\sqrt{y}}$.

第四节 二阶常系数线性微分方程

【学习目标】

1. 理解解二阶常系数线性微分方程的通解结构.
2. 掌握二阶常系数线性齐次方程的解法.
3. 会求自由项为 $P_n(x)e^{\lambda x}$ 和 $A\cos\omega x + B\sin\omega x$ 的二阶常系数线性非齐次方程.

在前面，我们介绍了线性微分方程的一般形式为

$$y^{(n)} + P_1(x)y^{(n-1)} + \cdots + P_{n-1}(x)y' + P_n(x)y = f(x),$$

并且学习了一阶线性微分方程的有关知识. 本节主要研究二阶常系数线性微分方程. 这类方程在实际问题中也有着广泛的应用. 例如，在工程技术领域中，经常应用它研究无阻尼简谐振动、阻尼振动、有阻尼强迫振动、共振等现象和规律；在传热领域，常用于研究一维导热问题；而在电学领域中，也常应用它研究电路中的电磁振荡现象和规律等.

定义 5.4.1 形如

$$y'' + py' + qy = f(x) \tag{5-9}$$

的微分方程，称为二阶常系数线性微分方程. 其中 p，q 为常数，$f(x)$ 为 x 的连续函数，称为自由项.

如果 $f(x) \equiv 0$，则方程式（5-9）可写为

$$y'' + py' + qy = 0 \tag{5-10}$$

这时方程式（5-10）称为二阶常系数线性齐次微分方程，如果 $f(x)$ 不恒为零，则方程式（5-9）称为二阶常系数线性非齐次微分方程.

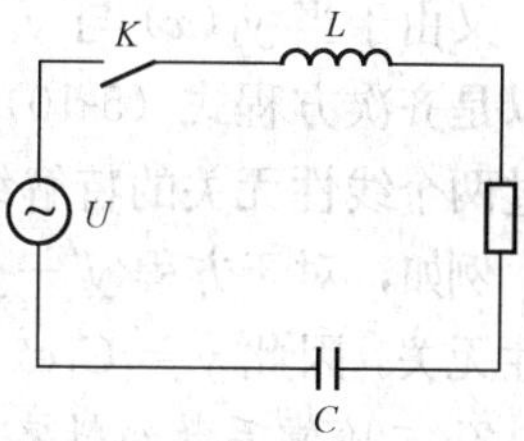

例如，RLC 电路（见图 5-3）是由电感 L，电阻 R，电容 C，电源电动势 E 串联而成，其中 R，L，C 和 $E = E_m\sin\omega t$ 皆为常数，则此电路中电容 C 上电压 $U_C(t)$ 与时间 t 之间的关系式为

图 5-3

$$U_C'' = \frac{R}{L}U_C' + \frac{1}{LC}U_C = \frac{E_m}{LC}\sin\omega t.$$

这就是一个二阶常系数线性非齐次微分方程. 如果电容 C 充电后，撤去外电源（$E = 0$），方程就变为 $U_C'' + \frac{R}{L}U_C' + \frac{1}{LC}U_C = 0$，是二阶常系数线性齐次微分方程.

再如，导热微分方程式 $\begin{cases} \dfrac{d^2\theta}{dx^2} = m^2\theta \\ \theta\Big|_{x=0} = \theta_0, \\ \dfrac{d\theta}{dx}\Big|_{x=H} = 0 \end{cases}$（其中 m 是常数），是二阶常系数齐次线性微分方程.

下面我们分别讨论二阶常系数线性齐次与非齐次微分方程的解法.

一、二阶常系数线性齐次微分方程

1. 二阶常系数线性齐次微分方程 $y''+py'+qy=0$ 的解的结构

定义 5.4.2 设 $y_1(x)$，$y_2(x)$ 是两个定义在区间 (a,b) 内的函数，若它们的比 $\frac{y_1(x)}{y_2(x)}$ 为常数，则称它们是线性相关的，否则称它们是线性无关的.

例如，函数 $y_1=e^x$ 与 $y_2=2e^x$ 是线性相关的，因为 $\frac{y_1}{y_2}=\frac{e^x}{2e^x}=\frac{1}{2}$；而函数 $y_1=e^x$ 与 $y_2=e^{-x}$ 是线性无关的，因为 $\frac{y_1}{y_2}=\frac{e^x}{e^{-x}}=e^{-2x}\neq C$.

定理 5.4.1 如果函数 $y_1(x)$ 和 $y_2(x)$ 是齐次方程式（5-10）的两个解，则

$$y=C_1y_1(x)+C_2y_2(x) \tag{5-11}$$

也是齐次方程式（5-10）的解，其中 C_1,C_2 为任意常数，该结论称为解的叠加原理；当 $y_1(x)$ 与 $y_2(x)$ 线性无关时，式（5-11）就是齐次方程式（5-10）的通解，因为它刚好有两个独立的常数 C_1,C_2.

证明 因为 y_1 与 y_2 是方程式（5-10）的解，所以有

$$y''_1+py'_1+qy_1=0；\qquad y''_2+py'_2+qy_2=0.$$

将 $y=C_1y_1+C_2y_2$ 代入方程式（5-10）的左边，得

$$\begin{aligned}&(C_1y''_1+C_2y''_2)+p(C_1y'_1+C_2y'_2)+q(C_1y_1+C_2y_2)\\&=C_1(y''_1+py'_1+qy_1)+C_2(y''_2+py'_2+qy_2)=0\end{aligned}$$

所以 $y=C_1y_1+C_2y_2$ 是方程式（5-10）的解.

又由于当 $y_1(x)$ 与 $y_2(x)$ 线性无关时，$y=C_1y_1+C_2y_2$ 中含两个相互独立的任意常数，所以是齐次方程式（5-10）的通解．这样看来，二阶常系数线性齐次微分方程的通解，可以通过两个线性无关的特解线性组合得到.

例如，对于方程 $y''-y=0$，容易验证 $y_1=e^x$ 与 $y_2=e^{-x}$ 是该方程的两个解，由于它们线性无关，因此 $y=C_1e^x+C_2e^{-x}$ 就是该方程的通解.

2. 二阶常系数线性齐次微分方程 $y''+py'+qy=0$ 的解法

从齐次方程式（5-10）的结构来看，它的解 y 与其一阶导数、二阶导数是只差一个常数因子的同类型函数，而具有此特征的最简单的函数就是指数函数 e^{rx}（其中 r 为常数），因为 e^{rx} 求导后还有 e^{rx} 因子.

因此，可设 $y=e^{rx}$ 为齐次方程式（5-10）的特解（r 为待定），则 $y'=re^{rx}$，$y''=r^2e^{rx}$，把它们代入齐次方程式（5-10）得 $e^{rx}(r^2+pr+q)=0$. 由于 $e^{rx}\neq 0$，所以有

$$r^2+pr+q=0 \tag{5-12}$$

只要 r 满足方程式（5-12），函数 $y=e^{rx}$ 就是齐次方程式（5-10）的解，我们称方程式（5-12）为方程式（5-10）的特征方程，满足方程式（5-12）的根为特征根.

由于特征方程式（5-12）是一个一元二次方程，它的两个根 r_1 与 r_2 分别为

$$r_{1,2}=\frac{-p\pm\sqrt{p^2-4q}}{2}.$$

它们有三种不同的情况，分别对应着齐次方程式（5-10）的通解的三种不同情形，叙述如下.

(1) $p^2-4q>0$ 时，有两个不相等的实根 r_1 与 r_2，这时易验证 $y_1=e^{r_1x}$ 与 $y_2=e^{r_2x}$ 就是齐次方程式（5-10）两个线性无关的解，因此齐次方程式（5-10）的通解为 $y=C_1e^{r_1x}+C_2e^{r_2x}$， 其中 C_1,C_2 为两个相互独立的任意常数.

(2) $p^2-4q=0$ 时，有两个相等的实根 $r_1=r_2=r$，得到 $y_1=e^{rx}$ 一个特解，可以验证 $y_2=xe^{rx}$ 是齐次方程式（5-10）另一个线性无关的解（根重复了多乘以 x，若再重复乘以 x^2），因此齐次方程式（5-10）的通解为 $y=C_1e^{rx}+C_2xe^{rx}=(C_1+C_2x)e^{rx}$，其中 C_1,C_2 为两个相互独立的任意常数.

(3) $p^2-4q<0$ 时，有一对共轭复根 $r_1=\alpha+i\beta$ 与 $r_2=\alpha-i\beta$（$\beta\neq0$），这时，$y_1=e^{(\alpha+i\beta)x}$ 与 $y_1=e^{(\alpha-i\beta)x}$，是微分方程式（5-10）的两个线性无关的解. 根据欧拉公式 $e^{i\theta}=\cos\theta+i\sin\theta$ 将 y_1 与 y_2 改写为

$$y_1=e^{(\alpha+i\beta)x}=e^{\alpha x}\cdot e^{i\beta x}=e^{\alpha x}(\cos\beta x+i\sin\beta x),$$

$$y_2=e^{(\alpha-i\beta)x}=e^{\alpha x}\cdot e^{-i\beta x}=e^{\alpha x}(\cos\beta x-i\sin\beta x).$$

再由叠加原理消去虚数 i，相加、减得到函数

$$\overline{y_1}=\frac{1}{2}(y_1+y_2)=e^{\alpha x}\cos\beta x,\ \overline{y_2}=\frac{1}{2i}(y_1-y_2)=e^{\alpha x}\sin\beta x$$

也是微分方程式（5-10）的两个线性无关的解，故得微分方程式（5-10）的通解可由 $\overline{y_1},\overline{y_2}$ 线性组合得到，即 $y=e^{\alpha x}(C_1\cos\beta x+C_2\sin\beta x)$，其中 C_1,C_2 为两个相互独立的任意常数.

综上所述，求齐次方程 $y''+py'+qy=0$ 的通解步骤如下.

第一步，写出齐次方程式（5-10）的特征方程 $r^2+pr+q=0$.

第二步，求出两个特征根 r_1 与 r_2.

第三步，根据特征根的不同情形，按照表 5-2 写出齐次方程式（5-10）的通解.

表 5-2

特征方程 $r^2+pr+q=0$ 的两个特征根 r_1，r_2	齐次方程 $y''+py'+qy=0$ 的通解
两个不相等的实根 r_1 与 r_2	$y=C_1e^{r_1x}+C_2e^{r_2x}$
两个相等的实根 $r_1=r_2=r$	$y=(C_1+C_2x)e^{rx}$
一对共轭复根 $r_1=\alpha+i\beta$ 与 $r_2=\alpha-i\beta$	$y=e^{\alpha x}(C_1\cos\beta x+C_2\sin\beta x)$

【例 5-20】 求微分方程 $y''-2y'-3y=0$ 的通解.

解 所给方程的特征方程为 $r^2-2r-3=0$，求得其特征根为 $r_1=-1$ 与 $r_2=3$，是两个不相等的实根，从而方程的通解为 $y=C_1e^{-x}+C_2e^{3x}$.

【例 5-21】 求方程 $\frac{d^2S}{dt^2}+2\frac{dS}{dt}+S=0$ 满足初始条件 $S\Big|_{t=0}=4,S'\Big|_{t=0}=-2$ 的特解.

解 所给方程的特征方程为 $r^2+2r+1=0$，求得其特征根为 $r_1=r_2=-1$，是两个相等的实根，从而通解为

$$S=(C_1+C_2t)e^{-t}.$$

将初始条件 $S\Big|_{t=0}=4$ 代入，得 $C_1=4$，于是 $S=(4+C_2t)e^{-t}$，对其求导得

$$S'=(C_2-4-C_2t)e^{-t}.$$

将初始条件 $S'\Big|_{t=0}=-2$ 代入上式，得 $C_2=2$，故所求特解为

$$S=(4+2t)e^{-t}.$$

【例 5-22】 求微分方程 $y''-6y'+13y=0$ 的通解.

解 特征方程为 $r^2-6r+13=0$，特征根为 $r_1=3+2i$ 和 $r_2=3-2i$，是一对共轭复根，$\alpha=3,\beta=2$，从而微分方程的通解为

$$y=C_1e^{3x}\cos 2x+C_2e^{3x}\sin 2x.$$

二、二阶常系数线性非齐次微分方程

1. 二阶常系数线性非齐次微分方程 $y''+py'+qy=f(x)$ 的解的结构

定理 5.4.2 如果函数 y^* 是非齐次方程 $y''+py'+qy=f(x)$ 的一个特解，Y 是对应的齐次方程 $y''+py'+qy=0$ 的通解，那么

$$y=Y+y^* \tag{5-13}$$

就是该非齐次方程的通解.

证明 把 $y=Y+y*$ 代入方程（1）的左端，得

$$\begin{aligned}(Y''+y*'')+p(Y'+y*')+q(Y+y*)&=(Y''+pY'+qY)+(y*''+py*'+qy*)\\&=0+f(x)=f(x),\end{aligned}$$

所以 $y=Y+y*$ 使方程式（5-9）的两端恒等，故 $y=Y+y*$ 是方程式（5-9）的解.

2. 二阶常系数线性非齐次微分方程 $y''+py'+qy=f(x)$ 的解法

由定理 5.4.2 可知，求非齐次方程 $y''+py'+qy=f(x)$ 的通解步骤如下.

第一步，求出对应齐次方程 $y''+py'+qy=0$ 的通解 Y.

第二步，求出非齐次方程 $y''+py'+qy=f(x)$ 的一个特解 y^*.

第三步，写出所求非齐次方程的通解为 $y=Y+y^*$.

我们已经掌握了求常系数线性齐次方程的通解 Y 的方法，于是求非齐次方程的通解的关键就在于第二步非齐次方程 $y''+py'+qy=f(x)$ 的一个特解 y^* 的求法．下面介绍当非齐次方程中的自由项 $f(x)$ 取几种常见形式时求特解的待定系数法.

(1) $f(x)=P_n(x)e^{\lambda x}$ 型．其中 λ 为常数，$P_n(x)$ 为 x 的 n 次多项式，即 $P_n(x)=a_nx^n+a_{n-1}x^{n-1}+\cdots+a_0$，此时方程为

$$y''+py'+qy=P_n(x)e^{\lambda x} \tag{5-14}$$

由于方程式（5-14）右端是多项式与指数函数乘积的形式，考虑到 p,q 是常数，而多项式与指数函数的乘积求导后仍是同一类型的函数，因此，我们设想方程式（5-14）有形如 $y*=Q(x)e^{\lambda x}$ 的解，其中 $Q(x)$ 是一个待定多项式.

因此设 $y*=Q(x)e^{\lambda x}$，则 $y*'=Q'(x)e^{\lambda x}+\lambda Q(x)e^{\lambda x}$，$y*''=Q''(x)e^{\lambda x}+2\lambda Q'(x)e^{\lambda x}+\lambda^2Q(x)e^{\lambda x}$，将它们代入方程式（5-13）整理得

$$Q''(x)e^{\lambda x}+(2\lambda+p)Q'(x)e^{\lambda x}+(\lambda^2+p\lambda+q)Q(x)e^{\lambda x}=P_n(x)e^{\lambda x},$$

由于 $e^{\lambda x}\neq 0$，所以

$$Q''(x)+(2\lambda+p)Q'(x)+(\lambda^2+p\lambda+q)Q(x)=P_n(x). \tag{5-15}$$

上式右端是一个 n 次多项式，因而左端也应该是 n 次多项式，多项式每求一次导数，就要降低一次次数，故有三种情形．根据不同的情况，我们不加证明地给出方程式（5-14）具有形如

$$y* = Q(x)e^{\lambda x} = x^k Q_n(x)e^{\lambda x} \tag{5-16}$$

的特解，其中 $Q_n(x)$ 为一个 n 次待定多项式，λ 不是特征方程的特征根时 $k=0$，λ 是特征方程的特征单根时 $k=1$（重一次乘一个 x），λ 是特征方程的特征重根时 $k=2$（重二次乘两个 x）．

【例 5-23】 求微分方程 $y''-2y'-3y=3xe^{2x}$ 的一个特解．

解 已知 $p=-2$，$q=-3$，$\lambda=2$，$P_n(x)=3x$，微分方程 $y''-2y'-3y=3xe^{2x}$ 所对应的齐次方程的特征方程为 $r^2-2r-3=0$.

特征根为 $r_1=3$，$r_2=-1$.

由于 $\lambda=2$ 不是特征根，故取 $k=0$，所以令 $y*=(Ax+B)e^{2x}$. 将 $Q(x)=Ax+B$，$Q'(x)=A$，$Q''(x)=0$ 代入方程式（5-14），得

$$(4-2)A+(4-4-3)(Ax+B)=3x,$$

$$-3Ax+2A-3B=3x.$$

比较系数得
$$\begin{cases}-3A=3\\ 2A-3B=0\end{cases},$$

解得
$$A=-1,B=-\frac{2}{3},$$

所以
$$y*=\left(-x-\frac{2}{3}\right)e^{2x}.$$

【例 5-24】 求微分方程 $y''-6y'+9y=e^{3x}$ 的通解.

解 第一步，求对应齐次方程 $y''-6y'+9y=0$ 的通解 Y．因特征方程为 $r^2-6r+9=0$，所以特征根为 $r_1=r_2=3$（是重根），故对应齐次方程的通解为

$$Y=(C_1+C_2x)e^{3x}.$$

第二步，求原方程的一个特解 y^*．因 $f(x)=e^{3x}$ 中 $\lambda=3$ 恰是特征方程的重根，e^{3x} 和 xe^{3x} 已被 Y 占用，故取 $k=2$，即设

$$y^*=Ax^2e^{3x},$$

其中 A 为待定系数，则 $Q(x)=Ax^2$ 代入方程式（5-14）得 $A=\frac{1}{2}$，故原方程的一个特解为

$$y^*=\frac{1}{2}x^2e^{3x}.$$

第三步，得出原方程的通解为 $y=(C_1+C_2x)e^{3x}+\frac{1}{2}x^2e^{3x}$.

（2）$f(x)=e^{\lambda x}(a\cos\omega x+b\sin\omega x)$ 型．此时方程为

$$y''+py'+qy=e^{\lambda x}(a\cos\omega x+b\sin\omega x), \tag{5-17}$$

其中 λ,a,b,ω 均是常数.

考虑到 p,q 为常数，且指数函数的各阶导数仍是指数函数，正弦函数与余弦函数的导数也总是余弦函数与正弦函数，因此，我们可以设方程式（5-17）有特解

$$y* = x^k e^{\lambda x}(A\cos\omega x + B\sin\omega x), \tag{5-18}$$

其中 A,B 为待定系数．

同理，当 $\lambda \pm \omega i$ 不是方程式（5-17）所对应的齐次方程的特征根时，取 $k=0$，当 $\lambda \pm \omega i$ 是特征根时，取 $k=1$．

【例 5-25】 求微分方程 $y''+y'-2y=e^x(\cos x-7\sin x)$ 的一个特解.

解 已知 $\lambda=1$，$\omega=1$，微分方程 $y''+y'-2y=e^x(\cos x-7\sin x)$ 所对应的齐次方程的特征方程为

$$r^2+r-2=0,$$

特征根为

$$r_1=1, r_2=-2.$$

因此 $\lambda \pm i\omega = 1 \pm i$ 不是特征根，取 $k=0$．故设原方程的一个特解为 $y*=e^x(A\cos x+B\sin x)$，则

$$y*'=e^x[(A+B)\cos x+(B-A)\sin x], \quad y*''=e^x(2B\cos x-2A\sin x).$$

将 $y*, y*', y*''$ 代入原方程，得

$$(2B\cos x-2A\sin x)+[(A+B)\cos x+(B-A)\sin x]-2(A\cos x+B\sin x)=\cos x-7\sin x.$$

比较两端正弦、余弦的系数，得 $\begin{cases}-A+3B=1\\-3A-B=-7\end{cases}$，解得 $A=2, B=1$．

因此特解为 $y*=e^x(2\cos x+\sin x)$．

【例 5-26】 求微分方程 $y''-3y'+2y=2e^x$ 的通解.

解 该方程左端系数较为特殊，考虑用积分因子法配成全导数求解.

$$y''-3y'+2y=(y''-y')-2y'+2y=(y'-y)'-2(y'-y)=2e^x.$$

令 $u=y'-y$，原方程降为一阶微分方程 $u'-2u=2e^x$；两端乘积分因子 e^{-2x} 得

$$[ue^{-2x}]'=2e^x e^{-2x}=2e^{-x},$$

积分得

$$ue^{-2x}=2\int e^{-x}\,dx=-2e^{-x}+C_1$$

$$u=y'-y=-2e^x+C_1e^{2x};$$

两端再乘积分因子 e^{-x} 得

$$[ye^{-x}]'=-2+C_1e^x,$$

再积分得

$$ye^{-x}=-2x+C_1e^x+C_2,$$

所以

$$y=-2xe^x+C_1e^{2x}+C_2e^x.$$

现将以上两种常见类型 $f(x)$ 时的非齐次方程的一个特解归纳如下（见表 5-3）.

表 5-3

$f(x)$ 的形式	条件	特解 y^* 的形式
$f(x)=P_n(x)e^{\lambda x}$	λ 不是特征根	$y^*=Q_n(x)e^{\lambda x}$
	λ 是特征单根	$y^*=xQ_n(x)e^{\lambda x}$
	λ 是特征重根	$y^*=x^2Q_n(x)e^{\lambda x}$

续表

$f(x)$ 的形式	条件	特解 y^* 的形式
$f(x)=e^{\alpha x}(A\cos\beta x+B\sin\beta x)$	$\alpha\pm\beta i$ 不是特征方程根	$y^*=e^{\alpha x}(a\cos\beta x+b\sin\beta x)$
	$\alpha\pm\beta i$ 是特征方程根	$y^*=xe^{\alpha x}(a\cos\beta x+b\sin\beta x)$

注　1. $P_n(x)$ 是一个已知的 n 次多项式，$Q_n(x)$ 是与 $P_n(x)$ 有相同次数的待定多项式；

2. A,B,α,β 为已知常数，a,b 为待定常数.

3. $f(x)=P_n(x)e^{\lambda_1 x}+e^{\lambda_2 x}(a\cos\omega x+b\sin\omega x)$ 型

定理 5.4.3　如果函数 y_1^* 与 y_2^* 分别是非齐次方程 $y''+py'+qy=f_1(x)$ 与 $y''+py'+qy=f_2(x)$ 的一个特解，那么 $y_1^*+y_2^*$ 就是非齐次方程 $y''+py'+qy=f_1(x)+f_2(x)$ 的一个特解.

根据定理 5.4.3，求右端是两种类型和式的特解，可以分解成前面两种类型分别求特解，再计算两个特解的和就是需要的特解.

【例 5-27】　求微分方程 $y''+7y'+6y=e^{2x}\sin x+xe^{-x}$ 的通解.

解　第一步，求对应的齐次方程的通解．由于，对应的齐次方程 $y''+7y'+6y=0$ 的特征方程为 $r^2+7r+6=0$，特征根为

$$r_1=-6\,,\,r_2=-1.$$

所以齐次方程的通解为 $Y=C_1e^{-6x}+C_2e^{-x}$.

第二步，原方程分解成前面两种类型分别求特解.

（ⅰ）方程 $y''+7y'+6y=xe^{-x}$ 中，$\lambda=-1$ 是特征单根，取 $k=1$，令 $y_1^*=Q(x)e^{\lambda x}=x(Ax+B)e^{-x}$．将 $Q(x)=x(Ax+B)$，$Q'(x)=2Ax+B$，$Q''(x)=2A$ 代入方程式 (5-14)，得

$$2A+[2\times(-1)+7]\cdot(2Ax+B)+[(-1)^2+(-1)\times7+6]\cdot x(Ax+B)=x.$$

即

$$10Ax+2A+5B=x.$$

比较系数得 $\begin{cases}10A=1\\2A+5B=0\end{cases}$，解得 $A=\dfrac{1}{10}$，$B=-\dfrac{1}{25}$，则 $y_1^*=x\left(\dfrac{1}{10}x-\dfrac{1}{25}\right)e^{-x}$.

（ⅱ）方程 $y''+7y'+6y=e^{2x}\sin x$ 中，$\lambda=2$，$\omega=1$，$\lambda+\omega i=2+i$ 不是特征根，取 $k=0$，设特解为 $y_2^*=e^{2x}(A\cos x+B\sin x)$，则

$$y^{*\prime}_2=e^{2x}[(2A+B)\cos x+(2B-A)\sin x],$$

$$y^{*\prime}_2=e^{2x}[(3A+4B)\cos x+(3B-4A)\sin x].$$

将 y_2^*，$y^{*\prime}_2$，$y^{*\prime\prime}_2$ 代入 $y''+7y'+6y=e^{2x}\sin x$，得

$$(23A+11B)\cos x+(23B-11A)\sin x=\sin x.$$

比较两端正弦、余弦的系数，得 $\begin{cases}23A+11B=0\\-11A+23B=1\end{cases}$，解得 $A=-\dfrac{11}{650}$，$B=\dfrac{23}{650}$，因此特解为

$$y_2^*=e^{2x}\left(-\frac{11}{650}\cos x+\frac{23}{650}\sin x\right).$$

第三步，得出原方程的通解为

$$y=C_1e^{-6x}+C_2e^{-x}+e^{2x}\left(-\frac{11}{650}\cos x+\frac{23}{650}\sin x\right)+x\left(\frac{1}{10}x-\frac{1}{25}\right)e^{-x}.$$

A　组

选择题.

(1) 微分方程 $y''-2y'=xe^{2x}$ 的特解 y^* 的形式为（　　）.

A. $y^*=(Ax+B)e^{2x}$；　　B. $y^*=Axe^{2x}$；

C. $y^*=Ax^2e^{2x}$；　　D. $y^*=x(Ax+B)e^{2x}$.

(2) 方程 $y''-4y'-5y=e^{-x}+\sin 5x$ 的特解形式为（　　）.

A. $ae^{-x}+b\sin 5x$；　　B. $ae^{-x}+b\cos 5x+c\sin 5x$；

C. $axe^{-x}+b\sin 5x$；　　D. $axe^{-x}+b\cos 5x+c\sin 5x$.

B　组

1. 求解下列二阶常系数线性齐次微分方程.

(1) $y''+y'-2y=0$；　　(2) $y''-4y'=0$；

(3) $4y''+4y'+y=0,\ y\big|_{x=0}=2,\ y'\big|_{x=0}=0$；　　(4) $y''+y=0$；

(5) $y''+6y'+13y=0$；　　(6) $y''-4y'+5y=0$.

2. 求解下列二阶常系数线性非齐次微分方程.

(1) $2y''+y'-y=2e^x$；

(2) $y''-10y'+9y=e^{2x}$，$y\big|_{x=0}=\frac{6}{7}$，$y'\big|_{x=0}=\frac{33}{7}$；

(3) $2y''+5y'=5x^2-2x-1$；　　(4) $y''+3y'+2y=3xe^{-x}$；

(5) $y''-y=4xe^x$，$y|_{x=0}=0$，$y'|_{x=0}=1$；　　(6) $y''-6y'+9y=(x+1)e^{3x}$.

3. 求解下列二阶常系数线性非齐次微分方程.

(1) $y''-2y'+5y=e^x\sin 2x$；　　(2) $y''-y=\sin^2 x$；

(3) $y''+y=e^x+\cos x$.

本 章 小 结

一、基本概念

1. 凡含有未知函数导数（或微分）的方程称为微分方程．未知函数是一元函数的微分方程称为常微分方程，未知函数是多元函数的微分方程称为偏微分方程.

2. 微分方程中出现的未知函数最高阶导数的阶数，称为微分方程的阶.

3. 如果把某个函数代入微分方程中，使该方程成为恒等式，这个函数称为微分方程的解.

若微分方程的解中含有任意常数，则此解为该方程的通解（或一般解）.

当通解中的各任意常数都取特定值时所得到的解称为方程的特解.

4. 用来确定通解中的待定常数的附加条件一般称为初始条件.

一个微分方程与其初始条件构成的问题，称为初值问题.

5. 形如 $\frac{dy}{dx}=f(x)g(y)$ 形式，其中 $f(x)$，$g(y)$ 都是连续函数，该方程称为可分离变量的微分方程.

6. 形如 $\frac{dy}{dx}=f\left(\frac{y}{x}\right)$ 的一阶微分方程称为齐次微分方程.

7. 形如 $\frac{dy}{dx}+P(x)y=Q(x)$ 的方程称为一阶线性微分方程，其中 $P(x)$，$Q(x)$ 为已知连续函数. 如果 $Q(x)\equiv 0$，称为一阶线性齐次微分方程. 如果 $Q(x)$ 不恒为零，称为一阶线性非齐次微分方程.

8. 形如 $y''+py'+qy=f(x)$ 的微分方程，称为二阶常系数线性微分方程. 其中 p，q 为常数，$f(x)$ 为 x 的连续函数. 如果 $f(x)\equiv 0$，称为二阶常系数线性齐次微分方程，如果 $f(x)$ 不恒为零，称为二阶常系数线性非齐次微分方程.

9. 设 $y_1(x)$，$y_2(x)$ 是两个定义在区间 (a,b) 内的函数，若它们的比 $\frac{y_1(x)}{y_2(x)}$ 为常数，则称它们是线性相关的，否则称它们是线性无关的.

二、基本公式

1. 一阶线性齐次微分方程 $\frac{dy}{dx}+P(x)y=0$ 的通解公式为 $y=Ce^{-\int P(x)dx}$.

2. 一阶线性非齐次微分方程的通解公式为 $y=e^{-\int p(x)dx}\left(\int Q(x)e^{\int p(x)dx}dx+C\right)$.

3. 一阶线性非齐次微分方程 $y'+P(x)y=Q(x)$ 的通解，是由其对应的齐次方程 $y'+P(x)y=0$ 的通解加上非齐次方程本身的一个特解所构成.

4. 如果函数 $y_1(x)$ 和 $y_2(x)$ 是齐次方程 $y''+py'+qy=0$ 的两个解，则

$$y=C_1y_1(x)+C_2y_2(x)$$

也是齐次方程的解，其中 C_1,C_2 为任意常数；且当 $y_1(x)$ 与 $y_2(x)$ 线性无关时，上式就是齐次方程的通解.

5. 如果函数 y^* 是非齐次方程 $y''+py'+qy=f(x)$ 的一个特解，Y 是对应的齐次方程 $y''+py'+qy=0$ 的通解，那么 $y=Y+y^*$ 就是该非齐次方程的通解.

6. 如果函数 y_1^* 与 y_2^* 分别是非齐次方程 $y''+py'+qy=f_1(x)$ 与 $y''+py'+qy=f_2(x)$ 的一个特解，那么 $y_1^*+y_2^*$ 就是非齐次方程 $y''+py'+qy=f_1(x)+f_2(x)$ 的一个特解.

三、常用运算、证明方法

1. 一阶微分方程的几种常见类型及解法（见表 5-1）

2．微分方程的应用

利用微分方程解决实际问题的一般步骤如下．

第一步，根据实际问题所给的条件，用变化率建立微分方程，确定初始条件．

第二步，判断微分方程的类型，求出通解．

第三步，带入初始条件，得到特解．

第四步，根据问题，做出合理的解释．

3．可降阶的二阶微分方程

（1）形式为 $y''=f(x,y')$ 的方程，令 $y'=p(x)$，则 $y''=p'(x)$，方程变为 $p'=f(x,p)$．

（2）形式为 $y''=f(y,y')$ 的方程，令 $y'=p(y)$，则 $y''=pp'$，方程变为 $pp'=f(y,p)$．

4．二阶常系数线性齐次微分方程

求齐次方程 $y''+py'+qy=0$ 的通解步骤如下．

第一步，写出齐次方程的特征方程 $r^2+pr+q=0$．

第二步，求出两个特征根 r_1 与 r_2．

第三步，根据特征根的不同情形，写出齐次方程的通解：

5．二阶常系数线性非齐次微分方程

求非齐次方程 $y''+py'+qy=f(x)$ 的通解步骤如下．

第一步，求出对应齐次方程 $y''+py'+qy=0$ 的通解 Y．

第二步，求出非齐次方程 $y''+py'+qy=f(x)$ 的一个特解 y^*．

第三步，写出所求非齐次方程的通解为 $y=Y+y^*$．

自测题五

1．填空题．（每题 2 分）

（1）微分方程 $(y'')^2=y'y'''+2y'-3y$ 是________阶微分方程；

（2）$\dfrac{dy}{dx}=e^{x-y}$ 的通解为________；

（3）方程 $y'+2y=0$ 的满足初始条件 $y(0)=\dfrac{1}{2}$ 的特解是________；

（4）方程 $y''+2y'-3y=xe^x$ 的特解应设为 $y^*=$ ________；

（5）求方程 $y''=-[1+(y')^2]^{\frac{3}{2}}$ 的通解时，设变量代换 $p=y'$，则原方程化为一阶微分方程________；

（6）微分方程 $y''-6y'+5y=0$ 的通解为________；

（7）用待定系数法求微分方程 $y''+3y'+2y=e^{-x}\cos x$ 的通解中的特解 y^* 时，应设 $y^*=$ ________；

（8）以 $y=C_1e^{-x}+C_2e^{2x}$ 为通解的二阶线性常系数齐次微分方程为________；

（9）方程 $(1-x^2)y'-xy=0$ 的通解为________；

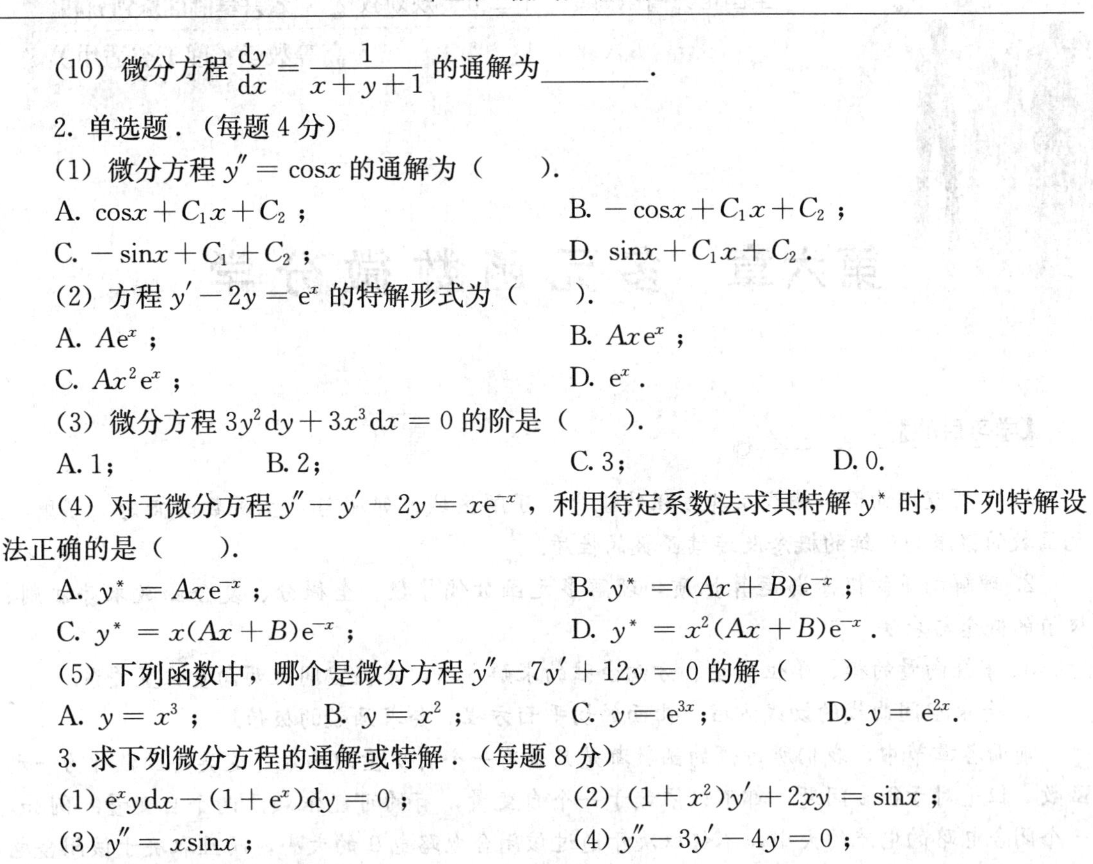

(10) 微分方程 $\dfrac{\mathrm{d}y}{\mathrm{d}x}=\dfrac{1}{x+y+1}$ 的通解为________.

2. 单选题．(每题 4 分)

(1) 微分方程 $y''=\cos x$ 的通解为(　　).

A. $\cos x+C_1x+C_2$；　　B. $-\cos x+C_1x+C_2$；

C. $-\sin x+C_1+C_2$；　　D. $\sin x+C_1x+C_2$.

(2) 方程 $y'-2y=\mathrm{e}^x$ 的特解形式为(　　).

A. $A\mathrm{e}^x$；　　B. $Ax\mathrm{e}^x$；

C. $Ax^2\mathrm{e}^x$；　　D. e^x.

(3) 微分方程 $3y^2\mathrm{d}y+3x^3\mathrm{d}x=0$ 的阶是(　　).

A. 1；　　B. 2；　　C. 3；　　D. 0.

(4) 对于微分方程 $y''-y'-2y=x\mathrm{e}^{-x}$，利用待定系数法求其特解 y^* 时，下列特解设法正确的是(　　).

A. $y^*=Ax\mathrm{e}^{-x}$；　　B. $y^*=(Ax+B)\mathrm{e}^{-x}$；

C. $y^*=x(Ax+B)\mathrm{e}^{-x}$；　　D. $y^*=x^2(Ax+B)\mathrm{e}^{-x}$.

(5) 下列函数中，哪个是微分方程 $y''-7y'+12y=0$ 的解(　　)

A. $y=x^3$；　　B. $y=x^2$；　　C. $y=\mathrm{e}^{3x}$；　　D. $y=\mathrm{e}^{2x}$.

3. 求下列微分方程的通解或特解．(每题 8 分)

(1) $\mathrm{e}^xy\mathrm{d}x-(1+\mathrm{e}^x)\mathrm{d}y=0$；　　(2) $(1+x^2)y'+2xy=\sin x$；

(3) $y''=x\sin x$；　　(4) $y''-3y'-4y=0$；

(5) $xy\mathrm{d}x+\sqrt{1-x^2}\mathrm{d}y=0, y(0)=1$.

4. 应用题．(每题 10 分)

(1) 设连续函数 $f(x)$ 满足方程 $f(x)=2\int_0^x f(t)\mathrm{d}t+x^2$，求 $f(x)$.

(2) 求 $x^2y''-(y')^2=0$ 的过(1，0)点且在此点与 $y=x-1$ 相切的积分曲线.

第六章　多元函数微分学

【学习目的】

1. 了解空间曲面、曲线及其方程的概念．了解区域、邻域与多元函数的概念．了解二元函数的极限与连续的概念及连续函数的性质.

2. 理解向量的概念与运算性质，理解多元函数偏导数、全微分、复合函数求导法则、极值的概念与求法.

3. 掌握向量的模、单位向量、方向余弦的求解方法，掌握空间上两向量位置关系.

4. 会求空间曲线的切线方程、曲面的切平面方程．会求函数的极值.

前面各章节中，我们所讨论的函数都是只含有一个自变量的函数，这类的函数称为一元函数．但是对于很多问题，都不只依赖于一个自变量，有的可能依赖于两个自变量．例如，一个闭合电路的电流的大小，不仅取决于通过该闭合电路电压的大小，而且取决于该闭合电路中电阻的大小．对于有的问题，取决定作用的因素可能更多．这类的问题转化为数学上的函数来看，就是含有两个或者两个以上自变量的函数，这类的函数，数学上称之为多元函数.

第一节　空间直角坐标系　二次曲面

【学习目标】

1. 理解空间直角坐标系的概念，向量的概念及表示，掌握两点间的距离公式.

2. 理解向量的坐标概念，会用向量的坐标表示向量的模、单位向量、方向余弦概念.

3. 理解向量的加法、数乘、数量积与向量积的概念并掌握用向量的坐标进行运算.

4. 理解平面的点法式方程和空间直线的点向式方程并掌握求法.

5. 了解曲面及其方程、空间曲线及其方程的概念．知道常见曲面（球面、柱面和旋转曲面）的方程及其图形.

一 、空间直角坐标系

（一）空间直角坐标系

1. 直角坐标系的建立

我们知道，在平面内取定一点 O，过点 O 作两条具有相同的长度单位，且互相垂直的

数轴 x 轴和 y 轴，就可建立平面直角坐标系，如图 6-1 所示．而且这两条数轴，把整个平面分成四个象限，按逆时针方向分别是第Ⅰ到第Ⅳ象限，如图 6-2 所示.

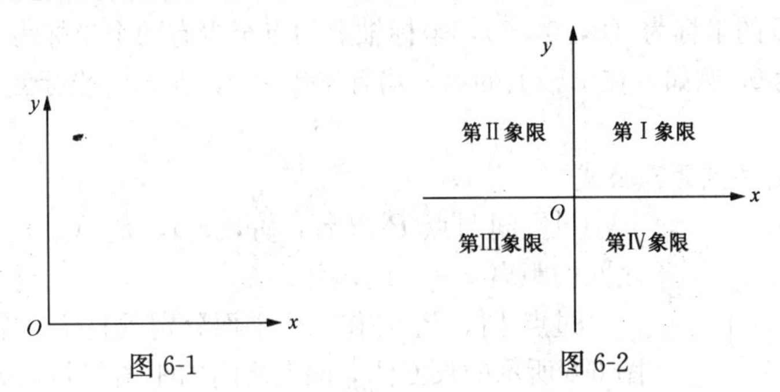

图 6-1　　图 6-2

按照同样的思路，过空间定点 O 作三条互相垂直的数轴，它们都以 O 为原点，并且取相同的单位长度．这三条数轴分别称为 x 轴（横轴）、y 轴（纵轴）和 z 轴（竖轴），统称为坐标轴．一般各轴正向之间的顺序要符合右手法则，如图 6-3 所示．即以右手握住 z 轴，让右手的四指从 x 轴的正向以 90 的角度转向 y 轴的正向，这时大拇指所指的方向就是 z 轴的正向．这样就构成了空间直角坐标系．三条坐标轴中的任意两条可以确定一个平面，这样的三个平面称之为坐标面．x 轴及 y 轴所确定的坐标面叫做 xoy 面，另外两个由 y 轴及 z 轴、z 轴及 x 轴所确定的坐标面，分别叫做 yoz 及 zox 面．三个坐标面把空间分成八个部分，每一部分称为一个卦限（见图 6-4）．位于 x、y、z 轴的正半轴的卦限称为第Ⅰ卦限，从第Ⅰ卦限开始，在 xoy 面上的卦限，按逆时针方向，先后出现的依次称为第Ⅱ、Ⅲ、Ⅳ卦限；第Ⅰ、Ⅱ、Ⅲ、Ⅳ卦限下面的卦限依次称为第Ⅴ、Ⅵ、Ⅶ、Ⅷ卦限.

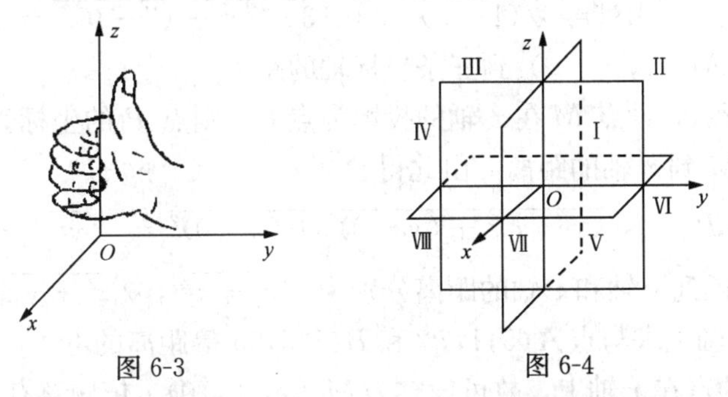

图 6-3　　图 6-4

在平面直角坐标系中，平面内的点与一个二元有序数组成的数组 (x,y) 之间存在着一一对应的关系．该有序数组 (x,y) 亦称为点在坐标系内对应的坐标.

同理，在空间直角坐标系中，空间内的点与一个三元有序数组成的数组之间也存在着一一对应的关系.

如图 6-5 所示，设点 M 是空间的任一点，过点 M 分别作与三条坐标轴垂直的平面，垂足分别为 P，Q，R. 点 P，Q，R 叫做点 M 在坐标轴上的投影．x，y，z 分别是它们在对应坐标轴上的坐标，于是点 M 唯一地确定有序数组 x，y，z. 反之，给定有序数组 x，y，z，总能分别在三条坐标轴上找到以它们为坐标的点 P，Q，R. 过这三点分别作垂直于三条坐标轴的平面，三个平面必然交于唯一点 M. 由此可见，点 M

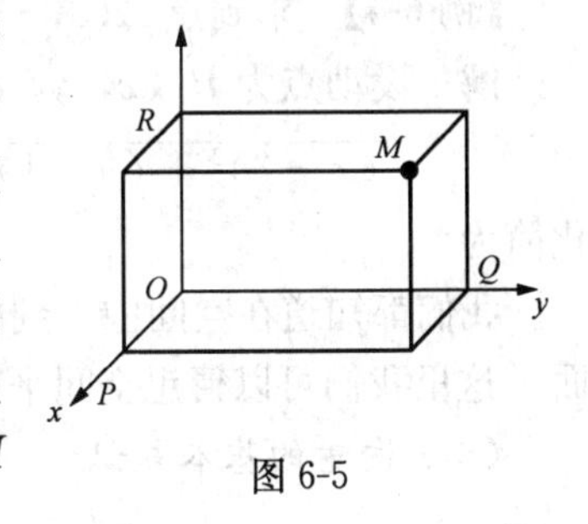

图 6-5

和有序数组x，y，z之间存在着一一对应的关系．有序数组（x，y，z）称为点M的坐标，记为M（x，y，z）．x，y，z分别称为点M的横坐标、纵坐标和竖坐标．

显然，原点O的坐标为（0，0，0），坐标轴上的点至少有两个坐标为0，坐标面上的点至少有一个坐标为0．例如，在x轴上的点，均有$y=z=0$；在xoy坐标面上的点，均有$z=0$．

2．空间上任意两点距离公式

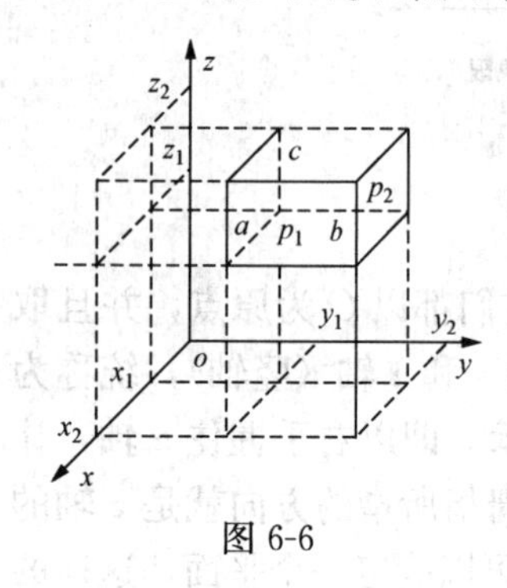

图 6-6

设空间两点P_1（x_1，y_1，z_1）、P_2（x_2，y_2，z_2），求它们之间的距离$d=|P_1P_2|$．

过点P_1、P_2各作三个平面分别垂直于三个坐标轴，形成如图 6-6 所示的长方体．两点之间的距离就是正方体的体对角线．由于它们的三个棱长分别是

$$a=|A_1A_2|=|x_2-x_1|,$$
$$b=|B_1B_2|=|y_2-y_1|,$$
$$c=|C_1C_2|=|z_2-z_1|,$$

所以

$$d=|P_1P_2|=\sqrt{a^2+b^2+c^2}=\sqrt{(x_2-x_1)^2+(y_2-y_1)^2+(z_2-z_1)^2}.$$

特别地，点P（x，y，z）与坐标原点的距离为

$$d=|OP|=\sqrt{x^2+y^2+z^2}.$$

【例 6-1】 求点$A(1,-3,7)$和$B(5,7,0)$的距离．

解 由公式得 $|AB|=\sqrt{(1-5)^2+(-3-7)^2+(7-0)^2}=\sqrt{165}.$

【例 6-2】 求点M（x，y，z）到三条坐标轴的距离．

解 如图 6-5 所示，设点M在x轴的投影为点P，则点P的坐标为P（x，0，0），且线段MP的长就是M到x轴的距离．由此得

$$|MP|=\sqrt{(x-x)^2+(y-0)^2+(z-0)^2}=\sqrt{y^2+z^2}.$$

同理可得，点M到y轴和z轴的距离分别为$\sqrt{x^2+z^2}$，$\sqrt{x^2+y^2}$．

【例 6-3】 在x轴上求与点$A(5,1,7)$和$B(3,5,5)$等距离的点．

解 因为所求的点在x轴上，故可设它为M（x，0，0），依题意有$|MA|=|MB|$，即

$$\sqrt{(x-5)^2+(0-1)^2+(0-7)^2}=\sqrt{(x-3)^2+(0-5)^2+(0-5)^2},$$

解得$x=4$，因此所求的点为M（4，0，0）．

【例 6-4】 求到点$A(3,-1,2)$，$B(0,1,-1)$距离相等的点的集合．

解 设动点为P（x，y，z），由$|PA|=|PB|$得

$$\sqrt{(x-3)^2+(y+1)^2+(z-2)^2}=\sqrt{(x-0)^2+(y-1)^2+(z+1)^2},$$

化简为

$$3x-2y+3z-6=0.$$

我们都知道在空间中，到两个定点距离相等的点的集合是连接这两点的线段的垂直平分面．这里我们可以猜想空间平面的方程应该是三元一次方程．

（二）向量的基本知识

1. 向量的相关概念

在现实生活中，常见的量，一类是只有大小的量，如长度、面积、体积、质量等，叫做数量或标量．另一类量，不仅有大小，而且有方向，如速度、加速度、力、位移等，叫做向量或矢量.

几何上，常用有向线段来表示向量，起点为 M，终点为 N 的向量 $\boldsymbol{a}$ 记为 $\overrightarrow{MN}$．

向量 $\boldsymbol{a}$ 的大小称为向量的模，记为 $|\boldsymbol{a}|,|\overrightarrow{MN}|$，向量的大小即为对应有向线段的长度.

模为 1 的向量叫做单位向量；模为零的向量叫做零向量，记为 $\mathbf{0}$，规定零向量的方向可以是任意的.

大小相同、方向一致的两个向量 $\boldsymbol{a}$ 与 $\boldsymbol{b}$ 相等，记为 $\boldsymbol{a}=\boldsymbol{b}$．

由起点 O 指向终点为 P 的向量 $\overrightarrow{OP}$ 称为点 P 的向径，记为 $\overrightarrow{OP}$．

若一个向量可以在空间任意地平行移动，这种向量称为自由向量．本书讨论的都是自由向量.

向量由长度和方向决定，所以向量可以平移运动使得起点都在原点上.

2. 向量的四则运算

（1）向量的和差运算

定义 6.1.1　设有两个不平行的非零向量 $\boldsymbol{a}$ 和 $\boldsymbol{b}$，任取一点 O，作 $\overrightarrow{OA}=\boldsymbol{a},\overrightarrow{OB}=\boldsymbol{b}$，以 OA，OB 为邻边作平行四边形 $OACB$，则向量 $\overrightarrow{OC}$ 叫做向量 $\boldsymbol{a}$ 与 $\boldsymbol{b}$ 的和，记作 $\boldsymbol{a}+\boldsymbol{b}$，如图6-7 所示.

由图 6-7 可以看出，若以向量 $\boldsymbol{a}$ 的终点为向量 $\boldsymbol{b}$ 的起点，则由 $\boldsymbol{a}$ 的起点到向量 $\boldsymbol{b}$ 的终点的向量也是向量 $\boldsymbol{a}$ 与 $\boldsymbol{b}$ 的和．把它叫做向量加法的三角形法则．如图 6-8 所示.

$\boldsymbol{a}$ 与 $-\boldsymbol{b}$ 的和叫做向量 $\boldsymbol{a}$ 与 $\boldsymbol{b}$ 的差，记为 $\boldsymbol{a}-\boldsymbol{b}$．向量的减法也可按三角形法则进行．如图 6-9 所示.

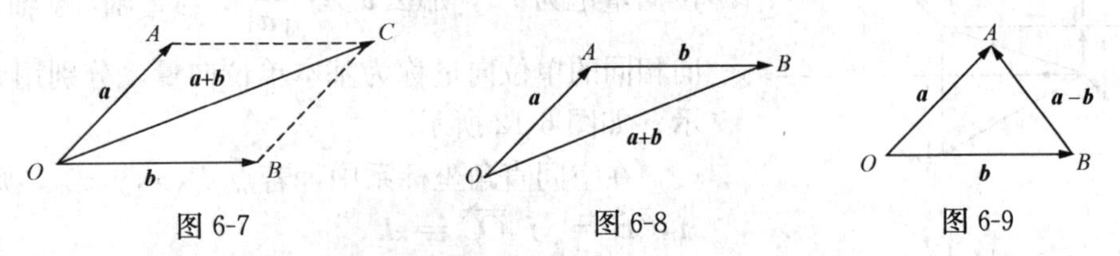

图 6-7　　图 6-8　　图 6-9

向量和差运算的三角形法则有如下特点.

向量相加：首尾相连，起到终点终.

向量相减：起点重合，减到被减终.

（2）向量的数乘．

定义 6.1.2　数 λ 与向量 $\boldsymbol{a}$ 的乘积是一个平行于 $\boldsymbol{a}$ 的向量，记为 $\lambda\boldsymbol{a}$．且

(a) $|\lambda\boldsymbol{a}|=|\lambda||\boldsymbol{a}|$．

(b) 当 $\lambda>0$ 时，$\lambda\boldsymbol{a}$ 与 $\boldsymbol{a}$ 的方向相同；当 $\lambda<0$ 时，$\lambda\boldsymbol{a}$ 与 $\boldsymbol{a}$ 的方向相反.

(c) 当 $\lambda=0$ 或 $\boldsymbol{a}=0$ 时，$\lambda\boldsymbol{a}=0$（零向量).

（3）两向量的乘积．

定义 6.1.3　设 $\boldsymbol{a}$，$\boldsymbol{b}$ 两个向量夹角为 θ，把 $|\boldsymbol{a}||\boldsymbol{b}|\cos\theta$ 称为向量 a 与 b 的数量积（又称点积或内积），记为 $\boldsymbol{a}\cdot b$，即

$$\boldsymbol{a}\cdot\boldsymbol{b}=|\boldsymbol{a}||\boldsymbol{b}|\cos\theta.$$

数量积是从物理的力学问题中抽象出来的一个数学概念．例如一个物体在力 F 的作用下沿直线运动，产生了位移 S. 则力 F 所作的功为 $W=F\cdot S=|F||S|\cos\theta$，其中 θ 是力 F 与位移 S 的夹角.

显然，当两向量互相垂直时，其数量积为零.

定义 6.1.4 我们把 $\boldsymbol{a}\times\boldsymbol{b}$ 叫做两个向量 a 和 b 的向量积（也称为叉积）. 它表示一个新向量，其大小为 $|\boldsymbol{a}\times\boldsymbol{b}|=|\boldsymbol{a}|\times|\boldsymbol{b}|\times\sin\theta$，方向：垂直与向量 $\boldsymbol{a}$，$\boldsymbol{b}$ 所在的平面，且满足右手法则．如图 6-10 所示.

$|\boldsymbol{a}\times\boldsymbol{b}|$ 在几何上表示以 a，b 为邻边的平行四边形的面积．如图 6-11 所示.

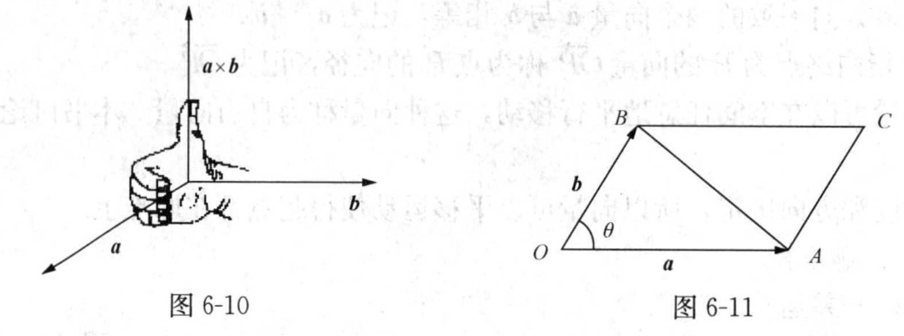

图 6-10　　　　图 6-11

尤其要注意的，在两向量的向量积运算中，乘法的交换律是不成立的．由定义可知，$\boldsymbol{a}\times\boldsymbol{b}$ 与 $\boldsymbol{b}\times\boldsymbol{a}$ 应该是大小相等，方向相反，即 $\boldsymbol{b}\times\boldsymbol{a}=-\boldsymbol{a}\times\boldsymbol{b}$.

显然，当两向量互相平行时，其向量积是零向量.

3. 向量的坐标表示

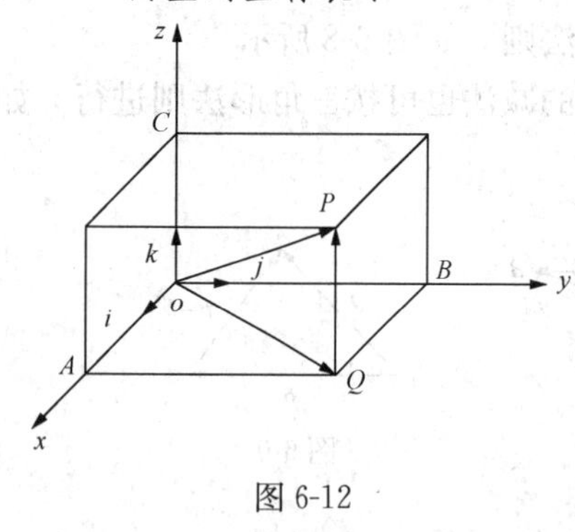

图 6-12

(1) 向量 $\overrightarrow{OP}$ 的坐标表示．

定义 6.1.5 设 $\boldsymbol{a}$ 是一个非零向量，与 $\boldsymbol{a}$ 同向的单位向量记为 $\boldsymbol{a}^0$，那么 $\boldsymbol{a}^0=\dfrac{\boldsymbol{a}}{|\boldsymbol{a}|}$. 与 x 轴，y 轴，z 轴正向相同的单位向量称为基本单位向量，分别用 $\boldsymbol{i},\boldsymbol{j},\boldsymbol{k}$ 表示．如图 6-12 所示.

在空间直角坐标系中，若点 $P(x,y,z)$，则 $\overrightarrow{OA}=x\boldsymbol{i},\overrightarrow{OB}=y\boldsymbol{j},\overrightarrow{OC}=z\boldsymbol{k}$，

$$\overrightarrow{OP}=\overrightarrow{OQ}+\overrightarrow{PQ}=(\overrightarrow{OA}+\overrightarrow{OB})+\overrightarrow{OC}=x\boldsymbol{i}+y\boldsymbol{j}+z\boldsymbol{k}$$

定义 6.1.6 设点 P 的坐标为 $P(x,y,z)$，我们把 $\overrightarrow{OP}=x\boldsymbol{i}+y\boldsymbol{j}+z\boldsymbol{k}$ 称为向量 $\overrightarrow{OP}$ 的坐标表示式，也称为向量 $\overrightarrow{OP}$ 按基本单位向量的分解式，记为 $\overrightarrow{OP}=\{x,y,z\}$. 其中 $x\boldsymbol{i},y\boldsymbol{j},z\boldsymbol{k}$ 分别称为 $\overrightarrow{OP}$ 在 x 轴，y 轴，z 轴的分量．x，y，z 分别称为 $\overrightarrow{OP}$ 在 x 轴，y 轴，z 轴的投影.

(2) 向量 $\overrightarrow{M_1M_2}$ 的坐标表示．

定义 6.1.7 设 $M_1(x_1,y_1,z_1)$，$M_2(x_2,y_2,z_2)$，以点 M_1 为起点，点 M_2 为终点的向量

$$\begin{aligned}\overrightarrow{M_1M_2}&=\overrightarrow{OM_2}-\overrightarrow{OM_1}=(x_2\boldsymbol{i}+y_2\boldsymbol{j}+z_2\boldsymbol{k})-(x_1\boldsymbol{i}+y_1\boldsymbol{j}+z_1\boldsymbol{k})\\&=(x_2-x_1)\boldsymbol{i}+(y_2-y_1)\boldsymbol{j}+(z_2-z_1)\boldsymbol{k},\end{aligned}$$

这就是向量 $\overrightarrow{M_1M_2}$ 的坐标表示式，记为 $\overrightarrow{M_1M_2}=\{x_2-x_1,y_2-y_1,z_2-z_1\}$.

(3) 向量的模和方向余弦的坐标表示．任给一向量 $\boldsymbol{a}=\{a_x,a_y,a_z\}$，设 $M(a_x,a_y,a_z)$，则有 $\overrightarrow{OM}=\boldsymbol{a}$. 由两点间距离公式，可得向量 $\boldsymbol{a}$ 的模为 $|\boldsymbol{a}|=|\overrightarrow{OM}|=\sqrt{a_x^2+a_y^2+a_z^2}$.

定义 6.1.8 向量 $\overrightarrow{OM}$ 与三个坐标轴正向的夹角 α,β,γ（$\alpha,\beta,\gamma\in[0,\pi]$）称为向量 $\boldsymbol{a}(\overrightarrow{OM})$ 的方向角；$\cos\alpha,\cos\beta,\cos\gamma$ 称为向量 $\boldsymbol{a}$ 方向余弦．当 $\boldsymbol{a}\neq 0$ 时，

$$\cos\alpha=\frac{a_x}{|\boldsymbol{a}|}=\frac{a_x}{\sqrt{a_x^2+a_y^2+a_z^2}},\cos\beta=\frac{a_y}{|\boldsymbol{a}|}=\frac{a_y}{\sqrt{a_x^2+a_y^2+a_z^2}},\cos\gamma=\frac{a_z}{|\boldsymbol{a}|}=\frac{a_z}{\sqrt{a_x^2+a_y^2+a_z^2}},$$

且

$$\cos^2\alpha+\cos^2\beta+\cos^2\gamma=1$$

【例 6-5】 设点 $A(2,-1,7)$，点 $B(0,1,8)$．求 1）向量 $\overrightarrow{AB}$ 的模；2）向量 $\overrightarrow{AB}$ 的方向余弦；3）与向量 $\overrightarrow{AB}$ 方向一致的单位向量.

解 1）向量 $\overrightarrow{AB}=\{0-2,\ 1+1,\ 8-7\}=\{-2,\ 2,\ 1\}$； 因此有 $|\overrightarrow{AB}|=\sqrt{(-2)^2+2^2+1^2}=3$.

2）$\cos\alpha=\dfrac{-2}{3}$，$\cos\beta=\dfrac{2}{3}$，$\cos\gamma=\dfrac{1}{3}$.

3）$\overrightarrow{AB}^{\circ}=\{\cos\alpha,\cos\beta,\cos\gamma\}=\{\dfrac{-2}{3},\dfrac{2}{3},\dfrac{1}{3}\}$.

（4）向量运算的坐标表示．设向量 $\boldsymbol{a}=\{a_x,a_y,a_z\}$，向量 $\boldsymbol{b}=\{b_x,b_y,b_z\}$，则

$$\begin{aligned}\boldsymbol{a}\pm\boldsymbol{b}&=(a_x\boldsymbol{i}+a_y\boldsymbol{j}+a_z\boldsymbol{k})\pm(b_x\boldsymbol{i}+b_y\boldsymbol{j}+b_z\boldsymbol{k})=(a_x\pm b_x)\boldsymbol{i}+(a_y\pm b_y)\boldsymbol{j}+(a_z\pm b_z)\boldsymbol{k}\\&=\{a_x\pm b_x,a_y\pm b_y,a_z\pm b_z\},\end{aligned}$$

$$\lambda\boldsymbol{a}=\lambda(a_x\boldsymbol{i}+a_y\boldsymbol{j}+a_z\boldsymbol{k})=(\lambda a_x)\boldsymbol{i}+(\lambda a_y)\boldsymbol{j}+(\lambda a_z)\boldsymbol{k}=\{\lambda a_x,\lambda a_y,\lambda a_z\},$$

$$\begin{aligned}\boldsymbol{a}\cdot\boldsymbol{b}&=(a_x\boldsymbol{i}+a_y\boldsymbol{j}+a_z\boldsymbol{k})\cdot(b_x\boldsymbol{i}+b_y\boldsymbol{j}+b_z\boldsymbol{k})\\&=a_xb_x\boldsymbol{i}\cdot\boldsymbol{i}+a_xb_y\boldsymbol{i}\cdot\boldsymbol{j}+a_xb_z\boldsymbol{i}\cdot\boldsymbol{k}+a_yb_x\boldsymbol{j}\cdot\boldsymbol{i}+a_yb_y\boldsymbol{j}\cdot\boldsymbol{j}+a_yb_z\boldsymbol{j}\cdot\boldsymbol{k}+\\&\quad a_zb_x\boldsymbol{k}\cdot\boldsymbol{i}+a_zb_y\boldsymbol{j}\cdot\boldsymbol{k}+a_zb_z\boldsymbol{k}\cdot\boldsymbol{k}\\&=a_xb_x+a_yb_y+a_zb_z.\end{aligned}$$

由此可知，两向量的数量积结果是一数值．即两向量对应坐标分量乘积的和.

所以两向量夹角的余弦为

$$\cos\theta=\frac{\boldsymbol{a}\cdot\boldsymbol{b}}{|\boldsymbol{a}||\boldsymbol{b}|}=\frac{a_xb_x+a_yb_y+a_zb_z}{\sqrt{a_x^2+a_y^2+a_z^2}\sqrt{b_x^2+b_y^2+b_z^2}}.$$

当 $\theta=90^\circ$ 时，两向量垂直，此时 $\cos\theta=0$，即：$a_xb_x+a_yb_y+a_zb_z=0$.

因此两向量垂直的充要条件为 $a_xb_x+a_yb_y+a_zb_z=0$.

$$\begin{aligned}\boldsymbol{a}\times\boldsymbol{b}&=(a_x\boldsymbol{i}+a_y\boldsymbol{j}+a_z\boldsymbol{k})\times(b_x\boldsymbol{i}+b_y\boldsymbol{j}+b_z\boldsymbol{k})\\&=a_xb_x(\boldsymbol{i}\times\boldsymbol{i})+a_yb_x(\boldsymbol{j}\times\boldsymbol{k})+a_zb_x(\boldsymbol{k}\times\boldsymbol{i})+a_xb_y(\boldsymbol{i}\times\boldsymbol{j})+a_yb_y(\boldsymbol{j}\times\boldsymbol{j})+\\&\quad a_zb_y(\boldsymbol{k}\times\boldsymbol{j})+a_xb_z(\boldsymbol{i}\times\boldsymbol{k})+a_yb_z(\boldsymbol{j}\times\boldsymbol{k})+a_zb_z(\boldsymbol{k}\times\boldsymbol{k}).\end{aligned}$$

又因为 $\boldsymbol{i}\times\boldsymbol{i}=\boldsymbol{j}\times\boldsymbol{j}=\boldsymbol{k}\times\boldsymbol{k}=\boldsymbol{0},\boldsymbol{i}\times\boldsymbol{j}=\boldsymbol{k},\boldsymbol{j}\times\boldsymbol{k}=\boldsymbol{i},\boldsymbol{k}\times\boldsymbol{i}=\boldsymbol{j}$,

所以 $\boldsymbol{a}\times\boldsymbol{b}=(a_yb_z-a_zb_y)\boldsymbol{i}-(a_xb_z-a_zb_x)\boldsymbol{j}+(a_xb_y-a_yb_x)\boldsymbol{k}$.

又因为，$|\boldsymbol{a}\times\boldsymbol{b}|=|\boldsymbol{a}|\times|\boldsymbol{b}|\times\sin\theta$； 当 $\theta=0^\circ$ 时，两向量平行，此时 $|\boldsymbol{a}\times\boldsymbol{b}|=0$，即

$$|\boldsymbol{a}\times\boldsymbol{b}|=\sqrt{(a_yb_z-a_zb_y)^2+(a_xb_z-a_zb_x)^2+(a_xb_y-a_yb_x)^2}=0$$

易得 $\begin{cases}a_yb_z-a_zb_y=0\\a_xb_z-a_zb_x=0\\a_xb_y-a_yb_x=0\end{cases}$，整理得 $\dfrac{a_x}{b_x}=\dfrac{a_y}{b_y}=\dfrac{a_z}{b_z}$.

即，两向量平行的充要条件：对应坐标成比例，即 $\dfrac{a_x}{b_x}=\dfrac{a_y}{b_y}=\dfrac{a_z}{b_z}$.

【例 6-6】 已知向量 $\boldsymbol{a}=\{3,1,-2\}$，向量 $\boldsymbol{b}=\{0,-4,3\}$，求 $\boldsymbol{a}+\boldsymbol{b}$，$\boldsymbol{a}-2\boldsymbol{b}$.

解 $\boldsymbol{a}+\boldsymbol{b}=\{3+0,1+(-4),-2+3\}=\{3,-3,1\}$；

$\boldsymbol{a}-2\boldsymbol{b}=\{3,1,-2\}-\{0,-8,6\}=\{3,9,-8\}$.

【例 6-7】 已知向量 $\boldsymbol{a}$ 的方向余弦 $\cos\alpha=\frac{1}{3}$，$\cos\beta=\frac{2}{3}$，且 $|\boldsymbol{a}|=9$. 求出向量 $\boldsymbol{a}$ 的坐标.

解 由公式得 $a_x=|\boldsymbol{a}|\cdot\cos\alpha=9\cdot\frac{1}{3}=3, a_y=|\boldsymbol{a}|\cdot\cos\beta=9\cdot\frac{2}{3}=6$,

$a_z=\pm\sqrt{|a|^2-a_x^2-a_y^2}=\pm\sqrt{9^2-3^2-6^2}=\pm 6$.

所以，向量 $\boldsymbol{a}=\{3,6,6\}$ 或 $\boldsymbol{a}=\{3,6,-6\}$.

【例 6-8】 已知向量 $\boldsymbol{a}=\boldsymbol{i}+2\boldsymbol{j}$，向量 $\boldsymbol{b}=2\boldsymbol{i}+3\boldsymbol{j}-\boldsymbol{k}$. 求 $\boldsymbol{a}\cdot\boldsymbol{b}$ 及两向量的夹角 θ 的余弦值.

解 $\boldsymbol{a}=\{1,2,0\}$，$\boldsymbol{b}=\{2,3,-1\}$，由公式得

$$\boldsymbol{a}\cdot\boldsymbol{b}=1\cdot 2+2\cdot 3+0\cdot(-8)=8；$$

$$\cos\theta=\frac{\vec{a}\cdot\vec{b}}{|\vec{a}||\vec{b}|}=\frac{8}{\sqrt{1^2+2^2+0^2}\sqrt{2^2+3^2+(-1)^2}}=\frac{4\sqrt{70}}{35}.$$

4. 两向量的位置关系

(1) $\boldsymbol{a}\perp\boldsymbol{b}\Leftrightarrow\boldsymbol{a}\cdot\boldsymbol{b}=a_xb_x+a_yb_y+a_zb_z=0$.

(2) $\boldsymbol{a}\,/\!/\,\boldsymbol{b}\Leftrightarrow\boldsymbol{a}\times\boldsymbol{b}=0$ 或 $\frac{a_x}{b_x}=\frac{a_y}{b_y}=\frac{a_z}{b_z}$.

(3) $\boldsymbol{a}$ 与 $\boldsymbol{b}$ 的夹角 θ 由 $\cos\theta=\frac{\boldsymbol{a}\cdot\boldsymbol{b}}{|\boldsymbol{a}||\boldsymbol{b}|}=\frac{a_xb_x+a_yb_y+a_zb_z}{\sqrt{a_x^2+a_y^2+a_z^2}\sqrt{b_x^2+b_y^2+b_z^2}}$ 确定.

二、二次曲面

（一）曲面方程的概念

在平面解析几何中，我们把平面上的曲线看做是平面上满足一定条件 $y=f(x)$ 的点的集合，如圆周就是到定点（圆心）的距离等于定长（半径）的点的集合.

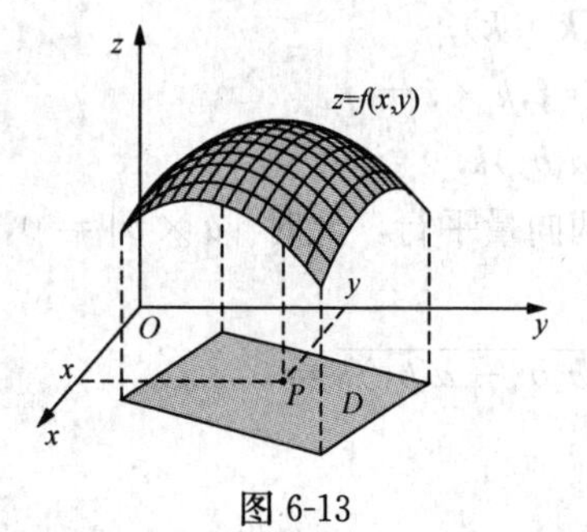

图 6-13

类似地，在空间解析几何中，我们把曲面 S 看做是空间中满足一定条件的点的集合.

定义 6.1.9 如图 6-13 所示，如果曲面 S 与三元方程 $F(x,y,z)=0$ 有如下关系

(1) 在曲面 S 上的点的坐标都满足方程 $F(x,y,z)=0$.

(2) 不在曲面 S 上的点的坐标都不满足方程 $F(x,y,z)=0$.

那么，方程 $F(x,y,z)=0$ 叫做曲面 S 的方程，而曲面 S 叫做方程 $F(x,y,z)=0$ 的图形.

例如，球面方程是空间上到定点（球心）的距离等于定长（半径）的点的集合.

下面建立球心在 P_0（x_0，y_0，z_0）半径为 R 的球面方程（见图 6-14）.

设 P（x，y，z）是球面上的任意一点，则 $|PP_0|=R$

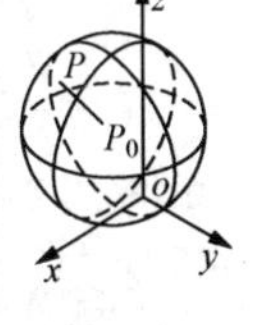

图 6-14

得 $$\sqrt{(x-x_0)^2+(y-y_0)^2+(z-z_0)^2}=R,$$

即 $$(x-x_0)^2+(y-y_0)^2+(z-z_0)^2=R^2. \tag{6-1}$$

显然，球面上的点的坐标满足方程式（6-1），不在球面上的点的坐标不满足方程式（6-1）.

当 $x_0=y_0=z_0=0$ 时，即球心在原点，半径为 R 的球面方程为

$$x^2+y^2+z^2=R^2.$$

该方程表示球心在（0，0，0）、半径为 R 的球面.

【例 6-9】 方程 $x^2+y^2+z^2+4y-2z=0$ 表示怎样的曲面？

解 原方程配方，得 $x^2+(y+2)^2+(z-1)^2=5$.

于是，原方程表示球心在（0，-2，1），半径为 $\sqrt{5}$ 的球面.

平面是曲面的特殊情况，它的方程是一个三元一次方程 $Ax+By+Cz=D$.

（二）常见的二次曲面及其方程

1. 母线平行于坐标轴的柱面方程

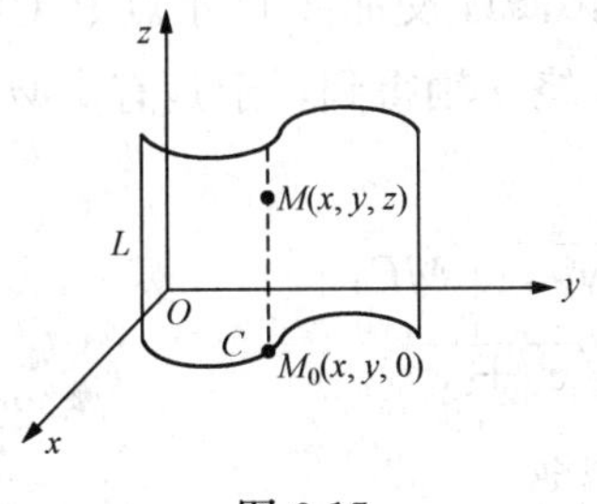

图 6-15

定义 6.1.10 动直线 L 沿给定曲线 C 平行移动所形成的曲面，称为柱面．动直线 L 称为柱面的母线，定曲线 C 称为柱面的准线．如图 6-15 所示.

下面我们来建立母线平行于坐标轴的柱面方程.

设柱面的准线是 xoy 面上的曲线 C：$f(x,y)=0$，$z=0$. 母线为平行于 Z 轴的直线 L.

设点 M（x，y，z）是柱面上的任意一点，过点 M 作平行于 z 轴的直线，必交 xoy 面上的曲线 C 于点 M_0．显然点 M_0 和 M 有相同的横坐标和纵坐标，即点 M_0 为（x，y，0）．由于 M_0 在曲线 C 上，故它的坐标满足方程 $f(x,y)=0$．又 $f(x,y)=0$ 与 z 无关，所以点 M 坐标（x，y，z）也满足方程 $f(x,y)=0$. 反之，不在柱面上的点的坐标不满足这个方程，因为过这点作平行于 z 轴的直线与 xoy 面的交点不在曲线 C 上．于是所求柱面方程为 $f(x,y)=0$.

类似地，不含变量 x 的方程 $f(y,z)=0$，在空间表示准线是 yz 面上的曲线 C：$f(y,z)=0$，$x=0$，母线平行于 x 轴的柱面；而不含变量 y 的方程 $f(x,z)=0$，在空间表示准线是 xoz 面上的曲线 C：$f(x,z)=0$，$y=0$，母线平行于 y 轴的柱面.

例如，方程 $x^2+y^2=R^2$ 在空间表示准线是 xoy 面上的圆 $x^2+y^2=R^2$，母线平行于 z 轴的柱面，称为圆柱面（见图 6-16).

方程 $y=x^2$ 在空间表示准线是 xoy 面上的抛物线 $y=x^2$，母线平行于 z 轴的柱面，称为抛物柱面（见图 6-17).

方程 $x^2+\frac{z^2}{4}=1$ 在空间表示准线是 xoz 面上的椭圆 $x^2+\frac{z^2}{4}=1$，母线平行于 y 轴的柱面，称为椭圆柱面（见图 6-18).

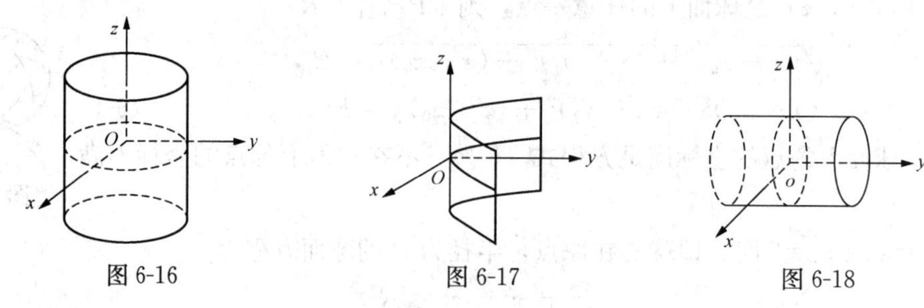

图 6-16 图 6-17 图 6-18

2. 旋转曲面

定义 6.1.11 在空间，一条曲线 C 绕着定直线 L 旋转一周所成的曲面叫做旋转曲面．曲线 C 叫做旋转曲面的母线，定直线 L 叫做旋转曲面的旋转轴，简称为轴.

为方便我们仅研究以坐标轴为旋转轴的旋转曲面的方程.

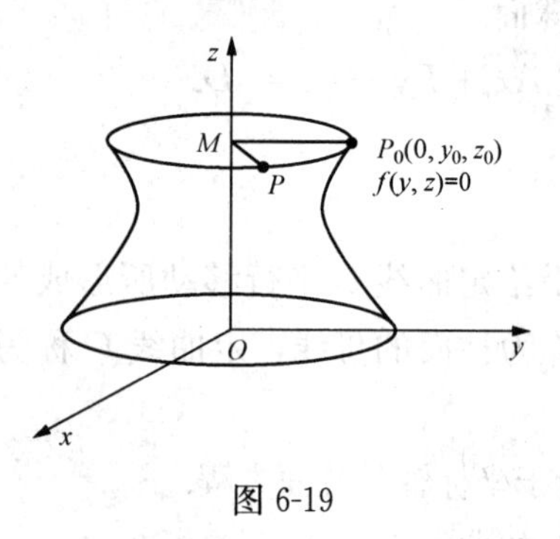

图 6-19

现在来建立 yoz 面上以曲线 C：$f(y,z)=0$ 绕 z 轴旋转所成的旋转面的方程（见图 6-19）.

设 $P(x,y,z)$ 为旋转曲面上任一点，过点 P 作垂直于 z 轴的平面，交 z 轴于点 $M(0,0,z)$，交曲线 C 于点 $P_0(0, y_0,z_0)$. 由于点 P 可以由点 P_0 绕 z 轴得到，于是有 $|MP|=|MP_0|$，$z=z_0$.

因为 $|PM|=\sqrt{x^2+y^2}$，$|MP_0|=|y_0|$，

所以
$$y_0=\begin{cases}\pm\sqrt{x^2+y^2}\\ z=z_0\end{cases} \tag{6-2}$$

又因为 P_0 在曲线 C 上，所以 $f(y_0, z_0)=0$.

将方程式（6-2）代入 $f(y_0, z_0)=0$，即得旋转曲面方程

$$f(\pm\sqrt{x^2+y^2}, z)=0.$$

因此，求平面曲线 $f(y,z)=0$ 绕 z 轴旋转的旋转曲面方程，只要将 $f(y,z)=0$ 中的 y 换成 $\pm\sqrt{x^2+y^2}$ 而 z 保持不变，即得旋转面方程.

同理，$f(y,z)=0$ 的曲线 C 绕 y 轴旋转的旋转曲面方程为 $f(y,\pm\sqrt{x^2+z^2})=0$.

读者可以自行推出平面曲线 $f(x, y)$ 绕 x 或 y 轴旋转的旋转曲面方程.

【例 6-10】 将 yoz 坐标面上的直线 $z=ay\ (a\neq 0)$，绕 z 轴旋转，试求所得曲面方程.

解 因为是 yoz 坐标面上的直线 $z=ay\ (a\neq 0)$ 绕 z 轴旋转，故 z 保持不变，而将 y 换成 $\pm\sqrt{x^2+y^2}$，得

$$z=a(\pm\sqrt{x^2+y^2}),$$

即旋转曲面方程为 $z^2=a^2(x^2+y^2)$，该曲面叫做圆锥面（见图 6-20）.

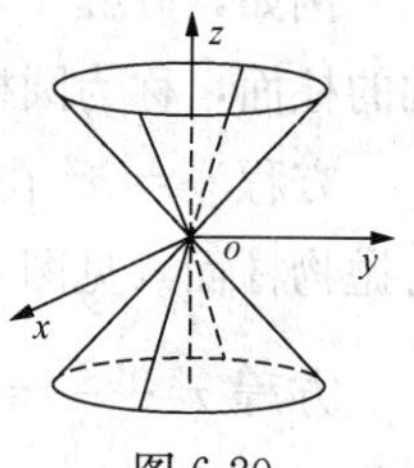

图 6-20

【例 6-11】 将 yoz 坐标面上的抛物线 $z=ay^2\ (a\neq 0)$，绕 z 轴旋转，试求所得曲面方程.

解　yoz 坐标面上的抛物线 $z=ay^2$（$a>0$），绕 z 轴旋转 z 不变，将 y 变为 $\pm\sqrt{x^2+y^2}$，所得曲面方程为 $z=a(x^2+y^2)$，该曲面叫做旋转抛物面（见图6-21).

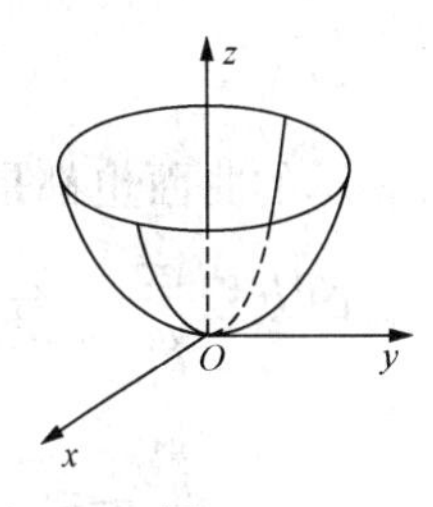

图 6-21

【例 6-12】　将 xoy 坐标面上的椭圆 $\frac{x^2}{a^2}+\frac{y^2}{b^2}=1$ 分别绕 x 轴和 y 轴旋转，求所得的旋转曲面的方程.

解　因为是 xoy 坐标面上的椭圆绕 x 轴旋转，故 x 保持不变，将 y 换成 $\pm\sqrt{z^2+y^2}$，则所求旋转曲面方程为

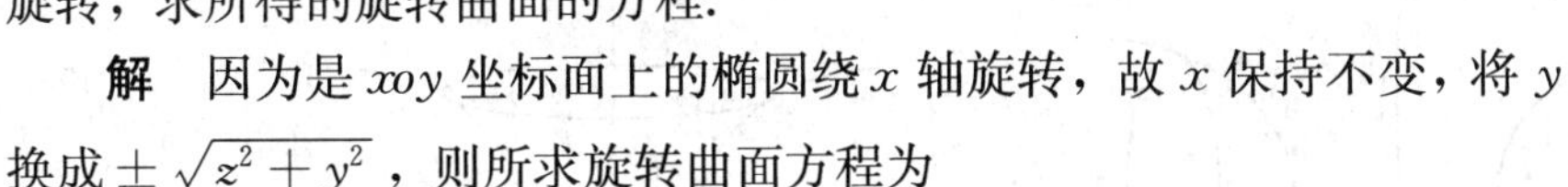

$$\frac{x^2}{a^2}+\frac{y^2}{b^2}+\frac{z^2}{b^2}=1.$$

同理，绕 y 轴旋转所得旋转曲面方程为 $\frac{x^2}{a^2}+\frac{y^2}{b^2}+\frac{z^2}{a^2}=1$.

这两个曲面称为旋转椭球面.

一般地，方程 $\frac{x^2}{a^2}+\frac{y^2}{b^2}+\frac{z^2}{c^2}=1$ 所表示的曲面称为椭球面（见图 6-22).

椭球面 $\frac{x^2}{a^2}+\frac{y^2}{b^2}+\frac{z^2}{c^2}=1$ 的特征是：以平面 $x=h$（$-a<h<a$），$y=m$（$-b<m<b$），$z=n$（$-c<n<c$）截曲面所得的截痕曲线都是椭圆，区别仅仅是长、短轴不同. 当 $a=b=c=R$时，得 $x^2+y^2+z^2=R^2$. 即为球面方程，如图 6-23 所示.

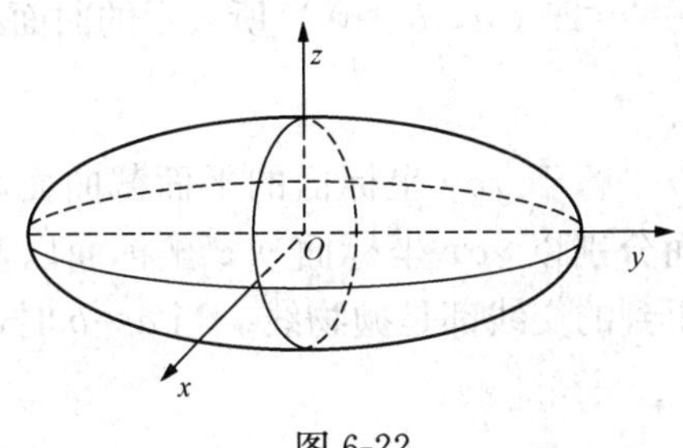

图 6-22

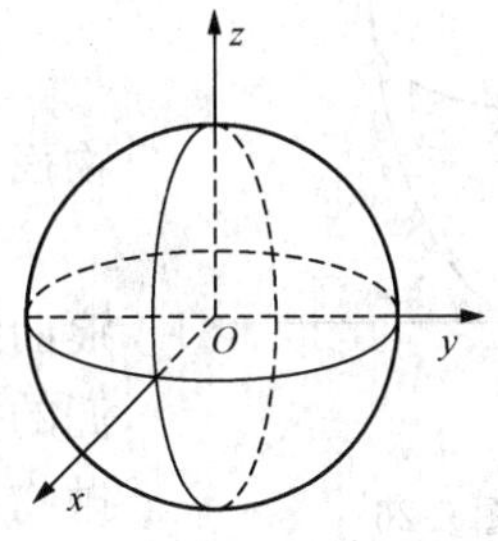

图 6-23

【例 6-13】　将 yoz 坐标面上的双曲线 $\frac{y^2}{b^2}-\frac{z^2}{c^2}=1$ 分别绕 y 轴和 z 轴旋转，求所得的旋转曲面的方程.

解　绕 y 轴旋转，如图 6-24. 保留 y 不变，将 z 换成 $\pm\sqrt{x^2+z^2}$，得

$$\frac{y^2}{b^2}-\frac{x^2+z^2}{c^2}=1.$$

绕 z 轴旋转，如图 6-25 所示. 保留 z 不变，将 y 换成 $\pm\sqrt{x^2+y^2}$，得

$$\frac{x^2+y^2}{b^2}-\frac{z^2}{c^2}=1.$$

由方程　$-\frac{x^2}{a^2}+\frac{y^2}{b^2}-\frac{z^2}{c^2}=1$（$a, b, c>0$）所表示的曲面叫做双叶双曲面（见图 6-24）

该曲面特征是：用 xoy、yoz 面或平行于它们的平面截该曲面得到的截痕曲线是双曲线，用平行于 zox 面的平面截该曲面得到的截痕曲线是椭圆.

若 $a=b$ 则方程为双叶旋转双曲面. 方程

$$-\frac{x^2}{a^2}-\frac{y^2}{b^2}+\frac{z^2}{c^2}=1 \text{ 与 } \frac{x^2}{a^2}-\frac{y^2}{b^2}-\frac{z^2}{c^2}=1$$

所表示的曲面也都是双叶双曲面.

由方程 $\frac{x^2}{a^2}+\frac{y^2}{b^2}-\frac{z^2}{c^2}=1$（$a$，$b$，$c>0$）所表示的曲面叫做单叶双曲面（见图 6-25）.

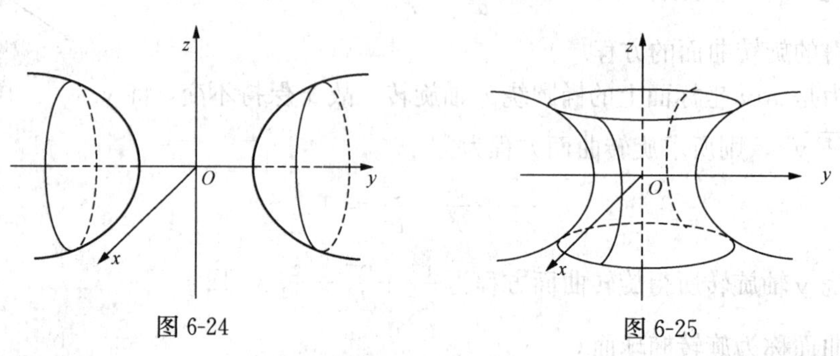

图 6-24　　图 6-25

该曲面特征是：用 yoz、zox 面或平行于它们的平面截该曲面得到的截痕曲线是双曲线，用 xoy 面或平行于 xoy 面的平面截该曲面得到的截痕曲线是椭圆.

若 $a=b$，则方程为单叶旋转双曲面方程.

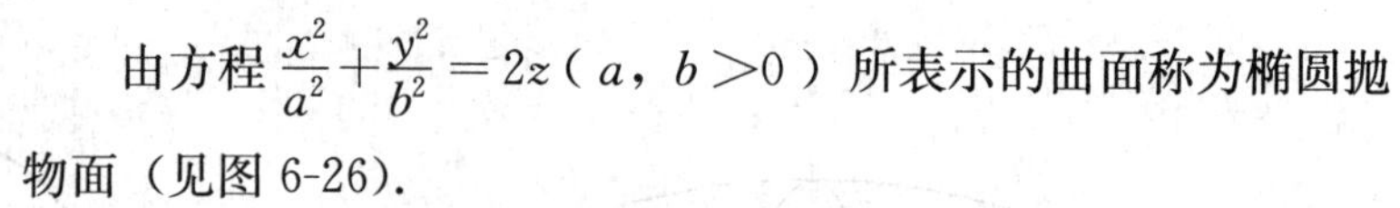

$$\frac{x^2}{a^2}-\frac{y^2}{b^2}+\frac{z^2}{c^2}=1 \text{ 与 } -\frac{x^2}{a^2}+\frac{y^2}{b^2}+\frac{z^2}{c^2}=1$$

所表示的曲面都是单叶双曲面.

由方程 $\frac{x^2}{a^2}+\frac{y^2}{b^2}=2z$（$a$，$b>0$）所表示的曲面称为椭圆抛物面（见图 6-26）.

其特征是：以平行于 xoy 坐标面的平面截曲面，得到的截痕曲线是椭圆，而分别以 zox 坐标面 yoz 坐标面以及平行于它们的平面截曲面得到的交线都是抛物线. 当 $a=b$ 时，即为旋转抛物面.

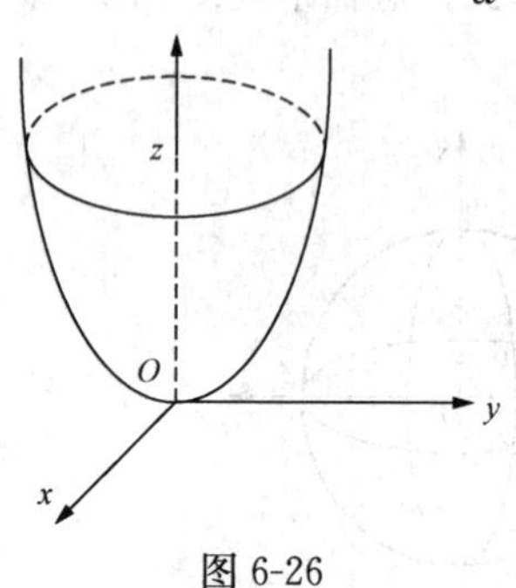

图 6-26

习题 6-1

A　组

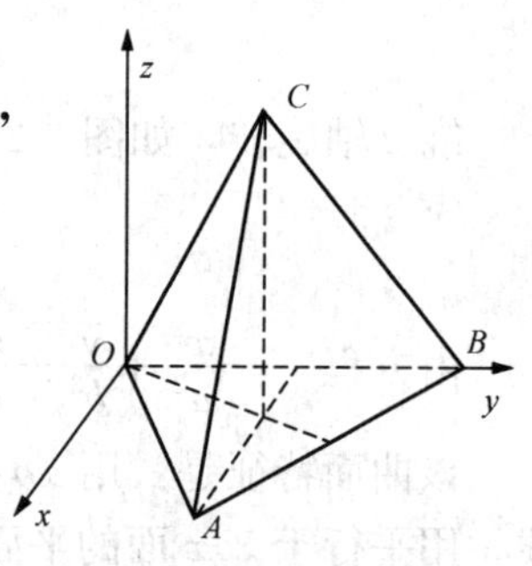

图 6-27

1. 在空间直角坐标系中作出点 A（-1，2，3），B（2，-1，3），C（0，1，0），D（-1，3，0）.

2. 求点 A（4，3，5）到各坐标轴、坐标面及原点的距离.

3. 求点（a，$-b$，c）关于下列各题的对称点的坐标.

（1）各坐标轴；　（2）各坐标面；　（3）原点.

4. 边长为 1 的正四面体如图 6-27 所示放置，求各点的坐标.

5. 求球面 $x^2+y^2+z^2-6x+4y-3=0$ 的球心和半径.

6. 指出下列方程表示什么曲面，并画图.

(1) $x^2+y^2=1$；　　(2) $z=3x^2+3y^2$；

(3) $z^2=3x^2+3y^2$；　　(4) $z=2x^2+y^2$.

7. 将 yoz 面上的双曲线 $4y^2-9z^2=36$ 分别绕 y、z 轴旋转，求旋转曲面方程.

8. 指出下列曲面是怎样旋转而成的.

(1) $3x^2+3y^2+4z^2=12$；　　(2) $x^2+y^2-z^2=1$；　　(3) $x^2-9y^2-9z^2=1$.

9. 列方程在平面解析几何和空间解析几何中分别表示什么图形.

(1) $x=3$；　　(2) $y=x-1$；

(3) $y=x^2$；　　(4) $x^2-y^2=1$.

10. 若向量 $a=\{2,-1,3\}$，求 $|a|$ 及其方向余弦.

11. 已知向量 $\overrightarrow{MN}=\{4,-4,7\}$，它的终点坐标为 $N(2,-1,7)$，求起点 M 的坐标.

12. 已知三点 $A(1,-2,3)$，$B(1,1,4)$，$C(2,0,2)$，求 $\overrightarrow{AB}\cdot\overrightarrow{AC}$，$\overrightarrow{AB}\times\overrightarrow{AC}$ 以及对应的三角形 ABC 的面积.

13. 已知 $\boldsymbol{a}=\{1,-2,3\}$，$\boldsymbol{b}=\{k,1,4\}$，试求数 k，使得 $\boldsymbol{a}\perp\boldsymbol{b}$.

14. 试确定数 m 和 n，使向量 $\boldsymbol{a}=2\boldsymbol{i}+3\boldsymbol{j}-n\boldsymbol{k}$ 和 $\boldsymbol{b}=m\boldsymbol{i}-6\boldsymbol{j}+\boldsymbol{k}$ 平行.

B　组

1. 求下列球面方程.

(1) 过点 $(1,2,5)$ 且与三坐标面相切；

(2) 过点 $(2,4,3)$ 且包含圆 $x^2+y^2=5$，$z=0$.

2. 求与原点及点 $(2,3,4)$ 的距离之比为 $1:2$ 的点的集合组成的曲面方程，并说明它表示什么曲面.

3. 动点到 $P_0(1,0,0)$ 的距离是到平面 $z=4$ 的距离的一半，求动点的轨迹，并说明它可以由什么曲线旋转而成?

4. 求到点 $(4,-6,-6)$ 与点 $(2,0,-3)$ 的距离之比为 $1:3$ 的点的轨迹

5. 已知 $\boldsymbol{a}=\{1,-2,3\}$，$\boldsymbol{b}=\{0,1,4\}$，$\boldsymbol{c}=\{2,1,2\}$，求

(1) $\boldsymbol{a}\times\boldsymbol{b}$，$\boldsymbol{b}\times\boldsymbol{a}$；　　(2) $(\boldsymbol{a}+\boldsymbol{b})\times(\boldsymbol{b}+\boldsymbol{c})$；

(3) $(\boldsymbol{a}\cdot\boldsymbol{b})\cdot\boldsymbol{c}$；　　(4) 与 $\boldsymbol{a}$，$\boldsymbol{c}$ 都垂直的单位向量.

6. 已知 $\boldsymbol{a}=2\boldsymbol{m}+3\boldsymbol{n}$，$\boldsymbol{b}=\boldsymbol{m}-4\boldsymbol{n}$，其中 $\boldsymbol{m}$，$\boldsymbol{n}$ 是两互相垂直的单位向量，求 $|\boldsymbol{a}\times\boldsymbol{b}|$，$\boldsymbol{a}\cdot\boldsymbol{b}$.

7. 已知 $|\boldsymbol{a}|=|\boldsymbol{b}|=2$.

(1) 求 $|\boldsymbol{a}\times\boldsymbol{b}|^2+(\boldsymbol{a}\cdot\boldsymbol{b})^2$；

(2) 若两向量的夹角 $\theta=\frac{\pi}{3}$，求 $(2\boldsymbol{a}-\boldsymbol{b})\cdot(\boldsymbol{a}+3\boldsymbol{b})$.

第二节　多元函数的概念　二元函数的极限和连续性

【学习目标】

1. 了解区域、邻域及其相关概念.

2. 理解多元函数的定义，会求简单的多元函数的定义域.

3. 了解二元函数的极限与连续的概念，会求简单函数的极限，会判断连续性.

4. 知道有界闭区域上连续函数的性质.

一 、多元函数

含有一个自变量的函数，称为一元函数；含有两个或两个以上自变量的函数，称为多元函数．本小节将讨论多元函数的极限及其连续性．多元函数微分学与一元函数微分学有许多相似之处，但也存在一些本质上的差别．原则上讲，从二元函数到多元函数，有关概念已无本质上的差别．因而本章所讨论的内容都可类推到二元以上的函数.

（一）区域和邻域

1. 区域

与平面解析几何一样，我们常把直线看成曲线的特例．由一条曲线或几条曲线所围成的平面的一部分，称为平面区域，如三角形、矩形、椭圆形、扇形、两个同心圆围成的圆环形等. 再如第一象限的点组成的集合 $\{(x,y)|x>0,且\ y>0\}$；一三象限角平分线以上点组成的集合 $\{(x,y)|x-y<0\}$；到原点距离不超过 1 的圆周内部的点 $\{(x,y)|x^2+y^2\leqslant 1\}$ 等都是平面区域.

如果存在实数 $R>0$，使得一个区域可以被圆域 $x^2+y^2\leqslant R^2$ 包围在内部，则称该区域为有界区域；如果对任意给定的 $R>0$，不管它多大，区域总有点在圆域 $x^2+y^2\leqslant R^2$ 的外部，则称该区域为无界区域．上述的三角形、矩形、椭圆形、扇形、环形、圆形都是有界区域．而第一象限点集 $\{(x,y)|x>0,且\ y>0\}$，一三象限角平分线以上点组成的集合 $\{(x,y)|x-y<0\}$ 都是无界区域.

围成区域的曲线称为该区域的边界．如直线 $y=x$ 是平面区域 $\{(x,y)|x-y<0\}$ 的边界．包含边界在内的区域称为闭区域，记为 $\overline{D}$. 如圆域 $\{(x,y)|x^2+y^2\leqslant 1\}$，矩形域 $-1\leqslant x\leqslant 1,1\leqslant y\leqslant 2$ 为有界闭区域，不包含边界的区域叫做开区域，记为 D．一三象限角平分线以上点组成的集合 $\{(x,y)|x-y<0\}$ 为无界开区域.

2. 邻域

点 $P_0(x_0,y_0)$ 的一个邻域指的是以点 P_0 为圆心，$\rho(\rho>0)$ 为半径的圆形开区域 $(x-x_0)^2+(y-y_0)^2<\rho^2$，记为 $O(P_0,\rho)$．显然 $O(P_0,\rho)$ 大小与 ρ 小有关，位置与 P_0 有关.

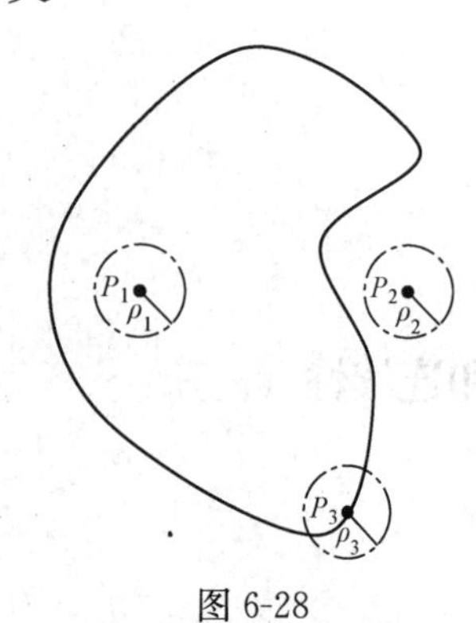

图 6-28

设 D 为平面区域，如果 $P_1(x,y)\in D$，存在点 P_1 的一个邻域 $O(P_1,\rho_1)$ 使得 $O(P_1,\rho_1)$ 完全包含在 D 内，则称点 P_1 为区域 D 的内点．如果 $P_2\notin D$，且存在点 P 的一个邻域 $O(P_2,\rho_2)$，使得 $O(P_2,\rho_2)$ 中没有 D 的点，则称为 P_2 为区域 D 的外点．设 P_3 为平面上的一点，如果对于 P_3 的任何邻域 $O(P_3,\rho)$，其中包含有 D 的点，又含有非 D 中的点，则称 P_3 为区域 D 的边界点，如图 6-28 所示.

（二）多元函数

在实际问题中，我们时常遇到一些量的变化，不只依赖于一个因素，而是依赖于多个因素．例如，长方体的体积V由其一个面的两邻边的长a、b及相应的高长h所决定，即$V=abh$. 再如真空中两个静止的点电荷之间的作用力不仅与这两个电荷的所带电量的大小q_1,q_2有关，还与这两个电荷之间的距离r有关，即$F=\frac{kq_1q_2}{r^2}$．像这类有多个因素的问题，就是数学上所讨论的多元函数的问题.

定义 6.2.1　设D是xoy平面上的一个点集，f是一个法则．如果对于D中任意一点$P(x,y)$，通过法则f，总存在唯一确定的实数z和此(x,y)相对应，则称f是定义在D上的一个二元函数，它在(x,y)处的函数值是z，记为$f(x,y)$，即$z=f(x,y)$．点集D称为f的定义域，x，y称为自变量，z称为因变量，实数集$\{z|z=f(x,y),(x,y)\in D\}$称为$f$的值域.

容易由二元函数的定义推得n元函数的定义．这只须将平面点集D改为n维空间中的点集，把点$P(x,y)$改为点$P(x_1,x_2\cdots,x_n)$．n元函数常记为$u=f(x_1,x_2\cdots,x_n)$．

实际问题的二元函数的定义域D由实际问题确定，由解析式表示的二元函数的定义域D是使该表达式有意义的平面点的集合.

【例 6-14】　求函数$z=\ln(x+y)$的定义域及在点$(0,\mathrm{e})$处的函数值.

解　由对数函数的定义得$x+y>0$，因此，函数$z=\ln(x+y)$的定义域为　$D=\{(x,y)|x+y>0\}$．

函数$z=\ln(x+y)$在点$(0,\mathrm{e})$处的函数值为$z(0,\mathrm{e})=\ln\mathrm{e}=1$．

如同一元函数$y=f(x)$在平面上表示的是一条平面曲线一样，二元函数$z=f(x,y)$在空间表示的是一张曲面．这为我们研究二元函数在几何上提供了直观想象.

例如，二元函数$z=2x+3y-5$表示的是一个平面，其定义域为xoy坐标平面，而$z=\sqrt{R^2-x^2-y^2}$表示的是球心在原点，半径为R的上半球面，其定义域为圆形闭区域$x^2+y^2\leqslant R^2$．如图6-29所示.

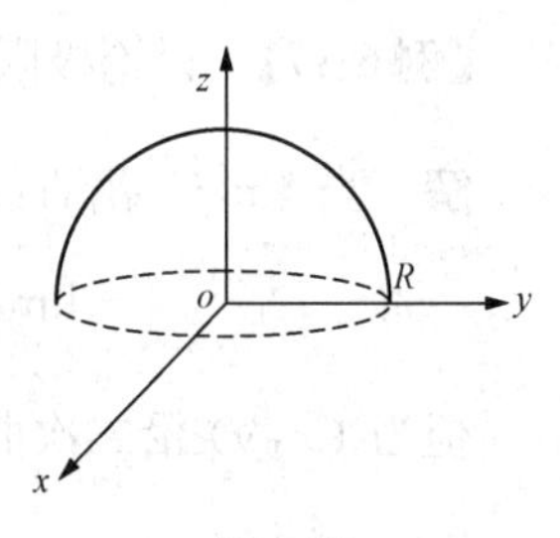

图 6-29

【例 6-15】　如图 6-30 所示，真空中有一对平行金属板，间距为d，接在电压为U的电源上，质量为m，电量为q的正电荷穿过正极板上的小孔，以v_0的速度进入电场，到达负极板时，从负极板上正对的小孔穿出．如果不计重力，问正电荷穿出的速度v是多大?

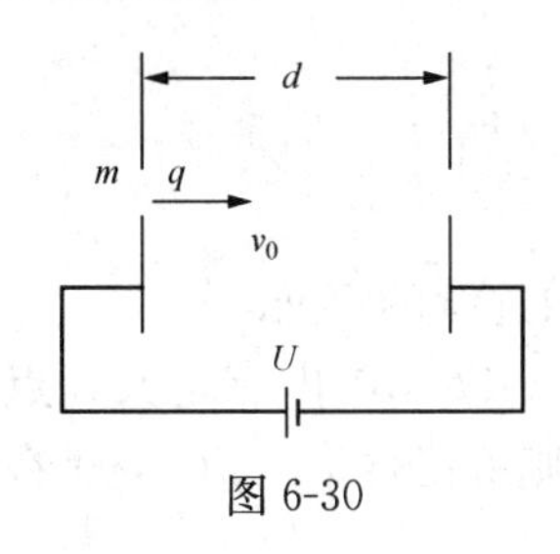

图 6-30

解　由动能守恒定理易得$qU=\frac{1}{2}mv^2-\frac{1}{2}mv_0^2\Rightarrow\frac{1}{2}mv^2=qU+\frac{1}{2}mv_0^2\Rightarrow v^2=\frac{2qU}{m}+v_0^2\Rightarrow v=\pm\sqrt{\frac{2qU}{m}+v_0^2}$(负值舍去).

由此可见，在质量固定及所带电量确定的前提下，正电荷穿出金属板的速度受到两个因素的影响，一是平行金属板两边的电压U；二是正电荷初始速度v_0．如果要提高正电荷穿出的速度有两种方法，一是增加平行金属板两边的电压，二是提高正电荷的初始速度v_0．

二、多元函数的极限与连续

（一）二元函数的极限

定义 6.2.2 设二元函数 $z=f(x,y)$ 在点 $p_0(x_0,y_0)$ 的某个邻域 $O(p_0,\rho)$ 有定义（p_0 可以除外）. 点 $p(x,y)$ 是 $O(p_0,\rho)$ 内不同于 p_0 的任意一点 . 如果当点 $p(x,y)$ 以任何方式无限接近于 $p_0(x_0,y_0)$ 时，对应的函数值 $f(x,y)$ 无限地接近于一个确定的常数A，则称为数 A 是函数 $f(x,y)$ 当 $x\to x_0$，$y\to y_0$ 时的极限，记为 $\lim\limits_{\substack{x\to x_0\\ y\to x_0}} f(x,y)=A$.

以上极限也常称为二重极限，是一元函数极限的推广. 有关一元函数极限的运算法则和定理，都可以类推到二重极限，限于篇幅，不详加叙述.

应该指出的是，二重极限存在，指的是点 $p(x,y)$ 以任何方式无限接近点 $p_0(x_0,y_0)$，对应的函数值 $f(x,y)$ 都无限接近同一常数 A. 因此，如果点 $p(x,y)$ 以某一特殊方式，例如沿某一直线或沿某一曲线趋近于点 $p_0(x_0,y_0)$，函数值 $f(x,y)$ 趋近于某一确定的常数，我们不能得出函数 $f(x,y)$ 有极限的结论 . 不过，如果点 $p(x,y)$ 以两种特殊方式趋近于 $p_0(x_0,y_0)$ 时，函数值 $f(x,y)$ 趋近于两个不同的常数，则可肯定函数 $f(x,y)$ 的极限不存在.

【例 6-16】 求极限 $\lim\limits_{\substack{x\to 0\\ y\to 1}}(1+xy)^{\frac{1}{x}}$.

解 $\lim\limits_{\substack{x\to 0\\ y\to 1}}(1+xy)^{\frac{1}{x}}=\lim\limits_{\substack{x\to 0\\ y\to 1}}[(1+xy)^{\frac{1}{xy}}]^y=e^1=e.$

【例 6-17】 讨论极限 $\lim\limits_{\substack{x\to 0\\ y\to 0}}\dfrac{xy^2}{x^2+y^4}$ 是否存在?

解 当 (x,y) 沿直线 $y=kx$ 趋近于 $(0,0)$ 时，有

$$\lim_{\substack{x\to 0\\ y=kx\to 0}}\frac{xy^2}{x^2+y^4}=\lim_{x\to 0}\frac{x\cdot k^2x^2}{x^2+k^4x^4}=\lim_{x\to 0}\frac{k^2x}{1+k^4x^2}=0.$$

但当 (x,y) 沿二次曲线 $x=ky^2(k\neq 0)$ 趋近于 $(0,0)$ 时，有

$$\lim_{\substack{x=ky^2\to 0\\ y\to 0}}\frac{xy^2}{x^2+y^4}=\lim_{y\to 0}\frac{ky^4}{k^2y^4+y^4}=\frac{k}{1+k^2}.$$

显然，此极限与 k 的值有关且不为零 . 故 $\lim\limits_{\substack{x\to 0\\ y\to 0}}\dfrac{xy^2}{x^2+y^4}$ 不存在.

（二）二元函数的连续性

与一元函数 $y=f(x)$ 在一点连续定义一样，我们给出二元函数连续的定义.

定义 6.2.3 设函数 $z=f(x,y)$ 在点 $p_0(x_0,y_0)$ 的某个邻域 $O(p_0,\rho)$ 内有定义，点 $p(x,y)$ 是邻域 $O(p_0,\rho)$ 内任意一点，如果 $\lim\limits_{\substack{x\to x_0\\ y\to y_0}} f(x,y)=f(x_0,y_0)$ 则称函数 $z=f(x,y)$ 在点 $p_0(x_0,y_0)$ 处连续.

如果函数 $z=f(x,y)$ 在区域D 内的每一点都连续，则称函数 $z=f(x,y)$ 在区域D 内连续，此时，又称函数 $z=f(x,y)$ 为D 内的连续函数；如果函数 $z=f(x,y)$ 又在D 的边界上每一点都连续（即当 $(x_0,y_0)\in D$ 的边界，有 $\lim\limits_{\substack{(x,y)\in D\\ (x,y)\to(x_0,y_0)}} f(x,y)=f(x_0,y_0)$），则称函数 $z=f(x,y)$ 在闭区域 $\overline{D}$ 上连续，此时，又称函数 $z=f(x,y)$ 为 $\overline{D}$ 上的连续函数.

根据极限的运算准则，可以证明：二元连续函数的和、差、积、商（分母不为零），都是连续函数．由复合函数的极限定理，同样可以证明：二元连续函数的复合函数也是连续函数．据此我们有如下结论：二元初等函数在其定义区域内的各点处都是连续的.

根据以上结论，若要求初等二元函数在其有定义域内点的极限值，只要求该二元函数在该点的函数值即可.

【例 6-18】 求 $\lim\limits_{\substack{x\to 1\\ y\to \frac{2}{\pi}}}\sin\dfrac{1}{\sqrt{x^2+y^2-1}}$.

解　函数 $f(x,y)=\sin\dfrac{1}{\sqrt{x^2+y^2-1}}$ 是初等函数，

所以　原式 $=\sin\dfrac{1}{\sqrt{1^2+\left(\dfrac{2}{\pi}\right)^2-1}}=\sin\dfrac{\pi}{2}=1.$

与一元函数相同的情形，函数 $z=f(x,y)$ 的不连续点称为间断点．二元函数的间断点可以形成一条曲线．例如函数 $z=\dfrac{1}{x^2+y^2-4}$ 在圆周 $x^2+y^2=4$ 上没有定义，因此圆周上的各点都是间断点，表现在曲面上的特征是：曲面出现裂缝.

（三）有界闭区域上连续函数的性质

1. 有界性定理：若函数 $z=f(x,y)$ 在有界闭区域 $\overline{D}$ 上连续，则它在 $\overline{D}$ 上有界；即存在正数 M，使在 $\overline{D}$ 上恒有 $|f(x,y)|\leqslant M$.

2. 最大值、最小值定理：若函数 $z=f(x,y)$ 在有界闭区域 $\overline{D}$ 上连续，则它在 $\overline{D}$ 上必有最大值和最小值：即在 $\overline{D}$ 上至少存在两点 $p_1(x_1,y_1)$ 和 $p_2(x_2,y_2)$，使对 $\overline{D}$ 上任意的点 (x,y)，恒有：$f(x_1,y_1)\leqslant f(x,y)\leqslant f(x_2,y_2)$.

3. 介值定理：若函数 $z=f(x,y)$ 在有界闭区域 $\overline{D}$ 上连续，且在 $\overline{D}$ 上取得两个不同的函数值 a，b（$a<b$），而 $a<c<b$，则至少存在一点 $f(\xi,\eta)\in D$，使得 $f(\xi,\eta)=c$.

习题 6-2

A　组

1. 求下列多元函数在指定点的函数值.

(1) $f(x,y)=x^2+y^2-2xy$　$(1,2),(0,1)$；

(2) $f(x,y)=\sin(x+y)$，$\left(\dfrac{\pi}{2},0\right),\left(\dfrac{\pi}{3},\dfrac{\pi}{3}\right)$.

2. 设 $f(x,y)=xy+\dfrac{x}{y}$，求　$f\left(\dfrac{1}{2},\dfrac{1}{3}\right)$ 及 $f(x+y,1)$.

3. 求下列函数的定义域.

(1) $z=\dfrac{4}{x-y}$；　　(2) $z=\ln xy$；

(3) $z=\sqrt{9-x^2-y^2}$；　　(4) $z=\ln\frac{1-xy}{1+xy}$.

4. 若设 $f(x,y)=x^2+y^2$，求 (1) $f(xy,x+y)$；(2) $f(x-y,x+y)$.

5. 求下列极限.

(1) $\lim\limits_{\substack{x\to1\\y\to1}}\sqrt{x^2-2xy+y^2}$；　　(2) $\lim\limits_{\substack{x\to1\\y\to0}}\sin\frac{\ln(x+\mathrm{e}^y)}{\sqrt{x^2+y^2}}$；

(3) $\lim\limits_{\substack{x\to1\\y\to1}}\frac{x^2+xy-2y^2}{x^2-y^2}$；　　(4) $\lim\limits_{\substack{x\to2\\y\to1}}\frac{x^2+xy-6y^2}{x^2-xy-2y^2}$.

6. 求出下列函数的连续区域.

(1) $z=\frac{y^2+2x}{y^2-2x}$；　　(2) $z=\ln|x-y|$；

(3) $z=\sin\frac{1}{x+y}$.

B　组

1. 若 (1) 设 $f(xy,x-y)=x^2+y^2$，求 $f(x,y)$；

(2) 设 $f(x-y,x+y)=xy$，求 $f(x,y)$.

2. 求下列函数定义域.

(1) $z=\sqrt{1-\frac{x^2}{a^2}-\frac{y^2}{b^2}}$；　　(2) $z=\frac{\ln(2x+y-2)}{\sqrt{3x-y+4}}$；

(3) $z=\frac{1}{\sqrt{x+y}}+\frac{1}{\sqrt{x-y}}$.

3. 求下列极限.

(1) $\lim\limits_{\substack{x\to0\\y\to0}}\frac{\sin xy}{x}$；　　(2) $\lim\limits_{\substack{x\to0\\y\to0}}(1+xy)^{\frac{1}{x}}$.

第三节　偏　导　数

【学习目标】

1. 理解偏导数的定义，会求多元函数的偏导数.
2. 知道偏导数的几何意义.
3. 知道偏导数与函数连续之间的关系.
4. 了解高阶偏导数的定义，会求多元函数的高阶偏导数.
5. 知道二阶混合偏导数相等的条件.

在第二章中，我们讨论的一元函数 $y=f(x)$ 的导数．掌握了一元函数 $y=f(x)$ 导数的计算方法．本章节中，我们将主要讨论二元函数的导数、求导数方法，以及二元函数可导与连续之间的关系.

一、偏导数

1. 偏导数的定义

一元函数 $f(x)$ 关于 x 变化率的极限是函数 $f(x)$ 关于 x 的导数．因为二元函数具有两个自变量 x、y，因此，情况就比一元函数复杂，常常需要考虑两个方面的变化率．可以先考虑函数关于其中一个自变量发生改变时，把另一个变量当做常数．所以二元函数的导数分两种情况，一种是把 y 当做常量对 x 求导；另一种是把 x 当做常量对 y 求导．我们把二元函数的导数称为偏导数.

定义 6.3.1　设函数 $z=f(x,y)$ 在点 (x_0,y_0) 的某一个邻域内有定义，当自变量 y 保持定值 y_0，而自变量 x 在 x_0 处有增量 Δx 时，函数 $z=f(x,y)$ 相应地有偏增量 $\Delta_x z=f(x_0+\Delta x,y_0)-f(x_0,y_0)$．若极限 $\lim\limits_{\Delta x\to 0}\dfrac{\Delta_x z}{\Delta x}=\lim\limits_{\Delta x\to 0}\dfrac{f(x_0+\Delta x,y_0)-f(x_0,y_0)}{\Delta x}$ 存在，则此极限值称为 $f(x,y)$ 在点 (x_0,y_0) 处关于 x 的偏导数，

记为 $\left.\dfrac{\partial z}{\partial x}\right|_{\substack{x=x_0\\y=y_0}}$，$\left.\dfrac{\partial f}{\partial x}\right|_{\substack{x=x_0\\y=y_0}}$，$z_x(x_0,y_0)$ 或 $f_x(x_0,y_0)$．

类似地，函数在点 (x_0,y_0) 处关于 y 的偏导数定义为 $\lim\limits_{\Delta y\to 0}\dfrac{\Delta_y z}{\Delta y}=\lim\limits_{\Delta y\to 0}\dfrac{f(x_0,y_0+\Delta y)-f(x_0,y_0)}{\Delta y}$，

记为 $\left.\dfrac{\partial z}{\partial y}\right|_{\substack{x=x_0\\y=y_0}}$，$\left.\dfrac{\partial f}{\partial y}\right|_{\substack{x=x_0\\y=y_0}}$，$z_y(x_0,y_0)$ 或 $f_y(x_0,y_0)$.

如果函数 $z=f(x,y)$ 在区域 D 内每一点处关于 x 偏导数都存在，那么这个偏导数是 x、y 的函数，称为函数 $z=f(x,y)$ 关于 x 的偏导函数．记为 $\dfrac{\partial z}{\partial x}$，$\dfrac{\partial f}{\partial x}$，$z_x$ 或 $f_x(x,y)$．

类似地，函数 $z=f(x,y)$ 关于自变量 y 的偏导函数，记为 $\dfrac{\partial z}{\partial y}$，$\dfrac{\partial f}{\partial y}$，$z_y$ 或 $f_y(x,y)$.

偏导函数也常简称为偏导数．注意 $\dfrac{\partial z}{\partial x}$，$\dfrac{\partial z}{\partial y}$ 中的 ∂z，∂x，∂y 不可分离，不同于微商 $\dfrac{\mathrm{d}y}{\mathrm{d}x}$.

由上述定义可见，为求 $f_x(x,y)$，只须把函数 $z=f(x,y)$ 中的 y 看做常数，而关于变量 x 求导数；求 $f_y(x,y)$ 同理．所用的知识就是我们先前所学的一元函数的求导公式和运算法则.

【例 6-19】　设 $f(x,y)=x^2+3xy+y^2$，求 $\dfrac{\partial f}{\partial x}$，$\dfrac{\partial f}{\partial y}$；并求 $f_x(1,0)$，$f_y(0,1)$，$f_x(1,2)$，$f_y(1,2)$.

解　把 y 看成变量，函数 $f(x,y)$ 对 x 求导得 $\dfrac{\partial f}{\partial x}=2x+3y$，$f_x(1,0)=2$，$f_x(1,2)=8$．

把 x 看成常量，函数 $f(x,y)$ 对 y 求导得 $\dfrac{\partial f}{\partial y}=3x+2y$，$f_y(0,1)=2$，$f_y(1,2)=7$．

【例 6-20】　求函数 $z=\dfrac{x^2y^2}{x-y}$ 的偏导数.

解　$\dfrac{\partial z}{\partial x}=\dfrac{2xy^2(x-y)-x^2y^2}{(x-y)^2}=\dfrac{x^2y^2-2xy^3}{(x-y)^2}$；

$$\frac{\partial z}{\partial y}=\frac{2x^2y(x-y)-(-1)x^2y^2}{(x-y)^2}=\frac{2x^3y-x^2y^2}{(x-y)^2}.$$

【例 6-21】 设 $u=\sqrt{x^2+y^2+z^2}$，求 u_x,u_y,u_z.

解 $u_x=\dfrac{(x^2+y^2+z^2)_x{}'}{2\sqrt{x^2+y^2+z^2}}=\dfrac{2x}{2\sqrt{x^2+y^2+z^2}}=\dfrac{x}{u}$； 同理 $u_y=\dfrac{y}{u},u_z=\dfrac{z}{u}$.

2. 偏导数的几何意义

函数 $y=f(x)$ 在一点 (x_0,y_0) 有导数 $f'(x_0)$ 时，$f'(x_0)$ 就是该函数所表示曲线 $y=f(x)$ 在点 (x_0,y_0) 的切线的斜率. 由此推出，二元函数 $z=f(x,y)$ 在点 (x_0,y_0) 的偏导数有下面简单的几何意义.

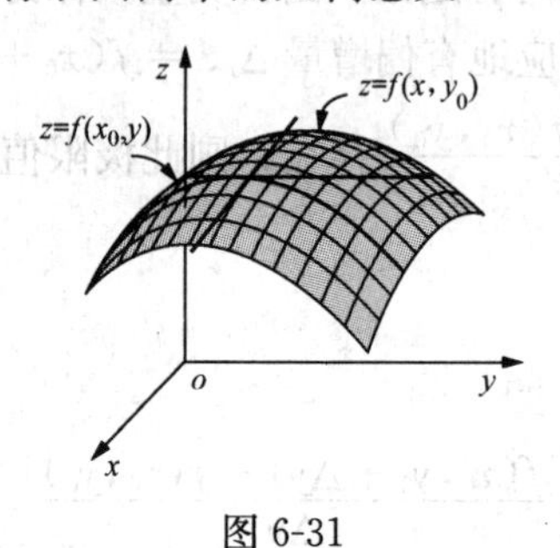

图 6-31

如图 6-31 所示，设 $M_0[x_0,y_0,f(x_0,y_0)]$ 是曲面 $z=f(x,y)$ 的一点，过 M_0 作平面 $y=y_0$，截此曲面于一曲线，其方程为 $z=f(x,y_0)$，则偏导数 $f_x(x_0,y_0)$ 是这曲线在点 M_0 的切线 M_0T_x 对 x 轴的斜率（即切线 M_0T_x 与 x 轴所成倾斜角的正切值）. 同样，偏导数 $f_y(x_0,y_0)$ 是曲线被平面 $x=x_0$ 所截得的曲线在点 M_0 的切线 MT_y 对 y 轴的斜率.

3. 偏导数与连续的关系

对于一元函数 $y=f(x)$ 来说，如果 $y=f(x)$ 在点 $x=x_0$ 处可导的话，则 $y=f(x)$ 在点 $x=x_0$ 处一定连续；但是反过来是不成立的. 对于二元函数 $z=f(x,y)$ 来说，若 $z=f(x,y)$ 在点 (x_0,y_0) 处的偏导数存在，能不能得出结论 $z=f(x,y)$ 在点 (x_0,y_0) 处一定连续呢? 请看 [例 6-22].

【例 6-22】 设 $f(x,y)=\begin{cases}\dfrac{xy}{x^2+y^2} & x^2+y^2\neq 0\\ 0 & x=y=0\end{cases}$，求 $f(x,y)$ 在点 $(0,0)$ 的偏导数 $f_x(0,0),f_y(0,0)$.

解 求分段函数在分段点的导数，必须用导数的定义来求.

$f_x(0,0)=\lim\limits_{x\to 0}\dfrac{f(x,0)-f(0,0)}{x-0}=0$；$f_y(0,0)=\lim\limits_{y\to 0}\dfrac{f(0,y)-f(0,0)}{y-0}=0$.

所以 $f(x,y)$ 在点 $(0,0)$ 的偏导数都存在.

但是当曲线沿着直线 $y=x$ 无限接近于点 $(0,0)$ 时，$\lim\limits_{\substack{x\to 0\\ y\to 0}}f(x,y)=\lim\limits_{\substack{x\to 0\\ y\to 0}}\dfrac{x^2}{2x^2}=\dfrac{1}{2}$.

当曲线沿着直线 $y=2x$ 无限接近于点 $(0,0)$ 时，$\lim\limits_{\substack{x\to 0\\ y\to 0}}f(x,y)=\lim\limits_{\substack{x\to 0\\ y\to 0}}\dfrac{2x^2}{5x^2}=\dfrac{2}{5}$.

$f(x,y)$ 在点 $(0,0)$ 的极限是不存在的，所以 $(0,0)$ 点为 $f(x,y)$ 的一个间断点. 也就是说，$f(x,y)$ 在点 $(0,0)$ 是不连续的.

由此可以得出结论，若 $z=f(x,y)$ 在点 (x_0,y_0) 处偏导数存在，但函数在点 (x_0,y_0) 处未必一定连续.

二、高阶偏导数

1. 高阶偏导数的定义

在之前我们知道了对于一元函数 $y=f(x)$ 来说，如果 $y=f(x)$ 的导函数 y' 仍然是关

于 x 的可导函数，则把 y' 的导数称为 $y=f(x)$ 的二阶导数，以此类推定义了 $y=f(x)$ 的 n 阶导数．对于二元函数 $z=f(x,y)$ 来说，它的偏导数 $f_x(x,y),f_y(x,y)$ 也是关于 x,y 的函数，如果它们对 x 和对 y 的偏导数也存在，则称这些偏导数为函数 $z=f(x,y)$ 的二阶偏导数．由于对变量求导的次序不同，因此函数 $z=f(x,y)$ 有下列四个二阶偏导数.

（1）对 x 的二阶偏导数：$\frac{\partial}{\partial x}\left(\frac{\partial z}{\partial x}\right)=\frac{\partial^2 z}{\partial x^2}=\frac{\partial^2 f}{\partial x^2}=z_{xx}=f_{xx}$.

（2）对 y 的二阶偏导数：$\frac{\partial}{\partial y}\left(\frac{\partial z}{\partial y}\right)=\frac{\partial^2 z}{\partial y^2}=\frac{\partial^2 f}{\partial y^2}=z_{yy}=f_{yy}$.

（3）先对 x 再对 y 的二阶偏导数：$\frac{\partial}{\partial y}\left(\frac{\partial z}{\partial x}\right)=\frac{\partial^2 z}{\partial x\partial y}=\frac{\partial^2 f}{\partial x\partial y}=z_{xy}=f_{xy}$.

（4）先对 y 再对 x 的二阶偏导数：$\frac{\partial}{\partial x}\left(\frac{\partial z}{\partial y}\right)=\frac{\partial^2 z}{\partial y\partial x}=\frac{\partial^2 f}{\partial y\partial x}=z_{yx}=f_{yx}$.

上述的（1），（2）常称为二阶纯偏导数；（3），（4）常称为二阶混合偏导数.

类似地，可以定义更高阶的偏导数，如 $\frac{\partial^3 z}{\partial x^3}=\frac{\partial}{\partial x}\left(\frac{\partial^2 z}{\partial x^2}\right)=\frac{\partial(f_{xx})}{\partial x}=f_{x^3}$.

$$\frac{\partial^3 z}{\partial x\partial y}=\frac{\partial}{\partial y}\left(\frac{\partial^2 z}{\partial x^2}\right)=\frac{\partial(f_{xx})}{\partial y}=f_{yx^2}.$$

……

二阶及二阶以上的偏导数统称为高阶偏导数.

【例 6-23】 求下列函数的二阶偏导数.

(1) $z=x^3y^2-3xy^3-xy$;　　　　(2) $z=xe^x\sin y$.

解　(1) $\frac{\partial z}{\partial x}=3x^2y^2-3y^3-y$, $\frac{\partial z}{\partial y}=2x^3y-9xy^2-x$.

所以 $\frac{\partial^2 z}{\partial x^2}=6xy^2$, $\frac{\partial^2 z}{\partial y^2}=2x^3-18xy$, $\frac{\partial^2 z}{\partial x\partial y}=6x^2y-9y^2-1$,

$\frac{\partial^2 z}{\partial y\partial x}=6x^2y-9y^2-1$.

(2) $\frac{\partial z}{\partial x}=(x+1)e^x\sin y$, $\frac{\partial z}{\partial y}=xe^x\cos y$.

所以　$\frac{\partial^2 z}{\partial x^2}=(x+2)e^x\sin y$, $\frac{\partial^2 z}{\partial y^2}=-xe^x\sin y$, $\frac{\partial^2 z}{\partial x\partial y}=(x+1)e^x\cos y$, $\frac{\partial^2 z}{\partial y\partial x}=(x+1)e^x\cos y$.

【例 6-24】 若 $u=\sin(3x-2y+z)$ ，求 $\frac{\partial u^2}{\partial y\partial z}$ 及 $\frac{\partial u^3}{\partial x\partial y\partial z}$.

解　因为 $\frac{\partial u}{\partial x}=3\cos(3x-2y+z)$, $\frac{\partial u}{\partial y}=-2\cos(3x-2y+z)$.

所以 $\frac{\partial u^2}{\partial x\partial y}=6\sin(3x-2y+z)$， $\frac{\partial u^2}{\partial y\partial z}=2\sin(3x-2y+z)$ ， $\frac{\partial u^3}{\partial x\partial y\partial z}=6\cos(3x-2y+z)$.

2. 二阶混合偏导的关系

从［例 6-23］中不难发现，两个函数关于 x，y 的两个二阶混合偏导数都相等即 $\frac{\partial^2 z}{\partial y\partial x}$

$=\dfrac{\partial^2 z}{\partial x\partial y}$. 那么自然要问，这个结论对任意的函数 $z=f(x,y)$ 是否都成立？请继续看［例6-25］.

【例 6-25】 设 $f(x,y)=\begin{cases}\dfrac{x^3y}{x^2+y^2} & (x,y)\neq(0,0)\\ 0 & (x,y)=(0,0)\end{cases}$，求 $f(x,y)$ 的二阶混合偏导数.

解 当 $(x,y)\neq(0,0)$ 时，

$$f_x(x,y)=\frac{3x^2y(x^2+y^2)-2x\cdot x^3y}{(x^2+y^2)^2}=\frac{3x^2y}{x^2+y^2}-\frac{2x^4y}{(x^2+y^2)^2},$$

$$f_y(x,y)=\frac{x^3(x^2+y^2)-x^3y\cdot 2y}{(x^2+y^2)^2}=\frac{x^3}{x^2+y^2}-\frac{2x^3y^2}{(x^2+y^2)^2}.$$

当 $(x,y)=(0,0)$ 时，必须用偏导数的定义来求偏导数.

$$f_x(0,0)=\lim_{x\to0}\frac{f(x,0)-f(0,0)}{x-0}=\lim_{x\to0}\frac{0-0}{x}=0,$$

$$f_y(0,0)=\lim_{y\to0}\frac{f(0,y)-f(0,0)}{y-0}=\lim_{y\to0}\frac{0-0}{y}=0,$$

$$f_{xy}(0,0)=\lim_{y\to0}\frac{f_x(0,y)-f_x(0,0)}{y-0}=\lim_{y\to0}\frac{0-0}{y}=0,$$

$$f_{yx}(0,0)=\lim_{x\to0}\frac{f_y(x,0)-f_y(0,0)}{x-0}=\lim_{x\to0}\frac{\dfrac{x^3}{x^2+0^2}-0}{x}=1.$$

显然在点 $(x,y)=(0,0)$ 处，二阶混合偏导数 $f_{xy}(0,0)\neq f_{yx}(0,0)$.

对此我们给出下面的定理.

定理 6.3.1 若函数 $z=f(x,y)$ 的两个二阶混合偏导数 $\dfrac{\partial^2 z}{\partial y\partial x}$ 及 $\dfrac{\partial^2 z}{\partial x\partial y}$ 在区域 D 内连续，则在 D 内这两个二阶混合偏导数相等.（证明从略）

当两个二阶混合偏导数在 D 内连续时，求二阶混合偏导数就与求导次序无关.

*【例 6-26】 设函数 $z=xg(x+y)+yh(x+y)$，其中 g、h 有二阶连续导数，求证 $\dfrac{\partial^2 z}{\partial x^2}-2\dfrac{\partial^2 z}{\partial x\partial y}+\dfrac{\partial^2 z}{\partial y^2}=0$.

证 由于 g、h 有二阶连续导数，因此，$\dfrac{\partial^2 z}{\partial x^2},\dfrac{\partial^2 z}{\partial x\partial y},\dfrac{\partial^2 z}{\partial y\partial x},\dfrac{\partial^2 z}{\partial y^2}$ 均连续，从而 $\dfrac{\partial^2 z}{\partial x\partial y}=\dfrac{\partial^2 z}{\partial y\partial x}$.

因为 $\dfrac{\partial z}{\partial x}=g+xg'+yh'$，$\dfrac{\partial z}{\partial y}=xg'+h+yh'$，故 $\dfrac{\partial z}{\partial x}-\dfrac{\partial z}{\partial y}=g-h$.

于是 $\dfrac{\partial^2 z}{\partial x^2}-\dfrac{\partial^2 z}{\partial x\partial y}=\dfrac{\partial}{\partial x}\left(\dfrac{\partial z}{\partial x}-\dfrac{\partial z}{\partial y}\right)=\dfrac{\partial}{\partial x}(g-h)=g'-h'$，

$$\frac{\partial^2 z}{\partial x\partial y}-\frac{\partial^2 z}{\partial y^2}=\frac{\partial}{\partial y}\left(\frac{\partial z}{\partial x}-\frac{\partial z}{\partial y}\right)=\frac{\partial}{\partial y}(g-h)=g'-h'.$$

以上两式相减即得所欲求证.

A　组

1. 求下列函数的一阶偏导数.

(1) $z=x^2-y^2$；　(2) $z=x^2y^3$；

(3) $z=\dfrac{y}{x}$；　(4) $u=x^2+y^2+z^2-xy+2yz-3xz$；

(5) $z=\sin(x+2y)$；　(6) $z=\ln(x^2y)$；

(7) $z=e^{xy}$；　(8) $u=\cos(xyz)$.

2. 求下列函数在指定点的偏导数.

(1) $z=x^2+2xy-y^2 f_x(1,2), f_y(2,1)$；　(2) $z=\ln(x+2y)$，$f_x(0,1)$，$f_y(1,0)$；

(3) $z=\dfrac{x}{y}$　$f_x(0,1), f_y(0,1)$；

(4) $u=x^3y^2z$　$f_x(2,1,1), f_y(1,2,1), f_z(1,1,2)$.

3. 求下列函数的二阶偏导数.

(1) $z=x^3y-xy$；　(2) $z=x^3+x^2y+xy^2+y^3$；

(3) $z=e^{xy}$；　(4) $z=\sin(x-2y)$.

B　组

1. 求下列函数的一阶偏导数.

(1) $z=\sqrt{x^2-y^2}$；　(2) $z=xe^{x+2y}$；

(3) $z=xy+\dfrac{x}{y}$；　(4) $z=\ln(x^2+y^2)$.

2. 设 $f(xy,x+y)=x^2+y^2$，求 $f_x(x,y)$ 及 $f_y(x,y)$.

3. 设 $z=\arctan\dfrac{x}{y}+\ln(x^2+y^2)$，求 $y\dfrac{\partial z}{\partial x}+x\dfrac{\partial z}{\partial y}$.

4. 在下列各函数中，求 $\dfrac{\partial^2 z}{\partial x^2}, \dfrac{\partial^2 z}{\partial x\partial y}, \dfrac{\partial^2 z}{\partial y^2}$.

(1) $z=\ln(x^2-y^2)$；　(2) $z=xe^{x+2y}$；

(3) $z=\sin(ax+by)$ (a，b 是常数)；　(4) $z=\tan(x^2y)$.

5. 设 $z=\ln\sqrt{(x-a)^2+(y-1)^2}$ (a，b 为常数)，求证 $\dfrac{\partial^2 z}{\partial x^2}+\dfrac{\partial^2 z}{\partial y^2}=0$.

第四节　全微分及其近似计算

【学习目标】

1. 理解多元函数全增量、全微分的定义，会求给定函数的全微分.
2. 知道偏导数与全微分的关系.
3. 理解微分形式不变性，能利用微分形式不变性求给定函数的全微分.
4. 理解全微分的近似计算公式，会利用全微分的近似公式做近似计算.

对于一元函数 $y=f(x)$ 来说，若 $y=f(x)$ 在点 $x=x_0$ 处的导数 $f'(x_0)$ 存在，则 $y=f(x)$ 在点 $x=x_0$ 处可微，且 $\mathrm{d}y|_{x=x_0}=f'(x_0)\Delta x$. 在这本节中，我们将介绍的是二元函数 $z=f(x,y)$ 的微分.

一 、全微分的定义

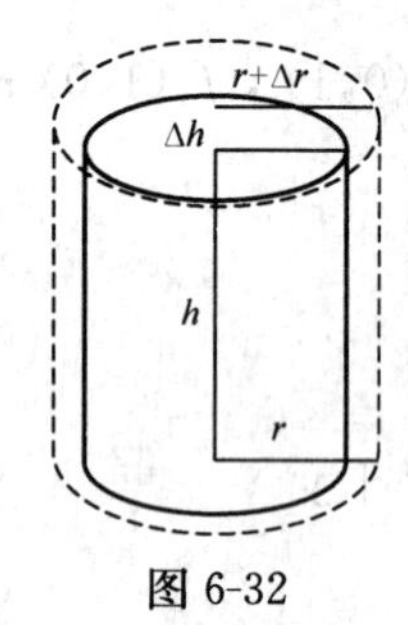

图 6-32

引例：如图 6-32 所示，设有一实心的金属圆柱体，受热后发生变形，它的底面半径由 r 变化到 $r+\Delta r$，高度由 h 变化到 $h+\Delta h$，试问圆柱体的体积改变了多少？

圆柱体的体积为 $V=\pi r^2 h$. 设体积的改变量为 ΔV，则

$$\begin{aligned}\Delta V &= \pi(r+\Delta r)^2(h+\Delta h)-\pi r^2 h\\ &= \pi r^2 h+2\pi rh\Delta r+\pi h(\Delta r)^2+\pi r^2\Delta h+2\pi r\Delta r\cdot\Delta h+\pi(\Delta r)^2\Delta h\\ &\quad -\pi r^2 h\\ &= \underbrace{2\pi rh\Delta r+\pi r^2\Delta h}_{(1)}+\underbrace{\pi h(\Delta r)^2+2\pi r\Delta r\cdot\Delta h+\pi(\Delta r)^2\Delta h}_{(2)}\end{aligned}$$

上式中（1）是主要部分，（2）是次要部分，（1）可以近似替代原式的值.

显然，直接计算 ΔV 是比较麻烦的，（1）是关于 Δr 和 Δh 的线性函数，这一部分所含有的 Δr 和 Δh 的次数是一次的.

（2）所含有的 Δr 和 Δh 的次数不止一次，这一部分当 $(\Delta r,\Delta h)\to(0,0)$ 时，是比 $\rho=\sqrt{(\Delta r)^2+(\Delta h)^2}$ 高阶的无穷小. 即

$$\lim_{(\Delta r,\Delta h)\to(0,0)}\frac{\pi h(\Delta r)^2+2\pi r\Delta r\cdot\Delta h+\pi(\Delta r)^2\Delta h}{\sqrt{(\Delta r)^2+(\Delta h)^2}}=0$$

于是体积改变量 ΔV 可以表示为 $\Delta V=2\pi rh\Delta r+\pi r^2\Delta h+o(\rho)$.

所以当 Δr 和 Δh 很小时，取其主要部分，有 $\Delta V\approx 2\pi rh\Delta r+\pi r^2\Delta h$.

类似于一元函数微分的概念，关于 Δr 和 Δh 的线性函数 $2\pi rh\Delta r+\pi r^2\Delta h$ 便称为体积 V 的全微分. 对应的体积的改变量 ΔV，就称为体积的全增量.

把体积函数 V 改为二元函数 $z=f(x,y)$，就可以得到二元函数全增量与全微分的定义.

设函数 $z=f(x,y)$ 在一点 $P(x,y)$ 的某领域内有定义，而 $P_1(x+\Delta x,y+\Delta y)$ 是这领域内任意一点，则在这两点的函数值之差 $\Delta z=f(x+\Delta x,y+\Delta y)-f(x,y)$ 称为函数 $z=f(x,y)$ 在点 P 对应于自变量增量 $\Delta x,\Delta y$ 的全增量.

定义 6.4.1　若函数 $z=f(x,y)$ 的全增量 Δz 可表示为

$$\Delta z=f(x+\Delta x,y+\Delta y)-f(x,y)=A\Delta x+B\Delta y+o(\rho),$$

其中 A、B 与 Δx，Δy 无关，仅与 x，y 有关，其中 $\rho=\sqrt{(\Delta x)^2+(\Delta y)^2}$ 且当 $\rho\to 0$ 时 $o(\rho)$ 是比 ρ 高阶的无穷小，则称函数 $f(x,y)$ 在点 (x,y) 处可微，并称 $A\Delta x+B\Delta y$ 为函数 $z=f(x,y)$ 在点 (x,y) 处的全微分，记为 $\mathrm{d}z$ 或 $\mathrm{d}f(x,y)$．即

$$\mathrm{d}z=\mathrm{d}f(x,y)=A\Delta x+B\Delta y.$$

若函数 $z=f(x,y)$ 在点 (x,y) 处可微，也称为函数 $z=f(x,y)$ 在点 (x,y) 处存在全微分．简单地说，二元函数在一点处的全微分就是该函数在这一点处的微小变化值.

若 $z=f(x,y)$ 在点 $P(x,y)$ 处可微，在全增量的表达式中令 $\Delta y=0$ 得

$$\Delta z=f(x+\Delta x,y)-f(x,y)=A\Delta x+o(\sqrt{(\Delta x)^2}),$$

于是有 $\dfrac{\partial z}{\partial x}=\lim\limits_{\Delta x\to 0}\dfrac{f(x+\Delta x,y)-f(x,y)}{\Delta x}=\lim\limits_{\Delta x\to 0}\dfrac{A\Delta x+(o)\sqrt{(\Delta x)^2}}{\Delta x}=A$；

同样可证 $B=\dfrac{\partial z}{\partial y}$，

所以有　　$\mathrm{d}z=\dfrac{\partial z}{\partial x}\Delta x+\dfrac{\partial z}{\partial y}\Delta y=\dfrac{\partial z}{\partial x}\mathrm{d}x+\dfrac{\partial z}{\partial y}\mathrm{d}y=z'_x\mathrm{d}x+z'_y\mathrm{d}y$.

应注意的是这里 $\mathrm{d}x,\mathrm{d}y$ 是不依赖于 x、y 的任意的量，故全微分 $\mathrm{d}z$ 是依赖于四个变量 x、y、$\mathrm{d}x$、$\mathrm{d}y$，若确定一点坐标，在该点处的全微分是 $\mathrm{d}x$，$\mathrm{d}y$ 的函数，若再确定增量 Δx，Δy，全微分就是具体值.

对于 n 元函数 $u=f(x_1,x_2,x_3,\cdots,x_n)$ 而言，相应的全微分表达式为

$$\mathrm{d}u=\frac{\partial u}{\partial x_1}\mathrm{d}x_1+\frac{\partial u}{\partial x_2}\mathrm{d}x_2+\cdots+\frac{\partial u}{\partial x_n}\mathrm{d}x_n.$$

如果函数 $z=f(x,y)$ 在区域 D 上的每一点处全微分都存在，则称函数 $z=f(x,y)$ 在区域 D 上可微.

【例 6-27】　计算函数 $z=x^2+y^2-2xy$ 在点 $(0,1)$ 处的全微分 $\mathrm{d}z\Big|_{(0,1)}$.

解　因为 $z_x=2x-2y,z_y=2y-2x$，　所以 $z_x(0,1)=-2,z_y(0,1)=2$.

$$\mathrm{d}z\Big|_{(0,1)}=-2\Delta x+2\Delta y.$$

对于一元函数 $y=f(x)$ 来说，$y=f(x)$ 在点 x_0 处可导是 $y=f(x)$ 在点 x_0 处可微的充要条件．由上述全微分表达式推导的过程可知，若 $z=f(x,y)$ 在点 (x_0,y_0) 处可微，则 $z=f(x,y)$ 在点 (x_0,y_0) 处偏导数一定存在.

但是，若二元函数 $z=f(x,y)$ 在点 (x_0,y_0) 处偏导数存在，能不能得出 $z=f(x,y)$ 在 (x_0,y_0) 全微分一定存在的结论呢？答案是不能，即 $z=f(x,y)$ 在点 (x_0,y_0) 处偏导数存在，但是 $z=f(x,y)$ 在点 (x_0,y_0) 处不一定可微．请看下面例题 6-28

【例 6-28】　若 $f(x,y)=\begin{cases}\dfrac{xy}{x^2+y^2} & x^2+y^2\neq 0\\ 0 & x=y=0\end{cases}$，求 $f_x(0,0),f_y(0,0)$.

解　分段函数分界点的偏导数必须用导数定义来计算.

$f_x(0,0)=\lim\limits_{x\to 0}\dfrac{f(x,0)-f(0,0)}{x-0}=\lim\limits_{x\to 0}\dfrac{0-0}{x}=0$；$f_y(0,0)=\lim\limits_{y\to 0}\dfrac{f(0,y)-f(0,0)}{y-0}=$

$\lim\limits_{x\to 0}\dfrac{0-0}{y}=0$.

显然函数 $f(x,y)$ 在点 $(0,0)$ 处的偏导数存在的.

因为 $f_x(0,0)=0, f_y(0,0)=0$，所以 $f_x(0,0)\mathrm{d}x+f_y(0,0)\mathrm{d}y=0$.

但是在 $(0,0)$ 处，$\Delta u - f_x(0,0)\mathrm{d}x + f_y(0,0)\mathrm{d}y = [f(\Delta x,\Delta y)-f(0,0)]-0 = \dfrac{\Delta x\cdot\Delta y}{(\Delta x)^2+(\Delta y)^2}$.

令点 (x,y) 沿直线 $y=kx$ 趋于 $(0,0)$，极限 $\lim\limits_{\substack{\Delta x\to 0\\ \Delta y=k\Delta x\to 0}}\dfrac{\Delta x\Delta y}{(\Delta x)^2+(\Delta y)^2}=\dfrac{k}{1+k^2}$ 与 k 值有关，因此不存在，故函数 $z=f(x,y)$ 在点 $(0,0)$ 处不可微.

这就说明了 $z=f(x,y)$ 在点 (x_0,y_0) 处偏导数存在，但函数在点 (x_0,y_0) 处不一定可微.

不过在一定条件下，偏导数与全微分有密切联系，这就是以下的定理 6.4.1.

定理 6.4.1 设函数 $z=f(x,y)$ 的偏导数 $\dfrac{\partial z}{\partial x}$，$\dfrac{\partial z}{\partial y}$ 在点 $P(x,y)$ 连续，则函数在该点具有全微分，也就是函数在该点是可微分的.（证明略）

对于二元函数 $z=f(x,y)$ 而言，偏导数的存在仅是全微分存在的必要条件而不是充分条件.

由上述定理可知，当求得一个多元函数的偏导数连续时，则这个函数可微，并且可以写出其全微分.

【例 6-29】 求函数 $z=\mathrm{e}^{xy}$ 的全微分 $\mathrm{d}z$.

解 因为 $z_x=y\mathrm{e}^{xy}, z_y=x\mathrm{e}^{xy}$， 所以 $\mathrm{d}z=z_x\mathrm{d}x+z_y\mathrm{d}y=y\mathrm{e}^{xy}\mathrm{d}x+x\mathrm{e}^{xy}\mathrm{d}y$.

【例 6-30】 写出 $f(x,y)=\mathrm{e}^{xy}\sin(x+y)$ 的全微分.

解 因 $\dfrac{\partial f}{\partial x}=\mathrm{e}^{xy}[y\sin(x+y)+\cos(x+y)], \dfrac{\partial z}{\partial y}=\mathrm{e}^{xy}[x\sin(x+y)+\cos(x+y)]$，

故
$$\begin{aligned}\mathrm{d}z&=\frac{\partial f}{\partial x}\mathrm{d}x+\frac{\partial f}{\partial y}\mathrm{d}y\\&=\mathrm{e}^{xy}[y\sin(x+y)+\cos(x+y)]\mathrm{d}x+\mathrm{e}^{xy}[x\sin(x+y)+\cos(x+y)]\mathrm{d}y.\end{aligned}$$

【例 6-31】 若 $u=x+\sin\dfrac{y}{2}+\mathrm{e}^{yz}$，求 $\mathrm{d}u$.

解 因为 $u_x=1, u_y=\dfrac{1}{2}\cos\dfrac{y}{2}+z\mathrm{e}^{yz}, u_z=y\mathrm{e}^{yz}$，

所以 $\mathrm{d}u=u_x\mathrm{d}x+u_y\mathrm{d}y+u_z\mathrm{d}z=\mathrm{d}x+\left(\dfrac{1}{2}\cos\dfrac{y}{2}+z\mathrm{e}^{yz}\right)\mathrm{d}y+y\mathrm{e}^{yz}\mathrm{d}z$.

二、微分形式不变性

对于一元函数 $y=f(x)$ 来说，不论 x 是自变量还是中间变量，总有 $\mathrm{d}y=f'(x)\mathrm{d}x$，这是一元函数微分形式不变性.

同样地，对于二元函数 $z=f(x,y)$ 来说，不论 x，y 是 $z=f(x,y)$ 中间变量，还是自变量，$\mathrm{d}z=z_x\mathrm{d}x+z_y\mathrm{d}y$，这就是多元函数的全微分形式不变性.

【例 6-32】 若 $z=\dfrac{x}{y}\mathrm{e}^{xy}$，求 $\mathrm{d}z$.

解　令 $u=\frac{x}{y}$，$v=xy$，则 $z=ue^{v}$，所以 $z_u=e^{v}$，$z_v=ue^{v}$．则

$$dz=z_u du+z_v dv=e^{v}du+ue^{v}dv.$$

又 $du=u_x dx+u_y dy=\frac{1}{y}dx-\frac{x}{y^2}dy$，$dv=v_x dx+v_y dy=ydx+xdy$，

所以　$$du=e^{xy}\left(\frac{1}{y}dx-\frac{x}{y^2}dy\right)+\frac{x}{y}e^{xy}(ydx+xdy)=\left(\frac{1}{y}+x\right)e^{xy}dx+\left(\frac{x^2}{y}-\frac{x}{y^2}\right)e^{xy}dy$$

$$=\left(\frac{1}{y}+x\right)e^{xy}dx+\frac{x}{y}\left(x-\frac{1}{y}\right)e^{xy}dy.$$

由上述式子，可以得出 $z_x=\left(\frac{1}{y}+x\right)e^{xy}$，$z_y=\frac{x}{y}\left(x-\frac{1}{y}\right)e^{xy}$．

三、全微分在近似计算中的应用举例

在一元函数微分的近似计算中，我们知道了当 $|\Delta x|$ 很小时，$\Delta y\approx dy=f'(x)\Delta x$，二元函数是否同样存在类似的近似计算呢？请看下面的讨论.

对于二元函数 $z=f(x,y)$ 来说，若在点 (x,y) 处，它的两个偏导数 z_x,z_y 都存在，而且连续．那么 $z=f(x,y)$ 在点 (x,y) 处可微，且

$$dz=z_x\Delta x+z_y\Delta y.$$

又当 $|\Delta x|$ 和 $|\Delta y|$ 都很小的时，$z=f(x,y)$ 的全增量

$$\Delta z=f(x+\Delta x,y+\Delta y)-f(x,y)=dz+o(\rho)\approx dz,$$

其中 $\rho=\sqrt{(\Delta x)^2+(\Delta y)^2}$；$o(\rho)$ 是当 $\Delta x\to 0,\Delta y\to 0$ 时，比 ρ 高阶的无穷小.

这样就可以得到全增量的近似计算公式

$$\Delta z\approx z_x\Delta x+z_y\Delta y$$

及某点附近函数近似值的计算公式

$$f(x+\Delta x,y+\Delta y)\approx f(x,y)+f_x(x,y)\Delta x+f_y(x,y)\Delta y.$$

【例 6-33】　当正圆锥体受热变形时，底面半径由 30cm 增大到 30.1cm，高由 60cm 增加到了 60.5cm，求正圆锥体体积的变化的近似值.

解　正圆锥体的体积为 $V=\frac{1}{3}\pi r^2 h$，

故　$$V_r=\frac{2}{3}\pi rh,V_h=\frac{1}{3}\pi r^2,$$

所以　$$dV=V_r\Delta r+V_h\Delta h=\frac{2}{3}\pi rh\Delta r+\frac{1}{3}\pi r^2\Delta h.$$

当 $r=30,\Delta r=0.1;h=60,\Delta h=0.5$ 时，有

$$\Delta V\approx dV\Big|_{\substack{r=30,h=60\\ \Delta r=0.1,\Delta h=0.5}}=\frac{2}{3}\pi\times 30\times 60\times 0.1+\frac{1}{3}\pi\times 30\times 30\times 0.5=270\pi\approx 847.6(cm^3)$$

所以圆锥体的体积增加了约 $847.6cm^3$．

【例 6-34】　计算 $\sqrt{(1.03)^2+(0.98)^2}$ 的近似值.

解　令 $z=\sqrt{x^2+y^2}$，则 $z_x=\frac{x}{\sqrt{x^2+y^2}}$，$z_y=\frac{y}{\sqrt{x^2+y^2}}$．

所以 $$dz = z_x dx + z_y dy = \frac{x}{\sqrt{x^2+y^2}}\Delta x + \frac{y}{\sqrt{x^2+y^2}}\Delta y .$$

又 $$x=1, y=1, \Delta x = 0.03, \Delta y = -0.02 ,$$

所以 $$f(x+\Delta x, y+\Delta y) \approx f(x,y) + f_x(x,y)\Delta x + f_y(x,y)\Delta y$$
$$= \sqrt{2} + \frac{1}{\sqrt{2}} \times 0.03 - \frac{1}{\sqrt{2}} \times 0.02 = \sqrt{2} + \frac{\sqrt{2}}{2} \times 0.01 \approx 1.421 .$$

【例 6-35】 由于测量有误差，经测量某电阻两端电压为 3V，误差在 ± 0.01V 之间，通过该电阻的电流为 1 A，误差在 ± 0.01 A 之间，则该电阻的功率误差值在哪个范围？

解 因为 $P = UI$，故 $P_U = I; P_I = U$，所以 $dP = P_U \Delta U + P_I \Delta I$.

即 $$\Delta P \approx dP = P_U \Delta U + P_I \Delta I ,$$

$$-0.01 \times 3 - 0.01 \times 1 \leqslant \Delta P \leqslant 0.01 \times 3 + 0.01 \times 1 \Rightarrow -0.04 \leqslant \Delta P \leqslant 0.04 ,$$

所以该电阻的功率误差在 ± 0.04 W 之间.

A　组

1. 填空题.

(1) 设 $z = x^2 + y^2$，则 $dz =$ ________.

(2) 设 $z = x^2 y^3$，则 $dz\Big|_{\substack{x=1, y=1 \\ \Delta x=-0.01, \Delta y=0.02}} =$ ________.

2. 求下列函数的全微分.

(1) $z = \sqrt{x-2y}$；　(2) $z = \frac{y}{x}$；　(3) $z = \sin(2x+y)$；

(4) $z = \ln(x^2 y)$；　(5) $z = e^{x+2y}$；　(6) $z = y\arctan x$；

(7) $u = x^2 + y^2 + z^2$；　(8) $u = \cos(xyz)$.

3. 求函数 $z = \ln(1+x^2+y^2)$ 在点 $x=1, y=2$ 处的全微分.

4. 计算 $z = e^{x^2 y}$ 当 $x=1, y=0, \Delta x = 0.01, \Delta y = -0.02$ 时的全微分.

5. 设一圆柱体，受力变形后，底面半径由 2cm 增加到了 2.05cm，高由 10cm 减少为 9.8cm，求这个圆柱体体积变化的近似值.

6. 求 $(1.01)^{1.98}$ 的近似值.

7. 由于测量有误差，经测量某电阻两端电压为 3 ± 0.02 V，通过该电阻的电流为 1 ± 0.01 V，则该电阻的电阻值在哪个范围？

B　组

1. 求下列函数的全微分.

(1) $z = \sqrt{\frac{x}{y}}$；　(2) $z = \frac{x+y}{x-y}$；　(3) $z = \arctan\frac{y}{x}$；　(4) $z = e^{y(x^2+y^2)}$.

2. 若 $z = \ln\sqrt{\frac{x-y}{x+y}}$，求 dz.

3. 计算 $z=\dfrac{y}{x}$ 当 $x=1,y=2,\Delta x=0.1,\Delta y=0.2$ 时的全微分.

*4. 设 $u=\sin(2x+y)$，求 d^2u.

5. 求 $\ln[(1.01)^2-(0.02)^2]$ 的近似值.

6. 长、宽、高分别为 5cm，4cm，3cm 的长方体金属块，放入冰水中，长、宽、高都缩短了 0.01cm，问体积减少了多少？表面积减少了多少？

第五节　多元复合函数与隐函数的微分法

【学习目标】

1. 理解多元复合函数的求导的链式法则.

2. 能够准确地画出复合函数函数关系图，并利用函数关系图求出复合函数的偏导数或者全导数.

3. 掌握由参数方程所确定的隐函数的导数的求导方法，会求出由方程所确定的隐函数的导数.

一、多元复合函数的求导法则

在第二章中，我们知道了若函数 $y=f(u)$，$u=\varphi(x)$ 都是可导函数，则一元复合函数 $y=f[\varphi(x)]$ 也是可导函数，且 $\dfrac{\mathrm{d}y}{\mathrm{d}x}=\dfrac{\mathrm{d}y}{du}\dfrac{du}{\mathrm{d}x}$. 这是一元复合函数的求导的链式法则. 多元复合函数的求导法则是一元复合函数求导法则的推广，但是由于多元复合函数的构成比较复杂，因此要分为多种不同情况进行讨论.

1. 复合函数的中间变量均为一元函数的情形

设函数 $f(u,v)$ 通过中间变量 $u=\varphi(t),v=\psi(t)$ 构成关于变量 t 的复合函数 $z=f[\varphi(t),\psi(t)]$，当 $u=\varphi(t),v=\psi(t)$ 在点 t 处都可导时，我们有以下定理.

定理 6.5.1　若函数 $u=\varphi(t),v=\psi(t)$ 都是关于变量 t 的可导函数，二元函数 $z=f(u,v)$ 在对应的点 (u,v) 处具有连续的偏导函数 $\dfrac{\partial z}{\partial u}$ 及 $\dfrac{\partial z}{\partial v}$，则复合函数 $z=f[\varphi(t),\psi(t)]$ 在点 t 处可导，且

$$\frac{\mathrm{d}z}{\mathrm{d}t}=\frac{\partial z}{\partial u}\frac{\mathrm{d}u}{\mathrm{d}t}+\frac{\partial z}{\partial v}\frac{\mathrm{d}v}{\mathrm{d}t},$$

其中 $\dfrac{\mathrm{d}z}{\mathrm{d}t}$ 称为全导数.

定理证明略.

若一元函数 $y=f(u)$，$u=\varphi(x)$ 都是可导函数，显然 y 到 x 的路径只有一条：y 到 u 再到 x，y 到 u 的直线表示就是导数 $\dfrac{\mathrm{d}y}{\mathrm{d}u}$，$u$ 到 x 的直线表示就是导数 $\dfrac{\mathrm{d}u}{\mathrm{d}x}$，同一路径上的导数相乘，所以 y 对 x 的导数为

$$\frac{\mathrm{d}y}{\mathrm{d}x}=\frac{\mathrm{d}y}{\mathrm{d}u}\frac{\mathrm{d}u}{\mathrm{d}x}.$$

这样的求导方法可以用一个路径图来表示，如图 6-33 所示.

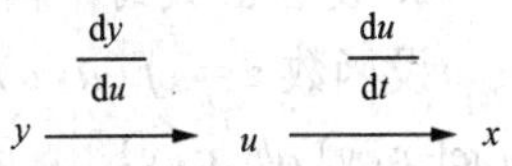

$$y\xrightarrow{\frac{\mathrm{d}y}{\mathrm{d}u}}u\xrightarrow{\frac{\mathrm{d}u}{\mathrm{d}t}}x$$

图 6-33

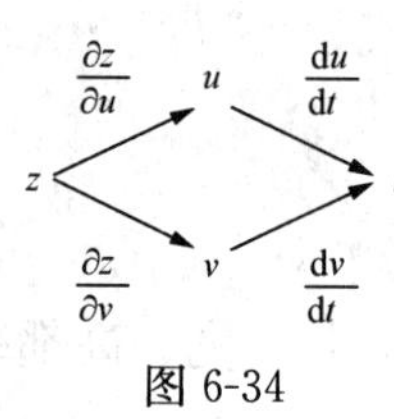

图 6-34

二元函数偏导路径与一元函数一样，在路径图示中有以下几点说明.

（1）带箭号的直线一头表示的是自变量．如图 6-34 所示，z 指向 u，v 就表示 z 是关于 u，v 的函数；u，v 都指向 t 就表示 u，v 都是关于变量 t 的函数.

（2）直线表示是求导运算．z 到 u 的直线，表示就是 z 对变量 u 求导，因为 z 是关于 u，v 的二元函数，所以这个直线表示的就是求偏导 $\frac{\partial z}{\partial u}$；$u$ 到 t 的直线，就表示 u 对变量 t 求导，因为 u 是一元函数，所以该直线表示的就是导数 $\frac{\mathrm{d}u}{\mathrm{d}t}$. 依此类推.

（3）同一路径上所表示的导数作相乘运算，不同路径上所表示的导数作相加运算.

如图 6-34 所示，欲求 $\frac{\mathrm{d}z}{\mathrm{d}t}$，即求 z 到变量 t 的路径，明显地有两条路径，一条是 z 经过 u 到 t，一条是 z 经过 v 到 t. 由上述解析可知，z 到 u 的直线，表示偏导数 $\frac{\partial z}{\partial u}$；$u$ 到 t 的直线，表示导数 $\frac{\mathrm{d}u}{\mathrm{d}t}$．这两个导数是同一条路径上的，所以 z 经过 u 到 t 的直线就是表示 $\frac{\partial z}{\partial u}\frac{\mathrm{d}u}{\mathrm{d}t}$. 依此类推，所以 z 对变量 t 的导数，就是这两个路径上所表示的导数乘积的和．即

$$\frac{\mathrm{d}z}{\mathrm{d}t}=\frac{\partial z}{\partial u}\frac{\mathrm{d}u}{\mathrm{d}t}+\frac{\partial z}{\partial v}\frac{\mathrm{d}v}{\mathrm{d}t}.$$

【例 6-36】 设 $z=\mathrm{e}^{uv}$，其中 $u=\sin t, v=\cos t$，求全导数 $\frac{\mathrm{d}z}{\mathrm{d}t}$.

解 因为 $\frac{\partial z}{\partial u}=v\mathrm{e}^{uv},\frac{\partial z}{\partial v}=u\mathrm{e}^{uv},\frac{\mathrm{d}u}{\mathrm{d}t}=\cos t,\frac{\mathrm{d}v}{\mathrm{d}t}=-\sin t$，

所以 $\frac{\mathrm{d}z}{\mathrm{d}t}=\frac{\partial z}{\partial u}\frac{\mathrm{d}u}{\mathrm{d}t}+\frac{\partial z}{\partial v}\frac{\mathrm{d}v}{\mathrm{d}t}=v\mathrm{e}^{uv}\times\cos t-u\mathrm{e}^{uv}\times\sin t=\mathrm{e}^{\sin t\cos t}\cos^2 t-\mathrm{e}^{\sin t\cos t}\sin^2 t$
$=\mathrm{e}^{\sin t\cos t}\cos 2t$.

【例 6-37】 设 $z=uv\sin w$，其中 $u=\mathrm{e}^t, v=\ln t, w=t^2$，求全导数 $\frac{\mathrm{d}z}{\mathrm{d}t}$.

解 如图 6-35 所示，因为 $\frac{\partial z}{\partial u}=v\sin w,\frac{\partial z}{\partial v}=u\sin w;\frac{\partial z}{\partial w}=uv\cos w$

又 $\frac{\mathrm{d}u}{\mathrm{d}t}=\mathrm{e}^t$，$\frac{\mathrm{d}v}{\mathrm{d}t}=\frac{1}{t}$，$\frac{\mathrm{d}w}{\mathrm{d}t}=2t$，

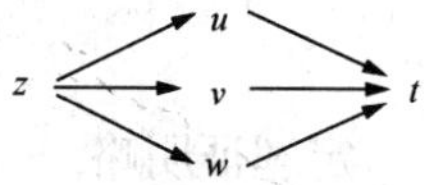

所以 $\frac{\mathrm{d}z}{\mathrm{d}t}=\frac{\partial z}{\partial u}\times\frac{\mathrm{d}u}{\mathrm{d}t}+\frac{\partial z}{\partial v}\times\frac{\mathrm{d}v}{\mathrm{d}t}+\frac{\partial z}{\partial w}\times\frac{\mathrm{d}w}{\mathrm{d}t}$

$$=v\sin w\cdot\mathrm{e}^t+\frac{u\sin w}{t}+2tuv\cos w=\mathrm{e}^t\ln t\cdot\sin t^2+\frac{\mathrm{e}^t\sin t^2}{t}$$
$$+2t\mathrm{e}^t\ln t\cdot\cos t^2.$$

图 6-35

2. 复合函数的中间变量均为二元函数的情形

设函数 $z=f(u,v)$ 通过中间变量 $u=\varphi(x,y)$ 及 $v=\psi(x,y)$ 成为 x，y 的复合函数 $z=f[\varphi(x,y),\psi(x,y)]$，若 z 对 u，v 的偏导数，及 u，v 对 x，y 的偏导数都存在，我们有以下定理.

定理 6.5.2　设函数 $u=\varphi(x,y)$，$v=\psi(x,y)$，在点 (x,y) 处有连续偏导数，函数 $z=f(u,v)$ 在对应点 (u,v) 处有偏导数，则复合函数 $z=f[\varphi(x,y),\psi(x,y)]$ 在点 (x,y) 处的两个偏导数存在，并且它们由下列公式给出

$$\frac{\partial z}{\partial x}=\frac{\partial z}{\partial u}\cdot\frac{\partial u}{\partial x}+\frac{\partial z}{\partial v}\cdot\frac{\partial v}{\partial x};$$

$$\frac{\partial z}{\partial y}=\frac{\partial z}{\partial u}\cdot\frac{\partial u}{\partial y}+\frac{\partial z}{\partial v}\cdot\frac{\partial v}{\partial y}.$$

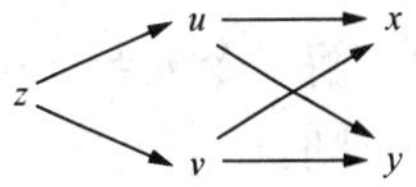

其函数关系如图 6-36 所示.

图 6-36

定理证明略.

【例 6-38】　设 $z=u^2\ln v$，其中 $u=\dfrac{y}{x},v=3x-2y$，求 $\dfrac{\partial z}{\partial x},\dfrac{\partial z}{\partial y}$.

解　因为 $\dfrac{\partial z}{\partial u}=2u\ln v,\dfrac{\partial z}{\partial v}=\dfrac{u^2}{v}$；　又 $\dfrac{\partial u}{\partial x}=-\dfrac{y}{x^2},\dfrac{\partial u}{\partial v}=\dfrac{1}{x},\dfrac{\partial v}{\partial x}=3,\dfrac{\partial v}{\partial y}=-2$；

所以 $\dfrac{\partial z}{\partial x}=\dfrac{\partial z}{\partial u}\cdot\dfrac{\partial u}{\partial x}+\dfrac{\partial z}{\partial v}\cdot\dfrac{\partial v}{\partial x}=2u\ln v\cdot\left(-\dfrac{y}{x^2}\right)+\dfrac{3u^2}{v}=-\dfrac{2y^2\ln(3x-2y)}{x^3}+\dfrac{3y^2}{x^2(3x-2y)}$；

$$\frac{\partial z}{\partial y}=\frac{\partial z}{\partial u}\cdot\frac{\partial u}{\partial y}+\frac{\partial z}{\partial v}\cdot\frac{\partial v}{\partial y}=2u\ln v\cdot\left(-\frac{1}{x}\right)-\frac{2u^2}{v}=-\frac{2y\ln(3x-2y)}{x^2}-\frac{2y^2}{x^2(3x-2y)}.$$

【例 6-39】　求 $z=e^{xy}\cos(x+y)$ 的偏导数.

解　令 $u=xy,v=x+y$，得 $z=e^u\cos v$；于是由定理 6.5.2 得

$$\begin{aligned}\frac{\partial z}{\partial x}&=\frac{\partial z}{\partial u}\cdot\frac{\partial u}{\partial x}+\frac{\partial z}{\partial v}\cdot\frac{\partial v}{\partial x}=e^u\cos v\cdot(xy)'_x+e^u(-\sin v)(x+y)'_x\\&=e^{xy}\cos(x+y)y-e^{xy}\sin(x+y)\cdot 1=e^{xy}[y\cos(x+y)-\sin(x+y)].\end{aligned}$$

$$\begin{aligned}\frac{\partial z}{\partial y}&=\frac{\partial z}{\partial u}\cdot\frac{\partial u}{\partial y}+\frac{\partial z}{\partial v}\cdot\frac{\partial v}{\partial y}=e^u\cos v\cdot(xy)'_y+e^u(-\sin v)(x+y)'_y\\&=e^{xy}\cos(x+y)x-e^{xy}\sin(x+y)\cdot 1=e^{xy}[x\cos(x+y)-\sin(x+y)].\end{aligned}$$

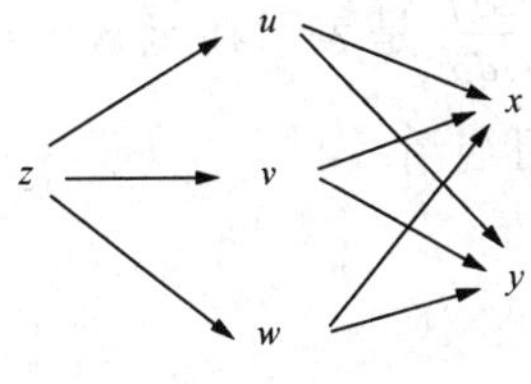

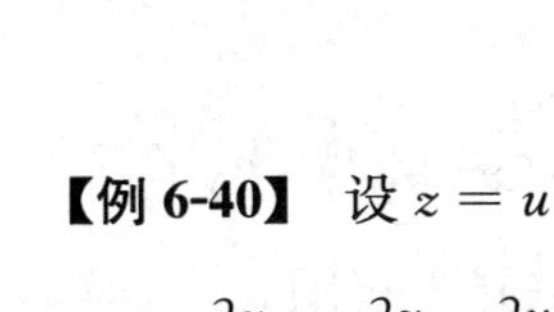

图 6-37

定理 6.5.2 可以推广到二元以上复合函数的情形.

如图 6-37 所示，当函数 $u=\varphi(x,y)$，$v=\psi(x,y)$，$w=\omega(x,y)$ 在点 (x,y) 处的两个偏导数都存在函数 $z=f(u,v,w)$，在对应点 (u,v,w) 处具有连续的偏导数时，则复合函数 $z=f[\varphi(x,y),\psi(x,y),\omega(x,y)]$ 处的两个偏导数可由下列公式求得.

$$\frac{\partial z}{\partial x}=\frac{\partial z}{\partial u}\cdot\frac{\partial u}{\partial x}+\frac{\partial z}{\partial v}\cdot\frac{\partial v}{\partial x}+\frac{\partial z}{\partial \omega}\cdot\frac{\partial \omega}{\partial x};$$

$$\frac{\partial z}{\partial y}=\frac{\partial z}{\partial u}\cdot\frac{\partial u}{\partial y}+\frac{\partial z}{\partial v}\cdot\frac{\partial v}{\partial y}+\frac{\partial z}{\partial \omega}\cdot\frac{\partial \omega}{\partial y}.$$

【例 6-40】　设 $z=u\sqrt{v}-v\ln w$，其中 $u=xy,v=2x-3y,w=\dfrac{x}{y}$，求 $\dfrac{\partial z}{\partial x},\dfrac{\partial z}{\partial y}$.

解　$\dfrac{\partial z}{\partial x}=\dfrac{\partial z}{\partial u}\cdot\dfrac{\partial u}{\partial x}+\dfrac{\partial z}{\partial v}\cdot\dfrac{\partial v}{\partial x}+\dfrac{\partial z}{\partial \omega}\cdot\dfrac{\partial \omega}{\partial x}=\sqrt{v}\cdot y+(u-\ln w)\cdot 2-\dfrac{v}{w}\cdot\dfrac{1}{y}$

$$=y\sqrt{2x-3y}+2\left(xy-\ln\frac{x}{y}\right)-\frac{2x-3y}{x};$$

$$\frac{\partial z}{\partial y}=\frac{\partial z}{\partial u}\cdot\frac{\partial u}{\partial y}+\frac{\partial z}{\partial v}\cdot\frac{\partial v}{\partial y}+\frac{\partial z}{\partial \omega}\cdot\frac{\partial \omega}{\partial y}=\sqrt{v}\cdot x+(u-\ln w)\cdot(-3)-\frac{v}{w}\cdot\left(-\frac{x}{y^2}\right)$$

$$=x\sqrt{2x-3y}-3\left(xy-\ln\frac{x}{y}\right)+\frac{2x-3y}{y}.$$

*【例 6-41】 设 $w=f(x+y+z,xyz)$，f 具有二阶连续偏导数，求 $\frac{\partial w}{\partial x}$，$\frac{\partial w}{\partial y}$，$\frac{\partial w}{\partial z}$.

解 令 $u=x+y+z,v=xyz$，则函数关系图如图 6-38 所示.

则
$$u_x=u_y=u_z=1,v_x=yz,v_y=xz,v_z=xy,$$

所以
$$\frac{\partial w}{\partial x}=\frac{\partial f}{\partial u}\times\frac{\partial u}{\partial x}+\frac{\partial f}{\partial v}\times\frac{\partial v}{\partial x}=\frac{\partial f}{\partial u}+yz\frac{\partial f}{\partial v};$$

$$\frac{\partial w}{\partial y}=\frac{\partial f}{\partial u}\times\frac{\partial u}{\partial y}+\frac{\partial f}{\partial v}\times\frac{\partial v}{\partial y}=\frac{\partial f}{\partial u}+xz\frac{\partial f}{\partial v};$$

$$\frac{\partial w}{\partial z}=\frac{\partial f}{\partial u}\times\frac{\partial u}{\partial z}+\frac{\partial f}{\partial v}\times\frac{\partial v}{\partial z}=\frac{\partial f}{\partial u}+xy\frac{\partial f}{\partial v}.$$

3. 复合函数的中间变量既有一元函数又有多元函数的情形

当 $z=f(u,v,x)$，$u=\varphi(x,y)$，$v=\psi(x,y)$，函数 z 随 u，v 的变化外本身还依赖于自变量 x. 其函数关系如图 6-39 所示；此时有

$$\frac{\partial z}{\partial x}=\frac{\partial z}{\partial u}\cdot\frac{\partial u}{\partial x}+\frac{\partial z}{\partial v}\cdot\frac{\partial v}{\partial x}+\frac{\partial f}{\partial x}\frac{\partial z}{\partial y}=\frac{\partial z}{\partial u}\cdot\frac{\partial u}{\partial y}+\frac{\partial z}{\partial v}\cdot\frac{\partial v}{\partial y}.$$

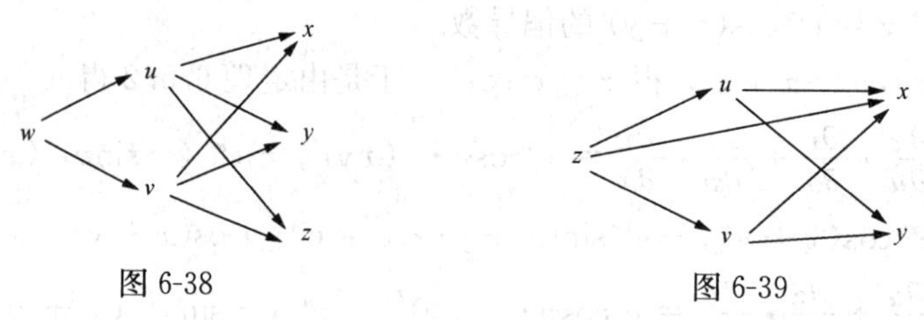

图 6-38　　图 6-39

注意等式左边的 $\frac{\partial z}{\partial x}$ 与等式右边的 $\frac{\partial f}{\partial x}$ 是不同的，左边的 $\frac{\partial z}{\partial x}$ 是表示在函数 $z=f[\varphi(x,y),\psi(x,y),x]$ 中把 y 视为常数，对 x 求偏导数，而右边的 $\frac{\partial f}{\partial x}$ 是表示在函数 $z=f(u,v,x)$ 中把 u，v 看做常数，对 x 求偏导数，两者含义不同切不可混淆.

【例 6-42】 设 $z=xe^{xy}\sin(x^2+y^2)$，求 $\frac{\partial z}{\partial x}$，$\frac{\partial z}{\partial y}$.

解 令 $u=xy,v=x^2+y^2$，则

$$\frac{\partial z}{\partial x}=\frac{\partial z}{\partial u}\cdot\frac{\partial u}{\partial x}+\frac{\partial z}{\partial v}\cdot\frac{\partial v}{\partial x}+\frac{\partial f}{\partial x}=xe^{xy}\sin(x^2+y^2)y+xe^{xy}\cos(x^2+y^2)\cdot 2x+e^{xy}\sin(x^2+y^2);$$

$$=e^{xy}[(xy+1)\sin(x^2+y^2)+2x\cos(x^2+y^2)];$$

$$\frac{\partial z}{\partial y}=\frac{\partial z}{\partial u}\cdot\frac{\partial u}{\partial y}+\frac{\partial z}{\partial v}\cdot\frac{\partial v}{\partial y}=xe^{xy}\sin(x^2+y^2)x+xe^{xy}\cos(x^2+y^2)\cdot 2y$$

$$=xe^{xy}[x\sin(x^2+y^2)+2y\cos(x^2+y^2)].$$

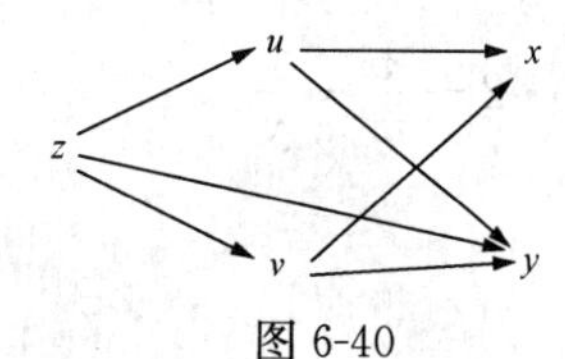

图 6-40

类似地，当 $z=f(u,v,y)$，$u=\varphi(x,y)$，$v=\psi(x,y)$ 时，其函数关系如图 6-40 所示.

有：
$$\frac{\partial z}{\partial x}=\frac{\partial z}{\partial u}\cdot\frac{\partial u}{\partial x}+\frac{\partial z}{\partial v}\cdot\frac{\partial v}{\partial x};$$
$$\frac{\partial z}{\partial y}=\frac{\partial z}{\partial u}\cdot\frac{\partial u}{\partial y}+\frac{\partial z}{\partial v}\cdot\frac{\partial v}{\partial y}+\frac{\partial f}{\partial y},$$

其中 $\frac{\partial z}{\partial y}$ 与 $\frac{\partial f}{\partial y}$ 含义不同如同上述的 $\frac{\partial z}{\partial x}$ 与 $\frac{\partial f}{\partial x}$.

其他类型的多元复合函数，讨论方法相同，这里不再举例说明.

二、隐函数求导法

1. 由方程 $F(x,y)=0$ 所确定的函数 $y=f(x)$ 的求导公式

在第二章中，我们介绍了用复合函数求导法求方程 $F(x,y)=0$ 所确定的函数 $y=f(x)$ 的导数 $\frac{\mathrm{d}y}{\mathrm{d}x}$，但未能得出一般的求导公式. 利用求多元函数的偏导数的方法，我们就可以得出一般的结果.

设 $y=f(x)$，则方程左边为 $F[x,f(x)]$ 为 x 的复合函数，其函数关系如图 6-41 所示. 于是对方程 $F(x,y)$ 的两边求全导数，得
$$0=\mathrm{d}F=\frac{\partial f}{\partial x}\cdot\frac{\mathrm{d}x}{\mathrm{d}x}+\frac{\partial f}{\partial y}\cdot\frac{\mathrm{d}y}{\mathrm{d}x}=\frac{\partial f}{\partial x}+\frac{\partial f}{\partial y}\cdot\frac{\mathrm{d}y}{\mathrm{d}x}.$$

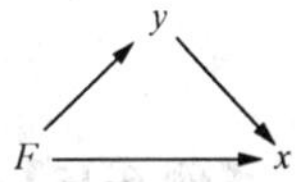

图 6-41

于是在 $\frac{\partial f}{\partial y}\neq 0$ 时，有 $\frac{\mathrm{d}y}{\mathrm{d}x}=-\frac{\frac{\partial f}{\partial x}}{\frac{\partial f}{\partial y}}$ 或 $\frac{\mathrm{d}y}{\mathrm{d}x}=-\frac{F_x}{F_y}$.

上式即为方程 $F(x,y)=0$ 所确定的隐函数 $y=f(x)$ 的求导公式.

【例 6-43】 求由方程 $y\mathrm{e}^x+\ln y=1$ 所确定的隐函数 $y=f(x)$ 的导数 $\frac{\mathrm{d}y}{\mathrm{d}x}$.

解 令 $F(x,y)=y\mathrm{e}^x+\ln y-1$，因为 $F_x=y\mathrm{e}^x$；$F_y=\mathrm{e}^x+\frac{1}{y}$，

所以
$$\frac{\mathrm{d}y}{\mathrm{d}x}=-\frac{F_x}{F_y}=-\frac{y\mathrm{e}^x}{\mathrm{e}^x+\frac{1}{y}}=-\frac{y^2\mathrm{e}^x}{y\mathrm{e}^x+1}=-\frac{y(\ln y-1)}{2-\ln y}.$$

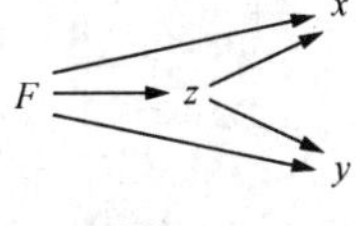

图 6-42

2. 由方程 $F=(x,y,z)=0$ 所确定的函数 $z=f(x,y)$ 的求导公式

设 $z=f(x,y)$ 代入方程 $F=(x,y,z)=0$ 得 $F[x,y,f(x,y)]=0$，其函数关系如图 6-42 所示.

方程两边也分别对变量 x，y 求偏导数，就有 $F_x+F_z z_x=0$ 及 $F_y+F_z z_y=0$.

若 $F_z\neq 0$，即得
$$\frac{\partial z}{\partial x}=z_x=-\frac{F_x}{F_z},\frac{\partial z}{\partial y}=z_y=-\frac{F_y}{F_z}.$$

此即方程 $F=(x,y,z)$ 所确定的隐函数 $z=f(x,y)$ 的求导公式.

【例 6-44】 求方程 $\frac{x^2}{a^2}+\frac{y^2}{b^2}+\frac{z^2}{c^2}=1$ 所确定的函数 $z=f(x,y)$ 的偏导数.

解　因为 $F(x,y,z)=\frac{x^2}{a^2}+\frac{y^2}{b^2}+\frac{z^2}{c^2}-1$，所以 $F_x=\frac{2x}{a^2},F_y=\frac{2y}{b^2},F_z=\frac{2z}{c^2}$，

于是 $z_x=-\frac{F_x}{F_z}=-\frac{c^2x}{a^2z},z_y=-\frac{F_y}{F_z}=-\frac{c^2y}{b^2z}$.

* 三、由方程组 $\begin{cases}f(x,y,z)=0\\g(x,y,z)=0\end{cases}$ 所确定的隐函数 $y=y(x),z=z(x)$ 的导数

由于 $f(x,y,z)=f[x,y(x),z(x)]$，$g(x,y,z)=g[x,y(x),z(x)]$ 均是 x 的复合函数，因此，上述方程组两边对 x 求导可得

$$\begin{cases}f_x+f_y\cdot y_x+f_z\cdot z_x=0 & (1)\\ g_x+g_y\cdot y_x+g_z\cdot z_x=0 & (2)\end{cases}$$

方程 (1)·g_z－(2)·f_z，得　$(f_yg_z-g_yf_z)y_x=g_xf_z-f_xg_z$. 当 $f_yg_z-g_yf_z\neq 0$时，得

$$y_x=\frac{g_xf_z-f_xg_z}{f_yg_z-g_yf_z}.$$

方程 (2)·f_y－(1)·g_y，得　$(f_yg_z-g_yf_z)z_x=f_xg_y-g_xf_y$. 当 $f_yg_z-g_yf_z\neq 0$时，得

$$z_x=\frac{f_xg_y-g_xf_y}{f_yg_z-g_yf_z}.$$

【例 6-45】 求由方程组 $\begin{cases}x^2+y-z+3=0\\x^3-2y+z-5=0\end{cases}$ 所确定的隐函数 $y=y(x),z=z(x)$ 的导数.

解　方程组两边同对 x 求导得 $\begin{cases}2x+y_x-z_x=0 & (1)\\3x^2-2y_x+z_x=0 & (2)\end{cases}$

方程（1）＋（2）得　　$y_x=3x^2+2x$.

方程 (1)×2＋(2) 得　　$z_x=3x^2+4x$.

A　组

1. 填空题.

(1) 设 $z=f(x,u)$ 具有连续偏导数，且 $u=\varphi(x,y)$ 对 x 及 y 的偏导数 u_x,u_y 都存在，则 $\frac{\partial z}{\partial x}=$ ________；$\frac{\partial z}{\partial y}=$ ________.

(2) 设 $z=f(u,v)$ 具有连续偏导数，且 $u=\varphi(x)$ 对 x 的导数 u_x 存在，$v=\psi(x,y)$ 对 x 及 y 的偏导数 v_x,v_y 都存在，则 $\frac{\partial z}{\partial x}=$ ________；$\frac{\partial z}{\partial y}=$ ________.

(3) 设 $x^2+y^2=1$，则 $\frac{\mathrm{d}y}{\mathrm{d}x}=$ ________.

(4) 设 $x^2+y^2+z^2=1$，则 $\frac{\partial z}{\partial x}=$ ________；$\frac{\partial z}{\partial y}=$ ________；$\mathrm{d}z=$ ________.

(5) 设方程组 $\begin{cases}x+y+z=0\\x-2y-z=0\end{cases}$，则 $\frac{dy}{dx}=$ ________；$\frac{dz}{dx}=$ ________.

2. 设 $z=u^2-2v^2$，且 $v=e^t, v=\ln t$，求 z 的全导数 $\frac{dz}{dt}$.

3. 设 $z=u^2v, u=\cos t, v=\sin t$，求 z 的全导数 $\frac{dz}{dt}$，并且求 $t=\pi$ 时，$\frac{dz}{dt}$ 的值.

4. 设 $z=u\ln v+u\ln w, u=2t+1, v=\sqrt{t-1}, w=t^2$，求 $\frac{dz}{dt}$.

5. 设 $z=\ln\frac{u}{v}$，$u=x+y, v=x-y$，求 $\frac{\partial z}{\partial x}$ 及 $\frac{\partial z}{\partial y}$.

6. 设 $z=u^2v-vw, u=x+y, v=x-y, w=xy$，求 $\frac{\partial z}{\partial x}$ 及 $\frac{\partial z}{\partial y}$.

7. 设 $f(u,v)=ve^u, u=x+y+z, v=xyz$，求 $\frac{\partial f}{\partial x}, \frac{\partial f}{\partial y}$ 及 $\frac{\partial f}{\partial z}$.

8. 设 $z=\frac{v}{u}e^x, u=x+y, v=x-y$，求 $\frac{\partial z}{\partial x}$ 及 $\frac{\partial z}{\partial y}$.

9. 设 $z=\sin u-y\cos v, u=xy, v=x+y$，求 $\frac{\partial z}{\partial x}$ 及 $\frac{\partial z}{\partial y}$.

10. 求下列方程所确定的隐函数的导数.

(1) 已知 $x^3-2x^2y+3y^3=0$，求 $\frac{dy}{dx}$；　(2) 已知 $e^{xy}-xy^2=0$，求 $\frac{dy}{dx}$；

(3) 已知 $x+y+z=e^z$，求 $\frac{\partial z}{\partial x}, \frac{\partial z}{\partial y}$；　(4) 已知 $xyz=x^2+y^2+z^2$，求 $\frac{\partial z}{\partial x}, \frac{\partial z}{\partial y}$.

11. 求方程组 $\begin{cases}x+y+z=0\\xyz=1\end{cases}$ 所确定的函数 $y(x), z(x)$ 的导数.

B　组

1. 填空题.

(1) 若 $z=xe^u, u=\frac{y}{x}$，则 $\frac{\partial z}{\partial x}=$ ________；$\frac{\partial z}{\partial y}=$ ________.

(2) 由方程 $x\ln y+y\ln x=1$ 所确定隐函数 $y(x)$ 的导数 $\frac{dy}{dx}=$ ________.

(3) 有方程 $xyz=x+y+z$ 所确定隐函数 $z(x,y)$ 的偏导数 $\frac{\partial z}{\partial x}=$ ________；$\frac{\partial z}{\partial y}=$ ________.

2. 设 $z=\sqrt{u+v}, u=\sin t, v=\cos t$，求 $\frac{dz}{dt}$.

3. 设 $z=\frac{u^2+v^2}{w}, u=e^t, v=\ln t, w=2t$，求 $\frac{dz}{dt}$.

4. 设 $z=\arctan\frac{u}{v}, u=x+y, v=x-y$，求 $\frac{\partial z}{\partial x}, \frac{\partial z}{\partial y}$.

5. 设 $z=uve^w, u=xy, v=x+y, w=x-y$，求 $\frac{\partial z}{\partial x}, \frac{\partial z}{\partial y}$.

6. 设 $f(u,v)=\dfrac{u}{v}, u=x+2y+3z, v=xyz$，求 $\dfrac{\partial f}{\partial x}$，$\dfrac{\partial f}{\partial y}$ 及 $\dfrac{\partial f}{\partial z}$.

7. 设 $z=\dfrac{ux}{v}, u=x+y, v=x^2+y^2$，求 $\dfrac{\partial z}{\partial x}$，$\dfrac{\partial z}{\partial y}$.

8. 求下列方程所确定的隐函数的导数.

（1）设 $\ln\sqrt{x^2+y^2}=\arctan\dfrac{y}{x}$，求 $\dfrac{\mathrm{d}y}{\mathrm{d}x}$；（2）设 $e^{x^2y}+\sin(2x+y)=0$，求 $\dfrac{\mathrm{d}y}{\mathrm{d}x}$；

（3）设 $\dfrac{x}{z}=\ln\dfrac{z}{y}$，求 $\dfrac{\partial z}{\partial x}$，$\dfrac{\partial z}{\partial y}$；（4）设 $\sin xyz=x^2+y^2+z^2$，求 $\dfrac{\partial z}{\partial x}$，$\dfrac{\partial z}{\partial y}$.

9. 求方程组 $\begin{cases}x^2+y^2+z^2-1=0\\ xyz-2=0\end{cases}$ 所确定的函数 $y(x), z(x)$ 的导数.

第六节 偏导数的应用

【学习目标】

1. 理解空间曲线的切线及法平面的概念，会利用偏导数求给定空间曲线切线方程和法平面方程.

2. 理解空间曲面的法线及切平面的概念，会利用偏导数求给定空间曲面法线方程和切平面方程.

3. 理解多元函数极值的概念，会求出多元函数的无条件极值和在约束条件下的条件极值.

4. 知道方向导数和梯度的概念.

本小节中，我们将分几个方面介绍偏导数的应用.

一 、偏导数在几何上的应用

1. 空间曲线的切线和法平面的概念

如图 6-43 所示，与平面情形在相仿，一空间曲线 Γ 在其上的任一点 $M_0(x_0, y_0, z_0)$ 的切线定义为割线的极限位置．即在曲线 Γ 上另找一点 $M(x_0+\Delta x, y_0+\Delta y, z_0+\Delta z)$，作割线 M_0M，当点 M 沿曲线 Γ 趋近于点 M_0 时，割线 M_0M 的极限位置 M_0T 称为空间曲线 Γ 在点 $M_0(x_0, y_0, z_0)$ 处的切线，点 M_0 称为切点.

如图 6-44 所示，把过点 $M_0(x_0, y_0, z_0)$，与空间曲线 Γ 在 M_0 处的切线 M_0T 垂直的平面称为空间曲线 Γ 在点 M_0 处的法平面.

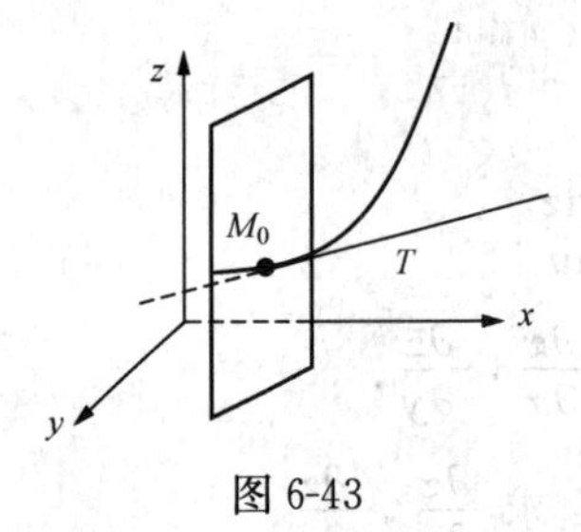

图 6-43

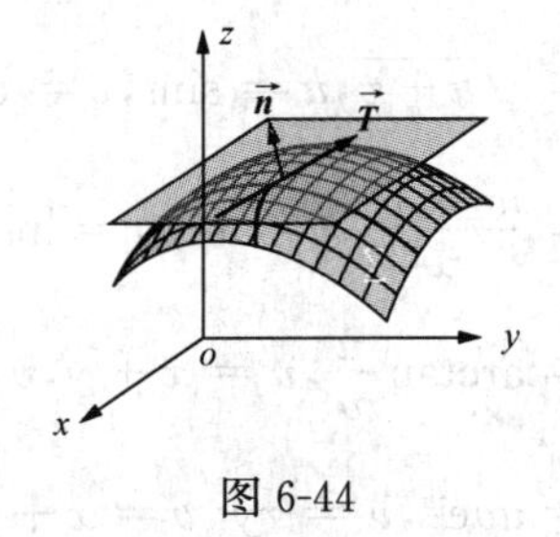

图 6-44

2. 空间曲线的切线方程与法平面方程

设空间曲线Γ的方程为$x=x(t)$、$y=y(t)$、$z=z(t)$，点M_0与M分别对应于$t=t_0$与$t=t_0+\Delta t$，即$M_0(x(t_0),y(t_0),z(t_0))$、$M(x(t_0+\Delta t),y(t_0+\Delta t),z(t_0+\Delta t))$，于是通过点$M_0$与点$M$的割线方程为

$$\frac{x-x(t_0)}{x(t_0+\Delta t)-x(t_0)}=\frac{y-y(t_0)}{y(t_0+\Delta t)-y(t_0)}=\frac{z-z(t_0)}{z(t_0+\Delta t)-z(t_0)},$$

上式分母都除以Δt得

$$\frac{x-x(t_0)}{\frac{x(t_0+\Delta t)-x(t_0)}{\Delta t}}=\frac{y-y(t_0)}{\frac{y(t_0+\Delta t)-y(t_0)}{\Delta t}}=\frac{z-z(t_0)}{\frac{z(t_0+\Delta t)-z(t_0)}{\Delta t}}.$$

现假定函数$x(t)$、$y(t)$、$z(t)$在t_0处可导．那么，当$M\to M_0$相应地$\Delta t\to 0$时，割线变为切线，于是便得到曲线Γ在点$M_0(x_0,y_0,z_0)$处的切线方程为$\frac{x-x_0}{x'(t_0)}=\frac{y-y_0}{y'(t_0)}=\frac{z-z_0}{z'(t_0)}$.

切线M_0T的方向向量$\tau=(x'(t_0),y'(t_0),z'(t_0))$称为空间曲线$\Gamma$的切向量.

由于曲线Γ在点M处的法平面与切线M_0T垂直，因此切向量τ就是法平面的法向量，于是可知空间曲线Γ过点M_0的法平面方程为

$$x'(t_0)(x-x_0)+y'(t_0)(y-y_0)+z'(t_0)(z-z_0)=0.$$

特别地，如果空间曲线Γ的方程为　$y=y(x)$，$z=z(x)$，

则我们可以把其视为以下的参数方程　$x=x$，$y=y(x)$，$z=z(x)$.

把x视为参数，便可得到曲线Γ在点$M_0(x_0,y_0,z_0)$处的切线方程为

$$\frac{x-x_0}{1}=\frac{y-y_0}{y'(x_0)}=\frac{z-z_0}{z'(x_0)};$$

法平面方程为$x-x_0+y'(x_0)(y-y_0)+z'(x_0)(z-z_0)=0$.

【例 6-46】 求曲线$x=t$，$y=t^2$，$z=t^3$在点$M_0(1,1,1)$处的切线方程与法平面方程.

解　因$x'(t)=1$，$y'(t)=2t$，$z'(t)=3t^2$，且点$M_0(1,1,1)$所对应的参数$t=1$，

故　　$x'(1)=1$，$y'(1)=2$，$z'(1)=3$．于是切线方程为

$$\frac{x-1}{1}=\frac{y-1}{2}=\frac{z-1}{3}.$$

法平面方程为$(x-1)+2(y-1)+3(z-1)=0$，即$x+2y+3z=0$.

【例 6-47】 求曲线$\Gamma\begin{cases}y=2x^3\\z=x+3\end{cases}$在点$M(1,2,4)$处的切线方程与法平面方程.

解　视x为参数，得曲线Γ的参数方程为：$x=x$，$y=2x^3$，$z=x+3$.

这样有$y'(x)=6x^2$，$z'(x)=1$，且此时$x=1$，故$x'(1)=1$，$y'(1)=6$，$z'(1)=1$

于是所求的切线方程为$\frac{x-1}{1}=\frac{y-2}{6}=\frac{z-4}{1}$.

法平面方程为$(x-1)+6(y-2)+(z-4)=0$，即$x+6y+z-17=0$.

3. 曲面的切平面与法线

设曲面Σ的方程为$F(x,y,z)=0$，点$M_0(x_0,y_0,z_0)$为曲线上一点，函数$F(x,y,z)$的三个偏导数F_x，F_y，F_z在点M_0处连续且不同时为零，过点M_0任意作一条在曲面上的曲线

L，设其方程为 $x=x(t)$，$y=y(t)$，$z=z(t)$.

$t=t_0$ 是点 M_0 所对应的参数，又设 $x'(t_0)$，$y'(t_0)$，$z'(t_0)$ 存在且不全为零，因曲线 P 在曲面Σ上，因此有恒等式 $F[x(t),y(t),z(t)]\equiv 0$.

在 t_0 处对 t 求全导数得

$$\left.\frac{\mathrm{d}F}{\mathrm{d}t}\right|_{t=t_0}=F_x(x_0,y_0,z_0)x'(t_0)+F_y(x_0,y_0,z_0)y'(t_0)+F_z(x_0,y_0,z_0)z'(t_0)=0.$$

向量 $\vec{T}=(x'(t_0),y'(t_0),z'(t_0))$ 正是曲线 L 在点 M_0 处的切向量，而上式表明向量 $\vec{n}=(F_x(x_0,y_0,z_0),F_Y(x_0,y_0,z_0),F_z(x_0,y_0,z_0))$ 与切向量垂直.

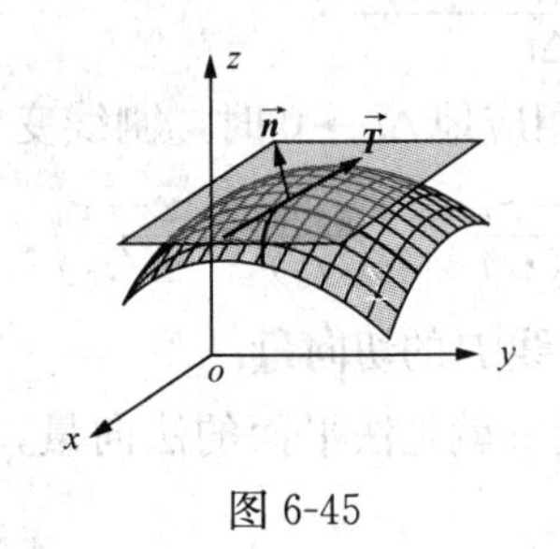

图 6-45

由于 L_1 是曲线Σ上过点 M_0 的任意一条曲线，所以曲面上过点 M_0 的一切曲线在该点的切线都与向量 $\vec{n}$ 垂直，因而曲面Σ上过点 M_0 的一切曲线的切线应在同一平面上，这平面就称为曲面Σ在点 M_0 的切平面．如图 6-45 所示.

向量 $\vec{n}=(F_x(x_0,y_0,z_0),F_Y(x_0,y_0,z_0),F_z(x_0,y_0,z_0))$ 即为切平面的法向量．于是，曲面Σ在 M_0 的切平面方程为

$F_x(x_0,y_o,z_0)(x-x_0)+F_y(x_0,y_0,z_0)(y-y_0)+F_z(x_0,y_0,z_0)(z-z_0)=0$.

通过 $M_0(x_0,y_0,z_0)$ 并与切平面垂直的直线，称为曲面Σ在点 M_0 的法线．由于切平面的法向量就是法线的方向向量，因此立即可得曲面Σ在点 M_0 处的法线方程为

$$\frac{x-x_0}{F_x(x_0,y_0,z_0)}=\frac{y-y_0}{F_y(x_0,y_0,z_0)}=\frac{z-z_0}{F_z(x_0,y_0,z_0)}.$$

做为特例，如果曲面Σ的方程为 $z=f(x,y)$，则令 $F(x,y,z)=f(x,y)-z=0$，

于是有 $F_x=f_x$，$F_y=f_y$，$F_z=-1$．此时

曲面Σ在点 $M_0(x_0,y_0,z_0)$ 处的切平面方程为

$$f_x(x_0,y_0)(x-x_0)+f_y(x_0,y_0)(y-y_0)-(z-z_0)=0.$$

曲面Σ在点 $M_0(x_0,y_0,z_0)$ 处的法线方程为

$$\frac{x-x_0}{f_x(x_0,y_0)}=\frac{y-y_0}{f_y(x_0,y_0)}=\frac{z-z_0}{-1}.$$

【例 6-48】 求球面 $x^2+y^2+z^2=14$ 在点 $(1,2,3)$ 的切平面及法线方程.

解 因 $F(x,y,z)=x^2+y^2+z^2-14$，$F_x=2x$，$F_y=2y$，$F_z=2z$.

$$F_x(1,2,3)=2,\ F_y(1,2,3)=4,\ F_z(1,2,3)=6.$$

故在点 $(1,2,3)$ 处球面的切平面方程为 $2(x-1)+4(y-2)+6(z-3)=0$.

即 $x+2y+3z=14$．法线方程 $\dfrac{x-1}{2}=\dfrac{y-2}{4}=\dfrac{z-3}{6}$

【例 6-49】 求曲面 $z=x^2+y^2-1$ 在点 $(2,1,4)$ 的切平面及法线方程.

解 因为 $f(x,y)=x^2+y^2-1$，$f_x(x,y)=2x$，$f_y(x,y)=2y$，$f_x(2,1)=4$，$f_y(2,1)=2$，

所以切平面方程为 $4(x-2)+(y-1)-(z-4)=0$，即 $4x+2y-z=6$；

法线方程为 $$\frac{x-2}{4}=\frac{y-1}{2}=\frac{z-4}{-1}.$$

二、多元函数极值

在第三章中我们讨论了一元函数 $y=f(x)$ 的极值问题．极值只是函数局部的最值，如果函数 $y=f(x)$ 在 $x=x_0$ 处取得极值，则 $x=x_0$ 要么是 $y=f(x)$ 的驻点，要么是 $f'(x)$ 的不存在点.

多元函数的极值与一元函数类似，以下的讨论我们主要以二元函数为主．三元及三元以上的只要用同样的方法进行讨论即可.

首先我们先给出二元函数极值的定义.

1. 二元函数的极值

定义 6.6.1　设函数 $z=f(x,y)$ 在点 $M_0(x_0,y_0)$ 的某个邻域内有定义，对在该邻域内异于点 $M_0(x_0,y_0)$ 的任一点 $M(x,y)$，若都满足不等式 $f(x,y)\leqslant f(x_0,y_0)$，则函数 $z=f(x,y)$ 在点 $M_0(x_0,y_0)$ 处取得极大值 $f(x_0,y_0)$，$M_0(x_0,y_0)$ 称为函数 $z=f(x,y)$ 的极大值点；若都满足不等式：$f(x,y)\geqslant f(x_0,y_0)$，则称函数 $z=f(x,y)$ 在点 $M_0(x_0,y_0)$ 取得极小值 $f(x_0,y_0)$，点 $M_0(x_0,y_0)$ 称为函数 $z=f(x,y)$ 的极小值点．极大值、极小值统称为极值；极大值点、极小值点统称为极值点．如图 6-46 所示.

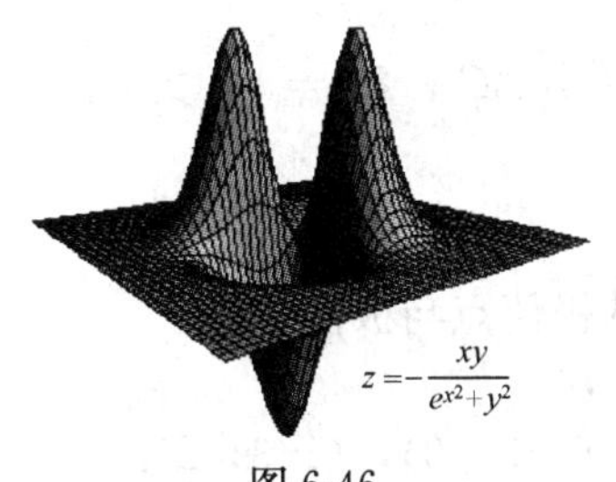

图 6-46

由定义不难推出，若函数 $z=f(x,y)$ 在点 $M_0(x_0,y_0,z_0)$ 有极值，则关于 x 的一元函数 $f(x,y_0)$ 在 x_0 处有极值，由极值的必要条件知：$f_x(x,y_0)\Big|_{x=x_0}=0$；同理 $f_y(x,y_0)\Big|_{y=y_0}=0$. 于是有以下的定理.

定理 6.6.1　（极值存在的必要条件）设函数 $z=f(x,y)$ 的两个偏导数 f_x，f_y 存在，且在点 $M_0(x_0,y_0)$ 处有极值，则在该点处其偏导数必为零，即

$$f_x(x_0,y_0)=0\,,\ f_y(x_0,y_0)=0\,.$$

如果点 $M_0(x_0,y_0)$ 的坐标满足方程组 $\begin{cases}f_x(x,y)=0\\f_y(x,y)=0\end{cases}$，则称点 M_0 为函数 $z=f(x,y)$ 的驻点.

根据以上定理可知，可微函数的极值点必为驻点，但驻点却不一定是极值点.

如函数 $z=xy$ 在点（0，0）处有

$$f_x(0,0)=y\Big|_{\substack{x=0\\y=0}}=0,\ f_y(0,0)=x\Big|_{\substack{x=0\\y=0}}=0.$$

但如图 6-47 所示函数 $z=xy$ 在点（0，0）处没有极值．因为函数在点（0，0）为 0，而在点（0，0）的充分小领域内总有函数值为正的点，也总有函数值为负的点.

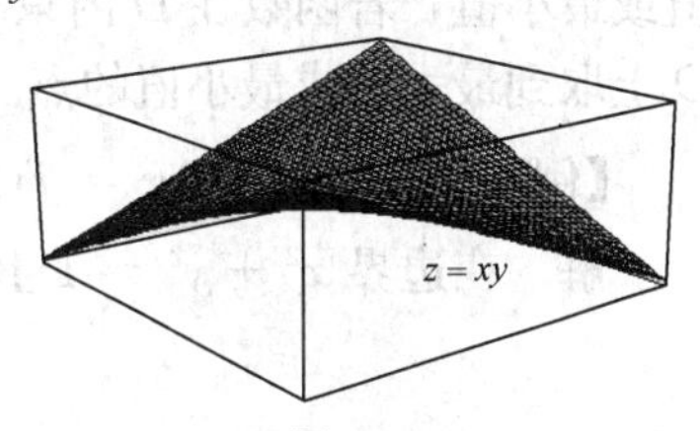

图 6-47

那么，如何判断驻点是否为极值点呢？类似于一元函数极值的第一充分条件.

定理 6.6.2（极值的充分条件）　设函数 $z=f(x,y)$ 在点 $M_0(x_0,y_0)$ 的某一领域内连续且具有连续的二阶偏导数，又 $M_0(x_0,y_0)$ 为其驻点，记

$A=f_{xx}(x_0,y_0)$，$B=f_{xy}(x_0,y_0)$，　$C=f_{yy}(x_0,y_0)$，　$H=AC-B^2$. 那么有以下结论，如表 6-1 所示.

表 6-1

$H>0$		$H<0$	$H=0$
$A<0$	$A>0$		
函数有极大值	函数有极小值	函数无极值	需进一步讨论

证明从略.

【例 6-50】 求函数 $z=\dfrac{x^2}{2p}+\dfrac{y^2}{2q}(p>0,q>0)$ 的极值.

解 由方程组 $\begin{cases} z_x=\dfrac{x}{p}=0 \\ z_y=\dfrac{y}{q}=0 \end{cases}$ 得驻点（0，0），又

$A=z_{xx}=\dfrac{1}{p}>0$，$B=z_{xy}=0$，$C=z_{yy}=\dfrac{1}{q}>0$，$H=AC-B^2=\dfrac{1}{pq}>0$.

因此，函数 $z=\dfrac{x^2}{2p}+\dfrac{y^2}{2q}$ 在点（0，0）处取极小值 0.

【例 6-51】 求函数 $f(x,y)=x^3-y^3+3x^2+3y^2-9x$ 的极值点与极值.

解 因为 $f_y(x,y)=-3y^2+6y,f_x(x,y)=3x^2+6x-9$，

令 $f_x(x,y)=0,f_y(x,y)=0$，得驻点（1，0），（1，2），（−3，0），（−3，2）.

又 $A=f_{xx}=6x+6$，$B=f_{xy}=0$，$C=f_{yy}=-6y+6$，

在点（1，0）处，$AC-B^2=12\times6>0$，$A=12>0$，故有极小值−5；

在点（1，2）处，$AC-B^2=12\times(-6)<0$，故无极值；

在点（−3，0）处，$AC-B^2=-12\times6<0$，故无极值；

在点（−3，2）处，$AC-B^2=-12\times(-6)>0$，$A=-12<0$，故有极大值 31.

2. 多元函数的最大值与最小值

设函数 $z=f(x,y)$ 在某一有界闭区域 D 中连续且可导，则 $z=f(x,y)$ 必在 D 上一定有最大值及最小值（闭区域上连续函数的性质）. 一般地，函数 $z=f(x,y)$ 在有界闭区域 D 上的最大值及最小值的求法与一元函数的解法相类似：将 $z=f(x,y)$ 在 D 内的所有极值及 $z=f(x,y)$ 在 D 的边界上的最大值及最小值相比较；然后取这些值中的最大值及最小值即为所求.

不过，计算 $z=f(x,y)$ 在 D 内的极值及在 D 边界上的最大值及最小值要较一元函数复杂得多. 在实际问题中，常可根据问题的实际意义来判断函数在区域 D 内一定能取到最大值或最小值，若函数在 D 内只有一个驻点，则可肯定这驻点即为极值点，也一定是函数在 D 上取到最大值或最小值的点.

【例 6-52】 求函数 $z=f(x,y)=\sqrt{4-x^2-y^2}$ 在圆域 $x^2+y^2\leqslant1$ 上的点的最大值.

解 在边界 $x^2+y^2=1$ 上，函数 $z=f(x,y)$ 的值为常数 $\sqrt{3}$. 又

$$\begin{cases} f_x=\dfrac{-x}{\sqrt{4-x^2-y^2}}=0 \\ f_y=\dfrac{-y}{\sqrt{4-x^2-y^2}}=0 \end{cases},$$

得驻点（0，0）．这些函数在圆内的唯一驻点，对应的函数值为 $z=f(0,0)=2>\sqrt{3}$，从而函数 $z=f(x,y)=\sqrt{4-x^2-y^2}$ 在 $x^2+y^2\leqslant 1$ 上取最大值 $f(0,0)=2$．

【例 6-53】 要做一个容积为 32cm 的无盖长方体箱子，问长、宽、高各为多少时，才能使所用材料最省？

解 设长方体的长宽分别为 $x$cm 与 $y$cm，则高为 $\frac{32}{xy}$cm，且箱子所用材料的总面积为

$$z=xy+2x\frac{32}{xy}+2y\frac{32}{xy}=xy+\frac{64}{x}+\frac{64}{y}(x>0,y>0).$$

解方程组 $\begin{cases}z_x=y-\dfrac{64}{x^2}=0\\ z_y=x-\dfrac{64}{y^2}=0\end{cases}$，得唯一驻点（4，4）.

因面积 z 的最小值存在，且在区域 $D=\{(x,y)\mid x>0,y>0\}$ 内仅有一驻点（4，4）. 故当 $x=y=4$，即箱子的长宽高各为 4cm、4cm、2 cm 时面积 z 最小，即所用材料最省.

*3. 条件极值

在上述所讨论的函数极值问题中，函数的自变量可以在定义域 D 内取任意数值而不加任何限制，因而常称为无条件极值.

但在某些极值问题中，函数的自变量还要满足某些附加条件．例如，n 个正数 x_1，x_2，…，x_n 的和为 c，求函数 $u=f(x_1,x_2,\cdots,x_n)={x_1}^2+{x_2}^2+\cdots+{x_n}^2$ 的最小值，像这样对自变量有附加条件的极值问题称为条件极值.

解决条件极值的一个途径是把条件极值转化为无条件极值，即利用附加条件减少自变量的个数等方法使条件极值变为无条件极值.

例如三正数 x，y，z 的和为 6，求其积 $u=xyz$ 的最小值时，可由 $x+y+z=6$ 得出 $z=6-x-y$，从而把问题转化为无条件极值：求 $u=xy(6-x-y)$ 在 $D=\{(x,y)\mid 0<x<6,0<y<6\}$ 内的最小值.

然而，这仅对一些简单的条件极值问题是可解的，而对于一般情形下的条件极值问题却时常是困难的.

下面介绍的拉格朗日（Lagrange）乘数法是一种行之有效的方法.

拉格朗日（Lagrange）乘数法：求函数 $z=f(x,y)$ 在条件 $\varphi(x,y)=0$ 下的极值时，由方程组

$$\begin{cases}f_x(x,y)+\lambda\varphi_x(x,y)=0\\ f_y(x,y)+\lambda\varphi_y(x,y)=0\\ \varphi(x,y)=0\end{cases}$$

消去 λ，求出 x，y 的值，则其中点（x，y）可能为极值点．其中 λ 称为拉格朗日乘数.

事实上，设 $y=g(x)$ 为方程 $\varphi(x,y)=0$ 所确定的隐函数，点 $M_0(x_0,y_0)$ 是函数 $z=f(x,y)$ 在条件 $\varphi(x,y)=0$ 下的极值点，于是 $y_0=g(x_0)$，函数 $z=f[x,g(x)]$ 在 $x=x_0$ 处取到极值. 因此，由一元函数取极值的必要条件得

$$\left.\frac{\mathrm{d}z}{\mathrm{d}x}\right|_{x=x_0}=f_x(x_0,y_0)+f_y(x_0,y_0)g'(x_0)=0\text{；}$$

而由隐函数求导公式得

$$g'(x_0)=-\frac{\varphi_x(x_0,y_0)}{\varphi_y(x_0,y_0)};$$

所以 $$\left.\frac{\mathrm{d}z}{\mathrm{d}x}\right|_{x=x_0}=f_x(x_0,y_0)-f_y(x_0,y_0)\cdot\frac{\varphi_x(x_0,y_0)}{\varphi_y(x_0,y_0)}=0.$$

令 $\lambda=-\frac{f_y(x_0,y_0)}{\varphi_y(x_0,y_0)}$，那么，极值点 (x_0,y_0) 必须满足 $\begin{cases}f_x(x,y)+\lambda\varphi_x(x,y)=0\\f_y(x,y)+\lambda\varphi_y(x,y)=0\\\varphi(x,y)=0\end{cases}.$

上述求函数条件极值的方法称为拉格朗日乘数法．它可以推广到自变量多个或附加条件多个的情形．

例如，要求函数 $u=f(x,y,z)$ 在条件 $g(x,y,z)=0$，$h(x,y,z)=0$ 下的可能极值点，先构造辅助函数

$$F(x,y,z)=f(x,y,z)+\lambda g(x,y,z)+\mu h(x,y,z),$$

再由方程组 $\begin{cases}F_x=f_x(x,y,z)+\lambda g_x(x,y,z)+\mu h_x(x,y,z)=0\\F_y=f_y(x,y,z)+\lambda g_y(x,y,z)+\mu h_y(x,y,z)=0\\F_z=f_z(x,y,z)+\lambda g_z(x,y,z)+\mu h_z(x,y,z)=0\\g(x,y,z)=0\\h(x,y,z)=0\end{cases}$

解出 λ,μ 及 x,y,z．即得可能的极值点（x,y,z）．

【例 6-54】 求原点到曲面 $(x-y)^2-z^2=1$ 的最短距离．

解 原点 $(0,0,0)$ 到曲面上的点 $M(x,y,z)$ 的距离 d 的平方为 $d^2=x^2+y^2+z^2$．

设 $F(x,y,z)=x^2+y^2+z^2+\lambda[(x-y)^2-z^2-1]$，得方程组

$$\begin{cases}F_x=2x+2\lambda(x-y)=0\\F_y=2y-2\lambda(x-y)=0\\F_z=2z-2\lambda z=0\\(x-y)^2-z^2=1\end{cases},$$

解得 $x=\frac{1}{2},y=-\frac{1}{2},z=0,\lambda=-\frac{1}{2}$ 或 $x=-\frac{1}{2},y=\frac{1}{2},z=0,\lambda=-\frac{1}{2}$．

于是解得原点到曲面上的点 $M_1\left(\frac{1}{2},-\frac{1}{2},0\right)$，$M_2\left(-\frac{1}{2},\frac{1}{2},0\right)$ 的最短距离为 $d=\sqrt{\frac{1}{4}+\frac{1}{4}+0}=\frac{\sqrt{2}}{2}$．

【例 6-55】 已知两台机组的耗量特性分别为 $F_1=3.5+0.7P_{G1}+0.0010P_{G1}^2$，$F_2=2.5+0.5P_{G2}+0.0020P_{G2}^2$．两机组的容量为 100MW，试求负荷的最优分配方案，即求两台机组所消耗能源最小值的分配方案．

解 建立目标函数，$F=F_1+F_2=6+0.7P_{G1}+0.0010P_{G1}^2+0.5P_{G2}+0.0020P_{G2}^2$，约束条件为 $P_{G1}+P_{G2}=100$．

设 $u(P_{G1},P_{G2},\lambda)=F+\lambda(100-P_{G1}-P_{G2})$

$$=6+0.7P_{G1}+0.0010P_{G1}^2+0.5P_{G2}+0.0020P_{G2}^2+\lambda(100-P_{G1}-P_{G2})$$

令$\begin{cases} u_{P_{G1}} = 0.7 + 0.002P_{G1} - \lambda = 0 \\ u_{P_{G2}} = 0.5 + 0.004P_{G2} - \lambda = 0 \\ 100 - P_{G1} - P_{G2} = 0 \end{cases}$，得 $P_{G1} = \dfrac{100}{3}, P_{G2} = \dfrac{200}{3}, \lambda = \dfrac{23}{3}$.

所以当 $P_{G1} = \dfrac{100}{3}$，$P_{G2} = \dfrac{200}{3}$ 时，负荷所消耗的能源最小.

习题6-6

A　组

1. 填空题.

(1) 曲线 $x = \cos t, y = \sin t, z = \sin t + \cos t$ 在对应点 $t = 0$ 处的切线的方向向量是________.

(2) 曲面 $z = x^2 + y^2$ 在点 $(1,1,2)$ 处的切平面的法向量为________.

(3) 二元函数 $f(x,y) = x^2 + y^2 + 2x$ 的驻点是________.

(4) "$f_x(x_0,y_0) = 0$ 且 $f_y(x_0,y_0) = 0$"是"$f(x,y)$ 在点 (x_0,y_0) 处取得极值的________条件.（填写"充分非必要"、"必要非充分"、"充要"、"既非充分也非必要"）

2. 求下列曲线在指定点的切线方程和法平面方程.

(1) $x = \sin^2 t, y = \cos 2t, z = \cos^2 t$，在 $t = \dfrac{\pi}{4}$ 点处.

(2) $x = t, y = t^2, z = t^3$，在 $t = 1$ 点处.

(3) $\begin{cases} y = 2x^2 \\ z = 3x + 1 \end{cases}$，在点 $(1,2,4)$ 处.

(4) $\begin{cases} y = -2x + 1 \\ z = x^2 \end{cases}$，在点 $(1,-1,1)$ 处.

3. 求下列曲面在所示点的切平面及法线方程.

(1) $ax^2 + by^2 + cz^2 + d = 0$，在点 (x_0,y_0,z_0) 处.

(2) $z = 2x^2 + 4y^2$，在点 $(2,1,12)$ 处.

4. 曲面 $z = x^2 + y^2$ 在点 $(1,1,2)$ 处的法线垂直于平面 $Ax + By + z + 1 = 0$，求 A，B 的值.

5. 求下列函数的极值.

(1) $f(x,y) = x^2 + xy + y^2 + x - y + 1$；　　(2) $f(x,y) = x^3 - 4x^2 + 2xy - y^2$.

6. 求下列函数在所给条件下的极值.

(1) $z = x + y$，若 $x^2 + y^2 = 1$.　　(2) $z = x^2 + y^2$，　若 $2x + y = 2$.

7. 把正数 a 分成三个正数之和，使它们的乘积最大，求这三个数.

8. 求表面积为 a^2 而体积最大的长方体.

9. 已知两台机组的耗量特性分别为

$$F_1 = 2.5 + 0.5P_{G1} + 0.0010P_{G1}^2,$$

$$F_2 = 1.5 + 0.3P_{G2} + 0.0020P_{G2}^2,$$

两机组的容量为100MW，试求负荷的最优分配方案，即求两台机组所消耗能源最小值的分配方案.

B 组

1. 求下列曲线在指定点的切线方程和法平面方程.

(1) $x = t - \sin t$，$y = 1 - \cos t$，$z = 4\sin\dfrac{t}{2}$，在点 $t = \pi$ 处.

(2) $x = \dfrac{t}{1+t}$，$y = \dfrac{1+t}{t}$，$z = t^2$，在 $t = 1$ 的点处.

(3) $\begin{cases} y = 2x \\ z = 3x^2 + 1 \end{cases}$，在点 $(0,0,1)$ 处.

(4) $\begin{cases} x^2 + y^2 + z^2 = 6 \\ x + y + z = 0 \end{cases}$，在点 $(1,-2,1)$ 处.

2. 在曲线 $x = t$，$y = t^2$，$z = t^3$ 上求一点，使此点的切线平行于平面 $x + 2y + z = 4$.

3. 求下列曲面在所示点的切平面及法线方程.

(1) $e^z - z + xy = 3$，在点 $(2,1,0)$ 处.

(2) $z = \arctan\dfrac{y}{x}$，在点 $\left(1,1,\dfrac{\pi}{4}\right)$ 处.

4. 求抛物面 $z = x^2 + y^2$ 的切平面，使已知平面平行于 $x - y + 2z = 0$.

5. 在曲面 $z = xy$ 上求一点，使这点的法线垂直于平面 $x + 3y + z + 9 = 0$，并写出此法线方程.

6. 求下列函数的极值.

(1) $f(x,y) = \ln(x^2 + y^2 + 1)$；　　(2) $f(x,y) = xye^{2x+y}$.

7. 求内接于半径为 R 的球且有最大体积的长方体.

8. 在椭圆面 $\dfrac{x^2}{a^2} + \dfrac{y^2}{b^2} + \dfrac{z^2}{c^2} = 1$ 上求一点，使其三个坐标的乘积最大.

本 章 小 结

本章主要研究多元函数的微分学，它是一元函数微分学的推广．研究时我们一般是将它化为一元函数的微分来处理．本章重点是二元函数的微分学，空间图形主要是为多元函数微积分提供模型.

一、空间图形

1. 空间坐标系

(1) 点的坐标 $P(x,y,z)$：空间的点与三维有序数组 (x,y,z) 之间为一一对应关系.

(2) 空间两点 $P_1(x_1,y_1,z_1)$，$P_2(x_2,y_2,z_2)$ 间的距离：

$$d = |\overline{P_1P_2}| = \sqrt{(x_2 - x_1)^2 + (y_2 - y_1)^2 + (z_2 - z_1)^2}.$$

(3) 特殊点的坐标.

（4）特殊平面的方程.

2. 向量

（1）既有大小又有方向的量——向量.

向量的大小——模；模长为1的向量——单位向量；模长为0的向量——零向量；大小相同，方向一致的两个向量相等.

（2）向量的四则运算.

a. 和差运算——三角形法则

向量相加：首尾相连，起到终点终. 向量相减：起点重合，减到被减终.

b. 数乘运算

数λ与向量$\boldsymbol{a}$的乘积是一个平行于$\boldsymbol{a}$的向量，记为$\lambda\boldsymbol{a}$. 且

(a) $|\lambda\boldsymbol{a}|=|\lambda||\boldsymbol{a}|$.

(b) 当$\lambda>0$时，$\lambda\boldsymbol{a}$与$\boldsymbol{a}$的方向相同；当$\lambda<0$时，$\lambda\boldsymbol{a}$与$\boldsymbol{a}$的方向相反.

(c) 当$\lambda=0$或$\boldsymbol{a}=0$时，$\lambda\boldsymbol{a}=0$（零向量）.

c. 数量积

设$\boldsymbol{a}$，$\boldsymbol{b}$两个向量夹角为θ，把$|\boldsymbol{a}||\boldsymbol{b}|\cos\theta$称为向量$\boldsymbol{a}$与$\boldsymbol{b}$的数量积（又称点积或内积），记为$\boldsymbol{a}\cdot\boldsymbol{b}$，即$\boldsymbol{a}\cdot\boldsymbol{b}=|\boldsymbol{a}||\boldsymbol{b}|\cos\theta$

d. 向量积

$\boldsymbol{a}\times\boldsymbol{b}$叫做两个向量$\boldsymbol{a}$和$\boldsymbol{b}$的向量积（也称为叉积），它表示一个向量，其大小$|\boldsymbol{a}\times\boldsymbol{b}|=|\boldsymbol{a}||\boldsymbol{b}|\sin\theta$方向垂直于向量$\boldsymbol{a}$，$\boldsymbol{b}$所在的平面，且满足右手法则.

（3）两向量的位置关系.

(a) $\boldsymbol{a}\perp\boldsymbol{b}\Leftrightarrow\boldsymbol{a}\cdot\boldsymbol{b}=a_xb_x+a_yb_y+a_zb_z=0$. (b) $\boldsymbol{a}\,/\!/\,\boldsymbol{b}\Leftrightarrow\boldsymbol{a}\times\boldsymbol{b}=\boldsymbol{0}$或$\dfrac{a_x}{b_x}=\dfrac{a_y}{b_y}=\dfrac{a_z}{b_z}$.

(c) $\boldsymbol{a}$与$\boldsymbol{b}$的夹角θ由$\cos\theta=\dfrac{\boldsymbol{a}\cdot\boldsymbol{b}}{|\boldsymbol{a}||\boldsymbol{b}|}=\dfrac{a_xb_x+a_yb_y+a_zb_z}{\sqrt{a_x^2+a_y^2+a_z^2}\sqrt{b_x^2+b_y^2+b_z^2}}$确定.

3. 空间曲面

（1）旋转曲面. 平面上的曲线$\begin{cases}f(y,z)=0\\x=0\end{cases}$绕$z$轴旋转的旋转曲面的方程是将$f(y,z)=0$中的$y$换成$\pm\sqrt{x^2+y^2}$，而$z$不变，即$f(\pm\sqrt{x^2+y^2},z)=0$.

类似可得其他形式的旋转曲面.

（2）柱面方程. $f(x,y)=0$为母线平行于z轴的柱面. 母线平行于什么轴的柱面，方程就缺该坐标轴对应的变量.

（3）二次曲面.

二、函数基本概念

1. 二元函数的概念

定义、定义域求法、二元函数的几何意义.

2. 二元函数的极限与连续

极限、连续间断点.

三、导数和全微分

1. 偏导数

$$\left.\frac{\partial z}{\partial x}\right|_{\substack{x=x_0\\y=y_0}}=\left.z'_x\right|_{\substack{x=x_0\\y=y_0}}=f'_x(x_0,y_0)；\left.\frac{\partial z}{\partial y}\right|_{\substack{x=x_0\\y=y_0}}=\left.z'_y\right|_{\substack{x=x_0\\y=y_0}}=f'_y(x_0,y_0).$$

高阶偏导数（二阶）：$\frac{\partial^2 z}{\partial x^2}=f''_{xx}(x,y)$；$\frac{\partial^2 z}{\partial x\partial y}=f''_{xy}(x,y)$；$\frac{\partial^2 z}{\partial y\partial x}=f''_{yx}(x,y)$；$\frac{\partial^2 z}{\partial y^2}=f''_{yy}(x,y)$.

重要定理：若$\frac{\partial^2 z}{\partial x\partial y}$及$\frac{\partial^2 z}{\partial y\partial x}$在区域$D$内连续，则$\frac{\partial^2 z}{\partial x\partial y}=\frac{\partial^2 z}{\partial y\partial x}$.

2. 全微分

定义

$$\mathrm{d}z=\frac{\partial z}{\partial x}\mathrm{d}x+\frac{\partial z}{\partial y}\mathrm{d}y.$$

3. 可导、可微、连续的关系（见图 6-48）

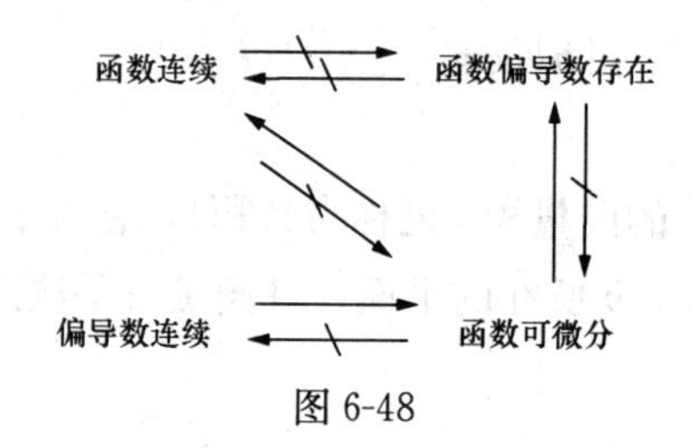

图 6-48

4. 近似计算公式

(1) 求全增量的近似值：$\Delta z\approx \mathrm{d}z=f'_x(x,y)\Delta x+f'_y(x,y)\Delta y$.

(2) 求函数的近似值：$f(x+\Delta x,y+\Delta y)\approx f(x,y)+f'_x(x,y)\Delta x+f'_y(x,y)\Delta y$.

四、复合函数、隐函数的微分法

1. 复合函数

(1) 链式法则．若$z=f(u,v)$及$u=\varphi(x,y)$，$v=\psi(x,y)$，则

$$\frac{\partial z}{\partial x}=\frac{\partial z}{\partial u}\frac{\partial u}{\partial x}+\frac{\partial z}{\partial v}\frac{\partial v}{\partial x},\qquad \frac{\partial z}{\partial y}=\frac{\partial z}{\partial u}\frac{\partial u}{\partial y}+\frac{\partial z}{\partial v}\frac{\partial v}{\partial y}.$$

三个以上复合：$z=f(u,v,w)$，$u=\varphi(x,y)$，$v=\psi(x,y)$，$w=\omega(x,y)$，则有

$$\frac{\partial z}{\partial x}=\frac{\partial z}{\partial u}\cdot\frac{\partial u}{\partial x}+\frac{\partial z}{\partial v}\cdot\frac{\partial v}{\partial x}+\frac{\partial z}{\partial \omega}\cdot\frac{\partial \omega}{\partial x};$$

$$\frac{\partial z}{\partial y}=\frac{\partial z}{\partial u}\cdot\frac{\partial u}{\partial y}+\frac{\partial z}{\partial v}\cdot\frac{\partial v}{\partial y}+\frac{\partial z}{\partial \omega}\cdot\frac{\partial \omega}{\partial y}.$$

(2) 全导数．若$z=f(u,v)$及$u=\varphi(x)$，$v=\psi(x)$，则

$$\frac{\mathrm{d}z}{\mathrm{d}x}=\frac{\partial z}{\partial u}\frac{\mathrm{d}u}{\mathrm{d}x}+\frac{\partial z}{\partial v}\frac{\mathrm{d}v}{\mathrm{d}x}.$$

全导数可以看成连锁法则的特例．由于只有一个自变量，所以只有一个等式.

(3) 既有一元函数，又有多元函数的情形．

a. 若 $z=f(u,v,x)$，$u=\varphi(x,y)$，$v=\psi(x,y)$，则有

$$\frac{\partial z}{\partial x}=\frac{\partial z}{\partial u}\cdot\frac{\partial u}{\partial x}+\frac{\partial z}{\partial v}\cdot\frac{\partial v}{\partial x}+\frac{\partial f}{\partial x};\qquad \frac{\partial z}{\partial y}=\frac{\partial z}{\partial u}\cdot\frac{\partial u}{\partial y}+\frac{\partial z}{\partial v}\cdot\frac{\partial v}{\partial y}.$$

b. 若 $z=f(u,v,y)$，$u=\varphi(x,y)$，$v=\psi(x,y)$，则有

$$\frac{\partial z}{\partial x}=\frac{\partial z}{\partial u}\cdot\frac{\partial u}{\partial x}+\frac{\partial z}{\partial v}\cdot\frac{\partial v}{\partial x};\qquad \frac{\partial z}{\partial y}=\frac{\partial z}{\partial u}\cdot\frac{\partial u}{\partial y}+\frac{\partial z}{\partial v}\cdot\frac{\partial v}{\partial y}+\frac{\partial f}{\partial y}.$$

2. 隐函数

(1) 由方程 $F(x,y)=0$ 所确定的隐函数 $y=f(x)$，当 $\frac{\partial f}{\partial y}\neq 0$ 时：$\frac{\mathrm{d}y}{\mathrm{d}x}=-\frac{\frac{\partial f}{\partial x}}{\frac{\partial f}{\partial y}}=-\frac{F_x}{F_y}$．

(2) 由方程 $F(x,y,z)=0$ 确定了隐函数 $z=f(x,y)$，当 $F'_z\neq 0$ 时：$\frac{\partial z}{\partial x}=-\frac{F'_x}{F'_z}$，$\frac{\partial z}{\partial y}=-\frac{F'_y}{F'_z}$.

(3) 由方程组 $\begin{cases}f(x,y,z)=0\\g(x,y,z)=0\end{cases}$ 所确定的隐函数 $y=y(x),z=z(x)$ 的导数，当 $f_yg_z-g_yf_z\neq 0$ 时

$$y_x=\frac{g_xf_z-f_xg_z}{f_yg_z-g_yf_z};\ z_x=\frac{f_xg_y-g_xf_y}{f_yg_z-g_yf_z}.$$

五、偏导数的应用

1. 几何上的应用

a. 设空间曲线 Γ 的方程为 $x=x(t),y=y(t),z=z(t)$，则曲线 Γ 在点 $M_0(x_0,y_0,z_0)$ 处的切线方程为

$$\frac{x-x_0}{x'(t_0)}=\frac{y-y_0}{y'(t_0)}=\frac{z-z_0}{z'(t_0)}.$$

曲线 Γ 过点 M_0 的法平面方程为

$$x'(t_0)(x-x_0)+y'(t_0)(y-y_0)+z'(t_0)(z-z_0)=0.$$

b. 设曲面 Σ 的方程为 $F(x,y,z)=0$，则曲面 Σ 在 M_0 的切平面方程为

$$F_x(x_0,y_o,z_0)(x-x_0)+F_y(x_0,y_0,z_0)(y-y_0)+F_z(x_0,y_0,z_0)(z-z_0)=0.$$

曲面 Σ 在点 M_0 处的法线方程为

$$\frac{x-x_0}{F_x(x_0,y_0,z_0)}=\frac{y-y_0}{F_y(x_0,y_0,z_0)}=\frac{z-z_0}{F_z(x_0,y_0,z_0)}.$$

特殊地，如果曲面 Σ 的方程为 $z=f(x,y)$，则曲面 Σ 在点 $M_0(x_0,y_0,z_0)$ 处的切平面方程为

$$f_x(x_0,y_0)(x-x_0)+f_y(x_0,y_0)(y-y_0)-(z-z_0)=0.$$

法线方程为

$$\frac{x-x_0}{f_x(x_0,y_0)}=\frac{y-y_0}{f_y(x_0,y_0)}=\frac{z-z_0}{-1}.$$

2. 二元函数的极值

a. 极值存在的必要条件

设函数 $z=f(x,y)$ 在点 (x_0,y_0) 的偏导数 $f'_x(x_0,y_0)$. $f'_y(x_0, y_0)$ 存在，且在该点处有极值，则

$$\begin{cases}f'_x(x_0,y_0)=0\\f'_y(x_0,y_0)=0\end{cases}$$

极值存在的充分条件为设 $z=f(x,y)$ 在其驻点 (x_0,y_0) 的某个邻域内有直至二阶的连续偏导数，令

$$A=f''_{xx}(x_0,y_0),B=f''_{xy}(x_0,y_0),C=f''_{yy}(x_0,y_0),H=AC-B^2.$$

则 $z=f(x, y)$ 在点 (x_0, y_0) 是否取得极值的情况如下.

(1) $H>0$ 具有极值，且当 $A<0$ 时是极大值，当 $A>0$ 时是极小值.

(2) $H<0$ 时没有极值.

(3) $H=0$ 时，有无极值不能确定，须用函数定义、几何特征等其他方法判别.

b. 条件极值（拉格朗日乘数法）

一般形式为 $\begin{cases}z=f(x,y)\ \text{目标函数}\\\varphi(x,y)=0\ \text{约束条件}\end{cases}$.

解法为

$$\begin{cases}\dfrac{\partial L}{\partial x}=f'_x(x,y)+\lambda\varphi'_x(x,y)=0\\\dfrac{\partial L}{\partial y}=f'_y(x,y)+\lambda\varphi'_y(x,y)=0.\\\dfrac{\partial L}{\partial \lambda}=\varphi(x,y)=0\end{cases}$$

解此解方程组（一般消去 λ），求出可疑点 (x, y)（可能极值点）.

判别 (x, y) 是否为极值点. 在实际问题中，往往极值点就是所求的最大（小）值点.

自测题六

1. 填空题.（每题 2 分）

(1) 点 $M(1,2,-3)$ 到原点的距离是________，到 x 轴的距离是________，到 xoy 平面的距离是________.

(2) 曲线 $\begin{cases}y=x^2\\z=0\end{cases}$ 绕 y 轴旋转的曲面是________，叫做________面.

(3) 球 $x^2+y^2+z^2+2x-4y=0$ 的球心是________，半径是________.

(4) $\lim\limits_{(x,y)\to(0,0)}\dfrac{\sin(xy)}{x}=$________.

(5) 函数 $f(x,y)=\dfrac{2xy}{x^2+y^2}$，$f\left(1,\dfrac{y}{x}\right)=$________.

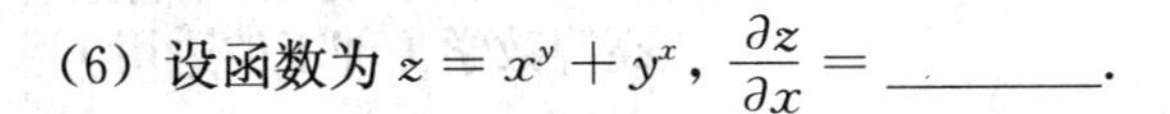

(6) 设函数为 $z = x^y + y^x$，$\frac{\partial z}{\partial x} =$ ________.

(7) 函数 $f(x,y)$ 有二阶偏导数，则当________时，$\frac{\partial^2 z}{\partial x \partial y} = \frac{\partial^2 z}{\partial y \partial x}$.

(8) 函数 $z = \frac{y}{x}$，在点(2,1)处，当 $\Delta x = 0.1, \Delta y = 0.2$ 时的全微分 dz 是________.

(9) 过 z 轴及点（1，2，−3）的平面为________.

(10) 若 $f(x+y, x-y) = xy + y^2$，则 $f(x,y) =$ ________.

2. 判断题.（每题2分）

(1) 函数 $f(x,y)$ 在点 (x,y) 可偏导，则在点 (x,y) 一定可微. （ ）

(2) 函数 $f(x,y)$ 在点 (x,y) 可微，是在该点连续的充分条件. （ ）

(3) 平面 $z=3$ 平行于 z 轴. （ ）

(4) $x^2 + y^2 = 1$ 是圆. （ ）

(5) 二元函数的极值点就是驻点. （ ）

3. 求函数的极限.（每题5分）

(1) $\lim\limits_{(x,y)\to(0,0)} \frac{\ln(x + e^y)}{\sqrt{x^2 + y^2}}$；

(2) $\lim\limits_{(x,y)\to(1,0)} \frac{\sqrt{x^2 y^2 + 4} - 2}{x^2 y^2}$.

4. 求函数的偏导数.（每题5分）

(1) 求 $z = (3x - y)^{3x-y}$ 一阶偏导数.

(2) 设 $z = e^{xy}\sin(x - y)$，求 $\frac{\partial z}{\partial x}$，$\frac{\partial z}{\partial y}$.

(3) 设 $z = f(xy, x^2 - y^2)$，其中 f 可微，求 $\frac{\partial z}{\partial x}$，$\frac{\partial z}{\partial y}$.

(4) 已知 $x^2 + y^2 + z^2 = 4z$，求 $\frac{\partial^2 z}{\partial x^2}$.

5. 设 $u = \sqrt{x^2 + y^2 + z^2}$，其中 $x^2 + y^2 + z^2 \neq 0$. 证明 $\frac{\partial^2 u}{\partial x^2} + \frac{\partial^2 u}{\partial y^2} + \frac{\partial^2 u}{\partial z^2} = 0$.（5分）

6. 一个均匀带电圆环，半径为 R，电量为 Q，其轴线上任意一点的电势为 $U_p = \frac{Q}{4\pi\varepsilon_0 \sqrt{R^2 + x^2}}$，求场强.（5分）

7. 求曲线 $\begin{cases} y = 2x \\ z = 3x^2 + 1 \end{cases}$，在点(1,2,4)处的切线和法平面方程.（5分）

8. 求曲面 $z = 3x^2 + 3y^2 - 2x - 2y + 2$，在点(1,1,4)处的切平面和法线方程.（5分）

9. 求函数 $f(x,y) = 3x^2 + 3y^2 - 2x - 2y + 2$，在由直线 $y = -x + 1$，x 轴及 y 轴围成的三角形上的最值.（5分）

10. 用钢板做一个容积为 $a^3 \mathrm{m}^3$ 的无盖的长方体容器（不考虑材料损耗），问怎样做用料最省.（5分）

11. 求内接于半径为 R 的球的最大长方体的体积.（10分）

第七章 多元函数积分学

【学习目的】

1. 理解二重积分的概念与性质，掌握二重积分的几何意义与物理意义.
2. 掌握二重积分的计算方法.
3. 会用二重积分计算曲顶柱体的体积.
4. 理解曲线积分的概念与性质，掌握曲线积分的几何意义与计算方法.
5. 理解曲面积分的概念与性质，掌握曲面积分的几何意义与计算方法.

本章主要讨论多元函数的积分学．对多元函数来说，积分区域是多样的．就二元函数而言，积分域可以是平面内直角坐标系下的区域或平面内极坐标系下的区域；对三元函数来说，积分域可以是空间的立体，空间的曲线和曲面等．通过以下各节的学习，我们会发现这些积分定义中的思想是相同的，最终都会转化成定积分求解；本章将介绍多元函数积分学的基本概念、计算方法及一些简单应用．学习过程中要注意所学积分与定积分之间的联系，并比较它们的共同点与不同点.

第一节 二 重 积 分

【学习目标】

1. 会表述二重积分和累次积分的定义.
2. 熟练掌握二重积分的性质.
2. 会求二元函数的二重积分（直角坐标系及极坐标系）.

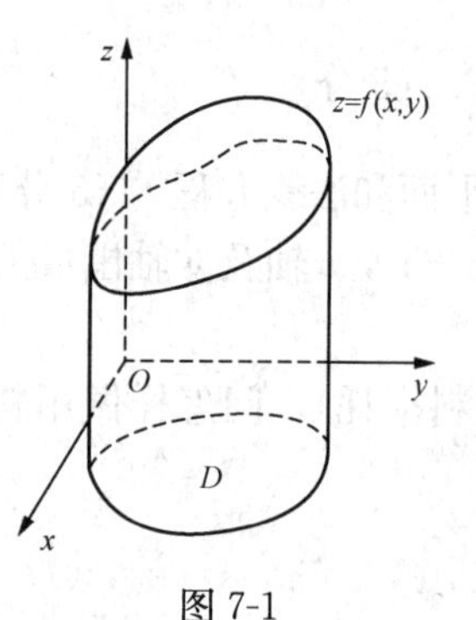

图 7-1

一、二重积分的概念

1. 曲顶柱体的体积

设有一立体，它的底是 xoy 面上的有界闭区域 D，它的侧面是以 D 的边界曲线为准线而母线平行于 z 轴的柱面，它的顶是曲面 $z=f(x,y)$，这里 $f(x,y)\geqslant 0$ 且在 D 上连续（见图 7-1)．这种立体叫做曲顶柱体．下面我们来讨论它的体积 V 的计算.

在中学立体几何里，平顶柱体的体积可以用公式

$$\text{体积}=\text{高}\times\text{底面积}$$

来计算．而曲顶柱体，当点 (x,y) 在区域 D 上变动时，高度 $f(x,y)$ 是个变量，其体积不能直接用上述公式．

由曲边梯形面积的计算，就不难想到用“以直代曲”、“以平代曲”的办法来解决.

首先，用一组网线把 D 分成 n 个小区域

$$\Delta\sigma_1, \Delta\sigma_2, \cdots, \Delta\sigma_n,$$

分别以这些小闭区域的边界曲线为准线，作母线平行于 z 轴的柱面把原来的曲顶柱体分成 n 个细小曲顶柱体．当这些小闭区域的直径[1]很小时，由于函数 $f(x,y)$ 连续，对同一个小闭区域来说，$f(x,y)$ 变化很小，我们把细曲顶柱体近似看做平顶柱体．在每个 $\Delta\sigma_i$（该小闭区域的面积也记为 $\Delta\sigma_i$）中任取一点 (ξ_i,η_i) 以 $f(\xi_i,\eta_i)$ 为高而底为 $\Delta\sigma_i$ 的平顶柱体（见图 7-2）的体积为

$$f(\xi_i,\eta_i)\Delta\sigma_i \quad (i=1,2,\cdots,n),$$

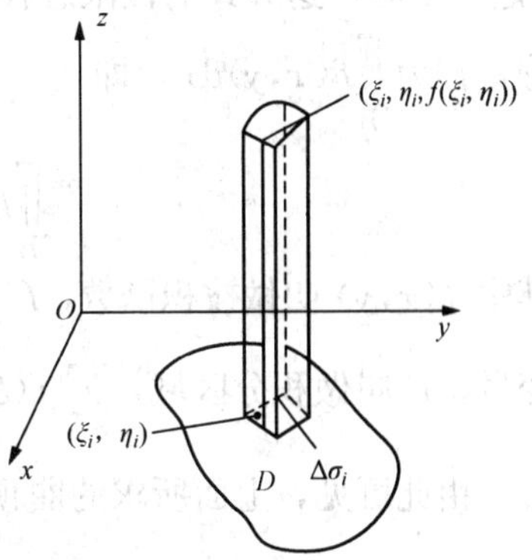

图 7-2

这 n 个平顶柱体体积之和 $\sum\limits_{i=1}^{n} f(\xi_i,\eta_i)\Delta\sigma_i$ 就是整个曲顶柱体体积的近似值．为求精确值，令 n 个小区域的直径中的最大值（记为 λ）趋于零，取上述和式的极限，所得的极限值便是所论曲顶柱体的体积，即

$$V=\lim_{\lambda\to 0}\sum_{i=1}^{n} f(\xi_i,\eta_i)\Delta\sigma_i .$$

关于区域 D 的划分，我们还可以用等间距的直线分成矩形或者等半径的小圆圈划分，如图 7-3 所示.

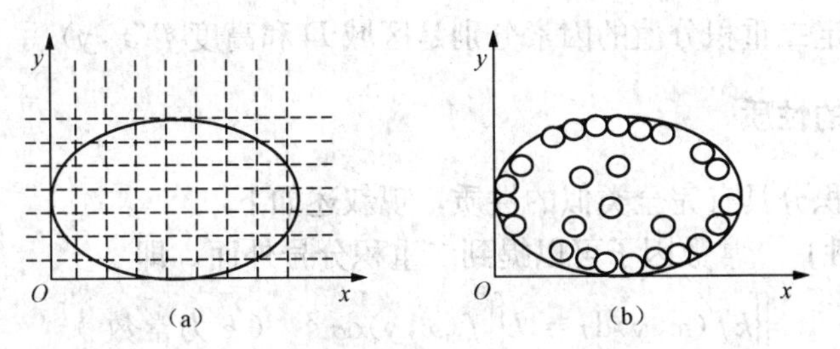

图 7-3

小区域分得越细，对应的小平顶柱体的体积就更接近于小曲顶柱体的体积．这种细分求和的方法，相当于曲顶柱体分成了 n 个底面积不同，高度不一的小曲顶柱体，由于它们的底面积很小，就近似看成小的平顶柱体.

2. 二重积分的概念

我们把上述和式的极限与一元函数定积分定义相比较，自然想到如果和式的极限存在，则其极限值为二元函数 $z=f(x,y)$ 在有界闭区域 D 上的二重积分．下面给出二重积分的定义.

定义 7.1.1　设 $z=f(x,y)$ 是有界闭区域 D 上的有界函数，将闭区域 D 任意分成 n 个

[1] 一个小闭区域的直径是指该区域上任意两点间的距离的最大者.

小闭区域

$$\Delta\sigma_1,\Delta\sigma_2,\cdots,\Delta\sigma_n,$$

其中 $\Delta\sigma_i$ 表示第 i 个小闭区域，也表示它的面积．在每个 $\Delta\sigma_i$ 上任取一点 (ξ_i,η_i)，作乘积 $f(\xi_i,\eta_i)\Delta\sigma_i\ (i=1,2,\cdots,n)$，并作和 $\sum\limits_{i=1}^{n}f(\xi_i,\eta_i)\Delta\sigma_i$．如果当各小闭区域的直径中的最大值 λ 趋于零时，这和式的极限总存在，则称此极限为函数 $z=f(x,y)$ 在闭区域 D 上的二重积分，记为 $\iint\limits_D f(x,y)\mathrm{d}\sigma$，即

$$\iint\limits_D f(x,y)\mathrm{d}\sigma=\lim_{\lambda\to 0}\sum_{i=1}^{n}f(\xi_i,\eta_i)\Delta\sigma_i.$$

其中 $f(x,y)$ 叫做被积函数，$f(x,y)\mathrm{d}\sigma$ 叫做被积表达式，$\mathrm{d}\sigma$ 叫做面积元素，x 与 y 叫做积分变量，D 叫做积分区域，$\sum\limits_{i=1}^{n}f(\xi_i,\eta_i)\Delta\sigma_i$ 叫做积分和.

由此可见，上面所求的曲顶柱体体积可以表示为 $V=\iint\limits_D f(x,y)\mathrm{d}\sigma$.

实际上，曲顶柱体的体积就是被积函数 $f(x,y)\geqslant 0$ 时的二重积分的几何意义．当 $f(x,y)<0$ 时，柱体在 xoy 面的下方，二重积分的绝对值仍为柱体的体积，但二重积分的值是负的．一般二重积分的几何意义可叙述为：当 $f(x,y)$ 在区域 D 上有正有负时，$\iint\limits_D|f(x,y)|\mathrm{d}\sigma$ 表示曲面 $z=f(x,y)$ 在区域 D 上所对应的曲顶柱体的体积．特别地，当 $f(x,y)=1$ 时，$\iint\limits_D 1\cdot\mathrm{d}\sigma$ 的数值等于区域 D 的面积．此时曲顶柱体是高度为一个单位的平顶柱体.

由此看出，决定二重积分值的因素分别是区域 D 和高度 $f(x,y)$.

二、二重积分的性质

二重积分与定积分具有完全类似的性质，现叙述如下.

性质 1（齐次性） 常数因子可以提到二重积分号外面，即

$$\iint\limits_D kf(x,y)\mathrm{d}\sigma=k\iint\limits_D f(x,y)\mathrm{d}\sigma\qquad(k\text{ 为常数}).$$

性质 2（函数可加性） 函数的和（或差）的二重积分等于各函数二重积分的和（或差），即

$$\iint\limits_D[f(x,y)\pm g(x,y)]\mathrm{d}\sigma=\iint\limits_D f(x,y)\mathrm{d}\sigma\pm\iint\limits_D g(x,y)\mathrm{d}\sigma.$$

性质 3（区域可加性） 若积分区域 D 分割为两部分 D_1 和 D_2，则在 D 上的二重积分等于各部分区域上的二重积分的和，即

$$\iint\limits_D f(x,y)\mathrm{d}\sigma=\iint\limits_{D_1}f(x,y)\mathrm{d}\sigma+\iint\limits_{D_2}f(x,y)\mathrm{d}\sigma.$$

性质 4（比较性质） 若 $f(x,y)\geqslant g(x,y)>0$，其中 $(x,y)\in D$，则

$$\iint\limits_D f(x,y)\mathrm{d}\sigma\geqslant\iint\limits_D g(x,y)\mathrm{d}\sigma.$$

性质 5（估值性质） 设 $m \leqslant f(x,y) \leqslant M$，其中 $(x,y) \in D$，而 m,M 为常数，则

$$m\sigma \leqslant \iint\limits_{D} f(x,y)\mathrm{d}\sigma \leqslant M\sigma ,$$

其中 σ 表示区域 D 的面积.

性质 6（中值定理） 设函数 $f(x,y)$ 在有界闭区域 D 上连续，σ 是 D 的面积，则在 D 上至少存在一点 (ξ,η) 使下式成立

$$\iint\limits_{D} f(x,y)\mathrm{d}\sigma = f(\xi,\eta)\cdot\sigma .$$

以上性质的证明可由一元函数定积分的性质同步得到.

三、二重积分的计算方法

按照二重积分的定义，即划分、求积、求和及取极限的方法来计算二重积分，对少数特别简单的被积函数和积分区域来说是可行的，但还是很复杂．我们从对二重积分定义的理解及与定积分的联系着手，下面介绍一种计算二重积分的方法，即化二重积分为二次单积分（二次定积分）的方法.

（一）在直角坐标系下计算

因为在二重积分的定义中，对积分区域 D 划分是任意的，我们对区域 D 在直角坐标系下采用平行于 x 轴和 y 轴的直线分成若干个小矩形，其面积元素 $\mathrm{d}\sigma = \mathrm{d}x\mathrm{d}y$，二重积分可以写成 $\iint\limits_{D} f(x,y)\mathrm{d}x\mathrm{d}y$.

下面我们利用二重积分的几何意义来讨论它的计算，并导出化二重积分为二次单积分的一般方法.

设积分区域 D 可表示为不等式组（见图 7-4）

$$\begin{cases} a \leqslant x \leqslant b \\ \varphi_1(x) \leqslant y \leqslant \varphi_2(x) \end{cases}.$$

在“定积分的应用”一节中，我们曾计算过“平行截面面积为已知的立体的体积”．不妨设 $z = f(x,y) \geqslant 0$，为了求这个曲顶柱体的体积，先计算截面的面积．在区间 $[a,b]$ 上任意固定一点 x_0，过 x_0 作垂直于 x 轴的平面与柱体相交，所截平面是一个以区间 $[\varphi_1(x_0),\varphi_2(x_0)]$ 为底、曲线 $z = f(x_0,y)$ 为曲边的曲边梯形（见图 7-5 中阴影部分），其面积可表示为 $S(x_0) = \int_{\varphi_1(x_0)}^{\varphi_2(x_0)} f(x_0,y)\mathrm{d}y$.

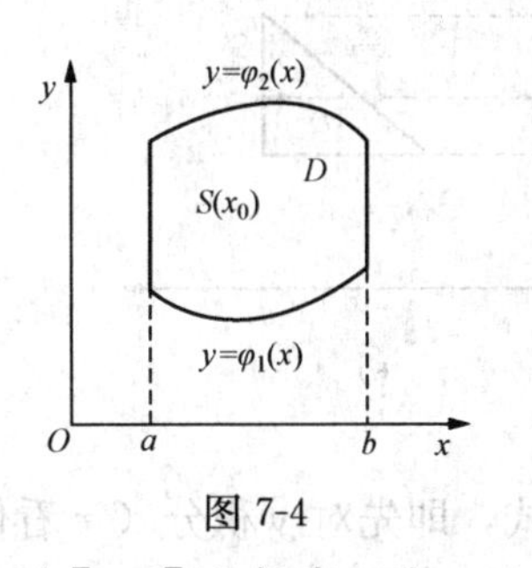

图 7-4

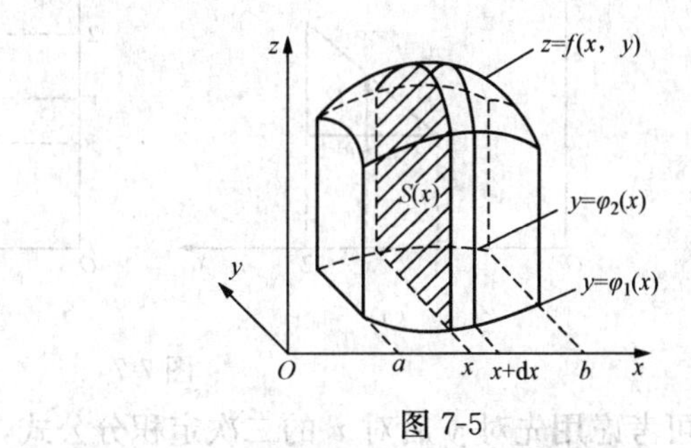

图 7-5

一般地，过 $[a,b]$ 上任意一点 x，且垂直于 x 轴的平面截曲顶柱体所得截面的面积为

$$S(x)=\int_{\varphi_1(x)}^{\varphi_2(x)} f(x,y)\mathrm{d}y .$$

从而应用定积分的“平行截面面积为已知的立体的体积”的计算方法得到，所求曲顶柱体的体积为

$$V=\int_a^b S(x)\mathrm{d}x=\int_a^b\left[\int_{\varphi_1(x)}^{\varphi_2(x)} f(x,y)\mathrm{d}y\right]\mathrm{d}x .$$

故有二重积分的计算公式

$$\iint_D f(x,y)\mathrm{d}x\mathrm{d}y=\int_a^b\left[\int_{\varphi_1(x)}^{\varphi_2(x)} f(x,y)\mathrm{d}y\right]\mathrm{d}x .$$

上式也常常简记为

$$\iint_D f(x,y)\mathrm{d}x\mathrm{d}y=\int_a^b \mathrm{d}x\int_{\varphi_1(x)}^{\varphi_2(x)} f(x,y)\mathrm{d}y . \tag{7-1}$$

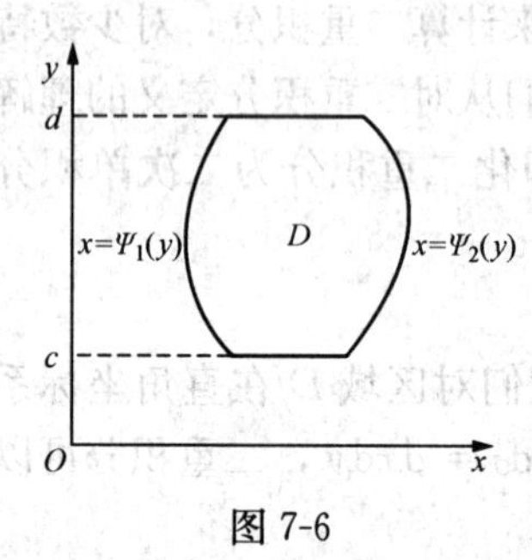

图 7-6

公式（7-1）就是把二重积分化为先对 y 后对 x 的二次定积分公式．这种计算方法叫做累次积分法．计算第一次定积分时，把 x 看成常量，把函数 $f(x,y)$ 只看做 y 的函数，并对变量 y 由下限 $\varphi_1(x)$ 到上限 $\varphi_2(x)$ 积分，结果是一个关于 x 的函数；作第二次定积分时，x 为积分变量，积分限是常数，计算结果是一个定值.

类似地，当积分区域 D 可以表示为不等式组（见图 7-6）

$$\begin{cases}\psi_1(y)\leqslant x\leqslant \psi_2(y),\\ c\leqslant y\leqslant d\end{cases}$$

有先对 x 后对 y 积分的二次定积分公式

$$\iint_D f(x,y)\mathrm{d}x\mathrm{d}y=\int_c^d \mathrm{d}y\int_{\psi_1(x)}^{\psi_2(x)} f(x,y)\mathrm{d}x . \tag{7-2}$$

将积分区域化为积分区间是化二重积分化为二次积分的关键.

【例 7-1】 计算 $\iint_D xy\mathrm{d}\sigma$，其中 D 是由直线 $y=1$、$x=2$ 及 $y=x$ 所围成的闭区域.

解 先画出积分区域 D 的图形（见图 7-7）．由图形易得区域 D 的不等式组表示为

(1) $\begin{cases}1\leqslant x\leqslant 2\\ 1\leqslant y\leqslant x\end{cases}$ 或 (2) $\begin{cases}y\leqslant x\leqslant 2\\ 1\leqslant y\leqslant 2\end{cases}$.

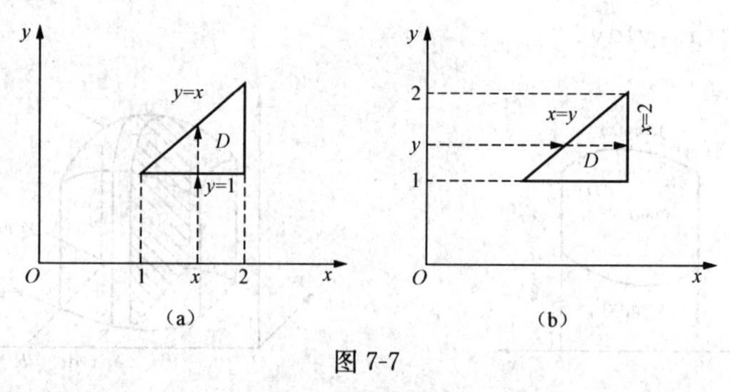

图 7-7

由（1）可考虑用先对 y 后对 x 的二次定积分公式，即先对 y 积分（x 看做常数），y 从 1 变化到 x；然后再对 x 在区间 $[1,2]$ 上积分．于是有

$$\iint\limits_D xy\,\mathrm{d}\sigma=\int_1^2\mathrm{d}x\int_1^x xy\,\mathrm{d}y=\int_1^2 x\cdot\left(\frac{y^2}{2}\right)\Big|_1^x\mathrm{d}x=\int_1^2\left(\frac{x^3}{2}-\frac{x}{2}\right)\mathrm{d}x=\left(\frac{x^4}{8}-\frac{x^2}{4}\right)\Big|_1^2=\frac{9}{8}.$$

类似由（2）可用先对 x 后对 y 积分的二次定积分公式得到

$$\iint\limits_D xy\,\mathrm{d}\sigma=\int_1^2\mathrm{d}y\int_y^2 xy\,\mathrm{d}x=\int_1^2 y\cdot\left(\frac{x^2}{2}\right)\Big|_y^2\mathrm{d}y=\int_1^2\left(2y-\frac{y^3}{2}\right)\mathrm{d}y=\left(y^2-\frac{y^4}{8}\right)\Big|_1^2=\frac{9}{8}.$$

【例 7-2】 计算 $\iint\limits_D xy\,\mathrm{d}x\mathrm{d}y$，其中 D 是由抛物线 $y=\sqrt{x}$ 及直线 $y=x-2$ 所围成的闭区域.

解　画出积分区域 D 的图形（见图 7-8）.

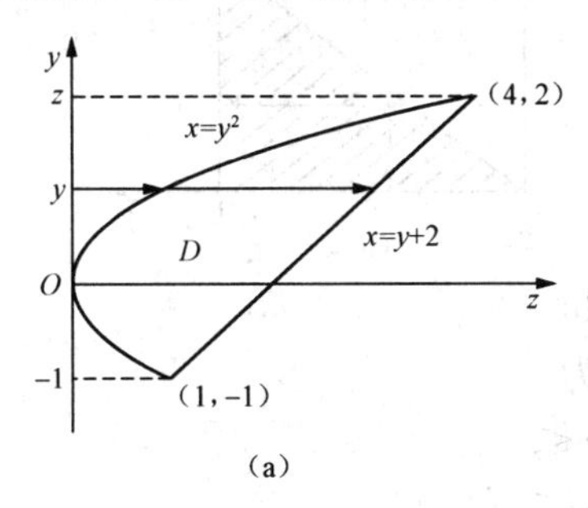

(a)

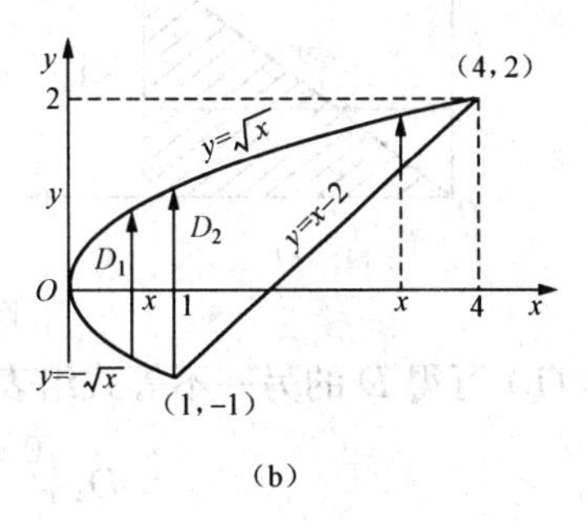

(b)

图 7-8

由图 7-8 (a) 易写出区域 D 的不等式组表示为 $\begin{cases}y^2\leqslant x\leqslant y+2\\-1\leqslant y\leqslant 2\end{cases}$.

所以，我们选择先对 x 后对 y 积分的二次定积分公式，即

$$\iint\limits_D xy\mathrm{d}x\mathrm{d}y=\int_{-1}^2\mathrm{d}y\int_{y^2}^{y+2}xy\mathrm{d}x=\int_{-1}^2 y\cdot\left(\frac{x^2}{2}\right)\Big|_{y^2}^{y+2}\mathrm{d}y=\int_{-1}^2\frac{1}{2}[y(y+2)^2-y^5]\mathrm{d}y$$

$$=\frac{1}{2}\left[\frac{y^4}{4}+\frac{4y^3}{3}+2y^2-\frac{y^6}{6}\right]\Big|_{-1}^2=\frac{45}{8}.$$

通过图 7-8 (b) 我们也可以先对 y 后对 x 来计算．但由于在区间 $[0,1]$ 和 $[1,4]$ 上表示的 $\varphi_1(x)$ 的式子不同，需要用直线 $x=1$ 把 D 分成两部分 D_1 和 D_2 [见图 7-8 (b)]，其中

$$D_1:\begin{cases}0\leqslant x\leqslant 1,\\-\sqrt{x}\leqslant y\leqslant\sqrt{x}\end{cases};\quad D_2:\begin{cases}1\leqslant x\leqslant 4,\\x-2\leqslant y\leqslant\sqrt{x}\end{cases}.$$

于是
$$\iint\limits_D xy\mathrm{d}x\mathrm{d}y=\iint\limits_{D_1}xy\mathrm{d}x\mathrm{d}y+\iint\limits_{D_2}xy\mathrm{d}x\mathrm{d}y=\int_0^1\mathrm{d}x\int_{-\sqrt{x}}^{\sqrt{x}}xy\mathrm{d}y+\int_1^4\mathrm{d}x\int_{x-2}^{\sqrt{x}}xy\mathrm{d}y.$$

显然计算上要比用先对 x 后对 y 积分的二次定积分公式麻烦．通过以上例题的讨论，化二重积分为二次定积分时，应注意以下几点.

（1）首先确定二次定积分上下限，下限必须小于上限.

（2）用公式（7-1）或公式（7-2）时，要求 D 分别满足：平行于 y 轴或 x 轴的直线与 D 的边界相交不多于两点．当 D 不满足条件时，需把 D 分割成符合条件的几块（见图 7-9)，然后分块计算.

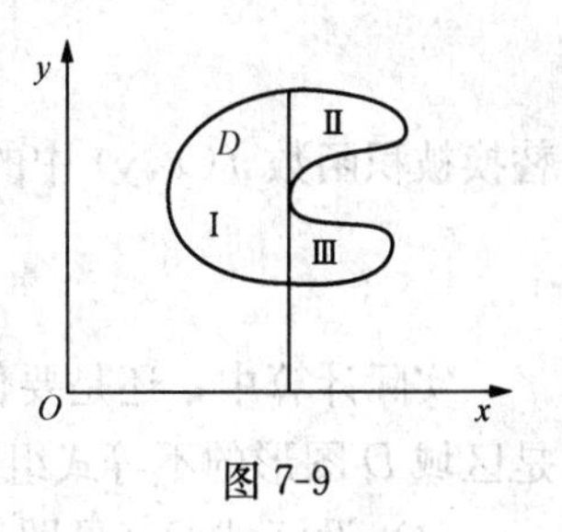

图 7-9

（3）将积分区域化为积分区间．计算二重积分时，两公式一般都可使用．但不同的积分次序，往往导致积分的难易差别程度

很大，有时甚至积不出来．所以计算时，既要考虑积分区域 D 的形状，又要考虑被积函数 $f(x,y)$ 的特性.

【例 7-3】 改换 $I=\int_0^1 \mathrm{d}y\int_y^1 x^2\sin xy\,\mathrm{d}x$ 的积分次序.

解 先从二次定积分的上、下限写出积分区域 D 的不等式组表示 $D:\begin{cases}y\leqslant x\leqslant 1,\\0\leqslant y\leqslant 1\end{cases}$，画出 D 的图形［见图 7-10 (a)］.

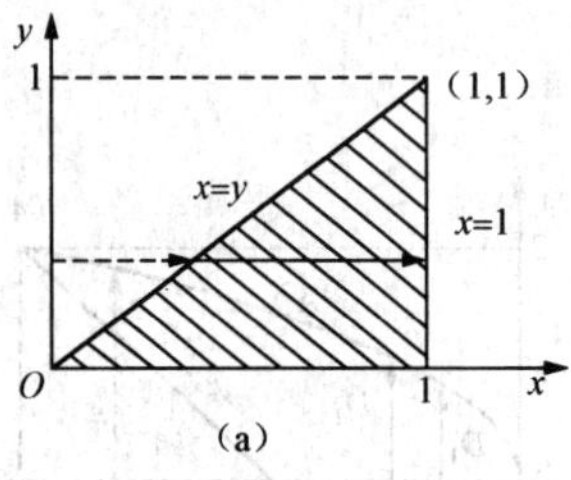

(a)

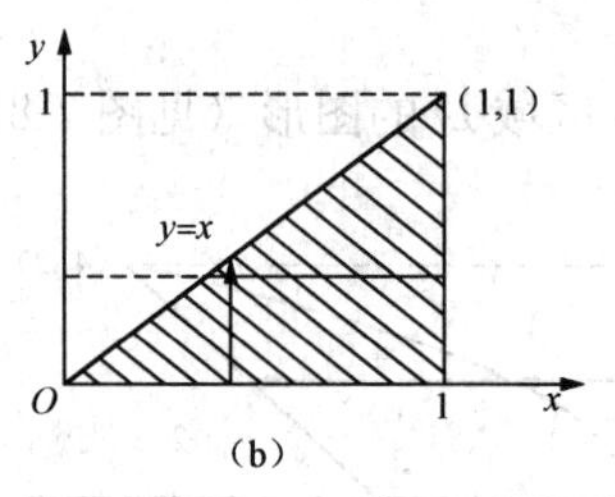

(b)

图 7-10

由图 7-10 (b) 可得 D 的另一不等式组表示为

$$D:\begin{cases}0\leqslant x\leqslant 1\\0\leqslant y\leqslant x\end{cases}.$$

于是
$$I=\int_0^1 \mathrm{d}y\int_y^1 x^2\sin xy\,\mathrm{d}x=\int_0^1 \mathrm{d}x\int_0^x x^2\sin xy\,\mathrm{d}y.$$

显然，变换积分次序后的积分更容易．即

$$I=\int_0^1 \mathrm{d}x\int_0^x x^2\sin xy\,\mathrm{d}y=\int_0^1 x^2\cdot\left(-\frac{1}{x}\cos xy\right)\Big|_0^x \mathrm{d}x=\int_0^1 (x-x\cos x^2)\,\mathrm{d}x=\frac{1}{2}(1-\sin 1).$$

（二）在极坐标系下的计算

对一些以圆形、扇形和环形为积分区域 D 的二重积分，在直角坐标系下积分较困难，而在极坐标系下区域 D 的边界曲线表示简单，计算起来要简便得多．下面介绍这种方法.

与在直角坐标系下的计算一样，用两组特殊曲线将区域 D 分成若干个小区域，即用以极点为中心的一族同心圆 $r=$ 常数；以及从极点出发的一族射线 $\theta=$ 常数，把区域 D 分成 n 个小闭区域（见图 7-11）

图 7-11

这时面积元素 $\mathrm{d}\sigma=r\mathrm{d}r\mathrm{d}\theta$．再利用直角坐标与极坐标的变换公式

$$\begin{cases}x=r\cos\theta,\\y=r\sin\theta\end{cases}$$

替换被积函数 $f(x,y)$ 中的 x,y，从而得到二重积分在极坐标系下的表达形式

$$\iint_D f(x,y)\,\mathrm{d}\sigma=\iint_D f(r\cos\theta,r\sin\theta)\,r\mathrm{d}r\mathrm{d}\theta. \tag{7-3}$$

实际计算中，还是要化为累次积分来计算．化累次积分的方法与直角坐标系一样，关键是区域 D 图形的不等式组要分别用极角和极径表示．下面给出两个应用举例.

(1) 设区域 D（见图 7-12）的不等式组表示为

$$\begin{cases}\alpha \leqslant \theta \leqslant \beta, \\ \varphi_1(\theta) \leqslant r \leqslant \varphi_2(\theta)\end{cases},$$

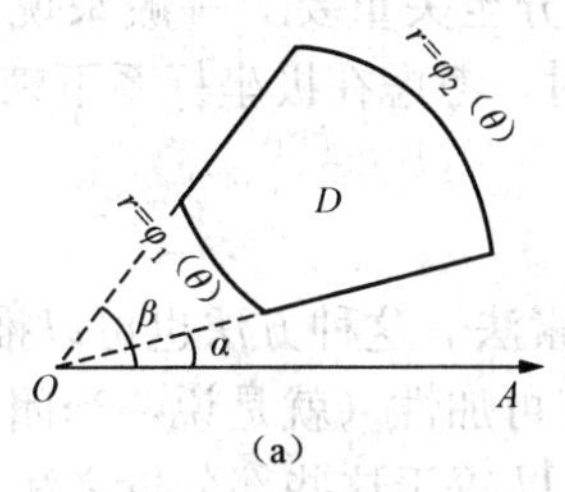

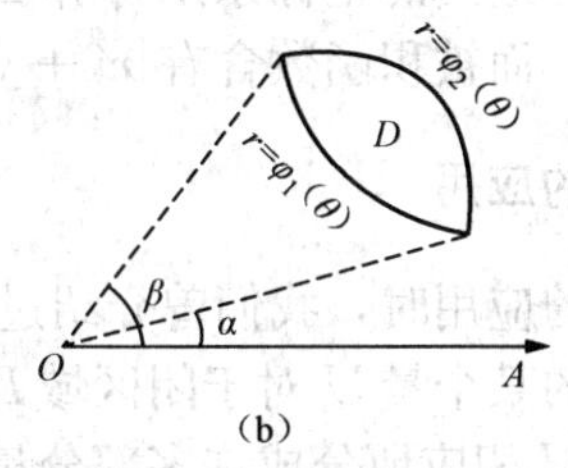

图 7-12

其中函数 $\varphi_1(\theta),\varphi_2(\theta)$ 在区间 $[\alpha,\beta]$ 上连续．此时区域 D 的特点是从极点 O 出发且穿过其内部的射线与它的边界相交不多于两点，则可化为如下的二次定积分

$$\iint_D f(r\cos\theta, r\sin\theta) r\mathrm{d}r\mathrm{d}\theta = \int_\alpha^\beta \mathrm{d}\theta \int_{\varphi_1(\theta)}^{\varphi_2(\theta)} f(r\cos\theta, r\sin\theta) r\mathrm{d}r.$$

(2) 设极点 O 在区域 D 内部（见图 7-13)，其不等式组表示为

$$\begin{cases}0 \leqslant \theta \leqslant 2\pi, \\ 0 \leqslant r \leqslant \varphi(\theta)\end{cases}$$

则有 $\iint\limits_D f(r\cos\theta, r\sin\theta) r\mathrm{d}r\mathrm{d}\theta = \int_0^{2\pi} \mathrm{d}\theta \int_0^{\varphi(\theta)} f(r\cos\theta, r\sin\theta) r\mathrm{d}r$.

【例 7-4】 将二重积分 $\iint\limits_D f(x,y)\mathrm{d}\sigma$ 化为极坐标系下的二次定积分，其中 D: $x^2+y^2 \leqslant 2Rx$, $y \geqslant 0$.

解 画出区域 D 的图形（见图 7-14)，写出极坐标系下的不等式组

$$\begin{cases}0 \leqslant \theta \leqslant \dfrac{\pi}{2} \\ 0 \leqslant r \leqslant 2R\cos\theta\end{cases},$$

于是得到 $\iint\limits_D f(x,y)\mathrm{d}\sigma = \int_0^{\frac{\pi}{2}} \mathrm{d}\theta \int_0^{2R\cos\theta} f(r\cos\theta, r\sin\theta) r\mathrm{d}r$.

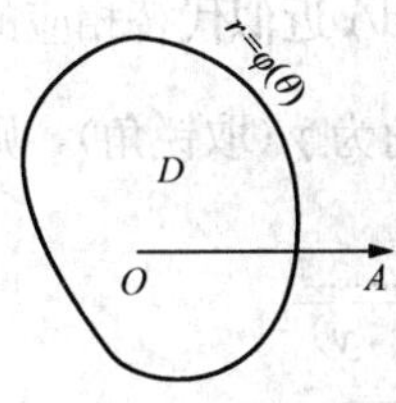

图 7-13

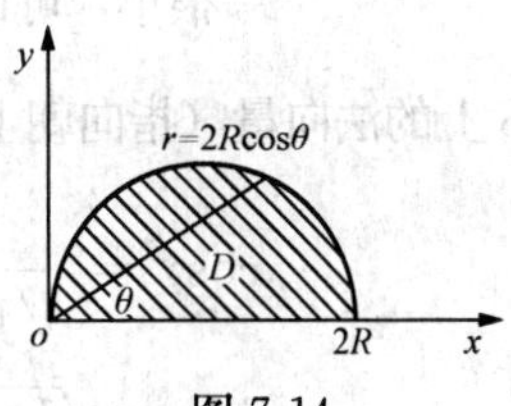

图 7-14

【例 7-5】 计算 $\iint\limits_D \mathrm{e}^{-x^2-y^2}\mathrm{d}x\mathrm{d}y$，其中 D: $x^2+y^2 \leqslant a^2$.

解 因为区域 D 是圆形，且被积函数含有 x^2+y^2 项，所以写出 D 的极坐标系下的不等式组 $\begin{cases}0 \leqslant \theta \leqslant 2\pi \\ 0 \leqslant r \leqslant a\end{cases}$，故有

$$\iint_D \mathrm{e}^{-x^2-y^2}\mathrm{d}x\mathrm{d}y = \iint_D \mathrm{e}^{-r^2} r\mathrm{d}r\mathrm{d}\theta = \int_0^{2\pi}\mathrm{d}\theta\int_0^a \mathrm{e}^{-r^2} r\mathrm{d}r = \int_0^{2\pi}\left(-\frac{1}{2}\mathrm{e}^{-r^2}\right)\Big|_0^a \mathrm{d}\theta$$

$$= \frac{1}{2}(1-\mathrm{e}^{-a^2}) \cdot \int_0^{2\pi}\mathrm{d}\theta = \pi(1-\mathrm{e}^{-a^2}).$$

本题如果在直角坐标系下计算，由于积分 $\int e^{-x^2}\,dx$ 不能用初等函数表示，所以算不出来．由此可见，选择适当的坐标系来计算二重积分至关重要．一般来说，当积分区域 D 为圆形、扇形或环形，而被积函数含有 x^2+y^2 项时，考虑在极坐标系下来计算往往较简单.

四、二重积分的应用

在学习定积分的应用时，我们曾介绍过微元素法．这种方法也可以推广到二重积分的应用中．如果要计算的某个量 U 对于闭区域 D 具有可加性（就是说，当闭区域 D 分成许多小闭区域时，所求量 U 相应地分成许多部分量，而 U 等于这些部分量之和），并且在闭区域 D 内任意取一个直径很小的闭区域 $d\sigma$（它的面积也记为 $d\sigma$）时，相应的部分量可近似地表示为 $f(x,y)d\sigma$ 的形式，其中点 (x,y) 在 $d\sigma$ 内，那么 $f(x,y)d\sigma$ 称为所求量 U 的微元素（或者叫微元），记为 dU，以它为被积表达式，在闭区域 D 上的积分 $\iint\limits_D f(x,y)d\sigma$，就是所求量 U 的积分表达式，即 $U=\iint\limits_D f(x,y)d\sigma$.

下面我们通过一些几何和物理问题的讨论，介绍二重积分的应用.

*（一）曲面的面积

【例 7-6】 设曲面 S 由方程 $z=f(x,y)$ 给出，D 为曲面 S 在 xoy 面上的投影区域，函数 $f(x,y)$ 在 D 上具有连续偏导数 $f_x(x,y)$ 及 $f_y(x,y)$．求曲面 S 的面积 A.

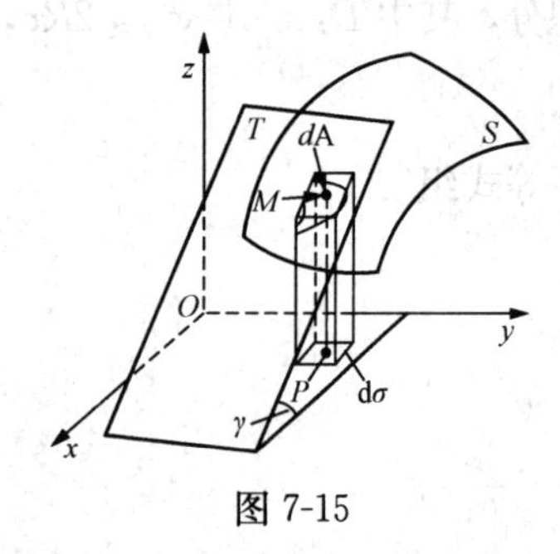

图 7-15

解 应用微元素法，如图 7-15 所示，在区域 D 上任意取一个直径很小的闭区域 $d\sigma$（它的面积也记为 $d\sigma$），并在 $d\sigma$ 上任取一点 $P(x,y)$，对应地曲面 S 上有一点 $M[x,y,f(x,y)]$，过点 M 作曲面 S 的切平面 T（切平面是指与空间曲面相切的平面，与曲面只有切点一处公共点；过切点与切平面垂直指向曲面正侧或者说外侧方向的向量就叫该切点处曲面的法向量），以小的闭区域 $d\sigma$ 的边界为准线作母线平行于 z 轴的柱面，这柱面在曲面 S 上截下一小片曲面，同时在切平面 T 上截下一小片平面 dA．由于 $d\sigma$ 的直径很小，可以用小片平面的面积 dA 近似代替相应的小片曲面的面积．设点 M 处曲面 S 上的法向量（指向朝上）与 z 轴所成的夹角为 γ（取锐角），则 $dA=\dfrac{d\sigma}{\cos\gamma}$.

因为
$$\cos\gamma=\frac{1}{\sqrt{1+f_x^2(x,y)+f_y^2(x,y)}},$$

所以
$$dA=\sqrt{1+f_x^2(x,y)+f_y^2(x,y)}\,d\sigma.$$

这就是曲面 S 的面积元素，以它作为被积表达式在闭区域 D 上进行积分，得曲面 S 的面积
$$A=\iint\limits_D\sqrt{1+f_x^2(x,y)+f_y^2(x,y)}\,d\sigma.$$

上式可以写成 $A=\iint\limits_D\sqrt{1+\left(\dfrac{\partial z}{\partial x}\right)^2+\left(\dfrac{\partial z}{\partial y}\right)^2}\,dxdy$．为计算曲面面积的公式.

【例 7-7】 求旋转抛物面 $z=x^2+y^2$ 上在平面 $z=1$ 下面的一部分曲面 S 的面积（见图 7-16）.

解　曲面在 xoy 面上的投影区域 D 可以表示为 $x^2+y^2\leqslant 1$.

由　$\dfrac{\partial z}{\partial x}=2x,\dfrac{\partial z}{\partial y}=2y$ 得

$$A=\iint_D\sqrt{1+\left(\frac{\partial z}{\partial x}\right)^2+\left(\frac{\partial z}{\partial y}\right)^2}\,\mathrm{d}x\mathrm{d}y=\iint_D\sqrt{1+4x^2+4y^2}\,\mathrm{d}x\mathrm{d}y.$$

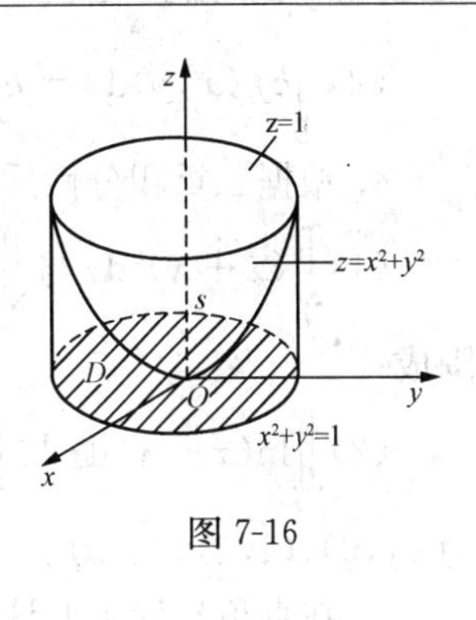

图 7-16

再利用极坐标计算二重积分，有

$$A=\iint_D\sqrt{1+4x^2+4y^2}\,\mathrm{d}x\mathrm{d}y=\int_0^{2\pi}\mathrm{d}\theta\int_0^1\sqrt{1+4r^2}\,r\mathrm{d}r$$

$$=2\pi\cdot\frac{1}{8}\cdot\frac{2}{3}\left[(1+4r^2)^{\frac{3}{2}}\right]\Big|_0^1=\frac{\pi}{6}(5\sqrt{5}-1).$$

（二）平面薄片的质量

【例 7-8】　设一块平面薄片占有 xoy 面上的闭区域 D，在点 (x,y) 处的面密度为 $\mu(x,y)$，这里 $\mu(x,y)>0$，且在 D 上连续，求薄片的质量.

解　应用微元素法，在闭区域 D 上任取一个直径很小的闭区域 $\mathrm{d}\sigma$. 由于 $\mu(x,y)$ 在 D 上连续，我们可以将小的闭区域 $\mathrm{d}\sigma$ 上的密度视为不变的，于是得到薄片的质量元素 $\mathrm{d}M=\mu(x,y)\mathrm{d}\sigma$.

将薄片的质量元素在闭区域 D 上积分，得到 $M=\iint_D\mu(x,y)\mathrm{d}\sigma$.

例如，一块密度为 $\mu(x,y)=x^2+y^2$，且中心在原点半径为 R 的圆形平面薄片，则它的质量是

$$M=\iint_D\mu(x,y)\mathrm{d}\sigma=\iint_{x^2+y^2\leqslant R^2}(x^2+y^2)\mathrm{d}x\mathrm{d}y.$$

再用极坐标计算得到 $M=\int_0^{2\pi}\mathrm{d}\theta\int_0^R r^2\cdot r\mathrm{d}r=\dfrac{1}{2}\pi R^4$.

A　组

1. 一薄板位于 xoy 平面上，占有闭区域 D. 板的面密度为 $\rho=\rho(x,y)$，板以角速度 ω 绕 x 轴旋转. 试用二重积分表示板的动能.

2. 根据二重积分的几何意义，求下列积分的值.

(1) $\iint_D\sqrt{x^2+y^2}\,\mathrm{d}\sigma$，其中 D 为 $x^2+y^2\leqslant a^2$；

(2) $\iint_D\sqrt{a^2-x^2-y^2}\,\mathrm{d}\sigma$，其中 D 为 $x^2+y^2\leqslant a^2$.

3. 利用二重积分定义证明下列结论.

(1) $\iint_D 1\cdot\mathrm{d}\sigma$ 的数值等于区域 D 的面积.

(2) $\iint\limits_D kf(x,y)\mathrm{d}\sigma = k\iint\limits_D f(x,y)\mathrm{d}\sigma$（$k$ 为常数）.

4. 根据二重积分性质，比较下列积分的大小.

(1) $\iint\limits_D (x+y)^2\mathrm{d}\sigma$ 与 $\iint\limits_D (x+y)^3\mathrm{d}\sigma$，其中积分区域 D 是由 x 轴、y 轴与直线 $x+y=1$ 所围成；

(2) $\iint\limits_D \ln(x+y)\mathrm{d}\sigma$ 与 $\iint\limits_D [\ln(x+y)]^2\mathrm{d}\sigma$，其中积分区域 D 是三角形闭区域，三顶点分别为 $(1,0),(1,1),(2,0)$.

5. 在直角坐标系下计算下列二重积分.

(1) $\iint\limits_D (3x+2y)\mathrm{d}\sigma$，其中 D 为两坐标轴及直线 $x+y=2$ 所围成的闭区域.

(2) $\iint\limits_D \mathrm{e}^{x+y}\mathrm{d}\sigma$，其中 D 为矩形闭区域：$\begin{cases}-1\leqslant x\leqslant 2\\ 1\leqslant y\leqslant 2\end{cases}$.

(3) $\iint\limits_D x\cos(x+y)\mathrm{d}\sigma$，其中 D 为顶点分别是 $(0,0),(\pi,0)$ 和 (π,π) 的三角形闭区域.

6. 在极坐标系下计算下列二重积分.

(1) $\iint\limits_D \ln(1+x^2+y^2)\mathrm{d}\sigma$，其中 $D=\{(x,y)\mid x^2+y^2\leqslant 1\}$.

(2) $\iint\limits_D \mathrm{e}^{x^2+y^2}\mathrm{d}\sigma$，其中 D 为圆环形闭区域：$1\leqslant x^2+y^2\leqslant 4$.

(3) $\iint\limits_D \arctan\dfrac{y}{x}\mathrm{d}\sigma$，其中 D 为圆周 $x^2+y^2=4, x^2+y^2=1$ 及直线 $y=0, y=x$ 所围成的第一象限内的闭区域.

7. 画出下列二次定积分的积分区域 D，并交换积分次序.

(1) $\int_0^2 \mathrm{d}y\int_{2-\sqrt{4-y^2}}^{2+\sqrt{4-y^2}} f(x,y)\mathrm{d}x$；　　(2) $\int_1^{\mathrm{e}} \mathrm{d}x\int_0^{\ln x} f(x,y)\mathrm{d}y$.

8. 计算下列二重积分.

(1) $\iint\limits_D \dfrac{x^2}{y^2}\mathrm{d}x\mathrm{d}y$，其中 D 为直线 $x=2$， $y=x$ 及曲线 $xy=1$ 所围成的闭区域.

(2) $\iint\limits_D \dfrac{\sqrt{1-x^2-y^2}}{\sqrt{1+x^2+y^2}}\mathrm{d}x\mathrm{d}y$，其中 D 为圆周 $x^2+y^2=1$ 及坐标轴所围成的在第一象限内的闭区域.

9. 设曲面 S 方程为 $x=g(y,z)$，在 yoz 面的投影区域记为 D_{yz}，且函数 $x=g(y,z)$ 在区域 D_{yz} 上有连续的偏导数，求曲面 S 的面积.

10. 求锥面 $z=\sqrt{x^2+y^2}$ 被柱面 $z^2=2x$ 所割下部分的面积.

11. 设一块平面薄片（不计厚度）占有 xoy 面上的闭区域 D，薄片上分布有面密度为 $\mu=\mu(x,y)$ 的电荷，且 $\mu(x,y)$ 在 D 上连续，试计算薄片上的全部电荷 Q.

B　组

1. 试述二重积分的几何意义.

2. 根据下列二重积分的积分区域与被积函数的特点确定二重积分的值.

(1) $\iint\limits_{D}(x+y^2x^3)\mathrm{d}\sigma$, $D: x^2+y^2\leqslant 4, y\geqslant 0$；

(2) 已知 $\iint\limits_{\substack{0\leqslant x\leqslant 1\\ 0\leqslant y\leqslant 2}}(x^2+y^2)^3\mathrm{d}\sigma=A$，求 $\iint\limits_{\substack{-1\leqslant x\leqslant 1\\ -2\leqslant y\leqslant 2}}(x^2+y^2)^3\mathrm{d}\sigma$.

3. 求两个底圆半径都是 R 的直交圆柱面所围成立体的体积.

4. 改变积分次序.

$$\int_0^a \mathrm{d}y\int_{\frac{y^2}{2a}}^{a-\sqrt{a^2-y^2}} f(x,y)\mathrm{d}x+\int_0^a \mathrm{d}y\int_{a+\sqrt{a^2-y^2}}^{2a} f(x,y)\mathrm{d}x+\int_a^{2a}\mathrm{d}y\int_{y^2}^{2a} f(x,y).$$

5. 计算 $\iint\limits_{D}(x^2+y^2)\mathrm{d}\sigma$, $D: |x|+|y|\leqslant 1$.

*第二节 三 重 积 分

【学习目标】

1. 会表述三重积分和累次积分的定义.
2. 了解三重积分的性质.
3. 了解三元函数的三重积分（在直角坐标系、柱面极坐标系及球面坐标系下）.

我们知道二重积分作为和式的极限的概念是由定积分的思想从区间 $[a,b]$ 推广到平面区域 D 而得到的，同样可以把定积分的思想进一步推广到空间区域 Ω 上，从而完成三重积分概念的建立.

一、三重积分的概念

定义 7.2.1 设 Ω 为空间有界闭区域，函数 $f(x,y,z)$ 在 Ω 上有界. 将 Ω 任意分成 n 个小闭区域

$$\Delta V_1, \Delta V_2, \cdots, \Delta V_n,$$

其中 ΔV_i 表示第 i 个小闭区域，也表示它的体积. 在每个小闭区域 ΔV_i 中任取一点 (ξ_i,η_i,ζ_i)，作乘积 $f(\xi_i,\eta_i,\zeta_i)\Delta V_i (i=1,2,\cdots,n)$ [当 $f(x,y,z)$ 是密度函数时，积式表示小块的重量]，并求和 $\sum\limits_{i=1}^{n} f(\xi_i,\eta_i,\zeta_i)\Delta V_i$. 如果当各小闭区域的直径中的最大值 λ 趋于零时，这和的极限存在，则称此极限为函数 $f(x,y,z)$ 在闭区域 Ω 上的三重积分，记为 $\iiint\limits_{\Omega} f(x,y,z)\mathrm{d}V$，即

$$\iiint\limits_{\Omega} f(x,y,z)\mathrm{d}V=\lim_{\lambda\to 0}\sum_{\lambda=1}^{n} f(\xi_i,\eta_i,\zeta_i)\Delta V_i. \tag{7-4}$$

其中 $\mathrm{d}V$ 称为体积元素.

类似二重积分，在直角坐标系中体积元素 $\mathrm{d}V$ 可以写成 $\mathrm{d}x\mathrm{d}y\mathrm{d}z$，从而把三重积分记为

$$\iiint\limits_{\Omega} f(x,y,z)\mathrm{d}x\mathrm{d}y\mathrm{d}z.$$

由此看来，凡是具有可加性的连续分布的非均匀量的求和问题，都可以用积分来求解.

【例 7-9】 设有一个质量非均匀分布的物体，占有空间区域 Ω，在 Ω 的每一点 (x,y,z) 处的体密度为 $\rho=\rho(x,y,z)$，且 $\rho(x,y,z)$ 在 Ω 上连续，求物体的质量.

解 类似平面薄片质量的求法，在空间区域 Ω 上任取一个直径很小的闭区域 $\mathrm{d}V$. 由于 $\rho(x,y,z)$ 在 Ω 上连续，我们可以将小的闭区域 $\mathrm{d}V$ 上的体密度视为不变，于是得到物体的质量元素

$$\mathrm{d}M=\rho(x,y,z)\mathrm{d}V.$$

将物体的质量元素在闭区域 Ω 上积分，得到

$$M=\iiint_{\Omega}\rho(x,y,z)\mathrm{d}V.$$

三重积分的定义几乎和二重积分一致，所以关于二重积分的一些术语，例如被积函数、积分区域等，都可以相应地用于三重积分. 三重积分的性质也与二重积分的性质相似，这里不再重复.

二、三重积分的计算

三重积分计算的基本方法与二重积分计算方法一样，是将其化为三次积分（累次积分）来计算. 下面按不同的坐标系分别介绍将三重积分化为三次积分的方法.

1. 在直角坐标系中计算三重积分

一般来说，根据积分区域 Ω 的空间图形表示方法，可以先将三重积分化为一个定积分和一个二重积分，然后继续将二重积分化为二次积分. 具体方法叙述如下.

如果积分区域 Ω 由上、下两个曲面 $z=z_1(x,y)$ 和 $z=z_2(x,y)$ 所围成 $(z_1\leqslant z_2)$，且 Ω 在 xoy 面上的投影区域为 D（见图 7-17），则三重积分可以化为

$$\iiint_{\Omega}f(x,y,z)\mathrm{d}x\mathrm{d}y\mathrm{d}z=\iint_{D}\left[\int_{z_1(x,y)}^{z_2(x,y)}f(x,y,z)\mathrm{d}z\right]\mathrm{d}x\mathrm{d}y. \tag{7-5}$$

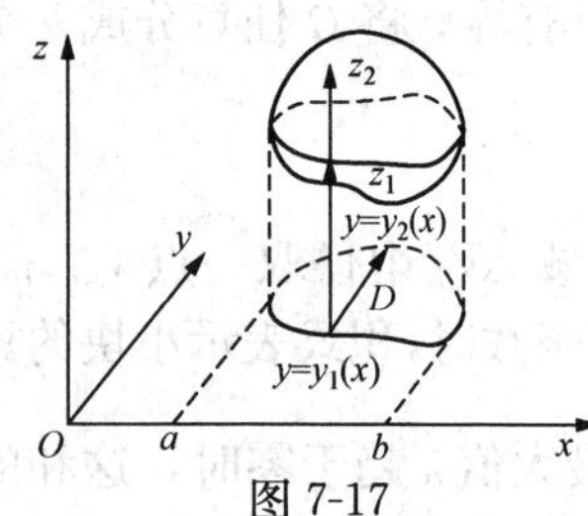

图 7-17

在计算第一个积分 $\int_{z_1(x,y)}^{z_2(x,y)}f(x,y,z)\mathrm{d}z$ 时，x,y 看做常数，将 $f(x,y,z)$ 对 z 从 $z_1(x,y)$ 到 $z_2(x,y)$ 积分，积分的结果是 x,y 的函数，然后再将这个函数在 D 上做二重积分计算.

若 xoy 面上的投影区域为 D 可表示为（见图 7-17）

$$y_1(x)\leqslant y\leqslant y_2(x),a\leqslant x\leqslant b,$$

则三重积分就化成了三个定积分的累次积分

$$\iiint_{\Omega}f(x,y,z)\mathrm{d}x\mathrm{d}y\mathrm{d}z=\int_a^b\mathrm{d}x\int_{y_1(x)}^{y_2(x)}\mathrm{d}y\int_{z_1(x,y)}^{z_2(x,y)}f(x,y,z)\mathrm{d}z. \tag{7-6}$$

此公式把三重积分化为先对 z、次对 y、最后对 x 的三次积分.

同样根据积分区域 Ω 的空间图形其他的不等式表示方法，可以把三重积分化为先对 y、次对 x、最后对 z 的三次积分或把三重积分化为先对 x、次对 z、最后对 y 的三次积分.

【例 7-10】 计算三重积分 $I=\iiint_{\Omega}x\mathrm{d}x\mathrm{d}y\mathrm{d}z$，其中 Ω 为三坐标面及平面 $x+2y+z=1$ 所围成的区域.

解 先考虑积分区域 Ω 如图 7-18 所示. 将 Ω 投影到 xoy 面上，得投影区域 D 为三角形

OAB. 于是积分区域 Ω 可用不等式组表示为

$$\begin{cases}0\leqslant z\leqslant 1-x-2y\\ 0\leqslant y\leqslant \dfrac{1-x}{2}\\ 0\leqslant x\leqslant 1\end{cases}$$

于是，可以先对 z 积分，z 的变化范围从 0 到 $1-x-2y$；再对 y 积分，y 由 0 变到 $\dfrac{1-x}{2}$；最后对 x 积分，x 由 0 变到 1. 即

$$\begin{aligned}I&=\iiint\limits_{\Omega}x\,\mathrm{d}x\mathrm{d}y\mathrm{d}z=\int_0^1\mathrm{d}x\int_0^{\frac{1-x}{2}}\mathrm{d}y\int_0^{1-x-2y}x\mathrm{d}z\\&=\int_0^1 x\mathrm{d}x\int_0^{\frac{1-x}{2}}(1-x-2y)\mathrm{d}y=\int_0^1 x\left[\frac{(1-x)^2}{2}-\left(\frac{1-x}{2}\right)^2\right]\mathrm{d}x\\&=\frac{1}{4}\int_0^1(x-2x^2+x^3)\mathrm{d}x=\frac{1}{48}.\end{aligned}$$

2. 在柱面坐标系中计算三重积分

我们在化三重积分为一个定积分和一个二重积分时，对公式（7-5）中的二重积分也可以利用极坐标来计算.

【例 7-11】 一个物体由旋转抛物面 $z=x^2+y^2$ 及平面 $z=1$ 所围成（见图 7-19），已知其任一点处的体密度 ρ 与到 z 轴的距离成正比，求其质量.

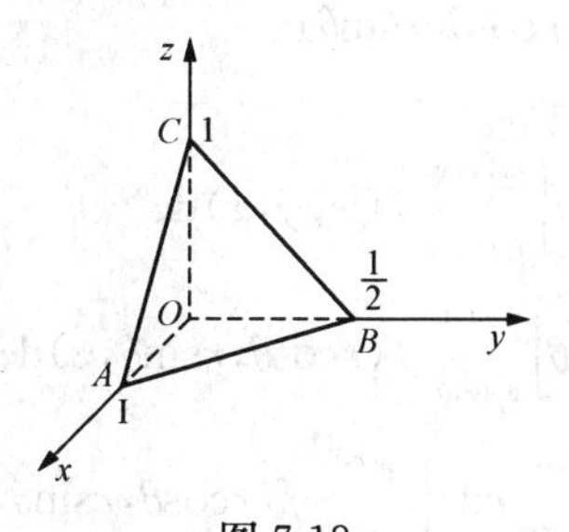

图 7-18

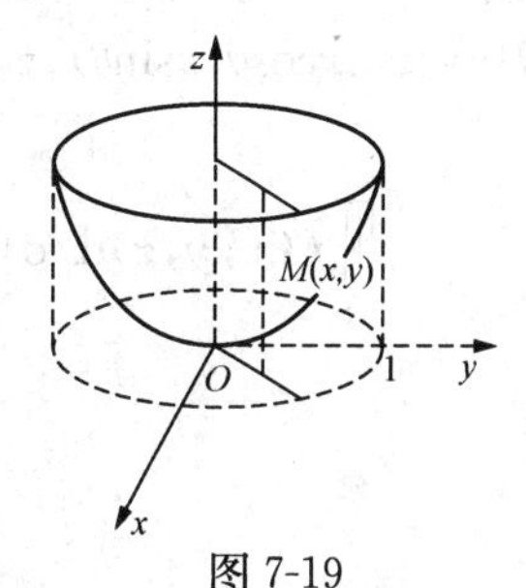

图 7-19

解 依题意，密度 $\rho=k\sqrt{x^2+y^2}$，于是物体的质量 M 为

$$M=\iiint\limits_{\Omega}k\sqrt{x^2+y^2}\mathrm{d}x\mathrm{d}y\mathrm{d}z,$$

其中 Ω 为由曲面 $z=x^2+y^2$ 及平面 $z=1$ 所围成的区域.
因 Ω 在 xoy 面上的投影区域 D：$x^2+y^2\leqslant 1$，且 $x^2+y^2\leqslant z\leqslant 1$，所以

$$\begin{aligned}M&=\iiint\limits_{\Omega}k\sqrt{x^2+y^2}\mathrm{d}x\mathrm{d}y\mathrm{d}z=\iint\limits_{D}\left[\int_{x^2+y^2}^{1}k\sqrt{x^2+y^2}\mathrm{d}z\right]\mathrm{d}x\mathrm{d}y\\&=\iint\limits_{D}k[1-(x^2+y^2)]\sqrt{x^2+y^2}\mathrm{d}x\mathrm{d}y,\end{aligned}$$

式中的二重积分再利用极坐标很容易积分，即

$$M=k\int_0^{2\pi}\mathrm{d}\theta\int_0^1(1-r^2)r\cdot r\mathrm{d}r=\frac{4}{15}k\pi.$$

实际上，我们把空间直角坐标系中的任意一点 $P(x,y,z)$ 投影到 xoy 面上，得到投影点 $M(x,y,0)$，再在 xoy 面上用极坐标 (r,θ) 来表示点 $M(x,y,0)$ 的 x 和 y，则点 P 与数组

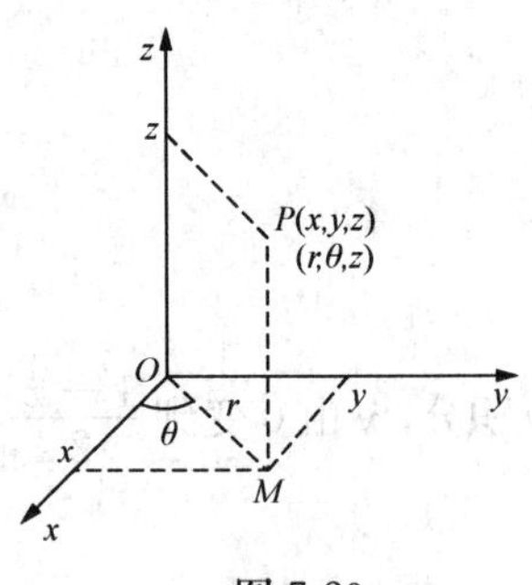

图 7-20

(r,θ,z) 一一对应（这里限定 $0\leqslant r<+\infty$，$0\leqslant\theta\leqslant 2\pi$，$-\infty<z<+\infty$）. 这样所确定的坐标系称为柱面坐标系，称 (r,θ,z) 为点 P 的柱面坐标，记为 $P(r,\theta,z)$，如图 7-20 所示.

显然，柱面坐标与直角坐标的关系为

$$\begin{cases}x=r\cos\theta\\ y=r\sin\theta\\ z=z\end{cases}.$$

在柱面坐标系中

$r=$ 常数，表示以 z 轴为中心轴的圆柱面族；

$\theta=$ 常数，表示过 z 轴的半平面族；

$z=$ 常数，表示平行于 xoy 面的平面族.

设积分区域 Ω 由上、下两个曲面 $z=z_1(x,y)$ 和 $z=z_2(x,y)$ 所围成（$z_1\leqslant z_2$），且 Ω 在 xoy 面上的投影区域为 D 的极坐标表示为

$$r_1(\theta)\leqslant r\leqslant r_2(\theta),\ \alpha\leqslant\theta\leqslant\beta.$$

则积分区域 Ω 在柱面坐标系中可用不等式组表示为

$$\begin{cases}z_1(r,\theta)\leqslant z\leqslant z_2(r,\theta),\\ r_1(\theta)\leqslant r\leqslant r_2(\theta),\\ \alpha\leqslant\theta\leqslant\beta.\end{cases}$$

其中 $z_1(r,\theta)=z_1(r\cos\theta,r\sin\theta),z_2(r,\theta)=z_2(r\cos\theta,r\sin\theta)$.

于是

$$\begin{aligned}\iiint_{\Omega}f(x,y,z)\mathrm{d}x\mathrm{d}y\mathrm{d}z&=\iint_{D}\mathrm{d}x\mathrm{d}y\int_{z_1(x,y)}^{z_2(x,y)}f(x,y,z)\mathrm{d}z\\&=\iint_{D}r\mathrm{d}r\mathrm{d}\theta\int_{z_1(r,\theta)}^{z_2(r,\theta)}f(r\cos\theta,r\sin\theta,z)\mathrm{d}z\\&=\int_{\alpha}^{\beta}\mathrm{d}\theta\int_{r_1(\theta)}^{r_2(\theta)}r\mathrm{d}r\int_{z_1(r,\theta)}^{z_2(r,\theta)}f(r\cos\theta,r\sin\theta,z)\mathrm{d}z.\end{aligned}$$

以上连等式常写成

$$\begin{aligned}\iiint_{\Omega}f(x,y,z)\mathrm{d}x\mathrm{d}y\mathrm{d}z&=\iiint_{\Omega}f(r\cos\theta,r\sin\theta,z)r\mathrm{d}r\mathrm{d}\theta\mathrm{d}z\\&=\int_{\alpha}^{\beta}\mathrm{d}\theta\int_{r_1(\theta)}^{r_2(\theta)}r\mathrm{d}r\int_{z_1(r,\theta)}^{z_2(r,\theta)}f(r\cos\theta,r\sin\theta,z)\mathrm{d}z.\quad(7\text{-}7)\end{aligned}$$

这就是把三重积分化为柱面坐标的三次积分的公式. 其中 $r\mathrm{d}r\mathrm{d}\theta\mathrm{d}z$ 称为柱面坐标系中的体积元素.

【例 7-12】 计算三重积分 $\iiint_{\Omega}(x^2+y^2)\mathrm{d}x\mathrm{d}y\mathrm{d}z$，其中 Ω 是以 z 轴为对称轴，a 为半径的圆柱体位于 $0\leqslant z\leqslant h(h>0)$ 间的部分（见图 7-21）.

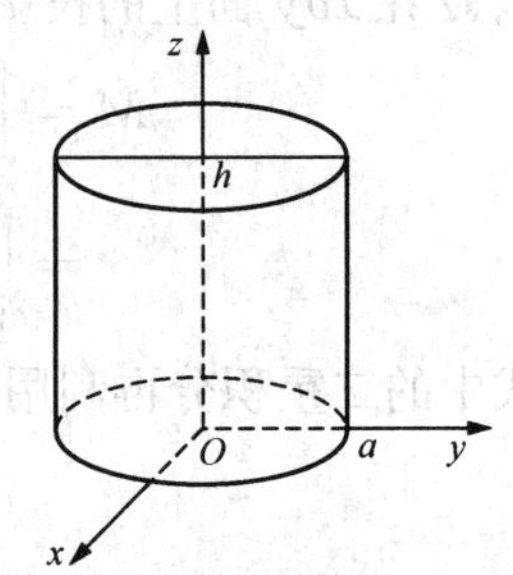

图 7-21

解 在柱面坐标系中，所给的积分区域 Ω 可以用不等式组表示为

$$\begin{cases}0 \leqslant z \leqslant h \\ 0 \leqslant r \leqslant a \\ 0 \leqslant \theta \leqslant 2\pi\end{cases}$$

因此有

$$\iiint_{\Omega}(x^2+y^2)\mathrm{d}x\mathrm{d}y\mathrm{d}z = \iiint_{\Omega} r^2 \cdot r\mathrm{d}r\mathrm{d}\theta\mathrm{d}z = \int_0^{2\pi}\mathrm{d}\theta\int_0^a r^3\mathrm{d}r\int_0^h \mathrm{d}z = \frac{1}{2}\pi h a^4 .$$

3. 在球面坐标系中计算三重积分

空间上的任意一点 P 在直角坐标系中可以用数组 (x,y,z) 表示，在柱面坐标系中与数组 (r,θ,z) 一一对应．如果我们应用向量概念，也可以用这样三个有序的数 ρ,θ,φ 来表示，如图 7-22.

设 $P(x,y,z)$ 为空间内的一点，M 是点 P 在 xoy 面上的投影．我们用 ρ 表示原点 O 与点 P 间的距离，OM 是线段 OP 在 xoy 坐标面上的投影；θ 表示从 Ox 轴的正向转到 OM 的夹角，φ 表示从 Oz 轴的正向转到线段 OP 的夹角．这样的三个数 ρ,θ,φ 叫做点 P 的球面坐标，记为 $P(\rho,\theta,\varphi)$．这里 ρ,θ,φ 的变化范围为

$$0 \leqslant \rho < +\infty, 0 \leqslant \theta \leqslant 2\pi,\ 0 \leqslant \varphi \leqslant \pi .$$

显然，点 P 的球面坐标与直角坐标可以相互转换，关系表达式为

$$\begin{cases}x = \rho\sin\varphi\cos\theta \\ y = \rho\sin\varphi\sin\theta . \\ z = \rho\cos\varphi\end{cases} \tag{7-8}$$

在球面坐标系中

$\rho=$ 常数，表示以原点为球心的球面；

$\theta=$ 常数，表示通过 z 轴的半平面；

$\varphi=$ 常数，表示顶点在原点、以 z 轴为轴的圆锥面.

为了利用球面坐标来计算三重积分，我们从三重积分的概念着手，结合微元素法来讨论在球面坐标系下的三重积分计算公式.

如图 7-23 所示，我们用球面坐标系中的三族坐标面将积分区域 Ω 分成若干个小的闭区域，考虑分割后小的闭区域 ΔV 的体积，从图中可看出 ΔV 可以近似地看成以 $\rho\sin\varphi \cdot \Delta\theta$，$\rho\Delta\varphi$，$\Delta\rho$ 为棱长的小长方体，因此

$$\Delta V \approx \rho^2\sin\varphi \cdot \Delta\rho\Delta\theta\Delta\varphi .$$

于是，得到球面坐标系中的体积元素为

$$\mathrm{d}V = \rho^2\sin\varphi\mathrm{d}\rho\mathrm{d}\theta\mathrm{d}\varphi .$$

再将关系式（7-8）代入被积函数 $f(x,y,z)$，就有

$$\iiint_{\Omega} f(x,y,z)\mathrm{d}V = \iiint_{\Omega} f(\rho\sin\varphi\cos\theta,\rho\sin\varphi\sin\theta,\rho\cos\varphi)\rho^2\sin\varphi\mathrm{d}\rho\mathrm{d}\theta\mathrm{d}\varphi .$$

这就是把三重积分的变量从直角坐标变换为球面坐标的公式．在计算时，可以把它化为对 ρ、对 θ 及对 φ 的三次积分.

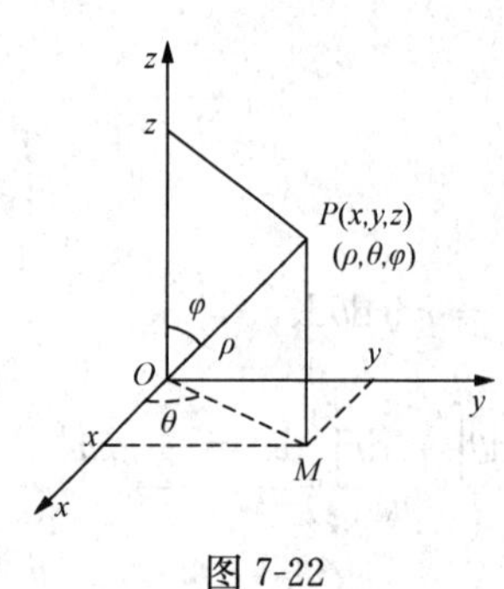

图 7-22

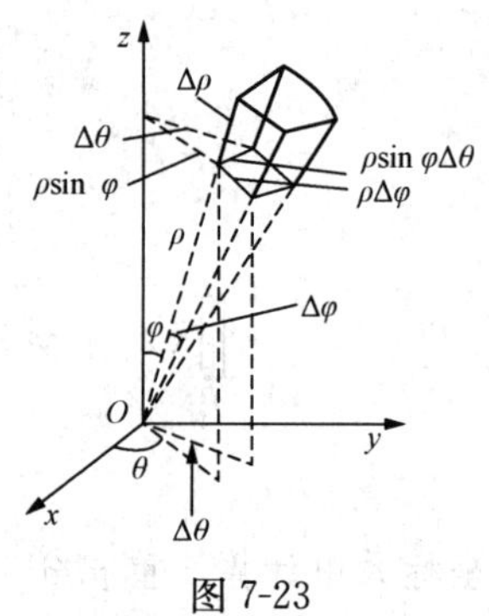

图 7-23

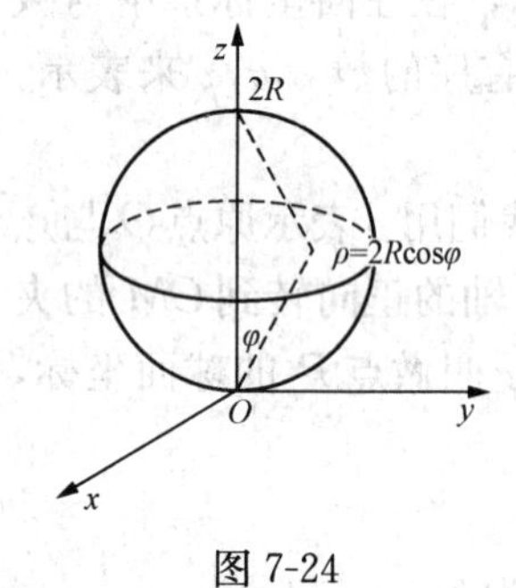

图 7-24

【例 7-13】 计算三重积分 $\iiint\limits_{\Omega} z\mathrm{d}x\mathrm{d}y\mathrm{d}z$，其中 Ω 是 $x^2+y^2+z^2\leqslant 2Rz$.

解　考虑到积分区域 Ω 是球形，如图 7-24 所示，采用球面坐标，则区域 Ω 边界的球面方程为

$$\rho = 2R\cos\varphi,$$

且区域 Ω 可以用不等式组

$$\begin{cases}0\leqslant\rho\leqslant 2R\cos\varphi\\ 0\leqslant\theta\leqslant 2\pi\\ 0\leqslant\varphi\leqslant\dfrac{\pi}{2}\end{cases}$$

表示．故有

$$\iiint\limits_{\Omega} z\,\mathrm{d}x\mathrm{d}y\mathrm{d}z = \iiint\limits_{\Omega}\rho\cos\varphi\cdot\rho^2\sin\varphi\mathrm{d}\rho\mathrm{d}\theta\mathrm{d}\varphi = \int_0^{2\pi}\mathrm{d}\theta\int_0^{\frac{\pi}{2}}\sin\varphi\cos\varphi\mathrm{d}\varphi\int_0^{2R\cos\varphi}\rho^3\,\mathrm{d}\rho$$

$$= 8\pi R^4\int_0^{\frac{\pi}{2}}\sin\varphi\cos^5\varphi\mathrm{d}\varphi = \frac{4}{3}\pi R^4.$$

A　　组

1. 化三重积分 $I=\iiint\limits_{\Omega} f(x,y,z)\mathrm{d}x\mathrm{d}y\mathrm{d}z$ 为三次积分，其中 Ω 是由双曲抛物面 $xy=z$ 及平面 $x+y-1=0, z=0$ 所围成的闭区域.

2. 计算三重积分 $\iiint\limits_{\Omega} xy\,\mathrm{d}x\mathrm{d}y\mathrm{d}z$．$\Omega$ 是由 $1\leqslant x\leqslant 2, -2\leqslant y\leqslant 1$, 及 $0\leqslant z\leqslant\dfrac{1}{2}$ 所围成的区域.

3. 设有一个物体，占有空间闭区域 Ω: $0\leqslant x\leqslant 1, 0\leqslant y\leqslant 1, 0\leqslant z\leqslant 1$，且在点 (x,y,z) 处的密度为 $\rho(x,x,z)=x+y+z$，计算该物体的质量.

4. 利用柱面坐标计算三重积分计 $\iiint\limits_{\Omega} z\mathrm{d}x\mathrm{d}y\mathrm{d}z$，其中积分区域$\Omega$为半球体$x^2+y^2+z^2 \leqslant a^2, z \geqslant 0$.

5. 利用球面坐标计算三重积分 $\iiint\limits_{\Omega}(x^2+y^2+z^2)\mathrm{d}x\mathrm{d}y\mathrm{d}z$. Ω是由$x^2+y^2+z^2=1$所围成的区域.

B　组

1. 计算 $\iiint\limits_{\Omega} y\cos(x+z)\mathrm{d}x\mathrm{d}y\mathrm{d}z$，其中$\Omega$是由抛物柱面$y=\sqrt{x}$及平面$y=0, z=0, x=\frac{\pi}{2}, z=\frac{\pi}{2}$围成的区域.

2. 计算由抛物面$z=6-x^2-y^2$，坐标平面yoz，zox及平面$y=4z, x=1, y=2$所围成的立体体积.

3. 计算 $\iiint\limits_{\Omega}\frac{z\ln(x^2+y^2+z^2+1)}{x^2+y^2+z^2+1}\mathrm{d}V$，$\Omega$由$x^2+y^2+z^2=1$围成.

*第三节　曲　线　积　分

【学习目标】

1. 能表述曲线积分（对弧长、对坐标）定义.
2. 了解曲线积分的性质.
3. 会求简单函数的曲线积分（对弧长、对坐标）.

我们知道定积分和重积分都是一些特殊和式的极限．如果把定积分——特殊和式的极限的概念推广到定义在平面曲线上二元函数的情形，即可得到（平面）曲线积分的概念.

一、对弧长的曲线积分

1. 对弧长的曲线积分的概念

定义 7.3.1　设xoy面上的连续曲线L是分段光滑的[1]，且长度有限，函数$z=f(x,y)$在L上有界．在L上任意插入一点列$M_1, M_2, \cdots, M_{n-1}$将$L$分成$n$个小段弧．记第$i$个小段弧的长度为$\Delta s_i$，$\lambda=\max\{\Delta s_1, \Delta s_2, \cdots, \Delta s_n\}$，又$(\xi_i, \eta_i)$为第$i$个小段弧上的任意一点（见图 7-25），如果极限

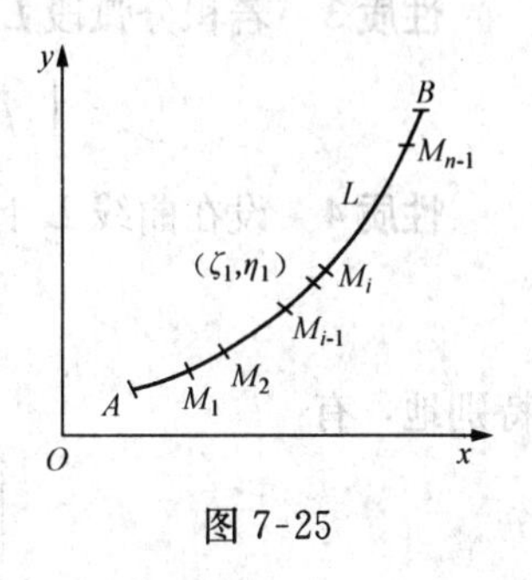

图 7-25

$$\lim_{\lambda \to 0}\sum_{i=1}^{n} f(\xi_i, \eta_i)\Delta s_i$$

---

[1] 光滑曲线是指这样的曲线，此曲线上每一点处都有切线，且当切点沿曲线连续移动时，切线随之连续转动．分段光滑是指曲线可以分成有限段，而每一段都是光滑的.

存在，则称此极限为函数 $f(x,y)$ 在平面曲线 L 上对弧长的曲线积分，记为 $\int_L f(x,y)\mathrm{d}s$. 即

$$\int_L f(x,y)\mathrm{d}s=\lim_{\lambda\to 0}\sum_{i=1}^{n}f(\xi_i,\eta_i)\Delta s_i .$$

其中 $f(x,y)$ 叫做被积函数，$f(x,y)\mathrm{d}s$ 叫做被积表达式，L 叫做积分弧段.

【例 7-14】（求曲线形构件的质量） 设构件占有 xoy 面上的位置为一段曲线弧 L（见图 7-25），它的端点为 A、B，在 L 上的任意一点 (x,y) 处，它的线密度为 $\rho(x,y)$，且在 L 上连续. 求这个构件的质量.

解 如果线密度 $\rho(x,y)$ 为常量，则构件的质量为它的长度与线密度的乘积. 现在线密度 $\rho(x,y)$ 为变量，我们考虑用微元法计算.

先用 L 上的点 $M_1,M_2,\cdots,M_{n-1}$ 将 L 分成 n 小段，在 L 上任意取一小段弧 $\mathrm{d}s$，由于 $\rho(x,y)$ 在 L 上连续，可以认为在小段弧 $\mathrm{d}s$ 上构件的线密度 $\rho(x,y)$ 不变，于是得到构件的质量元素

$$\mathrm{d}M=\rho(x,y)\mathrm{d}s .$$

将构件的质量元素在曲线弧 L 上积分，得 $M=\int_L\rho(x,y)\mathrm{d}s$.

2. 对弧长的曲线积分的性质

由对弧长的曲线积分的定义可知，它与重积分一样，具有定积分类似的一些性质. 下面仅指出几点.

性质 1 若函数 $z=f(x,y)$ 在曲线 L 上连续，则对弧长的曲线积分 $\int_L f(x,y)\mathrm{d}s$ 一定存在.

显然 $\int_L \mathrm{d}s=l$, l 为曲线弧 L 的长度.

本节以后我们总假定被积函数 $f(x,y)$ 在曲线 L 上是连续的.

性质 2 设 α 和 β 为常数，则

$$\int_L[\alpha f(x,y)+\beta g(x,y)]\mathrm{d}s=\alpha\int_L f(x,y)\mathrm{d}s+\beta\int_L g(x,y)\mathrm{d}s .$$

性质 3 若积分弧段 L 可以分成两段光滑曲线弧 L_1 和 L_2，则

$$\int_L f(x,y)\mathrm{d}s=\int_{L_1}f(x,y)\mathrm{d}s+\int_{L_2}f(x,y)\mathrm{d}s .$$

性质 4 设在曲线 L 上 $f(x,y)\leqslant g(x,y)$，则

$$\int_L f(x,y)\mathrm{d}s\leqslant\int_L g(x,y)\mathrm{d}s ,$$

特别地，有

$$\left|\int_L f(x,y)\mathrm{d}s\right|\leqslant\int_L|f(x,y)|\mathrm{d}s\leqslant Ml .$$

其中 M 为 $|f(x,y)|$ 在曲线 L 上的最大值，l 为曲线 L 的长度.

如果曲线 L 是闭曲线，那么函数 $f(x,y)$ 在闭曲线 L 上对弧长的曲线积分记为

$$\oint_L f(x,y)\mathrm{d}s .$$

3. 对弧长的曲线积分的计算法

设光滑曲线 L 的端点为 A 、B，取自 A 至 B 为 L 的正向（取定正向的曲线称为有向曲线)，取点 A 做为度量弧长的起点（见图 7-26）. 于是曲线 L 上的点 M 与有向弧段 $\overset{\frown}{AM}$ 的值 s 一一对应，从而数 s 可做为点 M 的坐标. 并且，由数 s 确定点 M，进而确定点 M 的直角坐标 x 、y，$x=x(s),y=y(s)$. 即曲线 L 有参数方程

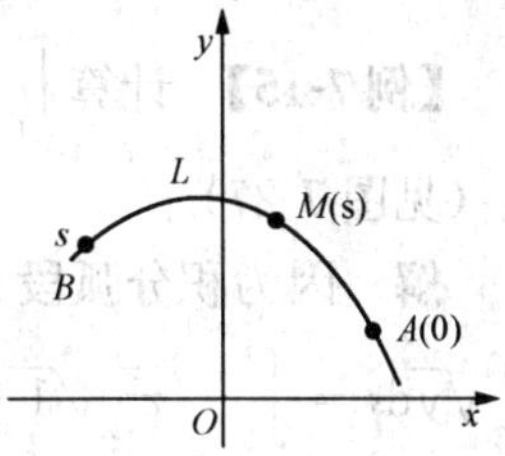

$$\begin{cases}x=x(s)\\ y=y(s)\end{cases},\quad 0\leqslant s\leqslant l\,(\text{其中 } l \text{ 为曲线 } L \text{ 的长度}).$$

图 7-26

显然函数 $x=x(s),y=y(s)$ 在 $[0,l]$ 上连续.

设点 $M_i(x_i,y_i)$ 对应 $s=s_i$，则小弧段 $\overset{\frown}{M_{i-1}M_i}$ 的长度

$$\Delta s_i=\overset{\frown}{AM_i}-\overset{\frown}{AM_{i-1}}=s_i-s_{i-1}\,,$$

即 Δs_i 就是变量 s 的小区间 $[s_{i-1},s_i]$ 的长度. 又设点 $N_i(\xi_i,\eta_i)$ 对应 $s=\sigma_i$，则 $\sigma_i\in[s_{i-1},s_i]$. 于是

$$\lim_{\lambda\to 0}\sum_{i=1}^{n}f(\xi_i,\eta_i)\Delta s_i=\lim_{\lambda\to 0}\sum_{i=1}^{n}f[x(\sigma_i),y(\sigma_i)]\Delta s_i\,.$$

若上式极限存在，则上式左端为曲线积分，而右端是函数 $f[x(s),y(s)]$ 在区间 $[0,l]$ 上的定积分. 即

$$\int_L f(x,y)\mathrm{d}s=\int_0^l f[x(s),y(s)]\mathrm{d}s\,.$$

由此可见，对弧长的曲线积分在实质上就是定积分. 上式即为曲线积分转化为定积分的计算公式. 但是，求出以弧长 s 为参数的曲线 L 的参数方程往往比较困难. 为此，我们不加证明地给出以下定理.

定理 7.3.1　设 $f(x,y)$ 在曲线 L 上有定义且连续，L 的参数方程为

$$\begin{cases}x=\varphi(t)\\ y=\psi(t)\end{cases}\quad(\alpha\leqslant t\leqslant\beta)\,,$$

其中 $\varphi(t),\psi(t)$ 在 $[\alpha,\beta]$ 上具有一阶连续导数，且 $\varphi'^2(t)+\psi'^2(t)\neq 0$，则曲线积分 $\int_L f(x,y)\mathrm{d}s$ 存在，且

$$\int_L f(x,y)\mathrm{d}s=\int_\alpha^\beta f[\varphi(t),\psi(t)]\sqrt{\varphi'^2(t)+\psi'^2(t)}\mathrm{d}t\ (\alpha<\beta)\,.$$

定理表明，在计算对弧长的曲线积分 $\int_L f(x,y)\mathrm{d}s$ 时，只要把 $x,y,\mathrm{d}s$ 依次换成 $\varphi(t)$，$\psi(t)$，$\sqrt{\varphi'^2(t)+\psi'^2(t)}\mathrm{d}t$，$\mathrm{d}s=\sqrt{\varphi'^2(t)+\psi'^2(t)}\,\mathrm{d}t$ 是弧微分. 然后从 α 到 β 作定积分就行了. 这里必须注意，定积分的下限 α 一定要小于上限 β.

特别，若积分弧段 L 的方程为

$$y=\psi(x)\quad(x_0\leqslant x\leqslant X)\,,$$

则 L 的参数方程为

$$x=t,\ y=\psi(t),(x_0\leqslant t\leqslant X)\,.$$

于是有 $\int_L f(x,y)\mathrm{d}s=\int_{x_0}^{X}f[x,\psi(x)]\sqrt{1+\psi'^2(x)}\mathrm{d}x\qquad(x_0<X)$.

类似地，若积分弧段 L 的方程为 $x=\varphi(y)\quad(y_0\leqslant y\leqslant Y)$，

则有 $\quad\int_L f(x,y)\mathrm{d}s=\int_{y_0}^{Y}f[\varphi(y),y]\sqrt{1+\varphi'^2(y)}\mathrm{d}y\qquad(y_0<Y)$.

【例 7-15】 计算 $\int_L\sqrt{y}\mathrm{d}s$，其中 L 是抛物线 $y=x^2$ 上点 $O(0,0)$ 与点 $B(1,1)$ 之间的一段弧（见图 7-27）.

解 因为积分弧段 L 由方程 $y=x^2(0\leqslant x\leqslant 1)$ 给出，所以

$$\int_L\sqrt{y}\mathrm{d}s=\int_0^1\sqrt{x^2}\sqrt{1+(x^2)'^2}\mathrm{d}x=\int_0^1 x\sqrt{1+4x^2}\mathrm{d}x=\frac{1}{12}(1+4x^2)^{\frac{3}{2}}\Big|_0^1=\frac{1}{12}(5\sqrt{5}-1).$$

【例 7-16】 计算 $\int_L y\mathrm{d}s$，其中 L 是抛物线 $y^2=x$ 上点 $A(1,-1)$ 与点 $B(1,1)$ 之间的一段弧（见图 7-28）.

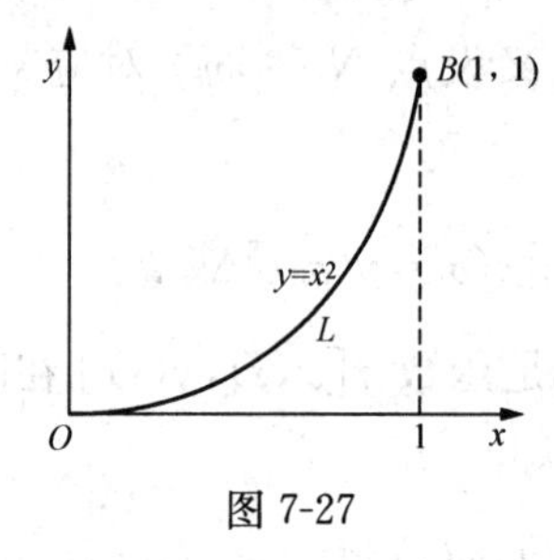

图 7-27

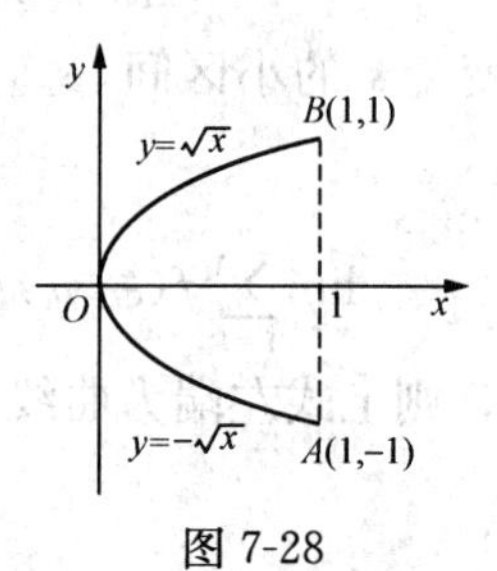

图 7-28

解 因为积分弧段 L 由方程 $x=y^2(-1\leqslant y\leqslant 1)$ 给出，所以

$$\int_L y\mathrm{d}s=\int_{-1}^1 y\sqrt{1+(y^2)'^2}\mathrm{d}y=\int_{-1}^1 y\sqrt{1+4y^2}\mathrm{d}y=0.$$

【例 7-17】 计算 $\int_L(x^2+y^2)\mathrm{d}s$，其中 L 为圆周 $x=R\cos t,y=R\sin t(0\leqslant t\leqslant 2\pi)$.

解 因为积分弧段 L 由参数方程 $\begin{cases}x=R\cos t,\\ y=R\sin t,\end{cases}(0\leqslant t\leqslant 2\pi)$ 给出，所以

$$\oint_L(x^2+y^2)^n\mathrm{d}s=\int_0^{2\pi}[(R\cos t)^2+(R\sin t)^2]^n\sqrt{(-R\sin t)^2+(R\cos t)^2}\mathrm{d}t$$

$$=R^{2n+1}\int_0^{2\pi}\mathrm{d}t=2\pi R^{2n+1}.$$

二、对坐标的曲线积分

1. 变力沿曲线所做的功

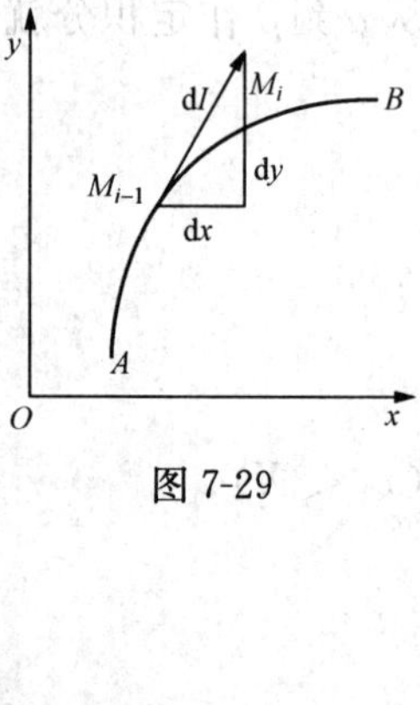

图 7-29

设在 xoy 面上一质点在变力 $\vec{F}(x,y)$ 的作用下，从点 A 沿光滑曲线 L 移动到点 B，已知

$$\vec{F}(x,y)=P(x,y)\vec{i}+Q(x,y)\vec{j},$$

其中函数 $P(x,y),Q(x,y)$ 在 L 上连续．求质点在移动过程中变力 $\vec{F}(x,y)$ 所做的功（见图 7-29）．

我们知道质点在常力 F 的作用下，从点 A 沿直线移动到点 B 所做的功为

$$W = \vec{F} \cdot \overrightarrow{AB}.$$

现在 F 是变力，且质点沿曲线移动，所求的功 W 不能按上式计算．但是，可以用定积分或微元法的思想来解决这个问题.

先在 L 上自 A 至 B 依次取分点

$$A = M_0, M_1, M_2, \cdots, M_{n-1}, M_n = B,$$

把 L 分成 n 段小弧段，任意取一有向小弧段 $\overset{\frown}{M_{i-1}M_i}$，在这个小弧段上，我们可以设想力 F 是不变的，并用有向线段

$$\mathrm{d}\vec{l} = \mathrm{d}x\,\vec{i} + \mathrm{d}y\,\vec{j}$$

来代替有向小弧段 $\overset{\frown}{M_{i-1}M_i}$，于是得到功元素为

$$\mathrm{d}W = \vec{F} \cdot \mathrm{d}\vec{l} = P(x,y)\mathrm{d}x + Q(x,y)\mathrm{d}y.$$

再将功元素沿曲线 L 积分，则所求的功为

$$W = \int_L \vec{F} \cdot \mathrm{d}\vec{l} = \int_L P(x,y)\mathrm{d}x + Q(x,y)\mathrm{d}y.$$

2. 对坐标的曲线积分的概念

我们舍去引例中具体的力学意义，约定曲线上由始点到终点方向为曲线方向（有向曲线），可以给出一般的定义.

定义 7.3.2　设 L 为 xoy 面上从点 A 到点 B 的一条分段光滑的有向曲线，函数 $P(x,y)$，$Q(x,y)$ 在 L 上有界，沿 L 正方向依次取分点

$$A = M_0, M_1, M_2, \cdots, M_{n-1}, M_n = B,$$

把 L 分成 n 段有向小弧段 $\overset{\frown}{M_{i-1}M_i}(i = 1,2,\cdots,n)$（见图 7-30），设 $\overrightarrow{M_{i-1}M_i} = \Delta x_i\,\vec{i} + \Delta y_i\,\vec{j}$，并记 λ 为所有小弧段长度的最大值．在 $\overset{\frown}{M_{i-1}M_i}$ 上任意取一点 (ξ_i, η_i)，如图 7-30 所示，如果极限

$$\lim_{\lambda \to 0} \sum_{i=1}^{n} P(\xi_i, \eta_i)\Delta x_i$$

存在，那么这个极限称为函数 $P(x,y)$ 在有向曲线 L 上对坐标 x 的曲线积分，记为

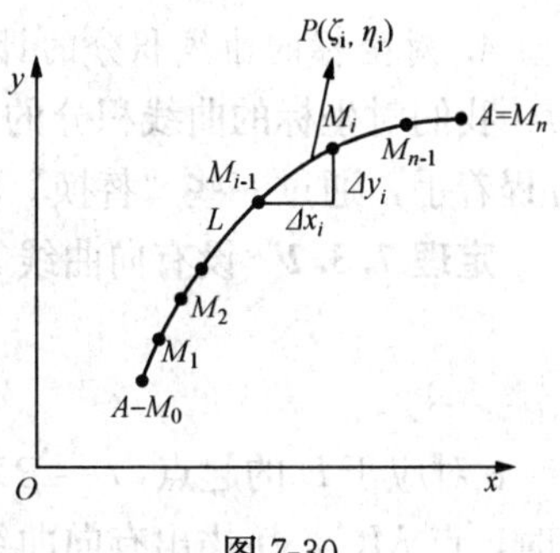

图 7-30

$$\int_L P(x,y)\mathrm{d}x.$$

即
$$\int_L P(x,y)\mathrm{d}x = \lim_{\lambda \to 0} \sum_{i=1}^{n} P(\xi_i, \eta_i)\Delta x_i.$$

类似地，如果极限 $\lim\limits_{\lambda \to 0} \sum\limits_{i=1}^{n} Q(\xi_i, \eta_i)\Delta y_i$ 存在，那么这个极限称为函数 $Q(x,y)$ 在有向曲线 L 上对坐标 y 的曲线积分，记为

$$\int_L Q(x,y)\mathrm{d}y.$$

即
$$\int_L Q(x,y)\mathrm{d}y = \lim_{\lambda \to 0} \sum_{i=1}^{n} Q(\xi_i, \eta_i)\Delta y_i.$$

其中 $P(x,y)$，$Q(x,y)$ 叫做被积函数，$P(x,y)\mathrm{d}x$ 及 $Q(x,y)\mathrm{d}y$ 叫做被积表达式，L 叫做

积分弧段.

在应用上常将上面二式合在一起，简记为

$$\int_L P(x,y)\mathrm{d}x+Q(x,y)\mathrm{d}y.$$

曲线 L 也可以是闭曲线，这时积分称为沿闭回路的曲线积分，记为

$$\oint_L P(x,y)\mathrm{d}x+Q(x,y)\mathrm{d}y.$$

3. 对坐标的曲线积分的性质

对坐标的曲线积分实质上等同于一个定积分，所以它具有类似其他积分的一些性质及特性.

性质 1　函数 $P(x,y),Q(x,y)$ 在 L 上连续，则曲线积分 $\int_L P(x,y)\mathrm{d}x$ 及 $\int_L Q(x,y)\mathrm{d}y$ 均存在.

性质 2　若 $L=L_1+L_2$，则有

$$\int_L P(x,y)\mathrm{d}x+Q(x,y)\mathrm{d}y=\int_{L_1} P(x,y)\mathrm{d}x+Q(x,y)\mathrm{d}y+\int_{L_2} P(x,y)\mathrm{d}x+Q(x,y)\mathrm{d}y.$$

性质 3　设 L^- 是与 L 方向相反的有向弧段，则有

$$\int_{L^-} P(x,y)\mathrm{d}x+Q(x,y)\mathrm{d}y=-\int_L P(x,y)\mathrm{d}x+Q(x,y)\mathrm{d}y.$$

即改变积分路径 L 的方向，积分改变符号.

由此可见，关于对坐标的曲线积分，必须注意积分弧段的方向.

4. 对坐标的曲线积分的计算方法

我们对坐标的曲线积分的计算类似于对弧长的曲线积分的计算，从积分弧段 L 的参数方程着手，通过一些“替换”将其转化为定积分来计算.

定理 7.3.2　设有向曲线 L 的参数方程为

$$\begin{cases}x=\varphi(t)\\ y=\psi(t)\end{cases},$$

$t=\alpha$ 对应于 L 的起点，$t=\beta$ 对应于 L 的终点（这里 α 不一定要小于 β），当参数 t 从 α 变到 β 时，点 $M(x,y)$ 描出有向曲线 L，$\varphi(t),\psi(t)$ 在以 α 及 β 为端点的闭区间上具有一阶连续导数，且 $\varphi'^2(t)+\psi'^2(t)\neq 0$. 如果函数 $P(x,y),Q(x,y)$ 在 L 上连续，则

$$\int_L P(x,y)\mathrm{d}x+Q(x,y)\mathrm{d}y=\int_\alpha^\beta\{P[\varphi(t),\psi(t)]\varphi'(t)+Q[\varphi(t),\psi(t)]\psi'(t)\}\mathrm{d}t.$$

这就是对坐标的曲线积分转化为定积分来计算的公式. 在应用时要注意三个“替换”：被积函数中的 x,y 用积分弧段 L 的参数方程替换；$\mathrm{d}x,\mathrm{d}y$ 用积分弧段 L 的参数方程求微分后替换；积分弧段 L 用它的起点和终点的参数值替换.

特别，如果积分弧段 L 由方程 $y=f(x)$ 给出，则

$$\int_L P(x,y)\mathrm{d}x+Q(x,y)\mathrm{d}y=\int_a^b\{P[x,f(x)]+Q[x,f(x)]f'(x)\}\mathrm{d}x.$$

这里下限 a 对应 L 的起点，上限 b 对应 L 的终点.

类似地，当积分弧段 L 由方程 $x=\varphi(y)$ 给出，则

$$\int_L P(x,y)\mathrm{d}x+Q(x,y)\mathrm{d}y=\int_c^d\{P[\varphi(y),y]\varphi'(y)+Q[\varphi(y),y]\}\mathrm{d}y.$$

这里下限 c 对应 L 的起点，上限 d 对应 L 的终点.

【例 7-18】 计算 $\int_L xy\mathrm{d}x$，其中 L 为抛物线 $y^2=x$ 上从点 $A(1,-1)$ 到点 $B(1,1)$ 的一段弧（见图 7-31）.

解一　化为对 x 的定积分计算．把 L 分成两段

L_1　为从 A 到 O，方程为 $y=-\sqrt{x}$，x 自 1 至 0；

L_2　为从 O 到 B，方程为 $y=\sqrt{x}$，x 自 0 至 1.

于是

$$\int_L xy\mathrm{d}x=\int_{L_1}xy\mathrm{d}x+\int_{L_2}xy\mathrm{d}x=\int_1^0 x(-\sqrt{x})\mathrm{d}x+\int_0^1 x\sqrt{x}\mathrm{d}x=2\int_0^1 x^{\frac{3}{2}}\mathrm{d}x=\frac{4}{5}.$$

解二　化为对 y 的定积分计算．因为 $L:x=y^2$，y 自 -1 至 1，所以

$$\int_L xy\mathrm{d}x=\int_{-1}^1 y^2y(y^2)'\mathrm{d}y=2\int_{-1}^1 y^4\mathrm{d}y=\frac{4}{5}.$$

【例 7-19】 计算 $\int_L x\mathrm{d}y-y\mathrm{d}x$，如图 7-32 所示，其中 L 为

（1）在椭圆 $\frac{x^2}{a^2}+\frac{y^2}{b^2}=1$ 上，从点 $A(a,0)$ 到点 $B(0,b)$ 的一段弧；

（2）直线段 AB.

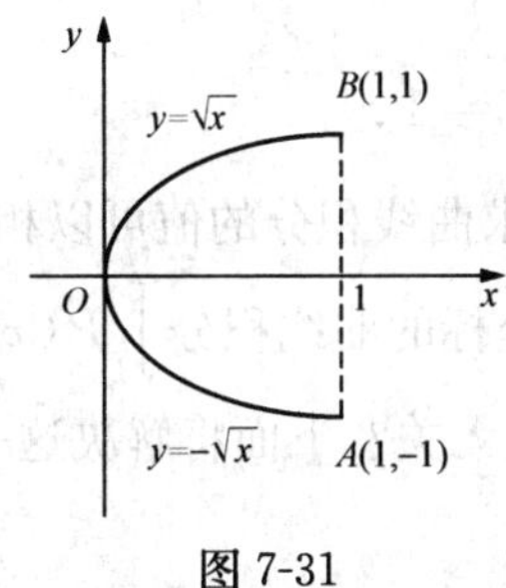

图 7-31

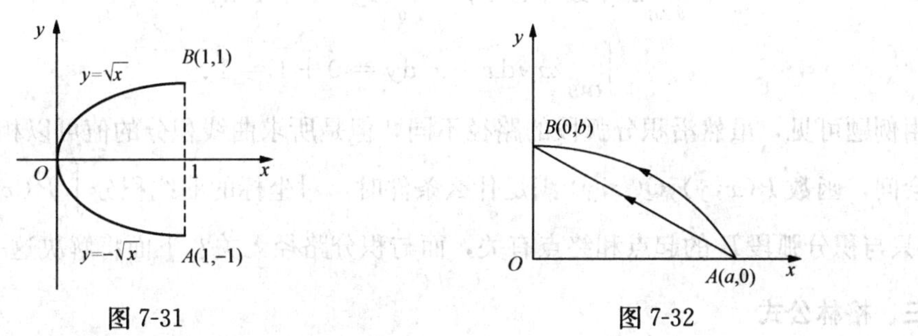

图 7-32

解　（1）椭圆的参数方程为

$$\begin{cases}x=a\cos t\\ y=b\sin t\end{cases},$$

起点 A 对应于参数 $t=0$，终点 B 对应于 $t=\frac{\pi}{2}$，因此，化为定积分为

$$\int_L x\mathrm{d}y-y\mathrm{d}x=\int_0^{\frac{\pi}{2}}[a\cos t(b\sin t)'-b\sin t(a\cos t)']\mathrm{d}t=ab\int_0^{\frac{\pi}{2}}\mathrm{d}t=\frac{\pi}{2}ab.$$

（2）直线段 AB 的方程为 $y=-\frac{b}{a}x+b$，起点 A 对应于 $x=a$，终点 B 对应于 $x=0$，化为对 x 的定积分有

$$\int_L x\mathrm{d}y-y\mathrm{d}x=\int_a^0\left[x\left(-\frac{b}{a}x+b\right)'-\left(-\frac{b}{a}x+b\right)\right]\mathrm{d}x=-b\int_a^0\mathrm{d}x=ab.$$

由该例题可知，两个被积函数相同，积分弧段的起点、终点也相同，但沿不同的积分弧段的积分值却不同．因此，对坐标的曲线积分的值是与积分路径相关的.

【例 7-20】 计算 $\int_L 2xy\mathrm{d}x+x^2\mathrm{d}y$，如图 7-33 所示，其中 L 为

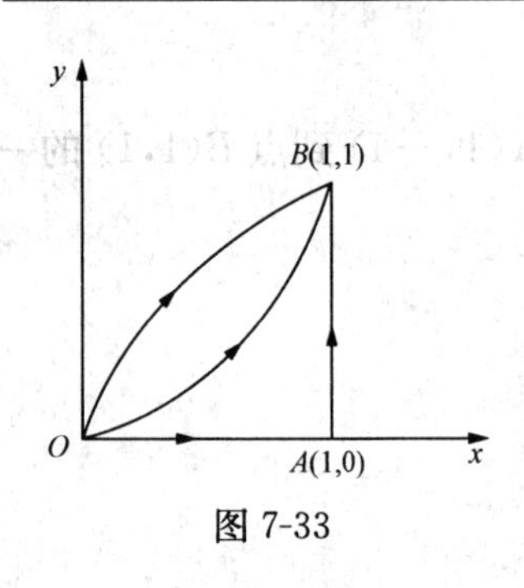

图 7-33

（1）在抛物线 $y=x^2$ 上，从点 $O(0,0)$ 到点 $B(1,1)$ 的一段弧；

（2）在抛物线 $x=y^2$ 上，从点 $O(0,0)$ 到点 $B(1,1)$ 的一段弧；

（3）有向折线段 OAB.

解 （1）化为对 x 的定积分 $L:y=x^2$, x 自 0 至 1，所以

$$\int_L 2xy\,dx+x^2dy=\int_0^1[2xx^2+x^2(x^2)']dx=4\int_0^1 x^3dx=1.$$

（2）化为对 y 的定积分 $L:x=y^2$, y 自 0 至 1，所以

$$\int_L 2xy\,dx+x^2dy=\int_0^1[2y^2y(y^2)'+(y^2)^2]dy=5\int_0^1 y^4dy=1.$$

（3）$\int_{OAB}2xy\,dx+x^2dy=\int_{OA}2xy\,dx+x^2dy+\int_{AB}2xy\,dx+x^2dy$.

在 OA 上 $y=0$, x 自 0 至 1，所以

$$\int_{OA}2xy\,dx+x^2dy=\int_0^1(2x\cdot 0+x^2\cdot 0)dx=0.$$

在 AB 上 $x=1$, y 自 0 至 1，所以

$$\int_{AB}2xy\,dx+x^2dy=\int_0^1(2y\cdot 0+1)dy=1;$$

于是
$$\int_{OAB}2xy\,dx+x^2dy=0+1=1.$$

由例题可见，虽然沿积分弧段的路径不同，但是所求曲线积分的值可以相等．我们很自然地会问，函数 $P(x,y)$, $Q(x,y)$ 满足什么条件时，对坐标的曲线积分 $\int_L P(x,y)dx+Q(x,y)dy$ 只与积分弧段 L 的起点和终点有关，而与积分路径无关？下面将解决这一问题。

三、格林公式

首先，我们介绍类似于牛顿—莱布尼茨公式的一个重要关系式——格林公式．它阐明了平面区域 D 上的二重积分与沿区域 D 边界的曲线积分之间的关系.

1. 格林公式

微积分基本定理——牛顿—莱布尼茨公式确立了函数 $f(x)$ 在闭区间 $[a,b]$ 上定积分与它的原函数 $F(x)$ 在这个区间端点值的差运算关系．平面区域 D 上的二重积分与沿区域 D 边界曲线 L 的曲线积分之间有类似的关系.

首先我们规定区域 D 边界曲线 L 的正方向：当观察者沿着曲线 L 的某个方向行走时，区域 D 总在其左侧，则该方向即为曲线 L 的正向.

定理 7.3.3 设平面闭区域 D 是由分段光滑曲线 L 所围成，函数 $P(x,y)$、$Q(x,y)$ 在区域 D 上具有一阶连续偏导数，则有

$$\oint_L P\,dx+Q\,dy=\iint_D\left(\frac{\partial Q}{\partial x}-\frac{\partial P}{\partial y}\right)dxdy \tag{7-9}$$

成立．这里曲线积分的积分弧段 L 是按正向取的.

公式（7-9）叫做格林公式．只要按曲线积分和二重积分的计算方法，分别将它们化为定积分即可证明．利用格林公式，平面区域的面积也可以用曲线积分来计算．在公式（1）

中，取 $P=-y, Q=x$，便得

$$\oint_L x\,\mathrm{d}y-y\,\mathrm{d}x=2\iint_D \mathrm{d}x\mathrm{d}y.$$

从而，区域 D 的面积 A 为

$$A=\iint_D \mathrm{d}x\mathrm{d}y=\frac{1}{2}\oint_L x\,\mathrm{d}y-y\,\mathrm{d}x. \tag{7-10}$$

【例 7-21】 求椭圆 $x=a\cos t, y=b\sin t$ 所围成区域的面积 A.

解 由公式（7-10），有

$$A=\frac{1}{2}\oint_L x\,\mathrm{d}y-y\,\mathrm{d}x=\frac{1}{2}\int_0^{2\pi}(ab\cos^2 t+ab\sin^2 t)\mathrm{d}t=\frac{1}{2}ab\int_0^{2\pi}\mathrm{d}t=\pi ab.$$

【例 7-22】 计算 $\oint_L x^2y\,\mathrm{d}x+y^3\,\mathrm{d}y$，其中 L 是由曲线 $y^3=x^2$ 与直线 $y=x$ 连接起来的正向闭合曲线（见图 7-34）.

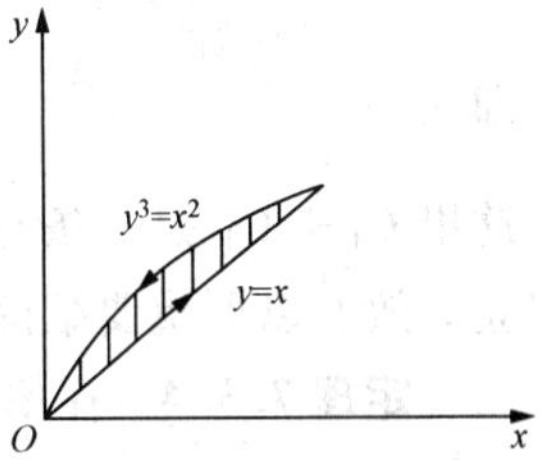

图 7-34

解 利用格林公式把闭回路曲线积分转化为二重积分来计算. 这里

$P=x^2y, Q=y^3$，　于是有

$$\frac{\partial Q}{\partial x}-\frac{\partial P}{\partial y}=-x^2,$$

又区域 D 的不等式组表示为 $\begin{cases}0\leqslant x\leqslant 1\\ x\leqslant y\leqslant x^{\frac{2}{3}}\end{cases}$，所以由公式（7-9），有

$$\begin{aligned}\oint_L x^2y\,\mathrm{d}x+y^3\,\mathrm{d}y&=\iint_D(-x^2)\mathrm{d}x\mathrm{d}y=\int_0^1\mathrm{d}x\int_x^{x^{\frac{2}{3}}}(-x^2)\mathrm{d}y=-\int_0^1 x^2(x^{\frac{2}{3}}-x)\mathrm{d}x\\&=-\int_0^1(x^{\frac{8}{3}}-x^3)\mathrm{d}x=-\left(\frac{3}{11}x^{\frac{11}{3}}-\frac{1}{4}x^4\right)\Big|_0^1\\&=-\left(\frac{3}{11}-\frac{1}{4}\right)=-\frac{1}{44}.\end{aligned}$$

2. 平面上曲线积分与路径无关的条件

（1）平面单连通区域. 设 D 为平面区域，如果 D 内任一闭曲线所围的部分都属于 D，则称 D 为平面单连通区域，否则称为复连通区域. 直观地说，单连通区域就是不含有“洞”的区域.

例如，平面上的圆形区域 $\{(x,y)\mid x^2+y^2<1\}$、上半平面 $\{(x,y)\mid y>0\}$ 都是单连通区域；环形区域 $\{(x,y)\mid 1<x^2+y^2<4\}$、$\{(x,y)\mid 0<x^2+y^2<1\}$ 都是复连通区域.

（2）曲线积分与路径无关. 我们研究曲线积分与路径无关的条件，先要明确曲线积分 $\int_L P\mathrm{d}x+Q\mathrm{d}y$ 与路径无关的具体意义.

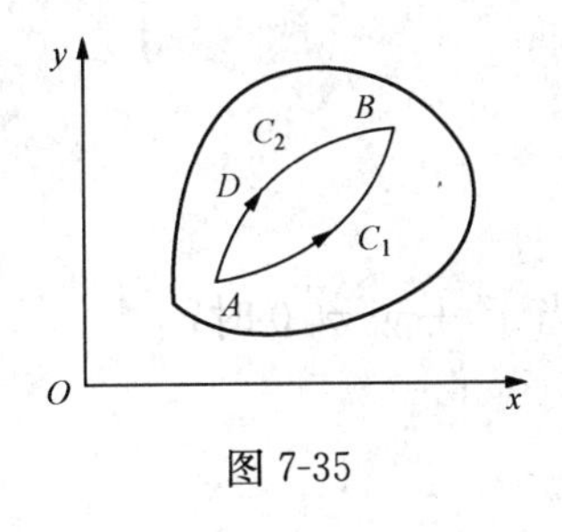

图 7-35

设 D 是一个单连通区域，$P(x,y)$ 及 $Q(x,y)$ 在区域 D 内具有一阶连续偏导数. 如果对于 D 内任意指定的两点 A、B 以及 D 内从点 A 到点 B 的任意两条曲线 C_1, C_2（见图 7-35），等式

$$\int_{C_1}P\mathrm{d}x+Q\mathrm{d}y=\int_{C_2}P\mathrm{d}x+Q\mathrm{d}y$$

恒成立，则说曲线积分 $\int_L P\mathrm{d}x+Q\mathrm{d}y$ 在 D 内与路径无关，否则便说与路径有关.

由以上叙述可知，当曲线积分$\int_L P\mathrm{d}x+Q\mathrm{d}y$在$D$内与路径无关时，有

$$\int_{C_1} P\mathrm{d}x+Q\mathrm{d}y=\int_{C_2} P\mathrm{d}x+Q\mathrm{d}y,$$

又

$$\int_{C_2} P\mathrm{d}x+Q\mathrm{d}y=-\int_{C_2^-} P\mathrm{d}x+Q\mathrm{d}y,$$

所以

$$\int_{C_1} P\mathrm{d}x+Q\mathrm{d}y+\int_{C_2^-} P\mathrm{d}x+Q\mathrm{d}y=0$$

即

$$\oint_{C_1+C_2^-} P\mathrm{d}x+Q\mathrm{d}y=0.$$

这里$C_1+C_2^-$是一条有向闭曲线，C_2^-为从B到A的方向（见图 7-35）. 上述推导，反之也成立．故有以下重要结论.

定理 7.3.4 在单连通区域D内曲线积分与路径无关，等价于：沿D内任意闭曲线的曲线积分等于零.

定理 7.3.5 数$P(x,y)$，$Q(x,y)$在单连通区域D内具有一阶连续偏导数，L是D内的曲线，则曲线积分$\int_L P\mathrm{d}x+Q\mathrm{d}y$与路径无关的充要条件是

$$\frac{\partial P}{\partial y}=\frac{\partial Q}{\partial x}$$

在D内恒成立.

证明 充分性 在D内任意作一条闭曲线C，设C围成的区域为G．因为D是单连通区域，所以G在D内．又函数$P(x,y)$，$Q(x,y)$在G内满足格林公式的条件，故在G上由$\frac{\partial P}{\partial y}=\frac{\partial Q}{\partial x}$得

$$\oint_C P\mathrm{d}x+Q\mathrm{d}y=\iint_G\left(\frac{\partial Q}{\partial x}-\frac{\partial P}{\partial y}\right)\mathrm{d}x\mathrm{d}y=\iint_G 0\cdot\mathrm{d}x\mathrm{d}y=0.$$

条件的必要性证明从略.

［例 7-17］中的曲线积分$\int_L 2xy\mathrm{d}x+x^2\mathrm{d}y$沿三条不同的路径积分值相等，其原因就是满足条件$\frac{\partial P}{\partial y}=\frac{\partial Q}{\partial x}=2x$.

利用曲线积分与路径无关计算时，一般取与积分弧段有相同起点和终点的简便路径来计算.

【例 7-23】 计算$\int_L\frac{(x+y)\mathrm{d}x-(x-y)\mathrm{d}y}{x^2+y^2}$，其中$L$为

(1) 不包含也不通过原点的闭曲线（见图 7-36）；

(2) 以$(1,0)$为起点，$(2,2)$为终点的任何有向简单曲线.

解 因为$P(x,y)=\frac{x+y}{x^2+y^2}$，$Q(x,y)=-\frac{x-y}{x^2+y^2}$，所以当$x^2+y^2\neq0$时，

$$\frac{\partial P}{\partial y}=\frac{\partial Q}{\partial x}=\frac{x^2-2xy-y^2}{(x^2+y^2)^2}.$$

(1) 由于在 L 围成的单连通区域内有 $\dfrac{\partial P}{\partial y}=\dfrac{\partial Q}{\partial x}$，于是

$$\int_L \frac{(x+y)\mathrm{d}x-(x-y)\mathrm{d}y}{x^2+y^2}=0\text{。}$$

(2) 因为曲线积分与路径无关，所以采用平行于坐标轴的折线路径，即点 (1,0) 沿 x 轴到点 (2,0)，再沿平行于 y 轴的直线 $x=2$ 到点 (2,2)（见图 7-37），于是

$$\begin{aligned}\int_L \frac{(x+y)\mathrm{d}x-(x-y)\mathrm{d}y}{x^2+y^2}&=\int_1^2\frac{\mathrm{d}x}{x}-\int_0^2\frac{2-y}{4+y^2}\mathrm{d}y=\ln x\Big|_1^2-\left[\arctan\frac{y}{2}-\frac{1}{2}\ln(4+y^2)\right]\Big|_0^2\\&=\ln 2-\left[\arctan 1-\frac{1}{2}\ln 8+\frac{1}{2}\ln 4\right]\\&=\frac{3}{2}\ln 2-\frac{\pi}{4}.\end{aligned}$$

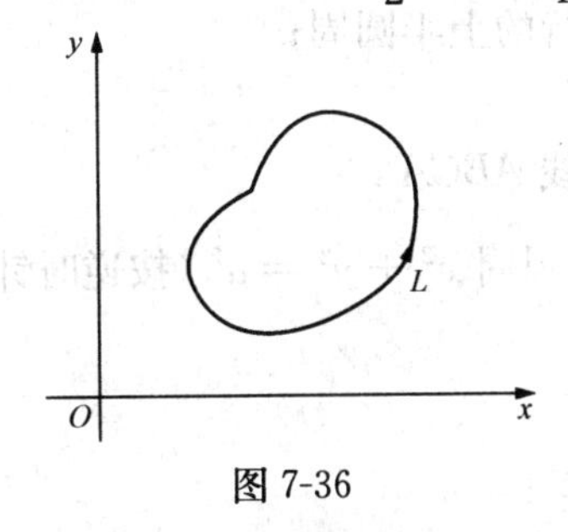

图 7-36

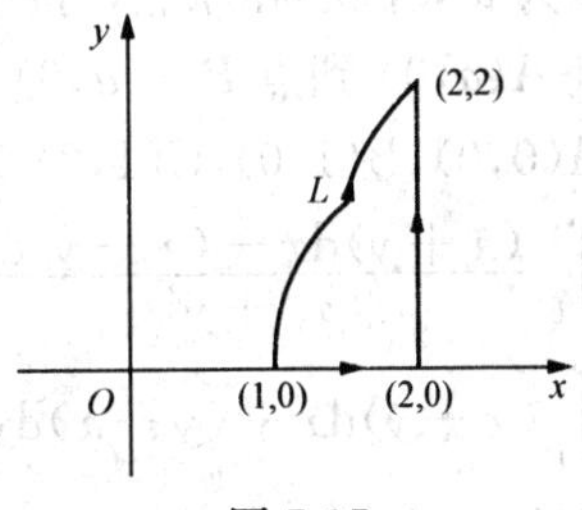

图 7-37

【例 7-24】 计算 $I=\int_L(\mathrm{e}^y+x)\mathrm{d}x+(x\mathrm{e}^y-2y)\mathrm{d}y$，其中 L 为通过三点 (0,0)，(0,1) 和 (1,2) 的圆周弧段（见图 7-38）.

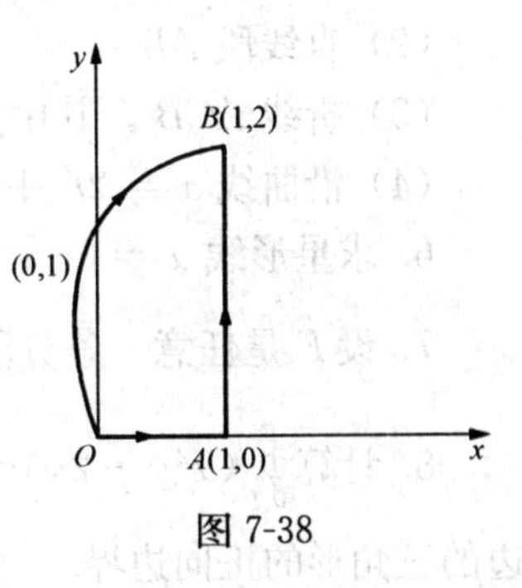

图 7-38

解 因为 $P(x,y)=\mathrm{e}^y+x,Q(x,y)=x\mathrm{e}^y-2y$， 所以

$$\frac{\partial P}{\partial y}=\frac{\partial Q}{\partial x}=\mathrm{e}^y.$$

于是积分与路径无关．采用平行于坐标轴的折线 OAB 为积分路径，有

$$\begin{aligned}I&=\int_{OA}(\mathrm{e}^y+x)\mathrm{d}x+(x\mathrm{e}^y-2y)\mathrm{d}y+\int_{AB}(\mathrm{e}^y+x)\mathrm{d}x+(x\mathrm{e}^y-2y)\mathrm{d}y\\&=\int_0^1(1+x)\mathrm{d}x+\int_0^2(\mathrm{e}^y-2y)\mathrm{d}y=\mathrm{e}^2-\frac{7}{2}.\end{aligned}$$

A 组

1. 计算下列曲线积分.

(1) $\int_L y\mathrm{d}s$，其中 L 是抛物线 $y^2=2x$ 上点 (2,2) 与点 (2,－2) 之间的一段弧.

(2) $\int_L (x+y)\mathrm{d}s$，其中 L 为连接点 $(1,0)$ 与点 $(0,1)$ 的一直线段.

(3) $\oint_L \sqrt{x^2+y^2}\mathrm{d}s$，其中 L 是圆周 $x^2+y^2=ax$.

(4) $\oint_L \sqrt{y}\mathrm{d}s$，其中 L 是抛物线 $y=x^2$，直线 $x=1$ 与 x 轴所围成的曲边三角形的整个边界.

2. 计算 $\int_L (x+y)\mathrm{d}x$，其中 L 为沿抛物线 $y=x^2$ 上从点 $O(0,0)$ 到点 $A(2,4)$ 的一段弧，再沿直线 $x=2$ 由点 $A(2,4)$ 到点 $B(2,0)$.

3. 计算 $\int_L x\mathrm{d}y-y\mathrm{d}x$，其中 L 为

(1) 半径为 a，圆心在原点，按逆时针方向绕行的上半圆周；

(2) 从点 $A(a,0)$ 到点 $B(-a,0)$ 的直线段；

(3) 以 $A(0,0),B(1,0),C(1,2)$ 为顶点的闭折线 $ABCA$.

4. 计算 $\oint_L \dfrac{(x+y)\mathrm{d}x-(x-y)\mathrm{d}y}{x^2+y^2}$，其中 L 为圆周 $x^2+y^2=a^2$（按逆时针方向绕行）.

5. 计算 $\int_L (x+y)\mathrm{d}x+(y-x)\mathrm{d}y$，其中 L 为

(1) 沿抛物线 $y^2=x$ 从点 $A(1,1)$ 到点 $B(4,2)$；

(2) 直线段 AB；

(3) 折线 ACB，其中点 $C(1,2)$；

(4) 沿曲线 $x=2t^2+t+1$，$y=t^2+1$ 从点 A 到点 B.

6. 求星形线 $x=a\cos^3 t$，$y=a\sin^3 t(0\leqslant t\leqslant 2\pi)$ 围成平面图形的面积 A.

7. 设 L 是任意一条分段光滑的闭曲线，验证 $\oint_L xy^2\mathrm{d}x+x^2y\mathrm{d}y=0$.

8. 计算 $\oint_L (x^2y-2y)\mathrm{d}x+\left(\frac{1}{3}x^3-x\right)\mathrm{d}y$，其中 L 为以直线 $x=1,y=x$ 及 $y=2x$ 为边的三角形的正向边界.

9. 证明下列曲线积分在整个 xoy 面内与路径无关，并求积分值.

(1) $\int_{(1,1)}^{(2,3)}(x+y)\mathrm{d}x+(x-y)\mathrm{d}y$；

(2) $\int_{(1,0)}^{(2,1)}(2xy-y^4+3)\mathrm{d}x+(x^2-4xy^3)\mathrm{d}y$.

B　组

1. 计算 $\int_L \sqrt{y}\mathrm{d}s$，其中 L 为摆线弧 $x=a(t-\sin t),y=a(1-\cos t)$ 的一拱.

2. 计算 $\int_L y^2\mathrm{d}x$，其中 L 为

(1) 半径为 a、圆心为原点、按逆时针方向绕行的上半圆周；

(2) 从点 $A(a,0)$ 沿 x 轴到点 $B(-a,0)$ 的直线段.

3. 有一质量为 m 的质点受重力作用在铅直平面上沿某一曲线弧从点 A 移动到点 B，求

重力所作的功.

4. 计算$\oint_L (x^2+y)\mathrm{d}x-(x-y^2)\mathrm{d}y$，$L$ 为 $|x|+|y|=1$ 的正向闭曲线.

5. 计算$\oint_L (2xy^3-y^2\cos x)\mathrm{d}x+(1-2y\sin x+3x^2y^2)\mathrm{d}y$，$L$ 为在抛物线 $2x=\pi y^2$ 上点 $(0,0)$ 到 $\left(\frac{\pi}{2},1\right)$ 的一段弧.

6. 计算$\iint_D e^{-y^2}\mathrm{d}x\mathrm{d}y$，其中 D 是以 $O(0,0)$，$A(1,1)$，$B(0,1)$ 为顶点的三角形闭区域.

*第四节 曲 面 积 分

【学习目标】

1. 能表述曲面积分（对面积、对坐标）的定义.
2. 了解曲面积分的性质.
3. 会求简单函数的曲面重积分（对面积、对坐标）.

我们在这一节里讨论的曲面总假定是光滑的或分片光滑的．所谓曲面是光滑的，就是指曲面在每一点都有切平面，并且切平面随着曲面上点的连续移动而连续转动．曲面是分片光滑的，是指曲面是由有限片光滑曲面合成的.

类似于曲线积分，曲面积分也分为对面积的曲面积分与对坐标的曲面积分.

一、对面积的曲面积分

1. 对面积的曲面积分的概念

如果我们对“求曲线构件的质量问题”中的曲线改为曲面，线密度 $\rho(x,y)$ 改为面密度 $\rho(x,y,z)$，小段弧长 $\mathrm{d}s$ 改为小块曲面的面积 $\mathrm{d}S$，于是在面密度 $\rho(x,y,z)$ 连续的前提下，得到曲面的质量微元素 $\mathrm{d}M$，即

$$\mathrm{d}M=\rho(x,y,z)\mathrm{d}S,$$

将其在曲面 Σ 上积分得到曲面质量

$$M=\iint_{\Sigma}\rho(x,y,z)\mathrm{d}S.$$

下面给出对面积的曲面积分的严格定义.

定义 7.4.1 设函数 $f(x,y,z)$ 在光滑曲面 Σ 上连续，把 Σ 任意分割成 n 块小块曲面 $\Delta S_i(i=1,2,\cdots,n)$，$\Delta S_i$ 也表示第 i 小块曲面的面积．在 ΔS_i 上任取一点 (ξ_i,η_i,ζ_i)，作和式 $\sum\limits_{i=1}^{n}f(\xi_i,\eta_i,\zeta_i)\Delta S_i$．当各小块曲面直径（曲面上任意两点间距离最大者）中的最大值 λ 趋于零时，上述和式的极限叫做函数 $f(x,y,z)$ 在曲面 Σ 上对面积的曲面积分，记为 $\iint_{\Sigma}f(x,y,z)\mathrm{d}S$，即

$$\iint\limits_{\Sigma} f(x,y,z)\mathrm{d}S = \lim_{\lambda\to 0}\sum_{i=1}^{n} f(\xi_i,\eta_i,\zeta_i)\,,$$

其中 $f(x,y,z)$ 叫做被积函数，Σ 叫做积分曲面，$\mathrm{d}S$ 叫做曲面面积元素.

由上述定义可知，对面积的曲面积分与对弧长的曲线积分有类似的性质．例如，当 $f(x,y,z)\equiv 1$ 时，曲面积分就是曲面Σ的面积 S，即

$$S=\iint\limits_{\Sigma}\mathrm{d}S\,.$$

又如当曲面Σ是分片光滑的，若它可以分成两片光滑曲面Σ_1及Σ_2（记为$\Sigma_1+\Sigma_2$），则有

$$\iint\limits_{\Sigma_1+\Sigma_2} f(x,y,z)\mathrm{d}S=\iint\limits_{\Sigma_1} f(x,y,z)\mathrm{d}S+\iint\limits_{\Sigma_2} f(x,y,z)\mathrm{d}S.$$

如果Σ是闭曲面，通常用 $\displaystyle\oiint\limits_{\Sigma} f(x,y,z)\mathrm{d}S$ 表示.

2. 对面积的曲面积分的计算

定理 7.4.1 设积分曲面Σ由 $z=z(x,y)$ 表示，Σ在 xoy 面上的投影区域为 D_{xy}（见图 7-39），函数 $z=z(x,y)$ 在 D_{xy} 上有连续一阶偏导数，被积函数 $f(x,y,z)$ 在Σ上连续，则有

$$\iint\limits_{\Sigma} f(x,y,z)\mathrm{d}S=\iint\limits_{D_{xy}} f[x,y,z(x,y)]\sqrt{1+z_x'^2+z_y'^2}\,\mathrm{d}x\mathrm{d}y\,.$$

如果积分曲面Σ由方程 $x=x(y,z)$ 或 $y=y(z,x)$ 给出，也可以类似地把对面积的曲面积分化为相应的二重积分.

【例 7-25】 计算曲面积分 $\displaystyle\iint\limits_{\Sigma}\frac{1}{z^3}\mathrm{d}S$，其中$\Sigma$是球面 $x^2+y^2+z^2=a^2$ 被平面 $z=h(0<h<a)$ 截出的球冠（见图 7-40）.

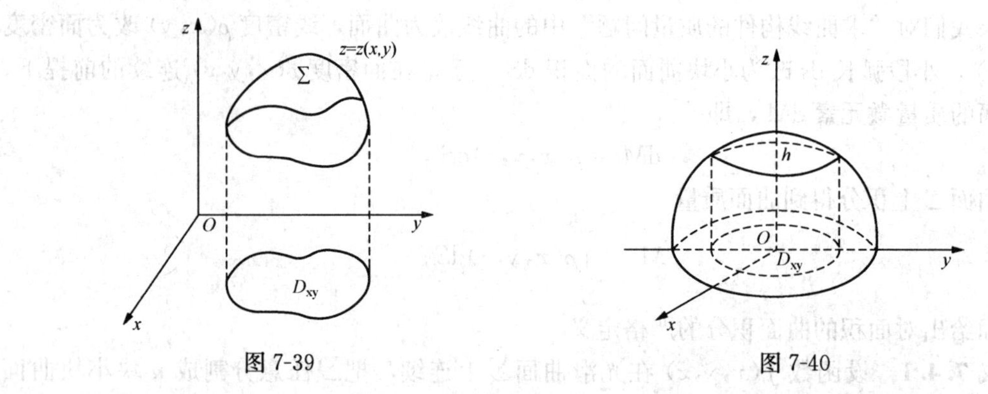

图 7-39　　图 7-40

解 Σ的方程为 $z=\sqrt{a^2-x^2-y^2}$．它在 xoy 面上的投影区域 D_{xy} 为圆形闭区域：$x^2+y^2\leqslant a^2-h^2$．因为 $z_x'=(\sqrt{a^2-x^2-y^2})_x'=\dfrac{-x}{\sqrt{a^2-x^2-y^2}}$，$z_y'=\dfrac{-y}{\sqrt{a^2-x^2-y^2}}$，所以

$\sqrt{1+z_x'^2+z_y'^2}=\sqrt{1+\dfrac{x^2+y^2}{a^2-x^2-y^2}}=\dfrac{\sqrt{a^2}}{\sqrt{a^2-x^2-y^2}}=\dfrac{a}{\sqrt{a^2-x^2-y^2}}$，由定理 7.4.1 所给的计算公式，得

$$\iint_{\Sigma}\frac{1}{z^3}\mathrm{d}S=\iint_{D_{xy}}\frac{1}{(a^2-x^2-y^2)^{\frac{3}{2}}}\cdot\frac{a}{\sqrt{a^2-x^2-y^2}}\mathrm{d}x\mathrm{d}y=\iint_{D_{xy}}\frac{a}{(a^2-x^2-y^2)^2}\mathrm{d}x\mathrm{d}y$$

$$=a\int_0^{2\pi}\mathrm{d}\theta\int_0^{\sqrt{a^2-h^2}}\frac{r}{(a^2-r^2)^2}\mathrm{d}r=-\frac{a}{2}\int_0^{2\pi}\mathrm{d}\theta\int_0^{\sqrt{a^2-h^2}}\frac{r}{(a^2-r^2)^2}\mathrm{d}(a^2-r^2)$$

$$=\frac{a}{2}(2\pi-0)\left[\frac{1}{(a^2-r^2)^2}\right]_0^{\sqrt{a^2-h^2}}=a\pi\left(\frac{1}{h^2}-\frac{1}{a^2}\right)=\frac{\pi(a^2-h^2)}{ah^2}.$$

二、对坐标的曲面积分

1. 对坐标的曲面积分的概念

类似对坐标的曲线积分要考虑曲线的方向——有向曲线，我们先介绍有向曲面的概念.

所谓有向曲面是指规定了曲面的正侧的曲面．曲面的正侧是由法向量的指向来规定的．对方程 $z=f(x,y)$ 所表示的曲面，我们规定曲面上法向量指向朝上为曲面的正侧（或上侧）；对封闭曲面，规定曲面上法向量指向朝外为曲面的正侧（或外侧）.

下面讨论流向曲面指定一侧的流量的例子，然后引进对坐标的曲面积分的概念.

【例 7-26】 设稳定流动（速度与时间无关）的不可压缩流体（密度为常量，设为 1）的速度是

$$\vec{v}=P(x,y,z)\vec{i}+Q(x,y,z)\vec{j}+R(x,y,z)\vec{k},$$

Σ 是流体经过的那部分空间中的一块有向光滑曲面，函数 P,Q,R 在曲面 Σ 上连续，求单位时间内流向 Σ 指定一侧的流量 Φ.

解 我们知道，当 Σ 为平面，面积为 S（见图 7-41），$\vec{v}$ 为常向量，$\theta=(\widehat{\vec{n},\vec{v}})$，则沿平面 Σ 法向量 $\vec{n}$ 方向一侧的流量

$$\Phi=|\vec{v}|\cos\theta\cdot S=|\vec{v}||\vec{n}|\cos(\vec{v},\vec{n})S=(\vec{v}\cdot\vec{n})S=\vec{v}\cdot\vec{S}$$

现在 Σ 为曲面，速度 $\vec{v}=\vec{v}(x,y,z)$ 是变向量，且 Σ 上各个点处的法向量的方向也不一样（见图 7-42）．类似前面积分的微元素法，取 Σ 的面积元素 $\mathrm{d}S$，在 $\mathrm{d}S$ 上任意一点 (x,y,z) 处，Σ 的单位法向量为 $\vec{n}^\circ=\{\cos\alpha,\cos\beta,\cos\gamma\}$，且可将 $\vec{v}$ 看着常向量，得到流量元素

$$\mathrm{d}\Phi=|\vec{v}|\cos\theta\mathrm{d}S=(\vec{v}\cdot\vec{n}^\circ)\mathrm{d}S=\vec{v}\cdot\mathrm{d}\vec{S}，其中记\vec{n}\cdot\mathrm{d}s=\mathrm{d}\vec{s}$$

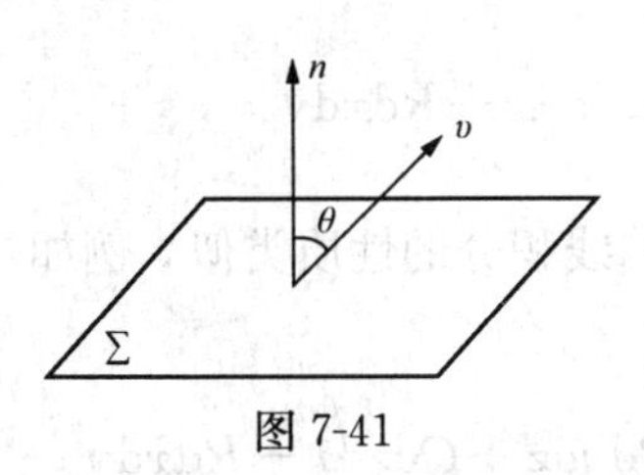

图 7-41

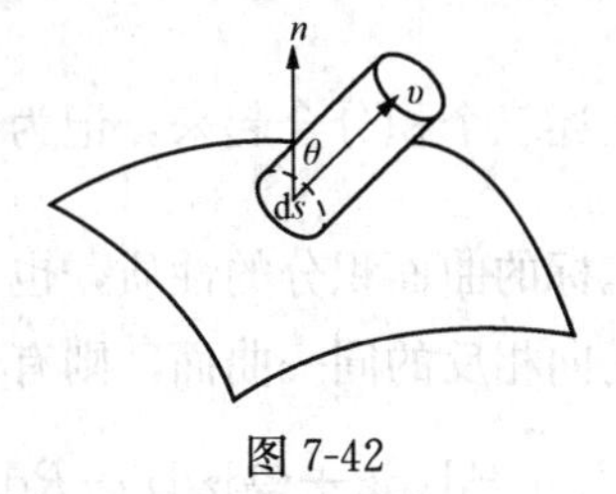

图 7-42

将流量元素在曲面 Σ 上积分，得流体在单位时间内流过曲面 Σ 的流量

$$\Phi=\iint_{\Sigma}\mathrm{d}\Phi=\iint_{\Sigma}\vec{v}\cdot\mathrm{d}\vec{S},$$

其中 $\mathrm{d}\vec{S}=\{\cos\alpha\mathrm{d}S,\cos\beta\mathrm{d}S,\cos\gamma\mathrm{d}S\}$，故

$$\Phi=\iint_{\Sigma}P\cos\alpha\mathrm{d}S+Q\cos\beta\mathrm{d}S+R\cos\gamma\mathrm{d}S.$$

因为α，β，γ分别是点(x,y,z)处的法向量$\vec{n}$与x轴，y轴，z轴的夹角，所以$\cos\alpha dS$是dS在yoz坐标面上的投影，记为$dydz$；$\cos\beta dS$是dS在zox坐标面上的投影，记为$dzdx$；$\cos\gamma dS$是dS在xoy坐标面上的投影，记为$dxdy$；即$d\vec{S}=\{dydz,dzdx,dxdy\}$．因此，上述所求的流量通常写成

$$\Phi=\iint_{\Sigma}P dydz+Q dzdx+R dxdy .$$

由此可见，所求流量的数学模型是一个对坐标的曲面积分．下面给出对坐标的曲面积分的一般定义.

定义 7.4.2 设函数$R(x,y,z)$在光滑有向曲面Σ上连续，把Σ任意分割成n块小曲面ΔS_i（它也表示该小曲面的面积），其在xoy坐标面上的投影区域的面积记为$(\Delta S_i)_{xy}$，规定符号如下：当ΔS_i的法向量与z轴正向成锐角时，$(\Delta S_i)_{xy}$为正；当ΔS_i的法向量与z轴正向成钝角时，$(\Delta S_i)_{xy}$为负．在ΔS_i上任意取一点(ξ_i,η_i,ζ_i)作和式

$$\sum_{i=1}^{n}R(\xi_i,\eta_i\zeta_i)(\Delta S_i)_{xy} .$$

当ΔS_i的最大直径$\lambda\to 0$时，上述和式的极限叫做函数$R(x,y,z)$在有向曲面Σ上对坐标的曲面积分，记为$\iint_{\Sigma}R(x,y,z)dxdy$，即

$$\iint_{\Sigma}R(x,y,z)dxdy=\lim_{\lambda\to 0}\sum_{i=1}^{n}R(\xi_i,\eta_i,\zeta_i)(\Delta S_i)_{xy} .$$

类似地有

$$\iint_{\Sigma}P(x,y,z)dydz=\lim_{\lambda\to 0}\sum_{i=1}^{n}P(\xi_i,\eta_i,\zeta_i)(\Delta S_i)_{yz} ,$$

$$\iint_{\Sigma}Q(x,y,z)dzdx=\lim_{\lambda\to 0}\sum_{i=1}^{n}Q(\xi_i,\eta_i,\zeta_i)(\Delta S_i)_{zx} ,$$

它们分别叫做函数$P(x,y,z)$,$Q(x,y,z)$在有向曲面Σ上对坐标y,z和对坐标z,x的曲面积分.

通常将上述三个积分合起来，记为$\iint_{\Sigma}P dydz+Q dzdx+R dxdy$.

关于对坐标的曲面积分的性质，也与对坐标的曲线积分的性质类似．例如，用$-\Sigma$表示与曲面Σ的正向相反的同一曲面，则有

$$\iint_{-\Sigma}P dydz+Q dzdx+R dxdy=-\iint_{\Sigma}P dydz+Q dzdx+R dxdy ;$$

如果把Σ分成Σ_1和Σ_2，则有

$$\iint_{\Sigma}P dydz+Q dzdx+R dxdy=\iint_{\Sigma_1}P dydz+Q dzdx+R dxdy+\iint_{\Sigma_2}P dydz+Q dzdx+R dxdy.$$

曲面积分的计算一般是转化为二重积分来计算．而对封闭曲面的曲面积分在一定的条件下，也可以利用高斯（Gauss）公式转化为三重积分计算．以下我们用定理（不加证明）给

出计算公式.

2. 对坐标的曲面积分的计算

定理 7.4.2　设积分曲面Σ是由$z=z(x,y)$表示的曲面的上侧，Σ在xoy面上的投影区域为D_{xy}，函数$z=z(x,y)$在D_{xy}上有连续一阶偏导数，被积函数$R(x,y,z)$在Σ上连续，则有

$$\iint_{\Sigma} R(x,y,z)\mathrm{d}x\mathrm{d}y=\iint_{D_{xy}} R[x,y,z(x,y)]\mathrm{d}x\mathrm{d}y.$$

定理 7.4.2 表明沿曲面Σ上侧的曲面积分，可以化为二元函数$R([x,y,z(x,y)]$在平面区域D_{xy}上的二重积分来计算.

如果指定沿曲面Σ下侧积分（即曲面的法向量指向与z轴正向的夹角为钝角），这时

$$\iint_{\Sigma} R(x,y,z)\mathrm{d}x\mathrm{d}y=-\iint_{D_{xy}} R[x,y,z(x,y)]\mathrm{d}x\mathrm{d}y.$$

类似地有
$$\iint_{\Sigma} P(x,y,z)\mathrm{d}y\mathrm{d}z=\pm\iint_{D_{yz}} P[x(y,z),y,z]\mathrm{d}y\mathrm{d}z,$$

$$\iint_{\Sigma} Q(x,y,z)\mathrm{d}z\mathrm{d}x=\pm\iint_{D_{zx}} Q[x,y(z,x),z]\mathrm{d}z\mathrm{d}x.$$

式中的正负号的选择仿照定理 7.4.2 的取法来确定.

【例 7-27】　计算$\iint_{\Sigma} xyz\,\mathrm{d}x\mathrm{d}y$，其中$\Sigma$是球面$x^2+y^2+z^2=1$在$x\geqslant 0,y\geqslant 0$部分的外侧.

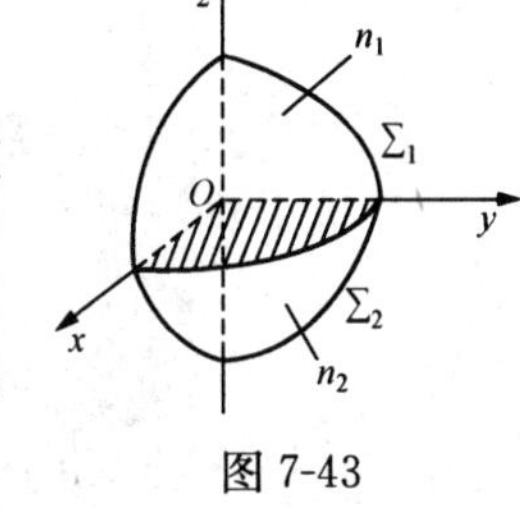

图 7-43

解　先把积分曲面Σ分成Σ_1和Σ_2两部分（见图 7-43）. 其中Σ_1的方程是$z=\sqrt{1-x^2-y^2}$，Σ_2的方程是$z=-\sqrt{1-x^2-y^2}$，从而所求积分化为沿Σ_1上侧及沿Σ_2下侧的曲面积分. 于是

$$\begin{aligned}\iint_{\Sigma} xyz\,\mathrm{d}x\mathrm{d}y&=\iint_{\Sigma_1} xyz\,\mathrm{d}x\mathrm{d}y+\iint_{\Sigma_2} xyz\,\mathrm{d}x\mathrm{d}y\\&=\iint_{D_{xy}} xy\sqrt{1-x^2-y^2}\mathrm{d}x\mathrm{d}y-\iint_{D_{xy}} xy(-\sqrt{1-x^2-y^2})\mathrm{d}x\mathrm{d}y.\\&=2\iint_{D_{xy}} xy\sqrt{1-x^2-y^2}\mathrm{d}x\mathrm{d}y=2\int_0^{\frac{\pi}{2}}\mathrm{d}\theta\int_0^1 r^3\sqrt{1-r^2}\cos\theta\sin\theta\mathrm{d}r=\frac{2}{15}.\end{aligned}$$

3. 高斯（Gauss）公式

定理 7.4.3　设空间区域Ω是由分片光滑的闭曲面Σ所围成的，函数$P(x,y,z)$,$Q(x,y,z)$,$R(x,y,z)$在Ω上具有一阶连续偏导数，则有

$$\iiint_{\Omega}\left(\frac{\partial P}{\partial x}+\frac{\partial Q}{\partial y}+\frac{\partial R}{\partial z}\right)\mathrm{d}V=\oiint_{\Sigma} P\mathrm{d}y\mathrm{d}z+Q\mathrm{d}z\mathrm{d}x+R\mathrm{d}x\mathrm{d}y,$$

其中曲面积分取在闭曲面Σ的外侧.

容易看出，高斯公式与牛顿－莱布尼茨公式、格林公式类似，它表达了空间区域上三重积分与其边界曲面上的曲面积分之间的关系.

【例 7-28】 计算 $\oiint\limits_{\Sigma}(x-y)\mathrm{d}x\mathrm{d}y+(y-z)x\mathrm{d}y\mathrm{d}z$，其中$\Sigma$为柱面 $x^2+y^2=1$ 及平面 $z=0$，$z=3$ 所围成空间闭区域Ω的整个边界曲面的外侧（见图 7-44）.

解 因为，$P=(y-z)x,Q=0,R=x-y$，

$$\frac{\partial P}{\partial x}=y-z,\frac{\partial Q}{\partial y}=0,\frac{\partial R}{\partial z}=0,$$

所以利用高斯公式把所求曲面积分化为三重积分，再利用柱面坐标计算三重积分，有

$$\begin{aligned}\oiint\limits_{\Sigma}(x-y)\mathrm{d}x\mathrm{d}y+(y-z)x\mathrm{d}y\mathrm{d}z&=\iiint\limits_{\Omega}(y-z)\mathrm{d}x\mathrm{d}y\mathrm{d}z\\&=\iiint\limits_{\Omega}(r\sin\theta-z)r\mathrm{d}r\mathrm{d}\theta\mathrm{d}z\\&=\int_0^{2\pi}\mathrm{d}\theta\int_0^1 r\mathrm{d}r\int_0^3(r\sin\theta-z)\mathrm{d}z=-\frac{9\pi}{2}.\end{aligned}$$

【例 7-29】 计算 $\iint\limits_{\Sigma}x^2\mathrm{d}y\mathrm{d}z+y^2\mathrm{d}z\mathrm{d}x+z^2\mathrm{d}x\mathrm{d}y$，其中积分曲面$\Sigma$是锥面 $x^2+y^2=z^2(0\leqslant z\leqslant h)$ 的外侧.

解 作辅助平面 $z=h$，则它与锥面 $x^2+y^2=z^2$ 围成一个锥体Ω（见图 7-45），Ω的边界曲面由锥面Σ及锥体底面Σ_1：$z=h$ 所组成.

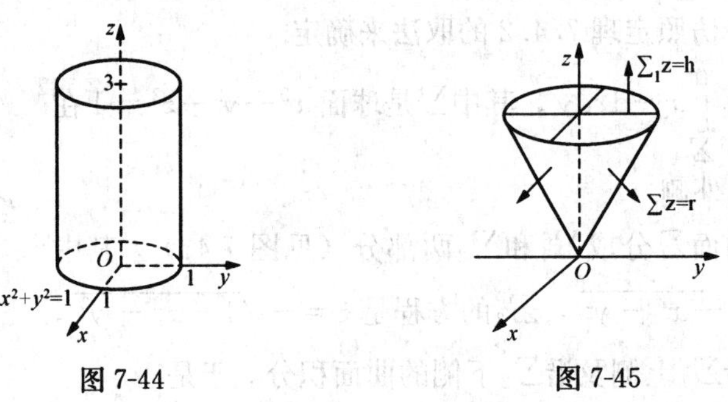

图 7-44　　　　图 7-45

设 $P=x^2,Q=y^2,R=z^2$，则 $\frac{\partial P}{\partial x}+\frac{\partial Q}{\partial y}+\frac{\partial R}{\partial z}=2(x+y+z)$，

由高斯公式得

$$\begin{aligned}\oiint\limits_{\Sigma+\Sigma_1}x^2\mathrm{d}y\mathrm{d}z+y^2\mathrm{d}z\mathrm{d}x+z^2\mathrm{d}x\mathrm{d}y&=2\iiint\limits_{\Omega}(x+y+z)\mathrm{d}V\\&=2\int_0^{2\pi}\mathrm{d}\theta\int_0^h r\mathrm{d}r\int_0^h[r(\cos\theta+\sin\theta)+z]\mathrm{d}z=\frac{\pi}{2}h^4.\end{aligned}$$

而
$$\iint\limits_{\Sigma_1}x^2\mathrm{d}y\mathrm{d}z+y^2\mathrm{d}z\mathrm{d}x+z^2\mathrm{d}x\mathrm{d}y=\iint\limits_{D_{xy}}h^2\mathrm{d}x\mathrm{d}y=\pi h^4.$$

故

$$\iint\limits_{\Sigma}x^2\mathrm{d}y\mathrm{d}z+y^2\mathrm{d}z\mathrm{d}x+z^2\mathrm{d}x\mathrm{d}y=\frac{\pi}{2}h^4-\iint\limits_{\Sigma_1}x^2\mathrm{d}y\mathrm{d}z+y^2\mathrm{d}z\mathrm{d}x+z^2\mathrm{d}x\mathrm{d}y=\frac{\pi}{2}h^4-\pi h^4=-\frac{\pi}{2}h^4.$$

习题7-4

A　组

1. 求抛物面 $z=\frac{1}{2}(x^2+y^2)(0\leqslant z\leqslant 1)$ 的质量（面密度 $\rho(x,y,z)=z$）.

2. 计算曲面积分 $\iint\limits_{\Sigma}\frac{1}{z}\mathrm{d}S$，其中 Σ 是球面 $x^2+y^2+z^2=1$ 被平面 $z=\frac{1}{2}$ 截出的球冠部分.

3. 计算 $\oiint\limits_{\Sigma}(y-z)\mathrm{d}y\mathrm{d}z+(z-x)\mathrm{d}z\mathrm{d}x+(x-y)\mathrm{d}x\mathrm{d}y$，其中 Σ 为锥面 $x^2+y^2=z^2(0\leqslant z\leqslant h)$ 的外侧.

4. 计算 $\iint\limits_{\Sigma}x^2\mathrm{d}y\mathrm{d}z+y^2\mathrm{d}z\mathrm{d}x+z^2\mathrm{d}x\mathrm{d}y$，其中 Σ 是长方体 Ω 的整个表面的外侧，$\Omega=\{(x,y,z)\mid 0\leqslant x\leqslant a,0\leqslant y\leqslant b,0\leqslant z\leqslant c\}$.

5. 利用高斯公式计算 $\oiint\limits_{\Sigma}(x^3-yz)\mathrm{d}y\mathrm{d}z-2x^2y\mathrm{d}z\mathrm{d}x+z\mathrm{d}x\mathrm{d}y$，其中 Σ 为坐标面和平面 $x=a,y=a,z=a(a>0)$ 围成的正方体表面的外侧.

B　组

1. 计算 $\oiint\limits_{\Sigma}xyz\mathrm{d}S$，其中 Σ 为平面 $x=0$, $y=0$, $z=0$ 及 $x+y+z=1$ 所围成的四面体的整个边界曲面.

2. 计算 $\oiint\limits_{\Sigma}\frac{\mathrm{e}^z}{\sqrt{x^2+y^2}}\mathrm{d}x\mathrm{d}y$，$\Sigma$ 为锥面 $x^2+y^2=z^2$ 及平面 $z=1$, $z=2$ 围成的立体表面的外侧.

3. 计算 $\oiint\limits_{\Sigma}x\mathrm{d}y\mathrm{d}z+y\mathrm{d}z\mathrm{d}x+z\mathrm{d}x\mathrm{d}y$，其中 Σ 为界于 $z=0,z=3$ 之间的圆柱体 $x^2+y^2\leqslant 9$ 的整个表面的外侧.

本　章　小　结

本章所讨论的二重积分，三重积分，曲线积分和曲面积分都是一元函数定积分概念的推广，它们均为具有一定数学结构的和式的极限，可以用定义在区域 Ω 上的“点函数” $f(P)$ 写成统一的形式

$$\int_{\Omega} f(P)\mathrm{d}V = \lim_{\lambda\to 0}\sum_{i=1}^{n} f(P_i)\Delta V_i .$$

而且这些积分的计算最终都可归结为定积分.

1. 积分的计算方法

(1) 二重积分.

在直角坐标系的计算公式 $\iint_D f(x,y)\mathrm{d}x\mathrm{d}y = \int_a^b \mathrm{d}x\int_{\varphi_1(x)}^{\varphi_2(x)} f(x,y)\mathrm{d}y$.

在极坐标系的计算公式 $\iint_D f(x,y)\mathrm{d}x\mathrm{d}y = \int_\alpha^\beta \mathrm{d}\theta\int_{r_1(\theta)}^{r_2(\theta)} f(r\cos\theta,r\sin\theta)r\mathrm{d}r$.

*(2) 三重积分.

在直角坐标系的计算公式 $\iiint_\Omega f(x,y,z)\mathrm{d}x\mathrm{d}y\mathrm{d}z = \int_a^b \mathrm{d}x\int_{y_1(x)}^{y_2(x)}\mathrm{d}y\int_{z_1(x,y)}^{z_2(x,y)} f(x,y,z)\mathrm{d}z$.

在柱面坐标系的计算公式 $\iiint_\Omega f(x,y,z)\mathrm{d}x\mathrm{d}y\mathrm{d}z = \iiint_\Omega f(r\cos\theta,r\sin\theta,z)r\mathrm{d}r\mathrm{d}\theta\mathrm{d}z$.

在球面坐标系的计算公式

$$\iiint_\Omega f(x,y,z)\mathrm{d}x\mathrm{d}y\mathrm{d}z = \iiint_\Omega f(r\sin\varphi\cos\theta,r\sin\varphi\sin\theta,r\cos\varphi)r^2\sin\varphi\mathrm{d}r\mathrm{d}\varphi\mathrm{d}\theta .$$

*(3) 曲线积分. 对弧长的曲线积分

$$\int_L f(x,y)\mathrm{d}s = \int_\alpha^\beta f[\varphi(t),\psi(t)]\sqrt{\varphi'^2(t)+\psi'^2(t)}\mathrm{d}t ,$$

与曲线的方向无关，α,β 为对应于曲线 L 端点的参数，且 $\alpha<\beta$.

对坐标的曲线积分

$$\int_L P(x,y)\mathrm{d}x + Q(x,y)\mathrm{d}y = \int_\alpha^\beta \{P[\varphi(t),\psi(t)]\varphi'(t) + Q[\varphi(t),\psi(t)]\psi'(t)\}\mathrm{d}t ,$$

与曲线的方向有关，α,β 分别为对应于曲线 L 的起点和终点的参数.

*(4) 曲面积分. 对面积的曲面积分

$$\iint_\Sigma f(x,y,z)\mathrm{d}S = \iint_{D_{xy}} f[x,y,z(x,y)]\sqrt{1+z'^2_x+z'^2_y}\mathrm{d}x\mathrm{d}y ;$$

$$\iint_\Sigma f(x,y,z)\mathrm{d}S = \iint_{D_{yz}} f[x(y,z),y,z]\sqrt{1+x'^2_y+x'^2_z}\mathrm{d}y\mathrm{d}z ;$$

$$\iint_\Sigma f(x,y,z)\mathrm{d}S = \iint_{D_{zx}} f[x,y(x,z),z]\sqrt{1+y'^2_x+y'^2_z}\mathrm{d}z\mathrm{d}x ;$$

对面积的曲面积分与曲面的侧无关.

对坐标的曲面积分

$$\iint_\Sigma R(x,y,z)\mathrm{d}x\mathrm{d}y = \pm\iint_{D_{xy}} R[x,y,z(x,y)]\mathrm{d}x\mathrm{d}y ;$$

$$\iint_\Sigma P(x,y,z)\mathrm{d}y\mathrm{d}z = \pm\iint_{D_{yz}} P[x(y,z),y,z]\mathrm{d}y\mathrm{d}z ;$$

$$\iint_{\Sigma} Q(x,y,z)\mathrm{d}z\mathrm{d}x = \pm \iint_{D_{zx}} Q[x,y(x,z),z]\mathrm{d}z\mathrm{d}x;$$

对坐标的曲面积分与曲面的侧有关.

*2. 格林公式

格林公式 $\oint_L P\mathrm{d}x + Q\mathrm{d}y = \iint_D \left(\frac{\partial Q}{\partial x} - \frac{\partial P}{\partial y}\right)\mathrm{d}x\mathrm{d}y$ 建立了平面区域 D 上的二重积分与沿此区域边界曲线 L 的曲线积分的联系.

在单连通区域中，曲线积分 $\int_L P\mathrm{d}x + Q\mathrm{d}y$ 与路径无关的充要条件是 P,Q 有一阶连续偏导数，且 $\frac{\partial Q}{\partial x} = \frac{\partial P}{\partial y}$.

*3. 高斯公式

高斯公式 $\iiint_{\Omega}\left(\frac{\partial P}{\partial x} + \frac{\partial Q}{\partial y} + \frac{\partial R}{\partial z}\right)\mathrm{d}V = \oiint_{\Sigma} P\mathrm{d}y\mathrm{d}z + Q\mathrm{d}z\mathrm{d}x + R\mathrm{d}x\mathrm{d}y$ 建立了空间区域 Ω 上的三重积分与沿此区域边界曲面 Σ 的外侧的曲面积分的联系.

4. 积分的应用

曲线段 L 的弧长　$s = \int_L \mathrm{d}s$.

平面区域 D 的面积　$A = \iint_D \mathrm{d}x\mathrm{d}y = \frac{1}{2}\oint_L x\mathrm{d}y - y\mathrm{d}x$.

曲面 $\Sigma: z = z(x,y)$ 的面积 $S = \iint_{\Sigma} \mathrm{d}S = \iint_{D_{xy}} \sqrt{1 + z'^2_x + z'^2_y}\mathrm{d}x\mathrm{d}y$.

立体 Ω 的体积　$V = \iiint_{\Omega} \mathrm{d}V$；$\Omega$ 的质量，$M = \iiint_{\Omega} \rho(x,y,z)\mathrm{d}V$（$\rho$ 为密度函数).

变力 $\vec{F} = P(x,y)\vec{i} + Q(x,y)\vec{j}$ 沿有向曲线 L 所作的功　$W = \int_L P(x,y)\mathrm{d}x + Q(x,y)\mathrm{d}y$.

流速 $\vec{v} = P\vec{i} + Q\vec{j} + R\vec{k}$ 流向曲面 Σ 指定一侧的流量　$\Phi = \iint_{\Sigma} P\mathrm{d}y\mathrm{d}z + Q\mathrm{d}z\mathrm{d}x + R\mathrm{d}x\mathrm{d}y$.

自测题七

1. 填空题.（每题 2 分）

(1) 比较大小 $\iint_D (x+y)^2\mathrm{d}\sigma$ ________ $\iint_D (x+y)^3\mathrm{d}\sigma, D: (x-2)^2 + (y-1)^2 \leqslant 2$.

(2) 由二重积分的几何意义有　$\iint_{x^2+y^2\leqslant 1} x^2\mathrm{d}\sigma$ ________ 0 $(<, =, >)$.

(3) 变更积分次序 $\int_0^1 dx\int_0^{x^2} f(x,y)dy+\int_1^3 dx\int_0^{\frac{3-x}{2}} f(x,y)dy=$________.

(4) 化为极坐标形式 $\int_0^a dx\int_0^{\sqrt{a^2-x^2}} f(x^2+y^2)dy=$________.

(5) 锥面 $z=\sqrt{x^2+y^2}$ 被柱面 $z^2=2x$ 所割下部分的面积为________.

*(6) 球体 $x^2+y^2+z^2\leqslant R^2$ 的体积的三重积分表示为________.

*(7) 半球体 $\Omega: x^2+y^2+z^2\leqslant a^2, z\geqslant 0$ 的柱面坐标表示为________.

*(8) 已知 $\int_L Pdx+Qdy=A(A\neq 0$，为常数)，则 $\int_{L^-}\frac{Pdx+Qdy}{A}=$________.

*(9) 设 L 是一条有向闭曲线，则 $\oint_L 2xydx+x^2dy=$________.

*(10) 用曲面积分表示球 $x^2+y^2+z^2=R^2$ 的表面积________.

2. 选择题.（每题 2 分）

(1) 设 $\iint_D (x+y^2x^3)d\sigma, D: x^2+y^2\leqslant 4, y\geqslant 0$，的值（　　）。

A. 2；　　B. -2；　　C. 0；　　D. 2π.

(2) 估计 $I=\iint_D xy(x+y)d\sigma, D: 0\leqslant x\leqslant 1, 0\leqslant y\leqslant 1$ 的值（　　）。

A. $-2\leqslant I\leqslant 0$；　　B. $0\leqslant I\leqslant 2$；　　C. $1\leqslant I\leqslant 2$；　　D. $0\leqslant I\leqslant 1$.

(3) 化积分 $\int_0^2 dx\int_x^{\sqrt{3}x} f(\sqrt{x^2+y^2})dy$ 为极坐标形式正确的是（　　）。

A. $\int_{\frac{\pi}{4}}^{\frac{\pi}{3}} d\theta\int_0^{2\sec\theta} f(r)dr$；　　B. $\int_{\frac{\pi}{4}}^{\frac{\pi}{3}} d\theta\int_0^{2\sec\theta} f(r)r^2dr$；

C. $\frac{\pi}{12}\int_0^{2\sec\theta} f(r)rdr$；　　D. $\int_{\frac{\pi}{4}}^{\frac{\pi}{3}} d\theta\int_0^{2\sec\theta} f(r)rdr$.

*(4) 曲线积分 $\int_L Pdx+Qdy$ 在 D 内与路径无关的充要条件是（　　）.

A. $\frac{\partial P}{\partial y}=\frac{\partial Q}{\partial x}$；　　B. $\frac{\partial P}{\partial y}=\frac{\partial Q}{\partial x}$，且 D 是连通域；

C. $\frac{\partial P}{\partial y}+\frac{\partial Q}{\partial x}=0$；　　D. $\frac{\partial P}{\partial y}-\frac{\partial Q}{\partial x}=0$，且 D 是单连通域.

*(5) 已知 $\iint_{\Sigma_1} xyzdxdy=\frac{2}{15}$，$\Sigma_1$ 为球面 $x^2+y^2+z^2=1$ 在 $x\geqslant 0, y\geqslant 0$ 的外侧，则对整个球面 $\Sigma: x^2+y^2+z^2=1$ 的外侧的积分 $\oiint_\Sigma xyzdxdy=$（　　）.

A. 0；　　B. $\frac{4}{15}$；　　C. $\frac{8}{15}$；　　D. $\frac{16}{15}$.

3. 计算题.（每题 10 分）

(1) $\iint_D x\sqrt{y}dxdy$，D 为 $y=\sqrt{x}, y=x^2$ 所围成的区域.

(2) 化 $\int_0^{2a} dx\int_0^{\sqrt{2ax-x^2}} (x^2+y^2)dy$ 为极坐标形式后，在计算积分值.

*(3) 利用柱面坐标计算 $\iiint\limits_{\Omega}(x^2+y^2)\mathrm{d}V$，其中 Ω 是由平面 $z=2$ 及曲面 $x^2+y^2=2z$ 所围成的闭区域.

*(4) $I=\int_L[\mathrm{e}^x\sin y-b(x+y)]\mathrm{d}x+(\mathrm{e}^x\cos y-ax)\mathrm{d}y$，其中 a,b 为正常数，L 为从点 $A(2a,0)$ 沿曲线 $y=\sqrt{2ax-x^2}$ 到点 $O(0,0)$ 的有向弧段.

4. 应用或证明题.（每题 15 分）

(1) 证明

1) $\int_0^a\mathrm{d}y\int_0^y f(x)\mathrm{d}x=\int_0^a(a-x)f(x)\mathrm{d}x$；

2) $\int_a^b\mathrm{d}x\int_a^x f(x,y)\mathrm{d}y=\int_a^b\mathrm{d}y\int_y^b f(x,y)\mathrm{d}x,(a<b)$.

*(2) 设 $\vec{v}=\vec{i}+z\vec{j}+\dfrac{\mathrm{e}^z}{\sqrt{x^2+y^2}}\vec{k}$，求 $\vec{v}$ 流过由 $z=\sqrt{x^2+y^2}$，$z=1$ 及 $z=2$ 围成的圆台的外侧面的流量.

附录A 参 考 答 案

习题1-1参考答案

A 组

1. (1) 不同，对应法则不同； (2) 不同，定义域不同.

2. (1) $\left[-\frac{2}{3},+\infty\right)$； (2) $[-2,-1)\cup(-1,1)\cup(1,+\infty)$.

3. (1) $y=\sqrt{x}$； (2) $y=\log_2(x-1)$.

4. (1) 偶函数； (2) 奇函数.

5. (1) $\frac{2}{3}\pi$； (2) π.

6. $f(1)=0$，$f(x^2)=2x^4+2x^2-4$，$f(a)+f(b)=2a^2+2a+2b^2+2b-8$.

7. (1) $y=\cos u$，$u=5x$； (2) $y=u^8$，$u=\sin x$；

   (3) $y=3^u$，$u=\sin x$； (4) $y=e^u$，$u=\sin v$，$v=\frac{1}{x}$.

8. $S=2\pi r^2+\frac{2V}{r}$，$r\in(0,+\infty)$.

9. $y=\begin{cases}4, & 0<x\leqslant 10\\ 4+0.3(x-10), & 10<x\leqslant 200\end{cases}$.

10. (1) 是；(2) 是；(3) 都是单调递增.

B 组

1. (1) $(2k\pi,2k\pi+\pi)\ (k\in\mathbf{Z})$； (2) $[2,4]$.

2. $f(x)=4x^2-x$.

3. (1) $f[g(x)]=\frac{x^2}{x^2+2x+1}$； (2) $g[f(x)]=\frac{1}{x^2-2x+2}$；

   (3) $f(x^2)=(x^2-1)^2$； (4) $g(x-1)=\frac{1}{x}$.

4. $s=\begin{cases}0.25t^2, & 0\leqslant t\leqslant 2\\ t-1, & 2<t\leqslant 9\\ 8+(t-9)-0.25(t-9)^2, & 9<t\leqslant 11\end{cases}$.

习题1-2参考答案

A 组

1. (1) 极限为0； (2) 极限为0； (3) 极限为1；

   (4) 无极限； (5) 无极限； (6) 无极限.

2. (1) 图略； (2) 0，0； (3) 存在，0.

3. 0，4，9.

4. 2，-1，不存在.

B 组

1. (1) 错；(2) 错；(3) 错；(4) 错.

2. 略.

3. 略.

习题 1-3 参考答案

A 组

1. (1) 20； (2) 0； (3) 4； (4) -4； (5) $\frac{2}{3}$； (6) $-\frac{1}{2}$.

2. (1) $\frac{2}{3}$； (2) 0； (3) ∞； (4) 1； (5) -2； (6) $\frac{1}{2}$.

3. (1) 3； (2) 1； (3) $\frac{1}{e}$； (4) e^2.

B 组

1. a 为任意常数，$b=6$.

2. (1) 0； (2) -1； (3) 2.

3. (1) 1； (2) $\sqrt{2}$； (3) $\frac{1}{2}$； (4) e^5； (5) $\frac{1}{e}$； (6) e.

习题 1-4 参考答案

A 组

1. (1) 无穷大；(2) 无穷小；(3) 无穷小；(4) 无穷大.

2. 高阶. 3. 同阶.

4. (1) 0； (2) 0； (3) ∞； (4) $\frac{1}{2}$.

B 组

1. $a=4$ 2. 同阶. 3. (1) 1； (2) 1； (3) $\frac{1}{2}$； (4) $\sqrt{2}a$.

习题 1-5 参考答案

A 组

1. (1) 0； (2) $\frac{\pi}{6}$； (3) $\frac{e^2+1}{2}$； (4) 3e；

 (5) 0； (6) 1； (7) 1； (8) 0.

2. $f(x)$ 在 $x=1$ 处连续，连续区间为 $(-\infty, +\infty)$.

3. $a=1$.

4. (1) 连续区间为 $(0, 1) \cup (1, 3)$，$x=1$ 是第一类间断点；

(2) 连续区间为 $(-\infty, 0) \cup (0, +\infty)$，$x=0$ 是第一类间断点；

(3) 连续区间为 $(-\infty, 0) \cup (0, +\infty)$，$x=0$ 是第一类间断点；

（4）连续区间为 $(-\infty, 2) \cup (2, +\infty)$，$x=2$ 是第二类间断点.

B 组

1.（1）$\frac{1}{2}$；（2）$\frac{\pi}{3}$；（3）0；（4）sin1 .

2. 略.

自测题一答案

1.（1）$f(0)=0$，$f\left(\frac{3}{4}\right)=-\frac{3}{4}$．（2）$x>2$．（3）$-\frac{1}{2}$．（4）1．

2.（1）B.（2）C.（3）C.（4）B.

3.（1）$\lim\limits_{x\to 4}\frac{\sqrt{1+2x}-3}{\sqrt{x}-2}=\lim\limits_{x\to 4}\frac{(\sqrt{1+2x}-3)(\sqrt{1+2x}+3)(\sqrt{x}+2)}{(\sqrt{x}-2)(\sqrt{x}+2)(\sqrt{1+2x}+3)}$

$$=\lim_{x\to 4}\frac{2(x-4)(\sqrt{x}+2)}{(x-4)(\sqrt{1+2x}+3)}=\frac{4}{3}.$$

（2）$\lim\limits_{x\to+\infty}\frac{\ln(3^{-x}+3^{x})}{\ln(2^{-x}+2^{x})}=\lim\limits_{x\to+\infty}\frac{\ln 3^{x}+\ln(1+3^{-2x})}{\ln 2^{x}+\ln(1+2^{-2x})}$，

因 $\ln(1+3^{-2x})\sim 3^{-2x}(x\to+\infty)$，$\ln(1+2^{-2x})\sim 2^{-2x}(x\to+\infty)$，

故原式 $=\lim\limits_{x\to+\infty}\frac{x\ln 3+\ln(1+3^{-2x})}{x\ln 2+\ln(1+2^{-2x})}=\lim\limits_{x\to+\infty}\frac{\ln 3+\frac{\ln(1+3^{-2x})}{x}}{\ln 2+\frac{\ln(1+2^{-2x})}{x}}=\frac{\ln 3}{\ln 2}$.

（3）$f(\pi x)$ 的周期为 $\frac{\pi}{\pi}=1$，$g\left(\frac{\pi}{2}x\right)$ 的周期为 2，所以函数 $f(\pi x)\cdot g\left(\frac{1}{2}\pi x\right)$ 的周期为 2.

（4）$\lim\limits_{x\to\infty}\left(\frac{1-x}{3-x}\right)^{2x}$，令 $\frac{1-x}{3-x}=1+\frac{1}{u}$，则 $x=3+2u$，当 $x\to\infty$ 时，$u\to\infty$，

原式 $=\lim\limits_{u\to\infty}\left(1+\frac{1}{u}\right)^{4u+6}=e^{4}$.

（5）因为 $f(x)$ 为奇函数，所以有 $-f(-x)=f(x)$，当 $x<0$ 时，$-x>0$，

所以当 $x<0$ 时，$f(x)=-f(-x)=-(2^{-x}-x-1)=-2^{-x}+x+1$.

（6）$\lim\limits_{x\to 0}f(x)=\lim\limits_{x\to 0}\frac{1}{x}\sin\pi x=\lim\limits_{x\to 0}\frac{\pi x}{x}=\pi$，所以当 $a=\pi$ 时，

函数 $f(x)=\begin{cases}\frac{1}{x}\sin\pi x, & x\neq 0\\ \pi, & x=0\end{cases}$ 在 $x=0$ 处连续.

习题 2-1 参考答案

A 组

1. -6．　2. a．　3. 略.　4.（1）-2；（2）-4；（3）4.

5.（1）4.01；（2）4.

6.（1）$y'=5x^{4}$；（2）$y'=\frac{2}{3\sqrt[3]{x}}$；（3）$y'=-\frac{3}{x^{4}}$；

(4) $y'=-\frac{1}{2x\sqrt{x}}$； (5) $y'=\frac{17}{5}x^2\sqrt[5]{x^2}$； (6) $y'=\frac{13}{6}x\sqrt[6]{x}$.

7. $-\frac{1}{2}$，$\frac{\sqrt{3}}{2}$.

8. 切线方程：$x-y+1=0$；法线方程：$x+y-1=0$.

9. $x-a\ln a\cdot y+a\ln a-a=0$.

10. $(\frac{1}{2},-\ln 2)$，切线方程：$2x-y-\ln 2-1=0$.

11. $f'_+(0)=0$，$f'_-(0)=-1$，$f'(0)$ 不存在.

B 组

1. (1) $10-1.01g$ m/s； (2) $10-gt$ m/s； (3) $\frac{10}{g}$ s.

2. $-\frac{1}{(1+x)^2}$，$-\frac{1}{4}$.

3. $3x-12y-1=0$ 或 $3x-12y+1=0$.

4. $(1,1)$ 或 $(-1,1)$.

5. $y+\frac{\sqrt{2}}{2}=\frac{\sqrt{2}}{2}\left(x-\frac{5\pi}{4}\right)$ 或 $y-\frac{\sqrt{2}}{2}=\frac{\sqrt{2}}{2}\left(x-\frac{7\pi}{4}\right)$.

6. $y'=\begin{cases}3x^3, x<0\\ 2x, x\geqslant 0\end{cases}$.

7. $a=2$，$b=-1$.

8. 不连续，不可导.

习题 2-2 参考答案

A 组

1. (1) $y'=3x^2-3\sin x+\frac{1}{x^2}$； (2) $y'=\frac{7}{2}x^2\sqrt{x}-\frac{5}{6\sqrt[6]{x}}+\frac{1}{2\sqrt{x}}$；

(3) $y'=5x\sqrt{x}-6\sqrt{x}-\frac{3}{2x\sqrt{x}}$； (4) $y'=3^x e^x(\ln 3+1)$；

(5) $y'=\frac{\cos x-2x\sin x}{2\sqrt{x}}$； (6) $y'=e^x(\ln x+\frac{1}{x})$；

(7) $y'=\frac{1-3\ln x}{x^4}$； (8) $y'=\tan x+x\sec^2 x-\sec x\tan x$；

(9) $s'=\frac{\sin t-\cos t+1}{(1+\sin t)^2}$.

2. 切线方程：$2x-y=0$；法线方程：$x+2y=0$.

3. $(-1,-2)$，切线方程：$x+y+3=0$.

4. 15 (A).

5. (1) $y'=-\tan x$； (2) $y'=2^{\sin x}\cos x\cdot\ln 2$；

(3) $y'=-\frac{\cos\sqrt{1-x}}{2\sqrt{1-x}}$； (4) $y'=\frac{1}{2\sqrt{x}(1+x)}$；

(5) $y'=\frac{1}{\mathrm{ch}^2 x}$； (6) $y'=\mathrm{sh}x$；

(7) $y'=\frac{1}{\sqrt{x^2+1}}$； (8) $y'=\frac{3}{\sqrt{6x-9x^2}}$.

6. (1) $f'(0)=\frac{3}{25}$，$f'(2)=\frac{13}{3}$； (2) $y'|_{x=3}=\frac{3}{5}$.

7. $i=Cu_m\omega\cos\omega t$. 8. $(1,e^{-1})$，$y=e^{-1}$.

B 组

1. (1) $y'=\frac{1}{x\ln10}-3^x\ln3+\frac{1}{2\sqrt{x}}$； (2) $y'=\frac{1}{2\sqrt{x}}+1-3\sqrt{x}$；

(3) $y'=\frac{2}{(1-x)^2}$； (4) $y'=3^x x^2(x\ln3+3)$；

(5) $y'=x\csc x(2-x\cot x)$； (6) $y'=(1+\frac{1}{x}\tan x+\frac{1}{x^2}+\sec^2 x)\sin x-\frac{1}{x}\sec x$；

(7) $y'=\frac{x+\sin x}{1+\cos x}$； (8) $y'=\frac{(1-x)\ln x+2(1+x)}{2\sqrt{x}(1+x)^2}$；

(9) $y'=e^x(\cot x+x\cot x-x\csc^2 x)$.

2. (1) $y'=\frac{7}{8\sqrt[8]{x}}$； (2) $y'=\frac{2\sqrt{x}+1}{4\sqrt{x}\sqrt{x+\sqrt{x}}}$；

(3) $y'=\frac{1}{x^2}\tan\frac{1}{x}$； (4) $y'=6\sec^3 2x\tan 2x$；

(5) $y'=\frac{1}{1+x^2}$； (6) $y'=\frac{2}{1+x^2}$；

(7) $y'=\frac{1}{\operatorname{ch}x}$； (8) $y'=\arcsin\frac{x}{2}$；

(9) $y'=\operatorname{ch}^3 x$.

3. (1) $f'(4)=-\frac{1}{18}$； (2) $y'|_{x=0}=0$.

4. $a=2$，$b=-3$. 5. $v|_{t=\frac{\pi}{2\omega}}=-ke^{-\frac{k\pi}{2\omega}}$.

习题 2-3 参考答案

A 组

1. 0.04，0.04. 2. −0.0399，−0.04.

3. (1) $dy=\left(3x^2-\frac{1}{x^2}-\frac{1}{\sqrt{x}}\right)dx$； (2) $dy=x\sin x dx$；

(3) $dy=-\frac{2}{(x-1)^2}dx$； (4) $dy=\frac{1+x^2}{(1-x^2)^2}dx$；

(5) $dy=\frac{2}{x-1}dx$； (6) $dy=\frac{2\ln(1-x)}{x-1}dx$；

(7) $dy=2e^{\sin2x}\cos2x dx$； (8) $dy=-4\tan(1-2x)\sec^2(1-2x)dx$.

4. (1) $5x+c$； (2) $\frac{3}{2}x^2+c$；

(3) $\frac{1}{3}x^3+c$； (4) $\ln(1+x)+c$； (5) $2\sqrt{x}+c$；

(6) $\arctan x+c$； (7) $\frac{1}{3}\sin3x+c$； (8) $\frac{1}{2}\tan2x+c$；

(9) $-\frac{1}{2}e^{-2x}+c$.

5. $2.01\pi cm^2$, 6. 28 cm^2. 6. 30.301 m^3 , 30 m^3. 7. 20.096 m^3. 8. 略 .

9. (1) 0.4924 ; (2) 10.0333 ; (3) -0.02 ; (4) 0.97 .

B 组

1. $\Delta y=-1.141$, $dy=-1.2$; $\Delta y=0.1206$, $dy=0.12$.

2. (1) $dy=-e^{-x}(\cos 3x+3\sin 3x)dx$; (2) $dy=2(e^{2x}-e^{-2x})dx$;

(3) $dy=-\frac{x}{(2-x^2)\sqrt{1-x^2}}dx$; (4) $dy=\frac{\cos x\ln 3\cdot 3^{\sqrt{\sin x}}}{2\sqrt{\sin x}}dx$.

3. 1.11784g.

4. (1) 0.5216 ; (2) 0.8098 ; (3) 0.0128 ; (4) 1.0565 ; (5) 10.0067 ; (6) 9.9867 .

5. 略 . 6. 2.228cm.

习题 2-4 参考答案

A 组

1. (1) $y'=\frac{x}{y}$; (2) $y'=\frac{y^2-3x^2-4xy}{2x^2-2xy}$; (3) $y'=\frac{2x^3y}{y^2+1}$; (4) $y'=-\frac{y^2e^x}{ye^x+1}$.

2. $\frac{1}{4}$. 3. $3x+y-4=0$.

4. 切线方程: $x+2y-3=0$; 法线方程: $2x-y-1=0$.

5. (1) $y'=x^{\frac{1}{x}-2}(1-\ln x)$; (2) $y'=x^{\sin x}\left(\cos x\ln x+\frac{\sin x}{x}\right)$;

(3) $y'=\frac{1}{2}\sqrt{\frac{(x-1)(x-2)}{(x-3)(x-4)}}\left(\frac{1}{x-1}+\frac{1}{x-2}-\frac{1}{x-3}-\frac{1}{x-4}\right)$;

(4) $y'=\frac{1}{3}\sqrt[3]{\frac{x(x^2+1)}{(x^2-1)^2}}\cdot\frac{x^4+6x^2+1}{x-x^5}$.

6. (1) $\frac{dy}{dx}=\frac{3}{2}t-\frac{1}{2t}$; (2) $\frac{dy}{dx}=\frac{3b}{2a}t$; (3) $\frac{dy}{dx}=\sec t$; (4) $\frac{dy}{dx}=4\cos t$;

7. -1 .

8. 切线方程: $8x+y-24=0$; 法线方程: $x-8y+127=0$.

B 组

1. (1) $y'=\frac{y^2+1}{2y+2y^3-1}$; (2) $y'=\frac{x+y}{x-y}$;

(3) $y'=\frac{\cos(x+y)-y}{x-\cos(x+y)}$; (4) $y'=-\frac{\sin x}{1+\sin y}$.

2. (1) $-\frac{1}{2}$; (2) $1-\frac{\pi}{2}$.

3. 切线方程: $x+3y+4=0$; 法线方程: $3x-y+2=0$.

4. (1) $y'=\left(\frac{x}{1+x}\right)^x\left(\ln\frac{x}{1+x}+\frac{1}{1+x}\right)$; (2) $y'=\frac{y(x\ln y-y)}{x(y\ln x-x)}$;

(3) $y' = \dfrac{\sqrt{x+2}(3-x)^4}{(x+1)^5}\left(\dfrac{1}{2x+4} - \dfrac{4}{3-x} - \dfrac{5}{x+1}\right)$；

(4) $y' = \dfrac{(x+1)^2\sqrt[3]{3x-2}}{\sqrt[3]{(x-1)^2}}\left(\dfrac{2}{x+1} + \dfrac{1}{3x-2} - \dfrac{2}{3x-3}\right)$.

5. (1) $\dfrac{dy}{dx} = \dfrac{\cos\theta - \theta\sin\theta}{1 - \sin\theta - \theta\cos\theta}$；　(2) $\dfrac{dy}{dx} = -\tan\theta$.

6. $a = \dfrac{e}{2} - 2$，$b = 1 - \dfrac{e}{2}$，$c = 1$.

习题 2-5 参考答案

A 组

1. (1) $y'' = 6x - \dfrac{1}{4x\sqrt{x}}$；　(2) $y'' = 2 + e^x - \dfrac{1}{x^2}$；

(3) $y'' = 4 + 12x^2$；　(4) $y'' = -\dfrac{2+2x^2}{(1-x^2)^2}$.

2. (1) $y'' = \dfrac{6y(3y^2+x^2)(y^2-x^2)}{(3y^2-x^2)^3}$；　(2) $y'' = \dfrac{2e^{2y}+xe^{3y}}{(1+xe^y)^3}$.

3. (1) $\dfrac{d^2y}{dx^2} = -\dfrac{1}{(1-\cos t)^2}$；　(2) $\dfrac{d^2y}{dx^2} = -\dfrac{3}{16}\csc^3 t$.

4. 8640.　5. 0.

6. (1) $y^{(n)} = e^x$；　(2) $y^{(n)} = \cos(x + n \cdot \dfrac{\pi}{2})$；

(3) $y^{(n)} = (-1)^{n-1}\dfrac{(n-1)!}{(1+x)^n}$；　(4) $y^{(n)} = n!$.

7. (1) $v|_{t=1} = 0$，$a|_{t=1} = 6$；　(2) $v|_{t=2} = \dfrac{3}{4}$，$a|_{t=2} = \dfrac{1}{4}$；

(3) $v|_{t=1} = -\dfrac{\sqrt{3}\pi}{2}$，$a|_{t=1} = -\dfrac{\pi^2}{6}$.

B 组

1. (1) $y'' = \dfrac{2}{x^3} + 2^x\ln^2 2$；　(2) $y'' = \dfrac{-a^2}{(a^2-x^2)\sqrt{a^2-x^2}}$；

(3) $y'' = 2x(2x^2+3)e^{x^2}$；　(4) $y'' = -\dfrac{1+x^2}{(x^2-1)^2}$.

2. (1) $y'' = -\dfrac{1}{y(\ln y)^3}$；　(2) $y'' = \dfrac{8[(x-y)^2+1]}{(x-y)^5}$.

3. (1) $y'' = \dfrac{1}{6}\sec^4 t \cdot \csc t$；　(2) $y'' = -\dfrac{2}{(1-t)\sqrt{1-t}}$.

4. (1) $y^{(n)} = (x+n)e^x$；　(2) $y^{(n)} = (-1)^n(n-2)!\dfrac{1}{x^{n-1}}$；

(3) $y^{(n)} = (-1)^{n+1}\dfrac{n!}{(1+x)^{n+1}}$.

5. (1) $v = e^{-t}(\cos t - \sin t)$，$a = -2e^{-t}\cos t$；

(2) $t=\frac{\pi}{4}$ 时速度为0，$t=\frac{\pi}{2}$ 时加速度为0.

习题 2-6 参考答案

A 组

1. 略.

2. $\xi=\frac{2\sqrt{3}}{3}$.

3. (2,4).

4. 略.

5. (1) $-\frac{2}{3}$； (2) 8； (3) $\frac{2}{3}$； (4) 1； (5) 1；

(6) $-\frac{1}{3}$； (7) $\frac{2}{3}$； (8) $\cos a$； (9) 0； (10) 0.

6. (1) $-\frac{1}{2}$； (2) $\frac{1}{2}$； (3) 1； (4) 1.

B 组

1. 略. 2. 略.

3. $f(x)$ 与 $g(x)$ 在区间 $[1,2]$ 上的柯西公式为 $\frac{4-1}{8-1}=\frac{2\xi}{3\xi^2}$，$\xi=\frac{14}{9}$.

4. (1) $-\frac{1}{8}$； (2) 1； (3) 0； (4) $\frac{1}{2}$； (5) 0； (6) 1.

习题 2-7 参考答案

A 组

1. (1) 单调减少；(2) 单调增加；(3) 单调减少；(4) 单调增加.

2. (1) 在 $(-\infty,1)$ 和 $(1,+\infty)$ 内单调增加；

(2) 在 $(0,e^{-1})$ 内单调减少，在 $(e^{-1},+\infty)$ 内单调增加；

(3) 在 $(-\infty,0)$ 单调减少，在 $(0,+\infty)$ 内单调增加；

(4) 在 $(-\infty,-1)$ 单调减少，在 $(-1,+\infty)$ 内单调增加；

(5) 在 $(-\infty,0)$ 单调增加，在 $(0,+\infty)$ 内单调减少；

(6) 在 $\left(-\infty,\frac{1}{2}\right)$ 单调减少，在 $\left(\frac{1}{2},+\infty\right)$ 内单调增加.

3. (1) 极大值 $f(-1)=3$，极小值 $f(3)=-61$；

(2) 极小值 $f(-1)=-2$ 和 $f(4)=-127$，极大值 $f(0)=1$；

(3) 极小值 $f\left(\frac{1}{2}\right)=\frac{1}{2}+\ln 2$；

(4) 极大值 $f(-2)=-8$，极小值 $f(2)=8$.

4. (1) 在 $\left(-\infty,\frac{3}{4}\right)$ 内单调增加，在 $\left(\frac{3}{4},+\infty\right)$ 内单调减少；极大值 $f\left(\frac{3}{4}\right)=\frac{27}{256}$；

(2) 在 $(-\infty,0)$ 内单调减少，在 $(0,+\infty)$ 内单调增加，极小值 $f(0)=0$

(3) 在 $(0,1)$ 与 $(1,\mathrm{e})$ 内单调减少，在 $(\mathrm{e},+\infty)$ 单调增加，极小值 $f(\mathrm{e})=2\mathrm{e}$.

B 组

1. (1) 单调减少；(2) 单调增加；(3) 单调增加；(4) 单调增加 .
2. (1) 在 $(-\infty,3)$ 内单调减少，在 $(3,+\infty)$ 内单调增加；
   (2) 在 $(-\infty,0)$ 内单调减少，在 $(0,+\infty)$ 内单调增加；
   (3) 在 $(-\infty,0)$ 内单调增加，在 $(0,+\infty)$ 内单调减少；
   (4) 在 $(-1,0)$ 内单调减少，在 $(0,+\infty)$ 内单调增加；
   (5) 在 $(-\infty,0)$ 和 $(1,+\infty)$ 内单调增加，在 $(0,1)$ 内单调减少；
   (6) 在 $\left(-\infty,\frac{1}{4}\right)$ 内单调减少，在 $\left(\frac{1}{4},+\infty\right)$ 内单调增加 .
3. (1) $t=2$ 和 $t=10$ ；　(2) $(0,2)$, $(10,+\infty)$ ；　(3) $(2,10)$.
4. (1) 极大值 $f\left(\frac{3}{4}\right)=\frac{5}{4}$ ；(2) 极小值 $f(0)=0$ ，极大值 $f(2)=\frac{4}{\mathrm{e}^2}$ ；
   (3) 极大值 $f(2)=1$ ；　(4) 极大值 $f(0)=0$ ，极小值 $f(1)=-3$.
5. $a=2$ ，极大值 $f\left(\frac{\pi}{3}\right)=\sqrt{3}$.

习题 2-8 参考答案

A 组

1. (1) 最大值 $f(3)=11$ ，最小值 $f(2)=14$ ；
   (2) 最大值 $f\left(-\frac{\pi}{2}\right)=\frac{\pi}{2}$ ，最小值 $f\left(\frac{\pi}{2}\right)=-\frac{\pi}{2}$.
2. 当两正数均为 32 时，两正数之积最大，最大值为 1024.
3. 当两正数均为 6 时，两正数之和最小，最小值为 12.
4. $\frac{l}{2}$ 作为长，$\frac{l}{2}$ 作为宽，即矩形的长和宽均为 $\frac{l}{4}$ 时面积最大 .
5. 15km.

B 组

1. (1) 最大值 $f(2)=\ln 5$ ，最小值 $f(0)=0$ ；
   (2) 最大值 $f(1)=\frac{1}{2}$ ，最小值 $f(0)=0$.
2. 略 .　　3. 略 .
4. 用 $\frac{96}{4+\pi}$ cm 做成正方形，$\frac{24\pi}{4+\pi}$ cm 做成圆，则圆和正方形的面积和最小 .
5. 这块土地的长 18m，宽 12m 时，可使建筑材料最省 .

习题 2-9 参考答案

A 组

1. (1) 在 $(0,+\infty)$ 内凸；　(2) 在 $(-\infty,0)$ 内凸，在 $(0,+\infty)$ 内凹；
   (3) 凹；　(4) 在 $(-1,0)$ 内凸，在 $(0,1)$ 内凹 .
2. (1) 凸区间为 $(-\infty,2)$ ，凹区间为 $(2,+\infty)$ ，拐点为 $(2,-15)$ ；

(2) 凸区间为 $(-\infty,0)$ 和 $\left(\frac{1}{2},+\infty\right)$，凹区间为 $\left(0,\frac{1}{2}\right)$，拐点为 $(0,0)$ 和 $\left(\frac{1}{2},\frac{1}{16}\right)$；

(3) 凸区间为 $(-\infty,1)$，凹区间为 $(1,+\infty)$，无拐点；

(4) 凸区间为 $(-\infty,-\sqrt{3})$ 和 $(0,\sqrt{3})$，凹区间为 $(-\sqrt{3},0)$ 和 $(\sqrt{3},+\infty)$，拐点为 $\left(-\sqrt{3},-\frac{\sqrt{3}}{4}\right)$、$(0,0)$ 和 $\left(\sqrt{3},\frac{\sqrt{3}}{4}\right)$.

3. $a=-\frac{3}{2}$，$b=\frac{9}{2}$.　　4. $a=1$，$b=3$，$c=0$，$d=2$.

5. (1) 垂直渐近线：$x=0$；　(2) 垂直渐近线：$x=0$；

(3) 水平渐近线：$y=1$，垂直渐近线：$x=1$；

(4) 水平渐近线：$y=1$，垂直渐近线：$x=0$.

6. 略.

B 组

1. (1) 在 $(-\infty,+\infty)$ 内是凹的；

(2) 当 $a>0$ 时，在 $(-\infty,+\infty)$ 内是凹的，当 $a<0$ 时，在 $(-\infty,+\infty)$ 内是凸的.

2. (1) 凸区间为 $(-\infty,2)$，凹区间为 $(2,+\infty)$，拐点为 $\left(2,\frac{2}{e^2}\right)$；

(2) 凹区间为 $(-\infty,+\infty)$，无拐点；

(3) 凹区间为 $\left(-\infty,\frac{1}{2}\right)$，凸区间为 $\left(\frac{1}{2},+\infty\right)$，拐点为 $\left(\frac{1}{2},e^{\arctan\frac{1}{2}}\right)$；

(4) 凸区间为 $(0,1)$，凹区间为 $(1,+\infty)$，拐点为 $(1,-7)$.

3. $a=3$，$b=-9$，$c=8$.

4. (1) 水平渐近线：$y=0$；　(2) 水平渐近线：$y=0$；

(3) 水平渐近线：$y=0$，垂直渐近线：$x=2$；

(4) 水平渐近线：$y=1$，垂直渐近线：$x=0$ 和 $x=-e^{-1}$.

5. 略.

自测题二答案

1. (1) $-\frac{1}{2}$；　(2) $x=x_0$；　(3) -17，-20；　(4) -16；　(5) $x+2y-3=0$；

(6) $\sqrt{\frac{7}{3}}$；　(7) $f(1)=-2$；(8) $a=0,b=1$；　(9) 1.005；　(10) $y=0$.

2. (1) B;　(2) A;　(3) C;　(4) C;　(5) D;

(6) A;　(7) B;　(8) A;　(9) A;　(10) A.

3. (1) $\frac{dy}{dx}=-\frac{x}{\sqrt{2x-x^2}}$；　(2) $dy=\frac{1}{\sqrt{x}(1-x)}dx$；

(3) $\frac{dy}{dx}=\frac{1}{(t-1)^2}$，$\frac{d^2y}{dx^2}=-\frac{2(1+t^2)}{(t-1)^5}$；　(4) $y'=-\frac{y^2e^x}{ye^x+1}$；

(5) $dy=(\tan x)^{\sin x}(\cos x\cdot\ln\tan x+\sec x)dx$；　(6) $f^{(n)}(0)=(n-1)!$.

4. (1) $-\frac{1}{8}$；　(2) 0；　(3) $\frac{2}{\pi}$；　(4) $\frac{\pi}{3}$.

5. 极大值 $f(0)=0$，极小值 $f(1)=-3+4\ln2$.

6. 当 $h=\dfrac{\sqrt{3}}{3}l$ 时漏斗容积最大.

7. 略.

习题 3-1 参考答案

A 组

1. 略.

2. (1) $\dfrac{1}{x}$；(2) $2(\mathrm{e}^{2x}-\mathrm{e}^{-2x})$.

3. (1) D；(2) D；

4. $y=\dfrac{x^2}{2}+1$.

5. $s=\sin t+9$.

6. (1) $\dfrac{1}{3}x^3+2x^{\frac{3}{2}}+x\ln2+c$；(2) $\dfrac{2}{7}x^{\frac{7}{2}}+c$；

(3) $x-\arctan x+c$；(4) $-x-2\ln|x-1|+c$；

(5) $u-2\ln|u|-\dfrac{1}{u}+c$；(6) $\sqrt{\dfrac{2h}{g}}+c$；

(7) $3\ln|x|-\dfrac{5}{2x^2}+c$；(8) $x-\dfrac{2}{x}+3\arctan x+c$；

(9) $\dfrac{x^3}{3}+\dfrac{2^x}{\ln2}+2\ln|x|+c$；(10) $\dfrac{0.4^t}{\ln0.4}-\dfrac{0.6^t}{\ln0.6}+c$；

(11) $a^{\frac{4}{3}}x-\dfrac{6}{5}a^{\frac{2}{3}}x^{\frac{5}{3}}+\dfrac{3}{7}x^{\frac{7}{3}}+c$；(12) $\arcsin\theta-\theta+c$.

B 组

1. 略.

2. $(1+x^4)'=4x^3$；$(3x^{\frac{1}{3}})'=x^{-\frac{2}{3}}$；$(1-x^{-1})'=\dfrac{1}{x^2}$；

$(2\sqrt{1+x^2})'=\dfrac{2x}{\sqrt{1+x^2}}$；$[\ln(1+x^2)]'=\dfrac{2x}{1+x^2}$；$[(1+x^2)^2]'=4x(1+x^2)$.

3. $F(x)=x^4-x+3$.

4. $s=3\sin t+4$.

5. (1) $\dfrac{1}{2}x^2+x-3\ln|x|+\dfrac{3}{x}+c$；(2) $8\sqrt{x}-\dfrac{1}{10}x^2\sqrt{x}+c$；

(3) $\dfrac{4}{7}x\sqrt[4]{x^3}+\dfrac{4}{\sqrt[4]{x}}+c$；(4) $x^3-\arctan x+c$；

(5) $\dfrac{2}{3}x\sqrt{x}-3x+c$；(6) $\dfrac{1}{3}x^3-x+\arctan x+c$；

(7) $\dfrac{10^x}{\ln10}+\dfrac{x^{11}}{11}+c$；(8) $\dfrac{2^x\mathrm{e}^x}{1+\ln2}+\arcsin x+c$；

(9) $3x+\dfrac{4\cdot3^x}{2^x(\ln3-\ln2)}+c$；(10) $\dfrac{1}{2}\mathrm{e}^{2x}-\mathrm{e}^x+x+c$；

(11) $-\cot x-x+c$；(12) $-\cot x+\csc x+c$；

(13) $\tan x-\sec x+c$；(14) $2x-\sin x-\cot x+c$；

(15) $-\cot x-\tan x+c$；(16) $\pm(\sin x-\cos x)+c$；

(17) $\frac{a^2}{2\ln b}b^{2x}-\frac{2ab}{\ln(ab)}a^xb^x+\frac{b^2}{2\ln a}a^{2x}+c$； (18)$a\text{sh}x+b\text{ch}x+c$.

习题 3-2 参考答案

A 组

1. 略. 2. 略.

3. (1) $\frac{1}{3}(2x+1)^{\frac{3}{2}}+c$； (2) $-\frac{1}{3}e^{-3t+1}+c$； (3) $-(2x+1)^{-\frac{1}{2}}+c$；

(4) $-\frac{1}{6}(1-2x^2)^{\frac{3}{2}}+c$； (5) $\frac{1}{2(1-x)^2}+c$； (6) $\frac{1}{3}e^{\sqrt{3x^2+5}}+c$；

(7) $\frac{1}{3\cos^3 x}+c$； (8) $2\sqrt{\sin x+1}+c$； (9) $-\frac{2}{3}\sqrt{8-x^3}+c$；

(10) $-\frac{3}{4}(5-e^x)^{\frac{4}{3}}+c$； (11) $\frac{6}{7}(\ln x)^{\frac{7}{6}}+c$； (12) $-2\cot\sqrt{x}+c$；

(13) $\frac{1}{27}(x^3+1)^9+c$； (14) $-\frac{1}{2}e^{-x^2}+c$； (15) $\frac{2}{3}(e^x+1)^{\frac{3}{2}}+c$；

(16) $\frac{1}{4}e^{x^4}+c$.

4. (1) $\frac{4}{3}\sqrt[4]{x^3}-2\sqrt{x}+4\sqrt[4]{x}-\ln\left|\sqrt[4]{x}+1\right|+c$；

(2) $\frac{1}{2}\ln\left|\frac{\sqrt{x+4}-2}{\sqrt{x+4}+2}\right|+c$；

(3) $2\ln\left|\frac{\sqrt{1+2e^x}-1}{\sqrt{1+2e^x}+1}\right|+c$；

(4) $2\sqrt{x}-6\sqrt[3]{x}+24\sqrt[6]{x}-48\ln\left|\sqrt[6]{x}+2\right|+c$；

(5) $8\arcsin\frac{x}{4}-\frac{1}{2}x\sqrt{16-x^2}+c$；

(6) $\sqrt{x^2-1}-\arccos\frac{1}{x}+c$.

B 组

1. (1) $\frac{1}{4}\ln(x^4+1)+\frac{1}{2}\arctan x^2+c$；

(2) $\frac{1}{6}\sqrt{(2x+)^3}-2\sqrt{2x+1}+c$；

(3) $2\sqrt{x-1}+2\arctan\sqrt{x-1}+c$；

(4) $\frac{6}{7}\sqrt[6]{x^7}-\frac{6}{5}\sqrt[6]{x^5}+2\sqrt{x}-6\sqrt[6]{x}+6\arctan\sqrt[6]{x}+c$；

(5) $\frac{4}{3}\sqrt{(x^2+1)^3}-4\sqrt{x^2+1}+c$ (6) $-\frac{\sqrt{x^2+1}}{x}+c$.

2. $\frac{2\cos 2x}{\sqrt{1+\sin 2x}}$.

习题 3-3 参考答案

A 组

1. 略.

2. (1) $-\frac{x}{3}\cos 3x+\frac{1}{9}\sin 3x+c$； (2) $5x\sin\frac{x}{5}+25\cos\frac{x}{5}+c$；

(3) $-\frac{x}{2}e^{-2x}-\frac{1}{4}e^{-2x}+c$； (4) $\frac{1}{3}x^3\ln 2x-\frac{1}{9}x^3+c$；

(5) $2\sqrt{x}\ln x-4\sqrt{x}+c$； (6) $x\ln(1+x^2)-2x+2\arctan x+c$；

(7) $\frac{1}{2}x[\sin(\ln x)-\cos(\ln x)]+c$； (8) $\frac{1}{25}e^{4x}(4\sin 3x-3\cos 4x)+c$.

B 组

1. (1) $-\frac{1}{2}x^2\cos x^2+\frac{1}{4}\sin x^2+c$； (2) $-x\cot x+\ln|\sin x|-\frac{1}{2}x^2+c$；

(3) $2x\sqrt{1+e^x}-4\sqrt{1+e^x}-2\ln\left|\frac{\sqrt{1+e^x}-1}{\sqrt{1+e^x}}+1\right|+c$；

(4) $\frac{1}{2}e^x-\frac{1}{10}e^x(2\sin 2x+\cos 2x)+c$.

2. $\cos x-\frac{2\mathrm{in}x}{x}+c$.

习题 3-4 参考答案

A 组

1. 略.

2. (1) $\frac{1}{8}\ln\left|\frac{x-1}{x+7}\right|+c$；

(2) $-2\ln|x|+3\ln|x+1|+\ln|x+2|+c$；

(3) $\frac{1}{2}x^2+\frac{1}{3}\ln|x+1|-\frac{2}{3}\ln(x^2-x+1)-\frac{2}{\sqrt{3}}\arctan\frac{2x-1}{\sqrt{3}}+c$；

(4) $\frac{2}{9}\ln|x|-\frac{1}{9}\ln(x^2+9)-\frac{1}{3}\arctan\frac{x}{3}+c$；

(5) $-\frac{1}{x-1}-\frac{1}{2(x-1)^2}+\ln|x-1|+c$；

(6) $\frac{1}{2}\ln\left|\frac{x}{x+2}\right|+\frac{1}{x+2}+c$；

(7) $\frac{1}{5}\ln|x+1|-\frac{2}{5}\ln(x^2+4)-\frac{2}{5}\arctan\frac{x}{2}+c$；

(8) $\frac{3}{2}\ln|x-1|-\frac{3}{4}\ln(x^2+1)-\frac{1}{2}\arctan x+c$.

3. (1) $-\ln\left|\tan\frac{x}{2}\right|+2\ln\left|\tan\frac{x}{2}+1\right|+c$；

(2) $\frac{\sqrt{2}}{2}\ln\left|\frac{\tan\frac{x}{2}+1-\sqrt{2}}{\tan\frac{x}{2}+1+\sqrt{2}}\right|+c$；

(3) $\frac{2}{\sqrt{3}}\arctan\frac{2\tan\frac{x}{2}+1}{\sqrt{3}}+c$；

(4) $\frac{4}{\sqrt{3}}\arctan\frac{\tan\frac{x}{2}}{\sqrt{3}}-\ln(2+\cos x)+c$.

B 组

1. (1) $\frac{1}{6}\ln\left|\frac{x^2+1}{x^2+4}\right|+\frac{1}{3}\arctan x-\frac{1}{6}\arctan\frac{x}{2}+c$；

(2) $-\frac{1}{3x^3}+\frac{1}{2}\arctan x-\frac{1}{2}\ln\left|\frac{x-1}{x+1}\right|+c$；

(3) $x+\frac{2}{3}\ln|x-1|-\frac{1}{3}\ln(x^2+x+1)-\frac{2}{\sqrt{3}}\arctan\frac{2x+1}{\sqrt{3}}+c$；

(4) $\tan\frac{x}{2}-\ln\left(1+\tan^2\frac{x}{2}\right)+c$.

2. $a+2b+3c=0$.

习题3-5参考答案

1. (1) $-\frac{2}{3}(8-x)\sqrt{x+4}+c$；

(2) $\frac{1}{27}e^{3x}(9x^2-6x+2)+c$；

(3) $-\frac{\sqrt{4-x^2}}{x}-\arcsin\frac{x}{2}+c$；

(4) $\ln\left|x+1+\sqrt{x^2+2x+3}\right|+c$；

(5) $\frac{x}{2}\sqrt{16-x^2}+8\arcsin\frac{x}{4}+c$；

(6) $-\frac{1}{3x}+\frac{2}{9}\ln\left|\frac{3+2x}{x}\right|+c$；

(7) $\frac{1}{12}\ln\left|\frac{3\tan x-2}{3\tan x+2}\right|+c$；

(8) $\frac{1}{16}x^4(4\ln x-1)+c$.

自测题三答案

1. (1) $x\ln x-x+c$；

(2) $\frac{\sin x+1}{x}+c$；

(3) $x\sqrt{x^2+1}\mathrm{d}x$；

(4) $2-e^{-x}(x+1)$；

(5) $-\frac{1}{2}\cos 2x+c$.

2. (1) D；　(2) C；　(3) D；　(4) A；　(5) C.

3. (1) $\frac{1}{2}x^2-\frac{1}{2}\ln(x^2+1)+c$；

(2) $\frac{1}{9}xe^{9x}-\frac{1}{81}e^{9x}+c$；

(3) $\ln|x|-\frac{1}{2}\ln(x^2+1)+\arctan x+c$；

(4) $\sec x-\tan x+x+c$；

(5) $\frac{1}{3}\tan^3 x + c$.

4. $\frac{1}{3}(1-x^2)^{\frac{3}{2}} + c$.

习题 4-1 参考答案

A 组

1. (1) $\frac{1}{4}$； (2)10.

2. $A=\int_1^3 (x^2+1)\mathrm{d}x$.

3. (1) 正；(2) 负；(3) 正；(4) 0.

4. 略.

5. (1) $\int_0^1 (x^2+1)\mathrm{d}x$； (2) $\int_1^e \ln x \mathrm{d}x$；

(3) $\int_0^2 x\mathrm{d}x - \int_0^1 (x-x^2)\mathrm{d}x$； (4) $\int_0^1 2\sqrt{x}\mathrm{d}x + \int_1^4 (\sqrt{x}-x+2)\mathrm{d}x$.

6. (1) $>$； (2) $<$； (3) $<$； (4) $>$.

7. (1) $\frac{1}{2} \leqslant \int_0^1 \frac{1}{1+x^2}\mathrm{d}x \leqslant 1$； (2) $\frac{\pi}{2} \leqslant \int_0^{\frac{\pi}{2}} (1+\cos^4 x)\mathrm{d}x \leqslant \pi$

8. 略.

9. $A=\int_c^d \varphi(y)\mathrm{d}y$.

B 组

1. (1) $s=1\mathrm{cm}$； (2) $\alpha=\int_{t_1}^{t_2}\omega(t)\mathrm{d}t$； (3) $Q=\int_0^t i(t)\mathrm{d}t$； (4) $M=\int_0^1 \rho(x)\mathrm{d}x$.

2. 略.

3. (1) $<$； (2) $>$； (3) $>$.

4. (1) $\frac{\pi}{9} \leqslant \int_{\frac{1}{\sqrt{3}}}^{\sqrt{3}} x\arctan x\mathrm{d}x \leqslant \frac{2\pi}{3}$； (2) $\frac{3\pi}{4} \leqslant \int_{\frac{\pi}{4}}^{\frac{3\pi}{4}} (1+\sin^2 x)\mathrm{d}x \leqslant \pi$.

习题 4-2 参考答案

A 组

1. (1) $f'(x)=\mathrm{e}^{-x^2}$； (2) $f'(x)=-\frac{1}{2}\sqrt{\frac{1}{x}+1}$；

(3) $f'(\theta)=-\sin 2\theta$； (4) $f'(y)=\frac{1}{y}\varphi(\ln y)+\frac{1}{y^2}\varphi(y)$.

2. $g(3)=\frac{-1}{4}$.

3. $f'(0)=\frac{\pi}{2}$.

4. (1) 2； (2) 1； (3) $\frac{\pi^2}{4}$； (4) 1.

5. (1) $\frac{\pi}{3}$； (2) $\frac{11}{12}$； (3) $\frac{T}{\pi}\cos\varphi_0$； (4) 2；

(5) $\frac{\pi}{4}-\frac{1}{3}$； (6) $\frac{\pi}{6}+\sqrt{3}-2$； (7)1； (8)2e.

6. (1)$1+\frac{3\pi}{8}$； (2) $\frac{8\pi}{3}$； (3)5； (4)$4-\mathrm{e}$.

B 组

1. (1)$\varphi'(x)=\sin(x^2)$； (2)$F'(x)=\frac{-1}{\sqrt{1+x^2}}$；

(3)$G'(x)=x^2(2x^3\mathrm{e}^{-x^2}-\mathrm{e}^{-x})$； (4) $\frac{\mathrm{d}y}{\mathrm{d}x}=\cot t$.

2. $\frac{\mathrm{d}y}{\mathrm{d}x}=-\mathrm{e}^{v^2}\cos x^2$.

3. (1) $\frac{1}{2}$； (2) 1.

4．当 $x=0$ 时有极小值.

5. (1) $\frac{29}{6}$； (2)$45\frac{1}{6}$； (3) $\frac{1}{3}\left(3-\sqrt{3}+\frac{\pi}{4}\right)$； (4)1；

(5)$1-\frac{\sqrt{3}}{3}-\frac{\pi}{2}$； (6)$1+\frac{\pi}{4}$； (7) $\frac{1}{2}(1-\ln 2)$； (8)-1.

6. $\frac{17}{16}-\frac{\pi}{4}$.

习题 4-3 参考答案

A 组

1. (1) $\frac{38}{15}$； (2)$7+2\ln 2$； (3) $\frac{2}{5}(1+\ln 2)$； (4)π；

(5)$\left(\frac{\pi}{4}+\frac{\sqrt{2}}{2}\right)-1$； (6)$10+\frac{9}{2}\ln 3$； (7) $\frac{1}{2}\left(\frac{\pi}{2}-\frac{\sqrt{3}}{2}\right)$；

(8)$\ln(2+\sqrt{3})-\ln(1+\sqrt{2})$； (9)$\sqrt{2}-\frac{2\sqrt{3}}{3}$； (10) $1-\frac{\pi}{4}$；

(11) $\frac{1}{\sqrt{2}}\ln(2\sqrt{2}+3)$； (12) $\frac{1}{10}\left(3+\frac{1}{3^6}\right)$.

2. (1)π； (2)1； (3) $\frac{1}{4}$； (4) $\frac{\pi}{2}-1$；

(5) $\frac{1}{4}(\mathrm{e}^2-1)$； (6) $\frac{1}{2}\mathrm{e}(\sin 1-\cos 1)+\frac{1}{2}$； (7) $\frac{\pi}{4}+\ln\frac{\sqrt{2}}{2}$；

(8) $\frac{1}{2}(\mathrm{e}-2)$.

3. (1)$1-\frac{1}{2}\sin 2$； (2)2； (3)$\mathrm{e}-\sqrt{\mathrm{e}}$； (4)$6-2\mathrm{e}$；

(5)0； (6)$1-\frac{\sqrt{3}\pi}{6}$； (7) $\frac{\sqrt{3}\pi}{18}+\frac{\pi}{3}-\sqrt{3}$； (8)$-\frac{2\pi}{3}\ln 2$.

B　组

1. (1) $\frac{1}{6}$；　(2) $1-\frac{\pi}{4}$；　(3) $\frac{\pi}{5}$；　(4) $\frac{\pi}{4}+\frac{1}{2}$；

(5) $\frac{\pi}{2}$；　(6) $\pi-\frac{4}{3}$；　(7) $\arctan e-\frac{\pi}{4}$；　(8) $\frac{\sqrt{3}\pi}{9}$.

2. (1) 0；　(2) 0；　(3) $\frac{16}{15}$；　(4) $\frac{35\pi}{128}$；

(5) $\frac{32\pi}{35}$.

3. (1) $2\left(1-\frac{1}{e}\right)$；　(2) $\frac{1}{5}(e^{\pi}-2)$；

(3) $\left(\frac{1}{4}-\frac{\sqrt{3}}{9}\right)\pi+\frac{1}{4}\ln\frac{3}{2}$；　(4) $\pi-2$.

习题 4-4 参考答案

A　组

1. (1) $\frac{1}{3}$；　(2) 2；　(3) 1；　(4) $\frac{1}{2}$；

(5) $\frac{\ln 2}{15}$；　(6) $\frac{2\pi}{\sqrt{3}}$；　(7) 发散；　(8) $\frac{1}{2}$.

2. (1) $3\sqrt[3]{a}$；　(2) 1；　(3) 发散；　(4) $3(\sqrt[3]{2}+\sqrt[3]{3})$；

(5) $\frac{\pi}{2}$；　(6) 发散；　(7) 发散；　(8) $\frac{\pi}{2}$；

(9) 发散；　(10) $\frac{7}{9}$.

B　组

(1) π；　(2) 2；　(3) 发散；　(4) 发散；

(5) 2；　(6) $\frac{3}{2}$；　(7) $\frac{8}{3}$；　(8) 发散.

习题 4-5 参考答案

A　组

1. (1) $A=\int_{-1}^{3}[(2x+3)-x^2]dx$；　(2) $A=\int_{0}^{1}(e-e^{x})dx$；

(3) $A=\int_{0}^{2}\left(y-\frac{y}{2}\right)dy$；　(4) $A=\int_{0}^{\frac{3\pi}{2}}\left(\frac{3\pi}{2}-x-\cos x\right)dx$；

(5) $A=\int_{0}^{\frac{\pi}{2}}(1-\sin y)dy$；　(6) $A=\int_{0}^{1}(2-\sqrt{y}-3\sqrt{y})dy$.

2. (1) $\frac{3}{2}-\ln 2$；　(2) $e+\frac{1}{e}-2$；

(3) $\frac{1}{3}$；　　(4) $4\frac{1}{2}$；

(5) $\frac{3}{4}(2\sqrt[3]{2}-1)$；　　(6) $e-1$；

(7) $4\frac{1}{2}$；　　(8) $\frac{4}{3}+2\pi$ 或 $6\pi-\frac{4}{3}$.

3. $\frac{9}{4}$.

4. (1) $a^2\left(\frac{\pi}{6}+\frac{\sqrt{3}}{4}\right)$；　　(2) $\frac{a^2}{4}(e^{2\pi}-e^{-2\pi})$；

(3) 有四块面积：$\frac{5\pi}{4}$，π，$\frac{\pi}{8}$，$\frac{\pi}{8}$.

5. 1.

6. (1) $\frac{32\pi}{3}$；　　(2) $\frac{512\pi}{15}$；　　(3) $\frac{4}{3}\pi ab^2$；　　(4) $\frac{3\pi}{10}$；

(5) $4\pi^2$，$\frac{4\pi}{3}$；　　(6) $\frac{\pi}{4}(\pi-2)$.

7. 略.

8. $\frac{16}{3}R^3$.

9. $\frac{\pi}{16}$.

10. 752N.

11. $V=\frac{49}{12}\times10^8\pi\text{cm}^3$.

12. (1) $l=\ln3-\frac{1}{2}$；　　(2) $l=\frac{P}{2}[\sqrt{2}+\ln(1+\sqrt{2})]$；

(3) $l=\ln(1+\sqrt{2})$；　　(4) $l=-\ln(\sqrt{2}+1)$；

B 组

1. (1) $\frac{3}{2}-\ln2$；　　(2) $57\frac{1}{6}$；　　(3) $\frac{8}{3}\sqrt{2}$；　　(4) $\pi^2\left(\frac{1}{3}+\frac{\pi}{2}\right)$；

2. $a=-2$，$a=4$.　　3. $t=\frac{1}{2}$，$t=1$.　　4. $\frac{3}{8}\pi a^2$.　　5. $3\pi a^2$.

6. (1) 16π；　　(2) $\frac{27}{2}\pi$；　　(3) $\frac{1}{2}\pi a^2$；　　(4) $\frac{5\pi}{4}-2$；

(5) $2\left(\frac{4\pi}{3}-\sqrt{3}\right)$.

7. (1) $\frac{\pi}{5}$，$\frac{\pi}{2}$；　　(2) $\frac{48\pi}{5}$，$\frac{24\pi}{5}$；　　(3) 160π.

8. $c=\frac{5}{4}a$.

9. (1) 4；　　(2) $\frac{1}{4}(e^2+1)$；　　(3) $8a$；　　(4) $\sqrt{2}(e-1)$.

自测题四答案

1. (1) $\frac{1}{3}$；　(2)2；　(3) $\leqslant$；　(4) $\frac{1}{2}\leqslant I\leqslant\frac{\sqrt{2}}{2}$；

(5) $f'(x)=\frac{1}{2\sqrt{x}}\cos x+\frac{1}{x^2}\cos\frac{1}{x^2}$；　(6) $\frac{1}{6}$.

2. (1) $2(2-\arctan2)$；　(2) $\sqrt{2}-\frac{\pi}{4}$；　(3) $-\frac{1}{5}\ln6$；

(4) $\frac{1}{2}$；　(5) $\frac{\pi}{6}-\frac{\sqrt{3}}{2}+1$；　(6) $\frac{2}{9}e^{\frac{3}{2}}+\frac{4}{9}$.

3. (1) $\frac{4}{3}$；　(2) $\frac{4\pi}{3}$.

习题 5-1 参考答案

A 组

1. (1) 二阶；　(2) 一阶；　(3) 一阶；　(4) 二阶；　(5) 二阶；
   (6) 五阶；其中 (1)，(4)，(5)，(6) 是高阶微分方程.
2. (1) 线性的；　(2) 线性的；　(3) 非线性的；(4) 非线性的；(5) 非线性的；
   (6) 线性的.
3. (1)，(2)，(3) 是齐次的；　(4)，(5)，(6) 是非齐次的.
4. (1) 是通解；　(2) 是特解；　(3) 不是解；　(4) 是特解.

B 组

1. $y=(1-2x)e^{2x}$.
2. $y=x^2+x$.

习题 5-2 参考答案

A 组

(1) C；　(2) A.

B 组

1. (1) $y=\frac{C}{x}$；　(2) $y=\frac{1}{1-\sin x}$；　(3) $\ln y=\arcsin x+C$；

(4) $y=e^{Cx}$；　(5) $\arcsin y=\arcsin x+C$；　(6) $y^2-1=C(x-1)^2$.

2. (1) $\arctan\frac{y}{x}-\frac{1}{2}\ln(x^2+y^2)=C$；　(2) $y=Ce^{\frac{x^3}{3y^3}}$；

(3) $\ln y=\frac{y}{x}+C$；　(4) $x^2+y^2=Cy$.

3. (1) $y=e^{-x}(x+C)$；　(2) $y=2+Ce^{-x^2}$；

(3) $y=\frac{1}{x^2-1}(\sin x+C)$；　(4) $y=\frac{1}{x}(\pi-1-\cos x)$.

习题5-3参考答案

A 组

1. A.

2. (1) $y=\frac{1}{6}x^3-\sin x+C_1x+C_2$;

(2) $y=xe^x-3e^x+C_1x^2+C_2x+C_3$;

(3) $y=x\arctan x-\ln\sqrt{1+x^2}+C_1x+C_2$;

(4) $y=\frac{e^{ax}}{a^3}-\frac{e^a x^2}{2a}+\frac{e^a(a-1)x}{a^2}-\frac{e^a(2a-a^2-2)}{2a^3}$.

B 组

1. $y=2(e^x-x-1)$.

2. $I=\frac{609}{101}e^{-20t}+\frac{30}{101}\sin 2t-\frac{3}{101}\cos 2t$.

3. (1) $y=-\ln|\cos(x+C_1)|+C_2$; (2) $y=C_1e^x-\frac{1}{2}x^2-x+C_2$;

(3) $y=C_1\ln x+C_2$.

4. (1) $y=-\frac{1}{a}\ln(ax+1)$; (2) $C_1y^2=(C_1x+C_2)^2$;

(3) $x=\pm\left[\frac{2}{3}(\sqrt{y}+C_1)^{\frac{3}{2}}-2C_1\sqrt{\sqrt{y}+C_1}\right]+C_2$.

习题5-4参考答案

A 组

(1) D; (2) D.

B 组

1. (1) $y=C_1e^x+C_2e^{-2x}$; (2) $y=C_1+C_2e^{4x}$;

(3) $y=e^{-\frac{1}{2}x}(2+x)$; (4) $y=C_1\cos x+C_2\sin x$;

(5) $y=e^{-3x}(C_1\cos 2x+C_2\sin 2x)$; (6) $y=e^{2x}(C_1\cos x+C_2\sin x)$.

2. (1) $y=C_1e^{\frac{1}{2}x}+C_2e^{-x}+e^x$; (2) $y=\frac{1}{2}e^x+\frac{1}{2}e^{9x}-\frac{1}{7}e^{2x}$;

(3) $y=C_1+C_2e^{-\frac{5}{2}x}+\frac{1}{3}x^3-\frac{3}{5}x^2+\frac{7}{25}x$; (4) $y=C_1e^{-x}+C_2e^{-2x}+e^{-x}\left(\frac{3}{2}x^2-3x\right)$;

(5) $y=e^{-x}-e^x+xe^x(x-1)$; (6) $y=e^{3x}(C_1+C_2x)+e^{3x}\left(\frac{1}{6}x^3+\frac{1}{2}x^2\right)$.

3. (1) $y=e^x(C_1\cos 2x+C_2\sin 2x)-\frac{1}{4}xe^x\cos 2x$;

(2) $y=C_1e^{-x}+C_2e^x+\frac{1}{10}\cos 2x-\frac{1}{2}$;

(3) $y=C_1\cos x+C_2\sin x+\frac{1}{2}e^x+\frac{x}{2}\sin x$.

自测题五答案

1. (1) 二阶；　(2) $y=\ln(e^x+C)$；　(3) $y=\frac{1}{2}e^{-2x}$；　(4) $x(Ax+B)e^x$；

(5) $\frac{dp}{dx}=-(1+p^2)^{\frac{3}{2}}$；　(6) $y=C_1e^x+C_2e^{5x}$；

(7) $e^{-x}(A\cos x+B\sin x)$；　(8) $y''-y'-2y=0$；

(9) $y=\frac{C}{\sqrt{1-x^2}}$；　(10) $y-\ln(x+y+2)=C$.

2. (1) B；　(2) A；　(3) A；　(4) C；　(5) C.

3. (1) $y=C(1+e^x)$；　(2) $y=\frac{1}{1+x^2}(C-\cos x)$；

(3) $y=-x\sin x-2\cos x+C_1x+C_2$；　(4) $y=C_1e^{4x}+C_2e^{-x}$；

(5) $y=e^{\sqrt{1-x^2}-1}$.

4. (1) $f(x)=-x-\frac{1}{2}+\frac{1}{2}e^{2x}$；　(2) $y=\frac{1}{2}(x^2-1)$.

习题 6-1 参考答案

A 组

1. 略.

2. $\sqrt{34}$，　$\sqrt{41}$，　5，　5，　4，　3，　$5\sqrt{2}$.

3. x，$(a, b, -c)$；y，$(-a, -b, -c)$；z，$(-a, b, c)$；

xoy，$(a, -b, -c)$；yoz，$(-a, -b, c)$；zox，(a, b, c)；o，$(-a, b, -c)$.

4. $O(0, 0, 0)$；　$A\left(\frac{\sqrt{3}}{2},\frac{1}{2},0\right)$；　$B(0, 1, 0)$；　$C\left(\frac{\sqrt{3}}{6},\frac{1}{2},\frac{\sqrt{6}}{3}\right)$.

5. $(x-3)^2+(y-1)^2+z^2=16$；　球心 $(3, -2, 0)$，4.

6. (1) 圆柱面；　(2) 旋转抛物面；　(3) 圆锥面；　(4) 椭圆抛物面.

7. $4y^2-9(x^2+z^2)=36$；　$4(x^2+y^2)-9z^2=36$.

8. (1) xoz，$3x^2+4z^2=12$，z；　yoz，$3y^2+4z^2=12$，z；

(2) xoz，$x^2-z^2=1$，z；　yoz，$y^2-z^2=1$，z；

(3) xoy，$x^2-9y^2=1$，x；　xoz，$x^2-9z^2=1$，x.

9. (1) 直线，平面；　(2) 直线，平面；

(3) 抛物线，抛物面；　(4) 双曲线，双曲面.

10. $|\vec{a}|=14,\cos\alpha=\frac{1}{7}$；　$\cos\beta=-\frac{1}{14};\cos\gamma=\frac{3}{14}$.

11. $M(6,-5,14)$.

12. $\overrightarrow{AB}\cdot\overrightarrow{AC}=5,\overrightarrow{AB}\times\overrightarrow{AC}=-\vec{i}+\vec{j}-3\vec{k}$；$S_{\triangle ABC}=\frac{1}{2}\sqrt{11}$.

13. -10.

14. $m=-4$, $n=\frac{1}{2}$.

B 组

1. (1) $(x-3)^2+(y-3)^2+(z-3)^2=9$，或 $(x-5)^2+(y-5)^2+(z-5)^2=25$；
   (2) $x^2+y^2+(z-4)^2=21$.

2. $\left(x+\frac{2}{3}\right)^2+(y+1)^2+\left(z+\frac{4}{3}\right)^2=\frac{116}{9}$.

3. $2(x-1)^2+2y^2+(z+4)^2=32$.

4. $8x^2+8y^2+8z^2-68x+108y+102z+779=0$.

5. (1) $\boldsymbol{a}\times\boldsymbol{b}=-11\boldsymbol{i}-4\boldsymbol{j}+\boldsymbol{k}$;$\boldsymbol{b}\times\boldsymbol{a}=11\boldsymbol{i}+4\boldsymbol{j}-\boldsymbol{k}$.；
   (2) $(\boldsymbol{a}+\boldsymbol{b})\times(\boldsymbol{b}+c)=-20\boldsymbol{i}+8\boldsymbol{j}+4\boldsymbol{k}$；
   (3) $(\boldsymbol{a}\cdot\boldsymbol{b})\cdot c=20\boldsymbol{i}+10\boldsymbol{j}+20\boldsymbol{k}$； (4) $\left\{\mp\frac{7\sqrt{10}}{30};\pm\frac{2\sqrt{10}}{15};\pm\frac{\sqrt{10}}{6}\right\}$.

6. $|\boldsymbol{a}\times\boldsymbol{b}|=11$,　$\boldsymbol{a}\cdot\boldsymbol{b}=-10$.

7. $|\boldsymbol{a}\times\boldsymbol{b}|^2+(\boldsymbol{a}\cdot\boldsymbol{b})^2=16$； $(2\boldsymbol{a}-\boldsymbol{b})\cdot(\boldsymbol{a}+3\boldsymbol{b})=6$.

习题 6-2 参考答案

A 组

1. (1) 1，1；(2) 1，$\frac{\sqrt{3}}{2}$.

2. $\frac{5}{3}$；$2x+2y$.

3. (1) $\{(x,y)|y\neq x\}$； (2) $\{(x,y)|xy>0\}$；
   (3) $\{(x,y)|x^2+y^2\leqslant 9\}$； (4) $\{(x,y)|-1<xy<1\}$.

4. (1) $x^2y^2+x^2+y^2+2xy$； (2) $2x^2+2y^2$.

5. (1) 0； (2) ln2； (3) $\frac{3}{2}$； (4) $\frac{5}{3}$.

6. (1) $\{(x,y)|y^2>2x\}$； (2) $\{(x,y)|y\neq x\}$；
   (3) $\{(x,y)|y\neq -x\}$.

B 组

1. (1) $2x+y^2$； (2) $-\frac{1}{4}x^2+\frac{1}{4}y^2$.

2. (1) $\left\{(x,y)\middle|\frac{x^2}{a^2}+\frac{y^2}{b^2}\leqslant 1\right\}$；
   (2) $\{(x,y)|2x+y>2$ 且 $3x-y>-4\}$；
   (3) $\{(x,y)|x+y>0$ 且 $x-y>0\}$.

3. (1) 0； (2) 1.

习题 6-3 参考答案

A 组

1. (1) $z_x=2x,z_y=-2y$； (2) $z_x=2xy^3,z_y=3x^2y^2$； (3) $z_x=-\frac{y}{x^2},z_y=\frac{1}{x}$；

(4) $u_x=2x-y-3z$, $u_y=2y-x+2z$, $u_z=2z+2y-3x$；

(5) $z_x=\cos(x+2y)$, $z_y=2\cos(x+2y)$；

(6) $z_x=\frac{2}{x}$, $z_y=\frac{1}{y}$； (7) $z_x=ye^{xy}$, $z_y=xe^{xy}$；

(8) $u_x=-yz\sin(xyz)$, $u_y=-xz\sin(xyz)$, $u_z=-xy\sin(xyz)$.

2. (1) $f_x(1,2)=6,f_y(2,1)=2$；

(2) $f_x(0,1)=\frac{1}{2},f_y(1,0)=2$；

(3) $f_x(0,1)=1,f_y(0,1)=0$；

(4) $f_x(2,1,1)=12,f_y(1,2,1)=4,f_z(1,1,2)=1$.

3. (1) $z_{xx}=6xy,z_{xy}=3x^2-1,z_{yx}=3x^2-1,z_{yy}=0$；

(2) $z_{xx}=6x+2y,z_{xy}=2x+2y,z_{yx}=2x+2y,z_{yy}=2x+6y$；

(3) $z_{xx}=y^2e^{xy},z_{xy}=e^{xy}+xye^{xy},z_{yx}=e^{xy}+xye^{xy},z_{yy}=x^2e^{xy}$；

(4) $z_{xx}=-\sin(x-2y),z_{xy}=2\sin(x-2y),z_{yx}=2\sin(x-2y),z_{yy}=-4\sin(x-2y)$.

B 组

1. (1) $z_x=\frac{x}{\sqrt{x^2-y^2}},z_y=\frac{-y}{\sqrt{x^2-y^2}}$； (2) $z_x=(x+1)e^{x+2y}$, $z_y=2xe^{x+2y}$；

(3) $z_x=y+\frac{1}{y},z_y=x-\frac{x}{y^2}$； (4) $z_x=\frac{2x}{x^2+y^2},z_y=\frac{2y}{x^2+y^2}$.

2. $f_x(x,y)=-2,f_y(x,y)=2y$.

3. $y\frac{\partial z}{\partial x}+x\frac{\partial z}{\partial y}=\frac{xy-x^2}{x^2+y^2}$.

4. (1) $z_{xx}=\frac{-2(x^2+y^2)}{(x^2-y^2)^2},z_{xy}=\frac{4xy}{(x^2-y^2)^2},z_{yy}=\frac{-2(x^2+y^2)}{(x^2-y^2)^2}$；

(2) $z_{xx}=2e^{x+2y}+xe^{x+2y},z_{xy}=2e^{x+2y}+2xe^{x+2y},z_{yy}=4xe^{x+2y}$；

(3) $z_{xx}=-a^2\sin(ax+by),z_{xy}=-ab\sin(ax+by),z_{yy}=-b^2\sin(ax+by)$；

(4) $z_{xx}=2y\sec^2(x^2y)+8x^2y^2\sec^2(x^2y)\tan(x^2y)$,

$z_{xy}=2x\sec^2(x^2y)+4x^3\sec^2(x^2y)\tan(x^2y),z_{yy}=2x^4\sec^2(x^2y)\tan(x^2y)$.

5. 略

习题 6-4 参考答案

A 组

1. (1) $2xdx+2ydy$； (2) 0.04.

2. (1) $dz=\frac{dx}{2\sqrt{x-2y}}-\frac{dy}{\sqrt{x-2y}}$； (2) $dz=-\frac{y}{x^2}dx+\frac{1}{x}dy$；

(3) $dz=2\cos(2x+y)dx+\cos(2x+y)dy$；(4) $dz=\frac{2}{x}dx+\frac{1}{y}dy$；

(5) $dz=e^{x+2y}dx+2e^{x+2y}dy$； (6) $dz=\frac{y}{1+x^2}dx+\arctan x dy$；

(7) $du=2xdx+2ydy+2zdz$； (8) $du=-\sin(xyz)\times(yzdx+xzdy+xydz)$.

3. $\frac{1}{3}\Delta x+\frac{2}{3}\Delta y$.

4. -0.02.

5. $3.768cm^3$.

6. 1.02.

7. $3\pm0.04\ \Omega$.

B 组

1. (1) $dz=\frac{dx}{2\sqrt{xy}}-\frac{1}{2}\sqrt{\frac{x}{y}}dy$； (2) $dz=-\frac{2ydx}{(x-y)^2}-\frac{2xdy}{(x-y)^2}$；

(3) $dz=\frac{-ydx}{x^2+y^2}+\frac{xdy}{x^2+y^2}$；

(4) $dz=2xye^{y(x^2+y^2)}dx+(x^2+3y^2)e^{y(x^2+y^2)}dy$.

2. $dz=\frac{ydx}{x^2-y^2}-\frac{xdy}{x^2-y^2}$.

3. 0.

4. $d^2u=-\sin(2x+y)\cdot(4dx^2+4dxdy+dy^2)$.

5. 0.02.

6. $0.47\ cm^3$；$0.48\ cm^2$.

习题6-5参考答案

A 组

1. (1) $\frac{\partial z}{\partial x}=f_x+f_u\cdot u_x$, $\frac{\partial z}{\partial y}=f_u\cdot u_y$；(2) $\frac{\partial z}{\partial x}=f_u\cdot u_x+f_v\cdot v_x$, $\frac{\partial z}{\partial y}=f_v\cdot v_y$，

(3) $\frac{dy}{dx}=-\frac{x}{y}$； (4) $\frac{\partial z}{\partial x}=-\frac{x}{z}$, $\frac{\partial z}{\partial y}=-\frac{y}{z}$, $dz=-\frac{x}{z}dx-\frac{y}{z}dy$；

(5) 2，-3.

2. $2e^{2t}-\frac{4\ln t}{t}$.

3. $\cos^3t-2\sin^2t\cos t$，-1.

4. $2\ln t^2\sqrt{t-1}+\frac{2t+1}{2t-2}+\frac{4t+2}{t}$.

5. $\frac{\partial z}{\partial x}=\frac{2y}{y^2-x^2}$, $\frac{\partial z}{\partial y}=\frac{2x}{x^2-y^2}$.

6. $\frac{\partial z}{\partial x}=3x^2$, $\frac{\partial z}{\partial y}=-3y^2$.

7. $\frac{\partial f}{\partial x}=yz(x+1)e^{x+y+z}$, $\frac{\partial f}{\partial y}=xz(y+1)e^{x+y+z}$, $\frac{\partial f}{\partial z}=xy(z+1)e^{x+y+z}$.

8. $\dfrac{\partial z}{\partial x}=\dfrac{x^2-2x-y^2}{(x+y)^2}e^x$；$\dfrac{\partial z}{\partial y}=\dfrac{-2y}{(x+y)^2}e^x$.

9. $\dfrac{\partial z}{\partial x}=y\cos xy+y\sin(x+y)$；$\dfrac{\partial z}{\partial y}=x\cos xy+y\sin(x+y)-\cos(x+y)$.

10. (1) $\dfrac{dy}{dx}=\dfrac{3x^2-4xy}{2x^2-9y^2}$；　(2) $\dfrac{dy}{dx}=\dfrac{y(1-xy)}{x(xy-2)}$；

(3) $\dfrac{\partial z}{\partial x}=\dfrac{1}{x+y+z-1}$，$\dfrac{\partial z}{\partial y}=\dfrac{1}{x+y+z-1}$；

(4) $\dfrac{\partial z}{\partial x}=\dfrac{yz-2x}{2z-xy}$，$\dfrac{\partial z}{\partial y}=\dfrac{xz-2y}{2z-xy}$.

11. $\dfrac{dy}{dx}=\dfrac{yz-xy}{xy-xz}$；$\dfrac{dz}{dx}=\dfrac{yz-xz}{xz-xy}$.

B 组

1. (1) $\dfrac{\partial z}{\partial x}=\left(1-\dfrac{y}{x}\right)e^{\frac{y}{x}}$，$\dfrac{\partial z}{\partial y}=e^{\frac{y}{x}}$；　(2) $\dfrac{dy}{dx}=-\dfrac{y^2+xy\ln y}{x^2+xy\ln x}$；

(3) $\dfrac{\partial z}{\partial x}=\dfrac{1-yz}{xy-1}$，$\dfrac{\partial z}{\partial y}=\dfrac{1-xz}{xy-1}$.

2. $\dfrac{dz}{dt}=\dfrac{\cos t-\sin t}{2\sqrt{\sin t+\cos t}}$.

3. $\dfrac{dz}{dt}=\dfrac{e^{2t}}{t}+\dfrac{\ln t}{t^2}-\dfrac{e^{2t}+\ln^2 t}{2t^2}$.

4. $\dfrac{\partial z}{\partial x}=\dfrac{-y}{x^2+y^2}$；$\dfrac{\partial z}{\partial y}=\dfrac{x}{x^2+y^2}$.

5. $\dfrac{\partial z}{\partial x}=y(y+2x+x^2+xy)e^{x-y}$；$\dfrac{\partial z}{\partial y}=x(x+2y-y^2-xy)e^{x-y}$.

6. $\dfrac{\partial f}{\partial x}=\dfrac{1}{xyz}-\dfrac{x+2y+3z}{x^2yz}$；$\dfrac{\partial f}{\partial y}=\dfrac{1}{xyz}-\dfrac{x+2y+3z}{xy^2z}$；$\dfrac{\partial f}{\partial x}=\dfrac{1}{xyz}-\dfrac{x+2y+3z}{xyz^2}$.

7. $\dfrac{\partial z}{\partial x}=\dfrac{2xy^2-x^2y+y^3}{(x^2+y^2)^2}$；$\dfrac{\partial z}{\partial y}=\dfrac{x^3-2x^2y-xy^2}{(x^2+y^2)^2}$.

8. (1) $\dfrac{dy}{dx}=\dfrac{x+y}{x-y}$；　(2) $\dfrac{dy}{dx}=-\dfrac{2xye^{x^2y}+2\cos(2x+y)}{x^2e^{x^2y}+\cos(2x+y)}$；

(3) $\dfrac{\partial z}{\partial x}=\dfrac{z}{x+z}$，$\dfrac{\partial z}{\partial y}=\dfrac{z^2}{xy+yz}$；

(4) $\dfrac{\partial z}{\partial x}=\dfrac{yz\cos xyz-2x}{2z-xy\cos xyz}$，$\dfrac{\partial z}{\partial y}=\dfrac{xz\cos xyz-2y}{2z-xy\cos xyz}$.

9. $\dfrac{dy}{dx}=\dfrac{yz^2-2x^2y}{2xy^2-2xz^2}$；$\dfrac{dz}{dx}=\dfrac{2x^2z-y^2z}{2xy^2-2xz^2}$.

习题 6-6 参考答案

A 组

1. (0,1,1)；(2,2,−1)；(−1,0)；既非充分也非必要.

2. (1) $\dfrac{x-\frac{1}{2}}{1}=\dfrac{y}{-2}=\dfrac{z-\frac{1}{2}}{-1}$，$x-2y-z=0$；

(2) $\frac{x-1}{1}=\frac{y-1}{2}=\frac{z-1}{3}$，$x+2y+3z-6=0$；

(3) $x-1=\frac{y-2}{4}=\frac{z-4}{3}$，$x+4y+3z-21=0$；

(4) $x-1=-\frac{y+1}{2}=\frac{z-1}{2}$，$x-2y+2z-5=0$.

3. (1) $2a(x-x_0)+2b(y-y_0)+2c(z-z_0)=0$，$\frac{x-x_0}{2a}=\frac{y-y_0}{2b}=\frac{z-z_0}{2c}$；

(2) $8x+8y-z-12=0$，$\frac{x-1}{8}=\frac{y-2}{8}=\frac{z-12}{-1}$.

4. $A=B=-2$

5. (1) 极小值 $f(-1,1)=0$；　　(2) 极大值 $f(0,0)=0$.

6. (1) 极大值 $f\left(\frac{\sqrt{2}}{2},\frac{\sqrt{2}}{2}\right)=\sqrt{2}$；　　(2) 极小值 $f\left(\frac{4}{5},\frac{2}{5}\right)=\frac{4}{5}$.

7. $x=y=z=\frac{a}{3}$.

8. 边长为 $\frac{\sqrt{6}}{6}a$ 的正方体.

9. $P_{G1}=\frac{100}{3}$MW，$P_{G2}=\frac{200}{3}$MW.

B 组

1. (1) $\frac{x-\pi}{2}=\frac{y-2}{0}=\frac{z-4}{0}$，$2x-2\pi=0$；

(2) $\frac{2x-1}{1}=\frac{y-2}{-1}=\frac{z-1}{2}$，$2x-4y+8z-1=0$；

(3) $x=\frac{y}{2}=z-1$，$x+2y+z-1=0$；

(4) $\frac{x-1}{1}=\frac{y+2}{-1}=\frac{z-1}{0}$，$x-yx-y-3=0$.

2. $\left(-\frac{1}{3},\frac{1}{9},-\frac{1}{27}\right)$ 或 $(-1,1,-1)$.

3. (1) $x+2y-4=0$，$\frac{x-2}{1}=\frac{y-1}{2}=\frac{z-0}{0}$；

(2) $2x-2y+4z-\pi=0$，$\frac{x-1}{-\frac{1}{2}}=\frac{y-1}{\frac{1}{2}}=\frac{z-\frac{\pi}{4}}{-1}$.

4. $x-y+2z+\frac{1}{4}=0$.

5. $(-1,-3,3)$.

6. (1) 极小值 $f(0,0)=0$；　　(2) 极大值 $f\left(-\frac{1}{2},-1\right)=\frac{1}{2}e^{-2}$.

7. 长、宽、高均为 $\frac{2}{\sqrt{3}}R$ 时，长方体的体积最大.

8. $\left(\frac{a}{\sqrt{3}},\frac{b}{\sqrt{3}},\frac{c}{\sqrt{3}}\right)$.

自测题六答案

1. (1) $\sqrt{14}$，$\sqrt{13}$，3；(2) $y=x^2+z^2$，旋转抛物面；

(3) $(-1,2,0)$，$\sqrt{5}$；(4) 0；(5) $f(x,y)$；

(6) $yx^{y-1}+y^x\ln y$；(7) $\frac{\partial^2 z}{\partial x\partial y},\frac{\partial^2 z}{\partial y\partial x}$ 连续；

(8) $\frac{3}{40}$；(9) $2x-y=0$；(10) $\frac{1}{2}x(x-y)$.

2. (1) ×；(2) √；(3) ×；(4) ×；(5) ×.

3. (1) 极限不存在；(2) $\frac{1}{4}$.

4. (1) $3(3x-y)^{3x-y}[1+\ln(3x-y)]$，$-(3x-y)^{3x-y}[1+\ln(3x-y)]$；

(2) $e^{xy}[y\sin(x-y)+\cos(x-y)]$，$e^{xy}[x\sin(x-y)-\cos(x-y)]$；

(3) $y\frac{\partial z}{\partial u}+2x\frac{\partial z}{\partial v}$，$x\frac{\partial z}{\partial u}-2y\frac{\partial z}{\partial v}$；(4) $\frac{4-4z+z^2+x^2}{(2-z)^3}$.

5. 略.

6. $E=\frac{Qx}{4\pi\varepsilon_0(R^2+x^2)^{\frac{3}{2}}}$，方向沿 x 轴正向.

7. 切线方程 $\frac{x-1}{1}=\frac{y-2}{2}=\frac{z-4}{6}$，法平面方程 $x+2y+6z-29=0$.

8. 切平面方程 $4x+4y-z-4=0$，法线方程 $\frac{x-1}{4}=\frac{y-1}{4}=\frac{z-4}{-1}$.

9. 最大 $f(0,1)=f(1,0)=3$，最小 $f\left(\frac{1}{3},\frac{1}{3}\right)=\frac{4}{3}$.

10. $\sqrt[3]{2}a$，$\sqrt[3]{2}a$，$\frac{\sqrt[3]{2}}{2}a$.

11. $a=b=c=\frac{\sqrt{3}}{3}R$，$\frac{\sqrt{3}}{9}R^3$.

习题 7-1 参考答案

A 组

1. $\frac{1}{2}\omega^2\iint\limits_D y^2\rho(x,y)\mathrm{d}\sigma$.

2. (1) $\frac{2}{3}\pi a^3$；(2) $\frac{2}{3}\pi a^3$.

3. 略.

4. (1) $\iint\limits_D(x+y)^2\mathrm{d}\sigma\geqslant\iint\limits_D(x+y)^3\mathrm{d}\sigma$；(2) $\iint\limits_D\ln(x+y)\mathrm{d}\sigma\geqslant\iint\limits_D[\ln(x+y)]^2\mathrm{d}\sigma$.

5. (1) $\frac{20}{3}$；(2) e^4-e^3-e+1；(3) $-\frac{3\pi}{2}$.

6. (1) $\pi(2\ln 2-1)$;　　(2) $\pi(e^4-e)$;　　(3) $\frac{3}{64}\pi^2$.

7. (1) $\int_0^4 dx\int_0^{\sqrt{4-(x-2)^2}} f(x,y)dy$;　　(2) $\int_0^1 dy\int_{e^y}^{e} f(x,y)dx$.

8. (1) $\frac{9}{4}$;　　(2) $\frac{\pi}{8}(\pi-2)$.

9. $A=\iint\limits_{D_{yz}}\sqrt{1+\left(\frac{\partial x}{\partial y}\right)^2+\left(\frac{\partial x}{\partial z}\right)^2}dydz$.

10. $\sqrt{2}\pi$.

11. $Q=\iint\limits_{D}\mu(x,y)d\sigma$.

B 组

1. 略.
2. (1) 0; (2) $4A$
3. $\frac{16}{3}R^3$.
4. $\int_0^a dx\int_{\sqrt{2ax-x^2}}^{\sqrt{2ax}} f(x,y)dy$.
5. $\frac{2}{3}$.

习题 7-2 参考答案

A 组

1. $\int_0^1 dx\int_0^{1-x} dy\int_0^{xy} f(x,y,z)dz$.
2. $-\frac{9}{8}$.
3. $\frac{3}{2}$.
4. $\frac{\pi}{4}a^4$.
5. $\frac{4}{5}\pi$.

B 组

1. $\frac{\pi^2-8}{16}$.
2. $\frac{49}{6}$.
3. 0.

习题 7-3 参考答案

A 组

1. （1）0； （2）$\sqrt{2}$； （3）$2a^2$； （4）$\frac{1}{12}(5\sqrt{5}+7)$.

2. $\frac{14}{3}$.

3. （1）πa^2； （2）0； （3）2.

4. -2π.

5. （1）$\frac{34}{3}$； （2）11； （3）14； （4）$\frac{32}{3}$.

6. $\frac{3}{8}\pi a^2$；

7. 略；

8. $\frac{1}{2}$.

9. （1）$\frac{5}{2}$； （2）5.

B 组

1. $(2a)^{\frac{3}{2}}\pi$.

2. （1）$-\frac{4}{3}a^3$； （2）0.

3. $mg(y_A-y_B)$.

4. -4.

5. $\frac{\pi^2}{4}$.

6. $\frac{1}{2}-\frac{1}{2e}$.

习题 7-4 参考答案

A 组

1. $\frac{12\sqrt{3}+2}{15}\pi$；

2. $2\pi\ln 2$.

3. 0.

4. $(a+b+c)abc$；

5. $\frac{a^5}{3}+a^3$.

B 组

1. $\frac{\sqrt{3}}{120}$.

2. $2\pi e^2$.

3. 81π .

自测题七答案

1. (1) $\leqslant$;　(2) $>$;　(3) $\int_0^1 dy \int_{\sqrt{y}}^{3-2y} f(x,y)dx$;

(4) $\frac{\pi}{2}\int_0^a rf(r^2)dr$;　(5) $\sqrt{2}\pi$.

(6) $V = \iiint\limits_{x^2+y^2+z^2 \leqslant R^2} dV = \int_0^{2\pi} d\theta \int_0^{\pi} d\varphi \int_0^R r^2 \sin\varphi dr$.

(7) $0 \leqslant z \leqslant \sqrt{a^2 - r^2}, 0 \leqslant r \leqslant a, 0 \leqslant \theta \leqslant 2\pi$;

(8) -1 .　(9) 0.　(10) $S = \oiint\limits_{x^2+y^2+z^2=R^2} dS$.

2. (1) C;　(2) B;　(3) D;　(4) D;　(5) A.

3. (1) $\frac{6}{55}$;　(2) $\frac{3}{4}\pi a^4$;　(3) $\frac{16}{3}\pi$;　(4) $\left(\frac{\pi}{2}+2\right)a^2 b - \frac{\pi}{2}a^3$.

4. (1) 略;　(2) $2\pi e^2$.

附录B 简易积分公式表

一、含有 $a+bx$ 的积分

1. $\int \frac{dx}{a+bx} = \frac{1}{b}\ln|a+bx|+c$

2. $\int (a+bx)^{\alpha}dx = \frac{1}{b(\alpha+1)}(a+bx)^{\alpha}+c \qquad (\alpha \neq -1)$

3. $\int \frac{xdx}{a+bx} = \frac{1}{b^2}[a+bx-a\ln|a+bx|]+c$

4. $\int \frac{x^2dx}{a+bx} = \frac{1}{b^3}[(a+bx)^2-2a(a+bx)+a^2\ln|a+bx|]+c$

5. $\int \frac{dx}{x(a+bx)} = -\frac{1}{a}\ln\left|\frac{a+bx}{x}\right|+c$

6. $\int \frac{dx}{x^2(a+bx)} = -\frac{1}{ax}+\frac{b}{a^2}\ln\left|\frac{a+bx}{x}\right|+c$

7. $\int \frac{xdx}{(a+bx)^2} = \frac{1}{b^2}[\ln|a+bx|+\frac{a}{a+bx}]+c$

8. $\int \frac{x^2dx}{(a+bx)^2} = \frac{1}{b^3}[a+bx-2a\ln|a+bx|-\frac{a^2}{a+bx}]+c$

9. $\int \frac{dx}{x(a+bx)^2} = \frac{1}{a(a+bx)}-\frac{1}{a^2}\ln\left|\frac{a+bx}{x}\right|+c$

10. $\int \frac{dx}{x^2(a+bx)^2} = -\frac{a+2bx}{a^2x(a+bx)}+\frac{2b}{a^3}\ln\left|\frac{a+bx}{x}\right|+c$

二、含有 $\sqrt{a+bx}$ 的积分

11. $\int \sqrt{a+bx}\,dx = \frac{2}{3b}\sqrt{(a+bx)^3}+c$

12. $\int x\sqrt{a+bx}\,dx = -\frac{2(2a-3bx)}{15b^2}\sqrt{(a+bx)^3}+c$

13. $\int x^2\sqrt{a+bx}\,dx = \frac{2(8a^2-12abx+15b^2x^2)}{105b^3}\sqrt{(a+bx)^3}+c$

14. $\int \frac{x}{\sqrt{a+bx}}dx = -\frac{2(2a-bx)}{3b^2}\sqrt{a+bx}+c$

15. $\int \frac{x^2}{\sqrt{a+bx}}dx = \frac{2(8a^2-4abx+3b^2x^2)}{15b^3}\sqrt{a+bx}+c$

16. $\int \frac{dx}{x\sqrt{a+bx}} = \begin{cases} \frac{1}{\sqrt{a}}\ln\left|\frac{\sqrt{a+bx}-\sqrt{a}}{\sqrt{a+bx}+\sqrt{a}}\right|+c & (a>0) \\ \frac{2}{\sqrt{-a}}\arctan\sqrt{\frac{a+bx}{-a}}+c & (a<0) \end{cases}$

17. $\int \frac{dx}{x^2\sqrt{a+bx}} = -\frac{\sqrt{a+bx}}{ax} - \frac{b}{2a}\int \frac{dx}{x(a+bx)} + c$

18. $\int \frac{\sqrt{a+bx}}{x}dx = 2\sqrt{a+bx} + a\int \frac{dx}{x\sqrt{a+bx}} + c$

三、含有 $a^2 \pm x^2$ 的积分

19. $\int \frac{dx}{a^2+x^2} = \frac{1}{a}\arctan\frac{x}{a} + c$

20. $\int \frac{dx}{(a^2+x^2)^n} = \frac{x}{2(n-1)a^2(a^2+x^2)^{n-1}} + \frac{2n-3}{2(n-1)a^2}\int \frac{dx}{(a^2+x^2)^{n-1}} + c \quad (n \neq 1)$

21. $\int \frac{dx}{a^2-x^2} = \frac{1}{2a}\ln\left|\frac{a+x}{a-x}\right| + c$

22. $\int \frac{dx}{x^2-a^2} = \frac{1}{2a}\ln\left|\frac{x-a}{x+a}\right| + c$

四、含有 $a \pm bx^2$ 的积分

23. $\int \frac{dx}{a+bx^2} = \frac{1}{\sqrt{ab}}\arctan\sqrt{\frac{b}{a}}x + c \qquad (a>0, b>0)$

24. $\int \frac{dx}{a-bx^2} = \frac{1}{2\sqrt{ab}}\ln\left|\frac{\sqrt{a}+\sqrt{b}x}{\sqrt{a}-\sqrt{b}x}\right| + c \qquad (a>0, b>0)$

25. $\int \frac{x dx}{a+bx^2} = \frac{1}{2b}\ln|a+bx^2|x + c$

26. $\int \frac{x^2 dx}{a+bx^2} = \frac{x}{b} - \frac{a}{b}\int \frac{dx}{a+bx^2}$

27. $\int \frac{dx}{x(a+bx^2)} = \frac{1}{2a}\ln\left|\frac{x^2}{a+bx^2}\right| + c$

28. $\int \frac{x dx}{x^2(a+bx^2)} = -\frac{1}{ax} - \frac{b}{a}\int \frac{dx}{a+bx^2}$

29. $\int \frac{x dx}{(a+bx^2)^2} = \frac{x}{2a(a+bx^2)} + \frac{1}{2a}\int \frac{dx}{a+bx^2}$

五、含有 $\sqrt{x^2 \pm a^2}$ 的积分

30. $\int \sqrt{x^2 \pm a^2}\,dx = \frac{x}{2}\sqrt{x^2 \pm a^2} \pm \frac{a^2}{2}\ln\left|x+\sqrt{x^2 \pm a^2}\right| + c$

31. $\int \sqrt{(x^2 \pm a^2)^3}\,dx = \frac{x(2x^2 \pm 5a^2)}{8}\sqrt{x^2 \pm a^2} + \frac{3a^4}{8}\ln\left|x+\sqrt{x^2 \pm a^2}\right| + c$

32. $\int x\sqrt{x^2 \pm a^2}\,dx = \frac{\sqrt{(x^2 \pm a^2)^3}}{3} + c$

33. $\int x^2\sqrt{x^2 \pm a^2}\,dx = \frac{x(2x^2 \pm a^2)}{8}\sqrt{x^2 \pm a^2} - \frac{a^4}{8}\ln\left|x+\sqrt{x^2 \pm a^2}\right| + c$

34. $\int \frac{dx}{\sqrt{x^2 \pm a^2}} = \ln\left|x+\sqrt{x^2 \pm a^2}\right| + c$

35. $\int \frac{dx}{\sqrt{(x^2 \pm a^2)^3}} = \pm\frac{x}{a^2\sqrt{x^2 \pm a^2}} + c$

36. $\int \frac{x\mathrm{d}x}{\sqrt{x^2 \pm a^2}} = \sqrt{x^2 \pm a^2} + c$

37. $\int \frac{x^2\mathrm{d}x}{\sqrt{x^2 \pm a^2}} = \frac{x}{2}\sqrt{x^2 \pm a^2} \mp \frac{a^2}{2}\ln\left|x + \sqrt{x^2 \pm a^2}\right| + c$

38. $\int \frac{x^2\mathrm{d}x}{\sqrt{(x^2 \pm a^2)^3}} = -\frac{x}{\sqrt{x^2 \pm a^2}} + \ln\left|x + \sqrt{x^2 \pm a^2}\right| + c$

39. $\int \frac{\mathrm{d}x}{x\sqrt{x^2 + a^2}} = \frac{1}{a}\ln\left|\frac{x}{a + \sqrt{x^2 + a^2}}\right| + c$

40. $\int \frac{\mathrm{d}x}{x^2\sqrt{x^2 - a^2}} = \frac{1}{a}\arccos\frac{a}{x} + c$

41. $\int \frac{\mathrm{d}x}{x^2\sqrt{x^2 \pm a^2}} = \mp\frac{\sqrt{x^2 \pm a^2}}{a^2 x} + c$

42. $\int \frac{\sqrt{x^2 + a^2}}{x}\mathrm{d}x = \sqrt{x^2 + a^2} - a\ln\left|\frac{a + \sqrt{x^2 + a^2}}{x}\right| + c$

43. $\int \frac{\sqrt{x^2 - a^2}}{x}\mathrm{d}x = \sqrt{x^2 - a^2} - a\arccos\frac{a}{x} + c$

44. $\int \frac{\sqrt{x^2 \pm a^2}}{x^2}\mathrm{d}x = -\frac{\sqrt{x^2 \pm a^2}}{x} + \ln\left|x + \sqrt{x^2 \pm a^2}\right| + c$

六、含有 $\sqrt{a^2 - x^2}$ 的积分

45. $\int \frac{\mathrm{d}x}{\sqrt{a^2 - x^2}} = \arcsin\frac{x}{a} + c$

46. $\int \frac{\mathrm{d}x}{\sqrt{(a^2 - x^2)^3}} = \frac{x}{a^2\sqrt{a^2 - x^2}} + c$

47. $\int \frac{x}{\sqrt{a^2 - x^2}}\mathrm{d}x = -\sqrt{a^2 - x^2} + c$

48. $\int \frac{x}{\sqrt{(a^2 - x^2)^3}}\mathrm{d}x = \frac{1}{\sqrt{a^2 - x^2}} + c$

49. $\int \frac{x^2}{\sqrt{a^2 - x^2}}\mathrm{d}x = -\frac{x}{2}\sqrt{a^2 - x^2} + \frac{a^2}{2}\arcsin\frac{x}{a} + c$

50. $\int \sqrt{a^2 - x^2}\mathrm{d}x = \frac{x}{2}\sqrt{a^2 - x^2} + \frac{a^2}{2}\arcsin\frac{x}{a} + c$

51. $\int \sqrt{(a^2 - x^2)^3}\mathrm{d}x = \frac{x(5a^2 - 2x^2)}{8}\sqrt{a^2 - x^2} + \frac{3a^4}{8}\arcsin\frac{x}{a} + c$

52. $\int x\sqrt{a^2 - x^2}\mathrm{d}x = -\frac{\sqrt{(a^2 - x^2)^3}}{3} + c$

53. $\int x^2\sqrt{a^2 - x^2}\mathrm{d}x = \frac{x(2x^2 - a^2)}{8}\sqrt{a^2 - x^2} + \frac{a^4}{8}\arcsin\frac{x}{a} + c$

54. $\int \frac{x^2}{\sqrt{(a^2 - x^2)^3}}\mathrm{d}x = \frac{x}{\sqrt{a^2 - x^2}} - \arcsin\frac{x}{a} + c$

55. $\int \frac{dx}{x\sqrt{a^2-x^2}} = \frac{1}{a}\ln\left|\frac{x}{a+\sqrt{a^2-x^2}}\right| + c$

56. $\int \frac{dx}{x^2\sqrt{a^2-x^2}} = -\frac{\sqrt{a^2-x^2}}{a^2x} + c$

57. $\int \frac{\sqrt{a^2-x^2}}{x}dx = \sqrt{a^2-x^2} - a\ln\left|\frac{a+\sqrt{a^2-x^2}}{x}\right| + c$

58. $\int \frac{\sqrt{a^2-x^2}}{x^2}dx = -\frac{\sqrt{a^2-x^2}}{x} - \arcsin\frac{x}{a} + c$

七、含有 $a+bx+cx^2$（$c>0$）的积分

59 $\int \frac{dx}{a+bx-cx^2} = \frac{1}{\sqrt{b^2+4ac}}\ln\left|\frac{2cx-b+\sqrt{b^2+4ac}}{-2cx+b+\sqrt{b^2+4ac}}\right| + C$

60. $$\int \frac{dx}{a+bx+cx^2} = \begin{cases} \frac{2}{\sqrt{4ac-b^2}}\arctan\frac{2cx+b}{\sqrt{4ac-b^2}} + C & (b^2<4ac) \\ \frac{1}{\sqrt{b^2-4ac}}\ln\left|\frac{2cx+b-\sqrt{b^2-4ac}}{2cx+b+\sqrt{b^2-4ac}}\right| + C & (b^2>4ac) \end{cases}$$

八、含有 $\sqrt{a+bx\pm cx^2}$（$c>0$）的积分

61. $\int \frac{dx}{\sqrt{a+bx+cx^2}} = \frac{1}{\sqrt{c}}\ln\left|2cx+b+2\sqrt{c}\sqrt{a+bx+cx^2}\right| + c$

62. $\int \sqrt{a+bx+cx^2}dx =$

$$\frac{2cx+b}{4c}\sqrt{a+bx+cx^2} - \frac{b^2-4ac}{8\sqrt{c^3}}\ln\left|2cx+b+2\sqrt{c}\sqrt{a+bx+cx^2}\right| + c$$

63. $\int \frac{x}{\sqrt{a+bx+cx^2}}dx = \frac{\sqrt{a+bx+cx^2}}{c} - \frac{b}{2\sqrt{c^3}}\ln\left|2cx+b+2\sqrt{c}\sqrt{a+bx+cx^2}\right| + c$

64. $\int \frac{dx}{\sqrt{a+bx-cx^2}} = \frac{1}{\sqrt{c}}\arcsin\frac{2cx-b}{\sqrt{b^2+4ac}} + c$

65. $\int \sqrt{a+bx-cx^2}dx = \frac{2cx-b}{4c}\sqrt{a+bx-cx^2} + \frac{b^2+4ac}{8\sqrt{c^3}}\arcsin\frac{2cx-b}{\sqrt{b^2+4ac}} + c$

66. $\int \frac{x}{\sqrt{a+bx-cx^2}}dx = -\frac{\sqrt{a+bx-cx^2}}{c} + \frac{b}{2\sqrt{c^3}}\arcsin\frac{2cx-b}{\sqrt{b^2+4ac}} + c$

九、含有 $\sqrt{\frac{a\pm x}{b\pm x}}$ 的积分、含有 $\sqrt{(x-a)(b-x)}$ 的积分

67. $\int \sqrt{\frac{a+x}{b+x}}dx = \sqrt{(a+x)(b+x)} + (a-b)\ln\left|\sqrt{a+x}+\sqrt{b+x}\right| + c$

68. $\int \sqrt{\frac{a-x}{b+x}}dx = \sqrt{(a-x)(b+x)} + (a+b)\arcsin\sqrt{\frac{x+b}{a+b}} + c$

69. $\int \sqrt{\frac{a+x}{b-x}}dx = -\sqrt{(a+x)(b-x)} - (a+b)\arcsin\sqrt{\frac{b-x}{a+b}} + c$

70. $\int \frac{dx}{\sqrt{(x-a)(b-x)}} = 2\arcsin\sqrt{\frac{x-a}{b-a}} + c$

十、含有三角函数的积分

71. $\int \sin x \mathrm{d}x = -\cos x + c$

72. $\int \cos x \mathrm{d}x = \sin x + c$

73. $\int \tan x \mathrm{d}x = -\ln|\cos x| + c$

74. $\int \cot x \mathrm{d}x = \ln|\sin x| + c$

75. $\int \sec x \mathrm{d}x = \ln|\sec x + \tan x| + c$

76. $\int \csc x \mathrm{d}x = \ln|\csc x - \cot x| + c$

77. $\int \sec^2 x \mathrm{d}x = \tan x + c$

78. $\int \csc^2 x \mathrm{d}x = -\cot x + c$

79. $\int \sec x \tan x \mathrm{d}x = \sec x + c$

80. $\int \csc x \cot x \mathrm{d}x = -\csc x + c$

81. $\int \sin^2 x \mathrm{d}x = \frac{x}{2} - \frac{1}{4}\sin 2x + c$

82. $\int \cos^2 x \mathrm{d}x = \frac{x}{2} + \frac{1}{4}\sin 2x + c$

83. $\int \sin^n x \mathrm{d}x = -\frac{\sin^{n-1} x \cos x}{n} + \frac{n-1}{n}\int \sin^{n-2} x \mathrm{d}x$

84. $\int \cos^n x \mathrm{d}x = \frac{\cos^{n-1} x \sin x}{n} + \frac{n-1}{n}\int \cos^{n-2} x \mathrm{d}x$

85. $\int \frac{\mathrm{d}x}{\sin^n x} = -\frac{1}{n-1} \cdot \frac{\cos x}{\sin^{n-1} x} + \frac{n-2}{n-1}\int \frac{\mathrm{d}x}{\sin^{n-2} x}$

86. $\int \frac{\mathrm{d}x}{\cos^n x} = \frac{1}{n-1} \cdot \frac{\sin x}{\cos^{n-1} x} + \frac{n-2}{n-1}\int \frac{\mathrm{d}x}{\cos^{n-2} x}$

87. $\int \cos^m x \sin^n x \mathrm{d}x = \frac{\cos^{m-1} x \sin^{n+1} x}{m+n} + \frac{m-1}{m+n}\int \cos^{m-2} x \sin^n x \mathrm{d}x$

$$= -\frac{\sin^{n-1} x \cos^{m+1} x}{m+n} + \frac{n-1}{m+n}\int \cos^m x \sin^{n-2} x \mathrm{d}x$$

88. $\int \sin mx \cos nx \mathrm{d}x = -\frac{\cos(m+n)x}{2(m+n)} - \frac{\cos(m-n)x}{2(m-n)} + c \quad (m \neq n)$

89. $\int \sin mx \sin nx \mathrm{d}x = -\frac{\sin(m+n)x}{2(m+n)} + \frac{\sin(m-n)x}{2(m-n)} + c \quad (m \neq n)$

90. $\int \cos mx \cos nx \mathrm{d}x = \frac{\sin(m+n)x}{2(m+n)} + \frac{\sin(m-n)x}{2(m-n)} + c \quad (m \neq n)$

91. $\int \frac{dx}{a+b\sin x}=\begin{cases}\frac{2}{\sqrt{a^2-b^2}}\arctan\frac{a\tan\frac{x}{2}+b}{\sqrt{a^2-b^2}}+c & (a^2>b^2)\\ \frac{1}{\sqrt{b^2-a^2}}\ln\left|\frac{a\tan\frac{x}{2}+b-\sqrt{b^2-a^2}}{a\tan\frac{x}{2}+b+\sqrt{b^2-a^2}}\right|+c & (a^2<b^2)\end{cases}$

92. $\int \frac{dx}{a+b\cos x}=\begin{cases}\frac{2}{\sqrt{a^2-b^2}}\arctan\left(\sqrt{\frac{a-b}{a+b}}\tan\frac{x}{2}\right)+c & (a^2>b^2)\\ \frac{1}{\sqrt{b^2-a^2}}\ln\left|\frac{\tan\frac{x}{2}+\sqrt{\frac{b+a}{b-a}}}{\tan\frac{x}{2}-\sqrt{\frac{b+a}{b-a}}}\right|+c & (a^2<b^2)\end{cases}$

93. $\int \frac{dx}{a^2\cos^2x+b^2\sin^2x}=\frac{1}{ab}\arctan\left(\frac{b\tan x}{a}\right)+c$

94. $\int \frac{dx}{a^2\cos^2x-b^2\sin^2x}=\frac{1}{2ab}\ln\left|\frac{b\tan x+a}{b\tan x-a}\right|+c$

95. $\int x\sin ax\,dx=-\frac{x\cos ax}{a}+\frac{\sin ax}{a^2}+c$

96. $\int x^n\sin ax\,dx=-\frac{x^n\cos ax}{a}+\frac{n}{a}\int x^{n-1}\cos ax\,dx$

97. $\int x\cos ax\,dx=\frac{x\sin ax}{a}+\frac{\cos ax}{a^2}+c$

98. $\int x^n\cos ax\,dx=\frac{x^n\sin ax}{a}-\frac{n}{a}\int x^{n-1}\sin ax\,dx$

十一、含有反三角函数的积分

99. $\int \arcsin\frac{x}{a}dx=x\arcsin\frac{x}{a}+\sqrt{a^2-x^2}+c$

100. $\int x\arcsin\frac{x}{a}dx=\left(\frac{x^2}{2}-\frac{a^2}{4}\right)\arcsin\frac{x}{a}+\frac{x}{4}\sqrt{a^2-x^2}+c$

101. $\int x^2\arcsin\frac{x}{a}dx=\frac{x^3}{3}\arcsin\frac{x}{a}+\frac{x^2+2a^2}{9}\sqrt{a^2-x^2}+c$

102. $\int \frac{\arcsin\frac{x}{a}}{x^2}dx=-\frac{1}{x}\arcsin\frac{x}{a}-\frac{1}{a}\ln\left|\frac{a+\sqrt{a^2-x^2}}{x}\right|+c$

103. $\int \arccos\frac{x}{a}dx=x\arccos\frac{x}{a}-\sqrt{a^2-x^2}+c$

104. $\int x\arccos\frac{x}{a}dx=\left(\frac{x^2}{2}-\frac{a^2}{4}\right)\arccos\frac{x}{a}-\frac{x}{4}\sqrt{a^2-x^2}+c$

105. $\int x^2\arccos\frac{x}{a}dx=\frac{x^3}{3}\arccos\frac{x}{a}-\frac{x^2+2a^2}{9}\sqrt{a^2-x^2}+c$

106. $\int \frac{\arccos\frac{x}{a}}{x^2}dx=-\frac{1}{x}\arccos\frac{x}{a}+\frac{1}{a}\ln\left|\frac{a+\sqrt{a^2-x^2}}{x}\right|+c$

107. $\int \arctan\frac{x}{a}\mathrm{d}x = x\arctan\frac{x}{a} - \frac{a}{2}\ln(a^2+x^2)+c$

108. $\int x\arctan\frac{x}{a}\mathrm{d}x = \frac{x^2+a^2}{2}\arctan\frac{x}{a} - \frac{ax}{2}+c$

109. $\int x^2\arctan\frac{x}{a}\mathrm{d}x = \frac{x^3}{3}\arctan\frac{x}{a} - \frac{a^2x}{6} + \frac{a^3}{6}\ln(a^2+x^2)+c$

110. $\int \frac{\arctan\frac{x}{a}}{x^2}\mathrm{d}x = -\frac{1}{x}\arctan\frac{x}{a} - \frac{1}{2a}\ln\frac{a^2+x^2}{x^2}+c$

十二、含有指数函数的积分

111. $\int a^x\mathrm{d}x = \frac{a^x}{\ln a}+c$

112. $\int \mathrm{e}^{ax}\mathrm{d}x = \frac{\mathrm{e}^{ax}}{a}+c$

113. $\int \mathrm{e}^{ax}\sin bx\,\mathrm{d}x = \frac{\mathrm{e}^{ax}}{a^2+b^2}(a\sin bx - b\cos bx)+c$

114. $\int \mathrm{e}^{ax}\cos bx\,\mathrm{d}x = \frac{\mathrm{e}^{ax}}{a^2+b^2}(b\sin bx + a\cos bx)+c$

115. $\int x\mathrm{e}^{ax}\mathrm{d}x = \frac{\mathrm{e}^{ax}(ax-1)}{a^2}+c$

116. $\int x^n\mathrm{e}^{ax}\mathrm{d}x = \frac{x^n\mathrm{e}^{ax}}{a} - \frac{n}{a}\int x^{n-1}\mathrm{e}^{ax}\mathrm{d}x$

117. $\int x^na^{mx}\mathrm{d}x = \frac{xa^{mx}}{m\ln a} - \frac{n}{m\ln a}\int x^{n-1}a^{mx}\mathrm{d}x$

118. $\int \mathrm{e}^{ax}\sin^n bx\,\mathrm{d}x = \frac{\mathrm{e}^{ax}\sin^{n-1}bx}{a^2+b^2n^2}(a\sin bx - nb\cos bx) + \frac{n(n-1)b^2}{a^2+b^2n^2}\int \mathrm{e}^{ax}\sin^{n-2}bx\,\mathrm{d}x$

119. $\int \mathrm{e}^{ax}\cos^n bx\,\mathrm{d}x = \frac{\mathrm{e}^{ax}\cos^{n-1}bx}{a^2+b^2n^2}(a\cos bx + nb\sin bx) + \frac{n(n-1)b^2}{a^2+b^2n^2}\int \mathrm{e}^{ax}\cos^{n-2}bx\,\mathrm{d}x$

十三、含有对数函数的积分

120. $\int \ln x\,\mathrm{d}x = x\ln x - x + c$

121. $\int \frac{\mathrm{d}x}{x\ln x} = \ln|\ln x|+c$

122. $\int x^n\ln x\,\mathrm{d}x = x^{n+1}\left[\frac{\ln x}{n+1} - \frac{1}{(n+1)^2}\right]+c$

123. $\int \ln^n x\,\mathrm{d}x = x\ln^n x - n\int \ln^{n-1}x\,\mathrm{d}x$

124. $\int x^m\ln^n x\,\mathrm{d}x = \frac{x^{m+1}\ln^n x}{m+1} - \frac{n}{m+1}\int x^m\ln^{n-1}x\,\mathrm{d}x$

十四、含有双曲函数的积分

125. $\int \operatorname{sh}x\,dx = \operatorname{ch}x + c$

126. $\int \operatorname{ch}x\,dx = \operatorname{sh}x + c$

127. $\int \operatorname{th}x\,dx = \ln\operatorname{ch}x + c$

128. $\int \operatorname{sh}^2 x\,dx = -\frac{x}{2} + \frac{1}{4}\operatorname{sh}2x + c$

129. $\int \operatorname{ch}^2 x\,dx = \frac{x}{2} + \frac{1}{4}\operatorname{sh}2x + c$

十五、定积分

130. $\int_{-\pi}^{\pi} \cos nx\,dx = \int_{-\pi}^{\pi} \sin nx\,dx = 0$

131. $\int_{-\pi}^{\pi} \cos mx \sin nx\,dx = 0$

132. $\int_{-\pi}^{\pi} \cos mx \cos nx\,dx = \begin{cases} 0, (m \neq n) \\ \pi, (m = n) \end{cases}$

133. $\int_{-\pi}^{\pi} \sin mx \sin nx\,dx = \begin{cases} 0, (m \neq n) \\ \pi, (m = n) \end{cases}$

134. $\int_{0}^{\pi} \sin mx \sin nx\,dx = \int_{0}^{\pi} \cos mx \cos nx\,dx = \begin{cases} 0, & (m \neq n) \\ \frac{\pi}{2}, & (m = n) \end{cases}$

135. $I_n = \int_0^{\frac{\pi}{2}} \sin^n x\,dx = \int_0^{\frac{\pi}{2}} \cos^n x\,dx = \frac{n-1}{n} I_{n-2}$

$$= \begin{cases} \frac{n-1}{n} \cdot \frac{n-3}{n-2} \cdots \frac{4}{5} \cdot \frac{2}{3} & (n\text{为正奇数}), I_1 = 1 \\ \frac{n-1}{n} \cdot \frac{n-3}{n-2} \cdots \frac{3}{4} \cdot \frac{1}{2} \cdot \frac{\pi}{2} & (n\text{为正偶数}), I_0 = \frac{\pi}{2} \end{cases}$$

参 考 文 献

[1] 同济大学，天津大学，浙江大学，重庆大学．高等数学．北京：高等教育出版社，2001.

[2] 盛祥耀．高等数学．北京：高等教育出版社，2007.

[3] 李心灿．高等数学．3 版．北京：高等教育出版社，2008.

[4] 廖虎．高等数学．北京：中国电力出版社，2006.